The Johnson Solids and Their Duals (Data Files)

Part 1

By Bruce R. Gilson

2014

Copyright 2014 by Bruce R. Gilson
All rights reserved.

Other books by the same author:

Construction of Musical Scales: a Mathematical Approach (2008)
Units and Measurement Systems (2008)
The Fibonacci Sequence and Beyond (2009)
Polyhedra: a New Approach (2012)
The Johnson Solids and Their Duals (2014)

All available from the same publisher.

This is the first of four volumes of the data files that were used to generate much of the data which are compiled in the book "The Johnson Solids and Their Duals." Because it was produced entirely by computer, there has not been a need to proofread it. The data files are provided in four volumes simply because their total bulk precludes the printing of them as a single volume.

Each data file starts with the name of the OFF file used to produce it. OFF files are a standardized format file used by, among other software, the Antiprism software available from Adrian Rossiter online. Each OFF file specifying a particular Johnson solid is named "j*nn*.off," where *nn* is the number of the solid, and the OFF files specifying a Johnson solid dual are named "j*nn*d.off.") The OFF files for the Johnson solids and duals were created using the Antiprism software, and a FORTRAN program of my own authorship was used to generate the 184 reports which are included in these four volumes. (FORTRAN may be out of favor now, but it is the computer languge I know best.)

The program that created the report files is available from the author at brg1942@gmail.com either as a FORTRAN source file (not completely standard, but it will compile under the WATCOM compiler and probably others) or as an executable application (running under most recent versions of Windows, though it has only been tested under Windows 7).

The Antiprism software used to create the OFF files is available at www.antiprism.com from Adrian Rossiter, as stated above.

The Johnson solids are created with an edge length of 1; the duals are simply in the form that they are generated by polar reciprocation using the program included in the Antiprism package. The coordinates are not necessarily for the solid in the orientation in the figure in the book; in many cases the figure was created after rotating the solid to a position determined by the symmetry as described in the book itself.

It does not appear necessary to provide a table of contents or an index because the files are listed in numerical order, with each dual following the Johnson solid itself.

Bruce R. Gilson

October 11, 2014

Report based on file j01.off

Vertex # 1: (-0.70710678,   0.00000000,   0.00000000).
Vertex # 2: (0.00000000, -0.70710678,   0.00000000).
Vertex # 3: (0.70710678,   0.00000000,   0.00000000).
Vertex # 4: (0.00000000,   0.70710678,   0.00000000).
Vertex # 5: (0.00000000,   0.00000000, -0.70710678).

Face # 1 has 4 vertices:
    Vertices input as   0   1   2   3
    Vertices renumbered as   1   2   3   4
      Edge 1 2 is   1.00000000.
      Edge 2 3 is   1.00000000.
      Edge 3 4 is   1.00000000.
      Edge 4 1 is   1.00000000.
      Angle 4 1 2 is   1.57079633 rad =   90.0000 deg = 90 deg 0 min 0 sec.
      Angle 1 2 3 is   1.57079633 rad =   90.0000 deg = 90 deg 0 min 0 sec.
      Angle 2 3 4 is   1.57079633 rad =   90.0000 deg = 90 deg 0 min 0 sec.
      Angle 3 4 1 is   1.57079633 rad =   90.0000 deg = 90 deg 0 min 0 sec.

Face # 2 has 3 vertices:
    Vertices input as   4   1   0
    Vertices renumbered as   5   2   1
      Edge 5 2 is   1.00000000.
      Edge 2 1 is   1.00000000.
      Edge 1 5 is   1.00000000.
      Angle 1 5 2 is   1.04719755 rad =   60.0000 deg = 60 deg 0 min 0 sec.
      Angle 5 2 1 is   1.04719755 rad =   60.0000 deg = 60 deg 0 min 0 sec.
      Angle 2 1 5 is   1.04719755 rad =   60.0000 deg = 60 deg 0 min 0 sec.

Face # 3 has 3 vertices:
    Vertices input as   4   2   1
    Vertices renumbered as   5   3   2
      Edge 5 3 is   1.00000000.
      Edge 3 2 is   1.00000000.
      Edge 2 5 is   1.00000000.
      Angle 2 5 3 is   1.04719755 rad =   60.0000 deg = 60 deg 0 min 0 sec.
      Angle 5 3 2 is   1.04719755 rad =   60.0000 deg = 60 deg 0 min 0 sec.
      Angle 3 2 5 is   1.04719755 rad =   60.0000 deg = 60 deg 0 min 0 sec.

Face # 4 has 3 vertices:
    Vertices input as   4   3   2
    Vertices renumbered as   5   4   3
      Edge 5 4 is   1.00000000.
      Edge 4 3 is   1.00000000.
      Edge 3 5 is   1.00000000.
      Angle 3 5 4 is   1.04719755 rad =   60.0000 deg = 60 deg 0 min 0 sec.
      Angle 5 4 3 is   1.04719755 rad =   60.0000 deg = 60 deg 0 min 0 sec.
      Angle 4 3 5 is   1.04719755 rad =   60.0000 deg = 60 deg 0 min 0 sec.

Face # 5 has 3 vertices:
    Vertices input as   4   0   3
    Vertices renumbered as   5   1   4
      Edge 5 1 is   1.00000000.
      Edge 1 4 is   1.00000000.
      Edge 4 5 is   1.00000000.
      Angle 4 5 1 is   1.04719755 rad =   60.0000 deg = 60 deg 0 min 0 sec.

```
       Angle  5  1  4 is   1.04719755 rad =     60.0000 deg =  60 deg  0 min  0 sec.
       Angle  1  4  5 is   1.04719755 rad =     60.0000 deg =  60 deg  0 min  0 sec.


The edge joining vertices  1 and  2 is between faces  1 and  2.
       Dihedral angle is   0.95531662 rad =     54.7356 deg =  54 deg 44 min  8 sec.
The edge joining vertices  1 and  4 is between faces  1 and  5.
       Dihedral angle is   0.95531662 rad =     54.7356 deg =  54 deg 44 min  8 sec.
The edge joining vertices  1 and  5 is between faces  2 and  5.
       Dihedral angle is   1.91063324 rad =    109.4712 deg = 109 deg 28 min 16 sec.
The edge joining vertices  2 and  3 is between faces  1 and  3.
       Dihedral angle is   0.95531662 rad =     54.7356 deg =  54 deg 44 min  8 sec.
The edge joining vertices  2 and  5 is between faces  2 and  3.
       Dihedral angle is   1.91063324 rad =    109.4712 deg = 109 deg 28 min 16 sec.
The edge joining vertices  3 and  4 is between faces  1 and  4.
       Dihedral angle is   0.95531662 rad =     54.7356 deg =  54 deg 44 min  8 sec.
The edge joining vertices  3 and  5 is between faces  3 and  4.
       Dihedral angle is   1.91063324 rad =    109.4712 deg = 109 deg 28 min 16 sec.
The edge joining vertices  4 and  5 is between faces  4 and  5.
       Dihedral angle is   1.91063324 rad =    109.4712 deg = 109 deg 28 min 16 sec.
```

Report based on file j01d.off

Vertex # 1: (0.00000000, 0.00000000, 0.98994949).
Vertex # 2: (-0.28284271, -0.28284271, -0.42426407).
Vertex # 3: (0.28284271, -0.28284271, -0.42426407).
Vertex # 4: (0.28284271, 0.28284271, -0.42426407).
Vertex # 5: (-0.28284271, 0.28284271, -0.42426407).

Face # 1 has 3 vertices:
    Vertices input as   1   0   4
    Vertices renumbered as   2   1   5
        Edge 2 1 is   1.46969385.
        Edge 1 5 is   1.46969385.
        Edge 5 2 is   0.56568542.
        Angle 5 2 1 is   1.37713803 rad =   78.9042 deg = 78 deg 54 min 15 sec.
        Angle 2 1 5 is   0.38731660 rad =   22.1916 deg = 22 deg 11 min 30 sec.
        Angle 1 5 2 is   1.37713803 rad =   78.9042 deg = 78 deg 54 min 15 sec.

Face # 2 has 3 vertices:
    Vertices input as   0   1   2
    Vertices renumbered as   1   2   3
        Edge 1 2 is   1.46969385.
        Edge 2 3 is   0.56568542.
        Edge 3 1 is   1.46969385.
        Angle 3 1 2 is   0.38731660 rad =   22.1916 deg = 22 deg 11 min 30 sec.
        Angle 1 2 3 is   1.37713803 rad =   78.9042 deg = 78 deg 54 min 15 sec.
        Angle 2 3 1 is   1.37713803 rad =   78.9042 deg = 78 deg 54 min 15 sec.

Face # 3 has 3 vertices:
    Vertices input as   0   2   3
    Vertices renumbered as   1   3   4
        Edge 1 3 is   1.46969385.
        Edge 3 4 is   0.56568542.
        Edge 4 1 is   1.46969385.
        Angle 4 1 3 is   0.38731660 rad =   22.1916 deg = 22 deg 11 min 30 sec.
        Angle 1 3 4 is   1.37713803 rad =   78.9042 deg = 78 deg 54 min 15 sec.
        Angle 3 4 1 is   1.37713803 rad =   78.9042 deg = 78 deg 54 min 15 sec.

Face # 4 has 3 vertices:
    Vertices input as   4   0   3
    Vertices renumbered as   5   1   4
        Edge 5 1 is   1.46969385.
        Edge 1 4 is   1.46969385.
        Edge 4 5 is   0.56568542.
        Angle 4 5 1 is   1.37713803 rad =   78.9042 deg = 78 deg 54 min 15 sec.
        Angle 5 1 4 is   0.38731660 rad =   22.1916 deg = 22 deg 11 min 30 sec.
        Angle 1 4 5 is   1.37713803 rad =   78.9042 deg = 78 deg 54 min 15 sec.

Face # 5 has 4 vertices:
    Vertices input as   1   4   3   2
    Vertices renumbered as   2   5   4   3
        Edge 2 5 is   0.56568542.
        Edge 5 4 is   0.56568542.
        Edge 4 3 is   0.56568542.
        Edge 3 2 is   0.56568542.
        Angle 3 2 5 is   1.57079633 rad =   90.0000 deg = 90 deg 0 min 0 sec.
        Angle 2 5 4 is   1.57079633 rad =   90.0000 deg = 90 deg 0 min 0 sec.

```
            Angle   5   4   3 is    1.57079633 rad =        90.0000 deg =  90 deg  0 min  0 sec.
            Angle   4   3   2 is    1.57079633 rad =        90.0000 deg =  90 deg  0 min  0 sec.


The edge joining vertices   1 and   2 is between faces   1 and   2.
        Dihedral angle is    1.60926735 rad =        92.2042 deg =  92 deg 12 min 15 sec.
The edge joining vertices   1 and   3 is between faces   2 and   3.
        Dihedral angle is    1.60926735 rad =        92.2042 deg =  92 deg 12 min 15 sec.
The edge joining vertices   1 and   4 is between faces   3 and   4.
        Dihedral angle is    1.60926735 rad =        92.2042 deg =  92 deg 12 min 15 sec.
The edge joining vertices   1 and   5 is between faces   1 and   4.
        Dihedral angle is    1.60926735 rad =        92.2042 deg =  92 deg 12 min 15 sec.
The edge joining vertices   2 and   3 is between faces   2 and   5.
        Dihedral angle is    1.37340077 rad =        78.6901 deg =  78 deg 41 min 24 sec.
The edge joining vertices   2 and   5 is between faces   1 and   5.
        Dihedral angle is    1.37340077 rad =        78.6901 deg =  78 deg 41 min 24 sec.
The edge joining vertices   3 and   4 is between faces   3 and   5.
        Dihedral angle is    1.37340077 rad =        78.6901 deg =  78 deg 41 min 24 sec.
The edge joining vertices   4 and   5 is between faces   4 and   5.
        Dihedral angle is    1.37340077 rad =        78.6901 deg =  78 deg 41 min 24 sec.
```

Report based on file j02.off

Vertex # 1: (-0.85065081,   0.00000000,   0.00000000).
Vertex # 2: (-0.26286556, -0.80901699,   0.00000000).
Vertex # 3: (0.68819096, -0.50000000,   0.00000000).
Vertex # 4: (0.68819096,   0.50000000,   0.00000000).
Vertex # 5: (-0.26286556,   0.80901699,   0.00000000).
Vertex # 6: (0.00000000,   0.00000000, -0.52573111).

Face # 1 has 5 vertices:
    Vertices input as   0   1   2   3   4
    Vertices renumbered as   1   2   3   4   5
      Edge 1 2 is   1.00000000.
      Edge 2 3 is   1.00000000.
      Edge 3 4 is   1.00000000.
      Edge 4 5 is   1.00000000.
      Edge 5 1 is   1.00000000.
      Angle 5 1 2 is   1.88495559 rad =   108.0000 deg = 108 deg 0 min 0 sec.
      Angle 1 2 3 is   1.88495559 rad =   108.0000 deg = 108 deg 0 min 0 sec.
      Angle 2 3 4 is   1.88495559 rad =   108.0000 deg = 108 deg 0 min 0 sec.
      Angle 3 4 5 is   1.88495559 rad =   108.0000 deg = 108 deg 0 min 0 sec.
      Angle 4 5 1 is   1.88495559 rad =   108.0000 deg = 108 deg 0 min 0 sec.

Face # 2 has 3 vertices:
    Vertices input as   5   1   0
    Vertices renumbered as   6   2   1
      Edge 6 2 is   1.00000000.
      Edge 2 1 is   1.00000000.
      Edge 1 6 is   1.00000000.
      Angle 1 6 2 is   1.04719755 rad =   60.0000 deg = 60 deg 0 min 0 sec.
      Angle 6 2 1 is   1.04719755 rad =   60.0000 deg = 60 deg 0 min 0 sec.
      Angle 2 1 6 is   1.04719755 rad =   60.0000 deg = 60 deg 0 min 0 sec.

Face # 3 has 3 vertices:
    Vertices input as   5   2   1
    Vertices renumbered as   6   3   2
      Edge 6 3 is   1.00000000.
      Edge 3 2 is   1.00000000.
      Edge 2 6 is   1.00000000.
      Angle 2 6 3 is   1.04719755 rad =   60.0000 deg = 60 deg 0 min 0 sec.
      Angle 6 3 2 is   1.04719755 rad =   60.0000 deg = 60 deg 0 min 0 sec.
      Angle 3 2 6 is   1.04719755 rad =   60.0000 deg = 60 deg 0 min 0 sec.

Face # 4 has 3 vertices:
    Vertices input as   5   3   2
    Vertices renumbered as   6   4   3
      Edge 6 4 is   1.00000000.
      Edge 4 3 is   1.00000000.
      Edge 3 6 is   1.00000000.
      Angle 3 6 4 is   1.04719755 rad =   60.0000 deg = 60 deg 0 min 0 sec.
      Angle 6 4 3 is   1.04719755 rad =   60.0000 deg = 60 deg 0 min 0 sec.
      Angle 4 3 6 is   1.04719755 rad =   60.0000 deg = 60 deg 0 min 0 sec.

Face # 5 has 3 vertices:
    Vertices input as   5   4   3
    Vertices renumbered as   6   5   4
      Edge 6 5 is   1.00000000.

```
        Edge   5  4 is    1.00000000.
        Edge   4  6 is    1.00000000.
        Angle  4  6  5 is    1.04719755 rad =        60.0000 deg =  60 deg  0 min  0 sec.
        Angle  6  5  4 is    1.04719755 rad =        60.0000 deg =  60 deg  0 min  0 sec.
        Angle  5  4  6 is    1.04719755 rad =        60.0000 deg =  60 deg  0 min  0 sec.


Face #  6 has  3 vertices:
        Vertices input as         5   0   4
        Vertices renumbered as    6   1   5
        Edge   6  1 is    1.00000000.
        Edge   1  5 is    1.00000000.
        Edge   5  6 is    1.00000000.
        Angle  5  6  1 is    1.04719755 rad =        60.0000 deg =  60 deg  0 min  0 sec.
        Angle  6  1  5 is    1.04719755 rad =        60.0000 deg =  60 deg  0 min  0 sec.
        Angle  1  5  6 is    1.04719755 rad =        60.0000 deg =  60 deg  0 min  0 sec.


The edge joining vertices   1 and  2 is between faces  1 and  2.
        Dihedral angle is    0.65235814 rad =        37.3774 deg =  37 deg 22 min 39 sec.
The edge joining vertices   1 and  5 is between faces  1 and  6.
        Dihedral angle is    0.65235814 rad =        37.3774 deg =  37 deg 22 min 39 sec.
The edge joining vertices   1 and  6 is between faces  2 and  6.
        Dihedral angle is    2.41186500 rad =       138.1897 deg = 138 deg 11 min 23 sec.
The edge joining vertices   2 and  3 is between faces  1 and  3.
        Dihedral angle is    0.65235814 rad =        37.3774 deg =  37 deg 22 min 39 sec.
The edge joining vertices   2 and  6 is between faces  2 and  3.
        Dihedral angle is    2.41186500 rad =       138.1897 deg = 138 deg 11 min 23 sec.
The edge joining vertices   3 and  4 is between faces  1 and  4.
        Dihedral angle is    0.65235814 rad =        37.3774 deg =  37 deg 22 min 39 sec.
The edge joining vertices   3 and  6 is between faces  3 and  4.
        Dihedral angle is    2.41186500 rad =       138.1897 deg = 138 deg 11 min 23 sec.
The edge joining vertices   4 and  5 is between faces  1 and  5.
        Dihedral angle is    0.65235814 rad =        37.3774 deg =  37 deg 22 min 39 sec.
The edge joining vertices   4 and  6 is between faces  4 and  5.
        Dihedral angle is    2.41186500 rad =       138.1897 deg = 138 deg 11 min 23 sec.
The edge joining vertices   5 and  6 is between faces  5 and  6.
        Dihedral angle is    2.41186500 rad =       138.1897 deg = 138 deg 11 min 23 sec.
```

```
Report based on file j02d.off

Vertex #  1: (  0.00000000,   0.00000000,   1.49747234).
Vertex #  2: ( -0.19592842,  -0.14235033,  -0.40464069).
Vertex #  3: (  0.07483800,  -0.23032767,  -0.40464069).
Vertex #  4: (  0.24218084,   0.00000000,  -0.40464069).
Vertex #  5: (  0.07483800,   0.23032767,  -0.40464069).
Vertex #  6: ( -0.19592842,   0.14235033,  -0.40464069).


Face #  1 has  3 vertices:
    Vertices input as         1   0   5
    Vertices renumbered as    2   1   6
       Edge  2  1 is   1.91746853.
       Edge  1  6 is   1.91746853.
       Edge  6  2 is   0.28470066.
       Angle 6  2  1 is   1.49648929 rad =       85.7425 deg =    85 deg 44 min 33 sec.
       Angle 2  1  6 is   0.14861408 rad =        8.5150 deg =     8 deg 30 min 54 sec.
       Angle 1  6  2 is   1.49648929 rad =       85.7425 deg =    85 deg 44 min 33 sec.


Face #  2 has  3 vertices:
    Vertices input as         0   1   2
    Vertices renumbered as    1   2   3
       Edge  1  2 is   1.91746853.
       Edge  2  3 is   0.28470066.
       Edge  3  1 is   1.91746853.
       Angle 3  1  2 is   0.14861408 rad =        8.5150 deg =     8 deg 30 min 54 sec.
       Angle 1  2  3 is   1.49648929 rad =       85.7425 deg =    85 deg 44 min 33 sec.
       Angle 2  3  1 is   1.49648929 rad =       85.7425 deg =    85 deg 44 min 33 sec.


Face #  3 has  3 vertices:
    Vertices input as         0   2   3
    Vertices renumbered as    1   3   4
       Edge  1  3 is   1.91746853.
       Edge  3  4 is   0.28470066.
       Edge  4  1 is   1.91746853.
       Angle 4  1  3 is   0.14861408 rad =        8.5150 deg =     8 deg 30 min 54 sec.
       Angle 1  3  4 is   1.49648929 rad =       85.7425 deg =    85 deg 44 min 33 sec.
       Angle 3  4  1 is   1.49648929 rad =       85.7425 deg =    85 deg 44 min 33 sec.


Face #  4 has  3 vertices:
    Vertices input as         0   3   4
    Vertices renumbered as    1   4   5
       Edge  1  4 is   1.91746853.
       Edge  4  5 is   0.28470066.
       Edge  5  1 is   1.91746853.
       Angle 5  1  4 is   0.14861408 rad =        8.5150 deg =     8 deg 30 min 54 sec.
       Angle 1  4  5 is   1.49648929 rad =       85.7425 deg =    85 deg 44 min 33 sec.
       Angle 4  5  1 is   1.49648929 rad =       85.7425 deg =    85 deg 44 min 33 sec.


Face #  5 has  3 vertices:
    Vertices input as         5   0   4
    Vertices renumbered as    6   1   5
       Edge  6  1 is   1.91746853.
       Edge  1  5 is   1.91746853.
       Edge  5  6 is   0.28470066.
       Angle 5  6  1 is   1.49648929 rad =       85.7425 deg =    85 deg 44 min 33 sec.
       Angle 6  1  5 is   0.14861408 rad =        8.5150 deg =     8 deg 30 min 54 sec.
```

```
        Angle   1   5   6 is    1.49648929 rad =      85.7425 deg =  85 deg 44 min 33 sec.


Face #  6 has  5 vertices:
    Vertices input as          1    5    4    3    2
    Vertices renumbered as     2    6    5    4    3
        Edge  2   6 is    0.28470066.
        Edge  6   5 is    0.28470066.
        Edge  5   4 is    0.28470066.
        Edge  4   3 is    0.28470066.
        Edge  3   2 is    0.28470066.
        Angle   3   2   6 is    1.88495559 rad =     108.0000 deg = 108 deg  0 min  0 sec.
        Angle   2   6   5 is    1.88495559 rad =     108.0000 deg = 108 deg  0 min  0 sec.
        Angle   6   5   4 is    1.88495559 rad =     108.0000 deg = 108 deg  0 min  0 sec.
        Angle   5   4   3 is    1.88495559 rad =     108.0000 deg = 108 deg  0 min  0 sec.
        Angle   4   3   2 is    1.88495559 rad =     108.0000 deg = 108 deg  0 min  0 sec.


The edge joining vertices   1 and  2 is between faces   1 and  2.
    Dihedral angle is    1.89259295 rad =     108.4376 deg = 108 deg 26 min 15 sec.
The edge joining vertices   1 and  3 is between faces   2 and  3.
    Dihedral angle is    1.89259295 rad =     108.4376 deg = 108 deg 26 min 15 sec.
The edge joining vertices   1 and  4 is between faces   3 and  4.
    Dihedral angle is    1.89259295 rad =     108.4376 deg = 108 deg 26 min 15 sec.
The edge joining vertices   1 and  5 is between faces   4 and  5.
    Dihedral angle is    1.89259295 rad =     108.4376 deg = 108 deg 26 min 15 sec.
The edge joining vertices   1 and  6 is between faces   1 and  5.
    Dihedral angle is    1.89259295 rad =     108.4376 deg = 108 deg 26 min 15 sec.
The edge joining vertices   2 and  3 is between faces   2 and  6.
    Dihedral angle is    1.46815266 rad =      84.1190 deg =  84 deg  7 min  8 sec.
The edge joining vertices   2 and  6 is between faces   1 and  6.
    Dihedral angle is    1.46815266 rad =      84.1190 deg =  84 deg  7 min  8 sec.
The edge joining vertices   3 and  4 is between faces   3 and  6.
    Dihedral angle is    1.46815266 rad =      84.1190 deg =  84 deg  7 min  8 sec.
The edge joining vertices   4 and  5 is between faces   4 and  6.
    Dihedral angle is    1.46815266 rad =      84.1190 deg =  84 deg  7 min  8 sec.
The edge joining vertices   5 and  6 is between faces   5 and  6.
    Dihedral angle is    1.46815266 rad =      84.1190 deg =  84 deg  7 min  8 sec.
```

```
Report based on file j03.off


Vertex #  1: ( -0.86602540, -0.50000000,  0.00000000).
Vertex #  2: (  0.00000000, -1.00000000,  0.00000000).
Vertex #  3: (  0.86602540, -0.50000000,  0.00000000).
Vertex #  4: (  0.86602540,  0.50000000,  0.00000000).
Vertex #  5: (  0.00000000,  1.00000000,  0.00000000).
Vertex #  6: ( -0.86602540,  0.50000000,  0.00000000).
Vertex #  7: ( -0.57735027,  0.00000000, -0.81649658).
Vertex #  8: (  0.28867513, -0.50000000, -0.81649658).
Vertex #  9: (  0.28867513,  0.50000000, -0.81649658).


Face #  1 has  6 vertices:
    Vertices input as        0    1    2    3    4    5
    Vertices renumbered as   1    2    3    4    5    6
       Edge  1  2 is  1.00000000.
       Edge  2  3 is  1.00000000.
       Edge  3  4 is  1.00000000.
       Edge  4  5 is  1.00000000.
       Edge  5  6 is  1.00000000.
       Edge  6  1 is  1.00000000.
       Angle  6  1  2 is  2.09439510 rad =     120.0000 deg = 120 deg  0 min  0 sec.
       Angle  1  2  3 is  2.09439510 rad =     120.0000 deg = 120 deg  0 min  0 sec.
       Angle  2  3  4 is  2.09439510 rad =     120.0000 deg = 120 deg  0 min  0 sec.
       Angle  3  4  5 is  2.09439510 rad =     120.0000 deg = 120 deg  0 min  0 sec.
       Angle  4  5  6 is  2.09439510 rad =     120.0000 deg = 120 deg  0 min  0 sec.
       Angle  5  6  1 is  2.09439510 rad =     120.0000 deg = 120 deg  0 min  0 sec.


Face #  2 has  3 vertices:
    Vertices input as        8    7    6
    Vertices renumbered as   9    8    7
       Edge  9  8 is  1.00000000.
       Edge  8  7 is  1.00000000.
       Edge  7  9 is  1.00000000.
       Angle  7  9  8 is  1.04719755 rad =      60.0000 deg =  60 deg  0 min  0 sec.
       Angle  9  8  7 is  1.04719755 rad =      60.0000 deg =  60 deg  0 min  0 sec.
       Angle  8  7  9 is  1.04719755 rad =      60.0000 deg =  60 deg  0 min  0 sec.


Face #  3 has  4 vertices:
    Vertices input as        0    6    7    1
    Vertices renumbered as   1    7    8    2
       Edge  1  7 is  1.00000000.
       Edge  7  8 is  1.00000000.
       Edge  8  2 is  1.00000000.
       Edge  2  1 is  1.00000000.
       Angle  2  1  7 is  1.57079633 rad =      90.0000 deg =  90 deg  0 min  0 sec.
       Angle  1  7  8 is  1.57079633 rad =      90.0000 deg =  90 deg  0 min  0 sec.
       Angle  7  8  2 is  1.57079633 rad =      90.0000 deg =  90 deg  0 min  0 sec.
       Angle  8  2  1 is  1.57079633 rad =      90.0000 deg =  90 deg  0 min  0 sec.


Face #  4 has  3 vertices:
    Vertices input as        1    7    2
    Vertices renumbered as   2    8    3
       Edge  2  8 is  1.00000000.
       Edge  8  3 is  1.00000000.
       Edge  3  2 is  1.00000000.
       Angle  3  2  8 is  1.04719755 rad =      60.0000 deg =  60 deg  0 min  0 sec.
       Angle  2  8  3 is  1.04719755 rad =      60.0000 deg =  60 deg  0 min  0 sec.
```

```
            Angle   8  3  2 is   1.04719755 rad =      60.0000 deg =  60 deg  0 min  0 sec.


Face #  5 has  4 vertices:
    Vertices input as          2   7   8   3
    Vertices renumbered as     3   8   9   4
        Edge  3  8 is    1.00000000.
        Edge  8  9 is    1.00000000.
        Edge  9  4 is    1.00000000.
        Edge  4  3 is    1.00000000.
        Angle   4  3  8 is   1.57079633 rad =      90.0000 deg =  90 deg  0 min  0 sec.
        Angle   3  8  9 is   1.57079633 rad =      90.0000 deg =  90 deg  0 min  0 sec.
        Angle   8  9  4 is   1.57079633 rad =      90.0000 deg =  90 deg  0 min  0 sec.
        Angle   9  4  3 is   1.57079633 rad =      90.0000 deg =  90 deg  0 min  0 sec.

Face #  6 has  3 vertices:
    Vertices input as          3   8   4
    Vertices renumbered as     4   9   5
        Edge  4  9 is    1.00000000.
        Edge  9  5 is    1.00000000.
        Edge  5  4 is    1.00000000.
        Angle   5  4  9 is   1.04719755 rad =      60.0000 deg =  60 deg  0 min  0 sec.
        Angle   4  9  5 is   1.04719755 rad =      60.0000 deg =  60 deg  0 min  0 sec.
        Angle   9  5  4 is   1.04719755 rad =      60.0000 deg =  60 deg  0 min  0 sec.

Face #  7 has  4 vertices:
    Vertices input as          4   8   6   5
    Vertices renumbered as     5   9   7   6
        Edge  5  9 is    1.00000000.
        Edge  9  7 is    1.00000000.
        Edge  7  6 is    1.00000000.
        Edge  6  5 is    1.00000000.
        Angle   6  5  9 is   1.57079633 rad =      90.0000 deg =  90 deg  0 min  0 sec.
        Angle   5  9  7 is   1.57079633 rad =      90.0000 deg =  90 deg  0 min  0 sec.
        Angle   9  7  6 is   1.57079633 rad =      90.0000 deg =  90 deg  0 min  0 sec.
        Angle   7  6  5 is   1.57079633 rad =      90.0000 deg =  90 deg  0 min  0 sec.

Face #  8 has  3 vertices:
    Vertices input as          5   6   0
    Vertices renumbered as     6   7   1
        Edge  6  7 is    1.00000000.
        Edge  7  1 is    1.00000000.
        Edge  1  6 is    1.00000000.
        Angle   1  6  7 is   1.04719755 rad =      60.0000 deg =  60 deg  0 min  0 sec.
        Angle   6  7  1 is   1.04719755 rad =      60.0000 deg =  60 deg  0 min  0 sec.
        Angle   7  1  6 is   1.04719755 rad =      60.0000 deg =  60 deg  0 min  0 sec.

The edge joining vertices   1 and   2 is between faces   1 and   3.
        Dihedral angle is   0.95531662 rad =      54.7356 deg =  54 deg 44 min  8 sec.
The edge joining vertices   1 and   6 is between faces   1 and   8.
        Dihedral angle is   1.23095942 rad =      70.5288 deg =  70 deg 31 min 44 sec.
The edge joining vertices   1 and   7 is between faces   3 and   8.
        Dihedral angle is   2.18627604 rad =     125.2644 deg = 125 deg 15 min 52 sec.
The edge joining vertices   2 and   3 is between faces   1 and   4.
        Dihedral angle is   1.23095942 rad =      70.5288 deg =  70 deg 31 min 44 sec.
The edge joining vertices   2 and   8 is between faces   3 and   4.
        Dihedral angle is   2.18627604 rad =     125.2644 deg = 125 deg 15 min 52 sec.
The edge joining vertices   3 and   4 is between faces   1 and   5.
        Dihedral angle is   0.95531662 rad =      54.7356 deg =  54 deg 44 min  8 sec.
```

```
The edge joining vertices   3 and   8 is between faces   4 and   5.
      Dihedral angle is    2.18627604 rad =       125.2644 deg = 125 deg 15 min 52 sec.
The edge joining vertices   4 and   5 is between faces   1 and   6.
      Dihedral angle is    1.23095942 rad =        70.5288 deg =  70 deg 31 min 44 sec.
The edge joining vertices   4 and   9 is between faces   5 and   6.
      Dihedral angle is    2.18627604 rad =       125.2644 deg = 125 deg 15 min 52 sec.
The edge joining vertices   5 and   6 is between faces   1 and   7.
      Dihedral angle is    0.95531662 rad =        54.7356 deg =  54 deg 44 min  8 sec.
The edge joining vertices   5 and   9 is between faces   6 and   7.
      Dihedral angle is    2.18627604 rad =       125.2644 deg = 125 deg 15 min 52 sec.
The edge joining vertices   6 and   7 is between faces   7 and   8.
      Dihedral angle is    2.18627604 rad =       125.2644 deg = 125 deg 15 min 52 sec.
The edge joining vertices   7 and   8 is between faces   2 and   3.
      Dihedral angle is    2.18627604 rad =       125.2644 deg = 125 deg 15 min 52 sec.
The edge joining vertices   7 and   9 is between faces   2 and   7.
      Dihedral angle is    2.18627604 rad =       125.2644 deg = 125 deg 15 min 52 sec.
The edge joining vertices   8 and   9 is between faces   2 and   5.
      Dihedral angle is    2.18627604 rad =       125.2644 deg = 125 deg 15 min 52 sec.
```

```
Report based on file j03d.off


Vertex #  1: (  0.00000000,  0.00000000,  1.12268280).
Vertex #  2: (  0.00000000,  0.00000000, -0.96958969).
Vertex #  3: ( -0.28180192, -0.48809524, -0.67069362).
Vertex #  4: (  0.24657668, -0.42708333, -0.44652157).
Vertex #  5: (  0.56360383,  0.00000000, -0.67069362).
Vertex #  6: (  0.24657668,  0.42708333, -0.44652157).
Vertex #  7: ( -0.28180192,  0.48809524, -0.67069362).
Vertex #  8: ( -0.49315335,  0.00000000, -0.44652157).


Face #  1 has  3 vertices:
    Vertices input as         2   0   7
    Vertices renumbered as    3   1   8
        Edge  3  1 is   1.87985326.
        Edge  1  8 is   1.64487160.
        Edge  8  3 is   0.57719971.
        Angle 8  3  1 is   1.00606991 rad =      57.6436 deg =  57 deg 38 min 37 sec.
        Angle 3  1  8 is   0.30094708 rad =      17.2430 deg =  17 deg 14 min 35 sec.
        Angle 1  8  3 is   1.83457567 rad =     105.1134 deg = 105 deg  6 min 48 sec.

Face #  2 has  3 vertices:
    Vertices input as         0   2   3
    Vertices renumbered as    1   3   4
        Edge  1  3 is   1.87985326.
        Edge  3  4 is   0.57719971.
        Edge  4  1 is   1.64487160.
        Angle 4  1  3 is   0.30094708 rad =      17.2430 deg =  17 deg 14 min 35 sec.
        Angle 1  3  4 is   1.00606991 rad =      57.6436 deg =  57 deg 38 min 37 sec.
        Angle 3  4  1 is   1.83457567 rad =     105.1134 deg = 105 deg  6 min 48 sec.

Face #  3 has  3 vertices:
    Vertices input as         0   3   4
    Vertices renumbered as    1   4   5
        Edge  1  4 is   1.64487160.
        Edge  4  5 is   0.57719971.
        Edge  5  1 is   1.87985326.
        Angle 5  1  4 is   0.30094708 rad =      17.2430 deg =  17 deg 14 min 35 sec.
        Angle 1  4  5 is   1.83457567 rad =     105.1134 deg = 105 deg  6 min 48 sec.
        Angle 4  5  1 is   1.00606991 rad =      57.6436 deg =  57 deg 38 min 37 sec.

Face #  4 has  3 vertices:
    Vertices input as         0   4   5
    Vertices renumbered as    1   5   6
        Edge  1  5 is   1.87985326.
        Edge  5  6 is   0.57719971.
        Edge  6  1 is   1.64487160.
        Angle 6  1  5 is   0.30094708 rad =      17.2430 deg =  17 deg 14 min 35 sec.
        Angle 1  5  6 is   1.00606991 rad =      57.6436 deg =  57 deg 38 min 37 sec.
        Angle 5  6  1 is   1.83457567 rad =     105.1134 deg = 105 deg  6 min 48 sec.

Face #  5 has  3 vertices:
    Vertices input as         0   5   6
    Vertices renumbered as    1   6   7
        Edge  1  6 is   1.64487160.
        Edge  6  7 is   0.57719971.
        Edge  7  1 is   1.87985326.
```

```
        Angle   7   1   6  is   0.30094708 rad =      17.2430 deg =  17 deg 14 min 35 sec.
        Angle   1   6   7  is   1.83457567 rad =     105.1134 deg = 105 deg  6 min 48 sec.
        Angle   6   7   1  is   1.00606991 rad =      57.6436 deg =  57 deg 38 min 37 sec.


Face #  6 has  3 vertices:
    Vertices input as           7   0   6
    Vertices renumbered as      8   1   7
        Edge  8  1  is   1.64487160.
        Edge  1  7  is   1.87985326.
        Edge  7  8  is   0.57719971.
        Angle   7   8   1  is   1.83457567 rad =     105.1134 deg = 105 deg  6 min 48 sec.
        Angle   8   1   7  is   0.30094708 rad =      17.2430 deg =  17 deg 14 min 35 sec.
        Angle   1   7   8  is   1.00606991 rad =      57.6436 deg =  57 deg 38 min 37 sec.


Face #  7 has  4 vertices:
    Vertices input as           2   7   6   1
    Vertices renumbered as      3   8   7   2
        Edge  3  8  is   0.57719971.
        Edge  8  7  is   0.57719971.
        Edge  7  2  is   0.63795622.
        Edge  2  3  is   0.63795622.
        Angle   2   3   8  is   1.26267100 rad =      72.3457 deg =  72 deg 20 min 45 sec.
        Angle   3   8   7  is   2.01547475 rad =     115.4782 deg = 115 deg 28 min 42 sec.
        Angle   8   7   2  is   1.26267100 rad =      72.3457 deg =  72 deg 20 min 45 sec.
        Angle   7   2   3  is   1.74236856 rad =      99.8304 deg =  99 deg 49 min 49 sec.


Face #  8 has  4 vertices:
    Vertices input as           3   2   1   4
    Vertices renumbered as      4   3   2   5
        Edge  4  3  is   0.57719971.
        Edge  3  2  is   0.63795622.
        Edge  2  5  is   0.63795622.
        Edge  5  4  is   0.57719971.
        Angle   5   4   3  is   2.01547475 rad =     115.4782 deg = 115 deg 28 min 42 sec.
        Angle   4   3   2  is   1.26267100 rad =      72.3457 deg =  72 deg 20 min 45 sec.
        Angle   3   2   5  is   1.74236856 rad =      99.8304 deg =  99 deg 49 min 49 sec.
        Angle   2   5   4  is   1.26267100 rad =      72.3457 deg =  72 deg 20 min 45 sec.


Face #  9 has  4 vertices:
    Vertices input as           5   4   1   6
    Vertices renumbered as      6   5   2   7
        Edge  6  5  is   0.57719971.
        Edge  5  2  is   0.63795622.
        Edge  2  7  is   0.63795622.
        Edge  7  6  is   0.57719971.
        Angle   7   6   5  is   2.01547475 rad =     115.4782 deg = 115 deg 28 min 42 sec.
        Angle   6   5   2  is   1.26267100 rad =      72.3457 deg =  72 deg 20 min 45 sec.
        Angle   5   2   7  is   1.74236856 rad =      99.8304 deg =  99 deg 49 min 49 sec.
        Angle   2   7   6  is   1.26267100 rad =      72.3457 deg =  72 deg 20 min 45 sec.


The edge joining vertices  1 and  3 is between faces  1 and  2.
        Dihedral angle is   2.13469197 rad =     122.3088 deg = 122 deg 18 min 32 sec.
The edge joining vertices  1 and  4 is between faces  2 and  3.
        Dihedral angle is   2.13469197 rad =     122.3088 deg = 122 deg 18 min 32 sec.
The edge joining vertices  1 and  5 is between faces  3 and  4.
        Dihedral angle is   2.13469197 rad =     122.3088 deg = 122 deg 18 min 32 sec.
The edge joining vertices  1 and  6 is between faces  4 and  5.
        Dihedral angle is   2.13469197 rad =     122.3088 deg = 122 deg 18 min 32 sec.
```

```
The edge joining vertices  1 and  7 is between faces  5 and  6.
        Dihedral angle is  2.13469197 rad =      122.3088 deg = 122 deg 18 min 32 sec.
The edge joining vertices  1 and  8 is between faces  1 and  6.
        Dihedral angle is  2.13469197 rad =      122.3088 deg = 122 deg 18 min 32 sec.
The edge joining vertices  2 and  3 is between faces  7 and  8.
        Dihedral angle is  1.77816162 rad =      101.8812 deg = 101 deg 52 min 52 sec.
The edge joining vertices  2 and  5 is between faces  8 and  9.
        Dihedral angle is  1.77816162 rad =      101.8812 deg = 101 deg 52 min 52 sec.
The edge joining vertices  2 and  7 is between faces  7 and  9.
        Dihedral angle is  1.77816162 rad =      101.8812 deg = 101 deg 52 min 52 sec.
The edge joining vertices  3 and  4 is between faces  2 and  8.
        Dihedral angle is  2.01291843 rad =      115.3317 deg = 115 deg 19 min 54 sec.
The edge joining vertices  3 and  8 is between faces  1 and  7.
        Dihedral angle is  2.01291843 rad =      115.3317 deg = 115 deg 19 min 54 sec.
The edge joining vertices  4 and  5 is between faces  3 and  8.
        Dihedral angle is  2.01291843 rad =      115.3317 deg = 115 deg 19 min 54 sec.
The edge joining vertices  5 and  6 is between faces  4 and  9.
        Dihedral angle is  2.01291843 rad =      115.3317 deg = 115 deg 19 min 54 sec.
The edge joining vertices  6 and  7 is between faces  5 and  9.
        Dihedral angle is  2.01291843 rad =      115.3317 deg = 115 deg 19 min 54 sec.
The edge joining vertices  7 and  8 is between faces  6 and  7.
        Dihedral angle is  2.01291843 rad =      115.3317 deg = 115 deg 19 min 54 sec.
```

```
Report based on file j04.off


Vertex #  1: ( -1.20710678, -0.50000000,  0.00000000).
Vertex #  2: ( -0.50000000, -1.20710678,  0.00000000).
Vertex #  3: (  0.50000000, -1.20710678,  0.00000000).
Vertex #  4: (  1.20710678, -0.50000000,  0.00000000).
Vertex #  5: (  1.20710678,  0.50000000,  0.00000000).
Vertex #  6: (  0.50000000,  1.20710678,  0.00000000).
Vertex #  7: ( -0.50000000,  1.20710678,  0.00000000).
Vertex #  8: ( -1.20710678,  0.50000000,  0.00000000).
Vertex #  9: ( -0.70710678,  0.00000000, -0.70710678).
Vertex # 10: (  0.00000000, -0.70710678, -0.70710678).
Vertex # 11: (  0.70710678,  0.00000000, -0.70710678).
Vertex # 12: (  0.00000000,  0.70710678, -0.70710678).


Face #  1 has  8 vertices:
    Vertices input as         0   1   2   3   4   5   6   7
    Vertices renumbered as    1   2   3   4   5   6   7   8
    Edge  1  2 is   1.00000000.
    Edge  2  3 is   1.00000000.
    Edge  3  4 is   1.00000000.
    Edge  4  5 is   1.00000000.
    Edge  5  6 is   1.00000000.
    Edge  6  7 is   1.00000000.
    Edge  7  8 is   1.00000000.
    Edge  8  1 is   1.00000000.
    Angle  8  1  2 is   2.35619449 rad =      135.0000 deg = 135 deg  0 min  0 sec.
    Angle  1  2  3 is   2.35619449 rad =      135.0000 deg = 135 deg  0 min  0 sec.
    Angle  2  3  4 is   2.35619449 rad =      135.0000 deg = 135 deg  0 min  0 sec.
    Angle  3  4  5 is   2.35619449 rad =      135.0000 deg = 135 deg  0 min  0 sec.
    Angle  4  5  6 is   2.35619449 rad =      135.0000 deg = 135 deg  0 min  0 sec.
    Angle  5  6  7 is   2.35619449 rad =      135.0000 deg = 135 deg  0 min  0 sec.
    Angle  6  7  8 is   2.35619449 rad =      135.0000 deg = 135 deg  0 min  0 sec.
    Angle  7  8  1 is   2.35619449 rad =      135.0000 deg = 135 deg  0 min  0 sec.


Face #  2 has  4 vertices:
    Vertices input as        11  10   9   8
    Vertices renumbered as   12  11  10   9
    Edge 12 11 is   1.00000000.
    Edge 11 10 is   1.00000000.
    Edge 10  9 is   1.00000000.
    Edge  9 12 is   1.00000000.
    Angle  9 12 11 is   1.57079633 rad =       90.0000 deg =  90 deg  0 min  0 sec.
    Angle 12 11 10 is   1.57079633 rad =       90.0000 deg =  90 deg  0 min  0 sec.
    Angle 11 10  9 is   1.57079633 rad =       90.0000 deg =  90 deg  0 min  0 sec.
    Angle 10  9 12 is   1.57079633 rad =       90.0000 deg =  90 deg  0 min  0 sec.


Face #  3 has  4 vertices:
    Vertices input as         0   8   9   1
    Vertices renumbered as    1   9  10   2
    Edge  1  9 is   1.00000000.
    Edge  9 10 is   1.00000000.
    Edge 10  2 is   1.00000000.
    Edge  2  1 is   1.00000000.
    Angle  2  1  9 is   1.57079633 rad =       90.0000 deg =  90 deg  0 min  0 sec.
    Angle  1  9 10 is   1.57079633 rad =       90.0000 deg =  90 deg  0 min  0 sec.
    Angle  9 10  2 is   1.57079633 rad =       90.0000 deg =  90 deg  0 min  0 sec.
    Angle 10  2  1 is   1.57079633 rad =       90.0000 deg =  90 deg  0 min  0 sec.
```

```
Face #  4 has  3 vertices:
    Vertices input as         1   9   2
    Vertices renumbered as    2  10   3
      Edge  2 10 is  1.00000000.
      Edge 10  3 is  1.00000000.
      Edge  3  2 is  1.00000000.
      Angle  3  2 10 is  1.04719755 rad =    60.0000 deg = 60 deg  0 min  0 sec.
      Angle  2 10  3 is  1.04719755 rad =    60.0000 deg = 60 deg  0 min  0 sec.
      Angle 10  3  2 is  1.04719755 rad =    60.0000 deg = 60 deg  0 min  0 sec.

Face #  5 has  4 vertices:
    Vertices input as         2   9  10   3
    Vertices renumbered as    3  10  11   4
      Edge  3 10 is  1.00000000.
      Edge 10 11 is  1.00000000.
      Edge 11  4 is  1.00000000.
      Edge  4  3 is  1.00000000.
      Angle  4  3 10 is  1.57079633 rad =    90.0000 deg = 90 deg  0 min  0 sec.
      Angle  3 10 11 is  1.57079633 rad =    90.0000 deg = 90 deg  0 min  0 sec.
      Angle 10 11  4 is  1.57079633 rad =    90.0000 deg = 90 deg  0 min  0 sec.
      Angle 11  4  3 is  1.57079633 rad =    90.0000 deg = 90 deg  0 min  0 sec.

Face #  6 has  3 vertices:
    Vertices input as         3  10   4
    Vertices renumbered as    4  11   5
      Edge  4 11 is  1.00000000.
      Edge 11  5 is  1.00000000.
      Edge  5  4 is  1.00000000.
      Angle  5  4 11 is  1.04719755 rad =    60.0000 deg = 60 deg  0 min  0 sec.
      Angle  4 11  5 is  1.04719755 rad =    60.0000 deg = 60 deg  0 min  0 sec.
      Angle 11  5  4 is  1.04719755 rad =    60.0000 deg = 60 deg  0 min  0 sec.

Face #  7 has  4 vertices:
    Vertices input as         4  10  11   5
    Vertices renumbered as    5  11  12   6
      Edge  5 11 is  1.00000000.
      Edge 11 12 is  1.00000000.
      Edge 12  6 is  1.00000000.
      Edge  6  5 is  1.00000000.
      Angle  6  5 11 is  1.57079633 rad =    90.0000 deg = 90 deg  0 min  0 sec.
      Angle  5 11 12 is  1.57079633 rad =    90.0000 deg = 90 deg  0 min  0 sec.
      Angle 11 12  6 is  1.57079633 rad =    90.0000 deg = 90 deg  0 min  0 sec.
      Angle 12  6  5 is  1.57079633 rad =    90.0000 deg = 90 deg  0 min  0 sec.

Face #  8 has  3 vertices:
    Vertices input as         5  11   6
    Vertices renumbered as    6  12   7
      Edge  6 12 is  1.00000000.
      Edge 12  7 is  1.00000000.
      Edge  7  6 is  1.00000000.
      Angle  7  6 12 is  1.04719755 rad =    60.0000 deg = 60 deg  0 min  0 sec.
      Angle  6 12  7 is  1.04719755 rad =    60.0000 deg = 60 deg  0 min  0 sec.
      Angle 12  7  6 is  1.04719755 rad =    60.0000 deg = 60 deg  0 min  0 sec.

Face #  9 has  4 vertices:
    Vertices input as         6  11   8   7
    Vertices renumbered as    7  12   9   8
```

```
        Edge    7  12 is     1.00000000.
        Edge   12   9 is     1.00000000.
        Edge    9   8 is     1.00000000.
        Edge    8   7 is     1.00000000.
        Angle   8   7  12 is     1.57079633 rad =        90.0000 deg =  90 deg  0 min  0 sec.
        Angle   7  12   9 is     1.57079633 rad =        90.0000 deg =  90 deg  0 min  0 sec.
        Angle  12   9   8 is     1.57079633 rad =        90.0000 deg =  90 deg  0 min  0 sec.
        Angle   9   8   7 is     1.57079633 rad =        90.0000 deg =  90 deg  0 min  0 sec.


Face # 10 has  3 vertices:
     Vertices input as            7    8    0
     Vertices renumbered as       8    9    1
        Edge    8   9 is     1.00000000.
        Edge    9   1 is     1.00000000.
        Edge    1   8 is     1.00000000.
        Angle   1   8   9 is     1.04719755 rad =        60.0000 deg =  60 deg  0 min  0 sec.
        Angle   8   9   1 is     1.04719755 rad =        60.0000 deg =  60 deg  0 min  0 sec.
        Angle   9   1   8 is     1.04719755 rad =        60.0000 deg =  60 deg  0 min  0 sec.


The edge joining vertices  1 and  2 is between faces   1 and  3.
        Dihedral angle is     0.78539816 rad =        45.0000 deg =  45 deg  0 min  0 sec.
The edge joining vertices  1 and  8 is between faces   1 and 10.
        Dihedral angle is     0.95531662 rad =        54.7356 deg =  54 deg 44 min  8 sec.
The edge joining vertices  1 and  9 is between faces   3 and 10.
        Dihedral angle is     2.52611294 rad =       144.7356 deg = 144 deg 44 min  8 sec.
The edge joining vertices  2 and  3 is between faces   1 and  4.
        Dihedral angle is     0.95531662 rad =        54.7356 deg =  54 deg 44 min  8 sec.
The edge joining vertices  2 and 10 is between faces   3 and  4.
        Dihedral angle is     2.52611294 rad =       144.7356 deg = 144 deg 44 min  8 sec.
The edge joining vertices  3 and  4 is between faces   1 and  5.
        Dihedral angle is     0.78539816 rad =        45.0000 deg =  45 deg  0 min  0 sec.
The edge joining vertices  3 and 10 is between faces   4 and  5.
        Dihedral angle is     2.52611294 rad =       144.7356 deg = 144 deg 44 min  8 sec.
The edge joining vertices  4 and  5 is between faces   1 and  6.
        Dihedral angle is     0.95531662 rad =        54.7356 deg =  54 deg 44 min  8 sec.
The edge joining vertices  4 and 11 is between faces   5 and  6.
        Dihedral angle is     2.52611294 rad =       144.7356 deg = 144 deg 44 min  8 sec.
The edge joining vertices  5 and  6 is between faces   1 and  7.
        Dihedral angle is     0.78539816 rad =        45.0000 deg =  45 deg  0 min  0 sec.
The edge joining vertices  5 and 11 is between faces   6 and  7.
        Dihedral angle is     2.52611294 rad =       144.7356 deg = 144 deg 44 min  8 sec.
The edge joining vertices  6 and  7 is between faces   1 and  8.
        Dihedral angle is     0.95531662 rad =        54.7356 deg =  54 deg 44 min  8 sec.
The edge joining vertices  6 and 12 is between faces   7 and  8.
        Dihedral angle is     2.52611294 rad =       144.7356 deg = 144 deg 44 min  8 sec.
The edge joining vertices  7 and  8 is between faces   1 and  9.
        Dihedral angle is     0.78539816 rad =        45.0000 deg =  45 deg  0 min  0 sec.
The edge joining vertices  7 and 12 is between faces   8 and  9.
        Dihedral angle is     2.52611294 rad =       144.7356 deg = 144 deg 44 min  8 sec.
The edge joining vertices  8 and  9 is between faces   9 and 10.
        Dihedral angle is     2.52611294 rad =       144.7356 deg = 144 deg 44 min  8 sec.
The edge joining vertices  9 and 10 is between faces   2 and  3.
        Dihedral angle is     2.35619449 rad =       135.0000 deg = 135 deg  0 min  0 sec.
The edge joining vertices  9 and 12 is between faces   2 and  9.
        Dihedral angle is     2.35619449 rad =       135.0000 deg = 135 deg  0 min  0 sec.
The edge joining vertices 10 and 11 is between faces   2 and  5.
        Dihedral angle is     2.35619449 rad =       135.0000 deg = 135 deg  0 min  0 sec.
The edge joining vertices 11 and 12 is between faces   2 and  7.
        Dihedral angle is     2.35619449 rad =       135.0000 deg = 135 deg  0 min  0 sec.
```

```
Report based on file j04d.off


Vertex #  1: (  0.00000000,  0.00000000,  1.76776695).
Vertex #  2: (  0.00000000,  0.00000000, -1.23743687).
Vertex #  3: ( -0.34374097, -0.34374097, -0.72182541).
Vertex #  4: (  0.00000000, -0.45386776, -0.55663523).
Vertex #  5: (  0.34374097, -0.34374097, -0.72182541).
Vertex #  6: (  0.45386776,  0.00000000, -0.55663523).
Vertex #  7: (  0.34374097,  0.34374097, -0.72182541).
Vertex #  8: (  0.00000000,  0.45386776, -0.55663523).
Vertex #  9: ( -0.34374097,  0.34374097, -0.72182541).
Vertex # 10: ( -0.45386776,  0.00000000, -0.55663523).


Face #  1 has  3 vertices:
    Vertices input as        2   0   9
    Vertices renumbered as   3   1  10
      Edge  3  1 is   2.53660912.
      Edge  1 10 is   2.36829927.
      Edge 10  3 is   0.39695536.
      Angle 10  3  1 is  1.06079263 rad =       60.7789 deg =  60 deg 46 min 44 sec.
      Angle  3  1 10 is  0.14680894 rad =        8.4115 deg =   8 deg 24 min 42 sec.
      Angle  1 10  3 is  1.93399109 rad =      110.8095 deg = 110 deg 48 min 34 sec.

Face #  2 has  3 vertices:
    Vertices input as        0   2   3
    Vertices renumbered as   1   3   4
      Edge  1  3 is   2.53660912.
      Edge  3  4 is   0.39695536.
      Edge  4  1 is   2.36829927.
      Angle  4  1  3 is  0.14680894 rad =        8.4115 deg =   8 deg 24 min 42 sec.
      Angle  1  3  4 is  1.06079263 rad =       60.7789 deg =  60 deg 46 min 44 sec.
      Angle  3  4  1 is  1.93399109 rad =      110.8095 deg = 110 deg 48 min 34 sec.

Face #  3 has  3 vertices:
    Vertices input as        0   3   4
    Vertices renumbered as   1   4   5
      Edge  1  4 is   2.36829927.
      Edge  4  5 is   0.39695536.
      Edge  5  1 is   2.53660912.
      Angle  5  1  4 is  0.14680894 rad =        8.4115 deg =   8 deg 24 min 42 sec.
      Angle  1  4  5 is  1.93399109 rad =      110.8095 deg = 110 deg 48 min 34 sec.
      Angle  4  5  1 is  1.06079263 rad =       60.7789 deg =  60 deg 46 min 44 sec.

Face #  4 has  3 vertices:
    Vertices input as        0   4   5
    Vertices renumbered as   1   5   6
      Edge  1  5 is   2.53660912.
      Edge  5  6 is   0.39695536.
      Edge  6  1 is   2.36829927.
      Angle  6  1  5 is  0.14680894 rad =        8.4115 deg =   8 deg 24 min 42 sec.
      Angle  1  5  6 is  1.06079263 rad =       60.7789 deg =  60 deg 46 min 44 sec.
      Angle  5  6  1 is  1.93399109 rad =      110.8095 deg = 110 deg 48 min 34 sec.

Face #  5 has  3 vertices:
    Vertices input as        0   5   6
    Vertices renumbered as   1   6   7
      Edge  1  6 is   2.36829927.
```

```
        Edge    6   7  is    0.39695536.
        Edge    7   1  is    2.53660912.
        Angle   7   1   6  is   0.14680894 rad =       8.4115 deg =    8 deg 24 min 42 sec.
        Angle   1   6   7  is   1.93399109 rad =     110.8095 deg =  110 deg 48 min 34 sec.
        Angle   6   7   1  is   1.06079263 rad =      60.7789 deg =   60 deg 46 min 44 sec.


Face #  6 has  3 vertices:
     Vertices input as           0    6    7
     Vertices renumbered as      1    7    8
        Edge    1   7  is    2.53660912.
        Edge    7   8  is    0.39695536.
        Edge    8   1  is    2.36829927.
        Angle   8   1   7  is   0.14680894 rad =       8.4115 deg =    8 deg 24 min 42 sec.
        Angle   1   7   8  is   1.06079263 rad =      60.7789 deg =   60 deg 46 min 44 sec.
        Angle   7   8   1  is   1.93399109 rad =     110.8095 deg =  110 deg 48 min 34 sec.


Face #  7 has  3 vertices:
     Vertices input as           0    7    8
     Vertices renumbered as      1    8    9
        Edge    1   8  is    2.36829927.
        Edge    8   9  is    0.39695536.
        Edge    9   1  is    2.53660912.
        Angle   9   1   8  is   0.14680894 rad =       8.4115 deg =    8 deg 24 min 42 sec.
        Angle   1   8   9  is   1.93399109 rad =     110.8095 deg =  110 deg 48 min 34 sec.
        Angle   8   9   1  is   1.06079263 rad =      60.7789 deg =   60 deg 46 min 44 sec.


Face #  8 has  3 vertices:
     Vertices input as           9    0    8
     Vertices renumbered as     10    1    9
        Edge   10   1  is    2.36829927.
        Edge    1   9  is    2.53660912.
        Edge    9  10  is    0.39695536.
        Angle   9  10   1  is   1.93399109 rad =     110.8095 deg =  110 deg 48 min 34 sec.
        Angle  10   1   9  is   0.14680894 rad =       8.4115 deg =    8 deg 24 min 42 sec.
        Angle   1   9  10  is   1.06079263 rad =      60.7789 deg =   60 deg 46 min 44 sec.


Face #  9 has  4 vertices:
     Vertices input as           2    9    8    1
     Vertices renumbered as      3   10    9    2
        Edge    3  10  is    0.39695536.
        Edge   10   9  is    0.39695536.
        Edge    9   2  is    0.70864017.
        Edge    2   3  is    0.70864017.
        Angle   2   3  10  is   1.58811396 rad =      90.9922 deg =   90 deg 59 min 32 sec.
        Angle   3  10   9  is   2.09406811 rad =     119.9813 deg =  119 deg 58 min 53 sec.
        Angle  10   9   2  is   1.58811396 rad =      90.9922 deg =   90 deg 59 min 32 sec.
        Angle   9   2   3  is   1.01288929 rad =      58.0343 deg =   58 deg  2 min  3 sec.


Face # 10 has  4 vertices:
     Vertices input as           3    2    1    4
     Vertices renumbered as      4    3    2    5
        Edge    4   3  is    0.39695536.
        Edge    3   2  is    0.70864017.
        Edge    2   5  is    0.70864017.
        Edge    5   4  is    0.39695536.
        Angle   5   4   3  is   2.09406811 rad =     119.9813 deg =  119 deg 58 min 53 sec.
        Angle   4   3   2  is   1.58811396 rad =      90.9922 deg =   90 deg 59 min 32 sec.
        Angle   3   2   5  is   1.01288929 rad =      58.0343 deg =   58 deg  2 min  3 sec.
```

```
        Angle   2   5   4 is   1.58811396 rad =        90.9922 deg =   90 deg 59 min 32 sec.


Face # 11 has  4 vertices:
    Vertices input as           5    4    1    6
    Vertices renumbered as      6    5    2    7
      Edge  6  5 is   0.39695536.
      Edge  5  2 is   0.70864017.
      Edge  2  7 is   0.70864017.
      Edge  7  6 is   0.39695536.
      Angle   7   6   5 is   2.09406811 rad =       119.9813 deg =  119 deg 58 min 53 sec.
      Angle   6   5   2 is   1.58811396 rad =        90.9922 deg =   90 deg 59 min 32 sec.
      Angle   5   2   7 is   1.01288929 rad =        58.0343 deg =   58 deg  2 min  3 sec.
      Angle   2   7   6 is   1.58811396 rad =        90.9922 deg =   90 deg 59 min 32 sec.


Face # 12 has  4 vertices:
    Vertices input as           7    6    1    8
    Vertices renumbered as      8    7    2    9
      Edge  8  7 is   0.39695536.
      Edge  7  2 is   0.70864017.
      Edge  2  9 is   0.70864017.
      Edge  9  8 is   0.39695536.
      Angle   9   8   7 is   2.09406811 rad =       119.9813 deg =  119 deg 58 min 53 sec.
      Angle   8   7   2 is   1.58811396 rad =        90.9922 deg =   90 deg 59 min 32 sec.
      Angle   7   2   9 is   1.01288929 rad =        58.0343 deg =   58 deg  2 min  3 sec.
      Angle   2   9   8 is   1.58811396 rad =        90.9922 deg =   90 deg 59 min 32 sec.


The edge joining vertices    1 and  3 is between faces  1 and  2.
    Dihedral angle is    2.36933640 rad =       135.7530 deg = 135 deg 45 min 11 sec.
The edge joining vertices    1 and  4 is between faces  2 and  3.
    Dihedral angle is    2.36933640 rad =       135.7530 deg = 135 deg 45 min 11 sec.
The edge joining vertices    1 and  5 is between faces  3 and  4.
    Dihedral angle is    2.36933640 rad =       135.7530 deg = 135 deg 45 min 11 sec.
The edge joining vertices    1 and  6 is between faces  4 and  5.
    Dihedral angle is    2.36933640 rad =       135.7530 deg = 135 deg 45 min 11 sec.
The edge joining vertices    1 and  7 is between faces  5 and  6.
    Dihedral angle is    2.36933640 rad =       135.7530 deg = 135 deg 45 min 11 sec.
The edge joining vertices    1 and  8 is between faces  6 and  7.
    Dihedral angle is    2.36933640 rad =       135.7530 deg = 135 deg 45 min 11 sec.
The edge joining vertices    1 and  9 is between faces  7 and  8.
    Dihedral angle is    2.36933640 rad =       135.7530 deg = 135 deg 45 min 11 sec.
The edge joining vertices    1 and 10 is between faces  1 and  8.
    Dihedral angle is    2.36933640 rad =       135.7530 deg = 135 deg 45 min 11 sec.
The edge joining vertices    2 and  3 is between faces  9 and 10.
    Dihedral angle is    1.88356305 rad =       107.9202 deg = 107 deg 55 min 13 sec.
The edge joining vertices    2 and  5 is between faces 10 and 11.
    Dihedral angle is    1.88356305 rad =       107.9202 deg = 107 deg 55 min 13 sec.
The edge joining vertices    2 and  7 is between faces 11 and 12.
    Dihedral angle is    1.88356305 rad =       107.9202 deg = 107 deg 55 min 13 sec.
The edge joining vertices    2 and  9 is between faces  9 and 12.
    Dihedral angle is    1.88356305 rad =       107.9202 deg = 107 deg 55 min 13 sec.
The edge joining vertices    3 and  4 is between faces  2 and 10.
    Dihedral angle is    2.28898985 rad =       131.1495 deg = 131 deg  8 min 58 sec.
The edge joining vertices    3 and 10 is between faces  1 and  9.
    Dihedral angle is    2.28898985 rad =       131.1495 deg = 131 deg  8 min 58 sec.
The edge joining vertices    4 and  5 is between faces  3 and 10.
    Dihedral angle is    2.28898985 rad =       131.1495 deg = 131 deg  8 min 58 sec.
The edge joining vertices    5 and  6 is between faces  4 and 11.
    Dihedral angle is    2.28898985 rad =       131.1495 deg = 131 deg  8 min 58 sec.
The edge joining vertices    6 and  7 is between faces  5 and 11.
    Dihedral angle is    2.28898985 rad =       131.1495 deg = 131 deg  8 min 58 sec.
```

```
The edge joining vertices  7 and  8 is between faces  6 and 12.
      Dihedral angle is   2.28898985 rad =      131.1495 deg = 131 deg  8 min 58 sec.
The edge joining vertices  8 and  9 is between faces  7 and 12.
      Dihedral angle is   2.28898985 rad =      131.1495 deg = 131 deg  8 min 58 sec.
The edge joining vertices  9 and 10 is between faces  8 and  9.
      Dihedral angle is   2.28898985 rad =      131.1495 deg = 131 deg  8 min 58 sec.
```

Report based on file j05.off

```
Vertex #  1: ( -1.53884177, -0.50000000,  0.00000000).
Vertex #  2: ( -0.95105652, -1.30901699,  0.00000000).
Vertex #  3: (  0.00000000, -1.61803399,  0.00000000).
Vertex #  4: (  0.95105652, -1.30901699,  0.00000000).
Vertex #  5: (  1.53884177, -0.50000000,  0.00000000).
Vertex #  6: (  1.53884177,  0.50000000,  0.00000000).
Vertex #  7: (  0.95105652,  1.30901699,  0.00000000).
Vertex #  8: (  0.00000000,  1.61803399,  0.00000000).
Vertex #  9: ( -0.95105652,  1.30901699,  0.00000000).
Vertex # 10: ( -1.53884177,  0.50000000,  0.00000000).
Vertex # 11: ( -0.85065081,  0.00000000, -0.52573111).
Vertex # 12: ( -0.26286556, -0.80901699, -0.52573111).
Vertex # 13: (  0.68819096, -0.50000000, -0.52573111).
Vertex # 14: (  0.68819096,  0.50000000, -0.52573111).
Vertex # 15: ( -0.26286556,  0.80901699, -0.52573111).
```

```
Face #  1 has 10 vertices:
    Vertices input as          0   1   2   3   4   5   6   7   8   9
    Vertices renumbered as     1   2   3   4   5   6   7   8   9  10
      Edge  1  2 is   1.00000000.
      Edge  2  3 is   1.00000000.
      Edge  3  4 is   1.00000000.
      Edge  4  5 is   1.00000000.
      Edge  5  6 is   1.00000000.
      Edge  6  7 is   1.00000000.
      Edge  7  8 is   1.00000000.
      Edge  8  9 is   1.00000000.
      Edge  9 10 is   1.00000000.
      Edge 10  1 is   1.00000000.
      Angle 10  1  2 is   2.51327412 rad =      144.0000 deg = 144 deg  0 min  0 sec.
      Angle  1  2  3 is   2.51327412 rad =      144.0000 deg = 144 deg  0 min  0 sec.
      Angle  2  3  4 is   2.51327412 rad =      144.0000 deg = 144 deg  0 min  0 sec.
      Angle  3  4  5 is   2.51327412 rad =      144.0000 deg = 144 deg  0 min  0 sec.
      Angle  4  5  6 is   2.51327412 rad =      144.0000 deg = 144 deg  0 min  0 sec.
      Angle  5  6  7 is   2.51327412 rad =      144.0000 deg = 144 deg  0 min  0 sec.
      Angle  6  7  8 is   2.51327412 rad =      144.0000 deg = 144 deg  0 min  0 sec.
      Angle  7  8  9 is   2.51327412 rad =      144.0000 deg = 144 deg  0 min  0 sec.
      Angle  8  9 10 is   2.51327412 rad =      144.0000 deg = 144 deg  0 min  0 sec.
      Angle  9 10  1 is   2.51327412 rad =      144.0000 deg = 144 deg  0 min  0 sec.

Face #  2 has  5 vertices:
    Vertices input as         14  13  12  11  10
    Vertices renumbered as    15  14  13  12  11
      Edge 15 14 is   1.00000000.
      Edge 14 13 is   1.00000000.
      Edge 13 12 is   1.00000000.
      Edge 12 11 is   1.00000000.
      Edge 11 15 is   1.00000000.
      Angle 11 15 14 is   1.88495559 rad =      108.0000 deg = 108 deg  0 min  0 sec.
      Angle 15 14 13 is   1.88495559 rad =      108.0000 deg = 108 deg  0 min  0 sec.
      Angle 14 13 12 is   1.88495559 rad =      108.0000 deg = 108 deg  0 min  0 sec.
      Angle 13 12 11 is   1.88495559 rad =      108.0000 deg = 108 deg  0 min  0 sec.
      Angle 12 11 15 is   1.88495559 rad =      108.0000 deg = 108 deg  0 min  0 sec.

Face #  3 has  4 vertices:
    Vertices input as          0  10  11   1
    Vertices renumbered as     1  11  12   2
```

```
        Edge   1  11 is    1.00000000.
        Edge  11  12 is    1.00000000.
        Edge  12   2 is    1.00000000.
        Edge   2   1 is    1.00000000.
        Angle  2   1  11 is    1.57079633 rad =      90.0000 deg =  90 deg  0 min  0 sec.
        Angle  1  11  12 is    1.57079633 rad =      90.0000 deg =  90 deg  0 min  0 sec.
        Angle 11  12   2 is    1.57079633 rad =      90.0000 deg =  90 deg  0 min  0 sec.
        Angle 12   2   1 is    1.57079633 rad =      90.0000 deg =  90 deg  0 min  0 sec.


Face #  4 has  3 vertices:
    Vertices input as           1  11   2
    Vertices renumbered as      2  12   3
        Edge   2  12 is    1.00000000.
        Edge  12   3 is    1.00000000.
        Edge   3   2 is    1.00000000.
        Angle  3   2  12 is    1.04719755 rad =      60.0000 deg =  60 deg  0 min  0 sec.
        Angle  2  12   3 is    1.04719755 rad =      60.0000 deg =  60 deg  0 min  0 sec.
        Angle 12   3   2 is    1.04719755 rad =      60.0000 deg =  60 deg  0 min  0 sec.


Face #  5 has  4 vertices:
    Vertices input as           2  11  12   3
    Vertices renumbered as      3  12  13   4
        Edge   3  12 is    1.00000000.
        Edge  12  13 is    1.00000000.
        Edge  13   4 is    1.00000000.
        Edge   4   3 is    1.00000000.
        Angle  4   3  12 is    1.57079633 rad =      90.0000 deg =  90 deg  0 min  0 sec.
        Angle  3  12  13 is    1.57079633 rad =      90.0000 deg =  90 deg  0 min  0 sec.
        Angle 12  13   4 is    1.57079633 rad =      90.0000 deg =  90 deg  0 min  0 sec.
        Angle 13   4   3 is    1.57079633 rad =      90.0000 deg =  90 deg  0 min  0 sec.


Face #  6 has  3 vertices:
    Vertices input as           3  12   4
    Vertices renumbered as      4  13   5
        Edge   4  13 is    1.00000000.
        Edge  13   5 is    1.00000000.
        Edge   5   4 is    1.00000000.
        Angle  5   4  13 is    1.04719755 rad =      60.0000 deg =  60 deg  0 min  0 sec.
        Angle  4  13   5 is    1.04719755 rad =      60.0000 deg =  60 deg  0 min  0 sec.
        Angle 13   5   4 is    1.04719755 rad =      60.0000 deg =  60 deg  0 min  0 sec.


Face #  7 has  4 vertices:
    Vertices input as           4  12  13   5
    Vertices renumbered as      5  13  14   6
        Edge   5  13 is    1.00000000.
        Edge  13  14 is    1.00000000.
        Edge  14   6 is    1.00000000.
        Edge   6   5 is    1.00000000.
        Angle  6   5  13 is    1.57079633 rad =      90.0000 deg =  90 deg  0 min  0 sec.
        Angle  5  13  14 is    1.57079633 rad =      90.0000 deg =  90 deg  0 min  0 sec.
        Angle 13  14   6 is    1.57079633 rad =      90.0000 deg =  90 deg  0 min  0 sec.
        Angle 14   6   5 is    1.57079633 rad =      90.0000 deg =  90 deg  0 min  0 sec.


Face #  8 has  3 vertices:
    Vertices input as           5  13   6
    Vertices renumbered as      6  14   7
        Edge   6  14 is    1.00000000.
        Edge  14   7 is    1.00000000.
```

```
        Edge    7   6 is   1.00000000.
        Angle   7   6  14 is   1.04719755 rad =        60.0000 deg =   60 deg    0 min    0 sec.
        Angle   6  14   7 is   1.04719755 rad =        60.0000 deg =   60 deg    0 min    0 sec.
        Angle  14   7   6 is   1.04719755 rad =        60.0000 deg =   60 deg    0 min    0 sec.


Face #  9 has   4 vertices:
    Vertices input as           6   13   14    7
    Vertices renumbered as      7   14   15    8
        Edge    7  14 is   1.00000000.
        Edge   14  15 is   1.00000000.
        Edge   15   8 is   1.00000000.
        Edge    8   7 is   1.00000000.
        Angle   8   7  14 is   1.57079633 rad =        90.0000 deg =   90 deg    0 min    0 sec.
        Angle   7  14  15 is   1.57079633 rad =        90.0000 deg =   90 deg    0 min    0 sec.
        Angle  14  15   8 is   1.57079633 rad =        90.0000 deg =   90 deg    0 min    0 sec.
        Angle  15   8   7 is   1.57079633 rad =        90.0000 deg =   90 deg    0 min    0 sec.


Face # 10 has   3 vertices:
    Vertices input as           7   14    8
    Vertices renumbered as      8   15    9
        Edge    8  15 is   1.00000000.
        Edge   15   9 is   1.00000000.
        Edge    9   8 is   1.00000000.
        Angle   9   8  15 is   1.04719755 rad =        60.0000 deg =   60 deg    0 min    0 sec.
        Angle   8  15   9 is   1.04719755 rad =        60.0000 deg =   60 deg    0 min    0 sec.
        Angle  15   9   8 is   1.04719755 rad =        60.0000 deg =   60 deg    0 min    0 sec.


Face # 11 has   4 vertices:
    Vertices input as           8   14   10    9
    Vertices renumbered as      9   15   11   10
        Edge    9  15 is   1.00000000.
        Edge   15  11 is   1.00000000.
        Edge   11  10 is   1.00000000.
        Edge   10   9 is   1.00000000.
        Angle  10   9  15 is   1.57079633 rad =        90.0000 deg =   90 deg    0 min    0 sec.
        Angle   9  15  11 is   1.57079633 rad =        90.0000 deg =   90 deg    0 min    0 sec.
        Angle  15  11  10 is   1.57079633 rad =        90.0000 deg =   90 deg    0 min    0 sec.
        Angle  11  10   9 is   1.57079633 rad =        90.0000 deg =   90 deg    0 min    0 sec.


Face # 12 has   3 vertices:
    Vertices input as           9   10    0
    Vertices renumbered as     10   11    1
        Edge   10  11 is   1.00000000.
        Edge   11   1 is   1.00000000.
        Edge    1  10 is   1.00000000.
        Angle   1  10  11 is   1.04719755 rad =        60.0000 deg =   60 deg    0 min    0 sec.
        Angle  10  11   1 is   1.04719755 rad =        60.0000 deg =   60 deg    0 min    0 sec.
        Angle  11   1  10 is   1.04719755 rad =        60.0000 deg =   60 deg    0 min    0 sec.


The edge joining vertices   1 and   2 is between faces   1 and   3.
    Dihedral angle is   0.55357436 rad =        31.7175 deg =   31 deg   43 min    3 sec.
The edge joining vertices   1 and  10 is between faces   1 and  12.
    Dihedral angle is   0.65235814 rad =        37.3774 deg =   37 deg   22 min   39 sec.
The edge joining vertices   1 and  11 is between faces   3 and  12.
    Dihedral angle is   2.77672883 rad =       159.0948 deg =  159 deg    5 min   41 sec.
The edge joining vertices   2 and   3 is between faces   1 and   4.
    Dihedral angle is   0.65235814 rad =        37.3774 deg =   37 deg   22 min   39 sec.
The edge joining vertices   2 and  12 is between faces   3 and   4.
```

```
        Dihedral angle is    2.77672883 rad =       159.0948 deg = 159 deg  5 min 41 sec.
The edge joining vertices  3 and  4 is between faces  1 and  5.
        Dihedral angle is    0.55357436 rad =        31.7175 deg =  31 deg 43 min  3 sec.
The edge joining vertices  3 and 12 is between faces  4 and  5.
        Dihedral angle is    2.77672883 rad =       159.0948 deg = 159 deg  5 min 41 sec.
The edge joining vertices  4 and  5 is between faces  1 and  6.
        Dihedral angle is    0.65235814 rad =        37.3774 deg =  37 deg 22 min 39 sec.
The edge joining vertices  4 and 13 is between faces  5 and  6.
        Dihedral angle is    2.77672883 rad =       159.0948 deg = 159 deg  5 min 41 sec.
The edge joining vertices  5 and  6 is between faces  1 and  7.
        Dihedral angle is    0.55357436 rad =        31.7175 deg =  31 deg 43 min  3 sec.
The edge joining vertices  5 and 13 is between faces  6 and  7.
        Dihedral angle is    2.77672883 rad =       159.0948 deg = 159 deg  5 min 41 sec.
The edge joining vertices  6 and  7 is between faces  1 and  8.
        Dihedral angle is    0.65235814 rad =        37.3774 deg =  37 deg 22 min 39 sec.
The edge joining vertices  6 and 14 is between faces  7 and  8.
        Dihedral angle is    2.77672883 rad =       159.0948 deg = 159 deg  5 min 41 sec.
The edge joining vertices  7 and  8 is between faces  1 and  9.
        Dihedral angle is    0.55357436 rad =        31.7175 deg =  31 deg 43 min  3 sec.
The edge joining vertices  7 and 14 is between faces  8 and  9.
        Dihedral angle is    2.77672883 rad =       159.0948 deg = 159 deg  5 min 41 sec.
The edge joining vertices  8 and  9 is between faces  1 and 10.
        Dihedral angle is    0.65235814 rad =        37.3774 deg =  37 deg 22 min 39 sec.
The edge joining vertices  8 and 15 is between faces  9 and 10.
        Dihedral angle is    2.77672883 rad =       159.0948 deg = 159 deg  5 min 41 sec.
The edge joining vertices  9 and 10 is between faces  1 and 11.
        Dihedral angle is    0.55357436 rad =        31.7175 deg =  31 deg 43 min  3 sec.
The edge joining vertices  9 and 15 is between faces 10 and 11.
        Dihedral angle is    2.77672883 rad =       159.0948 deg = 159 deg  5 min 41 sec.
The edge joining vertices 10 and 11 is between faces 11 and 12.
        Dihedral angle is    2.77672883 rad =       159.0948 deg = 159 deg  5 min 41 sec.
The edge joining vertices 11 and 12 is between faces  2 and  3.
        Dihedral angle is    2.58801829 rad =       148.2825 deg = 148 deg 16 min 57 sec.
The edge joining vertices 11 and 15 is between faces  2 and 11.
        Dihedral angle is    2.58801829 rad =       148.2825 deg = 148 deg 16 min 57 sec.
The edge joining vertices 12 and 13 is between faces  2 and  5.
        Dihedral angle is    2.58801829 rad =       148.2825 deg = 148 deg 16 min 57 sec.
The edge joining vertices 13 and 14 is between faces  2 and  7.
        Dihedral angle is    2.58801829 rad =       148.2825 deg = 148 deg 16 min 57 sec.
The edge joining vertices 14 and 15 is between faces  2 and  9.
        Dihedral angle is    2.58801829 rad =       148.2825 deg = 148 deg 16 min 57 sec.
```

Report based on file j05d.off

Vertex # 1: (0.00000000,   0.00000000,   3.22829210).
Vertex # 2: (0.00000000,   0.00000000, -1.87701161).
Vertex # 3: (-0.38440215, -0.27928451, -0.94404800).
Vertex # 4: (-0.14075633, -0.43320343, -0.77149707).
Vertex # 5: (0.14682855, -0.45189183, -0.94404800).
Vertex # 6: (0.36850485, -0.26773444, -0.77149707).
Vertex # 7: (0.47514718,   0.00000000, -0.94404800).
Vertex # 8: (0.36850485,   0.26773444, -0.77149707).
Vertex # 9: (0.14682855,   0.45189183, -0.94404800).
Vertex # 10: (-0.14075633,   0.43320343, -0.77149707).
Vertex # 11: (-0.38440215,   0.27928451, -0.94404800).
Vertex # 12: (-0.45549704,   0.00000000, -0.77149707).

Face # 1 has 3 vertices:
    Vertices input as   2   0   11
    Vertices renumbered as   3   1   12
      Edge 3 1 is   4.19930789.
      Edge 1 12 is   4.02564168.
      Edge 12 3 is   0.33589901.
      Angle 12 3 1 is   0.99282873 rad =   56.8849 deg = 56 deg 53 min 6 sec.
      Angle 3 1 12 is 0.06994414 rad =   4.0075 deg =   4 deg 0 min 27 sec.
      Angle 1 12 3 is 2.07881979 rad =   119.1076 deg = 119 deg 6 min 27 sec.

Face # 2 has 3 vertices:
    Vertices input as   0   2   3
    Vertices renumbered as   1   3   4
      Edge 1 3 is   4.19930789.
      Edge 3 4 is   0.33589901.
      Edge 4 1 is   4.02564168.
      Angle 4 1 3 is   0.06994414 rad =   4.0075 deg =   4 deg 0 min 27 sec.
      Angle 1 3 4 is   0.99282873 rad =   56.8849 deg = 56 deg 53 min 6 sec.
      Angle 3 4 1 is   2.07881979 rad =   119.1076 deg = 119 deg 6 min 27 sec.

Face # 3 has 3 vertices:
    Vertices input as   0   3   4
    Vertices renumbered as   1   4   5
      Edge 1 4 is   4.02564168.
      Edge 4 5 is   0.33589901.
      Edge 5 1 is   4.19930789.
      Angle 5 1 4 is   0.06994414 rad =   4.0075 deg =   4 deg 0 min 27 sec.
      Angle 1 4 5 is   2.07881979 rad =   119.1076 deg = 119 deg 6 min 27 sec.
      Angle 4 5 1 is   0.99282873 rad =   56.8849 deg = 56 deg 53 min 6 sec.

Face # 4 has 3 vertices:
    Vertices input as   0   4   5
    Vertices renumbered as   1   5   6
      Edge 1 5 is   4.19930789.
      Edge 5 6 is   0.33589901.
      Edge 6 1 is   4.02564168.
      Angle 6 1 5 is   0.06994414 rad =   4.0075 deg =   4 deg 0 min 27 sec.
      Angle 1 5 6 is   0.99282873 rad =   56.8849 deg = 56 deg 53 min 6 sec.
      Angle 5 6 1 is   2.07881979 rad =   119.1076 deg = 119 deg 6 min 27 sec.

Face # 5 has 3 vertices:
    Vertices input as   0   5   6

```
           Vertices renumbered as      1    6    7
              Edge   1   6 is    4.02564168.
              Edge   6   7 is    0.33589901.
              Edge   7   1 is    4.19930789.
              Angle  7   1   6 is   0.06994414 rad =      4.0075 deg =    4 deg   0 min  27 sec.
              Angle  1   6   7 is   2.07881979 rad =    119.1076 deg =  119 deg   6 min  27 sec.
              Angle  6   7   1 is   0.99282873 rad =     56.8849 deg =   56 deg  53 min   6 sec.


Face #  6 has  3 vertices:
           Vertices input as            0    6    7
           Vertices renumbered as       1    7    8
              Edge   1   7 is    4.19930789.
              Edge   7   8 is    0.33589901.
              Edge   8   1 is    4.02564168.
              Angle  8   1   7 is   0.06994414 rad =      4.0075 deg =    4 deg   0 min  27 sec.
              Angle  1   7   8 is   0.99282873 rad =     56.8849 deg =   56 deg  53 min   6 sec.
              Angle  7   8   1 is   2.07881979 rad =    119.1076 deg =  119 deg   6 min  27 sec.


Face #  7 has  3 vertices:
           Vertices input as            0    7    8
           Vertices renumbered as       1    8    9
              Edge   1   8 is    4.02564168.
              Edge   8   9 is    0.33589901.
              Edge   9   1 is    4.19930789.
              Angle  9   1   8 is   0.06994414 rad =      4.0075 deg =    4 deg   0 min  27 sec.
              Angle  1   8   9 is   2.07881979 rad =    119.1076 deg =  119 deg   6 min  27 sec.
              Angle  8   9   1 is   0.99282873 rad =     56.8849 deg =   56 deg  53 min   6 sec.


Face #  8 has  3 vertices:
           Vertices input as            0    8    9
           Vertices renumbered as       1    9   10
              Edge   1   9 is    4.19930789.
              Edge   9  10 is    0.33589901.
              Edge  10   1 is    4.02564168.
              Angle 10   1   9 is   0.06994414 rad =      4.0075 deg =    4 deg   0 min  27 sec.
              Angle  1   9  10 is   0.99282873 rad =     56.8849 deg =   56 deg  53 min   6 sec.
              Angle  9  10   1 is   2.07881979 rad =    119.1076 deg =  119 deg   6 min  27 sec.


Face #  9 has  3 vertices:
           Vertices input as            0    9   10
           Vertices renumbered as       1   10   11
              Edge   1  10 is    4.02564168.
              Edge  10  11 is    0.33589901.
              Edge  11   1 is    4.19930789.
              Angle 11   1  10 is   0.06994414 rad =      4.0075 deg =    4 deg   0 min  27 sec.
              Angle  1  10  11 is   2.07881979 rad =    119.1076 deg =  119 deg   6 min  27 sec.
              Angle 10  11   1 is   0.99282873 rad =     56.8849 deg =   56 deg  53 min   6 sec.


Face # 10 has  3 vertices:
           Vertices input as           11    0   10
           Vertices renumbered as      12    1   11
              Edge  12   1 is    4.02564168.
              Edge   1  11 is    4.19930789.
              Edge  11  12 is    0.33589901.
              Angle 11  12   1 is   2.07881979 rad =    119.1076 deg =  119 deg   6 min  27 sec.
              Angle 12   1  11 is   0.06994414 rad =      4.0075 deg =    4 deg   0 min  27 sec.
              Angle  1  11  12 is   0.99282873 rad =     56.8849 deg =   56 deg  53 min   6 sec.
```

```
Face # 11 has  4 vertices:
    Vertices input as         2   11   10    1
    Vertices renumbered as    3   12   11    2
      Edge  3 12 is  0.33589901.
      Edge 12 11 is  0.33589901.
      Edge 11  2 is  1.04698899.
      Edge  2  3 is  1.04698899.
      Angle  2  3 12 is  1.88985395 rad =     108.2807 deg = 108 deg 16 min 50 sec.
      Angle  3 12 11 is  1.96343851 rad =     112.4967 deg = 112 deg 29 min 48 sec.
      Angle 12 11  2 is  1.88985395 rad =     108.2807 deg = 108 deg 16 min 50 sec.
      Angle 11  2  3 is  0.54003891 rad =      30.9420 deg =  30 deg 56 min 31 sec.

Face # 12 has  4 vertices:
    Vertices input as         3    2    1    4
    Vertices renumbered as    4    3    2    5
      Edge  4  3 is  0.33589901.
      Edge  3  2 is  1.04698899.
      Edge  2  5 is  1.04698899.
      Edge  5  4 is  0.33589901.
      Angle  5  4  3 is  1.96343851 rad =     112.4967 deg = 112 deg 29 min 48 sec.
      Angle  4  3  2 is  1.88985395 rad =     108.2807 deg = 108 deg 16 min 50 sec.
      Angle  3  2  5 is  0.54003891 rad =      30.9420 deg =  30 deg 56 min 31 sec.
      Angle  2  5  4 is  1.88985395 rad =     108.2807 deg = 108 deg 16 min 50 sec.

Face # 13 has  4 vertices:
    Vertices input as         5    4    1    6
    Vertices renumbered as    6    5    2    7
      Edge  6  5 is  0.33589901.
      Edge  5  2 is  1.04698899.
      Edge  2  7 is  1.04698899.
      Edge  7  6 is  0.33589901.
      Angle  7  6  5 is  1.96343851 rad =     112.4967 deg = 112 deg 29 min 48 sec.
      Angle  6  5  2 is  1.88985395 rad =     108.2807 deg = 108 deg 16 min 50 sec.
      Angle  5  2  7 is  0.54003891 rad =      30.9420 deg =  30 deg 56 min 31 sec.
      Angle  2  7  6 is  1.88985395 rad =     108.2807 deg = 108 deg 16 min 50 sec.

Face # 14 has  4 vertices:
    Vertices input as         7    6    1    8
    Vertices renumbered as    8    7    2    9
      Edge  8  7 is  0.33589901.
      Edge  7  2 is  1.04698899.
      Edge  2  9 is  1.04698899.
      Edge  9  8 is  0.33589901.
      Angle  9  8  7 is  1.96343851 rad =     112.4967 deg = 112 deg 29 min 48 sec.
      Angle  8  7  2 is  1.88985395 rad =     108.2807 deg = 108 deg 16 min 50 sec.
      Angle  7  2  9 is  0.54003891 rad =      30.9420 deg =  30 deg 56 min 31 sec.
      Angle  2  9  8 is  1.88985395 rad =     108.2807 deg = 108 deg 16 min 50 sec.

Face # 15 has  4 vertices:
    Vertices input as         9    8    1   10
    Vertices renumbered as   10    9    2   11
      Edge 10  9 is  0.33589901.
      Edge  9  2 is  1.04698899.
      Edge  2 11 is  1.04698899.
      Edge 11 10 is  0.33589901.
      Angle 11 10  9 is  1.96343851 rad =     112.4967 deg = 112 deg 29 min 48 sec.
      Angle 10  9  2 is  1.88985395 rad =     108.2807 deg = 108 deg 16 min 50 sec.
      Angle  9  2 11 is  0.54003891 rad =      30.9420 deg =  30 deg 56 min 31 sec.
```

```
     Angle   2 11 10 is   1.88985395 rad =      108.2807 deg = 108 deg 16 min 50 sec.

The edge joining vertices   1 and   3 is between faces   1 and   2.
        Dihedral angle is   2.51705117 rad =      144.2164 deg = 144 deg 12 min 59 sec.
The edge joining vertices   1 and   4 is between faces   2 and   3.
        Dihedral angle is   2.51705117 rad =      144.2164 deg = 144 deg 12 min 59 sec.
The edge joining vertices   1 and   5 is between faces   3 and   4.
        Dihedral angle is   2.51705117 rad =      144.2164 deg = 144 deg 12 min 59 sec.
The edge joining vertices   1 and   6 is between faces   4 and   5.
        Dihedral angle is   2.51705117 rad =      144.2164 deg = 144 deg 12 min 59 sec.
The edge joining vertices   1 and   7 is between faces   5 and   6.
        Dihedral angle is   2.51705117 rad =      144.2164 deg = 144 deg 12 min 59 sec.
The edge joining vertices   1 and   8 is between faces   6 and   7.
        Dihedral angle is   2.51705117 rad =      144.2164 deg = 144 deg 12 min 59 sec.
The edge joining vertices   1 and   9 is between faces   7 and   8.
        Dihedral angle is   2.51705117 rad =      144.2164 deg = 144 deg 12 min 59 sec.
The edge joining vertices   1 and 10 is between faces   8 and   9.
        Dihedral angle is   2.51705117 rad =      144.2164 deg = 144 deg 12 min 59 sec.
The edge joining vertices   1 and 11 is between faces   9 and 10.
        Dihedral angle is   2.51705117 rad =      144.2164 deg = 144 deg 12 min 59 sec.
The edge joining vertices   1 and 12 is between faces   1 and 10.
        Dihedral angle is   2.51705117 rad =      144.2164 deg = 144 deg 12 min 59 sec.
The edge joining vertices   2 and   3 is between faces 11 and 12.
        Dihedral angle is   1.99247912 rad =      114.1606 deg = 114 deg  9 min 38 sec.
The edge joining vertices   2 and   5 is between faces 12 and 13.
        Dihedral angle is   1.99247912 rad =      114.1606 deg = 114 deg  9 min 38 sec.
The edge joining vertices   2 and   7 is between faces 13 and 14.
        Dihedral angle is   1.99247912 rad =      114.1606 deg = 114 deg  9 min 38 sec.
The edge joining vertices   2 and   9 is between faces 14 and 15.
        Dihedral angle is   1.99247912 rad =      114.1606 deg = 114 deg  9 min 38 sec.
The edge joining vertices   2 and 11 is between faces 11 and 15.
        Dihedral angle is   1.99247912 rad =      114.1606 deg = 114 deg  9 min 38 sec.
The edge joining vertices   3 and   4 is between faces   2 and 12.
        Dihedral angle is   2.55568187 rad =      146.4298 deg = 146 deg 25 min 47 sec.
The edge joining vertices   3 and 12 is between faces   1 and 11.
        Dihedral angle is   2.55568187 rad =      146.4298 deg = 146 deg 25 min 47 sec.
The edge joining vertices   4 and   5 is between faces   3 and 12.
        Dihedral angle is   2.55568187 rad =      146.4298 deg = 146 deg 25 min 47 sec.
The edge joining vertices   5 and   6 is between faces   4 and 13.
        Dihedral angle is   2.55568187 rad =      146.4298 deg = 146 deg 25 min 47 sec.
The edge joining vertices   6 and   7 is between faces   5 and 13.
        Dihedral angle is   2.55568187 rad =      146.4298 deg = 146 deg 25 min 47 sec.
The edge joining vertices   7 and   8 is between faces   6 and 14.
        Dihedral angle is   2.55568187 rad =      146.4298 deg = 146 deg 25 min 47 sec.
The edge joining vertices   8 and   9 is between faces   7 and 14.
        Dihedral angle is   2.55568187 rad =      146.4298 deg = 146 deg 25 min 47 sec.
The edge joining vertices   9 and 10 is between faces   8 and 15.
        Dihedral angle is   2.55568187 rad =      146.4298 deg = 146 deg 25 min 47 sec.
The edge joining vertices 10 and 11 is between faces   9 and 15.
        Dihedral angle is   2.55568187 rad =      146.4298 deg = 146 deg 25 min 47 sec.
The edge joining vertices 11 and 12 is between faces 10 and 11.
        Dihedral angle is   2.55568187 rad =      146.4298 deg = 146 deg 25 min 47 sec.
```

Report based on file j06.off

Vertex # 1: (0.85065081,   0.00000000, -1.37638192).
Vertex # 2: (0.00000000,   1.61803399,   0.00000000).
Vertex # 3: (0.00000000, -1.61803399,   0.00000000).
Vertex # 4: (-1.37638192,   0.00000000, -0.85065081).
Vertex # 5: (1.11351636,   0.80901699, -0.85065081).
Vertex # 6: (1.11351636, -0.80901699, -0.85065081).
Vertex # 7: (0.26286556,   0.80901699, -1.37638192).
Vertex # 8: (0.26286556, -0.80901699, -1.37638192).
Vertex # 9: (0.95105652,   1.30901699,   0.00000000).
Vertex # 10: (0.95105652, -1.30901699,   0.00000000).
Vertex # 11: (-0.42532540,   1.30901699, -0.85065081).
Vertex # 12: (-0.42532540, -1.30901699, -0.85065081).
Vertex # 13: (-0.95105652,   1.30901699,   0.00000000).
Vertex # 14: (-0.95105652, -1.30901699,   0.00000000).
Vertex # 15: (1.53884177,   0.50000000,   0.00000000).
Vertex # 16: (1.53884177, -0.50000000,   0.00000000).
Vertex # 17: (-0.68819096,   0.50000000, -1.37638192).
Vertex # 18: (-0.68819096, -0.50000000, -1.37638192).
Vertex # 19: (-1.53884177,   0.50000000,   0.00000000).
Vertex # 20: (-1.53884177, -0.50000000,   0.00000000).

Face # 1 has 10 vertices:
    Vertices input as   1   12   18   19   13   2   9   15   14   8
    Vertices renumbered as   2   13   19   20   14   3   10   16   15   9
       Edge 2 13 is   1.00000000.
       Edge 13 19 is   1.00000000.
       Edge 19 20 is   1.00000000.
       Edge 20 14 is   1.00000000.
       Edge 14 3 is   1.00000000.
       Edge 3 10 is   1.00000000.
       Edge 10 16 is   1.00000000.
       Edge 16 15 is   1.00000000.
       Edge 15 9 is   1.00000000.
       Edge 9 2 is   1.00000000.
       Angle 9 2 13 is   2.51327412 rad =   144.0000 deg = 144 deg 0 min 0 sec.
       Angle 2 13 19 is   2.51327412 rad =   144.0000 deg = 144 deg 0 min 0 sec.
       Angle 13 19 20 is   2.51327412 rad =   144.0000 deg = 144 deg 0 min 0 sec.
       Angle 19 20 14 is   2.51327412 rad =   144.0000 deg = 144 deg 0 min 0 sec.
       Angle 20 14 3 is   2.51327412 rad =   144.0000 deg = 144 deg 0 min 0 sec.
       Angle 14 3 10 is   2.51327412 rad =   144.0000 deg = 144 deg 0 min 0 sec.
       Angle 3 10 16 is   2.51327412 rad =   144.0000 deg = 144 deg 0 min 0 sec.
       Angle 10 16 15 is   2.51327412 rad =   144.0000 deg = 144 deg 0 min 0 sec.
       Angle 16 15 9 is   2.51327412 rad =   144.0000 deg = 144 deg 0 min 0 sec.
       Angle 15 9 2 is   2.51327412 rad =   144.0000 deg = 144 deg 0 min 0 sec.

Face # 2 has 3 vertices:
    Vertices input as   1   10   12
    Vertices renumbered as   2   11   13
       Edge 2 11 is   1.00000000.
       Edge 11 13 is   1.00000000.
       Edge 13 2 is   1.00000000.
       Angle 13 2 11 is   1.04719755 rad =   60.0000 deg = 60 deg 0 min 0 sec.
       Angle 2 11 13 is   1.04719755 rad =   60.0000 deg = 60 deg 0 min 0 sec.
       Angle 11 13 2 is   1.04719755 rad =   60.0000 deg = 60 deg 0 min 0 sec.

Face # 3 has 3 vertices:
    Vertices input as   3   16   17

```
        Vertices renumbered as      4   17   18
            Edge  4 17 is   1.00000000.
            Edge 17 18 is   1.00000000.
            Edge 18  4 is   1.00000000.
            Angle 18  4 17 is   1.04719755 rad =        60.0000 deg =  60 deg  0 min  0 sec.
            Angle  4 17 18 is   1.04719755 rad =        60.0000 deg =  60 deg  0 min  0 sec.
            Angle 17 18  4 is   1.04719755 rad =        60.0000 deg =  60 deg  0 min  0 sec.


Face #  4 has  3 vertices:
        Vertices input as           3   19   18
        Vertices renumbered as      4   20   19
            Edge  4 20 is   1.00000000.
            Edge 20 19 is   1.00000000.
            Edge 19  4 is   1.00000000.
            Angle 19  4 20 is   1.04719755 rad =        60.0000 deg =  60 deg  0 min  0 sec.
            Angle  4 20 19 is   1.04719755 rad =        60.0000 deg =  60 deg  0 min  0 sec.
            Angle 20 19  4 is   1.04719755 rad =        60.0000 deg =  60 deg  0 min  0 sec.


Face #  5 has  3 vertices:
        Vertices input as           4    8   14
        Vertices renumbered as      5    9   15
            Edge  5  9 is   1.00000000.
            Edge  9 15 is   1.00000000.
            Edge 15  5 is   1.00000000.
            Angle 15  5  9 is   1.04719755 rad =        60.0000 deg =  60 deg  0 min  0 sec.
            Angle  5  9 15 is   1.04719755 rad =        60.0000 deg =  60 deg  0 min  0 sec.
            Angle  9 15  5 is   1.04719755 rad =        60.0000 deg =  60 deg  0 min  0 sec.


Face #  6 has  3 vertices:
        Vertices input as           5    7    0
        Vertices renumbered as      6    8    1
            Edge  6  8 is   1.00000000.
            Edge  8  1 is   1.00000000.
            Edge  1  6 is   1.00000000.
            Angle  1  6  8 is   1.04719755 rad =        60.0000 deg =  60 deg  0 min  0 sec.
            Angle  6  8  1 is   1.04719755 rad =        60.0000 deg =  60 deg  0 min  0 sec.
            Angle  8  1  6 is   1.04719755 rad =        60.0000 deg =  60 deg  0 min  0 sec.


Face #  7 has  3 vertices:
        Vertices input as           7   11   17
        Vertices renumbered as      8   12   18
            Edge  8 12 is   1.00000000.
            Edge 12 18 is   1.00000000.
            Edge 18  8 is   1.00000000.
            Angle 18  8 12 is   1.04719755 rad =        60.0000 deg =  60 deg  0 min  0 sec.
            Angle  8 12 18 is   1.04719755 rad =        60.0000 deg =  60 deg  0 min  0 sec.
            Angle 12 18  8 is   1.04719755 rad =        60.0000 deg =  60 deg  0 min  0 sec.


Face #  8 has  3 vertices:
        Vertices input as          13   11    2
        Vertices renumbered as     14   12    3
            Edge 14 12 is   1.00000000.
            Edge 12  3 is   1.00000000.
            Edge  3 14 is   1.00000000.
            Angle  3 14 12 is   1.04719755 rad =        60.0000 deg =  60 deg  0 min  0 sec.
            Angle 14 12  3 is   1.04719755 rad =        60.0000 deg =  60 deg  0 min  0 sec.
            Angle 12  3 14 is   1.04719755 rad =        60.0000 deg =  60 deg  0 min  0 sec.
```

```
Face #  9 has  3 vertices:
    Vertices input as         15   9   5
    Vertices renumbered as    16  10   6
      Edge 16 10 is   1.00000000.
      Edge 10  6 is   1.00000000.
      Edge  6 16 is   1.00000000.
      Angle  6 16 10 is   1.04719755 rad =        60.0000 deg =  60 deg  0 min  0 sec.
      Angle 16 10  6 is   1.04719755 rad =        60.0000 deg =  60 deg  0 min  0 sec.
      Angle 10  6 16 is   1.04719755 rad =        60.0000 deg =  60 deg  0 min  0 sec.


Face # 10 has  3 vertices:
    Vertices input as         16  10   6
    Vertices renumbered as    17  11   7
      Edge 17 11 is   1.00000000.
      Edge 11  7 is   1.00000000.
      Edge  7 17 is   1.00000000.
      Angle  7 17 11 is   1.04719755 rad =        60.0000 deg =  60 deg  0 min  0 sec.
      Angle 17 11  7 is   1.04719755 rad =        60.0000 deg =  60 deg  0 min  0 sec.
      Angle 11  7 17 is   1.04719755 rad =        60.0000 deg =  60 deg  0 min  0 sec.


Face # 11 has  5 vertices:
    Vertices input as          3  18  12  10  16
    Vertices renumbered as     4  19  13  11  17
      Edge  4 19 is   1.00000000.
      Edge 19 13 is   1.00000000.
      Edge 13 11 is   1.00000000.
      Edge 11 17 is   1.00000000.
      Edge 17  4 is   1.00000000.
      Angle 17  4 19 is   1.88495559 rad =       108.0000 deg = 108 deg  0 min  0 sec.
      Angle  4 19 13 is   1.88495559 rad =       108.0000 deg = 108 deg  0 min  0 sec.
      Angle 19 13 11 is   1.88495559 rad =       108.0000 deg = 108 deg  0 min  0 sec.
      Angle 13 11 17 is   1.88495559 rad =       108.0000 deg = 108 deg  0 min  0 sec.
      Angle 11 17  4 is   1.88495559 rad =       108.0000 deg = 108 deg  0 min  0 sec.


Face # 12 has  5 vertices:
    Vertices input as          7   5   9   2  11
    Vertices renumbered as     8   6  10   3  12
      Edge  8  6 is   1.00000000.
      Edge  6 10 is   1.00000000.
      Edge 10  3 is   1.00000000.
      Edge  3 12 is   1.00000000.
      Edge 12  8 is   1.00000000.
      Angle 12  8  6 is   1.88495559 rad =       108.0000 deg = 108 deg  0 min  0 sec.
      Angle  8  6 10 is   1.88495559 rad =       108.0000 deg = 108 deg  0 min  0 sec.
      Angle  6 10  3 is   1.88495559 rad =       108.0000 deg = 108 deg  0 min  0 sec.
      Angle 10  3 12 is   1.88495559 rad =       108.0000 deg = 108 deg  0 min  0 sec.
      Angle  3 12  8 is   1.88495559 rad =       108.0000 deg = 108 deg  0 min  0 sec.


Face # 13 has  5 vertices:
    Vertices input as         10   1   8   4   6
    Vertices renumbered as    11   2   9   5   7
      Edge 11  2 is   1.00000000.
      Edge  2  9 is   1.00000000.
      Edge  9  5 is   1.00000000.
      Edge  5  7 is   1.00000000.
      Edge  7 11 is   1.00000000.
      Angle  7 11  2 is   1.88495559 rad =       108.0000 deg = 108 deg  0 min  0 sec.
      Angle 11  2  9 is   1.88495559 rad =       108.0000 deg = 108 deg  0 min  0 sec.
```

```
          Angle    2    9    5  is    1.88495559 rad =      108.0000 deg = 108 deg   0 min   0 sec.
          Angle    9    5    7  is    1.88495559 rad =      108.0000 deg = 108 deg   0 min   0 sec.
          Angle    5    7   11  is    1.88495559 rad =      108.0000 deg = 108 deg   0 min   0 sec.


Face # 14 has  5 vertices:
      Vertices input as           15    5    0    4   14
      Vertices renumbered as      16    6    1    5   15
          Edge 16   6 is    1.00000000.
          Edge  6   1 is    1.00000000.
          Edge  1   5 is    1.00000000.
          Edge  5  15 is    1.00000000.
          Edge 15  16 is    1.00000000.
          Angle 15  16   6  is    1.88495559 rad =      108.0000 deg = 108 deg   0 min   0 sec.
          Angle 16   6   1  is    1.88495559 rad =      108.0000 deg = 108 deg   0 min   0 sec.
          Angle  6   1   5  is    1.88495559 rad =      108.0000 deg = 108 deg   0 min   0 sec.
          Angle  1   5  15  is    1.88495559 rad =      108.0000 deg = 108 deg   0 min   0 sec.
          Angle  5  15  16  is    1.88495559 rad =      108.0000 deg = 108 deg   0 min   0 sec.


Face # 15 has  5 vertices:
      Vertices input as           16    6    0    7   17
      Vertices renumbered as      17    7    1    8   18
          Edge 17   7 is    1.00000000.
          Edge  7   1 is    1.00000000.
          Edge  1   8 is    1.00000000.
          Edge  8  18 is    1.00000000.
          Edge 18  17 is    1.00000000.
          Angle 18  17   7  is    1.88495559 rad =      108.0000 deg = 108 deg   0 min   0 sec.
          Angle 17   7   1  is    1.88495559 rad =      108.0000 deg = 108 deg   0 min   0 sec.
          Angle  7   1   8  is    1.88495559 rad =      108.0000 deg = 108 deg   0 min   0 sec.
          Angle  1   8  18  is    1.88495559 rad =      108.0000 deg = 108 deg   0 min   0 sec.
          Angle  8  18  17  is    1.88495559 rad =      108.0000 deg = 108 deg   0 min   0 sec.


Face # 16 has  5 vertices:
      Vertices input as           17   11   13   19    3
      Vertices renumbered as      18   12   14   20    4
          Edge 18  12 is    1.00000000.
          Edge 12  14 is    1.00000000.
          Edge 14  20 is    1.00000000.
          Edge 20   4 is    1.00000000.
          Edge  4  18 is    1.00000000.
          Angle  4  18  12  is    1.88495559 rad =      108.0000 deg = 108 deg   0 min   0 sec.
          Angle 18  12  14  is    1.88495559 rad =      108.0000 deg = 108 deg   0 min   0 sec.
          Angle 12  14  20  is    1.88495559 rad =      108.0000 deg = 108 deg   0 min   0 sec.
          Angle 14  20   4  is    1.88495559 rad =      108.0000 deg = 108 deg   0 min   0 sec.
          Angle 20   4  18  is    1.88495559 rad =      108.0000 deg = 108 deg   0 min   0 sec.


Face # 17 has  3 vertices:
      Vertices input as            0    6    4
      Vertices renumbered as       1    7    5
          Edge  1   7 is    1.00000000.
          Edge  7   5 is    1.00000000.
          Edge  5   1 is    1.00000000.
          Angle  5   1   7  is    1.04719755 rad =       60.0000 deg =  60 deg   0 min   0 sec.
          Angle  1   7   5  is    1.04719755 rad =       60.0000 deg =  60 deg   0 min   0 sec.
          Angle  7   5   1  is    1.04719755 rad =       60.0000 deg =  60 deg   0 min   0 sec.


The edge joining vertices   1 and   5 is between faces 14 and 17.
      Dihedral angle is    2.48923451 rad =      142.6226 deg = 142 deg  37 min  21 sec.
```

```
The edge joining vertices  1 and  6 is between faces  6 and 14.
        Dihedral angle is    2.48923451 rad =       142.6226 deg = 142 deg 37 min 21 sec.
The edge joining vertices  1 and  7 is between faces 15 and 17.
        Dihedral angle is    2.48923451 rad =       142.6226 deg = 142 deg 37 min 21 sec.
The edge joining vertices  1 and  8 is between faces  6 and 15.
        Dihedral angle is    2.48923451 rad =       142.6226 deg = 142 deg 37 min 21 sec.
The edge joining vertices  2 and  9 is between faces  1 and 13.
        Dihedral angle is    1.10714872 rad =        63.4349 deg =  63 deg 26 min  6 sec.
The edge joining vertices  2 and 11 is between faces  2 and 13.
        Dihedral angle is    2.48923451 rad =       142.6226 deg = 142 deg 37 min 21 sec.
The edge joining vertices  2 and 13 is between faces  1 and  2.
        Dihedral angle is    1.38208580 rad =        79.1877 deg =  79 deg 11 min 16 sec.
The edge joining vertices  3 and 10 is between faces  1 and 12.
        Dihedral angle is    1.10714872 rad =        63.4349 deg =  63 deg 26 min  6 sec.
The edge joining vertices  3 and 12 is between faces  8 and 12.
        Dihedral angle is    2.48923451 rad =       142.6226 deg = 142 deg 37 min 21 sec.
The edge joining vertices  3 and 14 is between faces  1 and  8.
        Dihedral angle is    1.38208580 rad =        79.1877 deg =  79 deg 11 min 16 sec.
The edge joining vertices  4 and 17 is between faces  3 and 11.
        Dihedral angle is    2.48923451 rad =       142.6226 deg = 142 deg 37 min 21 sec.
The edge joining vertices  4 and 18 is between faces  3 and 16.
        Dihedral angle is    2.48923451 rad =       142.6226 deg = 142 deg 37 min 21 sec.
The edge joining vertices  4 and 19 is between faces  4 and 11.
        Dihedral angle is    2.48923451 rad =       142.6226 deg = 142 deg 37 min 21 sec.
The edge joining vertices  4 and 20 is between faces  4 and 16.
        Dihedral angle is    2.48923451 rad =       142.6226 deg = 142 deg 37 min 21 sec.
The edge joining vertices  5 and  7 is between faces 13 and 17.
        Dihedral angle is    2.48923451 rad =       142.6226 deg = 142 deg 37 min 21 sec.
The edge joining vertices  5 and  9 is between faces  5 and 13.
        Dihedral angle is    2.48923451 rad =       142.6226 deg = 142 deg 37 min 21 sec.
The edge joining vertices  5 and 15 is between faces  5 and 14.
        Dihedral angle is    2.48923451 rad =       142.6226 deg = 142 deg 37 min 21 sec.
The edge joining vertices  6 and  8 is between faces  6 and 12.
        Dihedral angle is    2.48923451 rad =       142.6226 deg = 142 deg 37 min 21 sec.
The edge joining vertices  6 and 10 is between faces  9 and 12.
        Dihedral angle is    2.48923451 rad =       142.6226 deg = 142 deg 37 min 21 sec.
The edge joining vertices  6 and 16 is between faces  9 and 14.
        Dihedral angle is    2.48923451 rad =       142.6226 deg = 142 deg 37 min 21 sec.
The edge joining vertices  7 and 11 is between faces 10 and 13.
        Dihedral angle is    2.48923451 rad =       142.6226 deg = 142 deg 37 min 21 sec.
The edge joining vertices  7 and 17 is between faces 10 and 15.
        Dihedral angle is    2.48923451 rad =       142.6226 deg = 142 deg 37 min 21 sec.
The edge joining vertices  8 and 12 is between faces  7 and 12.
        Dihedral angle is    2.48923451 rad =       142.6226 deg = 142 deg 37 min 21 sec.
The edge joining vertices  8 and 18 is between faces  7 and 15.
        Dihedral angle is    2.48923451 rad =       142.6226 deg = 142 deg 37 min 21 sec.
The edge joining vertices  9 and 15 is between faces  1 and  5.
        Dihedral angle is    1.38208580 rad =        79.1877 deg =  79 deg 11 min 16 sec.
The edge joining vertices 10 and 16 is between faces  1 and  9.
        Dihedral angle is    1.38208580 rad =        79.1877 deg =  79 deg 11 min 16 sec.
The edge joining vertices 11 and 13 is between faces  2 and 11.
        Dihedral angle is    2.48923451 rad =       142.6226 deg = 142 deg 37 min 21 sec.
The edge joining vertices 11 and 17 is between faces 10 and 11.
        Dihedral angle is    2.48923451 rad =       142.6226 deg = 142 deg 37 min 21 sec.
The edge joining vertices 12 and 14 is between faces  8 and 16.
        Dihedral angle is    2.48923451 rad =       142.6226 deg = 142 deg 37 min 21 sec.
The edge joining vertices 12 and 18 is between faces  7 and 16.
        Dihedral angle is    2.48923451 rad =       142.6226 deg = 142 deg 37 min 21 sec.
The edge joining vertices 13 and 19 is between faces  1 and 11.
        Dihedral angle is    1.10714872 rad =        63.4349 deg =  63 deg 26 min  6 sec.
The edge joining vertices 14 and 20 is between faces  1 and 16.
        Dihedral angle is    1.10714872 rad =        63.4349 deg =  63 deg 26 min  6 sec.
The edge joining vertices 15 and 16 is between faces  1 and 14.
```

```
        Dihedral angle is    1.10714872 rad =       63.4349 deg =  63 deg 26 min  6 sec.
The edge joining vertices 17 and 18 is between faces  3 and 15.
        Dihedral angle is    2.48923451 rad =      142.6226 deg = 142 deg 37 min 21 sec.
The edge joining vertices 19 and 20 is between faces  1 and  4.
        Dihedral angle is    1.38208580 rad =       79.1877 deg =  79 deg 11 min 16 sec.
```

```
Report based on file j06d.off


Vertex #   1: (  0.00000000,   0.00000000,   1.50049020).
Vertex #   2: ( -0.24708018,   0.76043461,  -0.70946213).
Vertex #   3: ( -0.65038603,   0.00000000,  -1.40812455).
Vertex #   4: ( -0.79956827,   0.00000000,  -0.70946213).
Vertex #   5: (  0.64686432,   0.46997443,  -0.70946213).
Vertex #   6: (  0.52617335,  -0.38228732,  -1.40812455).
Vertex #   7: ( -0.20098034,  -0.61855387,  -1.40812455).
Vertex #   8: ( -0.24708018,  -0.76043461,  -0.70946213).
Vertex #   9: (  0.64686432,  -0.46997443,  -0.70946213).
Vertex #  10: ( -0.20098034,   0.61855387,  -1.40812455).
Vertex #  11: ( -0.73515851,   0.53412393,  -1.01111113).
Vertex #  12: (  0.28080557,  -0.86423067,  -1.01111113).
Vertex #  13: (  0.28080557,   0.86423067,  -1.01111113).
Vertex #  14: (  0.90870590,   0.00000000,  -1.01111113).
Vertex #  15: (  0.00000000,   0.00000000,  -1.95421633).
Vertex #  16: ( -0.73515851,  -0.53412393,  -1.01111113).
Vertex #  17: (  0.52617335,   0.38228732,  -1.40812455).


Face #  1 has  4 vertices:
    Vertices input as         16   13    5   14
    Vertices renumbered as    17   14    6   15
       Edge 17 14 is   0.67089075.
       Edge 14  6 is   0.67089075.
       Edge  6 15 is   0.84924568.
       Edge 15 17 is   0.84924568.
       Angle 15 17 14 is   2.06837273 rad =      118.5090 deg = 118 deg 30 min 33 sec.
       Angle 17 14  6 is   1.21257487 rad =       69.4754 deg =  69 deg 28 min 32 sec.
       Angle 14  6 15 is   2.06837273 rad =      118.5090 deg = 118 deg 30 min 33 sec.
       Angle  6 15 17 is   0.93386498 rad =       53.5065 deg =  53 deg 30 min 23 sec.


Face #  2 has  3 vertices:
    Vertices input as          0   12    1
    Vertices renumbered as     1   13    2
       Edge  1 13 is   2.67093386.
       Edge 13  2 is   0.61678935.
       Edge  2  1 is   2.35014866.
       Angle  2  1 13 is   0.21065700 rad =       12.0698 deg =  12 deg  4 min 11 sec.
       Angle  1 13  2 is   0.92188414 rad =       52.8201 deg =  52 deg 49 min 12 sec.
       Angle 13  2  1 is   2.00905152 rad =      115.1102 deg = 115 deg  6 min 37 sec.


Face #  3 has  3 vertices:
    Vertices input as         11    0    7
    Vertices renumbered as    12    1    8
       Edge 12  1 is   2.67093386.
       Edge  1  8 is   2.35014866.
       Edge  8 12 is   0.61678935.
       Angle  8 12  1 is   0.92188414 rad =       52.8201 deg =  52 deg 49 min 12 sec.
       Angle 12  1  8 is   0.21065700 rad =       12.0698 deg =  12 deg  4 min 11 sec.
       Angle  1  8 12 is   2.00905152 rad =      115.1102 deg = 115 deg  6 min 37 sec.


Face #  4 has  4 vertices:
    Vertices input as         10    2   15    3
    Vertices renumbered as    11    3   16    4
       Edge 11  3 is   0.67089075.
       Edge  3 16 is   0.67089075.
       Edge 16  4 is   0.61678935.
```

```
        Edge    4  11 is   0.61678935.
        Angle   4  11   3 is   1.17360507 rad =     67.2426 deg =  67 deg 14 min 33 sec.
        Angle  11   3  16 is   1.84178316 rad =    105.5264 deg = 105 deg 31 min 35 sec.
        Angle   3  16   4 is   1.17360507 rad =     67.2426 deg =  67 deg 14 min 33 sec.
        Angle  16   4  11 is   2.09419200 rad =    119.9884 deg = 119 deg 59 min 18 sec.


Face #  5 has  4 vertices:
    Vertices input as         13  16  12   4
    Vertices renumbered as    14  17  13   5
        Edge  14  17 is   0.67089075.
        Edge  17  13 is   0.67089075.
        Edge  13   5 is   0.61678935.
        Edge   5  14 is   0.61678935.
        Angle   5  14  17 is   1.17360507 rad =     67.2426 deg =  67 deg 14 min 33 sec.
        Angle  14  17  13 is   1.84178316 rad =    105.5264 deg = 105 deg 31 min 35 sec.
        Angle  17  13   5 is   1.17360507 rad =     67.2426 deg =  67 deg 14 min 33 sec.
        Angle  13   5  14 is   2.09419200 rad =    119.9884 deg = 119 deg 59 min 18 sec.


Face #  6 has  4 vertices:
    Vertices input as          5  13   8  11
    Vertices renumbered as     6  14   9  12
        Edge   6  14 is   0.67089075.
        Edge  14   9 is   0.61678935.
        Edge   9  12 is   0.61678935.
        Edge  12   6 is   0.67089075.
        Angle  12   6  14 is   1.84178316 rad =    105.5264 deg = 105 deg 31 min 35 sec.
        Angle   6  14   9 is   1.17360507 rad =     67.2426 deg =  67 deg 14 min 33 sec.
        Angle  14   9  12 is   2.09419200 rad =    119.9884 deg = 119 deg 59 min 18 sec.
        Angle   9  12   6 is   1.17360507 rad =     67.2426 deg =  67 deg 14 min 33 sec.


Face #  7 has  4 vertices:
    Vertices input as         16  14   9  12
    Vertices renumbered as    17  15  10  13
        Edge  17  15 is   0.84924568.
        Edge  15  10 is   0.84924568.
        Edge  10  13 is   0.67089075.
        Edge  13  17 is   0.67089075.
        Angle  13  17  15 is   2.06837273 rad =    118.5090 deg = 118 deg 30 min 33 sec.
        Angle  17  15  10 is   0.93386498 rad =     53.5065 deg =  53 deg 30 min 23 sec.
        Angle  15  10  13 is   2.06837273 rad =    118.5090 deg = 118 deg 30 min 33 sec.
        Angle  10  13  17 is   1.21257487 rad =     69.4754 deg =  69 deg 28 min 32 sec.


Face #  8 has  4 vertices:
    Vertices input as         14   5  11   6
    Vertices renumbered as    15   6  12   7
        Edge  15   6 is   0.84924568.
        Edge   6  12 is   0.67089075.
        Edge  12   7 is   0.67089075.
        Edge   7  15 is   0.84924568.
        Angle   7  15   6 is   0.93386498 rad =     53.5065 deg =  53 deg 30 min 23 sec.
        Angle  15   6  12 is   2.06837273 rad =    118.5090 deg = 118 deg 30 min 33 sec.
        Angle   6  12   7 is   1.21257487 rad =     69.4754 deg =  69 deg 28 min 32 sec.
        Angle  12   7  15 is   2.06837273 rad =    118.5090 deg = 118 deg 30 min 33 sec.


Face #  9 has  3 vertices:
    Vertices input as         12   0   4
    Vertices renumbered as    13   1   5
        Edge  13   1 is   2.67093386.
```

```
        Edge   1  5 is    2.35014866.
        Edge   5 13 is    0.61678935.
        Angle  5 13  1 is    0.92188414 rad =       52.8201 deg =  52 deg 49 min 12 sec.
        Angle 13  1  5 is    0.21065700 rad =       12.0698 deg =  12 deg  4 min 11 sec.
        Angle  1  5 13 is    2.00905152 rad =      115.1102 deg = 115 deg  6 min 37 sec.


Face # 10 has  3 vertices:
     Vertices input as        0  11   8
     Vertices renumbered as   1  12   9
        Edge   1 12 is    2.67093386.
        Edge  12  9 is    0.61678935.
        Edge   9  1 is    2.35014866.
        Angle  9  1 12 is    0.21065700 rad =       12.0698 deg =  12 deg  4 min 11 sec.
        Angle  1 12  9 is    0.92188414 rad =       52.8201 deg =  52 deg 49 min 12 sec.
        Angle 12  9  1 is    2.00905152 rad =      115.1102 deg = 115 deg  6 min 37 sec.


Face # 11 has  4 vertices:
     Vertices input as        1  12   9  10
     Vertices renumbered as   2  13  10  11
        Edge   2 13 is    0.61678935.
        Edge  13 10 is    0.67089075.
        Edge  10 11 is    0.67089075.
        Edge  11  2 is    0.61678935.
        Angle 11  2 13 is    2.09419200 rad =      119.9884 deg = 119 deg 59 min 18 sec.
        Angle  2 13 10 is    1.17360507 rad =       67.2426 deg =  67 deg 14 min 33 sec.
        Angle 13 10 11 is    1.84178316 rad =      105.5264 deg = 105 deg 31 min 35 sec.
        Angle 10 11  2 is    1.17360507 rad =       67.2426 deg =  67 deg 14 min 33 sec.


Face # 12 has  4 vertices:
     Vertices input as       11   7  15   6
     Vertices renumbered as  12   8  16   7
        Edge  12  8 is    0.61678935.
        Edge   8 16 is    0.61678935.
        Edge  16  7 is    0.67089075.
        Edge   7 12 is    0.67089075.
        Angle  7 12  8 is    1.17360507 rad =       67.2426 deg =  67 deg 14 min 33 sec.
        Angle 12  8 16 is    2.09419200 rad =      119.9884 deg = 119 deg 59 min 18 sec.
        Angle  8 16  7 is    1.17360507 rad =       67.2426 deg =  67 deg 14 min 33 sec.
        Angle 16  7 12 is    1.84178316 rad =      105.5264 deg = 105 deg 31 min 35 sec.


Face # 13 has  3 vertices:
     Vertices input as        0   1  10
     Vertices renumbered as   1   2  11
        Edge   1  2 is    2.35014866.
        Edge   2 11 is    0.61678935.
        Edge  11  1 is    2.67093386.
        Angle 11  1  2 is    0.21065700 rad =       12.0698 deg =  12 deg  4 min 11 sec.
        Angle  1  2 11 is    2.00905152 rad =      115.1102 deg = 115 deg  6 min 37 sec.
        Angle  2 11  1 is    0.92188414 rad =       52.8201 deg =  52 deg 49 min 12 sec.


Face # 14 has  3 vertices:
     Vertices input as        7   0  15
     Vertices renumbered as   8   1  16
        Edge   8  1 is    2.35014866.
        Edge   1 16 is    2.67093386.
        Edge  16  8 is    0.61678935.
        Angle 16  8  1 is    2.00905152 rad =      115.1102 deg = 115 deg  6 min 37 sec.
        Angle  8  1 16 is    0.21065700 rad =       12.0698 deg =  12 deg  4 min 11 sec.
```

```
            Angle  1  16   8 is    0.92188414 rad =        52.8201 deg =  52 deg 49 min 12 sec.


Face # 15 has  3 vertices:
    Vertices input as         13    4    0
    Vertices renumbered as    14    5    1
        Edge 14   5 is    0.61678935.
        Edge  5   1 is    2.35014866.
        Edge  1  14 is    2.67093386.
        Angle  1  14   5 is    0.92188414 rad =        52.8201 deg =  52 deg 49 min 12 sec.
        Angle 14   5   1 is    2.00905152 rad =       115.1102 deg = 115 deg  6 min 37 sec.
        Angle  5   1  14 is    0.21065700 rad =        12.0698 deg =  12 deg  4 min 11 sec.


Face # 16 has  3 vertices:
    Vertices input as          8   13    0
    Vertices renumbered as     9   14    1
        Edge  9  14 is    0.61678935.
        Edge 14   1 is    2.67093386.
        Edge  1   9 is    2.35014866.
        Angle  1   9  14 is    2.00905152 rad =       115.1102 deg = 115 deg  6 min 37 sec.
        Angle  9  14   1 is    0.92188414 rad =        52.8201 deg =  52 deg 49 min 12 sec.
        Angle 14   1   9 is    0.21065700 rad =        12.0698 deg =  12 deg  4 min 11 sec.


Face # 17 has  4 vertices:
    Vertices input as          2   10    9   14
    Vertices renumbered as     3   11   10   15
        Edge  3  11 is    0.67089075.
        Edge 11  10 is    0.67089075.
        Edge 10  15 is    0.84924568.
        Edge 15   3 is    0.84924568.
        Angle 15   3  11 is    2.06837273 rad =       118.5090 deg = 118 deg 30 min 33 sec.
        Angle  3  11  10 is    1.21257487 rad =        69.4754 deg =  69 deg 28 min 32 sec.
        Angle 11  10  15 is    2.06837273 rad =       118.5090 deg = 118 deg 30 min 33 sec.
        Angle 10  15   3 is    0.93386498 rad =        53.5065 deg =  53 deg 30 min 23 sec.


Face # 18 has  4 vertices:
    Vertices input as         15    2   14    6
    Vertices renumbered as    16    3   15    7
        Edge 16   3 is    0.67089075.
        Edge  3  15 is    0.84924568.
        Edge 15   7 is    0.84924568.
        Edge  7  16 is    0.67089075.
        Angle  7  16   3 is    1.21257487 rad =        69.4754 deg =  69 deg 28 min 32 sec.
        Angle 16   3  15 is    2.06837273 rad =       118.5090 deg = 118 deg 30 min 33 sec.
        Angle  3  15   7 is    0.93386498 rad =        53.5065 deg =  53 deg 30 min 23 sec.
        Angle 15   7  16 is    2.06837273 rad =       118.5090 deg = 118 deg 30 min 33 sec.


Face # 19 has  3 vertices:
    Vertices input as         10    3    0
    Vertices renumbered as    11    4    1
        Edge 11   4 is    0.61678935.
        Edge  4   1 is    2.35014866.
        Edge  1  11 is    2.67093386.
        Angle  1  11   4 is    0.92188414 rad =        52.8201 deg =  52 deg 49 min 12 sec.
        Angle 11   4   1 is    2.00905152 rad =       115.1102 deg = 115 deg  6 min 37 sec.
        Angle  4   1  11 is    0.21065700 rad =        12.0698 deg =  12 deg  4 min 11 sec.


Face # 20 has  3 vertices:
```

```
       Vertices input as           3  15   0
       Vertices renumbered as      4  16   1
         Edge   4  16 is  0.61678935.
         Edge  16   1 is  2.67093386.
         Edge   1   4 is  2.35014866.
         Angle  1   4  16 is  2.00905152 rad =   115.1102 deg = 115 deg  6 min 37 sec.
         Angle  4  16   1 is  0.92188414 rad =    52.8201 deg =  52 deg 49 min 12 sec.
         Angle 16   1   4 is  0.21065700 rad =    12.0698 deg =  12 deg  4 min 11 sec.


The edge joining vertices   1 and  2 is between faces  2 and 13.
     Dihedral angle is   2.54853523 rad =    146.0203 deg = 146 deg  1 min 13 sec.
The edge joining vertices   1 and  4 is between faces 19 and 20.
     Dihedral angle is   2.54853523 rad =    146.0203 deg = 146 deg  1 min 13 sec.
The edge joining vertices   1 and  5 is between faces  9 and 15.
     Dihedral angle is   2.54853523 rad =    146.0203 deg = 146 deg  1 min 13 sec.
The edge joining vertices   1 and  8 is between faces  3 and 14.
     Dihedral angle is   2.54853523 rad =    146.0203 deg = 146 deg  1 min 13 sec.
The edge joining vertices   1 and  9 is between faces 10 and 16.
     Dihedral angle is   2.54853523 rad =    146.0203 deg = 146 deg  1 min 13 sec.
The edge joining vertices   1 and 11 is between faces 13 and 19.
     Dihedral angle is   2.54853523 rad =    146.0203 deg = 146 deg  1 min 13 sec.
The edge joining vertices   1 and 12 is between faces  3 and 10.
     Dihedral angle is   2.54853523 rad =    146.0203 deg = 146 deg  1 min 13 sec.
The edge joining vertices   1 and 13 is between faces  2 and  9.
     Dihedral angle is   2.54853523 rad =    146.0203 deg = 146 deg  1 min 13 sec.
The edge joining vertices   1 and 14 is between faces 15 and 16.
     Dihedral angle is   2.54853523 rad =    146.0203 deg = 146 deg  1 min 13 sec.
The edge joining vertices   1 and 16 is between faces 14 and 20.
     Dihedral angle is   2.54853523 rad =    146.0203 deg = 146 deg  1 min 13 sec.
The edge joining vertices   2 and 11 is between faces 11 and 13.
     Dihedral angle is   2.51757346 rad =    144.2463 deg = 144 deg 14 min 47 sec.
The edge joining vertices   2 and 13 is between faces  2 and 11.
     Dihedral angle is   2.51757346 rad =    144.2463 deg = 144 deg 14 min 47 sec.
The edge joining vertices   3 and 11 is between faces  4 and 17.
     Dihedral angle is   2.36689560 rad =    135.6131 deg = 135 deg 36 min 47 sec.
The edge joining vertices   3 and 15 is between faces 17 and 18.
     Dihedral angle is   2.26747938 rad =    129.9170 deg = 129 deg 55 min  1 sec.
The edge joining vertices   3 and 16 is between faces  4 and 18.
     Dihedral angle is   2.36689560 rad =    135.6131 deg = 135 deg 36 min 47 sec.
The edge joining vertices   4 and 11 is between faces  4 and 19.
     Dihedral angle is   2.51757346 rad =    144.2463 deg = 144 deg 14 min 47 sec.
The edge joining vertices   4 and 16 is between faces  4 and 20.
     Dihedral angle is   2.51757346 rad =    144.2463 deg = 144 deg 14 min 47 sec.
The edge joining vertices   5 and 13 is between faces  5 and  9.
     Dihedral angle is   2.51757346 rad =    144.2463 deg = 144 deg 14 min 47 sec.
The edge joining vertices   5 and 14 is between faces  5 and 15.
     Dihedral angle is   2.51757346 rad =    144.2463 deg = 144 deg 14 min 47 sec.
The edge joining vertices   6 and 12 is between faces  6 and  8.
     Dihedral angle is   2.36689560 rad =    135.6131 deg = 135 deg 36 min 47 sec.
The edge joining vertices   6 and 14 is between faces  1 and  6.
     Dihedral angle is   2.36689560 rad =    135.6131 deg = 135 deg 36 min 47 sec.
The edge joining vertices   6 and 15 is between faces  1 and  8.
     Dihedral angle is   2.26747938 rad =    129.9170 deg = 129 deg 55 min  1 sec.
The edge joining vertices   7 and 12 is between faces  8 and 12.
     Dihedral angle is   2.36689560 rad =    135.6131 deg = 135 deg 36 min 47 sec.
The edge joining vertices   7 and 15 is between faces  8 and 18.
     Dihedral angle is   2.26747938 rad =    129.9170 deg = 129 deg 55 min  1 sec.
The edge joining vertices   7 and 16 is between faces 12 and 18.
     Dihedral angle is   2.36689560 rad =    135.6131 deg = 135 deg 36 min 47 sec.
The edge joining vertices   8 and 12 is between faces  3 and 12.
     Dihedral angle is   2.51757346 rad =    144.2463 deg = 144 deg 14 min 47 sec.
The edge joining vertices   8 and 16 is between faces 12 and 14.
```

```
        Dihedral angle is    2.51757346 rad =       144.2463 deg = 144 deg 14 min 47 sec.
The edge joining vertices  9 and 12 is between faces  6 and 10.
        Dihedral angle is    2.51757346 rad =       144.2463 deg = 144 deg 14 min 47 sec.
The edge joining vertices  9 and 14 is between faces  6 and 16.
        Dihedral angle is    2.51757346 rad =       144.2463 deg = 144 deg 14 min 47 sec.
The edge joining vertices 10 and 11 is between faces 11 and 17.
        Dihedral angle is    2.36689560 rad =       135.6131 deg = 135 deg 36 min 47 sec.
The edge joining vertices 10 and 13 is between faces  7 and 11.
        Dihedral angle is    2.36689560 rad =       135.6131 deg = 135 deg 36 min 47 sec.
The edge joining vertices 10 and 15 is between faces  7 and 17.
        Dihedral angle is    2.26747938 rad =       129.9170 deg = 129 deg 55 min  1 sec.
The edge joining vertices 13 and 17 is between faces  5 and  7.
        Dihedral angle is    2.36689560 rad =       135.6131 deg = 135 deg 36 min 47 sec.
The edge joining vertices 14 and 17 is between faces  1 and  5.
        Dihedral angle is    2.36689560 rad =       135.6131 deg = 135 deg 36 min 47 sec.
The edge joining vertices 15 and 17 is between faces  1 and  7.
        Dihedral angle is    2.26747938 rad =       129.9170 deg = 129 deg 55 min  1 sec.
```

Report based on file j07.off

```
Vertex #  1: ( -0.57735027,  0.00000000, -0.50000000).
Vertex #  2: (  0.28867513, -0.50000000, -0.50000000).
Vertex #  3: (  0.28867513,  0.50000000, -0.50000000).
Vertex #  4: ( -0.57735027,  0.00000000,  0.50000000).
Vertex #  5: (  0.28867513, -0.50000000,  0.50000000).
Vertex #  6: (  0.28867513,  0.50000000,  0.50000000).
Vertex #  7: (  0.00000000,  0.00000000, -1.31649658).


Face #  1 has  3 vertices:
    Vertices input as         3    4    5
    Vertices renumbered as    4    5    6
      Edge  4  5 is   1.00000000.
      Edge  5  6 is   1.00000000.
      Edge  6  4 is   1.00000000.
      Angle  6  4  5 is   1.04719755 rad =      60.0000 deg =   60 deg  0 min  0 sec.
      Angle  4  5  6 is   1.04719755 rad =      60.0000 deg =   60 deg  0 min  0 sec.
      Angle  5  6  4 is   1.04719755 rad =      60.0000 deg =   60 deg  0 min  0 sec.


Face #  2 has  4 vertices:
    Vertices input as         0    1    4    3
    Vertices renumbered as    1    2    5    4
      Edge  1  2 is   1.00000000.
      Edge  2  5 is   1.00000000.
      Edge  5  4 is   1.00000000.
      Edge  4  1 is   1.00000000.
      Angle  4  1  2 is   1.57079633 rad =      90.0000 deg =   90 deg  0 min  0 sec.
      Angle  1  2  5 is   1.57079633 rad =      90.0000 deg =   90 deg  0 min  0 sec.
      Angle  2  5  4 is   1.57079633 rad =      90.0000 deg =   90 deg  0 min  0 sec.
      Angle  5  4  1 is   1.57079633 rad =      90.0000 deg =   90 deg  0 min  0 sec.


Face #  3 has  4 vertices:
    Vertices input as         1    2    5    4
    Vertices renumbered as    2    3    6    5
      Edge  2  3 is   1.00000000.
      Edge  3  6 is   1.00000000.
      Edge  6  5 is   1.00000000.
      Edge  5  2 is   1.00000000.
      Angle  5  2  3 is   1.57079633 rad =      90.0000 deg =   90 deg  0 min  0 sec.
      Angle  2  3  6 is   1.57079633 rad =      90.0000 deg =   90 deg  0 min  0 sec.
      Angle  3  6  5 is   1.57079633 rad =      90.0000 deg =   90 deg  0 min  0 sec.
      Angle  6  5  2 is   1.57079633 rad =      90.0000 deg =   90 deg  0 min  0 sec.


Face #  4 has  4 vertices:
    Vertices input as         2    0    3    5
    Vertices renumbered as    3    1    4    6
      Edge  3  1 is   1.00000000.
      Edge  1  4 is   1.00000000.
      Edge  4  6 is   1.00000000.
      Edge  6  3 is   1.00000000.
      Angle  6  3  1 is   1.57079633 rad =      90.0000 deg =   90 deg  0 min  0 sec.
      Angle  3  1  4 is   1.57079633 rad =      90.0000 deg =   90 deg  0 min  0 sec.
      Angle  1  4  6 is   1.57079633 rad =      90.0000 deg =   90 deg  0 min  0 sec.
      Angle  4  6  3 is   1.57079633 rad =      90.0000 deg =   90 deg  0 min  0 sec.


Face #  5 has  3 vertices:
```

```
      Vertices input as            6    0    2
      Vertices renumbered as       7    1    3
         Edge  7  1 is    1.00000000.
         Edge  1  3 is    1.00000000.
         Edge  3  7 is    1.00000000.
         Angle 3  7  1 is  1.04719755 rad =        60.0000 deg =  60 deg   0 min   0 sec.
         Angle 7  1  3 is  1.04719755 rad =        60.0000 deg =  60 deg   0 min   0 sec.
         Angle 1  3  7 is  1.04719755 rad =        60.0000 deg =  60 deg   0 min   0 sec.


Face #  6 has  3 vertices:
      Vertices input as            6    1    0
      Vertices renumbered as       7    2    1
         Edge  7  2 is    1.00000000.
         Edge  2  1 is    1.00000000.
         Edge  1  7 is    1.00000000.
         Angle 1  7  2 is  1.04719755 rad =        60.0000 deg =  60 deg   0 min   0 sec.
         Angle 7  2  1 is  1.04719755 rad =        60.0000 deg =  60 deg   0 min   0 sec.
         Angle 2  1  7 is  1.04719755 rad =        60.0000 deg =  60 deg   0 min   0 sec.


Face #  7 has  3 vertices:
      Vertices input as            6    2    1
      Vertices renumbered as       7    3    2
         Edge  7  3 is    1.00000000.
         Edge  3  2 is    1.00000000.
         Edge  2  7 is    1.00000000.
         Angle 2  7  3 is  1.04719755 rad =        60.0000 deg =  60 deg   0 min   0 sec.
         Angle 7  3  2 is  1.04719755 rad =        60.0000 deg =  60 deg   0 min   0 sec.
         Angle 3  2  7 is  1.04719755 rad =        60.0000 deg =  60 deg   0 min   0 sec.


The edge joining vertices   1 and  2 is between faces   2 and  6.
         Dihedral angle is   2.80175574 rad =       160.5288 deg = 160 deg  31 min  44 sec.
The edge joining vertices   1 and  3 is between faces   4 and  5.
         Dihedral angle is   2.80175574 rad =       160.5288 deg = 160 deg  31 min  44 sec.
The edge joining vertices   1 and  4 is between faces   2 and  4.
         Dihedral angle is   1.04719755 rad =        60.0000 deg =  60 deg   0 min   0 sec.
The edge joining vertices   1 and  7 is between faces   5 and  6.
         Dihedral angle is   1.23095942 rad =        70.5288 deg =  70 deg  31 min  44 sec.
The edge joining vertices   2 and  3 is between faces   3 and  7.
         Dihedral angle is   2.80175574 rad =       160.5288 deg = 160 deg  31 min  44 sec.
The edge joining vertices   2 and  5 is between faces   2 and  3.
         Dihedral angle is   1.04719755 rad =        60.0000 deg =  60 deg   0 min   0 sec.
The edge joining vertices   2 and  7 is between faces   6 and  7.
         Dihedral angle is   1.23095942 rad =        70.5288 deg =  70 deg  31 min  44 sec.
The edge joining vertices   3 and  6 is between faces   3 and  4.
         Dihedral angle is   1.04719755 rad =        60.0000 deg =  60 deg   0 min   0 sec.
The edge joining vertices   3 and  7 is between faces   5 and  7.
         Dihedral angle is   1.23095942 rad =        70.5288 deg =  70 deg  31 min  44 sec.
The edge joining vertices   4 and  5 is between faces   1 and  2.
         Dihedral angle is   1.57079633 rad =        90.0000 deg =  90 deg   0 min   0 sec.
The edge joining vertices   4 and  6 is between faces   1 and  4.
         Dihedral angle is   1.57079633 rad =        90.0000 deg =  90 deg   0 min   0 sec.
The edge joining vertices   5 and  6 is between faces   1 and  3.
         Dihedral angle is   1.57079633 rad =        90.0000 deg =  90 deg   0 min   0 sec.
```

Report based on file j07d.off

```
Vertex #  1: (  0.00000000,  0.00000000,  0.07445006).
Vertex #  2: ( -0.31286566, -0.54189922, -0.18807094).
Vertex #  3: (  0.62573132,  0.00000000, -0.18807094).
Vertex #  4: ( -0.31286566,  0.54189922, -0.18807094).
Vertex #  5: ( -0.22638066,  0.39210280, -0.34814624).
Vertex #  6: ( -0.22638066, -0.39210280, -0.34814624).
Vertex #  7: (  0.45276132,  0.00000000, -0.34814624).
```

Face # 1 has 4 vertices:
    Vertices input as   5   1   3   4
    Vertices renumbered as   6   2   4   5
      Edge 6 2 is   0.23567503.
      Edge 2 4 is   1.08379843.
      Edge 4 5 is   0.23567503.
      Edge 5 6 is   0.78420561.
      Angle 5 6 2 is   2.25958926 rad =   129.4649 deg = 129 deg 27 min 54 sec.
      Angle 6 2 4 is   0.88200339 rad =   50.5351 deg = 50 deg 32 min 6 sec.
      Angle 2 4 5 is   0.88200339 rad =   50.5351 deg = 50 deg 32 min 6 sec.
      Angle 4 5 6 is   2.25958926 rad =   129.4649 deg = 129 deg 27 min 54 sec.

Face # 2 has 4 vertices:
    Vertices input as   1   5   6   2
    Vertices renumbered as   2   6   7   3
      Edge 2 6 is   0.23567503.
      Edge 6 7 is   0.78420561.
      Edge 7 3 is   0.23567503.
      Edge 3 2 is   1.08379843.
      Angle 3 2 6 is   0.88200339 rad =   50.5351 deg = 50 deg 32 min 6 sec.
      Angle 2 6 7 is   2.25958926 rad =   129.4649 deg = 129 deg 27 min 54 sec.
      Angle 6 7 3 is   2.25958926 rad =   129.4649 deg = 129 deg 27 min 54 sec.
      Angle 7 3 2 is   0.88200339 rad =   50.5351 deg = 50 deg 32 min 6 sec.

Face # 3 has 4 vertices:
    Vertices input as   4   3   2   6
    Vertices renumbered as   5   4   3   7
      Edge 5 4 is   0.23567503.
      Edge 4 3 is   1.08379843.
      Edge 3 7 is   0.23567503.
      Edge 7 5 is   0.78420561.
      Angle 7 5 4 is   2.25958926 rad =   129.4649 deg = 129 deg 27 min 54 sec.
      Angle 5 4 3 is   0.88200339 rad =   50.5351 deg = 50 deg 32 min 6 sec.
      Angle 4 3 7 is   0.88200339 rad =   50.5351 deg = 50 deg 32 min 6 sec.
      Angle 3 7 5 is   2.25958926 rad =   129.4649 deg = 129 deg 27 min 54 sec.

Face # 4 has 3 vertices:
    Vertices input as   3   1   0
    Vertices renumbered as   4   2   1
      Edge 4 2 is   1.08379843.
      Edge 2 1 is   0.67856979.
      Edge 1 4 is   0.67856979.
      Angle 1 4 2 is   0.64584703 rad =   37.0043 deg = 37 deg 0 min 16 sec.
      Angle 4 2 1 is   0.64584703 rad =   37.0043 deg = 37 deg 0 min 16 sec.
      Angle 2 1 4 is   1.84989860 rad =   105.9914 deg = 105 deg 59 min 29 sec.

Face # 5 has 3 vertices:

```
     Vertices input as        1    2    0
     Vertices renumbered as   2    3    1
        Edge  2  3 is   1.08379843.
        Edge  3  1 is   0.67856979.
        Edge  1  2 is   0.67856979.
        Angle 1  2  3 is  0.64584703 rad =       37.0043 deg =  37 deg  0 min 16 sec.
        Angle 2  3  1 is  0.64584703 rad =       37.0043 deg =  37 deg  0 min 16 sec.
        Angle 3  1  2 is  1.84989860 rad =      105.9914 deg = 105 deg 59 min 29 sec.


Face #  6 has  3 vertices:
     Vertices input as        2    3    0
     Vertices renumbered as   3    4    1
        Edge  3  4 is   1.08379843.
        Edge  4  1 is   0.67856979.
        Edge  1  3 is   0.67856979.
        Angle 1  3  4 is  0.64584703 rad =       37.0043 deg =  37 deg  0 min 16 sec.
        Angle 3  4  1 is  0.64584703 rad =       37.0043 deg =  37 deg  0 min 16 sec.
        Angle 4  1  3 is  1.84989860 rad =      105.9914 deg = 105 deg 59 min 29 sec.


Face #  7 has  3 vertices:
     Vertices input as        5    4    6
     Vertices renumbered as   6    5    7
        Edge  6  5 is   0.78420561.
        Edge  5  7 is   0.78420561.
        Edge  7  6 is   0.78420561.
        Angle 7  6  5 is  1.04719755 rad =       60.0000 deg =  60 deg  0 min  0 sec.
        Angle 6  5  7 is  1.04719755 rad =       60.0000 deg =  60 deg  0 min  0 sec.
        Angle 5  7  6 is  1.04719755 rad =       60.0000 deg =  60 deg  0 min  0 sec.


The edge joining vertices  1 and  2 is between faces  4 and  5.
        Dihedral angle is   1.96086127 rad =      112.3491 deg = 112 deg 20 min 57 sec.
The edge joining vertices  1 and  3 is between faces  5 and  6.
        Dihedral angle is   1.96086127 rad =      112.3491 deg = 112 deg 20 min 57 sec.
The edge joining vertices  1 and  4 is between faces  4 and  6.
        Dihedral angle is   1.96086127 rad =      112.3491 deg = 112 deg 20 min 57 sec.
The edge joining vertices  2 and  3 is between faces  2 and  5.
        Dihedral angle is   1.77357198 rad =      101.6182 deg = 101 deg 37 min  5 sec.
The edge joining vertices  2 and  4 is between faces  1 and  4.
        Dihedral angle is   1.77357198 rad =      101.6182 deg = 101 deg 37 min  5 sec.
The edge joining vertices  2 and  6 is between faces  1 and  2.
        Dihedral angle is   1.40901018 rad =       80.7303 deg =  80 deg 43 min 49 sec.
The edge joining vertices  3 and  4 is between faces  3 and  6.
        Dihedral angle is   1.77357198 rad =      101.6182 deg = 101 deg 37 min  5 sec.
The edge joining vertices  3 and  7 is between faces  2 and  3.
        Dihedral angle is   1.40901018 rad =       80.7303 deg =  80 deg 43 min 49 sec.
The edge joining vertices  4 and  5 is between faces  1 and  3.
        Dihedral angle is   1.40901018 rad =       80.7303 deg =  80 deg 43 min 49 sec.
The edge joining vertices  5 and  6 is between faces  1 and  7.
        Dihedral angle is   2.06614401 rad =      118.3813 deg = 118 deg 22 min 53 sec.
The edge joining vertices  5 and  7 is between faces  3 and  7.
        Dihedral angle is   2.06614401 rad =      118.3813 deg = 118 deg 22 min 53 sec.
The edge joining vertices  6 and  7 is between faces  2 and  7.
        Dihedral angle is   2.06614401 rad =      118.3813 deg = 118 deg 22 min 53 sec.
```

```
Report based on file j08.off


Vertex #  1: ( -0.70710678,  0.00000000, -0.50000000).
Vertex #  2: (  0.00000000, -0.70710678, -0.50000000).
Vertex #  3: (  0.70710678,  0.00000000, -0.50000000).
Vertex #  4: (  0.00000000,  0.70710678, -0.50000000).
Vertex #  5: ( -0.70710678,  0.00000000,  0.50000000).
Vertex #  6: (  0.00000000, -0.70710678,  0.50000000).
Vertex #  7: (  0.70710678,  0.00000000,  0.50000000).
Vertex #  8: (  0.00000000,  0.70710678,  0.50000000).
Vertex #  9: (  0.00000000,  0.00000000, -1.20710678).


Face #  1 has  4 vertices:
    Vertices input as           4    5    6    7
    Vertices renumbered as      5    6    7    8
      Edge  5  6 is   1.00000000.
      Edge  6  7 is   1.00000000.
      Edge  7  8 is   1.00000000.
      Edge  8  5 is   1.00000000.
      Angle  8  5  6 is   1.57079633 rad =     90.0000 deg =  90 deg  0 min  0 sec.
      Angle  5  6  7 is   1.57079633 rad =     90.0000 deg =  90 deg  0 min  0 sec.
      Angle  6  7  8 is   1.57079633 rad =     90.0000 deg =  90 deg  0 min  0 sec.
      Angle  7  8  5 is   1.57079633 rad =     90.0000 deg =  90 deg  0 min  0 sec.


Face #  2 has  4 vertices:
    Vertices input as           0    1    5    4
    Vertices renumbered as      1    2    6    5
      Edge  1  2 is   1.00000000.
      Edge  2  6 is   1.00000000.
      Edge  6  5 is   1.00000000.
      Edge  5  1 is   1.00000000.
      Angle  5  1  2 is   1.57079633 rad =     90.0000 deg =  90 deg  0 min  0 sec.
      Angle  1  2  6 is   1.57079633 rad =     90.0000 deg =  90 deg  0 min  0 sec.
      Angle  2  6  5 is   1.57079633 rad =     90.0000 deg =  90 deg  0 min  0 sec.
      Angle  6  5  1 is   1.57079633 rad =     90.0000 deg =  90 deg  0 min  0 sec.


Face #  3 has  4 vertices:
    Vertices input as           1    2    6    5
    Vertices renumbered as      2    3    7    6
      Edge  2  3 is   1.00000000.
      Edge  3  7 is   1.00000000.
      Edge  7  6 is   1.00000000.
      Edge  6  2 is   1.00000000.
      Angle  6  2  3 is   1.57079633 rad =     90.0000 deg =  90 deg  0 min  0 sec.
      Angle  2  3  7 is   1.57079633 rad =     90.0000 deg =  90 deg  0 min  0 sec.
      Angle  3  7  6 is   1.57079633 rad =     90.0000 deg =  90 deg  0 min  0 sec.
      Angle  7  6  2 is   1.57079633 rad =     90.0000 deg =  90 deg  0 min  0 sec.


Face #  4 has  4 vertices:
    Vertices input as           2    3    7    6
    Vertices renumbered as      3    4    8    7
      Edge  3  4 is   1.00000000.
      Edge  4  8 is   1.00000000.
      Edge  8  7 is   1.00000000.
      Edge  7  3 is   1.00000000.
      Angle  7  3  4 is   1.57079633 rad =     90.0000 deg =  90 deg  0 min  0 sec.
      Angle  3  4  8 is   1.57079633 rad =     90.0000 deg =  90 deg  0 min  0 sec.
      Angle  4  8  7 is   1.57079633 rad =     90.0000 deg =  90 deg  0 min  0 sec.
```

```
             Angle   8   7   3  is    1.57079633 rad =      90.0000 deg =  90 deg   0 min   0 sec.


Face #  5 has  4 vertices:
    Vertices input as           3    0    4    7
    Vertices renumbered as      4    1    5    8
        Edge  4   1 is   1.00000000.
        Edge  1   5 is   1.00000000.
        Edge  5   8 is   1.00000000.
        Edge  8   4 is   1.00000000.
        Angle   8   4   1  is    1.57079633 rad =      90.0000 deg =  90 deg   0 min   0 sec.
        Angle   4   1   5  is    1.57079633 rad =      90.0000 deg =  90 deg   0 min   0 sec.
        Angle   1   5   8  is    1.57079633 rad =      90.0000 deg =  90 deg   0 min   0 sec.
        Angle   5   8   4  is    1.57079633 rad =      90.0000 deg =  90 deg   0 min   0 sec.


Face #  6 has  3 vertices:
    Vertices input as           8    0    3
    Vertices renumbered as      9    1    4
        Edge  9   1 is   1.00000000.
        Edge  1   4 is   1.00000000.
        Edge  4   9 is   1.00000000.
        Angle   4   9   1  is    1.04719755 rad =      60.0000 deg =  60 deg   0 min   0 sec.
        Angle   9   1   4  is    1.04719755 rad =      60.0000 deg =  60 deg   0 min   0 sec.
        Angle   1   4   9  is    1.04719755 rad =      60.0000 deg =  60 deg   0 min   0 sec.


Face #  7 has  3 vertices:
    Vertices input as           8    1    0
    Vertices renumbered as      9    2    1
        Edge  9   2 is   1.00000000.
        Edge  2   1 is   1.00000000.
        Edge  1   9 is   1.00000000.
        Angle   1   9   2  is    1.04719755 rad =      60.0000 deg =  60 deg   0 min   0 sec.
        Angle   9   2   1  is    1.04719755 rad =      60.0000 deg =  60 deg   0 min   0 sec.
        Angle   2   1   9  is    1.04719755 rad =      60.0000 deg =  60 deg   0 min   0 sec.


Face #  8 has  3 vertices:
    Vertices input as           8    2    1
    Vertices renumbered as      9    3    2
        Edge  9   3 is   1.00000000.
        Edge  3   2 is   1.00000000.
        Edge  2   9 is   1.00000000.
        Angle   2   9   3  is    1.04719755 rad =      60.0000 deg =  60 deg   0 min   0 sec.
        Angle   9   3   2  is    1.04719755 rad =      60.0000 deg =  60 deg   0 min   0 sec.
        Angle   3   2   9  is    1.04719755 rad =      60.0000 deg =  60 deg   0 min   0 sec.


Face #  9 has  3 vertices:
    Vertices input as           8    3    2
    Vertices renumbered as      9    4    3
        Edge  9   4 is   1.00000000.
        Edge  4   3 is   1.00000000.
        Edge  3   9 is   1.00000000.
        Angle   3   9   4  is    1.04719755 rad =      60.0000 deg =  60 deg   0 min   0 sec.
        Angle   9   4   3  is    1.04719755 rad =      60.0000 deg =  60 deg   0 min   0 sec.
        Angle   4   3   9  is    1.04719755 rad =      60.0000 deg =  60 deg   0 min   0 sec.


The edge joining vertices    1 and   2 is between faces   2 and   7.
      Dihedral angle is    2.52611294 rad =     144.7356 deg = 144 deg  44 min   8 sec.
The edge joining vertices    1 and   4 is between faces   5 and   6.
```

```
        Dihedral angle is    2.52611294 rad =       144.7356 deg = 144 deg 44 min  8 sec.
The edge joining vertices  1 and  5 is between faces  2 and  5.
        Dihedral angle is    1.57079633 rad =        90.0000 deg =  90 deg  0 min  0 sec.
The edge joining vertices  1 and  9 is between faces  6 and  7.
        Dihedral angle is    1.91063324 rad =       109.4712 deg = 109 deg 28 min 16 sec.
The edge joining vertices  2 and  3 is between faces  3 and  8.
        Dihedral angle is    2.52611294 rad =       144.7356 deg = 144 deg 44 min  8 sec.
The edge joining vertices  2 and  6 is between faces  2 and  3.
        Dihedral angle is    1.57079633 rad =        90.0000 deg =  90 deg  0 min  0 sec.
The edge joining vertices  2 and  9 is between faces  7 and  8.
        Dihedral angle is    1.91063324 rad =       109.4712 deg = 109 deg 28 min 16 sec.
The edge joining vertices  3 and  4 is between faces  4 and  9.
        Dihedral angle is    2.52611294 rad =       144.7356 deg = 144 deg 44 min  8 sec.
The edge joining vertices  3 and  7 is between faces  3 and  4.
        Dihedral angle is    1.57079633 rad =        90.0000 deg =  90 deg  0 min  0 sec.
The edge joining vertices  3 and  9 is between faces  8 and  9.
        Dihedral angle is    1.91063324 rad =       109.4712 deg = 109 deg 28 min 16 sec.
The edge joining vertices  4 and  8 is between faces  4 and  5.
        Dihedral angle is    1.57079633 rad =        90.0000 deg =  90 deg  0 min  0 sec.
The edge joining vertices  4 and  9 is between faces  6 and  9.
        Dihedral angle is    1.91063324 rad =       109.4712 deg = 109 deg 28 min 16 sec.
The edge joining vertices  5 and  6 is between faces  1 and  2.
        Dihedral angle is    1.57079633 rad =        90.0000 deg =  90 deg  0 min  0 sec.
The edge joining vertices  5 and  8 is between faces  1 and  5.
        Dihedral angle is    1.57079633 rad =        90.0000 deg =  90 deg  0 min  0 sec.
The edge joining vertices  6 and  7 is between faces  1 and  3.
        Dihedral angle is    1.57079633 rad =        90.0000 deg =  90 deg  0 min  0 sec.
The edge joining vertices  7 and  8 is between faces  1 and  4.
        Dihedral angle is    1.57079633 rad =        90.0000 deg =  90 deg  0 min  0 sec.
```

Report based on file j08d.off

Vertex # 1: (0.00000000, 0.00000000, 0.47122648).
Vertex # 2: (-0.54286850, -0.54286850, -0.13412298).
Vertex # 3: (0.54286850, -0.54286850, -0.13412298).
Vertex # 4: (0.54286850, 0.54286850, -0.13412298).
Vertex # 5: (-0.54286850, 0.54286850, -0.13412298).
Vertex # 6: (-0.35775563, 0.35775563, -0.49187861).
Vertex # 7: (-0.35775563, -0.35775563, -0.49187861).
Vertex # 8: (0.35775563, -0.35775563, -0.49187861).
Vertex # 9: (0.35775563, 0.35775563, -0.49187861).

Face # 1 has 4 vertices:
    Vertices input as   6   1   4   5
    Vertices renumbered as   7   2   5   6
      Edge   7   2 is   0.44330874.
      Edge   2   5 is   1.08573700.
      Edge   5   6 is   0.44330874.
      Edge   6   7 is   0.71551126.
      Angle 6   7   2 is   2.00156677 rad =   114.6813 deg = 114 deg 40 min 53 sec.
      Angle 7   2   5 is   1.14002588 rad =   65.3187 deg = 65 deg 19 min 7 sec.
      Angle 2   5   6 is   1.14002588 rad =   65.3187 deg = 65 deg 19 min 7 sec.
      Angle 5   6   7 is   2.00156677 rad =   114.6813 deg = 114 deg 40 min 53 sec.

Face # 2 has 4 vertices:
    Vertices input as   1   6   7   2
    Vertices renumbered as   2   7   8   3
      Edge   2   7 is   0.44330874.
      Edge   7   8 is   0.71551126.
      Edge   8   3 is   0.44330874.
      Edge   3   2 is   1.08573700.
      Angle 3   2   7 is   1.14002588 rad =   65.3187 deg = 65 deg 19 min 7 sec.
      Angle 2   7   8 is   2.00156677 rad =   114.6813 deg = 114 deg 40 min 53 sec.
      Angle 7   8   3 is   2.00156677 rad =   114.6813 deg = 114 deg 40 min 53 sec.
      Angle 8   3   2 is   1.14002588 rad =   65.3187 deg = 65 deg 19 min 7 sec.

Face # 3 has 4 vertices:
    Vertices input as   2   7   8   3
    Vertices renumbered as   3   8   9   4
      Edge   3   8 is   0.44330874.
      Edge   8   9 is   0.71551126.
      Edge   9   4 is   0.44330874.
      Edge   4   3 is   1.08573700.
      Angle 4   3   8 is   1.14002588 rad =   65.3187 deg = 65 deg 19 min 7 sec.
      Angle 3   8   9 is   2.00156677 rad =   114.6813 deg = 114 deg 40 min 53 sec.
      Angle 8   9   4 is   2.00156677 rad =   114.6813 deg = 114 deg 40 min 53 sec.
      Angle 9   4   3 is   1.14002588 rad =   65.3187 deg = 65 deg 19 min 7 sec.

Face # 4 has 4 vertices:
    Vertices input as   5   4   3   8
    Vertices renumbered as   6   5   4   9
      Edge   6   5 is   0.44330874.
      Edge   5   4 is   1.08573700.
      Edge   4   9 is   0.44330874.
      Edge   9   6 is   0.71551126.
      Angle 9   6   5 is   2.00156677 rad =   114.6813 deg = 114 deg 40 min 53 sec.
      Angle 6   5   4 is   1.14002588 rad =   65.3187 deg = 65 deg 19 min 7 sec.
      Angle 5   4   9 is   1.14002588 rad =   65.3187 deg = 65 deg 19 min 7 sec.

```
              Angle   4   9   6  is   2.00156677 rad =      114.6813 deg = 114 deg 40 min 53 sec.


Face #  5 has  3 vertices:
    Vertices input as           4   1   0
    Vertices renumbered as      5   2   1
       Edge  5   2 is   1.08573700.
       Edge  2   1 is   0.97768112.
       Edge  1   5 is   0.97768112.
       Angle  1   5   2 is   0.98211920 rad =       56.2713 deg =  56 deg 16 min 17 sec.
       Angle  5   2   1 is   0.98211920 rad =       56.2713 deg =  56 deg 16 min 17 sec.
       Angle  2   1   5 is   1.17735426 rad =       67.4574 deg =  67 deg 27 min 27 sec.


Face #  6 has  3 vertices:
    Vertices input as           1   2   0
    Vertices renumbered as      2   3   1
       Edge  2   3 is   1.08573700.
       Edge  3   1 is   0.97768112.
       Edge  1   2 is   0.97768112.
       Angle  1   2   3 is   0.98211920 rad =       56.2713 deg =  56 deg 16 min 17 sec.
       Angle  2   3   1 is   0.98211920 rad =       56.2713 deg =  56 deg 16 min 17 sec.
       Angle  3   1   2 is   1.17735426 rad =       67.4574 deg =  67 deg 27 min 27 sec.


Face #  7 has  3 vertices:
    Vertices input as           2   3   0
    Vertices renumbered as      3   4   1
       Edge  3   4 is   1.08573700.
       Edge  4   1 is   0.97768112.
       Edge  1   3 is   0.97768112.
       Angle  1   3   4 is   0.98211920 rad =       56.2713 deg =  56 deg 16 min 17 sec.
       Angle  3   4   1 is   0.98211920 rad =       56.2713 deg =  56 deg 16 min 17 sec.
       Angle  4   1   3 is   1.17735426 rad =       67.4574 deg =  67 deg 27 min 27 sec.


Face #  8 has  3 vertices:
    Vertices input as           3   4   0
    Vertices renumbered as      4   5   1
       Edge  4   5 is   1.08573700.
       Edge  5   1 is   0.97768112.
       Edge  1   4 is   0.97768112.
       Angle  1   4   5 is   0.98211920 rad =       56.2713 deg =  56 deg 16 min 17 sec.
       Angle  4   5   1 is   0.98211920 rad =       56.2713 deg =  56 deg 16 min 17 sec.
       Angle  5   1   4 is   1.17735426 rad =       67.4574 deg =  67 deg 27 min 27 sec.


Face #  9 has  4 vertices:
    Vertices input as           6   5   8   7
    Vertices renumbered as      7   6   9   8
       Edge  7   6 is   0.71551126.
       Edge  6   9 is   0.71551126.
       Edge  9   8 is   0.71551126.
       Edge  8   7 is   0.71551126.
       Angle  8   7   6 is   1.57079633 rad =       90.0000 deg =  90 deg  0 min  0 sec.
       Angle  7   6   9 is   1.57079633 rad =       90.0000 deg =  90 deg  0 min  0 sec.
       Angle  6   9   8 is   1.57079633 rad =       90.0000 deg =  90 deg  0 min  0 sec.
       Angle  9   8   7 is   1.57079633 rad =       90.0000 deg =  90 deg  0 min  0 sec.


The edge joining vertices   1 and  2 is between faces   5 and  6.
      Dihedral angle is   2.03280274 rad =      116.4710 deg = 116 deg 28 min 16 sec.
The edge joining vertices   1 and  3 is between faces   6 and  7.
```

```
        Dihedral angle is    2.03280274 rad =      116.4710 deg = 116 deg 28 min 16 sec.
The edge joining vertices  1 and  4 is between faces  7 and  8.
        Dihedral angle is    2.03280274 rad =      116.4710 deg = 116 deg 28 min 16 sec.
The edge joining vertices  1 and  5 is between faces  5 and  8.
        Dihedral angle is    2.03280274 rad =      116.4710 deg = 116 deg 28 min 16 sec.
The edge joining vertices  2 and  3 is between faces  2 and  6.
        Dihedral angle is    1.93306366 rad =      110.7564 deg = 110 deg 45 min 23 sec.
The edge joining vertices  2 and  5 is between faces  1 and  5.
        Dihedral angle is    1.93306366 rad =      110.7564 deg = 110 deg 45 min 23 sec.
The edge joining vertices  2 and  7 is between faces  1 and  2.
        Dihedral angle is    1.78358832 rad =      102.1921 deg = 102 deg 11 min 31 sec.
The edge joining vertices  3 and  4 is between faces  3 and  7.
        Dihedral angle is    1.93306366 rad =      110.7564 deg = 110 deg 45 min 23 sec.
The edge joining vertices  3 and  8 is between faces  2 and  3.
        Dihedral angle is    1.78358832 rad =      102.1921 deg = 102 deg 11 min 31 sec.
The edge joining vertices  4 and  5 is between faces  4 and  8.
        Dihedral angle is    1.93306366 rad =      110.7564 deg = 110 deg 45 min 23 sec.
The edge joining vertices  4 and  9 is between faces  3 and  4.
        Dihedral angle is    1.78358832 rad =      102.1921 deg = 102 deg 11 min 31 sec.
The edge joining vertices  5 and  6 is between faces  1 and  4.
        Dihedral angle is    1.78358832 rad =      102.1921 deg = 102 deg 11 min 31 sec.
The edge joining vertices  6 and  7 is between faces  1 and  9.
        Dihedral angle is    2.04828913 rad =      117.3583 deg = 117 deg 21 min 30 sec.
The edge joining vertices  6 and  9 is between faces  4 and  9.
        Dihedral angle is    2.04828913 rad =      117.3583 deg = 117 deg 21 min 30 sec.
The edge joining vertices  7 and  8 is between faces  2 and  9.
        Dihedral angle is    2.04828913 rad =      117.3583 deg = 117 deg 21 min 30 sec.
The edge joining vertices  8 and  9 is between faces  3 and  9.
        Dihedral angle is    2.04828913 rad =      117.3583 deg = 117 deg 21 min 30 sec.
```

```
Report based on file j09.off

Vertex #  1: (  0.85065081,  0.00000000,  0.50000000).
Vertex #  2: (  0.26286556, -0.80901699,  0.50000000).
Vertex #  3: ( -0.68819096, -0.50000000,  0.50000000).
Vertex #  4: ( -0.68819096,  0.50000000,  0.50000000).
Vertex #  5: (  0.26286556,  0.80901699,  0.50000000).
Vertex #  6: (  0.85065081,  0.00000000, -0.50000000).
Vertex #  7: (  0.26286556, -0.80901699, -0.50000000).
Vertex #  8: ( -0.68819096, -0.50000000, -0.50000000).
Vertex #  9: ( -0.68819096,  0.50000000, -0.50000000).
Vertex # 10: (  0.26286556,  0.80901699, -0.50000000).
Vertex # 11: (  0.00000000,  0.00000000,  1.02573111).

Face #  1 has  5 vertices:
    Vertices input as           5   6   7   8   9
    Vertices renumbered as      6   7   8   9  10
      Edge  6  7 is   1.00000000.
      Edge  7  8 is   1.00000000.
      Edge  8  9 is   1.00000000.
      Edge  9 10 is   1.00000000.
      Edge 10  6 is   1.00000000.
      Angle 10  6  7 is   1.88495559 rad =      108.0000 deg = 108 deg  0 min  0 sec.
      Angle  6  7  8 is   1.88495559 rad =      108.0000 deg = 108 deg  0 min  0 sec.
      Angle  7  8  9 is   1.88495559 rad =      108.0000 deg = 108 deg  0 min  0 sec.
      Angle  8  9 10 is   1.88495559 rad =      108.0000 deg = 108 deg  0 min  0 sec.
      Angle  9 10  6 is   1.88495559 rad =      108.0000 deg = 108 deg  0 min  0 sec.

Face #  2 has  4 vertices:
    Vertices input as           0   1   6   5
    Vertices renumbered as      1   2   7   6
      Edge  1  2 is   1.00000000.
      Edge  2  7 is   1.00000000.
      Edge  7  6 is   1.00000000.
      Edge  6  1 is   1.00000000.
      Angle  6  1  2 is   1.57079633 rad =       90.0000 deg =  90 deg  0 min  0 sec.
      Angle  1  2  7 is   1.57079633 rad =       90.0000 deg =  90 deg  0 min  0 sec.
      Angle  2  7  6 is   1.57079633 rad =       90.0000 deg =  90 deg  0 min  0 sec.
      Angle  7  6  1 is   1.57079633 rad =       90.0000 deg =  90 deg  0 min  0 sec.

Face #  3 has  4 vertices:
    Vertices input as           1   2   7   6
    Vertices renumbered as      2   3   8   7
      Edge  2  3 is   1.00000000.
      Edge  3  8 is   1.00000000.
      Edge  8  7 is   1.00000000.
      Edge  7  2 is   1.00000000.
      Angle  7  2  3 is   1.57079633 rad =       90.0000 deg =  90 deg  0 min  0 sec.
      Angle  2  3  8 is   1.57079633 rad =       90.0000 deg =  90 deg  0 min  0 sec.
      Angle  3  8  7 is   1.57079633 rad =       90.0000 deg =  90 deg  0 min  0 sec.
      Angle  8  7  2 is   1.57079633 rad =       90.0000 deg =  90 deg  0 min  0 sec.

Face #  4 has  4 vertices:
    Vertices input as           2   3   8   7
    Vertices renumbered as      3   4   9   8
      Edge  3  4 is   1.00000000.
      Edge  4  9 is   1.00000000.
      Edge  9  8 is   1.00000000.
```

```
        Edge   8   3 is     1.00000000.
        Angle  8   3   4 is     1.57079633 rad =         90.0000 deg =  90 deg  0 min  0 sec.
        Angle  3   4   9 is     1.57079633 rad =         90.0000 deg =  90 deg  0 min  0 sec.
        Angle  4   9   8 is     1.57079633 rad =         90.0000 deg =  90 deg  0 min  0 sec.
        Angle  9   8   3 is     1.57079633 rad =         90.0000 deg =  90 deg  0 min  0 sec.


Face #  5 has  4 vertices:
    Vertices input as            3    4    9    8
    Vertices renumbered as       4    5   10    9
        Edge   4   5 is     1.00000000.
        Edge   5  10 is     1.00000000.
        Edge  10   9 is     1.00000000.
        Edge   9   4 is     1.00000000.
        Angle  9   4   5 is     1.57079633 rad =         90.0000 deg =  90 deg  0 min  0 sec.
        Angle  4   5  10 is     1.57079633 rad =         90.0000 deg =  90 deg  0 min  0 sec.
        Angle  5  10   9 is     1.57079633 rad =         90.0000 deg =  90 deg  0 min  0 sec.
        Angle 10   9   4 is     1.57079633 rad =         90.0000 deg =  90 deg  0 min  0 sec.


Face #  6 has  4 vertices:
    Vertices input as            4    0    5    9
    Vertices renumbered as       5    1    6   10
        Edge   5   1 is     1.00000000.
        Edge   1   6 is     1.00000000.
        Edge   6  10 is     1.00000000.
        Edge  10   5 is     1.00000000.
        Angle 10   5   1 is     1.57079633 rad =         90.0000 deg =  90 deg  0 min  0 sec.
        Angle  5   1   6 is     1.57079633 rad =         90.0000 deg =  90 deg  0 min  0 sec.
        Angle  1   6  10 is     1.57079633 rad =         90.0000 deg =  90 deg  0 min  0 sec.
        Angle  6  10   5 is     1.57079633 rad =         90.0000 deg =  90 deg  0 min  0 sec.


Face #  7 has  3 vertices:
    Vertices input as           10    0    4
    Vertices renumbered as      11    1    5
        Edge  11   1 is     1.00000000.
        Edge   1   5 is     1.00000000.
        Edge   5  11 is     1.00000000.
        Angle  5  11   1 is     1.04719755 rad =         60.0000 deg =  60 deg  0 min  0 sec.
        Angle 11   1   5 is     1.04719755 rad =         60.0000 deg =  60 deg  0 min  0 sec.
        Angle  1   5  11 is     1.04719755 rad =         60.0000 deg =  60 deg  0 min  0 sec.


Face #  8 has  3 vertices:
    Vertices input as           10    1    0
    Vertices renumbered as      11    2    1
        Edge  11   2 is     1.00000000.
        Edge   2   1 is     1.00000000.
        Edge   1  11 is     1.00000000.
        Angle  1  11   2 is     1.04719755 rad =         60.0000 deg =  60 deg  0 min  0 sec.
        Angle 11   2   1 is     1.04719755 rad =         60.0000 deg =  60 deg  0 min  0 sec.
        Angle  2   1  11 is     1.04719755 rad =         60.0000 deg =  60 deg  0 min  0 sec.


Face #  9 has  3 vertices:
    Vertices input as           10    2    1
    Vertices renumbered as      11    3    2
        Edge  11   3 is     1.00000000.
        Edge   3   2 is     1.00000000.
        Edge   2  11 is     1.00000000.
        Angle  2  11   3 is     1.04719755 rad =         60.0000 deg =  60 deg  0 min  0 sec.
        Angle 11   3   2 is     1.04719755 rad =         60.0000 deg =  60 deg  0 min  0 sec.
```

```
            Angle   3   2  11 is    1.04719755 rad =        60.0000 deg =  60 deg  0 min  0 sec.


Face # 10 has  3 vertices:
    Vertices input as           10   3   2
    Vertices renumbered as      11   4   3
       Edge 11   4 is   1.00000000.
       Edge  4   3 is   1.00000000.
       Edge  3  11 is   1.00000000.
            Angle   3  11   4 is    1.04719755 rad =        60.0000 deg =  60 deg  0 min  0 sec.
            Angle  11   4   3 is    1.04719755 rad =        60.0000 deg =  60 deg  0 min  0 sec.
            Angle   4   3  11 is    1.04719755 rad =        60.0000 deg =  60 deg  0 min  0 sec.


Face # 11 has  3 vertices:
    Vertices input as           10   4   3
    Vertices renumbered as      11   5   4
       Edge 11   5 is   1.00000000.
       Edge  5   4 is   1.00000000.
       Edge  4  11 is   1.00000000.
            Angle   4  11   5 is    1.04719755 rad =        60.0000 deg =  60 deg  0 min  0 sec.
            Angle  11   5   4 is    1.04719755 rad =        60.0000 deg =  60 deg  0 min  0 sec.
            Angle   5   4  11 is    1.04719755 rad =        60.0000 deg =  60 deg  0 min  0 sec.


The edge joining vertices   1 and   2 is between faces   2 and   8.
      Dihedral angle is    2.22315447 rad =       127.3774 deg = 127 deg 22 min 39 sec.
The edge joining vertices   1 and   5 is between faces   6 and   7.
      Dihedral angle is    2.22315447 rad =       127.3774 deg = 127 deg 22 min 39 sec.
The edge joining vertices   1 and   6 is between faces   2 and   6.
      Dihedral angle is    1.88495559 rad =       108.0000 deg = 108 deg  0 min  0 sec.
The edge joining vertices   1 and  11 is between faces   7 and   8.
      Dihedral angle is    2.41186500 rad =       138.1897 deg = 138 deg 11 min 23 sec.
The edge joining vertices   2 and   3 is between faces   3 and   9.
      Dihedral angle is    2.22315447 rad =       127.3774 deg = 127 deg 22 min 39 sec.
The edge joining vertices   2 and   7 is between faces   2 and   3.
      Dihedral angle is    1.88495559 rad =       108.0000 deg = 108 deg  0 min  0 sec.
The edge joining vertices   2 and  11 is between faces   8 and   9.
      Dihedral angle is    2.41186500 rad =       138.1897 deg = 138 deg 11 min 23 sec.
The edge joining vertices   3 and   4 is between faces   4 and  10.
      Dihedral angle is    2.22315447 rad =       127.3774 deg = 127 deg 22 min 39 sec.
The edge joining vertices   3 and   8 is between faces   3 and   4.
      Dihedral angle is    1.88495559 rad =       108.0000 deg = 108 deg  0 min  0 sec.
The edge joining vertices   3 and  11 is between faces   9 and  10.
      Dihedral angle is    2.41186500 rad =       138.1897 deg = 138 deg 11 min 23 sec.
The edge joining vertices   4 and   5 is between faces   5 and  11.
      Dihedral angle is    2.22315447 rad =       127.3774 deg = 127 deg 22 min 39 sec.
The edge joining vertices   4 and   9 is between faces   4 and   5.
      Dihedral angle is    1.88495559 rad =       108.0000 deg = 108 deg  0 min  0 sec.
The edge joining vertices   4 and  11 is between faces  10 and  11.
      Dihedral angle is    2.41186500 rad =       138.1897 deg = 138 deg 11 min 23 sec.
The edge joining vertices   5 and  10 is between faces   5 and   6.
      Dihedral angle is    1.88495559 rad =       108.0000 deg = 108 deg  0 min  0 sec.
The edge joining vertices   5 and  11 is between faces   7 and  11.
      Dihedral angle is    2.41186500 rad =       138.1897 deg = 138 deg 11 min 23 sec.
The edge joining vertices   6 and   7 is between faces   1 and   2.
      Dihedral angle is    1.57079633 rad =        90.0000 deg =  90 deg  0 min  0 sec.
The edge joining vertices   6 and  10 is between faces   1 and   6.
      Dihedral angle is    1.57079633 rad =        90.0000 deg =  90 deg  0 min  0 sec.
The edge joining vertices   7 and   8 is between faces   1 and   3.
      Dihedral angle is    1.57079633 rad =        90.0000 deg =  90 deg  0 min  0 sec.
The edge joining vertices   8 and   9 is between faces   1 and   4.
      Dihedral angle is    1.57079633 rad =        90.0000 deg =  90 deg  0 min  0 sec.
```

The edge joining vertices 9 and 10 is between faces 1 and 5.
        Dihedral angle is   1.57079633 rad =   90.0000 deg = 90 deg 0 min 0 sec.

Report based on file j09d.off

Vertex # 1: (0.00000000, 0.00000000, -0.96734247).
Vertex # 2: (0.73966149, -0.53739553, 0.09324828).
Vertex # 3: (-0.28252555, -0.86952423, 0.09324828).
Vertex # 4: (-0.91427188, 0.00000000, 0.09324828).
Vertex # 5: (-0.28252555, 0.86952423, 0.09324828).
Vertex # 6: (0.73966149, 0.53739553, 0.09324828).
Vertex # 7: (0.41701900, 0.30298204, 0.76799920).
Vertex # 8: (0.41701900, -0.30298204, 0.76799920).
Vertex # 9: (-0.15928708, -0.49023523, 0.76799920).
Vertex # 10: (-0.51546383, 0.00000000, 0.76799920).
Vertex # 11: (-0.15928708, 0.49023523, 0.76799920).

```
Face #  1 has  4 vertices:
    Vertices input as            7   1   5   6
    Vertices renumbered as       8   2   6   7
      Edge  8  2 is    0.78379631.
      Edge  2  6 is    1.07479105.
      Edge  6  7 is    0.78379631.
      Edge  7  8 is    0.60596408.
      Angle  7  8  2 is    1.87451894 rad =        107.4020 deg = 107 deg 24 min  7 sec.
      Angle  8  2  6 is    1.26707371 rad =         72.5980 deg =  72 deg 35 min 53 sec.
      Angle  2  6  7 is    1.26707371 rad =         72.5980 deg =  72 deg 35 min 53 sec.
      Angle  6  7  8 is    1.87451894 rad =        107.4020 deg = 107 deg 24 min  7 sec.

Face #  2 has  4 vertices:
    Vertices input as            1   7   8   2
    Vertices renumbered as       2   8   9   3
      Edge  2  8 is    0.78379631.
      Edge  8  9 is    0.60596408.
      Edge  9  3 is    0.78379631.
      Edge  3  2 is    1.07479105.
      Angle  3  2  8 is    1.26707371 rad =         72.5980 deg =  72 deg 35 min 53 sec.
      Angle  2  8  9 is    1.87451894 rad =        107.4020 deg = 107 deg 24 min  7 sec.
      Angle  8  9  3 is    1.87451894 rad =        107.4020 deg = 107 deg 24 min  7 sec.
      Angle  9  3  2 is    1.26707371 rad =         72.5980 deg =  72 deg 35 min 53 sec.

Face #  3 has  4 vertices:
    Vertices input as            2   8   9   3
    Vertices renumbered as       3   9  10   4
      Edge  3  9 is    0.78379631.
      Edge  9 10 is    0.60596408.
      Edge 10  4 is    0.78379631.
      Edge  4  3 is    1.07479105.
      Angle  4  3  9 is    1.26707371 rad =         72.5980 deg =  72 deg 35 min 53 sec.
      Angle  3  9 10 is    1.87451894 rad =        107.4020 deg = 107 deg 24 min  7 sec.
      Angle  9 10  4 is    1.87451894 rad =        107.4020 deg = 107 deg 24 min  7 sec.
      Angle 10  4  3 is    1.26707371 rad =         72.5980 deg =  72 deg 35 min 53 sec.

Face #  4 has  4 vertices:
    Vertices input as            3   9  10   4
    Vertices renumbered as       4  10  11   5
      Edge  4 10 is    0.78379631.
      Edge 10 11 is    0.60596408.
      Edge 11  5 is    0.78379631.
      Edge  5  4 is    1.07479105.
      Angle  5  4 10 is    1.26707371 rad =         72.5980 deg =  72 deg 35 min 53 sec.
```

```
            Angle   4 10 11  is    1.87451894 rad  =       107.4020 deg =  107 deg 24 min   7 sec.
            Angle  10 11  5  is    1.87451894 rad  =       107.4020 deg =  107 deg 24 min   7 sec.
            Angle  11  5  4  is    1.26707371 rad  =        72.5980 deg =   72 deg 35 min  53 sec.


   Face #  5 has  4 vertices:
        Vertices input as          6   5   4  10
        Vertices renumbered as     7   6   5  11
            Edge   7  6  is    0.78379631.
            Edge   6  5  is    1.07479105.
            Edge   5 11  is    0.78379631.
            Edge  11  7  is    0.60596408.
            Angle  11  7  6  is    1.87451894 rad  =       107.4020 deg =  107 deg 24 min   7 sec.
            Angle   7  6  5  is    1.26707371 rad  =        72.5980 deg =   72 deg 35 min  53 sec.
            Angle   6  5 11  is    1.26707371 rad  =        72.5980 deg =   72 deg 35 min  53 sec.
            Angle   5 11  7  is    1.87451894 rad  =       107.4020 deg =  107 deg 24 min   7 sec.


   Face #  6 has  3 vertices:
        Vertices input as          5   1   0
        Vertices renumbered as     6   2   1
            Edge   6  2  is    1.07479105.
            Edge   2  1  is    1.40026633.
            Edge   1  6  is    1.40026633.
            Angle   1  6  2  is    1.17690902 rad  =        67.4319 deg =   67 deg 25 min  55 sec.
            Angle   6  2  1  is    1.17690902 rad  =        67.4319 deg =   67 deg 25 min  55 sec.
            Angle   2  1  6  is    0.78777461 rad  =        45.1362 deg =   45 deg  8 min  10 sec.


   Face #  7 has  3 vertices:
        Vertices input as          1   2   0
        Vertices renumbered as     2   3   1
            Edge   2  3  is    1.07479105.
            Edge   3  1  is    1.40026633.
            Edge   1  2  is    1.40026633.
            Angle   1  2  3  is    1.17690902 rad  =        67.4319 deg =   67 deg 25 min  55 sec.
            Angle   2  3  1  is    1.17690902 rad  =        67.4319 deg =   67 deg 25 min  55 sec.
            Angle   3  1  2  is    0.78777461 rad  =        45.1362 deg =   45 deg  8 min  10 sec.


   Face #  8 has  3 vertices:
        Vertices input as          2   3   0
        Vertices renumbered as     3   4   1
            Edge   3  4  is    1.07479105.
            Edge   4  1  is    1.40026633.
            Edge   1  3  is    1.40026633.
            Angle   1  3  4  is    1.17690902 rad  =        67.4319 deg =   67 deg 25 min  55 sec.
            Angle   3  4  1  is    1.17690902 rad  =        67.4319 deg =   67 deg 25 min  55 sec.
            Angle   4  1  3  is    0.78777461 rad  =        45.1362 deg =   45 deg  8 min  10 sec.


   Face #  9 has  3 vertices:
        Vertices input as          3   4   0
        Vertices renumbered as     4   5   1
            Edge   4  5  is    1.07479105.
            Edge   5  1  is    1.40026633.
            Edge   1  4  is    1.40026633.
            Angle   1  4  5  is    1.17690902 rad  =        67.4319 deg =   67 deg 25 min  55 sec.
            Angle   4  5  1  is    1.17690902 rad  =        67.4319 deg =   67 deg 25 min  55 sec.
            Angle   5  1  4  is    0.78777461 rad  =        45.1362 deg =   45 deg  8 min  10 sec.


   Face # 10 has  3 vertices:
```

```
    Vertices input as            4   5   0
    Vertices renumbered as       5   6   1
       Edge   5   6 is   1.07479105.
       Edge   6   1 is   1.40026633.
       Edge   1   5 is   1.40026633.
       Angle  1   5   6 is   1.17690902 rad =        67.4319 deg =  67 deg 25 min 55 sec.
       Angle  5   6   1 is   1.17690902 rad =        67.4319 deg =  67 deg 25 min 55 sec.
       Angle  6   1   5 is   0.78777461 rad =        45.1362 deg =  45 deg  8 min 10 sec.


Face # 11 has  5 vertices:
    Vertices input as            7   6  10   9   8
    Vertices renumbered as       8   7  11  10   9
       Edge   8   7 is   0.60596408.
       Edge   7  11 is   0.60596408.
       Edge  11  10 is   0.60596408.
       Edge  10   9 is   0.60596408.
       Edge   9   8 is   0.60596408.
       Angle  9   8   7 is   1.88495559 rad =       108.0000 deg = 108 deg  0 min  0 sec.
       Angle  8   7  11 is   1.88495559 rad =       108.0000 deg = 108 deg  0 min  0 sec.
       Angle  7  11  10 is   1.88495559 rad =       108.0000 deg = 108 deg  0 min  0 sec.
       Angle 11  10   9 is   1.88495559 rad =       108.0000 deg = 108 deg  0 min  0 sec.
       Angle 10   9   8 is   1.88495559 rad =       108.0000 deg = 108 deg  0 min  0 sec.


The edge joining vertices   1 and   2 is between faces   6 and   7.
        Dihedral angle is   2.13544814 rad =       122.3522 deg = 122 deg 21 min  8 sec.
The edge joining vertices   1 and   3 is between faces   7 and   8.
        Dihedral angle is   2.13544814 rad =       122.3522 deg = 122 deg 21 min  8 sec.
The edge joining vertices   1 and   4 is between faces   8 and   9.
        Dihedral angle is   2.13544814 rad =       122.3522 deg = 122 deg 21 min  8 sec.
The edge joining vertices   1 and   5 is between faces   9 and  10.
        Dihedral angle is   2.13544814 rad =       122.3522 deg = 122 deg 21 min  8 sec.
The edge joining vertices   1 and   6 is between faces   6 and  10.
        Dihedral angle is   2.13544814 rad =       122.3522 deg = 122 deg 21 min  8 sec.
The edge joining vertices   2 and   3 is between faces   2 and   7.
        Dihedral angle is   2.08658252 rad =       119.5524 deg = 119 deg 33 min  9 sec.
The edge joining vertices   2 and   6 is between faces   1 and   6.
        Dihedral angle is   2.08658252 rad =       119.5524 deg = 119 deg 33 min  9 sec.
The edge joining vertices   2 and   8 is between faces   1 and   2.
        Dihedral angle is   2.02372893 rad =       115.9511 deg = 115 deg 57 min  4 sec.
The edge joining vertices   3 and   4 is between faces   3 and   8.
        Dihedral angle is   2.08658252 rad =       119.5524 deg = 119 deg 33 min  9 sec.
The edge joining vertices   3 and   9 is between faces   2 and   3.
        Dihedral angle is   2.02372893 rad =       115.9511 deg = 115 deg 57 min  4 sec.
The edge joining vertices   4 and   5 is between faces   4 and   9.
        Dihedral angle is   2.08658252 rad =       119.5524 deg = 119 deg 33 min  9 sec.
The edge joining vertices   4 and  10 is between faces   3 and   4.
        Dihedral angle is   2.02372893 rad =       115.9511 deg = 115 deg 57 min  4 sec.
The edge joining vertices   5 and   6 is between faces   5 and  10.
        Dihedral angle is   2.08658252 rad =       119.5524 deg = 119 deg 33 min  9 sec.
The edge joining vertices   5 and  11 is between faces   4 and   5.
        Dihedral angle is   2.02372893 rad =       115.9511 deg = 115 deg 57 min  4 sec.
The edge joining vertices   6 and   7 is between faces   1 and   5.
        Dihedral angle is   2.02372893 rad =       115.9511 deg = 115 deg 57 min  4 sec.
The edge joining vertices   7 and   8 is between faces   1 and  11.
        Dihedral angle is   2.01682411 rad =       115.5555 deg = 115 deg 33 min 20 sec.
The edge joining vertices   7 and  11 is between faces   5 and  11.
        Dihedral angle is   2.01682411 rad =       115.5555 deg = 115 deg 33 min 20 sec.
The edge joining vertices   8 and   9 is between faces   2 and  11.
        Dihedral angle is   2.01682411 rad =       115.5555 deg = 115 deg 33 min 20 sec.
The edge joining vertices   9 and  10 is between faces   3 and  11.
        Dihedral angle is   2.01682411 rad =       115.5555 deg = 115 deg 33 min 20 sec.
```

The edge joining vertices 10 and 11 is between faces 4 and 11.
       Dihedral angle is   2.01682411 rad =   115.5555 deg = 115 deg 33 min 20 sec.

Report based on file j10.off

Vertex # 1: (0.70710678, 0.00000000, -0.42044821).
Vertex # 2: (0.00000000, 0.70710678, -0.42044821).
Vertex # 3: (-0.70710678, 0.00000000, -0.42044821).
Vertex # 4: (0.00000000, -0.70710678, -0.42044821).
Vertex # 5: (0.50000000, 0.50000000, 0.42044821).
Vertex # 6: (-0.50000000, 0.50000000, 0.42044821).
Vertex # 7: (-0.50000000, -0.50000000, 0.42044821).
Vertex # 8: (0.50000000, -0.50000000, 0.42044821).
Vertex # 9: (0.00000000, 0.00000000, -1.12755499).

Face # 1 has 4 vertices:
    Vertices input as   4   5   6   7
    Vertices renumbered as   5   6   7   8
      Edge 5   6 is   1.00000000.
      Edge 6   7 is   1.00000000.
      Edge 7   8 is   1.00000000.
      Edge 8   5 is   1.00000000.
      Angle 8   5   6 is   1.57079633 rad =   90.0000 deg = 90 deg 0 min 0 sec.
      Angle 5   6   7 is   1.57079633 rad =   90.0000 deg = 90 deg 0 min 0 sec.
      Angle 6   7   8 is   1.57079633 rad =   90.0000 deg = 90 deg 0 min 0 sec.
      Angle 7   8   5 is   1.57079633 rad =   90.0000 deg = 90 deg 0 min 0 sec.

Face # 2 has 3 vertices:
    Vertices input as   0   1   4
    Vertices renumbered as   1   2   5
      Edge 1   2 is   1.00000000.
      Edge 2   5 is   1.00000000.
      Edge 5   1 is   1.00000000.
      Angle 5   1   2 is   1.04719755 rad =   60.0000 deg = 60 deg 0 min 0 sec.
      Angle 1   2   5 is   1.04719755 rad =   60.0000 deg = 60 deg 0 min 0 sec.
      Angle 2   5   1 is   1.04719755 rad =   60.0000 deg = 60 deg 0 min 0 sec.

Face # 3 has 3 vertices:
    Vertices input as   1   2   5
    Vertices renumbered as   2   3   6
      Edge 2   3 is   1.00000000.
      Edge 3   6 is   1.00000000.
      Edge 6   2 is   1.00000000.
      Angle 6   2   3 is   1.04719755 rad =   60.0000 deg = 60 deg 0 min 0 sec.
      Angle 2   3   6 is   1.04719755 rad =   60.0000 deg = 60 deg 0 min 0 sec.
      Angle 3   6   2 is   1.04719755 rad =   60.0000 deg = 60 deg 0 min 0 sec.

Face # 4 has 3 vertices:
    Vertices input as   2   3   6
    Vertices renumbered as   3   4   7
      Edge 3   4 is   1.00000000.
      Edge 4   7 is   1.00000000.
      Edge 7   3 is   1.00000000.
      Angle 7   3   4 is   1.04719755 rad =   60.0000 deg = 60 deg 0 min 0 sec.
      Angle 3   4   7 is   1.04719755 rad =   60.0000 deg = 60 deg 0 min 0 sec.
      Angle 4   7   3 is   1.04719755 rad =   60.0000 deg = 60 deg 0 min 0 sec.

Face # 5 has 3 vertices:
    Vertices input as   3   0   7
    Vertices renumbered as   4   1   8

```
        Edge   4   1 is    1.00000000.
        Edge   1   8 is    1.00000000.
        Edge   8   4 is    1.00000000.
        Angle  8   4   1 is    1.04719755 rad =      60.0000 deg =  60 deg  0 min  0 sec.
        Angle  4   1   8 is    1.04719755 rad =      60.0000 deg =  60 deg  0 min  0 sec.
        Angle  1   8   4 is    1.04719755 rad =      60.0000 deg =  60 deg  0 min  0 sec.


Face #  6 has   3 vertices:
    Vertices input as              5    4    1
    Vertices renumbered as         6    5    2
        Edge   6   5 is    1.00000000.
        Edge   5   2 is    1.00000000.
        Edge   2   6 is    1.00000000.
        Angle  2   6   5 is    1.04719755 rad =      60.0000 deg =  60 deg  0 min  0 sec.
        Angle  6   5   2 is    1.04719755 rad =      60.0000 deg =  60 deg  0 min  0 sec.
        Angle  5   2   6 is    1.04719755 rad =      60.0000 deg =  60 deg  0 min  0 sec.


Face #  7 has   3 vertices:
    Vertices input as              6    5    2
    Vertices renumbered as         7    6    3
        Edge   7   6 is    1.00000000.
        Edge   6   3 is    1.00000000.
        Edge   3   7 is    1.00000000.
        Angle  3   7   6 is    1.04719755 rad =      60.0000 deg =  60 deg  0 min  0 sec.
        Angle  7   6   3 is    1.04719755 rad =      60.0000 deg =  60 deg  0 min  0 sec.
        Angle  6   3   7 is    1.04719755 rad =      60.0000 deg =  60 deg  0 min  0 sec.


Face #  8 has   3 vertices:
    Vertices input as              7    6    3
    Vertices renumbered as         8    7    4
        Edge   8   7 is    1.00000000.
        Edge   7   4 is    1.00000000.
        Edge   4   8 is    1.00000000.
        Angle  4   8   7 is    1.04719755 rad =      60.0000 deg =  60 deg  0 min  0 sec.
        Angle  8   7   4 is    1.04719755 rad =      60.0000 deg =  60 deg  0 min  0 sec.
        Angle  7   4   8 is    1.04719755 rad =      60.0000 deg =  60 deg  0 min  0 sec.


Face #  9 has   3 vertices:
    Vertices input as              4    7    0
    Vertices renumbered as         5    8    1
        Edge   5   8 is    1.00000000.
        Edge   8   1 is    1.00000000.
        Edge   1   5 is    1.00000000.
        Angle  1   5   8 is    1.04719755 rad =      60.0000 deg =  60 deg  0 min  0 sec.
        Angle  5   8   1 is    1.04719755 rad =      60.0000 deg =  60 deg  0 min  0 sec.
        Angle  8   1   5 is    1.04719755 rad =      60.0000 deg =  60 deg  0 min  0 sec.


Face # 10 has   3 vertices:
    Vertices input as              8    0    3
    Vertices renumbered as         9    1    4
        Edge   9   1 is    1.00000000.
        Edge   1   4 is    1.00000000.
        Edge   4   9 is    1.00000000.
        Angle  4   9   1 is    1.04719755 rad =      60.0000 deg =  60 deg  0 min  0 sec.
        Angle  9   1   4 is    1.04719755 rad =      60.0000 deg =  60 deg  0 min  0 sec.
        Angle  1   4   9 is    1.04719755 rad =      60.0000 deg =  60 deg  0 min  0 sec.
```

Face # 11 has 3 vertices:
    Vertices input as   8   1   0
    Vertices renumbered as   9   2   1
      Edge 9 2 is   1.00000000.
      Edge 2 1 is   1.00000000.
      Edge 1 9 is   1.00000000.
      Angle 1 9 2 is   1.04719755 rad =   60.0000 deg = 60 deg 0 min 0 sec.
      Angle 9 2 1 is   1.04719755 rad =   60.0000 deg = 60 deg 0 min 0 sec.
      Angle 2 1 9 is   1.04719755 rad =   60.0000 deg = 60 deg 0 min 0 sec.

Face # 12 has 3 vertices:
    Vertices input as   8   2   1
    Vertices renumbered as   9   3   2
      Edge 9 3 is   1.00000000.
      Edge 3 2 is   1.00000000.
      Edge 2 9 is   1.00000000.
      Angle 2 9 3 is   1.04719755 rad =   60.0000 deg = 60 deg 0 min 0 sec.
      Angle 9 3 2 is   1.04719755 rad =   60.0000 deg = 60 deg 0 min 0 sec.
      Angle 3 2 9 is   1.04719755 rad =   60.0000 deg = 60 deg 0 min 0 sec.

Face # 13 has 3 vertices:
    Vertices input as   8   3   2
    Vertices renumbered as   9   4   3
      Edge 9 4 is   1.00000000.
      Edge 4 3 is   1.00000000.
      Edge 3 9 is   1.00000000.
      Angle 3 9 4 is   1.04719755 rad =   60.0000 deg = 60 deg 0 min 0 sec.
      Angle 9 4 3 is   1.04719755 rad =   60.0000 deg = 60 deg 0 min 0 sec.
      Angle 4 3 9 is   1.04719755 rad =   60.0000 deg = 60 deg 0 min 0 sec.

The edge joining vertices   1 and   2 is between faces   2 and 11.
      Dihedral angle is   2.76759950 rad =   158.5718 deg = 158 deg 34 min 18 sec.
The edge joining vertices   1 and   4 is between faces   5 and 10.
      Dihedral angle is   2.76759950 rad =   158.5718 deg = 158 deg 34 min 18 sec.
The edge joining vertices   1 and   5 is between faces   2 and 9.
      Dihedral angle is   2.22619544 rad =   127.5516 deg = 127 deg 33 min 6 sec.
The edge joining vertices   1 and   8 is between faces   5 and 9.
      Dihedral angle is   2.22619544 rad =   127.5516 deg = 127 deg 33 min 6 sec.
The edge joining vertices   1 and   9 is between faces 10 and 11.
      Dihedral angle is   1.91063324 rad =   109.4712 deg = 109 deg 28 min 16 sec.
The edge joining vertices   2 and   3 is between faces   3 and 12.
      Dihedral angle is   2.76759950 rad =   158.5718 deg = 158 deg 34 min 18 sec.
The edge joining vertices   2 and   5 is between faces   2 and 6.
      Dihedral angle is   2.22619544 rad =   127.5516 deg = 127 deg 33 min 6 sec.
The edge joining vertices   2 and   6 is between faces   3 and 6.
      Dihedral angle is   2.22619544 rad =   127.5516 deg = 127 deg 33 min 6 sec.
The edge joining vertices   2 and   9 is between faces 11 and 12.
      Dihedral angle is   1.91063324 rad =   109.4712 deg = 109 deg 28 min 16 sec.
The edge joining vertices   3 and   4 is between faces   4 and 13.
      Dihedral angle is   2.76759950 rad =   158.5718 deg = 158 deg 34 min 18 sec.
The edge joining vertices   3 and   6 is between faces   3 and 7.
      Dihedral angle is   2.22619544 rad =   127.5516 deg = 127 deg 33 min 6 sec.
The edge joining vertices   3 and   7 is between faces   4 and 7.
      Dihedral angle is   2.22619544 rad =   127.5516 deg = 127 deg 33 min 6 sec.
The edge joining vertices   3 and   9 is between faces 12 and 13.
      Dihedral angle is   1.91063324 rad =   109.4712 deg = 109 deg 28 min 16 sec.
The edge joining vertices   4 and   7 is between faces   4 and 8.
      Dihedral angle is   2.22619544 rad =   127.5516 deg = 127 deg 33 min 6 sec.
The edge joining vertices   4 and   8 is between faces   5 and 8.
      Dihedral angle is   2.22619544 rad =   127.5516 deg = 127 deg 33 min 6 sec.

```
The edge joining vertices   4 and  9 is between faces 10 and 13.
      Dihedral angle is    1.91063324 rad =      109.4712 deg = 109 deg 28 min 16 sec.
The edge joining vertices   5 and  6 is between faces  1 and  6.
      Dihedral angle is    1.81228288 rad =      103.8362 deg = 103 deg 50 min 10 sec.
The edge joining vertices   5 and  8 is between faces  1 and  9.
      Dihedral angle is    1.81228288 rad =      103.8362 deg = 103 deg 50 min 10 sec.
The edge joining vertices   6 and  7 is between faces  1 and  7.
      Dihedral angle is    1.81228288 rad =      103.8362 deg = 103 deg 50 min 10 sec.
The edge joining vertices   7 and  8 is between faces  1 and  8.
      Dihedral angle is    1.81228288 rad =      103.8362 deg = 103 deg 50 min 10 sec.
```

```
Report based on file j10d.off


Vertex #  1: (  0.00000000,   0.00000000,   0.49245873).
Vertex #  2: (  0.41624330,   0.41624330,  -0.27026588).
Vertex #  3: ( -0.41624330,   0.41624330,  -0.27026588).
Vertex #  4: ( -0.41624330,  -0.41624330,  -0.27026588).
Vertex #  5: (  0.41624330,  -0.41624330,  -0.27026588).
Vertex #  6: (  0.00000000,   0.53139456,   0.00559480).
Vertex #  7: ( -0.53139456,   0.00000000,   0.00559480).
Vertex #  8: (  0.00000000,  -0.53139456,   0.00559480).
Vertex #  9: (  0.53139456,   0.00000000,   0.00559480).
Vertex # 10: (  0.33635807,  -0.33635807,  -0.46164196).
Vertex # 11: (  0.33635807,   0.33635807,  -0.46164196).
Vertex # 12: ( -0.33635807,   0.33635807,  -0.46164196).
Vertex # 13: ( -0.33635807,  -0.33635807,  -0.46164196).


Face #  1 has  5 vertices:
    Vertices input as         10   1   8   4   9
    Vertices renumbered as    11   2   9   5  10
       Edge 11  2 is   0.22223434.
       Edge  2  9 is   0.51246211.
       Edge  9  5 is   0.51246211.
       Edge  5 10 is   0.22223434.
       Edge 10 11 is   0.67271615.
       Angle 10 11  2 is   1.93848970 rad =       111.0673 deg = 111 deg  4 min  2 sec.
       Angle 11  2  9 is   1.82591369 rad =       104.6171 deg = 104 deg 37 min  2 sec.
       Angle  2  9  5 is   1.89597118 rad =       108.6311 deg = 108 deg 37 min 52 sec.
       Angle  9  5 10 is   1.82591369 rad =       104.6171 deg = 104 deg 37 min  2 sec.
       Angle  5 10 11 is   1.93848970 rad =       111.0673 deg = 111 deg  4 min  2 sec.


Face #  2 has  5 vertices:
    Vertices input as          1  10  11   2   5
    Vertices renumbered as     2  11  12   3   6
       Edge  2 11 is   0.22223434.
       Edge 11 12 is   0.67271615.
       Edge 12  3 is   0.22223434.
       Edge  3  6 is   0.51246211.
       Edge  6  2 is   0.51246211.
       Angle  6  2 11 is   1.82591369 rad =       104.6171 deg = 104 deg 37 min  2 sec.
       Angle  2 11 12 is   1.93848970 rad =       111.0673 deg = 111 deg  4 min  2 sec.
       Angle 11 12  3 is   1.93848970 rad =       111.0673 deg = 111 deg  4 min  2 sec.
       Angle 12  3  6 is   1.82591369 rad =       104.6171 deg = 104 deg 37 min  2 sec.
       Angle  3  6  2 is   1.89597118 rad =       108.6311 deg = 108 deg 37 min 52 sec.


Face #  3 has  5 vertices:
    Vertices input as          2  11  12   3   6
    Vertices renumbered as     3  12  13   4   7
       Edge  3 12 is   0.22223434.
       Edge 12 13 is   0.67271615.
       Edge 13  4 is   0.22223434.
       Edge  4  7 is   0.51246211.
       Edge  7  3 is   0.51246211.
       Angle  7  3 12 is   1.82591369 rad =       104.6171 deg = 104 deg 37 min  2 sec.
       Angle  3 12 13 is   1.93848970 rad =       111.0673 deg = 111 deg  4 min  2 sec.
       Angle 12 13  4 is   1.93848970 rad =       111.0673 deg = 111 deg  4 min  2 sec.
       Angle 13  4  7 is   1.82591369 rad =       104.6171 deg = 104 deg 37 min  2 sec.
       Angle  4  7  3 is   1.89597118 rad =       108.6311 deg = 108 deg 37 min 52 sec.
```

```
Face #  4 has  5 vertices:
    Vertices input as        9    4    7    3   12
    Vertices renumbered as  10    5    8    4   13
        Edge 10  5 is   0.22223434.
        Edge  5  8 is   0.51246211.
        Edge  8  4 is   0.51246211.
        Edge  4 13 is   0.22223434.
        Edge 13 10 is   0.67271615.
        Angle 13 10  5 is  1.93848970 rad =    111.0673 deg = 111 deg  4 min  2 sec.
        Angle 10  5  8 is  1.82591369 rad =    104.6171 deg = 104 deg 37 min  2 sec.
        Angle  5  8  4 is  1.89597118 rad =    108.6311 deg = 108 deg 37 min 52 sec.
        Angle  8  4 13 is  1.82591369 rad =    104.6171 deg = 104 deg 37 min  2 sec.
        Angle  4 13 10 is  1.93848970 rad =    111.0673 deg = 111 deg  4 min  2 sec.

Face #  5 has  4 vertices:
    Vertices input as        8    1    5    0
    Vertices renumbered as   9    2    6    1
        Edge  9  2 is   0.51246211.
        Edge  2  6 is   0.51246211.
        Edge  6  1 is   0.72070567.
        Edge  1  9 is   0.72070567.
        Angle  1  9  2 is  1.77007937 rad =    101.4181 deg = 101 deg 25 min  5 sec.
        Angle  9  2  6 is  1.64612058 rad =     94.3158 deg =  94 deg 18 min 57 sec.
        Angle  2  6  1 is  1.77007937 rad =    101.4181 deg = 101 deg 25 min  5 sec.
        Angle  6  1  9 is  1.09690600 rad =     62.8481 deg =  62 deg 50 min 53 sec.

Face #  6 has  4 vertices:
    Vertices input as        5    2    6    0
    Vertices renumbered as   6    3    7    1
        Edge  6  3 is   0.51246211.
        Edge  3  7 is   0.51246211.
        Edge  7  1 is   0.72070567.
        Edge  1  6 is   0.72070567.
        Angle  1  6  3 is  1.77007937 rad =    101.4181 deg = 101 deg 25 min  5 sec.
        Angle  6  3  7 is  1.64612058 rad =     94.3158 deg =  94 deg 18 min 57 sec.
        Angle  3  7  1 is  1.77007937 rad =    101.4181 deg = 101 deg 25 min  5 sec.
        Angle  7  1  6 is  1.09690600 rad =     62.8481 deg =  62 deg 50 min 53 sec.

Face #  7 has  4 vertices:
    Vertices input as        6    3    7    0
    Vertices renumbered as   7    4    8    1
        Edge  7  4 is   0.51246211.
        Edge  4  8 is   0.51246211.
        Edge  8  1 is   0.72070567.
        Edge  1  7 is   0.72070567.
        Angle  1  7  4 is  1.77007937 rad =    101.4181 deg = 101 deg 25 min  5 sec.
        Angle  7  4  8 is  1.64612058 rad =     94.3158 deg =  94 deg 18 min 57 sec.
        Angle  4  8  1 is  1.77007937 rad =    101.4181 deg = 101 deg 25 min  5 sec.
        Angle  8  1  7 is  1.09690600 rad =     62.8481 deg =  62 deg 50 min 53 sec.

Face #  8 has  4 vertices:
    Vertices input as        4    8    0    7
    Vertices renumbered as   5    9    1    8
        Edge  5  9 is   0.51246211.
        Edge  9  1 is   0.72070567.
        Edge  1  8 is   0.72070567.
        Edge  8  5 is   0.51246211.
        Angle  8  5  9 is  1.64612058 rad =     94.3158 deg =  94 deg 18 min 57 sec.
        Angle  5  9  1 is  1.77007937 rad =    101.4181 deg = 101 deg 25 min  5 sec.
```

```
        Angle   9   1   8 is   1.09690600 rad =        62.8481 deg =  62 deg 50 min 53 sec.
        Angle   1   8   5 is   1.77007937 rad =       101.4181 deg = 101 deg 25 min  5 sec.


Face #  9 has  4 vertices:
    Vertices input as         10    9   12   11
    Vertices renumbered as    11   10   13   12
        Edge 11 10 is    0.67271615.
        Edge 10 13 is    0.67271615.
        Edge 13 12 is    0.67271615.
        Edge 12 11 is    0.67271615.
        Angle  12 11 10 is   1.57079633 rad =        90.0000 deg =  90 deg  0 min  0 sec.
        Angle  11 10 13 is   1.57079633 rad =        90.0000 deg =  90 deg  0 min  0 sec.
        Angle  10 13 12 is   1.57079633 rad =        90.0000 deg =  90 deg  0 min  0 sec.
        Angle  13 12 11 is   1.57079633 rad =        90.0000 deg =  90 deg  0 min  0 sec.


The edge joining vertices  1 and  6 is between faces  5 and  6.
      Dihedral angle is    1.95335455 rad =       111.9190 deg = 111 deg 55 min  8 sec.
The edge joining vertices  1 and  7 is between faces  6 and  7.
      Dihedral angle is    1.95335455 rad =       111.9190 deg = 111 deg 55 min  8 sec.
The edge joining vertices  1 and  8 is between faces  7 and  8.
      Dihedral angle is    1.95335455 rad =       111.9190 deg = 111 deg 55 min  8 sec.
The edge joining vertices  1 and  9 is between faces  5 and  8.
      Dihedral angle is    1.95335455 rad =       111.9190 deg = 111 deg 55 min  8 sec.
The edge joining vertices  2 and  6 is between faces  2 and  5.
      Dihedral angle is    1.85586519 rad =       106.3332 deg = 106 deg 19 min 60 sec.
The edge joining vertices  2 and  9 is between faces  1 and  5.
      Dihedral angle is    1.85586519 rad =       106.3332 deg = 106 deg 19 min 60 sec.
The edge joining vertices  2 and 11 is between faces  1 and  2.
      Dihedral angle is    1.71973456 rad =        98.5335 deg =  98 deg 32 min  1 sec.
The edge joining vertices  3 and  6 is between faces  2 and  6.
      Dihedral angle is    1.85586519 rad =       106.3332 deg = 106 deg 19 min 60 sec.
The edge joining vertices  3 and  7 is between faces  3 and  6.
      Dihedral angle is    1.85586519 rad =       106.3332 deg = 106 deg 19 min 60 sec.
The edge joining vertices  3 and 12 is between faces  2 and  3.
      Dihedral angle is    1.71973456 rad =        98.5335 deg =  98 deg 32 min  1 sec.
The edge joining vertices  4 and  7 is between faces  3 and  7.
      Dihedral angle is    1.85586519 rad =       106.3332 deg = 106 deg 19 min 60 sec.
The edge joining vertices  4 and  8 is between faces  4 and  7.
      Dihedral angle is    1.85586519 rad =       106.3332 deg = 106 deg 19 min 60 sec.
The edge joining vertices  4 and 13 is between faces  3 and  4.
      Dihedral angle is    1.71973456 rad =        98.5335 deg =  98 deg 32 min  1 sec.
The edge joining vertices  5 and  8 is between faces  4 and  8.
      Dihedral angle is    1.85586519 rad =       106.3332 deg = 106 deg 19 min 60 sec.
The edge joining vertices  5 and  9 is between faces  1 and  8.
      Dihedral angle is    1.85586519 rad =       106.3332 deg = 106 deg 19 min 60 sec.
The edge joining vertices  5 and 10 is between faces  1 and  4.
      Dihedral angle is    1.71973456 rad =        98.5335 deg =  98 deg 32 min  1 sec.
The edge joining vertices 10 and 11 is between faces  1 and  9.
      Dihedral angle is    1.96623375 rad =       112.6569 deg = 112 deg 39 min 25 sec.
The edge joining vertices 10 and 13 is between faces  4 and  9.
      Dihedral angle is    1.96623375 rad =       112.6569 deg = 112 deg 39 min 25 sec.
The edge joining vertices 11 and 12 is between faces  2 and  9.
      Dihedral angle is    1.96623375 rad =       112.6569 deg = 112 deg 39 min 25 sec.
The edge joining vertices 12 and 13 is between faces  3 and  9.
      Dihedral angle is    1.96623375 rad =       112.6569 deg = 112 deg 39 min 25 sec.
```

Report based on file j11.off

```
Vertex #  1: (  0.85065081,  0.00000000, -0.42532540).
Vertex #  2: (  0.26286556,  0.80901699, -0.42532540).
Vertex #  3: ( -0.68819096,  0.50000000, -0.42532540).
Vertex #  4: ( -0.68819096, -0.50000000, -0.42532540).
Vertex #  5: (  0.26286556, -0.80901699, -0.42532540).
Vertex #  6: (  0.68819096,  0.50000000,  0.42532540).
Vertex #  7: ( -0.26286556,  0.80901699,  0.42532540).
Vertex #  8: ( -0.85065081,  0.00000000,  0.42532540).
Vertex #  9: ( -0.26286556, -0.80901699,  0.42532540).
Vertex # 10: (  0.68819096, -0.50000000,  0.42532540).
Vertex # 11: (  0.00000000,  0.00000000, -0.95105652).


Face #  1 has  5 vertices:
    Vertices input as          5    6    7    8    9
    Vertices renumbered as     6    7    8    9   10
      Edge  6  7 is   1.00000000.
      Edge  7  8 is   1.00000000.
      Edge  8  9 is   1.00000000.
      Edge  9 10 is   1.00000000.
      Edge 10  6 is   1.00000000.
      Angle 10  6  7 is   1.88495559 rad =      108.0000 deg = 108 deg  0 min  0 sec.
      Angle  6  7  8 is   1.88495559 rad =      108.0000 deg = 108 deg  0 min  0 sec.
      Angle  7  8  9 is   1.88495559 rad =      108.0000 deg = 108 deg  0 min  0 sec.
      Angle  8  9 10 is   1.88495559 rad =      108.0000 deg = 108 deg  0 min  0 sec.
      Angle  9 10  6 is   1.88495559 rad =      108.0000 deg = 108 deg  0 min  0 sec.


Face #  2 has  3 vertices:
    Vertices input as          0    1    5
    Vertices renumbered as     1    2    6
      Edge  1  2 is   1.00000000.
      Edge  2  6 is   1.00000000.
      Edge  6  1 is   1.00000000.
      Angle  6  1  2 is   1.04719755 rad =       60.0000 deg =  60 deg  0 min  0 sec.
      Angle  1  2  6 is   1.04719755 rad =       60.0000 deg =  60 deg  0 min  0 sec.
      Angle  2  6  1 is   1.04719755 rad =       60.0000 deg =  60 deg  0 min  0 sec.


Face #  3 has  3 vertices:
    Vertices input as          1    2    6
    Vertices renumbered as     2    3    7
      Edge  2  3 is   1.00000000.
      Edge  3  7 is   1.00000000.
      Edge  7  2 is   1.00000000.
      Angle  7  2  3 is   1.04719755 rad =       60.0000 deg =  60 deg  0 min  0 sec.
      Angle  2  3  7 is   1.04719755 rad =       60.0000 deg =  60 deg  0 min  0 sec.
      Angle  3  7  2 is   1.04719755 rad =       60.0000 deg =  60 deg  0 min  0 sec.


Face #  4 has  3 vertices:
    Vertices input as          2    3    7
    Vertices renumbered as     3    4    8
      Edge  3  4 is   1.00000000.
      Edge  4  8 is   1.00000000.
      Edge  8  3 is   1.00000000.
      Angle  8  3  4 is   1.04719755 rad =       60.0000 deg =  60 deg  0 min  0 sec.
      Angle  3  4  8 is   1.04719755 rad =       60.0000 deg =  60 deg  0 min  0 sec.
      Angle  4  8  3 is   1.04719755 rad =       60.0000 deg =  60 deg  0 min  0 sec.
```

```
Face #  5 has  3 vertices:
    Vertices input as          3   4   8
    Vertices renumbered as     4   5   9
      Edge  4  5 is   1.00000000.
      Edge  5  9 is   1.00000000.
      Edge  9  4 is   1.00000000.
      Angle  9  4  5 is   1.04719755 rad =      60.0000 deg =  60 deg  0 min  0 sec.
      Angle  4  5  9 is   1.04719755 rad =      60.0000 deg =  60 deg  0 min  0 sec.
      Angle  5  9  4 is   1.04719755 rad =      60.0000 deg =  60 deg  0 min  0 sec.

Face #  6 has  3 vertices:
    Vertices input as          4   0   9
    Vertices renumbered as     5   1  10
      Edge  5  1 is   1.00000000.
      Edge  1 10 is   1.00000000.
      Edge 10  5 is   1.00000000.
      Angle 10  5  1 is   1.04719755 rad =      60.0000 deg =  60 deg  0 min  0 sec.
      Angle  5  1 10 is   1.04719755 rad =      60.0000 deg =  60 deg  0 min  0 sec.
      Angle  1 10  5 is   1.04719755 rad =      60.0000 deg =  60 deg  0 min  0 sec.

Face #  7 has  3 vertices:
    Vertices input as          6   5   1
    Vertices renumbered as     7   6   2
      Edge  7  6 is   1.00000000.
      Edge  6  2 is   1.00000000.
      Edge  2  7 is   1.00000000.
      Angle  2  7  6 is   1.04719755 rad =      60.0000 deg =  60 deg  0 min  0 sec.
      Angle  7  6  2 is   1.04719755 rad =      60.0000 deg =  60 deg  0 min  0 sec.
      Angle  6  2  7 is   1.04719755 rad =      60.0000 deg =  60 deg  0 min  0 sec.

Face #  8 has  3 vertices:
    Vertices input as          7   6   2
    Vertices renumbered as     8   7   3
      Edge  8  7 is   1.00000000.
      Edge  7  3 is   1.00000000.
      Edge  3  8 is   1.00000000.
      Angle  3  8  7 is   1.04719755 rad =      60.0000 deg =  60 deg  0 min  0 sec.
      Angle  8  7  3 is   1.04719755 rad =      60.0000 deg =  60 deg  0 min  0 sec.
      Angle  7  3  8 is   1.04719755 rad =      60.0000 deg =  60 deg  0 min  0 sec.

Face #  9 has  3 vertices:
    Vertices input as          8   7   3
    Vertices renumbered as     9   8   4
      Edge  9  8 is   1.00000000.
      Edge  8  4 is   1.00000000.
      Edge  4  9 is   1.00000000.
      Angle  4  9  8 is   1.04719755 rad =      60.0000 deg =  60 deg  0 min  0 sec.
      Angle  9  8  4 is   1.04719755 rad =      60.0000 deg =  60 deg  0 min  0 sec.
      Angle  8  4  9 is   1.04719755 rad =      60.0000 deg =  60 deg  0 min  0 sec.

Face # 10 has  3 vertices:
    Vertices input as          9   8   4
    Vertices renumbered as    10   9   5
      Edge 10  9 is   1.00000000.
      Edge  9  5 is   1.00000000.
      Edge  5 10 is   1.00000000.
      Angle  5 10  9 is   1.04719755 rad =      60.0000 deg =  60 deg  0 min  0 sec.
```

```
        Angle 10   9   5 is    1.04719755 rad =        60.0000 deg =  60 deg   0 min   0 sec.
        Angle  9   5  10 is    1.04719755 rad =        60.0000 deg =  60 deg   0 min   0 sec.


Face # 11 has  3 vertices:
    Vertices input as          5   9   0
    Vertices renumbered as     6  10   1
        Edge  6  10 is   1.00000000.
        Edge 10   1 is   1.00000000.
        Edge  1   6 is   1.00000000.
        Angle  1   6  10 is    1.04719755 rad =        60.0000 deg =  60 deg   0 min   0 sec.
        Angle  6  10   1 is    1.04719755 rad =        60.0000 deg =  60 deg   0 min   0 sec.
        Angle 10   1   6 is    1.04719755 rad =        60.0000 deg =  60 deg   0 min   0 sec.


Face # 12 has  3 vertices:
    Vertices input as         10   0   4
    Vertices renumbered as    11   1   5
        Edge 11   1 is   1.00000000.
        Edge  1   5 is   1.00000000.
        Edge  5  11 is   1.00000000.
        Angle  5  11   1 is    1.04719755 rad =        60.0000 deg =  60 deg   0 min   0 sec.
        Angle 11   1   5 is    1.04719755 rad =        60.0000 deg =  60 deg   0 min   0 sec.
        Angle  1   5  11 is    1.04719755 rad =        60.0000 deg =  60 deg   0 min   0 sec.


Face # 13 has  3 vertices:
    Vertices input as         10   1   0
    Vertices renumbered as    11   2   1
        Edge 11   2 is   1.00000000.
        Edge  2   1 is   1.00000000.
        Edge  1  11 is   1.00000000.
        Angle  1  11   2 is    1.04719755 rad =        60.0000 deg =  60 deg   0 min   0 sec.
        Angle 11   2   1 is    1.04719755 rad =        60.0000 deg =  60 deg   0 min   0 sec.
        Angle  2   1  11 is    1.04719755 rad =        60.0000 deg =  60 deg   0 min   0 sec.


Face # 14 has  3 vertices:
    Vertices input as         10   2   1
    Vertices renumbered as    11   3   2
        Edge 11   3 is   1.00000000.
        Edge  3   2 is   1.00000000.
        Edge  2  11 is   1.00000000.
        Angle  2  11   3 is    1.04719755 rad =        60.0000 deg =  60 deg   0 min   0 sec.
        Angle 11   3   2 is    1.04719755 rad =        60.0000 deg =  60 deg   0 min   0 sec.
        Angle  3   2  11 is    1.04719755 rad =        60.0000 deg =  60 deg   0 min   0 sec.


Face # 15 has  3 vertices:
    Vertices input as         10   3   2
    Vertices renumbered as    11   4   3
        Edge 11   4 is   1.00000000.
        Edge  4   3 is   1.00000000.
        Edge  3  11 is   1.00000000.
        Angle  3  11   4 is    1.04719755 rad =        60.0000 deg =  60 deg   0 min   0 sec.
        Angle 11   4   3 is    1.04719755 rad =        60.0000 deg =  60 deg   0 min   0 sec.
        Angle  4   3  11 is    1.04719755 rad =        60.0000 deg =  60 deg   0 min   0 sec.


Face # 16 has  3 vertices:
    Vertices input as         10   4   3
    Vertices renumbered as    11   5   4
        Edge 11   5 is   1.00000000.
```

```
          Edge   5   4 is   1.00000000.
          Edge   4  11 is   1.00000000.
          Angle  4  11   5 is   1.04719755 rad =       60.0000 deg =  60 deg  0 min  0 sec.
          Angle 11   5   4 is   1.04719755 rad =       60.0000 deg =  60 deg  0 min  0 sec.
          Angle  5   4  11 is   1.04719755 rad =       60.0000 deg =  60 deg  0 min  0 sec.


The edge joining vertices   1 and   2 is between faces   2 and 13.
       Dihedral angle is   2.41186500 rad =      138.1897 deg = 138 deg 11 min 23 sec.
The edge joining vertices   1 and   5 is between faces   6 and 12.
       Dihedral angle is   2.41186500 rad =      138.1897 deg = 138 deg 11 min 23 sec.
The edge joining vertices   1 and   6 is between faces   2 and 11.
       Dihedral angle is   2.41186500 rad =      138.1897 deg = 138 deg 11 min 23 sec.
The edge joining vertices   1 and  10 is between faces   6 and 11.
       Dihedral angle is   2.41186500 rad =      138.1897 deg = 138 deg 11 min 23 sec.
The edge joining vertices   1 and  11 is between faces  12 and 13.
       Dihedral angle is   2.41186500 rad =      138.1897 deg = 138 deg 11 min 23 sec.
The edge joining vertices   2 and   3 is between faces   3 and 14.
       Dihedral angle is   2.41186500 rad =      138.1897 deg = 138 deg 11 min 23 sec.
The edge joining vertices   2 and   6 is between faces   2 and  7.
       Dihedral angle is   2.41186500 rad =      138.1897 deg = 138 deg 11 min 23 sec.
The edge joining vertices   2 and   7 is between faces   3 and  7.
       Dihedral angle is   2.41186500 rad =      138.1897 deg = 138 deg 11 min 23 sec.
The edge joining vertices   2 and  11 is between faces  13 and 14.
       Dihedral angle is   2.41186500 rad =      138.1897 deg = 138 deg 11 min 23 sec.
The edge joining vertices   3 and   4 is between faces   4 and 15.
       Dihedral angle is   2.41186500 rad =      138.1897 deg = 138 deg 11 min 23 sec.
The edge joining vertices   3 and   7 is between faces   3 and  8.
       Dihedral angle is   2.41186500 rad =      138.1897 deg = 138 deg 11 min 23 sec.
The edge joining vertices   3 and   8 is between faces   4 and  8.
       Dihedral angle is   2.41186500 rad =      138.1897 deg = 138 deg 11 min 23 sec.
The edge joining vertices   3 and  11 is between faces  14 and 15.
       Dihedral angle is   2.41186500 rad =      138.1897 deg = 138 deg 11 min 23 sec.
The edge joining vertices   4 and   5 is between faces   5 and 16.
       Dihedral angle is   2.41186500 rad =      138.1897 deg = 138 deg 11 min 23 sec.
The edge joining vertices   4 and   8 is between faces   4 and  9.
       Dihedral angle is   2.41186500 rad =      138.1897 deg = 138 deg 11 min 23 sec.
The edge joining vertices   4 and   9 is between faces   5 and  9.
       Dihedral angle is   2.41186500 rad =      138.1897 deg = 138 deg 11 min 23 sec.
The edge joining vertices   4 and  11 is between faces  15 and 16.
       Dihedral angle is   2.41186500 rad =      138.1897 deg = 138 deg 11 min 23 sec.
The edge joining vertices   5 and   9 is between faces   5 and 10.
       Dihedral angle is   2.41186500 rad =      138.1897 deg = 138 deg 11 min 23 sec.
The edge joining vertices   5 and  10 is between faces   6 and 10.
       Dihedral angle is   2.41186500 rad =      138.1897 deg = 138 deg 11 min 23 sec.
The edge joining vertices   5 and  11 is between faces  12 and 16.
       Dihedral angle is   2.41186500 rad =      138.1897 deg = 138 deg 11 min 23 sec.
The edge joining vertices   6 and   7 is between faces   1 and  7.
       Dihedral angle is   1.75950686 rad =      100.8123 deg = 100 deg 48 min 44 sec.
The edge joining vertices   6 and  10 is between faces   1 and 11.
       Dihedral angle is   1.75950686 rad =      100.8123 deg = 100 deg 48 min 44 sec.
The edge joining vertices   7 and   8 is between faces   1 and  8.
       Dihedral angle is   1.75950686 rad =      100.8123 deg = 100 deg 48 min 44 sec.
The edge joining vertices   8 and   9 is between faces   1 and  9.
       Dihedral angle is   1.75950686 rad =      100.8123 deg = 100 deg 48 min 44 sec.
The edge joining vertices   9 and  10 is between faces   1 and 10.
       Dihedral angle is   1.75950686 rad =      100.8123 deg = 100 deg 48 min 44 sec.
```

```
Report based on file j11d.off


Vertex #  1: (  0.00000000,   0.00000000,   0.97046074).
Vertex #  2: (  0.58122640,   0.42228570,  -0.22366862).
Vertex #  3: ( -0.22200873,   0.68327261,  -0.22366862).
Vertex #  4: ( -0.71843534,   0.00000000,  -0.22366862).
Vertex #  5: ( -0.22200873,  -0.68327261,  -0.22366862).
Vertex #  6: (  0.58122640,  -0.42228570,  -0.22366862).
Vertex #  7: (  0.21267999,   0.65456172,   0.04498378).
Vertex #  8: ( -0.55680345,   0.40454139,   0.04498378).
Vertex #  9: ( -0.55680345,  -0.40454139,   0.04498378).
Vertex # 10: (  0.21267999,  -0.65456172,   0.04498378).
Vertex # 11: (  0.68824692,   0.00000000,   0.04498378).
Vertex # 12: (  0.38665946,  -0.28092454,  -0.71208783).
Vertex # 13: (  0.38665946,   0.28092454,  -0.71208783).
Vertex # 14: ( -0.14769077,   0.45454545,  -0.71208783).
Vertex # 15: ( -0.47793737,   0.00000000,  -0.71208783).
Vertex # 16: ( -0.14769077,  -0.45454545,  -0.71208783).


Face #  1 has  5 vertices:
    Vertices input as         12   1  10   5  11
    Vertices renumbered as    13   2  11   6  12
      Edge 13   2 is   0.54441950.
      Edge  2  11 is   0.51181317.
      Edge 11   6 is   0.51181317.
      Edge  6  12 is   0.54441950.
      Edge 12  13 is   0.56184908.
      Angle 12 13  2 is   1.83346109 rad =     105.0496 deg = 105 deg  2 min 58 sec.
      Angle 13  2 11 is   1.90858795 rad =     109.3540 deg = 109 deg 21 min 15 sec.
      Angle  2 11  6 is   1.94067988 rad =     111.1928 deg = 111 deg 11 min 34 sec.
      Angle 11  6 12 is   1.90858795 rad =     109.3540 deg = 109 deg 21 min 15 sec.
      Angle  6 12 13 is   1.83346109 rad =     105.0496 deg = 105 deg  2 min 58 sec.


Face #  2 has  5 vertices:
    Vertices input as          1  12  13   2   6
    Vertices renumbered as     2  13  14   3   7
      Edge  2  13 is   0.54441950.
      Edge 13  14 is   0.56184908.
      Edge 14   3 is   0.54441950.
      Edge  3   7 is   0.51181317.
      Edge  7   2 is   0.51181317.
      Angle  7  2 13 is   1.90858795 rad =     109.3540 deg = 109 deg 21 min 15 sec.
      Angle  2 13 14 is   1.83346109 rad =     105.0496 deg = 105 deg  2 min 58 sec.
      Angle 13 14  3 is   1.83346109 rad =     105.0496 deg = 105 deg  2 min 58 sec.
      Angle 14  3  7 is   1.90858795 rad =     109.3540 deg = 109 deg 21 min 15 sec.
      Angle  3  7  2 is   1.94067988 rad =     111.1928 deg = 111 deg 11 min 34 sec.


Face #  3 has  5 vertices:
    Vertices input as          2  13  14   3   7
    Vertices renumbered as     3  14  15   4   8
      Edge  3  14 is   0.54441950.
      Edge 14  15 is   0.56184908.
      Edge 15   4 is   0.54441950.
      Edge  4   8 is   0.51181317.
      Edge  8   3 is   0.51181317.
      Angle  8  3 14 is   1.90858795 rad =     109.3540 deg = 109 deg 21 min 15 sec.
      Angle  3 14 15 is   1.83346109 rad =     105.0496 deg = 105 deg  2 min 58 sec.
      Angle 14 15  4 is   1.83346109 rad =     105.0496 deg = 105 deg  2 min 58 sec.
      Angle 15  4  8 is   1.90858795 rad =     109.3540 deg = 109 deg 21 min 15 sec.
```

```
            Angle   4   8   3 is    1.94067988 rad =        111.1928 deg = 111 deg 11 min 34 sec.


Face #  4 has  5 vertices:
    Vertices input as          3   14   15    4    8
    Vertices renumbered as     4   15   16    5    9
        Edge  4 15 is   0.54441950.
        Edge 15 16 is   0.56184908.
        Edge 16  5 is   0.54441950.
        Edge  5  9 is   0.51181317.
        Edge  9  4 is   0.51181317.
        Angle   9   4  15 is    1.90858795 rad =        109.3540 deg = 109 deg 21 min 15 sec.
        Angle   4  15  16 is    1.83346109 rad =        105.0496 deg = 105 deg  2 min 58 sec.
        Angle  15  16   5 is    1.83346109 rad =        105.0496 deg = 105 deg  2 min 58 sec.
        Angle  16   5   9 is    1.90858795 rad =        109.3540 deg = 109 deg 21 min 15 sec.
        Angle   5   9   4 is    1.94067988 rad =        111.1928 deg = 111 deg 11 min 34 sec.

Face #  5 has  5 vertices:
    Vertices input as         11    5    9    4   15
    Vertices renumbered as    12    6   10    5   16
        Edge 12  6 is   0.54441950.
        Edge  6 10 is   0.51181317.
        Edge 10  5 is   0.51181317.
        Edge  5 16 is   0.54441950.
        Edge 16 12 is   0.56184908.
        Angle  16  12   6 is    1.83346109 rad =        105.0496 deg = 105 deg  2 min 58 sec.
        Angle  12   6  10 is    1.90858795 rad =        109.3540 deg = 109 deg 21 min 15 sec.
        Angle   6  10   5 is    1.94067988 rad =        111.1928 deg = 111 deg 11 min 34 sec.
        Angle  10   5  16 is    1.90858795 rad =        109.3540 deg = 109 deg 21 min 15 sec.
        Angle   5  16  12 is    1.83346109 rad =        105.0496 deg = 105 deg  2 min 58 sec.

Face #  6 has  4 vertices:
    Vertices input as         10    1    6    0
    Vertices renumbered as    11    2    7    1
        Edge 11  2 is   0.51181317.
        Edge  2  7 is   0.51181317.
        Edge  7  1 is   1.15333925.
        Edge  1 11 is   1.15333925.
        Angle   1  11   2 is    1.87173843 rad =        107.2427 deg = 107 deg 14 min 34 sec.
        Angle  11   2   7 is    1.82295056 rad =        104.4474 deg = 104 deg 26 min 51 sec.
        Angle   2   7   1 is    1.87173843 rad =        107.2427 deg = 107 deg 14 min 34 sec.
        Angle   7   1  11 is    0.71675789 rad =         41.0672 deg =  41 deg  4 min  2 sec.

Face #  7 has  4 vertices:
    Vertices input as          6    2    7    0
    Vertices renumbered as     7    3    8    1
        Edge  7  3 is   0.51181317.
        Edge  3  8 is   0.51181317.
        Edge  8  1 is   1.15333925.
        Edge  1  7 is   1.15333925.
        Angle   1   7   3 is    1.87173843 rad =        107.2427 deg = 107 deg 14 min 34 sec.
        Angle   7   3   8 is    1.82295056 rad =        104.4474 deg = 104 deg 26 min 51 sec.
        Angle   3   8   1 is    1.87173843 rad =        107.2427 deg = 107 deg 14 min 34 sec.
        Angle   8   1   7 is    0.71675789 rad =         41.0672 deg =  41 deg  4 min  2 sec.

Face #  8 has  4 vertices:
    Vertices input as          7    3    8    0
    Vertices renumbered as     8    4    9    1
        Edge  8  4 is   0.51181317.
```

```
            Edge   4   9 is   0.51181317.
            Edge   9   1 is   1.15333925.
            Edge   1   8 is   1.15333925.
            Angle  1   8   4 is  1.87173843 rad =      107.2427 deg = 107 deg 14 min 34 sec.
            Angle  8   4   9 is  1.82295056 rad =      104.4474 deg = 104 deg 26 min 51 sec.
            Angle  4   9   1 is  1.87173843 rad =      107.2427 deg = 107 deg 14 min 34 sec.
            Angle  9   1   8 is  0.71675789 rad =       41.0672 deg =  41 deg  4 min  2 sec.


Face #  9 has  4 vertices:
       Vertices input as          8    4    9    0
       Vertices renumbered as     9    5   10    1
            Edge   9   5 is   0.51181317.
            Edge   5  10 is   0.51181317.
            Edge  10   1 is   1.15333925.
            Edge   1   9 is   1.15333925.
            Angle  1   9   5 is  1.87173843 rad =      107.2427 deg = 107 deg 14 min 34 sec.
            Angle  9   5  10 is  1.82295056 rad =      104.4474 deg = 104 deg 26 min 51 sec.
            Angle  5  10   1 is  1.87173843 rad =      107.2427 deg = 107 deg 14 min 34 sec.
            Angle 10   1   9 is  0.71675789 rad =       41.0672 deg =  41 deg  4 min  2 sec.


Face # 10 has  4 vertices:
       Vertices input as          5   10    0    9
       Vertices renumbered as     6   11    1   10
            Edge   6  11 is   0.51181317.
            Edge  11   1 is   1.15333925.
            Edge   1  10 is   1.15333925.
            Edge  10   6 is   0.51181317.
            Angle 10   6  11 is  1.82295056 rad =      104.4474 deg = 104 deg 26 min 51 sec.
            Angle  6  11   1 is  1.87173843 rad =      107.2427 deg = 107 deg 14 min 34 sec.
            Angle 11   1  10 is  0.71675789 rad =       41.0672 deg =  41 deg  4 min  2 sec.
            Angle  1  10   6 is  1.87173843 rad =      107.2427 deg = 107 deg 14 min 34 sec.


Face # 11 has  5 vertices:
       Vertices input as         12   11   15   14   13
       Vertices renumbered as    13   12   16   15   14
            Edge  13  12 is   0.56184908.
            Edge  12  16 is   0.56184908.
            Edge  16  15 is   0.56184908.
            Edge  15  14 is   0.56184908.
            Edge  14  13 is   0.56184908.
            Angle 14  13  12 is  1.88495559 rad =      108.0000 deg = 108 deg  0 min  0 sec.
            Angle 13  12  16 is  1.88495559 rad =      108.0000 deg = 108 deg  0 min  0 sec.
            Angle 12  16  15 is  1.88495559 rad =      108.0000 deg = 108 deg  0 min  0 sec.
            Angle 16  15  14 is  1.88495559 rad =      108.0000 deg = 108 deg  0 min  0 sec.
            Angle 15  14  13 is  1.88495559 rad =      108.0000 deg = 108 deg  0 min  0 sec.


The edge joining vertices   1 and  7 is between faces  6 and  7.
       Dihedral angle is    2.08593918 rad =      119.5155 deg = 119 deg 30 min 56 sec.
The edge joining vertices   1 and  8 is between faces  7 and  8.
       Dihedral angle is    2.08593918 rad =      119.5155 deg = 119 deg 30 min 56 sec.
The edge joining vertices   1 and  9 is between faces  8 and  9.
       Dihedral angle is    2.08593918 rad =      119.5155 deg = 119 deg 30 min 56 sec.
The edge joining vertices   1 and 10 is between faces  9 and 10.
       Dihedral angle is    2.08593918 rad =      119.5155 deg = 119 deg 30 min 56 sec.
The edge joining vertices   1 and 11 is between faces  6 and 10.
       Dihedral angle is    2.08593918 rad =      119.5155 deg = 119 deg 30 min 56 sec.
The edge joining vertices   2 and  7 is between faces  2 and  6.
       Dihedral angle is    2.04117159 rad =      116.9505 deg = 116 deg 57 min  2 sec.
The edge joining vertices   2 and 11 is between faces  1 and  6.
```

```
        Dihedral angle is    2.04117159 rad =      116.9505 deg = 116 deg 57 min  2 sec.
The edge joining vertices  2 and 13 is between faces  1 and  2.
        Dihedral angle is    1.98630143 rad =      113.8067 deg = 113 deg 48 min 24 sec.
The edge joining vertices  3 and  7 is between faces  2 and  7.
        Dihedral angle is    2.04117159 rad =      116.9505 deg = 116 deg 57 min  2 sec.
The edge joining vertices  3 and  8 is between faces  3 and  7.
        Dihedral angle is    2.04117159 rad =      116.9505 deg = 116 deg 57 min  2 sec.
The edge joining vertices  3 and 14 is between faces  2 and  3.
        Dihedral angle is    1.98630143 rad =      113.8067 deg = 113 deg 48 min 24 sec.
The edge joining vertices  4 and  8 is between faces  3 and  8.
        Dihedral angle is    2.04117159 rad =      116.9505 deg = 116 deg 57 min  2 sec.
The edge joining vertices  4 and  9 is between faces  4 and  8.
        Dihedral angle is    2.04117159 rad =      116.9505 deg = 116 deg 57 min  2 sec.
The edge joining vertices  4 and 15 is between faces  3 and  4.
        Dihedral angle is    1.98630143 rad =      113.8067 deg = 113 deg 48 min 24 sec.
The edge joining vertices  5 and  9 is between faces  4 and  9.
        Dihedral angle is    2.04117159 rad =      116.9505 deg = 116 deg 57 min  2 sec.
The edge joining vertices  5 and 10 is between faces  5 and  9.
        Dihedral angle is    2.04117159 rad =      116.9505 deg = 116 deg 57 min  2 sec.
The edge joining vertices  5 and 16 is between faces  4 and  5.
        Dihedral angle is    1.98630143 rad =      113.8067 deg = 113 deg 48 min 24 sec.
The edge joining vertices  6 and 10 is between faces  5 and 10.
        Dihedral angle is    2.04117159 rad =      116.9505 deg = 116 deg 57 min  2 sec.
The edge joining vertices  6 and 11 is between faces  1 and 10.
        Dihedral angle is    2.04117159 rad =      116.9505 deg = 116 deg 57 min  2 sec.
The edge joining vertices  6 and 12 is between faces  1 and  5.
        Dihedral angle is    1.98630143 rad =      113.8067 deg = 113 deg 48 min 24 sec.
The edge joining vertices 12 and 13 is between faces  1 and 11.
        Dihedral angle is    1.94988858 rad =      111.7204 deg = 111 deg 43 min 13 sec.
The edge joining vertices 12 and 16 is between faces  5 and 11.
        Dihedral angle is    1.94988858 rad =      111.7204 deg = 111 deg 43 min 13 sec.
The edge joining vertices 13 and 14 is between faces  2 and 11.
        Dihedral angle is    1.94988858 rad =      111.7204 deg = 111 deg 43 min 13 sec.
The edge joining vertices 14 and 15 is between faces  3 and 11.
        Dihedral angle is    1.94988858 rad =      111.7204 deg = 111 deg 43 min 13 sec.
The edge joining vertices 15 and 16 is between faces  4 and 11.
        Dihedral angle is    1.94988858 rad =      111.7204 deg = 111 deg 43 min 13 sec.
```

Report based on file j12.off

Vertex # 1: (-0.57735027,   0.00000000,   0.00000000).
Vertex # 2: (0.28867513,   0.50000000,   0.00000000).
Vertex # 3: (0.28867513, -0.50000000,   0.00000000).
Vertex # 4: (0.00000000,   0.00000000,   0.81649658).
Vertex # 5: (0.00000000,   0.00000000, -0.81649658).

Face # 1 has 3 vertices:
    Vertices input as   3   1   0
    Vertices renumbered as   4   2   1
      Edge 4 2 is   1.00000000.
      Edge 2 1 is   1.00000000.
      Edge 1 4 is   1.00000000.
      Angle 1 4 2 is   1.04719755 rad =   60.0000 deg = 60 deg 0 min 0 sec.
      Angle 4 2 1 is   1.04719755 rad =   60.0000 deg = 60 deg 0 min 0 sec.
      Angle 2 1 4 is   1.04719755 rad =   60.0000 deg = 60 deg 0 min 0 sec.

Face # 2 has 3 vertices:
    Vertices input as   3   2   1
    Vertices renumbered as   4   3   2
      Edge 4 3 is   1.00000000.
      Edge 3 2 is   1.00000000.
      Edge 2 4 is   1.00000000.
      Angle 2 4 3 is   1.04719755 rad =   60.0000 deg = 60 deg 0 min 0 sec.
      Angle 4 3 2 is   1.04719755 rad =   60.0000 deg = 60 deg 0 min 0 sec.
      Angle 3 2 4 is   1.04719755 rad =   60.0000 deg = 60 deg 0 min 0 sec.

Face # 3 has 3 vertices:
    Vertices input as   3   0   2
    Vertices renumbered as   4   1   3
      Edge 4 1 is   1.00000000.
      Edge 1 3 is   1.00000000.
      Edge 3 4 is   1.00000000.
      Angle 3 4 1 is   1.04719755 rad =   60.0000 deg = 60 deg 0 min 0 sec.
      Angle 4 1 3 is   1.04719755 rad =   60.0000 deg = 60 deg 0 min 0 sec.
      Angle 1 3 4 is   1.04719755 rad =   60.0000 deg = 60 deg 0 min 0 sec.

Face # 4 has 3 vertices:
    Vertices input as   4   2   0
    Vertices renumbered as   5   3   1
      Edge 5 3 is   1.00000000.
      Edge 3 1 is   1.00000000.
      Edge 1 5 is   1.00000000.
      Angle 1 5 3 is   1.04719755 rad =   60.0000 deg = 60 deg 0 min 0 sec.
      Angle 5 3 1 is   1.04719755 rad =   60.0000 deg = 60 deg 0 min 0 sec.
      Angle 3 1 5 is   1.04719755 rad =   60.0000 deg = 60 deg 0 min 0 sec.

Face # 5 has 3 vertices:
    Vertices input as   4   1   2
    Vertices renumbered as   5   2   3
      Edge 5 2 is   1.00000000.
      Edge 2 3 is   1.00000000.
      Edge 3 5 is   1.00000000.
      Angle 3 5 2 is   1.04719755 rad =   60.0000 deg = 60 deg 0 min 0 sec.
      Angle 5 2 3 is   1.04719755 rad =   60.0000 deg = 60 deg 0 min 0 sec.
      Angle 2 3 5 is   1.04719755 rad =   60.0000 deg = 60 deg 0 min 0 sec.

```
Face #  6 has  3 vertices:
    Vertices input as          4    0    1
    Vertices renumbered as     5    1    2
        Edge  5  1 is   1.00000000.
        Edge  1  2 is   1.00000000.
        Edge  2  5 is   1.00000000.
        Angle  2  5  1 is   1.04719755 rad =       60.0000 deg =  60 deg  0 min  0 sec.
        Angle  5  1  2 is   1.04719755 rad =       60.0000 deg =  60 deg  0 min  0 sec.
        Angle  1  2  5 is   1.04719755 rad =       60.0000 deg =  60 deg  0 min  0 sec.


The edge joining vertices   1 and  2 is between faces  1 and  6.
        Dihedral angle is    2.46191883 rad =      141.0576 deg = 141 deg  3 min 27 sec.
The edge joining vertices   1 and  3 is between faces  3 and  4.
        Dihedral angle is    2.46191883 rad =      141.0576 deg = 141 deg  3 min 27 sec.
The edge joining vertices   1 and  4 is between faces  1 and  3.
        Dihedral angle is    1.23095942 rad =       70.5288 deg =  70 deg 31 min 44 sec.
The edge joining vertices   1 and  5 is between faces  4 and  6.
        Dihedral angle is    1.23095942 rad =       70.5288 deg =  70 deg 31 min 44 sec.
The edge joining vertices   2 and  3 is between faces  2 and  5.
        Dihedral angle is    2.46191883 rad =      141.0576 deg = 141 deg  3 min 27 sec.
The edge joining vertices   2 and  4 is between faces  1 and  2.
        Dihedral angle is    1.23095942 rad =       70.5288 deg =  70 deg 31 min 44 sec.
The edge joining vertices   2 and  5 is between faces  5 and  6.
        Dihedral angle is    1.23095942 rad =       70.5288 deg =  70 deg 31 min 44 sec.
The edge joining vertices   3 and  4 is between faces  2 and  3.
        Dihedral angle is    1.23095942 rad =       70.5288 deg =  70 deg 31 min 44 sec.
The edge joining vertices   3 and  5 is between faces  4 and  5.
        Dihedral angle is    1.23095942 rad =       70.5288 deg =  70 deg 31 min 44 sec.
```

Report based on file j12d.off

Vertex # 1: (-0.14433757, 0.25000000, 0.10206207).
Vertex # 2: (0.28867513, 0.00000000, 0.10206207).
Vertex # 3: (-0.14433757, -0.25000000, 0.10206207).
Vertex # 4: (-0.14433757, -0.25000000, -0.10206207).
Vertex # 5: (0.28867513, 0.00000000, -0.10206207).
Vertex # 6: (-0.14433757, 0.25000000, -0.10206207).

Face # 1 has 4 vertices:
    Vertices input as   0   5   3   2
    Vertices renumbered as   1   6   4   3
        Edge 1 6 is   0.20412415.
        Edge 6 4 is   0.50000000.
        Edge 4 3 is   0.20412415.
        Edge 3 1 is   0.50000000.
        Angle 3 1 6 is   1.57079633 rad =   90.0000 deg = 90 deg 0 min 0 sec.
        Angle 1 6 4 is   1.57079633 rad =   90.0000 deg = 90 deg 0 min 0 sec.
        Angle 6 4 3 is   1.57079633 rad =   90.0000 deg = 90 deg 0 min 0 sec.
        Angle 4 3 1 is   1.57079633 rad =   90.0000 deg = 90 deg 0 min 0 sec.

Face # 2 has 4 vertices:
    Vertices input as   5   0   1   4
    Vertices renumbered as   6   1   2   5
        Edge 6 1 is   0.20412415.
        Edge 1 2 is   0.50000000.
        Edge 2 5 is   0.20412415.
        Edge 5 6 is   0.50000000.
        Angle 5 6 1 is   1.57079633 rad =   90.0000 deg = 90 deg 0 min 0 sec.
        Angle 6 1 2 is   1.57079633 rad =   90.0000 deg = 90 deg 0 min 0 sec.
        Angle 1 2 5 is   1.57079633 rad =   90.0000 deg = 90 deg 0 min 0 sec.
        Angle 2 5 6 is   1.57079633 rad =   90.0000 deg = 90 deg 0 min 0 sec.

Face # 3 has 4 vertices:
    Vertices input as   2   3   4   1
    Vertices renumbered as   3   4   5   2
        Edge 3 4 is   0.20412415.
        Edge 4 5 is   0.50000000.
        Edge 5 2 is   0.20412415.
        Edge 2 3 is   0.50000000.
        Angle 2 3 4 is   1.57079633 rad =   90.0000 deg = 90 deg 0 min 0 sec.
        Angle 3 4 5 is   1.57079633 rad =   90.0000 deg = 90 deg 0 min 0 sec.
        Angle 4 5 2 is   1.57079633 rad =   90.0000 deg = 90 deg 0 min 0 sec.
        Angle 5 2 3 is   1.57079633 rad =   90.0000 deg = 90 deg 0 min 0 sec.

Face # 4 has 3 vertices:
    Vertices input as   0   2   1
    Vertices renumbered as   1   3   2
        Edge 1 3 is   0.50000000.
        Edge 3 2 is   0.50000000.
        Edge 2 1 is   0.50000000.
        Angle 2 1 3 is   1.04719755 rad =   60.0000 deg = 60 deg 0 min 0 sec.
        Angle 1 3 2 is   1.04719755 rad =   60.0000 deg = 60 deg 0 min 0 sec.
        Angle 3 2 1 is   1.04719755 rad =   60.0000 deg = 60 deg 0 min 0 sec.

Face # 5 has 3 vertices:
    Vertices input as   3   5   4

```
        Vertices renumbered as    4   6   5
           Edge  4  6 is   0.50000000.
           Edge  6  5 is   0.50000000.
           Edge  5  4 is   0.50000000.
           Angle  5  4  6 is  1.04719755 rad =      60.0000 deg = 60 deg  0 min  0 sec.
           Angle  4  6  5 is  1.04719755 rad =      60.0000 deg = 60 deg  0 min  0 sec.
           Angle  6  5  4 is  1.04719755 rad =      60.0000 deg = 60 deg  0 min  0 sec.


The edge joining vertices   1 and  2 is between faces  2 and  4.
      Dihedral angle is  1.57079633 rad =      90.0000 deg = 90 deg  0 min  0 sec.
The edge joining vertices   1 and  3 is between faces  1 and  4.
      Dihedral angle is  1.57079633 rad =      90.0000 deg = 90 deg  0 min  0 sec.
The edge joining vertices   1 and  6 is between faces  1 and  2.
      Dihedral angle is  1.04719755 rad =      60.0000 deg = 60 deg  0 min  0 sec.
The edge joining vertices   2 and  3 is between faces  3 and  4.
      Dihedral angle is  1.57079633 rad =      90.0000 deg = 90 deg  0 min  0 sec.
The edge joining vertices   2 and  5 is between faces  2 and  3.
      Dihedral angle is  1.04719755 rad =      60.0000 deg = 60 deg  0 min  0 sec.
The edge joining vertices   3 and  4 is between faces  1 and  3.
      Dihedral angle is  1.04719755 rad =      60.0000 deg = 60 deg  0 min  0 sec.
The edge joining vertices   4 and  5 is between faces  3 and  5.
      Dihedral angle is  1.57079633 rad =      90.0000 deg = 90 deg  0 min  0 sec.
The edge joining vertices   4 and  6 is between faces  1 and  5.
      Dihedral angle is  1.57079633 rad =      90.0000 deg = 90 deg  0 min  0 sec.
The edge joining vertices   5 and  6 is between faces  2 and  5.
      Dihedral angle is  1.57079633 rad =      90.0000 deg = 90 deg  0 min  0 sec.
```

```
Report based on file j13.off


Vertex #  1: ( -0.85065081,  0.00000000,  0.00000000).
Vertex #  2: ( -0.26286556,  0.80901699,  0.00000000).
Vertex #  3: (  0.68819096,  0.50000000,  0.00000000).
Vertex #  4: (  0.68819096, -0.50000000,  0.00000000).
Vertex #  5: ( -0.26286556, -0.80901699,  0.00000000).
Vertex #  6: (  0.00000000,  0.00000000,  0.52573111).
Vertex #  7: (  0.00000000,  0.00000000, -0.52573111).


Face #  1 has  3 vertices:
    Vertices input as         5    1    0
    Vertices renumbered as    6    2    1
      Edge  6  2 is   1.00000000.
      Edge  2  1 is   1.00000000.
      Edge  1  6 is   1.00000000.
      Angle  1  6  2 is   1.04719755 rad =       60.0000 deg =   60 deg   0 min   0 sec.
      Angle  6  2  1 is   1.04719755 rad =       60.0000 deg =   60 deg   0 min   0 sec.
      Angle  2  1  6 is   1.04719755 rad =       60.0000 deg =   60 deg   0 min   0 sec.


Face #  2 has  3 vertices:
    Vertices input as         5    2    1
    Vertices renumbered as    6    3    2
      Edge  6  3 is   1.00000000.
      Edge  3  2 is   1.00000000.
      Edge  2  6 is   1.00000000.
      Angle  2  6  3 is   1.04719755 rad =       60.0000 deg =   60 deg   0 min   0 sec.
      Angle  6  3  2 is   1.04719755 rad =       60.0000 deg =   60 deg   0 min   0 sec.
      Angle  3  2  6 is   1.04719755 rad =       60.0000 deg =   60 deg   0 min   0 sec.


Face #  3 has  3 vertices:
    Vertices input as         5    3    2
    Vertices renumbered as    6    4    3
      Edge  6  4 is   1.00000000.
      Edge  4  3 is   1.00000000.
      Edge  3  6 is   1.00000000.
      Angle  3  6  4 is   1.04719755 rad =       60.0000 deg =   60 deg   0 min   0 sec.
      Angle  6  4  3 is   1.04719755 rad =       60.0000 deg =   60 deg   0 min   0 sec.
      Angle  4  3  6 is   1.04719755 rad =       60.0000 deg =   60 deg   0 min   0 sec.


Face #  4 has  3 vertices:
    Vertices input as         5    4    3
    Vertices renumbered as    6    5    4
      Edge  6  5 is   1.00000000.
      Edge  5  4 is   1.00000000.
      Edge  4  6 is   1.00000000.
      Angle  4  6  5 is   1.04719755 rad =       60.0000 deg =   60 deg   0 min   0 sec.
      Angle  6  5  4 is   1.04719755 rad =       60.0000 deg =   60 deg   0 min   0 sec.
      Angle  5  4  6 is   1.04719755 rad =       60.0000 deg =   60 deg   0 min   0 sec.


Face #  5 has  3 vertices:
    Vertices input as         5    0    4
    Vertices renumbered as    6    1    5
      Edge  6  1 is   1.00000000.
      Edge  1  5 is   1.00000000.
      Edge  5  6 is   1.00000000.
      Angle  5  6  1 is   1.04719755 rad =       60.0000 deg =   60 deg   0 min   0 sec.
```

```
        Angle    6   1   5  is    1.04719755 rad =        60.0000 deg =   60 deg   0 min   0 sec.
        Angle    1   5   6  is    1.04719755 rad =        60.0000 deg =   60 deg   0 min   0 sec.


Face #  6 has  3 vertices:
    Vertices input as           6    4    0
    Vertices renumbered as      7    5    1
        Edge    7   5  is    1.00000000.
        Edge    5   1  is    1.00000000.
        Edge    1   7  is    1.00000000.
        Angle   1   7   5  is    1.04719755 rad =        60.0000 deg =   60 deg   0 min   0 sec.
        Angle   7   5   1  is    1.04719755 rad =        60.0000 deg =   60 deg   0 min   0 sec.
        Angle   5   1   7  is    1.04719755 rad =        60.0000 deg =   60 deg   0 min   0 sec.


Face #  7 has  3 vertices:
    Vertices input as           6    3    4
    Vertices renumbered as      7    4    5
        Edge    7   4  is    1.00000000.
        Edge    4   5  is    1.00000000.
        Edge    5   7  is    1.00000000.
        Angle   5   7   4  is    1.04719755 rad =        60.0000 deg =   60 deg   0 min   0 sec.
        Angle   7   4   5  is    1.04719755 rad =        60.0000 deg =   60 deg   0 min   0 sec.
        Angle   4   5   7  is    1.04719755 rad =        60.0000 deg =   60 deg   0 min   0 sec.


Face #  8 has  3 vertices:
    Vertices input as           6    2    3
    Vertices renumbered as      7    3    4
        Edge    7   3  is    1.00000000.
        Edge    3   4  is    1.00000000.
        Edge    4   7  is    1.00000000.
        Angle   4   7   3  is    1.04719755 rad =        60.0000 deg =   60 deg   0 min   0 sec.
        Angle   7   3   4  is    1.04719755 rad =        60.0000 deg =   60 deg   0 min   0 sec.
        Angle   3   4   7  is    1.04719755 rad =        60.0000 deg =   60 deg   0 min   0 sec.


Face #  9 has  3 vertices:
    Vertices input as           6    1    2
    Vertices renumbered as      7    2    3
        Edge    7   2  is    1.00000000.
        Edge    2   3  is    1.00000000.
        Edge    3   7  is    1.00000000.
        Angle   3   7   2  is    1.04719755 rad =        60.0000 deg =   60 deg   0 min   0 sec.
        Angle   7   2   3  is    1.04719755 rad =        60.0000 deg =   60 deg   0 min   0 sec.
        Angle   2   3   7  is    1.04719755 rad =        60.0000 deg =   60 deg   0 min   0 sec.


Face # 10 has  3 vertices:
    Vertices input as           6    0    1
    Vertices renumbered as      7    1    2
        Edge    7   1  is    1.00000000.
        Edge    1   2  is    1.00000000.
        Edge    2   7  is    1.00000000.
        Angle   2   7   1  is    1.04719755 rad =        60.0000 deg =   60 deg   0 min   0 sec.
        Angle   7   1   2  is    1.04719755 rad =        60.0000 deg =   60 deg   0 min   0 sec.
        Angle   1   2   7  is    1.04719755 rad =        60.0000 deg =   60 deg   0 min   0 sec.


The edge joining vertices   1 and  2 is between faces  1 and 10.
    Dihedral angle is    1.30471628 rad =        74.7547 deg =   74 deg  45 min  17 sec.
The edge joining vertices   1 and  5 is between faces  5 and  6.
    Dihedral angle is    1.30471628 rad =        74.7547 deg =   74 deg  45 min  17 sec.
```

```
The edge joining vertices  1 and  6 is between faces  1 and  5.
     Dihedral angle is   2.41186500 rad =     138.1897 deg = 138 deg 11 min 23 sec.
The edge joining vertices  1 and  7 is between faces  6 and 10.
     Dihedral angle is   2.41186500 rad =     138.1897 deg = 138 deg 11 min 23 sec.
The edge joining vertices  2 and  3 is between faces  2 and  9.
     Dihedral angle is   1.30471628 rad =      74.7547 deg =  74 deg 45 min 17 sec.
The edge joining vertices  2 and  6 is between faces  1 and  2.
     Dihedral angle is   2.41186500 rad =     138.1897 deg = 138 deg 11 min 23 sec.
The edge joining vertices  2 and  7 is between faces  9 and 10.
     Dihedral angle is   2.41186500 rad =     138.1897 deg = 138 deg 11 min 23 sec.
The edge joining vertices  3 and  4 is between faces  3 and  8.
     Dihedral angle is   1.30471628 rad =      74.7547 deg =  74 deg 45 min 17 sec.
The edge joining vertices  3 and  6 is between faces  2 and  3.
     Dihedral angle is   2.41186500 rad =     138.1897 deg = 138 deg 11 min 23 sec.
The edge joining vertices  3 and  7 is between faces  8 and  9.
     Dihedral angle is   2.41186500 rad =     138.1897 deg = 138 deg 11 min 23 sec.
The edge joining vertices  4 and  5 is between faces  4 and  7.
     Dihedral angle is   1.30471628 rad =      74.7547 deg =  74 deg 45 min 17 sec.
The edge joining vertices  4 and  6 is between faces  3 and  4.
     Dihedral angle is   2.41186500 rad =     138.1897 deg = 138 deg 11 min 23 sec.
The edge joining vertices  4 and  7 is between faces  7 and  8.
     Dihedral angle is   2.41186500 rad =     138.1897 deg = 138 deg 11 min 23 sec.
The edge joining vertices  5 and  6 is between faces  4 and  5.
     Dihedral angle is   2.41186500 rad =     138.1897 deg = 138 deg 11 min 23 sec.
The edge joining vertices  5 and  7 is between faces  6 and  7.
     Dihedral angle is   2.41186500 rad =     138.1897 deg = 138 deg 11 min 23 sec.
```

Report based on file j13d.off

```
Vertex #  1: ( -0.23511410,  0.17082039,  0.38042261).
Vertex #  2: (  0.08980560,  0.27639320,  0.38042261).
Vertex #  3: (  0.29061701,  0.00000000,  0.38042261).
Vertex #  4: (  0.08980560, -0.27639320,  0.38042261).
Vertex #  5: ( -0.23511410, -0.17082039,  0.38042261).
Vertex #  6: ( -0.23511410, -0.17082039, -0.38042261).
Vertex #  7: (  0.08980560, -0.27639320, -0.38042261).
Vertex #  8: (  0.29061701,  0.00000000, -0.38042261).
Vertex #  9: (  0.08980560,  0.27639320, -0.38042261).
Vertex # 10: ( -0.23511410,  0.17082039, -0.38042261).

Face #  1 has  4 vertices:
    Vertices input as         0   9   5   4
    Vertices renumbered as    1  10   6   5
       Edge  1 10 is   0.76084521.
       Edge 10  6 is   0.34164079.
       Edge  6  5 is   0.76084521.
       Edge  5  1 is   0.34164079.
       Angle  5  1 10 is  1.57079633 rad =      90.0000 deg = 90 deg  0 min  0 sec.
       Angle  1 10  6 is  1.57079633 rad =      90.0000 deg = 90 deg  0 min  0 sec.
       Angle 10  6  5 is  1.57079633 rad =      90.0000 deg = 90 deg  0 min  0 sec.
       Angle  6  5  1 is  1.57079633 rad =      90.0000 deg = 90 deg  0 min  0 sec.

Face #  2 has  4 vertices:
    Vertices input as         9   0   1   8
    Vertices renumbered as   10   1   2   9
       Edge 10  1 is   0.76084521.
       Edge  1  2 is   0.34164079.
       Edge  2  9 is   0.76084521.
       Edge  9 10 is   0.34164079.
       Angle  9 10  1 is  1.57079633 rad =      90.0000 deg = 90 deg  0 min  0 sec.
       Angle 10  1  2 is  1.57079633 rad =      90.0000 deg = 90 deg  0 min  0 sec.
       Angle  1  2  9 is  1.57079633 rad =      90.0000 deg = 90 deg  0 min  0 sec.
       Angle  2  9 10 is  1.57079633 rad =      90.0000 deg = 90 deg  0 min  0 sec.

Face #  3 has  4 vertices:
    Vertices input as         8   1   2   7
    Vertices renumbered as    9   2   3   8
       Edge  9  2 is   0.76084521.
       Edge  2  3 is   0.34164079.
       Edge  3  8 is   0.76084521.
       Edge  8  9 is   0.34164079.
       Angle  8  9  2 is  1.57079633 rad =      90.0000 deg = 90 deg  0 min  0 sec.
       Angle  9  2  3 is  1.57079633 rad =      90.0000 deg = 90 deg  0 min  0 sec.
       Angle  2  3  8 is  1.57079633 rad =      90.0000 deg = 90 deg  0 min  0 sec.
       Angle  3  8  9 is  1.57079633 rad =      90.0000 deg = 90 deg  0 min  0 sec.

Face #  4 has  4 vertices:
    Vertices input as         7   2   3   6
    Vertices renumbered as    8   3   4   7
       Edge  8  3 is   0.76084521.
       Edge  3  4 is   0.34164079.
       Edge  4  7 is   0.76084521.
       Edge  7  8 is   0.34164079.
       Angle  7  8  3 is  1.57079633 rad =      90.0000 deg = 90 deg  0 min  0 sec.
       Angle  8  3  4 is  1.57079633 rad =      90.0000 deg = 90 deg  0 min  0 sec.
```

```
        Angle    3    4    7 is    1.57079633 rad =        90.0000 deg =  90 deg  0 min  0 sec.
        Angle    4    7    8 is    1.57079633 rad =        90.0000 deg =  90 deg  0 min  0 sec.


Face #  5 has   4 vertices:
    Vertices input as             4    5    6    3
    Vertices renumbered as        5    6    7    4
        Edge    5    6 is    0.76084521.
        Edge    6    7 is    0.34164079.
        Edge    7    4 is    0.76084521.
        Edge    4    5 is    0.34164079.
        Angle    4    5    6 is    1.57079633 rad =        90.0000 deg =  90 deg  0 min  0 sec.
        Angle    5    6    7 is    1.57079633 rad =        90.0000 deg =  90 deg  0 min  0 sec.
        Angle    6    7    4 is    1.57079633 rad =        90.0000 deg =  90 deg  0 min  0 sec.
        Angle    7    4    5 is    1.57079633 rad =        90.0000 deg =  90 deg  0 min  0 sec.


Face #  6 has   5 vertices:
    Vertices input as             0    4    3    2    1
    Vertices renumbered as        1    5    4    3    2
        Edge    1    5 is    0.34164079.
        Edge    5    4 is    0.34164079.
        Edge    4    3 is    0.34164079.
        Edge    3    2 is    0.34164079.
        Edge    2    1 is    0.34164079.
        Angle    2    1    5 is    1.88495559 rad =       108.0000 deg = 108 deg  0 min  0 sec.
        Angle    1    5    4 is    1.88495559 rad =       108.0000 deg = 108 deg  0 min  0 sec.
        Angle    5    4    3 is    1.88495559 rad =       108.0000 deg = 108 deg  0 min  0 sec.
        Angle    4    3    2 is    1.88495559 rad =       108.0000 deg = 108 deg  0 min  0 sec.
        Angle    3    2    1 is    1.88495559 rad =       108.0000 deg = 108 deg  0 min  0 sec.


Face #  7 has   5 vertices:
    Vertices input as             5    9    8    7    6
    Vertices renumbered as        6   10    9    8    7
        Edge    6   10 is    0.34164079.
        Edge   10    9 is    0.34164079.
        Edge    9    8 is    0.34164079.
        Edge    8    7 is    0.34164079.
        Edge    7    6 is    0.34164079.
        Angle    7    6   10 is    1.88495559 rad =       108.0000 deg = 108 deg  0 min  0 sec.
        Angle    6   10    9 is    1.88495559 rad =       108.0000 deg = 108 deg  0 min  0 sec.
        Angle   10    9    8 is    1.88495559 rad =       108.0000 deg = 108 deg  0 min  0 sec.
        Angle    9    8    7 is    1.88495559 rad =       108.0000 deg = 108 deg  0 min  0 sec.
        Angle    8    7    6 is    1.88495559 rad =       108.0000 deg = 108 deg  0 min  0 sec.


The edge joining vertices    1 and  2 is between faces   2 and   6.
        Dihedral angle is    1.57079633 rad =        90.0000 deg =  90 deg  0 min  0 sec.
The edge joining vertices    1 and  5 is between faces   1 and   6.
        Dihedral angle is    1.57079633 rad =        90.0000 deg =  90 deg  0 min  0 sec.
The edge joining vertices    1 and 10 is between faces   1 and   2.
        Dihedral angle is    1.88495559 rad =       108.0000 deg = 108 deg  0 min  0 sec.
The edge joining vertices    2 and  3 is between faces   3 and   6.
        Dihedral angle is    1.57079633 rad =        90.0000 deg =  90 deg  0 min  0 sec.
The edge joining vertices    2 and  9 is between faces   2 and   3.
        Dihedral angle is    1.88495559 rad =       108.0000 deg = 108 deg  0 min  0 sec.
The edge joining vertices    3 and  4 is between faces   4 and   6.
        Dihedral angle is    1.57079633 rad =        90.0000 deg =  90 deg  0 min  0 sec.
The edge joining vertices    3 and  8 is between faces   3 and   4.
        Dihedral angle is    1.88495559 rad =       108.0000 deg = 108 deg  0 min  0 sec.
The edge joining vertices    4 and  5 is between faces   5 and   6.
        Dihedral angle is    1.57079633 rad =        90.0000 deg =  90 deg  0 min  0 sec.
```

```
The edge joining vertices   4 and  7 is between faces  4 and  5.
      Dihedral angle is   1.88495559 rad =       108.0000 deg = 108 deg  0 min  0 sec.
The edge joining vertices   5 and  6 is between faces  1 and  5.
      Dihedral angle is   1.88495559 rad =       108.0000 deg = 108 deg  0 min  0 sec.
The edge joining vertices   6 and  7 is between faces  5 and  7.
      Dihedral angle is   1.57079633 rad =        90.0000 deg =  90 deg  0 min  0 sec.
The edge joining vertices   6 and 10 is between faces  1 and  7.
      Dihedral angle is   1.57079633 rad =        90.0000 deg =  90 deg  0 min  0 sec.
The edge joining vertices   7 and  8 is between faces  4 and  7.
      Dihedral angle is   1.57079633 rad =        90.0000 deg =  90 deg  0 min  0 sec.
The edge joining vertices   8 and  9 is between faces  3 and  7.
      Dihedral angle is   1.57079633 rad =        90.0000 deg =  90 deg  0 min  0 sec.
The edge joining vertices   9 and 10 is between faces  2 and  7.
      Dihedral angle is   1.57079633 rad =        90.0000 deg =  90 deg  0 min  0 sec.
```

```
Report based on file j14.off


    Vertex #   1: ( -0.57735027,   0.00000000,   0.50000000).
    Vertex #   2: (  0.28867513,   0.50000000,   0.50000000).
    Vertex #   3: (  0.28867513,  -0.50000000,   0.50000000).
    Vertex #   4: ( -0.57735027,   0.00000000,  -0.50000000).
    Vertex #   5: (  0.28867513,   0.50000000,  -0.50000000).
    Vertex #   6: (  0.28867513,  -0.50000000,  -0.50000000).
    Vertex #   7: (  0.00000000,   0.00000000,   1.31649658).
    Vertex #   8: (  0.00000000,   0.00000000,  -1.31649658).


Face #  1 has  4 vertices:
    Vertices input as           0    1    4    3
    Vertices renumbered as      1    2    5    4
       Edge  1  2 is   1.00000000.
       Edge  2  5 is   1.00000000.
       Edge  5  4 is   1.00000000.
       Edge  4  1 is   1.00000000.
       Angle 4  1  2 is   1.57079633 rad =      90.0000 deg =   90 deg  0 min  0 sec.
       Angle 1  2  5 is   1.57079633 rad =      90.0000 deg =   90 deg  0 min  0 sec.
       Angle 2  5  4 is   1.57079633 rad =      90.0000 deg =   90 deg  0 min  0 sec.
       Angle 5  4  1 is   1.57079633 rad =      90.0000 deg =   90 deg  0 min  0 sec.


Face #  2 has  4 vertices:
    Vertices input as           1    2    5    4
    Vertices renumbered as      2    3    6    5
       Edge  2  3 is   1.00000000.
       Edge  3  6 is   1.00000000.
       Edge  6  5 is   1.00000000.
       Edge  5  2 is   1.00000000.
       Angle 5  2  3 is   1.57079633 rad =      90.0000 deg =   90 deg  0 min  0 sec.
       Angle 2  3  6 is   1.57079633 rad =      90.0000 deg =   90 deg  0 min  0 sec.
       Angle 3  6  5 is   1.57079633 rad =      90.0000 deg =   90 deg  0 min  0 sec.
       Angle 6  5  2 is   1.57079633 rad =      90.0000 deg =   90 deg  0 min  0 sec.


Face #  3 has  4 vertices:
    Vertices input as           2    0    3    5
    Vertices renumbered as      3    1    4    6
       Edge  3  1 is   1.00000000.
       Edge  1  4 is   1.00000000.
       Edge  4  6 is   1.00000000.
       Edge  6  3 is   1.00000000.
       Angle 6  3  1 is   1.57079633 rad =      90.0000 deg =   90 deg  0 min  0 sec.
       Angle 3  1  4 is   1.57079633 rad =      90.0000 deg =   90 deg  0 min  0 sec.
       Angle 1  4  6 is   1.57079633 rad =      90.0000 deg =   90 deg  0 min  0 sec.
       Angle 4  6  3 is   1.57079633 rad =      90.0000 deg =   90 deg  0 min  0 sec.


Face #  4 has  3 vertices:
    Vertices input as           6    0    2
    Vertices renumbered as      7    1    3
       Edge  7  1 is   1.00000000.
       Edge  1  3 is   1.00000000.
       Edge  3  7 is   1.00000000.
       Angle 3  7  1 is   1.04719755 rad =      60.0000 deg =   60 deg  0 min  0 sec.
       Angle 7  1  3 is   1.04719755 rad =      60.0000 deg =   60 deg  0 min  0 sec.
       Angle 1  3  7 is   1.04719755 rad =      60.0000 deg =   60 deg  0 min  0 sec.
```

```
Face #  5 has  3 vertices:
    Vertices input as         6    1    0
    Vertices renumbered as    7    2    1
      Edge  7  2 is   1.00000000.
      Edge  2  1 is   1.00000000.
      Edge  1  7 is   1.00000000.
      Angle  1  7  2 is   1.04719755 rad =      60.0000 deg =  60 deg  0 min  0 sec.
      Angle  7  2  1 is   1.04719755 rad =      60.0000 deg =  60 deg  0 min  0 sec.
      Angle  2  1  7 is   1.04719755 rad =      60.0000 deg =  60 deg  0 min  0 sec.

Face #  6 has  3 vertices:
    Vertices input as         6    2    1
    Vertices renumbered as    7    3    2
      Edge  7  3 is   1.00000000.
      Edge  3  2 is   1.00000000.
      Edge  2  7 is   1.00000000.
      Angle  2  7  3 is   1.04719755 rad =      60.0000 deg =  60 deg  0 min  0 sec.
      Angle  7  3  2 is   1.04719755 rad =      60.0000 deg =  60 deg  0 min  0 sec.
      Angle  3  2  7 is   1.04719755 rad =      60.0000 deg =  60 deg  0 min  0 sec.

Face #  7 has  3 vertices:
    Vertices input as         7    5    3
    Vertices renumbered as    8    6    4
      Edge  8  6 is   1.00000000.
      Edge  6  4 is   1.00000000.
      Edge  4  8 is   1.00000000.
      Angle  4  8  6 is   1.04719755 rad =      60.0000 deg =  60 deg  0 min  0 sec.
      Angle  8  6  4 is   1.04719755 rad =      60.0000 deg =  60 deg  0 min  0 sec.
      Angle  6  4  8 is   1.04719755 rad =      60.0000 deg =  60 deg  0 min  0 sec.

Face #  8 has  3 vertices:
    Vertices input as         7    4    5
    Vertices renumbered as    8    5    6
      Edge  8  5 is   1.00000000.
      Edge  5  6 is   1.00000000.
      Edge  6  8 is   1.00000000.
      Angle  6  8  5 is   1.04719755 rad =      60.0000 deg =  60 deg  0 min  0 sec.
      Angle  8  5  6 is   1.04719755 rad =      60.0000 deg =  60 deg  0 min  0 sec.
      Angle  5  6  8 is   1.04719755 rad =      60.0000 deg =  60 deg  0 min  0 sec.

Face #  9 has  3 vertices:
    Vertices input as         7    3    4
    Vertices renumbered as    8    4    5
      Edge  8  4 is   1.00000000.
      Edge  4  5 is   1.00000000.
      Edge  5  8 is   1.00000000.
      Angle  5  8  4 is   1.04719755 rad =      60.0000 deg =  60 deg  0 min  0 sec.
      Angle  8  4  5 is   1.04719755 rad =      60.0000 deg =  60 deg  0 min  0 sec.
      Angle  4  5  8 is   1.04719755 rad =      60.0000 deg =  60 deg  0 min  0 sec.


The edge joining vertices  1 and  2 is between faces  1 and  5.
      Dihedral angle is   2.80175574 rad =     160.5288 deg = 160 deg 31 min 44 sec.
The edge joining vertices  1 and  3 is between faces  3 and  4.
      Dihedral angle is   2.80175574 rad =     160.5288 deg = 160 deg 31 min 44 sec.
The edge joining vertices  1 and  4 is between faces  1 and  3.
      Dihedral angle is   1.04719755 rad =      60.0000 deg =  60 deg  0 min  0 sec.
The edge joining vertices  1 and  7 is between faces  4 and  5.
      Dihedral angle is   1.23095942 rad =      70.5288 deg =  70 deg 31 min 44 sec.
```

```
The edge joining vertices   2 and  3 is between faces  2 and  6.
      Dihedral angle is    2.80175574 rad =      160.5288 deg = 160 deg 31 min 44 sec.
The edge joining vertices   2 and  5 is between faces  1 and  2.
      Dihedral angle is    1.04719755 rad =       60.0000 deg =  60 deg  0 min  0 sec.
The edge joining vertices   2 and  7 is between faces  5 and  6.
      Dihedral angle is    1.23095942 rad =       70.5288 deg =  70 deg 31 min 44 sec.
The edge joining vertices   3 and  6 is between faces  2 and  3.
      Dihedral angle is    1.04719755 rad =       60.0000 deg =  60 deg  0 min  0 sec.
The edge joining vertices   3 and  7 is between faces  4 and  6.
      Dihedral angle is    1.23095942 rad =       70.5288 deg =  70 deg 31 min 44 sec.
The edge joining vertices   4 and  5 is between faces  1 and  9.
      Dihedral angle is    2.80175574 rad =      160.5288 deg = 160 deg 31 min 44 sec.
The edge joining vertices   4 and  6 is between faces  3 and  7.
      Dihedral angle is    2.80175574 rad =      160.5288 deg = 160 deg 31 min 44 sec.
The edge joining vertices   4 and  8 is between faces  7 and  9.
      Dihedral angle is    1.23095942 rad =       70.5288 deg =  70 deg 31 min 44 sec.
The edge joining vertices   5 and  6 is between faces  2 and  8.
      Dihedral angle is    2.80175574 rad =      160.5288 deg = 160 deg 31 min 44 sec.
The edge joining vertices   5 and  8 is between faces  8 and  9.
      Dihedral angle is    1.23095942 rad =       70.5288 deg =  70 deg 31 min 44 sec.
The edge joining vertices   6 and  8 is between faces  7 and  8.
      Dihedral angle is    1.23095942 rad =       70.5288 deg =  70 deg 31 min 44 sec.
```

```
Report based on file j14d.off

Vertex #  1: ( -0.57735027,  1.00000000,  0.00000000).
Vertex #  2: (  1.15470054,  0.00000000,  0.00000000).
Vertex #  3: ( -0.57735027, -1.00000000,  0.00000000).
Vertex #  4: ( -0.35807501, -0.62020410,  0.25319726).
Vertex #  5: ( -0.35807501,  0.62020410,  0.25319726).
Vertex #  6: (  0.71615001,  0.00000000,  0.25319726).
Vertex #  7: ( -0.35807501, -0.62020410, -0.25319726).
Vertex #  8: (  0.71615001,  0.00000000, -0.25319726).
Vertex #  9: ( -0.35807501,  0.62020410, -0.25319726).

Face #  1 has  4 vertices:
    Vertices input as         4    0    2    3
    Vertices renumbered as    5    1    3    4
      Edge  5  1 is   0.50639453.
      Edge  1  3 is   2.00000000.
      Edge  3  4 is   0.50639453.
      Edge  4  5 is   1.24040821.
      Angle  4  5  1 is   2.41885841 rad =      138.5904 deg = 138 deg 35 min 25 sec.
      Angle  5  1  3 is   0.72273425 rad =       41.4096 deg =  41 deg 24 min 35 sec.
      Angle  1  3  4 is   0.72273425 rad =       41.4096 deg =  41 deg 24 min 35 sec.
      Angle  3  4  5 is   2.41885841 rad =      138.5904 deg = 138 deg 35 min 25 sec.

Face #  2 has  4 vertices:
    Vertices input as         0    4    5    1
    Vertices renumbered as    1    5    6    2
      Edge  1  5 is   0.50639453.
      Edge  5  6 is   1.24040821.
      Edge  6  2 is   0.50639453.
      Edge  2  1 is   2.00000000.
      Angle  2  1  5 is   0.72273425 rad =       41.4096 deg =  41 deg 24 min 35 sec.
      Angle  1  5  6 is   2.41885841 rad =      138.5904 deg = 138 deg 35 min 25 sec.
      Angle  5  6  2 is   2.41885841 rad =      138.5904 deg = 138 deg 35 min 25 sec.
      Angle  6  2  1 is   0.72273425 rad =       41.4096 deg =  41 deg 24 min 35 sec.

Face #  3 has  4 vertices:
    Vertices input as         3    2    1    5
    Vertices renumbered as    4    3    2    6
      Edge  4  3 is   0.50639453.
      Edge  3  2 is   2.00000000.
      Edge  2  6 is   0.50639453.
      Edge  6  4 is   1.24040821.
      Angle  6  4  3 is   2.41885841 rad =      138.5904 deg = 138 deg 35 min 25 sec.
      Angle  4  3  2 is   0.72273425 rad =       41.4096 deg =  41 deg 24 min 35 sec.
      Angle  3  2  6 is   0.72273425 rad =       41.4096 deg =  41 deg 24 min 35 sec.
      Angle  2  6  4 is   2.41885841 rad =      138.5904 deg = 138 deg 35 min 25 sec.

Face #  4 has  4 vertices:
    Vertices input as         2    0    8    6
    Vertices renumbered as    3    1    9    7
      Edge  3  1 is   2.00000000.
      Edge  1  9 is   0.50639453.
      Edge  9  7 is   1.24040821.
      Edge  7  3 is   0.50639453.
      Angle  7  3  1 is   0.72273425 rad =       41.4096 deg =  41 deg 24 min 35 sec.
      Angle  3  1  9 is   0.72273425 rad =       41.4096 deg =  41 deg 24 min 35 sec.
      Angle  1  9  7 is   2.41885841 rad =      138.5904 deg = 138 deg 35 min 25 sec.
```

```
        Angle   9  7  3 is   2.41885841 rad =      138.5904 deg = 138 deg 35 min 25 sec.


Face #  5 has  4 vertices:
    Vertices input as           0    1    7    8
    Vertices renumbered as      1    2    8    9
        Edge  1  2 is   2.00000000.
        Edge  2  8 is   0.50639453.
        Edge  8  9 is   1.24040821.
        Edge  9  1 is   0.50639453.
        Angle   9  1  2 is   0.72273425 rad =       41.4096 deg =  41 deg 24 min 35 sec.
        Angle   1  2  8 is   0.72273425 rad =       41.4096 deg =  41 deg 24 min 35 sec.
        Angle   2  8  9 is   2.41885841 rad =      138.5904 deg = 138 deg 35 min 25 sec.
        Angle   8  9  1 is   2.41885841 rad =      138.5904 deg = 138 deg 35 min 25 sec.


Face #  6 has  4 vertices:
    Vertices input as           1    2    6    7
    Vertices renumbered as      2    3    7    8
        Edge  2  3 is   2.00000000.
        Edge  3  7 is   0.50639453.
        Edge  7  8 is   1.24040821.
        Edge  8  2 is   0.50639453.
        Angle   8  2  3 is   0.72273425 rad =       41.4096 deg =  41 deg 24 min 35 sec.
        Angle   2  3  7 is   0.72273425 rad =       41.4096 deg =  41 deg 24 min 35 sec.
        Angle   3  7  8 is   2.41885841 rad =      138.5904 deg = 138 deg 35 min 25 sec.
        Angle   7  8  2 is   2.41885841 rad =      138.5904 deg = 138 deg 35 min 25 sec.


Face #  7 has  3 vertices:
    Vertices input as           4    3    5
    Vertices renumbered as      5    4    6
        Edge  5  4 is   1.24040821.
        Edge  4  6 is   1.24040821.
        Edge  6  5 is   1.24040821.
        Angle   6  5  4 is   1.04719755 rad =       60.0000 deg =  60 deg  0 min  0 sec.
        Angle   5  4  6 is   1.04719755 rad =       60.0000 deg =  60 deg  0 min  0 sec.
        Angle   4  6  5 is   1.04719755 rad =       60.0000 deg =  60 deg  0 min  0 sec.


Face #  8 has  3 vertices:
    Vertices input as           6    8    7
    Vertices renumbered as      7    9    8
        Edge  7  9 is   1.24040821.
        Edge  9  8 is   1.24040821.
        Edge  8  7 is   1.24040821.
        Angle   8  7  9 is   1.04719755 rad =       60.0000 deg =  60 deg  0 min  0 sec.
        Angle   7  9  8 is   1.04719755 rad =       60.0000 deg =  60 deg  0 min  0 sec.
        Angle   9  8  7 is   1.04719755 rad =       60.0000 deg =  60 deg  0 min  0 sec.


The edge joining vertices   1 and   2 is between faces   2 and   5.
    Dihedral angle is   1.71414390 rad =       98.2132 deg =  98 deg 12 min 48 sec.
The edge joining vertices   1 and   3 is between faces   1 and   4.
    Dihedral angle is   1.71414390 rad =       98.2132 deg =  98 deg 12 min 48 sec.
The edge joining vertices   1 and   5 is between faces   1 and   2.
    Dihedral angle is   1.71414390 rad =       98.2132 deg =  98 deg 12 min 48 sec.
The edge joining vertices   1 and   9 is between faces   4 and   5.
    Dihedral angle is   1.71414390 rad =       98.2132 deg =  98 deg 12 min 48 sec.
The edge joining vertices   2 and   3 is between faces   3 and   6.
    Dihedral angle is   1.71414390 rad =       98.2132 deg =  98 deg 12 min 48 sec.
The edge joining vertices   2 and   6 is between faces   2 and   3.
    Dihedral angle is   1.71414390 rad =       98.2132 deg =  98 deg 12 min 48 sec.
```

```
The edge joining vertices  2 and  8 is between faces  5 and  6.
      Dihedral angle is    1.71414390 rad =       98.2132 deg =  98 deg 12 min 48 sec.
The edge joining vertices  3 and  4 is between faces  1 and  3.
      Dihedral angle is    1.71414390 rad =       98.2132 deg =  98 deg 12 min 48 sec.
The edge joining vertices  3 and  7 is between faces  4 and  6.
      Dihedral angle is    1.71414390 rad =       98.2132 deg =  98 deg 12 min 48 sec.
The edge joining vertices  4 and  5 is between faces  1 and  7.
      Dihedral angle is    2.28452071 rad =      130.8934 deg = 130 deg 53 min 36 sec.
The edge joining vertices  4 and  6 is between faces  3 and  7.
      Dihedral angle is    2.28452071 rad =      130.8934 deg = 130 deg 53 min 36 sec.
The edge joining vertices  5 and  6 is between faces  2 and  7.
      Dihedral angle is    2.28452071 rad =      130.8934 deg = 130 deg 53 min 36 sec.
The edge joining vertices  7 and  8 is between faces  6 and  8.
      Dihedral angle is    2.28452071 rad =      130.8934 deg = 130 deg 53 min 36 sec.
The edge joining vertices  7 and  9 is between faces  4 and  8.
      Dihedral angle is    2.28452071 rad =      130.8934 deg = 130 deg 53 min 36 sec.
The edge joining vertices  8 and  9 is between faces  5 and  8.
      Dihedral angle is    2.28452071 rad =      130.8934 deg = 130 deg 53 min 36 sec.
```

```
Report based on file j15.off


Vertex #  1: ( -0.70710678,   0.00000000,   0.50000000).
Vertex #  2: (  0.00000000,   0.70710678,   0.50000000).
Vertex #  3: (  0.70710678,   0.00000000,   0.50000000).
Vertex #  4: (  0.00000000,  -0.70710678,   0.50000000).
Vertex #  5: ( -0.70710678,   0.00000000,  -0.50000000).
Vertex #  6: (  0.00000000,   0.70710678,  -0.50000000).
Vertex #  7: (  0.70710678,   0.00000000,  -0.50000000).
Vertex #  8: (  0.00000000,  -0.70710678,  -0.50000000).
Vertex #  9: (  0.00000000,   0.00000000,   1.20710678).
Vertex # 10: (  0.00000000,   0.00000000,  -1.20710678).


Face #  1 has  4 vertices:
    Vertices input as           0   1   5   4
    Vertices renumbered as      1   2   6   5
      Edge  1  2 is   1.00000000.
      Edge  2  6 is   1.00000000.
      Edge  6  5 is   1.00000000.
      Edge  5  1 is   1.00000000.
      Angle  5  1  2 is   1.57079633 rad =       90.0000 deg = 90 deg  0 min  0 sec.
      Angle  1  2  6 is   1.57079633 rad =       90.0000 deg = 90 deg  0 min  0 sec.
      Angle  2  6  5 is   1.57079633 rad =       90.0000 deg = 90 deg  0 min  0 sec.
      Angle  6  5  1 is   1.57079633 rad =       90.0000 deg = 90 deg  0 min  0 sec.


Face #  2 has  4 vertices:
    Vertices input as           1   2   6   5
    Vertices renumbered as      2   3   7   6
      Edge  2  3 is   1.00000000.
      Edge  3  7 is   1.00000000.
      Edge  7  6 is   1.00000000.
      Edge  6  2 is   1.00000000.
      Angle  6  2  3 is   1.57079633 rad =       90.0000 deg = 90 deg  0 min  0 sec.
      Angle  2  3  7 is   1.57079633 rad =       90.0000 deg = 90 deg  0 min  0 sec.
      Angle  3  7  6 is   1.57079633 rad =       90.0000 deg = 90 deg  0 min  0 sec.
      Angle  7  6  2 is   1.57079633 rad =       90.0000 deg = 90 deg  0 min  0 sec.


Face #  3 has  4 vertices:
    Vertices input as           2   3   7   6
    Vertices renumbered as      3   4   8   7
      Edge  3  4 is   1.00000000.
      Edge  4  8 is   1.00000000.
      Edge  8  7 is   1.00000000.
      Edge  7  3 is   1.00000000.
      Angle  7  3  4 is   1.57079633 rad =       90.0000 deg = 90 deg  0 min  0 sec.
      Angle  3  4  8 is   1.57079633 rad =       90.0000 deg = 90 deg  0 min  0 sec.
      Angle  4  8  7 is   1.57079633 rad =       90.0000 deg = 90 deg  0 min  0 sec.
      Angle  8  7  3 is   1.57079633 rad =       90.0000 deg = 90 deg  0 min  0 sec.


Face #  4 has  4 vertices:
    Vertices input as           3   0   4   7
    Vertices renumbered as      4   1   5   8
      Edge  4  1 is   1.00000000.
      Edge  1  5 is   1.00000000.
      Edge  5  8 is   1.00000000.
      Edge  8  4 is   1.00000000.
      Angle  8  4  1 is   1.57079633 rad =       90.0000 deg = 90 deg  0 min  0 sec.
      Angle  4  1  5 is   1.57079633 rad =       90.0000 deg = 90 deg  0 min  0 sec.
```

```
        Angle   1   5   8 is    1.57079633 rad =        90.0000 deg =  90 deg   0 min   0 sec.
        Angle   5   8   4 is    1.57079633 rad =        90.0000 deg =  90 deg   0 min   0 sec.


Face #   5 has   3 vertices:
    Vertices input as          8    0    3
    Vertices renumbered as     9    1    4
        Edge  9   1 is    1.00000000.
        Edge  1   4 is    1.00000000.
        Edge  4   9 is    1.00000000.
        Angle   4   9   1 is    1.04719755 rad =        60.0000 deg =  60 deg   0 min   0 sec.
        Angle   9   1   4 is    1.04719755 rad =        60.0000 deg =  60 deg   0 min   0 sec.
        Angle   1   4   9 is    1.04719755 rad =        60.0000 deg =  60 deg   0 min   0 sec.


Face #   6 has   3 vertices:
    Vertices input as          8    1    0
    Vertices renumbered as     9    2    1
        Edge  9   2 is    1.00000000.
        Edge  2   1 is    1.00000000.
        Edge  1   9 is    1.00000000.
        Angle   1   9   2 is    1.04719755 rad =        60.0000 deg =  60 deg   0 min   0 sec.
        Angle   9   2   1 is    1.04719755 rad =        60.0000 deg =  60 deg   0 min   0 sec.
        Angle   2   1   9 is    1.04719755 rad =        60.0000 deg =  60 deg   0 min   0 sec.


Face #   7 has   3 vertices:
    Vertices input as          8    2    1
    Vertices renumbered as     9    3    2
        Edge  9   3 is    1.00000000.
        Edge  3   2 is    1.00000000.
        Edge  2   9 is    1.00000000.
        Angle   2   9   3 is    1.04719755 rad =        60.0000 deg =  60 deg   0 min   0 sec.
        Angle   9   3   2 is    1.04719755 rad =        60.0000 deg =  60 deg   0 min   0 sec.
        Angle   3   2   9 is    1.04719755 rad =        60.0000 deg =  60 deg   0 min   0 sec.


Face #   8 has   3 vertices:
    Vertices input as          8    3    2
    Vertices renumbered as     9    4    3
        Edge  9   4 is    1.00000000.
        Edge  4   3 is    1.00000000.
        Edge  3   9 is    1.00000000.
        Angle   3   9   4 is    1.04719755 rad =        60.0000 deg =  60 deg   0 min   0 sec.
        Angle   9   4   3 is    1.04719755 rad =        60.0000 deg =  60 deg   0 min   0 sec.
        Angle   4   3   9 is    1.04719755 rad =        60.0000 deg =  60 deg   0 min   0 sec.


Face #   9 has   3 vertices:
    Vertices input as          9    7    4
    Vertices renumbered as    10    8    5
        Edge 10   8 is    1.00000000.
        Edge  8   5 is    1.00000000.
        Edge  5  10 is    1.00000000.
        Angle   5  10   8 is    1.04719755 rad =        60.0000 deg =  60 deg   0 min   0 sec.
        Angle  10   8   5 is    1.04719755 rad =        60.0000 deg =  60 deg   0 min   0 sec.
        Angle   8   5  10 is    1.04719755 rad =        60.0000 deg =  60 deg   0 min   0 sec.


Face #  10 has   3 vertices:
    Vertices input as          9    6    7
    Vertices renumbered as    10    7    8
        Edge 10   7 is    1.00000000.
```

```
         Edge   7   8 is    1.00000000.
         Edge   8  10 is    1.00000000.
         Angle   8  10   7 is    1.04719755 rad =      60.0000 deg =  60 deg   0 min   0 sec.
         Angle  10   7   8 is    1.04719755 rad =      60.0000 deg =  60 deg   0 min   0 sec.
         Angle   7   8  10 is    1.04719755 rad =      60.0000 deg =  60 deg   0 min   0 sec.


Face # 11 has   3 vertices:
     Vertices input as            9    5    6
     Vertices renumbered as      10    6    7
         Edge  10   6 is    1.00000000.
         Edge   6   7 is    1.00000000.
         Edge   7  10 is    1.00000000.
         Angle   7  10   6 is    1.04719755 rad =      60.0000 deg =  60 deg   0 min   0 sec.
         Angle  10   6   7 is    1.04719755 rad =      60.0000 deg =  60 deg   0 min   0 sec.
         Angle   6   7  10 is    1.04719755 rad =      60.0000 deg =  60 deg   0 min   0 sec.


Face # 12 has   3 vertices:
     Vertices input as            9    4    5
     Vertices renumbered as      10    5    6
         Edge  10   5 is    1.00000000.
         Edge   5   6 is    1.00000000.
         Edge   6  10 is    1.00000000.
         Angle   6  10   5 is    1.04719755 rad =      60.0000 deg =  60 deg   0 min   0 sec.
         Angle  10   5   6 is    1.04719755 rad =      60.0000 deg =  60 deg   0 min   0 sec.
         Angle   5   6  10 is    1.04719755 rad =      60.0000 deg =  60 deg   0 min   0 sec.


The edge joining vertices    1 and    2 is between faces    1 and    6.
         Dihedral angle is    2.52611294 rad =     144.7356 deg = 144 deg  44 min   8 sec.
The edge joining vertices    1 and    4 is between faces    4 and    5.
         Dihedral angle is    2.52611294 rad =     144.7356 deg = 144 deg  44 min   8 sec.
The edge joining vertices    1 and    5 is between faces    1 and    4.
         Dihedral angle is    1.57079633 rad =      90.0000 deg =  90 deg   0 min   0 sec.
The edge joining vertices    1 and    9 is between faces    5 and    6.
         Dihedral angle is    1.91063324 rad =     109.4712 deg = 109 deg  28 min  16 sec.
The edge joining vertices    2 and    3 is between faces    2 and    7.
         Dihedral angle is    2.52611294 rad =     144.7356 deg = 144 deg  44 min   8 sec.
The edge joining vertices    2 and    6 is between faces    1 and    2.
         Dihedral angle is    1.57079633 rad =      90.0000 deg =  90 deg   0 min   0 sec.
The edge joining vertices    2 and    9 is between faces    6 and    7.
         Dihedral angle is    1.91063324 rad =     109.4712 deg = 109 deg  28 min  16 sec.
The edge joining vertices    3 and    4 is between faces    3 and    8.
         Dihedral angle is    2.52611294 rad =     144.7356 deg = 144 deg  44 min   8 sec.
The edge joining vertices    3 and    7 is between faces    2 and    3.
         Dihedral angle is    1.57079633 rad =      90.0000 deg =  90 deg   0 min   0 sec.
The edge joining vertices    3 and    9 is between faces    7 and    8.
         Dihedral angle is    1.91063324 rad =     109.4712 deg = 109 deg  28 min  16 sec.
The edge joining vertices    4 and    8 is between faces    3 and    4.
         Dihedral angle is    1.57079633 rad =      90.0000 deg =  90 deg   0 min   0 sec.
The edge joining vertices    4 and    9 is between faces    5 and    8.
         Dihedral angle is    1.91063324 rad =     109.4712 deg = 109 deg  28 min  16 sec.
The edge joining vertices    5 and    6 is between faces    1 and   12.
         Dihedral angle is    2.52611294 rad =     144.7356 deg = 144 deg  44 min   8 sec.
The edge joining vertices    5 and    8 is between faces    4 and    9.
         Dihedral angle is    2.52611294 rad =     144.7356 deg = 144 deg  44 min   8 sec.
The edge joining vertices    5 and   10 is between faces    9 and   12.
         Dihedral angle is    1.91063324 rad =     109.4712 deg = 109 deg  28 min  16 sec.
The edge joining vertices    6 and    7 is between faces    2 and   11.
         Dihedral angle is    2.52611294 rad =     144.7356 deg = 144 deg  44 min   8 sec.
The edge joining vertices    6 and   10 is between faces   11 and   12.
         Dihedral angle is    1.91063324 rad =     109.4712 deg = 109 deg  28 min  16 sec.
```

```
The edge joining vertices    7 and  8 is between faces  3 and 10.
      Dihedral angle is    2.52611294 rad =     144.7356 deg = 144 deg 44 min  8 sec.
The edge joining vertices    7 and 10 is between faces 10 and 11.
      Dihedral angle is    1.91063324 rad =     109.4712 deg = 109 deg 28 min 16 sec.
The edge joining vertices    8 and 10 is between faces  9 and 10.
      Dihedral angle is    1.91063324 rad =     109.4712 deg = 109 deg 28 min 16 sec.
```

Report based on file j15d.off

```
Vertex #  1: ( -0.70710678,   0.70710678,   0.00000000).
Vertex #  2: (  0.70710678,   0.70710678,   0.00000000).
Vertex #  3: (  0.70710678,  -0.70710678,   0.00000000).
Vertex #  4: ( -0.70710678,  -0.70710678,   0.00000000).
Vertex #  5: ( -0.41421356,  -0.41421356,   0.41421356).
Vertex #  6: ( -0.41421356,   0.41421356,   0.41421356).
Vertex #  7: (  0.41421356,   0.41421356,   0.41421356).
Vertex #  8: (  0.41421356,  -0.41421356,   0.41421356).
Vertex #  9: ( -0.41421356,  -0.41421356,  -0.41421356).
Vertex # 10: (  0.41421356,  -0.41421356,  -0.41421356).
Vertex # 11: (  0.41421356,   0.41421356,  -0.41421356).
Vertex # 12: ( -0.41421356,   0.41421356,  -0.41421356).


Face #  1 has   4 vertices:
    Vertices input as         5   0   3   4
    Vertices renumbered as    6   1   4   5
       Edge  6  1 is   0.58578644.
       Edge  1  4 is   1.41421356.
       Edge  4  5 is   0.58578644.
       Edge  5  6 is   0.82842712.
       Angle 5  6  1 is   2.09439510 rad =      120.0000 deg = 120 deg  0 min  0 sec.
       Angle 6  1  4 is   1.04719755 rad =       60.0000 deg =  60 deg  0 min  0 sec.
       Angle 1  4  5 is   1.04719755 rad =       60.0000 deg =  60 deg  0 min  0 sec.
       Angle 4  5  6 is   2.09439510 rad =      120.0000 deg = 120 deg  0 min  0 sec.


Face #  2 has   4 vertices:
    Vertices input as         0   5   6   1
    Vertices renumbered as    1   6   7   2
       Edge  1  6 is   0.58578644.
       Edge  6  7 is   0.82842712.
       Edge  7  2 is   0.58578644.
       Edge  2  1 is   1.41421356.
       Angle 2  1  6 is   1.04719755 rad =       60.0000 deg =  60 deg  0 min  0 sec.
       Angle 1  6  7 is   2.09439510 rad =      120.0000 deg = 120 deg  0 min  0 sec.
       Angle 6  7  2 is   2.09439510 rad =      120.0000 deg = 120 deg  0 min  0 sec.
       Angle 7  2  1 is   1.04719755 rad =       60.0000 deg =  60 deg  0 min  0 sec.


Face #  3 has   4 vertices:
    Vertices input as         1   6   7   2
    Vertices renumbered as    2   7   8   3
       Edge  2  7 is   0.58578644.
       Edge  7  8 is   0.82842712.
       Edge  8  3 is   0.58578644.
       Edge  3  2 is   1.41421356.
       Angle 3  2  7 is   1.04719755 rad =       60.0000 deg =  60 deg  0 min  0 sec.
       Angle 2  7  8 is   2.09439510 rad =      120.0000 deg = 120 deg  0 min  0 sec.
       Angle 7  8  3 is   2.09439510 rad =      120.0000 deg = 120 deg  0 min  0 sec.
       Angle 8  3  2 is   1.04719755 rad =       60.0000 deg =  60 deg  0 min  0 sec.


Face #  4 has   4 vertices:
    Vertices input as         4   3   2   7
    Vertices renumbered as    5   4   3   8
       Edge  5  4 is   0.58578644.
       Edge  4  3 is   1.41421356.
       Edge  3  8 is   0.58578644.
       Edge  8  5 is   0.82842712.
```

```
    Angle    8   5   4  is    2.09439510 rad =     120.0000 deg = 120 deg  0 min  0 sec.
    Angle    5   4   3  is    1.04719755 rad =      60.0000 deg =  60 deg  0 min  0 sec.
    Angle    4   3   8  is    1.04719755 rad =      60.0000 deg =  60 deg  0 min  0 sec.
    Angle    3   8   5  is    2.09439510 rad =     120.0000 deg = 120 deg  0 min  0 sec.

Face #  5 has  4 vertices:
    Vertices input as         3    0   11    8
    Vertices renumbered as    4    1   12    9
    Edge   4   1  is    1.41421356.
    Edge   1  12  is    0.58578644.
    Edge  12   9  is    0.82842712.
    Edge   9   4  is    0.58578644.
    Angle    9   4   1  is    1.04719755 rad =      60.0000 deg =  60 deg  0 min  0 sec.
    Angle    4   1  12  is    1.04719755 rad =      60.0000 deg =  60 deg  0 min  0 sec.
    Angle    1  12   9  is    2.09439510 rad =     120.0000 deg = 120 deg  0 min  0 sec.
    Angle   12   9   4  is    2.09439510 rad =     120.0000 deg = 120 deg  0 min  0 sec.

Face #  6 has  4 vertices:
    Vertices input as         0    1   10   11
    Vertices renumbered as    1    2   11   12
    Edge   1   2  is    1.41421356.
    Edge   2  11  is    0.58578644.
    Edge  11  12  is    0.82842712.
    Edge  12   1  is    0.58578644.
    Angle   12   1   2  is    1.04719755 rad =      60.0000 deg =  60 deg  0 min  0 sec.
    Angle    1   2  11  is    1.04719755 rad =      60.0000 deg =  60 deg  0 min  0 sec.
    Angle    2  11  12  is    2.09439510 rad =     120.0000 deg = 120 deg  0 min  0 sec.
    Angle   11  12   1  is    2.09439510 rad =     120.0000 deg = 120 deg  0 min  0 sec.

Face #  7 has  4 vertices:
    Vertices input as         1    2    9   10
    Vertices renumbered as    2    3   10   11
    Edge   2   3  is    1.41421356.
    Edge   3  10  is    0.58578644.
    Edge  10  11  is    0.82842712.
    Edge  11   2  is    0.58578644.
    Angle   11   2   3  is    1.04719755 rad =      60.0000 deg =  60 deg  0 min  0 sec.
    Angle    2   3  10  is    1.04719755 rad =      60.0000 deg =  60 deg  0 min  0 sec.
    Angle    3  10  11  is    2.09439510 rad =     120.0000 deg = 120 deg  0 min  0 sec.
    Angle   10  11   2  is    2.09439510 rad =     120.0000 deg = 120 deg  0 min  0 sec.

Face #  8 has  4 vertices:
    Vertices input as         2    3    8    9
    Vertices renumbered as    3    4    9   10
    Edge   3   4  is    1.41421356.
    Edge   4   9  is    0.58578644.
    Edge   9  10  is    0.82842712.
    Edge  10   3  is    0.58578644.
    Angle   10   3   4  is    1.04719755 rad =      60.0000 deg =  60 deg  0 min  0 sec.
    Angle    3   4   9  is    1.04719755 rad =      60.0000 deg =  60 deg  0 min  0 sec.
    Angle    4   9  10  is    2.09439510 rad =     120.0000 deg = 120 deg  0 min  0 sec.
    Angle    9  10   3  is    2.09439510 rad =     120.0000 deg = 120 deg  0 min  0 sec.

Face #  9 has  4 vertices:
    Vertices input as         5    4    7    6
    Vertices renumbered as    6    5    8    7
    Edge   6   5  is    0.82842712.
    Edge   5   8  is    0.82842712.
```

```
        Edge    8   7 is    0.82842712.
        Edge    7   6 is    0.82842712.
        Angle   7   6   5 is   1.57079633 rad =      90.0000 deg =  90 deg   0 min   0 sec.
        Angle   6   5   8 is   1.57079633 rad =      90.0000 deg =  90 deg   0 min   0 sec.
        Angle   5   8   7 is   1.57079633 rad =      90.0000 deg =  90 deg   0 min   0 sec.
        Angle   8   7   6 is   1.57079633 rad =      90.0000 deg =  90 deg   0 min   0 sec.


Face # 10 has   4 vertices:
     Vertices input as           8  11  10   9
     Vertices renumbered as      9  12  11  10
        Edge    9  12 is    0.82842712.
        Edge   12  11 is    0.82842712.
        Edge   11  10 is    0.82842712.
        Edge   10   9 is    0.82842712.
        Angle  10   9  12 is   1.57079633 rad =      90.0000 deg =  90 deg   0 min   0 sec.
        Angle   9  12  11 is   1.57079633 rad =      90.0000 deg =  90 deg   0 min   0 sec.
        Angle  12  11  10 is   1.57079633 rad =      90.0000 deg =  90 deg   0 min   0 sec.
        Angle  11  10   9 is   1.57079633 rad =      90.0000 deg =  90 deg   0 min   0 sec.


The edge joining vertices  1 and  2 is between faces  2 and  6.
        Dihedral angle is   1.91063324 rad =     109.4712 deg = 109 deg 28 min 16 sec.
The edge joining vertices  1 and  4 is between faces  1 and  5.
        Dihedral angle is   1.91063324 rad =     109.4712 deg = 109 deg 28 min 16 sec.
The edge joining vertices  1 and  6 is between faces  1 and  2.
        Dihedral angle is   1.91063324 rad =     109.4712 deg = 109 deg 28 min 16 sec.
The edge joining vertices  1 and 12 is between faces  5 and  6.
        Dihedral angle is   1.91063324 rad =     109.4712 deg = 109 deg 28 min 16 sec.
The edge joining vertices  2 and  3 is between faces  3 and  7.
        Dihedral angle is   1.91063324 rad =     109.4712 deg = 109 deg 28 min 16 sec.
The edge joining vertices  2 and  7 is between faces  2 and  3.
        Dihedral angle is   1.91063324 rad =     109.4712 deg = 109 deg 28 min 16 sec.
The edge joining vertices  2 and 11 is between faces  6 and  7.
        Dihedral angle is   1.91063324 rad =     109.4712 deg = 109 deg 28 min 16 sec.
The edge joining vertices  3 and  4 is between faces  4 and  8.
        Dihedral angle is   1.91063324 rad =     109.4712 deg = 109 deg 28 min 16 sec.
The edge joining vertices  3 and  8 is between faces  3 and  4.
        Dihedral angle is   1.91063324 rad =     109.4712 deg = 109 deg 28 min 16 sec.
The edge joining vertices  3 and 10 is between faces  7 and  8.
        Dihedral angle is   1.91063324 rad =     109.4712 deg = 109 deg 28 min 16 sec.
The edge joining vertices  4 and  5 is between faces  1 and  4.
        Dihedral angle is   1.91063324 rad =     109.4712 deg = 109 deg 28 min 16 sec.
The edge joining vertices  4 and  9 is between faces  5 and  8.
        Dihedral angle is   1.91063324 rad =     109.4712 deg = 109 deg 28 min 16 sec.
The edge joining vertices  5 and  6 is between faces  1 and  9.
        Dihedral angle is   2.18627604 rad =     125.2644 deg = 125 deg 15 min 52 sec.
The edge joining vertices  5 and  8 is between faces  4 and  9.
        Dihedral angle is   2.18627604 rad =     125.2644 deg = 125 deg 15 min 52 sec.
The edge joining vertices  6 and  7 is between faces  2 and  9.
        Dihedral angle is   2.18627604 rad =     125.2644 deg = 125 deg 15 min 52 sec.
The edge joining vertices  7 and  8 is between faces  3 and  9.
        Dihedral angle is   2.18627604 rad =     125.2644 deg = 125 deg 15 min 52 sec.
The edge joining vertices  9 and 10 is between faces  8 and 10.
        Dihedral angle is   2.18627604 rad =     125.2644 deg = 125 deg 15 min 52 sec.
The edge joining vertices  9 and 12 is between faces  5 and 10.
        Dihedral angle is   2.18627604 rad =     125.2644 deg = 125 deg 15 min 52 sec.
The edge joining vertices 10 and 11 is between faces  7 and 10.
        Dihedral angle is   2.18627604 rad =     125.2644 deg = 125 deg 15 min 52 sec.
The edge joining vertices 11 and 12 is between faces  6 and 10.
        Dihedral angle is   2.18627604 rad =     125.2644 deg = 125 deg 15 min 52 sec.
```

```
Report based on file j16.off

Vertex #  1: ( -0.85065081,   0.00000000,   0.50000000).
Vertex #  2: ( -0.26286556,   0.80901699,   0.50000000).
Vertex #  3: (  0.68819096,   0.50000000,   0.50000000).
Vertex #  4: (  0.68819096,  -0.50000000,   0.50000000).
Vertex #  5: ( -0.26286556,  -0.80901699,   0.50000000).
Vertex #  6: ( -0.85065081,   0.00000000,  -0.50000000).
Vertex #  7: ( -0.26286556,   0.80901699,  -0.50000000).
Vertex #  8: (  0.68819096,   0.50000000,  -0.50000000).
Vertex #  9: (  0.68819096,  -0.50000000,  -0.50000000).
Vertex # 10: ( -0.26286556,  -0.80901699,  -0.50000000).
Vertex # 11: (  0.00000000,   0.00000000,   1.02573111).
Vertex # 12: (  0.00000000,   0.00000000,  -1.02573111).


Face #  1 has  4 vertices:
    Vertices input as           0    1    6    5
    Vertices renumbered as      1    2    7    6
     Edge  1  2 is   1.00000000.
     Edge  2  7 is   1.00000000.
     Edge  7  6 is   1.00000000.
     Edge  6  1 is   1.00000000.
     Angle  6  1  2 is   1.57079633 rad =        90.0000 deg =  90 deg  0 min  0 sec.
     Angle  1  2  7 is   1.57079633 rad =        90.0000 deg =  90 deg  0 min  0 sec.
     Angle  2  7  6 is   1.57079633 rad =        90.0000 deg =  90 deg  0 min  0 sec.
     Angle  7  6  1 is   1.57079633 rad =        90.0000 deg =  90 deg  0 min  0 sec.


Face #  2 has  4 vertices:
    Vertices input as           1    2    7    6
    Vertices renumbered as      2    3    8    7
     Edge  2  3 is   1.00000000.
     Edge  3  8 is   1.00000000.
     Edge  8  7 is   1.00000000.
     Edge  7  2 is   1.00000000.
     Angle  7  2  3 is   1.57079633 rad =        90.0000 deg =  90 deg  0 min  0 sec.
     Angle  2  3  8 is   1.57079633 rad =        90.0000 deg =  90 deg  0 min  0 sec.
     Angle  3  8  7 is   1.57079633 rad =        90.0000 deg =  90 deg  0 min  0 sec.
     Angle  8  7  2 is   1.57079633 rad =        90.0000 deg =  90 deg  0 min  0 sec.


Face #  3 has  4 vertices:
    Vertices input as           2    3    8    7
    Vertices renumbered as      3    4    9    8
     Edge  3  4 is   1.00000000.
     Edge  4  9 is   1.00000000.
     Edge  9  8 is   1.00000000.
     Edge  8  3 is   1.00000000.
     Angle  8  3  4 is   1.57079633 rad =        90.0000 deg =  90 deg  0 min  0 sec.
     Angle  3  4  9 is   1.57079633 rad =        90.0000 deg =  90 deg  0 min  0 sec.
     Angle  4  9  8 is   1.57079633 rad =        90.0000 deg =  90 deg  0 min  0 sec.
     Angle  9  8  3 is   1.57079633 rad =        90.0000 deg =  90 deg  0 min  0 sec.


Face #  4 has  4 vertices:
    Vertices input as           3    4    9    8
    Vertices renumbered as      4    5   10    9
     Edge  4  5 is   1.00000000.
     Edge  5 10 is   1.00000000.
     Edge 10  9 is   1.00000000.
     Edge  9  4 is   1.00000000.
```

```
        Angle    9   4   5 is    1.57079633 rad =        90.0000 deg = 90 deg  0 min  0 sec.
        Angle    4   5  10 is    1.57079633 rad =        90.0000 deg = 90 deg  0 min  0 sec.
        Angle    5  10   9 is    1.57079633 rad =        90.0000 deg = 90 deg  0 min  0 sec.
        Angle   10   9   4 is    1.57079633 rad =        90.0000 deg = 90 deg  0 min  0 sec.

Face #  5 has  4 vertices:
    Vertices input as         4   0   5   9
    Vertices renumbered as    5   1   6  10
        Edge  5   1 is    1.00000000.
        Edge  1   6 is    1.00000000.
        Edge  6  10 is    1.00000000.
        Edge 10   5 is    1.00000000.
        Angle   10   5   1 is    1.57079633 rad =        90.0000 deg = 90 deg  0 min  0 sec.
        Angle    5   1   6 is    1.57079633 rad =        90.0000 deg = 90 deg  0 min  0 sec.
        Angle    1   6  10 is    1.57079633 rad =        90.0000 deg = 90 deg  0 min  0 sec.
        Angle    6  10   5 is    1.57079633 rad =        90.0000 deg = 90 deg  0 min  0 sec.

Face #  6 has  3 vertices:
    Vertices input as        10   0   4
    Vertices renumbered as   11   1   5
        Edge 11   1 is    1.00000000.
        Edge  1   5 is    1.00000000.
        Edge  5  11 is    1.00000000.
        Angle    5  11   1 is    1.04719755 rad =        60.0000 deg = 60 deg  0 min  0 sec.
        Angle   11   1   5 is    1.04719755 rad =        60.0000 deg = 60 deg  0 min  0 sec.
        Angle    1   5  11 is    1.04719755 rad =        60.0000 deg = 60 deg  0 min  0 sec.

Face #  7 has  3 vertices:
    Vertices input as        10   1   0
    Vertices renumbered as   11   2   1
        Edge 11   2 is    1.00000000.
        Edge  2   1 is    1.00000000.
        Edge  1  11 is    1.00000000.
        Angle    1  11   2 is    1.04719755 rad =        60.0000 deg = 60 deg  0 min  0 sec.
        Angle   11   2   1 is    1.04719755 rad =        60.0000 deg = 60 deg  0 min  0 sec.
        Angle    2   1  11 is    1.04719755 rad =        60.0000 deg = 60 deg  0 min  0 sec.

Face #  8 has  3 vertices:
    Vertices input as        10   2   1
    Vertices renumbered as   11   3   2
        Edge 11   3 is    1.00000000.
        Edge  3   2 is    1.00000000.
        Edge  2  11 is    1.00000000.
        Angle    2  11   3 is    1.04719755 rad =        60.0000 deg = 60 deg  0 min  0 sec.
        Angle   11   3   2 is    1.04719755 rad =        60.0000 deg = 60 deg  0 min  0 sec.
        Angle    3   2  11 is    1.04719755 rad =        60.0000 deg = 60 deg  0 min  0 sec.

Face #  9 has  3 vertices:
    Vertices input as        10   3   2
    Vertices renumbered as   11   4   3
        Edge 11   4 is    1.00000000.
        Edge  4   3 is    1.00000000.
        Edge  3  11 is    1.00000000.
        Angle    3  11   4 is    1.04719755 rad =        60.0000 deg = 60 deg  0 min  0 sec.
        Angle   11   4   3 is    1.04719755 rad =        60.0000 deg = 60 deg  0 min  0 sec.
        Angle    4   3  11 is    1.04719755 rad =        60.0000 deg = 60 deg  0 min  0 sec.
```

```
Face # 10 has  3 vertices:
    Vertices input as         10   4   3
    Vertices renumbered as    11   5   4
        Edge 11  5 is   1.00000000.
        Edge  5  4 is   1.00000000.
        Edge  4 11 is   1.00000000.
        Angle  4 11  5 is  1.04719755 rad =      60.0000 deg =  60 deg  0 min  0 sec.
        Angle 11  5  4 is  1.04719755 rad =      60.0000 deg =  60 deg  0 min  0 sec.
        Angle  5  4 11 is  1.04719755 rad =      60.0000 deg =  60 deg  0 min  0 sec.

Face # 11 has  3 vertices:
    Vertices input as         11   9   5
    Vertices renumbered as    12  10   6
        Edge 12 10 is   1.00000000.
        Edge 10  6 is   1.00000000.
        Edge  6 12 is   1.00000000.
        Angle  6 12 10 is  1.04719755 rad =      60.0000 deg =  60 deg  0 min  0 sec.
        Angle 12 10  6 is  1.04719755 rad =      60.0000 deg =  60 deg  0 min  0 sec.
        Angle 10  6 12 is  1.04719755 rad =      60.0000 deg =  60 deg  0 min  0 sec.

Face # 12 has  3 vertices:
    Vertices input as         11   8   9
    Vertices renumbered as    12   9  10
        Edge 12  9 is   1.00000000.
        Edge  9 10 is   1.00000000.
        Edge 10 12 is   1.00000000.
        Angle 10 12  9 is  1.04719755 rad =      60.0000 deg =  60 deg  0 min  0 sec.
        Angle 12  9 10 is  1.04719755 rad =      60.0000 deg =  60 deg  0 min  0 sec.
        Angle  9 10 12 is  1.04719755 rad =      60.0000 deg =  60 deg  0 min  0 sec.

Face # 13 has  3 vertices:
    Vertices input as         11   7   8
    Vertices renumbered as    12   8   9
        Edge 12  8 is   1.00000000.
        Edge  8  9 is   1.00000000.
        Edge  9 12 is   1.00000000.
        Angle  9 12  8 is  1.04719755 rad =      60.0000 deg =  60 deg  0 min  0 sec.
        Angle 12  8  9 is  1.04719755 rad =      60.0000 deg =  60 deg  0 min  0 sec.
        Angle  8  9 12 is  1.04719755 rad =      60.0000 deg =  60 deg  0 min  0 sec.

Face # 14 has  3 vertices:
    Vertices input as         11   6   7
    Vertices renumbered as    12   7   8
        Edge 12  7 is   1.00000000.
        Edge  7  8 is   1.00000000.
        Edge  8 12 is   1.00000000.
        Angle  8 12  7 is  1.04719755 rad =      60.0000 deg =  60 deg  0 min  0 sec.
        Angle 12  7  8 is  1.04719755 rad =      60.0000 deg =  60 deg  0 min  0 sec.
        Angle  7  8 12 is  1.04719755 rad =      60.0000 deg =  60 deg  0 min  0 sec.

Face # 15 has  3 vertices:
    Vertices input as         11   5   6
    Vertices renumbered as    12   6   7
        Edge 12  6 is   1.00000000.
        Edge  6  7 is   1.00000000.
        Edge  7 12 is   1.00000000.
        Angle  7 12  6 is  1.04719755 rad =      60.0000 deg =  60 deg  0 min  0 sec.
        Angle 12  6  7 is  1.04719755 rad =      60.0000 deg =  60 deg  0 min  0 sec.
```

Angle   6   7 12 is   1.04719755 rad =   60.0000 deg = 60 deg 0 min 0 sec.

The edge joining vertices   1 and   2 is between faces   1 and   7.
        Dihedral angle is   2.22315447 rad =   127.3774 deg = 127 deg 22 min 39 sec.
The edge joining vertices   1 and   5 is between faces   5 and   6.
        Dihedral angle is   2.22315447 rad =   127.3774 deg = 127 deg 22 min 39 sec.
The edge joining vertices   1 and   6 is between faces   1 and   5.
        Dihedral angle is   1.88495559 rad =   108.0000 deg = 108 deg 0 min 0 sec.
The edge joining vertices   1 and 11 is between faces   6 and   7.
        Dihedral angle is   2.41186500 rad =   138.1897 deg = 138 deg 11 min 23 sec.
The edge joining vertices   2 and   3 is between faces   2 and   8.
        Dihedral angle is   2.22315447 rad =   127.3774 deg = 127 deg 22 min 39 sec.
The edge joining vertices   2 and   7 is between faces   1 and   2.
        Dihedral angle is   1.88495559 rad =   108.0000 deg = 108 deg 0 min 0 sec.
The edge joining vertices   2 and 11 is between faces   7 and   8.
        Dihedral angle is   2.41186500 rad =   138.1897 deg = 138 deg 11 min 23 sec.
The edge joining vertices   3 and   4 is between faces   3 and   9.
        Dihedral angle is   2.22315447 rad =   127.3774 deg = 127 deg 22 min 39 sec.
The edge joining vertices   3 and   8 is between faces   2 and   3.
        Dihedral angle is   1.88495559 rad =   108.0000 deg = 108 deg 0 min 0 sec.
The edge joining vertices   3 and 11 is between faces   8 and   9.
        Dihedral angle is   2.41186500 rad =   138.1897 deg = 138 deg 11 min 23 sec.
The edge joining vertices   4 and   5 is between faces   4 and 10.
        Dihedral angle is   2.22315447 rad =   127.3774 deg = 127 deg 22 min 39 sec.
The edge joining vertices   4 and   9 is between faces   3 and   4.
        Dihedral angle is   1.88495559 rad =   108.0000 deg = 108 deg 0 min 0 sec.
The edge joining vertices   4 and 11 is between faces   9 and 10.
        Dihedral angle is   2.41186500 rad =   138.1897 deg = 138 deg 11 min 23 sec.
The edge joining vertices   5 and 10 is between faces   4 and   5.
        Dihedral angle is   1.88495559 rad =   108.0000 deg = 108 deg 0 min 0 sec.
The edge joining vertices   5 and 11 is between faces   6 and 10.
        Dihedral angle is   2.41186500 rad =   138.1897 deg = 138 deg 11 min 23 sec.
The edge joining vertices   6 and   7 is between faces   1 and 15.
        Dihedral angle is   2.22315447 rad =   127.3774 deg = 127 deg 22 min 39 sec.
The edge joining vertices   6 and 10 is between faces   5 and 11.
        Dihedral angle is   2.22315447 rad =   127.3774 deg = 127 deg 22 min 39 sec.
The edge joining vertices   6 and 12 is between faces 11 and 15.
        Dihedral angle is   2.41186500 rad =   138.1897 deg = 138 deg 11 min 23 sec.
The edge joining vertices   7 and   8 is between faces   2 and 14.
        Dihedral angle is   2.22315447 rad =   127.3774 deg = 127 deg 22 min 39 sec.
The edge joining vertices   7 and 12 is between faces 14 and 15.
        Dihedral angle is   2.41186500 rad =   138.1897 deg = 138 deg 11 min 23 sec.
The edge joining vertices   8 and   9 is between faces   3 and 13.
        Dihedral angle is   2.22315447 rad =   127.3774 deg = 127 deg 22 min 39 sec.
The edge joining vertices   8 and 12 is between faces 13 and 14.
        Dihedral angle is   2.41186500 rad =   138.1897 deg = 138 deg 11 min 23 sec.
The edge joining vertices   9 and 10 is between faces   4 and 12.
        Dihedral angle is   2.22315447 rad =   127.3774 deg = 127 deg 22 min 39 sec.
The edge joining vertices   9 and 12 is between faces 12 and 13.
        Dihedral angle is   2.41186500 rad =   138.1897 deg = 138 deg 11 min 23 sec.
The edge joining vertices 10 and 12 is between faces 11 and 12.
        Dihedral angle is   2.41186500 rad =   138.1897 deg = 138 deg 11 min 23 sec.

Report based on file j16d.off

```
Vertex #  1: ( -0.85065081,  0.61803399,  0.00000000).
Vertex #  2: (  0.32491970,  1.00000000,  0.00000000).
Vertex #  3: (  1.05146222,  0.00000000,  0.00000000).
Vertex #  4: (  0.32491970, -1.00000000,  0.00000000).
Vertex #  5: ( -0.85065081, -0.61803399,  0.00000000).
Vertex #  6: ( -0.43599496, -0.31676888,  0.70545466).
Vertex #  7: ( -0.43599496,  0.31676888,  0.70545466).
Vertex #  8: (  0.16653526,  0.51254282,  0.70545466).
Vertex #  9: (  0.53891941,  0.00000000,  0.70545466).
Vertex # 10: (  0.16653526, -0.51254282,  0.70545466).
Vertex # 11: ( -0.43599496, -0.31676888, -0.70545466).
Vertex # 12: (  0.16653526, -0.51254282, -0.70545466).
Vertex # 13: (  0.53891941,  0.00000000, -0.70545466).
Vertex # 14: (  0.16653526,  0.51254282, -0.70545466).
Vertex # 15: ( -0.43599496,  0.31676888, -0.70545466).


Face #  1 has  4 vertices:
    Vertices input as          6    0    4    5
    Vertices renumbered as     7    1    5    6
      Edge  7  1 is    0.87198992.
      Edge  1  5 is    1.23606798.
      Edge  5  6 is    0.87198992.
      Edge  6  7 is    0.63353776.
      Angle  6  7  1 is    1.92355882 rad =     110.2118 deg = 110 deg 12 min 42 sec.
      Angle  7  1  5 is    1.21803384 rad =      69.7882 deg =  69 deg 47 min 18 sec.
      Angle  1  5  6 is    1.21803384 rad =      69.7882 deg =  69 deg 47 min 18 sec.
      Angle  5  6  7 is    1.92355882 rad =     110.2118 deg = 110 deg 12 min 42 sec.

Face #  2 has  4 vertices:
    Vertices input as          0    6    7    1
    Vertices renumbered as     1    7    8    2
      Edge  1  7 is    0.87198992.
      Edge  7  8 is    0.63353776.
      Edge  8  2 is    0.87198992.
      Edge  2  1 is    1.23606798.
      Angle  2  1  7 is    1.21803384 rad =      69.7882 deg =  69 deg 47 min 18 sec.
      Angle  1  7  8 is    1.92355882 rad =     110.2118 deg = 110 deg 12 min 42 sec.
      Angle  7  8  2 is    1.92355882 rad =     110.2118 deg = 110 deg 12 min 42 sec.
      Angle  8  2  1 is    1.21803384 rad =      69.7882 deg =  69 deg 47 min 18 sec.

Face #  3 has  4 vertices:
    Vertices input as          1    7    8    2
    Vertices renumbered as     2    8    9    3
      Edge  2  8 is    0.87198992.
      Edge  8  9 is    0.63353776.
      Edge  9  3 is    0.87198992.
      Edge  3  2 is    1.23606798.
      Angle  3  2  8 is    1.21803384 rad =      69.7882 deg =  69 deg 47 min 18 sec.
      Angle  2  8  9 is    1.92355882 rad =     110.2118 deg = 110 deg 12 min 42 sec.
      Angle  8  9  3 is    1.92355882 rad =     110.2118 deg = 110 deg 12 min 42 sec.
      Angle  9  3  2 is    1.21803384 rad =      69.7882 deg =  69 deg 47 min 18 sec.

Face #  4 has  4 vertices:
    Vertices input as          2    8    9    3
    Vertices renumbered as     3    9   10    4
      Edge  3  9 is    0.87198992.
```

```
        Edge   9  10 is    0.63353776.
        Edge  10   4 is    0.87198992.
        Edge   4   3 is    1.23606798.
        Angle  4   3   9 is   1.21803384 rad =     69.7882 deg =  69 deg 47 min 18 sec.
        Angle  3   9  10 is   1.92355882 rad =    110.2118 deg = 110 deg 12 min 42 sec.
        Angle  9  10   4 is   1.92355882 rad =    110.2118 deg = 110 deg 12 min 42 sec.
        Angle 10   4   3 is   1.21803384 rad =     69.7882 deg =  69 deg 47 min 18 sec.

Face #   5 has   4 vertices:
    Vertices input as           5     4     3     9
    Vertices renumbered as      6     5     4    10
        Edge   6   5 is    0.87198992.
        Edge   5   4 is    1.23606798.
        Edge   4  10 is    0.87198992.
        Edge  10   6 is    0.63353776.
        Angle 10   6   5 is   1.92355882 rad =    110.2118 deg = 110 deg 12 min 42 sec.
        Angle  6   5   4 is   1.21803384 rad =     69.7882 deg =  69 deg 47 min 18 sec.
        Angle  5   4  10 is   1.21803384 rad =     69.7882 deg =  69 deg 47 min 18 sec.
        Angle  4  10   6 is   1.92355882 rad =    110.2118 deg = 110 deg 12 min 42 sec.

Face #   6 has   4 vertices:
    Vertices input as           4     0    14    10
    Vertices renumbered as      5     1    15    11
        Edge   5   1 is    1.23606798.
        Edge   1  15 is    0.87198992.
        Edge  15  11 is    0.63353776.
        Edge  11   5 is    0.87198992.
        Angle 11   5   1 is   1.21803384 rad =     69.7882 deg =  69 deg 47 min 18 sec.
        Angle  5   1  15 is   1.21803384 rad =     69.7882 deg =  69 deg 47 min 18 sec.
        Angle  1  15  11 is   1.92355882 rad =    110.2118 deg = 110 deg 12 min 42 sec.
        Angle 15  11   5 is   1.92355882 rad =    110.2118 deg = 110 deg 12 min 42 sec.

Face #   7 has   4 vertices:
    Vertices input as           0     1    13    14
    Vertices renumbered as      1     2    14    15
        Edge   1   2 is    1.23606798.
        Edge   2  14 is    0.87198992.
        Edge  14  15 is    0.63353776.
        Edge  15   1 is    0.87198992.
        Angle 15   1   2 is   1.21803384 rad =     69.7882 deg =  69 deg 47 min 18 sec.
        Angle  1   2  14 is   1.21803384 rad =     69.7882 deg =  69 deg 47 min 18 sec.
        Angle  2  14  15 is   1.92355882 rad =    110.2118 deg = 110 deg 12 min 42 sec.
        Angle 14  15   1 is   1.92355882 rad =    110.2118 deg = 110 deg 12 min 42 sec.

Face #   8 has   4 vertices:
    Vertices input as           1     2    12    13
    Vertices renumbered as      2     3    13    14
        Edge   2   3 is    1.23606798.
        Edge   3  13 is    0.87198992.
        Edge  13  14 is    0.63353776.
        Edge  14   2 is    0.87198992.
        Angle 14   2   3 is   1.21803384 rad =     69.7882 deg =  69 deg 47 min 18 sec.
        Angle  2   3  13 is   1.21803384 rad =     69.7882 deg =  69 deg 47 min 18 sec.
        Angle  3  13  14 is   1.92355882 rad =    110.2118 deg = 110 deg 12 min 42 sec.
        Angle 13  14   2 is   1.92355882 rad =    110.2118 deg = 110 deg 12 min 42 sec.

Face #   9 has   4 vertices:
    Vertices input as           2     3    11    12
```

```
        Vertices renumbered as     3   4  12  13
            Edge   3   4 is   1.23606798.
            Edge   4  12 is   0.87198992.
            Edge  12  13 is   0.63353776.
            Edge  13   3 is   0.87198992.
            Angle 13   3   4 is   1.21803384 rad =      69.7882 deg =  69 deg 47 min 18 sec.
            Angle  3   4  12 is   1.21803384 rad =      69.7882 deg =  69 deg 47 min 18 sec.
            Angle  4  12  13 is   1.92355882 rad =     110.2118 deg = 110 deg 12 min 42 sec.
            Angle 12  13   3 is   1.92355882 rad =     110.2118 deg = 110 deg 12 min 42 sec.

Face # 10 has  4 vertices:
        Vertices input as          3   4  10  11
        Vertices renumbered as     4   5  11  12
            Edge   4   5 is   1.23606798.
            Edge   5  11 is   0.87198992.
            Edge  11  12 is   0.63353776.
            Edge  12   4 is   0.87198992.
            Angle 12   4   5 is   1.21803384 rad =      69.7882 deg =  69 deg 47 min 18 sec.
            Angle  4   5  11 is   1.21803384 rad =      69.7882 deg =  69 deg 47 min 18 sec.
            Angle  5  11  12 is   1.92355882 rad =     110.2118 deg = 110 deg 12 min 42 sec.
            Angle 11  12   4 is   1.92355882 rad =     110.2118 deg = 110 deg 12 min 42 sec.

Face # 11 has  5 vertices:
        Vertices input as          6   5   9   8   7
        Vertices renumbered as     7   6  10   9   8
            Edge   7   6 is   0.63353776.
            Edge   6  10 is   0.63353776.
            Edge  10   9 is   0.63353776.
            Edge   9   8 is   0.63353776.
            Edge   8   7 is   0.63353776.
            Angle  8   7   6 is   1.88495559 rad =     108.0000 deg = 108 deg  0 min  0 sec.
            Angle  7   6  10 is   1.88495559 rad =     108.0000 deg = 108 deg  0 min  0 sec.
            Angle  6  10   9 is   1.88495559 rad =     108.0000 deg = 108 deg  0 min  0 sec.
            Angle 10   9   8 is   1.88495559 rad =     108.0000 deg = 108 deg  0 min  0 sec.
            Angle  9   8   7 is   1.88495559 rad =     108.0000 deg = 108 deg  0 min  0 sec.

Face # 12 has  5 vertices:
        Vertices input as         10  14  13  12  11
        Vertices renumbered as    11  15  14  13  12
            Edge  11  15 is   0.63353776.
            Edge  15  14 is   0.63353776.
            Edge  14  13 is   0.63353776.
            Edge  13  12 is   0.63353776.
            Edge  12  11 is   0.63353776.
            Angle 12  11  15 is   1.88495559 rad =     108.0000 deg = 108 deg  0 min  0 sec.
            Angle 11  15  14 is   1.88495559 rad =     108.0000 deg = 108 deg  0 min  0 sec.
            Angle 15  14  13 is   1.88495559 rad =     108.0000 deg = 108 deg  0 min  0 sec.
            Angle 14  13  12 is   1.88495559 rad =     108.0000 deg = 108 deg  0 min  0 sec.
            Angle 13  12  11 is   1.88495559 rad =     108.0000 deg = 108 deg  0 min  0 sec.


The edge joining vertices    1 and   2 is between faces   2 and   7.
        Dihedral angle is   2.07881335 rad =     119.1072 deg = 119 deg  6 min 26 sec.
The edge joining vertices    1 and   5 is between faces   1 and   6.
        Dihedral angle is   2.07881335 rad =     119.1072 deg = 119 deg  6 min 26 sec.
The edge joining vertices    1 and   7 is between faces   1 and   2.
        Dihedral angle is   2.07881335 rad =     119.1072 deg = 119 deg  6 min 26 sec.
The edge joining vertices    1 and  15 is between faces   6 and   7.
        Dihedral angle is   2.07881335 rad =     119.1072 deg = 119 deg  6 min 26 sec.
The edge joining vertices    2 and   3 is between faces   3 and   8.
```

```
        Dihedral angle is    2.07881335 rad =     119.1072 deg = 119 deg  6 min 26 sec.
The edge joining vertices  2 and  8 is between faces  2 and  3.
        Dihedral angle is    2.07881335 rad =     119.1072 deg = 119 deg  6 min 26 sec.
The edge joining vertices  2 and 14 is between faces  7 and  8.
        Dihedral angle is    2.07881335 rad =     119.1072 deg = 119 deg  6 min 26 sec.
The edge joining vertices  3 and  4 is between faces  4 and  9.
        Dihedral angle is    2.07881335 rad =     119.1072 deg = 119 deg  6 min 26 sec.
The edge joining vertices  3 and  9 is between faces  3 and  4.
        Dihedral angle is    2.07881335 rad =     119.1072 deg = 119 deg  6 min 26 sec.
The edge joining vertices  3 and 13 is between faces  8 and  9.
        Dihedral angle is    2.07881335 rad =     119.1072 deg = 119 deg  6 min 26 sec.
The edge joining vertices  4 and  5 is between faces  5 and 10.
        Dihedral angle is    2.07881335 rad =     119.1072 deg = 119 deg  6 min 26 sec.
The edge joining vertices  4 and 10 is between faces  4 and  5.
        Dihedral angle is    2.07881335 rad =     119.1072 deg = 119 deg  6 min 26 sec.
The edge joining vertices  4 and 12 is between faces  9 and 10.
        Dihedral angle is    2.07881335 rad =     119.1072 deg = 119 deg  6 min 26 sec.
The edge joining vertices  5 and  6 is between faces  1 and  5.
        Dihedral angle is    2.07881335 rad =     119.1072 deg = 119 deg  6 min 26 sec.
The edge joining vertices  5 and 11 is between faces  6 and 10.
        Dihedral angle is    2.07881335 rad =     119.1072 deg = 119 deg  6 min 26 sec.
The edge joining vertices  6 and  7 is between faces  1 and 11.
        Dihedral angle is    2.10218598 rad =     120.4464 deg = 120 deg 26 min 47 sec.
The edge joining vertices  6 and 10 is between faces  5 and 11.
        Dihedral angle is    2.10218598 rad =     120.4464 deg = 120 deg 26 min 47 sec.
The edge joining vertices  7 and  8 is between faces  2 and 11.
        Dihedral angle is    2.10218598 rad =     120.4464 deg = 120 deg 26 min 47 sec.
The edge joining vertices  8 and  9 is between faces  3 and 11.
        Dihedral angle is    2.10218598 rad =     120.4464 deg = 120 deg 26 min 47 sec.
The edge joining vertices  9 and 10 is between faces  4 and 11.
        Dihedral angle is    2.10218598 rad =     120.4464 deg = 120 deg 26 min 47 sec.
The edge joining vertices 11 and 12 is between faces 10 and 12.
        Dihedral angle is    2.10218598 rad =     120.4464 deg = 120 deg 26 min 47 sec.
The edge joining vertices 11 and 15 is between faces  6 and 12.
        Dihedral angle is    2.10218598 rad =     120.4464 deg = 120 deg 26 min 47 sec.
The edge joining vertices 12 and 13 is between faces  9 and 12.
        Dihedral angle is    2.10218598 rad =     120.4464 deg = 120 deg 26 min 47 sec.
The edge joining vertices 13 and 14 is between faces  8 and 12.
        Dihedral angle is    2.10218598 rad =     120.4464 deg = 120 deg 26 min 47 sec.
The edge joining vertices 14 and 15 is between faces  7 and 12.
        Dihedral angle is    2.10218598 rad =     120.4464 deg = 120 deg 26 min 47 sec.
```

Report based on file j17.off

Vertex # 1: (0.27059805, 0.65328148, 0.42044821).
Vertex # 2: (0.65328148, -0.27059805, 0.42044821).
Vertex # 3: (-0.27059805, -0.65328148, 0.42044821).
Vertex # 4: (-0.65328148, 0.27059805, 0.42044821).
Vertex # 5: (0.65328148, 0.27059805, -0.42044821).
Vertex # 6: (0.27059805, -0.65328148, -0.42044821).
Vertex # 7: (-0.65328148, -0.27059805, -0.42044821).
Vertex # 8: (-0.27059805, 0.65328148, -0.42044821).
Vertex # 9: (0.00000000, 0.00000000, 1.12755499).
Vertex # 10: (0.00000000, 0.00000000, -1.12755499).

Face # 1 has 3 vertices:
    Vertices input as   0   1   4
    Vertices renumbered as   1   2   5
      Edge 1 2 is   1.00000000.
      Edge 2 5 is   1.00000000.
      Edge 5 1 is   1.00000000.
      Angle 5 1 2 is   1.04719755 rad =   60.0000 deg = 60 deg 0 min 0 sec.
      Angle 1 2 5 is   1.04719755 rad =   60.0000 deg = 60 deg 0 min 0 sec.
      Angle 2 5 1 is   1.04719755 rad =   60.0000 deg = 60 deg 0 min 0 sec.

Face # 2 has 3 vertices:
    Vertices input as   1   2   5
    Vertices renumbered as   2   3   6
      Edge 2 3 is   1.00000000.
      Edge 3 6 is   1.00000000.
      Edge 6 2 is   1.00000000.
      Angle 6 2 3 is   1.04719755 rad =   60.0000 deg = 60 deg 0 min 0 sec.
      Angle 2 3 6 is   1.04719755 rad =   60.0000 deg = 60 deg 0 min 0 sec.
      Angle 3 6 2 is   1.04719755 rad =   60.0000 deg = 60 deg 0 min 0 sec.

Face # 3 has 3 vertices:
    Vertices input as   2   3   6
    Vertices renumbered as   3   4   7
      Edge 3 4 is   1.00000000.
      Edge 4 7 is   1.00000000.
      Edge 7 3 is   1.00000000.
      Angle 7 3 4 is   1.04719755 rad =   60.0000 deg = 60 deg 0 min 0 sec.
      Angle 3 4 7 is   1.04719755 rad =   60.0000 deg = 60 deg 0 min 0 sec.
      Angle 4 7 3 is   1.04719755 rad =   60.0000 deg = 60 deg 0 min 0 sec.

Face # 4 has 3 vertices:
    Vertices input as   3   0   7
    Vertices renumbered as   4   1   8
      Edge 4 1 is   1.00000000.
      Edge 1 8 is   1.00000000.
      Edge 8 4 is   1.00000000.
      Angle 8 4 1 is   1.04719755 rad =   60.0000 deg = 60 deg 0 min 0 sec.
      Angle 4 1 8 is   1.04719755 rad =   60.0000 deg = 60 deg 0 min 0 sec.
      Angle 1 8 4 is   1.04719755 rad =   60.0000 deg = 60 deg 0 min 0 sec.

Face # 5 has 3 vertices:
    Vertices input as   5   4   1
    Vertices renumbered as   6   5   2
      Edge 6 5 is   1.00000000.

```
        Edge   5  2 is   1.00000000.
        Edge   2  6 is   1.00000000.
        Angle  2  6  5 is   1.04719755 rad =      60.0000 deg =  60 deg  0 min  0 sec.
        Angle  6  5  2 is   1.04719755 rad =      60.0000 deg =  60 deg  0 min  0 sec.
        Angle  5  2  6 is   1.04719755 rad =      60.0000 deg =  60 deg  0 min  0 sec.


Face #  6 has  3 vertices:
    Vertices input as            6    5    2
    Vertices renumbered as       7    6    3
        Edge   7  6 is   1.00000000.
        Edge   6  3 is   1.00000000.
        Edge   3  7 is   1.00000000.
        Angle  3  7  6 is   1.04719755 rad =      60.0000 deg =  60 deg  0 min  0 sec.
        Angle  7  6  3 is   1.04719755 rad =      60.0000 deg =  60 deg  0 min  0 sec.
        Angle  6  3  7 is   1.04719755 rad =      60.0000 deg =  60 deg  0 min  0 sec.


Face #  7 has  3 vertices:
    Vertices input as            7    6    3
    Vertices renumbered as       8    7    4
        Edge   8  7 is   1.00000000.
        Edge   7  4 is   1.00000000.
        Edge   4  8 is   1.00000000.
        Angle  4  8  7 is   1.04719755 rad =      60.0000 deg =  60 deg  0 min  0 sec.
        Angle  8  7  4 is   1.04719755 rad =      60.0000 deg =  60 deg  0 min  0 sec.
        Angle  7  4  8 is   1.04719755 rad =      60.0000 deg =  60 deg  0 min  0 sec.


Face #  8 has  3 vertices:
    Vertices input as            4    7    0
    Vertices renumbered as       5    8    1
        Edge   5  8 is   1.00000000.
        Edge   8  1 is   1.00000000.
        Edge   1  5 is   1.00000000.
        Angle  1  5  8 is   1.04719755 rad =      60.0000 deg =  60 deg  0 min  0 sec.
        Angle  5  8  1 is   1.04719755 rad =      60.0000 deg =  60 deg  0 min  0 sec.
        Angle  8  1  5 is   1.04719755 rad =      60.0000 deg =  60 deg  0 min  0 sec.


Face #  9 has  3 vertices:
    Vertices input as            8    0    3
    Vertices renumbered as       9    1    4
        Edge   9  1 is   1.00000000.
        Edge   1  4 is   1.00000000.
        Edge   4  9 is   1.00000000.
        Angle  4  9  1 is   1.04719755 rad =      60.0000 deg =  60 deg  0 min  0 sec.
        Angle  9  1  4 is   1.04719755 rad =      60.0000 deg =  60 deg  0 min  0 sec.
        Angle  1  4  9 is   1.04719755 rad =      60.0000 deg =  60 deg  0 min  0 sec.


Face # 10 has  3 vertices:
    Vertices input as            8    1    0
    Vertices renumbered as       9    2    1
        Edge   9  2 is   1.00000000.
        Edge   2  1 is   1.00000000.
        Edge   1  9 is   1.00000000.
        Angle  1  9  2 is   1.04719755 rad =      60.0000 deg =  60 deg  0 min  0 sec.
        Angle  9  2  1 is   1.04719755 rad =      60.0000 deg =  60 deg  0 min  0 sec.
        Angle  2  1  9 is   1.04719755 rad =      60.0000 deg =  60 deg  0 min  0 sec.


Face # 11 has  3 vertices:
```

```
        Vertices input as          8    2    1
        Vertices renumbered as     9    3    2
          Edge  9  3 is   1.00000000.
          Edge  3  2 is   1.00000000.
          Edge  2  9 is   1.00000000.
          Angle  2  9  3 is   1.04719755 rad =      60.0000 deg =   60 deg   0 min   0 sec.
          Angle  9  3  2 is   1.04719755 rad =      60.0000 deg =   60 deg   0 min   0 sec.
          Angle  3  2  9 is   1.04719755 rad =      60.0000 deg =   60 deg   0 min   0 sec.


Face # 12 has   3 vertices:
        Vertices input as          8    3    2
        Vertices renumbered as     9    4    3
          Edge  9  4 is   1.00000000.
          Edge  4  3 is   1.00000000.
          Edge  3  9 is   1.00000000.
          Angle  3  9  4 is   1.04719755 rad =      60.0000 deg =   60 deg   0 min   0 sec.
          Angle  9  4  3 is   1.04719755 rad =      60.0000 deg =   60 deg   0 min   0 sec.
          Angle  4  3  9 is   1.04719755 rad =      60.0000 deg =   60 deg   0 min   0 sec.


Face # 13 has   3 vertices:
        Vertices input as          9    7    4
        Vertices renumbered as    10    8    5
          Edge 10  8 is   1.00000000.
          Edge  8  5 is   1.00000000.
          Edge  5 10 is   1.00000000.
          Angle  5 10  8 is   1.04719755 rad =      60.0000 deg =   60 deg   0 min   0 sec.
          Angle 10  8  5 is   1.04719755 rad =      60.0000 deg =   60 deg   0 min   0 sec.
          Angle  8  5 10 is   1.04719755 rad =      60.0000 deg =   60 deg   0 min   0 sec.


Face # 14 has   3 vertices:
        Vertices input as          9    6    7
        Vertices renumbered as    10    7    8
          Edge 10  7 is   1.00000000.
          Edge  7  8 is   1.00000000.
          Edge  8 10 is   1.00000000.
          Angle  8 10  7 is   1.04719755 rad =      60.0000 deg =   60 deg   0 min   0 sec.
          Angle 10  7  8 is   1.04719755 rad =      60.0000 deg =   60 deg   0 min   0 sec.
          Angle  7  8 10 is   1.04719755 rad =      60.0000 deg =   60 deg   0 min   0 sec.


Face # 15 has   3 vertices:
        Vertices input as          9    5    6
        Vertices renumbered as    10    6    7
          Edge 10  6 is   1.00000000.
          Edge  6  7 is   1.00000000.
          Edge  7 10 is   1.00000000.
          Angle  7 10  6 is   1.04719755 rad =      60.0000 deg =   60 deg   0 min   0 sec.
          Angle 10  6  7 is   1.04719755 rad =      60.0000 deg =   60 deg   0 min   0 sec.
          Angle  6  7 10 is   1.04719755 rad =      60.0000 deg =   60 deg   0 min   0 sec.


Face # 16 has   3 vertices:
        Vertices input as          9    4    5
        Vertices renumbered as    10    5    6
          Edge 10  5 is   1.00000000.
          Edge  5  6 is   1.00000000.
          Edge  6 10 is   1.00000000.
          Angle  6 10  5 is   1.04719755 rad =      60.0000 deg =   60 deg   0 min   0 sec.
          Angle 10  5  6 is   1.04719755 rad =      60.0000 deg =   60 deg   0 min   0 sec.
          Angle  5  6 10 is   1.04719755 rad =      60.0000 deg =   60 deg   0 min   0 sec.
```

```
The edge joining vertices   1 and   2 is between faces   1 and 10.
        Dihedral angle is   2.76759950 rad =      158.5718 deg = 158 deg 34 min 18 sec.
The edge joining vertices   1 and   4 is between faces   4 and   9.
        Dihedral angle is   2.76759950 rad =      158.5718 deg = 158 deg 34 min 18 sec.
The edge joining vertices   1 and   5 is between faces   1 and   8.
        Dihedral angle is   2.22619544 rad =      127.5516 deg = 127 deg 33 min  6 sec.
The edge joining vertices   1 and   8 is between faces   4 and   8.
        Dihedral angle is   2.22619544 rad =      127.5516 deg = 127 deg 33 min  6 sec.
The edge joining vertices   1 and   9 is between faces   9 and 10.
        Dihedral angle is   1.91063324 rad =      109.4712 deg = 109 deg 28 min 16 sec.
The edge joining vertices   2 and   3 is between faces   2 and 11.
        Dihedral angle is   2.76759950 rad =      158.5718 deg = 158 deg 34 min 18 sec.
The edge joining vertices   2 and   5 is between faces   1 and   5.
        Dihedral angle is   2.22619544 rad =      127.5516 deg = 127 deg 33 min  6 sec.
The edge joining vertices   2 and   6 is between faces   2 and   5.
        Dihedral angle is   2.22619544 rad =      127.5516 deg = 127 deg 33 min  6 sec.
The edge joining vertices   2 and   9 is between faces  10 and 11.
        Dihedral angle is   1.91063324 rad =      109.4712 deg = 109 deg 28 min 16 sec.
The edge joining vertices   3 and   4 is between faces   3 and 12.
        Dihedral angle is   2.76759950 rad =      158.5718 deg = 158 deg 34 min 18 sec.
The edge joining vertices   3 and   6 is between faces   2 and   6.
        Dihedral angle is   2.22619544 rad =      127.5516 deg = 127 deg 33 min  6 sec.
The edge joining vertices   3 and   7 is between faces   3 and   6.
        Dihedral angle is   2.22619544 rad =      127.5516 deg = 127 deg 33 min  6 sec.
The edge joining vertices   3 and   9 is between faces  11 and 12.
        Dihedral angle is   1.91063324 rad =      109.4712 deg = 109 deg 28 min 16 sec.
The edge joining vertices   4 and   7 is between faces   3 and   7.
        Dihedral angle is   2.22619544 rad =      127.5516 deg = 127 deg 33 min  6 sec.
The edge joining vertices   4 and   8 is between faces   4 and   7.
        Dihedral angle is   2.22619544 rad =      127.5516 deg = 127 deg 33 min  6 sec.
The edge joining vertices   4 and   9 is between faces   9 and 12.
        Dihedral angle is   1.91063324 rad =      109.4712 deg = 109 deg 28 min 16 sec.
The edge joining vertices   5 and   6 is between faces   5 and 16.
        Dihedral angle is   2.76759950 rad =      158.5718 deg = 158 deg 34 min 18 sec.
The edge joining vertices   5 and   8 is between faces   8 and 13.
        Dihedral angle is   2.76759950 rad =      158.5718 deg = 158 deg 34 min 18 sec.
The edge joining vertices   5 and  10 is between faces  13 and 16.
        Dihedral angle is   1.91063324 rad =      109.4712 deg = 109 deg 28 min 16 sec.
The edge joining vertices   6 and   7 is between faces   6 and 15.
        Dihedral angle is   2.76759950 rad =      158.5718 deg = 158 deg 34 min 18 sec.
The edge joining vertices   6 and  10 is between faces  15 and 16.
        Dihedral angle is   1.91063324 rad =      109.4712 deg = 109 deg 28 min 16 sec.
The edge joining vertices   7 and   8 is between faces   7 and 14.
        Dihedral angle is   2.76759950 rad =      158.5718 deg = 158 deg 34 min 18 sec.
The edge joining vertices   7 and  10 is between faces  14 and 15.
        Dihedral angle is   1.91063324 rad =      109.4712 deg = 109 deg 28 min 16 sec.
The edge joining vertices   8 and  10 is between faces  13 and 14.
        Dihedral angle is   1.91063324 rad =      109.4712 deg = 109 deg 28 min 16 sec.
```

```
Report based on file j17d.off


Vertex #  1: (  0.65328148,  0.27059805,  0.17415535).
Vertex #  2: (  0.27059805, -0.65328148,  0.17415535).
Vertex #  3: ( -0.65328148, -0.27059805,  0.17415535).
Vertex #  4: ( -0.27059805,  0.65328148,  0.17415535).
Vertex #  5: (  0.65328148, -0.27059805, -0.17415535).
Vertex #  6: ( -0.27059805, -0.65328148, -0.17415535).
Vertex #  7: ( -0.65328148,  0.27059805, -0.17415535).
Vertex #  8: (  0.27059805,  0.65328148, -0.17415535).
Vertex #  9: ( -0.20484135,  0.49453076,  0.37849746).
Vertex # 10: (  0.49453076,  0.20484135,  0.37849746).
Vertex # 11: (  0.20484135, -0.49453076,  0.37849746).
Vertex # 12: ( -0.49453076, -0.20484135,  0.37849746).
Vertex # 13: (  0.20484135,  0.49453076, -0.37849746).
Vertex # 14: ( -0.49453076,  0.20484135, -0.37849746).
Vertex # 15: ( -0.20484135, -0.49453076, -0.37849746).
Vertex # 16: (  0.49453076, -0.20484135, -0.37849746).


Face #  1 has  5 vertices:
   Vertices input as              9    0    7    3    8
   Vertices renumbered as        10    1    8    4    9
      Edge 10  1 is   0.26698583.
      Edge  1  8 is   0.64359425.
      Edge  8  4 is   0.64359425.
      Edge  4  9 is   0.26698583.
      Edge  9 10 is   0.75699491.
      Angle  9 10  1 is   2.04326945 rad =      117.0707 deg = 117 deg  4 min 15 sec.
      Angle 10  1  8 is   1.77941302 rad =      101.9529 deg = 101 deg 57 min 10 sec.
      Angle  1  8  4 is   1.77941302 rad =      101.9529 deg = 101 deg 57 min 10 sec.
      Angle  8  4  9 is   1.77941302 rad =      101.9529 deg = 101 deg 57 min 10 sec.
      Angle  4  9 10 is   2.04326945 rad =      117.0707 deg = 117 deg  4 min 15 sec.


Face #  2 has  5 vertices:
   Vertices input as              0    9   10    1    4
   Vertices renumbered as         1   10   11    2    5
      Edge  1 10 is   0.26698583.
      Edge 10 11 is   0.75699491.
      Edge 11  2 is   0.26698583.
      Edge  2  5 is   0.64359425.
      Edge  5  1 is   0.64359425.
      Angle  5  1 10 is   1.77941302 rad =      101.9529 deg = 101 deg 57 min 10 sec.
      Angle  1 10 11 is   2.04326945 rad =      117.0707 deg = 117 deg  4 min 15 sec.
      Angle 10 11  2 is   2.04326945 rad =      117.0707 deg = 117 deg  4 min 15 sec.
      Angle 11  2  5 is   1.77941302 rad =      101.9529 deg = 101 deg 57 min 10 sec.
      Angle  2  5  1 is   1.77941302 rad =      101.9529 deg = 101 deg 57 min 10 sec.


Face #  3 has  5 vertices:
   Vertices input as              1   10   11    2    5
   Vertices renumbered as         2   11   12    3    6
      Edge  2 11 is   0.26698583.
      Edge 11 12 is   0.75699491.
      Edge 12  3 is   0.26698583.
      Edge  3  6 is   0.64359425.
      Edge  6  2 is   0.64359425.
      Angle  6  2 11 is   1.77941302 rad =      101.9529 deg = 101 deg 57 min 10 sec.
      Angle  2 11 12 is   2.04326945 rad =      117.0707 deg = 117 deg  4 min 15 sec.
      Angle 11 12  3 is   2.04326945 rad =      117.0707 deg = 117 deg  4 min 15 sec.
      Angle 12  3  6 is   1.77941302 rad =      101.9529 deg = 101 deg 57 min 10 sec.
```

```
            Angle   3   6   2 is    1.77941302 rad =        101.9529 deg = 101 deg 57 min 10 sec.


Face #  4 has  5 vertices:
    Vertices input as          8   3   6   2  11
    Vertices renumbered as     9   4   7   3  12
        Edge  9   4 is    0.26698583.
        Edge  4   7 is    0.64359425.
        Edge  7   3 is    0.64359425.
        Edge  3  12 is    0.26698583.
        Edge 12   9 is    0.75699491.
        Angle 12   9   4 is    2.04326945 rad =        117.0707 deg = 117 deg  4 min 15 sec.
        Angle  9   4   7 is    1.77941302 rad =        101.9529 deg = 101 deg 57 min 10 sec.
        Angle  4   7   3 is    1.77941302 rad =        101.9529 deg = 101 deg 57 min 10 sec.
        Angle  7   3  12 is    1.77941302 rad =        101.9529 deg = 101 deg 57 min 10 sec.
        Angle  3  12   9 is    2.04326945 rad =        117.0707 deg = 117 deg  4 min 15 sec.


Face #  5 has  5 vertices:
    Vertices input as          7   0   4  15  12
    Vertices renumbered as     8   1   5  16  13
        Edge  8   1 is    0.64359425.
        Edge  1   5 is    0.64359425.
        Edge  5  16 is    0.26698583.
        Edge 16  13 is    0.75699491.
        Edge 13   8 is    0.26698583.
        Angle 13   8   1 is    1.77941302 rad =        101.9529 deg = 101 deg 57 min 10 sec.
        Angle  8   1   5 is    1.77941302 rad =        101.9529 deg = 101 deg 57 min 10 sec.
        Angle  1   5  16 is    1.77941302 rad =        101.9529 deg = 101 deg 57 min 10 sec.
        Angle  5  16  13 is    2.04326945 rad =        117.0707 deg = 117 deg  4 min 15 sec.
        Angle 16  13   8 is    2.04326945 rad =        117.0707 deg = 117 deg  4 min 15 sec.


Face #  6 has  5 vertices:
    Vertices input as          4   1   5  14  15
    Vertices renumbered as     5   2   6  15  16
        Edge  5   2 is    0.64359425.
        Edge  2   6 is    0.64359425.
        Edge  6  15 is    0.26698583.
        Edge 15  16 is    0.75699491.
        Edge 16   5 is    0.26698583.
        Angle 16   5   2 is    1.77941302 rad =        101.9529 deg = 101 deg 57 min 10 sec.
        Angle  5   2   6 is    1.77941302 rad =        101.9529 deg = 101 deg 57 min 10 sec.
        Angle  2   6  15 is    1.77941302 rad =        101.9529 deg = 101 deg 57 min 10 sec.
        Angle  6  15  16 is    2.04326945 rad =        117.0707 deg = 117 deg  4 min 15 sec.
        Angle 15  16   5 is    2.04326945 rad =        117.0707 deg = 117 deg  4 min 15 sec.


Face #  7 has  5 vertices:
    Vertices input as          5   2   6  13  14
    Vertices renumbered as     6   3   7  14  15
        Edge  6   3 is    0.64359425.
        Edge  3   7 is    0.64359425.
        Edge  7  14 is    0.26698583.
        Edge 14  15 is    0.75699491.
        Edge 15   6 is    0.26698583.
        Angle 15   6   3 is    1.77941302 rad =        101.9529 deg = 101 deg 57 min 10 sec.
        Angle  6   3   7 is    1.77941302 rad =        101.9529 deg = 101 deg 57 min 10 sec.
        Angle  3   7  14 is    1.77941302 rad =        101.9529 deg = 101 deg 57 min 10 sec.
        Angle  7  14  15 is    2.04326945 rad =        117.0707 deg = 117 deg  4 min 15 sec.
        Angle 14  15   6 is    2.04326945 rad =        117.0707 deg = 117 deg  4 min 15 sec.
```

```
Face #  8 has  5 vertices:
    Vertices input as          3    7   12   13    6
    Vertices renumbered as     4    8   13   14    7
       Edge   4   8 is   0.64359425.
       Edge   8  13 is   0.26698583.
       Edge  13  14 is   0.75699491.
       Edge  14   7 is   0.26698583.
       Edge   7   4 is   0.64359425.
       Angle  7   4   8 is   1.77941302 rad =      101.9529 deg = 101 deg 57 min 10 sec.
       Angle  4   8  13 is   1.77941302 rad =      101.9529 deg = 101 deg 57 min 10 sec.
       Angle  8  13  14 is   2.04326945 rad =      117.0707 deg = 117 deg  4 min 15 sec.
       Angle 13  14   7 is   2.04326945 rad =      117.0707 deg = 117 deg  4 min 15 sec.
       Angle 14   7   4 is   1.77941302 rad =      101.9529 deg = 101 deg 57 min 10 sec.


Face #  9 has  4 vertices:
    Vertices input as          9    8   11   10
    Vertices renumbered as    10    9   12   11
       Edge  10   9 is   0.75699491.
       Edge   9  12 is   0.75699491.
       Edge  12  11 is   0.75699491.
       Edge  11  10 is   0.75699491.
       Angle 11  10   9 is   1.57079633 rad =       90.0000 deg =  90 deg  0 min  0 sec.
       Angle 10   9  12 is   1.57079633 rad =       90.0000 deg =  90 deg  0 min  0 sec.
       Angle  9  12  11 is   1.57079633 rad =       90.0000 deg =  90 deg  0 min  0 sec.
       Angle 12  11  10 is   1.57079633 rad =       90.0000 deg =  90 deg  0 min  0 sec.


Face # 10 has  4 vertices:
    Vertices input as         12   15   14   13
    Vertices renumbered as    13   16   15   14
       Edge  13  16 is   0.75699491.
       Edge  16  15 is   0.75699491.
       Edge  15  14 is   0.75699491.
       Edge  14  13 is   0.75699491.
       Angle 14  13  16 is   1.57079633 rad =       90.0000 deg =  90 deg  0 min  0 sec.
       Angle 13  16  15 is   1.57079633 rad =       90.0000 deg =  90 deg  0 min  0 sec.
       Angle 16  15  14 is   1.57079633 rad =       90.0000 deg =  90 deg  0 min  0 sec.
       Angle 15  14  13 is   1.57079633 rad =       90.0000 deg =  90 deg  0 min  0 sec.


The edge joining vertices   1 and  5 is between faces  2 and  5.
       Dihedral angle is   1.83506549 rad =      105.1415 deg = 105 deg  8 min 29 sec.
The edge joining vertices   1 and  8 is between faces  1 and  5.
       Dihedral angle is   1.83506549 rad =      105.1415 deg = 105 deg  8 min 29 sec.
The edge joining vertices   1 and 10 is between faces  1 and  2.
       Dihedral angle is   1.83506549 rad =      105.1415 deg = 105 deg  8 min 29 sec.
The edge joining vertices   2 and  5 is between faces  2 and  6.
       Dihedral angle is   1.83506549 rad =      105.1415 deg = 105 deg  8 min 29 sec.
The edge joining vertices   2 and  6 is between faces  3 and  6.
       Dihedral angle is   1.83506549 rad =      105.1415 deg = 105 deg  8 min 29 sec.
The edge joining vertices   2 and 11 is between faces  2 and  3.
       Dihedral angle is   1.83506549 rad =      105.1415 deg = 105 deg  8 min 29 sec.
The edge joining vertices   3 and  6 is between faces  3 and  7.
       Dihedral angle is   1.83506549 rad =      105.1415 deg = 105 deg  8 min 29 sec.
The edge joining vertices   3 and  7 is between faces  4 and  7.
       Dihedral angle is   1.83506549 rad =      105.1415 deg = 105 deg  8 min 29 sec.
The edge joining vertices   3 and 12 is between faces  3 and  4.
       Dihedral angle is   1.83506549 rad =      105.1415 deg = 105 deg  8 min 29 sec.
The edge joining vertices   4 and  7 is between faces  4 and  8.
       Dihedral angle is   1.83506549 rad =      105.1415 deg = 105 deg  8 min 29 sec.
The edge joining vertices   4 and  8 is between faces  1 and  8.
       Dihedral angle is   1.83506549 rad =      105.1415 deg = 105 deg  8 min 29 sec.
```

```
The edge joining vertices  4 and  9 is between faces  1 and  4.
      Dihedral angle is    1.83506549 rad =      105.1415 deg = 105 deg  8 min 29 sec.
The edge joining vertices  5 and 16 is between faces  5 and  6.
      Dihedral angle is    1.83506549 rad =      105.1415 deg = 105 deg  8 min 29 sec.
The edge joining vertices  6 and 15 is between faces  6 and  7.
      Dihedral angle is    1.83506549 rad =      105.1415 deg = 105 deg  8 min 29 sec.
The edge joining vertices  7 and 14 is between faces  7 and  8.
      Dihedral angle is    1.83506549 rad =      105.1415 deg = 105 deg  8 min 29 sec.
The edge joining vertices  8 and 13 is between faces  5 and  8.
      Dihedral angle is    1.83506549 rad =      105.1415 deg = 105 deg  8 min 29 sec.
The edge joining vertices  9 and 10 is between faces  1 and  9.
      Dihedral angle is    2.10723841 rad =      120.7359 deg = 120 deg 44 min  9 sec.
The edge joining vertices  9 and 12 is between faces  4 and  9.
      Dihedral angle is    2.10723841 rad =      120.7359 deg = 120 deg 44 min  9 sec.
The edge joining vertices 10 and 11 is between faces  2 and  9.
      Dihedral angle is    2.10723841 rad =      120.7359 deg = 120 deg 44 min  9 sec.
The edge joining vertices 11 and 12 is between faces  3 and  9.
      Dihedral angle is    2.10723841 rad =      120.7359 deg = 120 deg 44 min  9 sec.
The edge joining vertices 13 and 14 is between faces  8 and 10.
      Dihedral angle is    2.10723841 rad =      120.7359 deg = 120 deg 44 min  9 sec.
The edge joining vertices 13 and 16 is between faces  5 and 10.
      Dihedral angle is    2.10723841 rad =      120.7359 deg = 120 deg 44 min  9 sec.
The edge joining vertices 14 and 15 is between faces  7 and 10.
      Dihedral angle is    2.10723841 rad =      120.7359 deg = 120 deg 44 min  9 sec.
The edge joining vertices 15 and 16 is between faces  6 and 10.
      Dihedral angle is    2.10723841 rad =      120.7359 deg = 120 deg 44 min  9 sec.
```

Report based on file j18.off

Vertex # 1: (0.86602540, 0.50000000, -0.50000000).
Vertex # 2: (0.00000000, 1.00000000, -0.50000000).
Vertex # 3: (-0.86602540, 0.50000000, -0.50000000).
Vertex # 4: (-0.86602540, -0.50000000, -0.50000000).
Vertex # 5: (0.00000000, -1.00000000, -0.50000000).
Vertex # 6: (0.86602540, -0.50000000, -0.50000000).
Vertex # 7: (0.86602540, 0.50000000, 0.50000000).
Vertex # 8: (0.00000000, 1.00000000, 0.50000000).
Vertex # 9: (-0.86602540, 0.50000000, 0.50000000).
Vertex # 10: (-0.86602540, -0.50000000, 0.50000000).
Vertex # 11: (0.00000000, -1.00000000, 0.50000000).
Vertex # 12: (0.86602540, -0.50000000, 0.50000000).
Vertex # 13: (0.28867513, -0.50000000, -1.31649658).
Vertex # 14: (0.28867513, 0.50000000, -1.31649658).
Vertex # 15: (-0.57735027, 0.00000000, -1.31649658).

Face # 1 has 6 vertices:
    Vertices input as   6   7   8   9 10 11
    Vertices renumbered as   7   8   9 10 11 12
    Edge 7 8 is   1.00000000.
    Edge 8 9 is   1.00000000.
    Edge 9 10 is   1.00000000.
    Edge 10 11 is   1.00000000.
    Edge 11 12 is   1.00000000.
    Edge 12 7 is   1.00000000.
    Angle 12 7 8 is   2.09439510 rad =   120.0000 deg = 120 deg 0 min 0 sec.
    Angle 7 8 9 is   2.09439510 rad =   120.0000 deg = 120 deg 0 min 0 sec.
    Angle 8 9 10 is   2.09439510 rad =   120.0000 deg = 120 deg 0 min 0 sec.
    Angle 9 10 11 is   2.09439510 rad =   120.0000 deg = 120 deg 0 min 0 sec.
    Angle 10 11 12 is   2.09439510 rad =   120.0000 deg = 120 deg 0 min 0 sec.
    Angle 11 12 7 is   2.09439510 rad =   120.0000 deg = 120 deg 0 min 0 sec.

Face # 2 has 4 vertices:
    Vertices input as   0   1   7   6
    Vertices renumbered as   1   2   8   7
    Edge 1 2 is   1.00000000.
    Edge 2 8 is   1.00000000.
    Edge 8 7 is   1.00000000.
    Edge 7 1 is   1.00000000.
    Angle 7 1 2 is   1.57079633 rad =   90.0000 deg = 90 deg 0 min 0 sec.
    Angle 1 2 8 is   1.57079633 rad =   90.0000 deg = 90 deg 0 min 0 sec.
    Angle 2 8 7 is   1.57079633 rad =   90.0000 deg = 90 deg 0 min 0 sec.
    Angle 8 7 1 is   1.57079633 rad =   90.0000 deg = 90 deg 0 min 0 sec.

Face # 3 has 4 vertices:
    Vertices input as   1   2   8   7
    Vertices renumbered as   2   3   9   8
    Edge 2 3 is   1.00000000.
    Edge 3 9 is   1.00000000.
    Edge 9 8 is   1.00000000.
    Edge 8 2 is   1.00000000.
    Angle 8 2 3 is   1.57079633 rad =   90.0000 deg = 90 deg 0 min 0 sec.
    Angle 2 3 9 is   1.57079633 rad =   90.0000 deg = 90 deg 0 min 0 sec.
    Angle 3 9 8 is   1.57079633 rad =   90.0000 deg = 90 deg 0 min 0 sec.
    Angle 9 8 2 is   1.57079633 rad =   90.0000 deg = 90 deg 0 min 0 sec.

```
Face #  4 has  4 vertices:
    Vertices input as           2   3   9   8
    Vertices renumbered as      3   4  10   9
      Edge  3  4 is   1.00000000.
      Edge  4 10 is   1.00000000.
      Edge 10  9 is   1.00000000.
      Edge  9  3 is   1.00000000.
      Angle  9  3  4 is   1.57079633 rad =     90.0000 deg =  90 deg  0 min  0 sec.
      Angle  3  4 10 is   1.57079633 rad =     90.0000 deg =  90 deg  0 min  0 sec.
      Angle  4 10  9 is   1.57079633 rad =     90.0000 deg =  90 deg  0 min  0 sec.
      Angle 10  9  3 is   1.57079633 rad =     90.0000 deg =  90 deg  0 min  0 sec.

Face #  5 has  4 vertices:
    Vertices input as           3   4  10   9
    Vertices renumbered as      4   5  11  10
      Edge  4  5 is   1.00000000.
      Edge  5 11 is   1.00000000.
      Edge 11 10 is   1.00000000.
      Edge 10  4 is   1.00000000.
      Angle 10  4  5 is   1.57079633 rad =     90.0000 deg =  90 deg  0 min  0 sec.
      Angle  4  5 11 is   1.57079633 rad =     90.0000 deg =  90 deg  0 min  0 sec.
      Angle  5 11 10 is   1.57079633 rad =     90.0000 deg =  90 deg  0 min  0 sec.
      Angle 11 10  4 is   1.57079633 rad =     90.0000 deg =  90 deg  0 min  0 sec.

Face #  6 has  4 vertices:
    Vertices input as           4   5  11  10
    Vertices renumbered as      5   6  12  11
      Edge  5  6 is   1.00000000.
      Edge  6 12 is   1.00000000.
      Edge 12 11 is   1.00000000.
      Edge 11  5 is   1.00000000.
      Angle 11  5  6 is   1.57079633 rad =     90.0000 deg =  90 deg  0 min  0 sec.
      Angle  5  6 12 is   1.57079633 rad =     90.0000 deg =  90 deg  0 min  0 sec.
      Angle  6 12 11 is   1.57079633 rad =     90.0000 deg =  90 deg  0 min  0 sec.
      Angle 12 11  5 is   1.57079633 rad =     90.0000 deg =  90 deg  0 min  0 sec.

Face #  7 has  4 vertices:
    Vertices input as           5   0   6  11
    Vertices renumbered as      6   1   7  12
      Edge  6  1 is   1.00000000.
      Edge  1  7 is   1.00000000.
      Edge  7 12 is   1.00000000.
      Edge 12  6 is   1.00000000.
      Angle 12  6  1 is   1.57079633 rad =     90.0000 deg =  90 deg  0 min  0 sec.
      Angle  6  1  7 is   1.57079633 rad =     90.0000 deg =  90 deg  0 min  0 sec.
      Angle  1  7 12 is   1.57079633 rad =     90.0000 deg =  90 deg  0 min  0 sec.
      Angle  7 12  6 is   1.57079633 rad =     90.0000 deg =  90 deg  0 min  0 sec.

Face #  8 has  3 vertices:
    Vertices input as          14  13  12
    Vertices renumbered as     15  14  13
      Edge 15 14 is   1.00000000.
      Edge 14 13 is   1.00000000.
      Edge 13 15 is   1.00000000.
      Angle 13 15 14 is   1.04719755 rad =     60.0000 deg =  60 deg  0 min  0 sec.
      Angle 15 14 13 is   1.04719755 rad =     60.0000 deg =  60 deg  0 min  0 sec.
      Angle 14 13 15 is   1.04719755 rad =     60.0000 deg =  60 deg  0 min  0 sec.
```

```
Face #  9 has  4 vertices:
    Vertices input as         5  12  13   0
    Vertices renumbered as    6  13  14   1
      Edge  6 13 is  1.00000000.
      Edge 13 14 is  1.00000000.
      Edge 14  1 is  1.00000000.
      Edge  1  6 is  1.00000000.
      Angle  1  6 13 is  1.57079633 rad =    90.0000 deg = 90 deg  0 min  0 sec.
      Angle  6 13 14 is  1.57079633 rad =    90.0000 deg = 90 deg  0 min  0 sec.
      Angle 13 14  1 is  1.57079633 rad =    90.0000 deg = 90 deg  0 min  0 sec.
      Angle 14  1  6 is  1.57079633 rad =    90.0000 deg = 90 deg  0 min  0 sec.

Face # 10 has  3 vertices:
    Vertices input as         0  13   1
    Vertices renumbered as    1  14   2
      Edge  1 14 is  1.00000000.
      Edge 14  2 is  1.00000000.
      Edge  2  1 is  1.00000000.
      Angle  2  1 14 is  1.04719755 rad =    60.0000 deg = 59 deg 59 min 60 sec.
      Angle  1 14  2 is  1.04719755 rad =    60.0000 deg = 60 deg  0 min  0 sec.
      Angle 14  2  1 is  1.04719755 rad =    60.0000 deg = 60 deg  0 min  0 sec.

Face # 11 has  4 vertices:
    Vertices input as         1  13  14   2
    Vertices renumbered as    2  14  15   3
      Edge  2 14 is  1.00000000.
      Edge 14 15 is  1.00000000.
      Edge 15  3 is  1.00000000.
      Edge  3  2 is  1.00000000.
      Angle  3  2 14 is  1.57079633 rad =    90.0000 deg = 90 deg  0 min  0 sec.
      Angle  2 14 15 is  1.57079633 rad =    90.0000 deg = 90 deg  0 min  0 sec.
      Angle 14 15  3 is  1.57079633 rad =    90.0000 deg = 90 deg  0 min  0 sec.
      Angle 15  3  2 is  1.57079633 rad =    90.0000 deg = 90 deg  0 min  0 sec.

Face # 12 has  3 vertices:
    Vertices input as         2  14   3
    Vertices renumbered as    3  15   4
      Edge  3 15 is  1.00000000.
      Edge 15  4 is  1.00000000.
      Edge  4  3 is  1.00000000.
      Angle  4  3 15 is  1.04719755 rad =    60.0000 deg = 60 deg  0 min  0 sec.
      Angle  3 15  4 is  1.04719755 rad =    60.0000 deg = 60 deg  0 min  0 sec.
      Angle 15  4  3 is  1.04719755 rad =    60.0000 deg = 59 deg 59 min 60 sec.

Face # 13 has  4 vertices:
    Vertices input as         3  14  12   4
    Vertices renumbered as    4  15  13   5
      Edge  4 15 is  1.00000000.
      Edge 15 13 is  1.00000000.
      Edge 13  5 is  1.00000000.
      Edge  5  4 is  1.00000000.
      Angle  5  4 15 is  1.57079633 rad =    90.0000 deg = 90 deg  0 min  0 sec.
      Angle  4 15 13 is  1.57079633 rad =    90.0000 deg = 90 deg  0 min  0 sec.
      Angle 15 13  5 is  1.57079633 rad =    90.0000 deg = 90 deg  0 min  0 sec.
      Angle 13  5  4 is  1.57079633 rad =    90.0000 deg = 90 deg  0 min  0 sec.

Face # 14 has  3 vertices:
    Vertices input as         4  12   5
```

```
      Vertices renumbered as      5   13    6
        Edge   5  13 is    1.00000000.
        Edge  13   6 is    1.00000000.
        Edge   6   5 is    1.00000000.
        Angle  6   5  13 is    1.04719755 rad =       60.0000 deg =  60 deg  0 min  0 sec.
        Angle  5  13   6 is    1.04719755 rad =       60.0000 deg =  60 deg  0 min  0 sec.
        Angle 13   6   5 is    1.04719755 rad =       60.0000 deg =  60 deg  0 min  0 sec.


The edge joining vertices  1 and  2 is between faces  2 and 10.
        Dihedral angle is    2.80175574 rad =      160.5288 deg = 160 deg 31 min 44 sec.
The edge joining vertices  1 and  6 is between faces  7 and  9.
        Dihedral angle is    2.52611294 rad =      144.7356 deg = 144 deg 44 min  8 sec.
The edge joining vertices  1 and  7 is between faces  2 and  7.
        Dihedral angle is    2.09439510 rad =      120.0000 deg = 120 deg  0 min  0 sec.
The edge joining vertices  1 and 14 is between faces  9 and 10.
        Dihedral angle is    2.18627604 rad =      125.2644 deg = 125 deg 15 min 52 sec.
The edge joining vertices  2 and  3 is between faces  3 and 11.
        Dihedral angle is    2.52611294 rad =      144.7356 deg = 144 deg 44 min  8 sec.
The edge joining vertices  2 and  8 is between faces  2 and  3.
        Dihedral angle is    2.09439510 rad =      120.0000 deg = 120 deg  0 min  0 sec.
The edge joining vertices  2 and 14 is between faces 10 and 11.
        Dihedral angle is    2.18627604 rad =      125.2644 deg = 125 deg 15 min 52 sec.
The edge joining vertices  3 and  4 is between faces  4 and 12.
        Dihedral angle is    2.80175574 rad =      160.5288 deg = 160 deg 31 min 44 sec.
The edge joining vertices  3 and  9 is between faces  3 and  4.
        Dihedral angle is    2.09439510 rad =      120.0000 deg = 120 deg  0 min  0 sec.
The edge joining vertices  3 and 15 is between faces 11 and 12.
        Dihedral angle is    2.18627604 rad =      125.2644 deg = 125 deg 15 min 52 sec.
The edge joining vertices  4 and  5 is between faces  5 and 13.
        Dihedral angle is    2.52611294 rad =      144.7356 deg = 144 deg 44 min  8 sec.
The edge joining vertices  4 and 10 is between faces  4 and  5.
        Dihedral angle is    2.09439510 rad =      120.0000 deg = 120 deg  0 min  0 sec.
The edge joining vertices  4 and 15 is between faces 12 and 13.
        Dihedral angle is    2.18627604 rad =      125.2644 deg = 125 deg 15 min 52 sec.
The edge joining vertices  5 and  6 is between faces  6 and 14.
        Dihedral angle is    2.80175574 rad =      160.5288 deg = 160 deg 31 min 44 sec.
The edge joining vertices  5 and 11 is between faces  5 and  6.
        Dihedral angle is    2.09439510 rad =      120.0000 deg = 120 deg  0 min  0 sec.
The edge joining vertices  5 and 13 is between faces 13 and 14.
        Dihedral angle is    2.18627604 rad =      125.2644 deg = 125 deg 15 min 52 sec.
The edge joining vertices  6 and 12 is between faces  6 and  7.
        Dihedral angle is    2.09439510 rad =      120.0000 deg = 120 deg  0 min  0 sec.
The edge joining vertices  6 and 13 is between faces  9 and 14.
        Dihedral angle is    2.18627604 rad =      125.2644 deg = 125 deg 15 min 52 sec.
The edge joining vertices  7 and  8 is between faces  1 and  2.
        Dihedral angle is    1.57079633 rad =       90.0000 deg =  90 deg  0 min  0 sec.
The edge joining vertices  7 and 12 is between faces  1 and  7.
        Dihedral angle is    1.57079633 rad =       90.0000 deg =  90 deg  0 min  0 sec.
The edge joining vertices  8 and  9 is between faces  1 and  3.
        Dihedral angle is    1.57079633 rad =       90.0000 deg =  90 deg  0 min  0 sec.
The edge joining vertices  9 and 10 is between faces  1 and  4.
        Dihedral angle is    1.57079633 rad =       90.0000 deg =  90 deg  0 min  0 sec.
The edge joining vertices 10 and 11 is between faces  1 and  5.
        Dihedral angle is    1.57079633 rad =       90.0000 deg =  90 deg  0 min  0 sec.
The edge joining vertices 11 and 12 is between faces  1 and  6.
        Dihedral angle is    1.57079633 rad =       90.0000 deg =  90 deg  0 min  0 sec.
The edge joining vertices 13 and 14 is between faces  8 and  9.
        Dihedral angle is    2.18627604 rad =      125.2644 deg = 125 deg 15 min 52 sec.
The edge joining vertices 13 and 15 is between faces  8 and 13.
        Dihedral angle is    2.18627604 rad =      125.2644 deg = 125 deg 15 min 52 sec.
The edge joining vertices 14 and 15 is between faces  8 and 11.
        Dihedral angle is    2.18627604 rad =      125.2644 deg = 125 deg 15 min 52 sec.
```

Report based on file j18d.off

```
Vertex #  1: (  0.00000000,  0.00000000,  0.79267859).
Vertex #  2: (  0.46536003,  0.80602721, -0.26329932).
Vertex #  3: ( -0.46536003,  0.80602721, -0.26329932).
Vertex #  4: ( -0.93072006,  0.00000000, -0.26329932).
Vertex #  5: ( -0.46536003, -0.80602721, -0.26329932).
Vertex #  6: (  0.46536003, -0.80602721, -0.26329932).
Vertex #  7: (  0.93072006,  0.00000000, -0.26329932).
Vertex #  8: (  0.00000000,  0.00000000, -1.02861389).
Vertex #  9: (  0.77997748,  0.00000000, -0.81482668).
Vertex # 10: (  0.42435361,  0.73500202, -0.56336263).
Vertex # 11: ( -0.38998874,  0.67548031, -0.81482668).
Vertex # 12: ( -0.84870723,  0.00000000, -0.56336263).
Vertex # 13: ( -0.38998874, -0.67548031, -0.81482668).
Vertex # 14: (  0.42435361, -0.73500202, -0.56336263).
```

```
Face #  1 has  4 vertices:
    Vertices input as          9   1   6   8
    Vertices renumbered as    10   2   7   9
      Edge  10   2 is   0.31106928.
      Edge   2   7 is   0.93072006.
      Edge   7   9 is   0.57175673.
      Edge   9  10 is   0.85435968.
      Angle  9  10   2 is   2.01028116 rad =    115.1806 deg = 115 deg 10 min 50 sec.
      Angle 10   2   7 is   1.43858746 rad =     82.4250 deg =  82 deg 25 min 30 sec.
      Angle  2   7   9 is   1.43858746 rad =     82.4250 deg =  82 deg 25 min 30 sec.
      Angle  7   9  10 is   1.39572923 rad =     79.9694 deg =  79 deg 58 min 10 sec.

Face #  2 has  4 vertices:
    Vertices input as          1   9  10   2
    Vertices renumbered as     2  10  11   3
      Edge   2  10 is   0.31106928.
      Edge  10  11 is   0.85435968.
      Edge  11   3 is   0.57175673.
      Edge   3   2 is   0.93072006.
      Angle  3   2  10 is   1.43858746 rad =     82.4250 deg =  82 deg 25 min 30 sec.
      Angle  2  10  11 is   2.01028116 rad =    115.1806 deg = 115 deg 10 min 50 sec.
      Angle 10  11   3 is   1.39572923 rad =     79.9694 deg =  79 deg 58 min 10 sec.
      Angle 11   3   2 is   1.43858746 rad =     82.4250 deg =  82 deg 25 min 30 sec.

Face #  3 has  4 vertices:
    Vertices input as          2  10  11   3
    Vertices renumbered as     3  11  12   4
      Edge   3  11 is   0.57175673.
      Edge  11  12 is   0.85435968.
      Edge  12   4 is   0.31106928.
      Edge   4   3 is   0.93072006.
      Angle  4   3  11 is   1.43858746 rad =     82.4250 deg =  82 deg 25 min 30 sec.
      Angle  3  11  12 is   1.39572923 rad =     79.9694 deg =  79 deg 58 min 10 sec.
      Angle 11  12   4 is   2.01028116 rad =    115.1806 deg = 115 deg 10 min 50 sec.
      Angle 12   4   3 is   1.43858746 rad =     82.4250 deg =  82 deg 25 min 30 sec.

Face #  4 has  4 vertices:
    Vertices input as          3  11  12   4
    Vertices renumbered as     4  12  13   5
      Edge   4  12 is   0.31106928.
      Edge  12  13 is   0.85435968.
```

```
        Edge  13   5 is    0.57175673.
        Edge   5   4 is    0.93072006.
        Angle  5   4  12 is    1.43858746 rad =       82.4250 deg =  82 deg 25 min 30 sec.
        Angle  4  12  13 is    2.01028116 rad =      115.1806 deg = 115 deg 10 min 50 sec.
        Angle 12  13   5 is    1.39572923 rad =       79.9694 deg =  79 deg 58 min 10 sec.
        Angle 13   5   4 is    1.43858746 rad =       82.4250 deg =  82 deg 25 min 30 sec.


Face #  5 has  4 vertices:
    Vertices input as          4   12   13    5
    Vertices renumbered as     5   13   14    6
        Edge  5  13 is    0.57175673.
        Edge 13  14 is    0.85435968.
        Edge 14   6 is    0.31106928.
        Edge  6   5 is    0.93072006.
        Angle  6   5  13 is    1.43858746 rad =       82.4250 deg =  82 deg 25 min 30 sec.
        Angle  5  13  14 is    1.39572923 rad =       79.9694 deg =  79 deg 58 min 10 sec.
        Angle 13  14   6 is    2.01028116 rad =      115.1806 deg = 115 deg 10 min 50 sec.
        Angle 14   6   5 is    1.43858746 rad =       82.4250 deg =  82 deg 25 min 30 sec.


Face #  6 has  4 vertices:
    Vertices input as          8    6    5   13
    Vertices renumbered as     9    7    6   14
        Edge  9   7 is    0.57175673.
        Edge  7   6 is    0.93072006.
        Edge  6  14 is    0.31106928.
        Edge 14   9 is    0.85435968.
        Angle 14   9   7 is    1.39572923 rad =       79.9694 deg =  79 deg 58 min 10 sec.
        Angle  9   7   6 is    1.43858746 rad =       82.4250 deg =  82 deg 25 min 30 sec.
        Angle  7   6  14 is    1.43858746 rad =       82.4250 deg =  82 deg 25 min 30 sec.
        Angle  6  14   9 is    2.01028116 rad =      115.1806 deg = 115 deg 10 min 50 sec.


Face #  7 has  3 vertices:
    Vertices input as          6    1    0
    Vertices renumbered as     7    2    1
        Edge  7   2 is    0.93072006.
        Edge  2   1 is    1.40759695.
        Edge  1   7 is    1.40759695.
        Angle  1   7   2 is    1.23385069 rad =       70.6944 deg =  70 deg 41 min 40 sec.
        Angle  7   2   1 is    1.23385069 rad =       70.6944 deg =  70 deg 41 min 40 sec.
        Angle  2   1   7 is    0.67389127 rad =       38.6111 deg =  38 deg 36 min 40 sec.


Face #  8 has  3 vertices:
    Vertices input as          1    2    0
    Vertices renumbered as     2    3    1
        Edge  2   3 is    0.93072006.
        Edge  3   1 is    1.40759695.
        Edge  1   2 is    1.40759695.
        Angle  1   2   3 is    1.23385069 rad =       70.6944 deg =  70 deg 41 min 40 sec.
        Angle  2   3   1 is    1.23385069 rad =       70.6944 deg =  70 deg 41 min 40 sec.
        Angle  3   1   2 is    0.67389127 rad =       38.6111 deg =  38 deg 36 min 40 sec.


Face #  9 has  3 vertices:
    Vertices input as          2    3    0
    Vertices renumbered as     3    4    1
        Edge  3   4 is    0.93072006.
        Edge  4   1 is    1.40759695.
        Edge  1   3 is    1.40759695.
        Angle  1   3   4 is    1.23385069 rad =       70.6944 deg =  70 deg 41 min 40 sec.
```

```
        Angle   3   4   1  is    1.23385069 rad =      70.6944 deg =  70 deg 41 min 40 sec.
        Angle   4   1   3  is    0.67389127 rad =      38.6111 deg =  38 deg 36 min 40 sec.


Face # 10 has  3 vertices:
    Vertices input as           3   4   0
    Vertices renumbered as      4   5   1
        Edge  4   5 is   0.93072006.
        Edge  5   1 is   1.40759695.
        Edge  1   4 is   1.40759695.
        Angle   1   4   5  is    1.23385069 rad =      70.6944 deg =  70 deg 41 min 40 sec.
        Angle   4   5   1  is    1.23385069 rad =      70.6944 deg =  70 deg 41 min 40 sec.
        Angle   5   1   4  is    0.67389127 rad =      38.6111 deg =  38 deg 36 min 40 sec.


Face # 11 has  3 vertices:
    Vertices input as           4   5   0
    Vertices renumbered as      5   6   1
        Edge  5   6 is   0.93072006.
        Edge  6   1 is   1.40759695.
        Edge  1   5 is   1.40759695.
        Angle   1   5   6  is    1.23385069 rad =      70.6944 deg =  70 deg 41 min 40 sec.
        Angle   5   6   1  is    1.23385069 rad =      70.6944 deg =  70 deg 41 min 40 sec.
        Angle   6   1   5  is    0.67389127 rad =      38.6111 deg =  38 deg 36 min 40 sec.


Face # 12 has  3 vertices:
    Vertices input as           5   6   0
    Vertices renumbered as      6   7   1
        Edge  6   7 is   0.93072006.
        Edge  7   1 is   1.40759695.
        Edge  1   6 is   1.40759695.
        Angle   1   6   7  is    1.23385069 rad =      70.6944 deg =  70 deg 41 min 40 sec.
        Angle   6   7   1  is    1.23385069 rad =      70.6944 deg =  70 deg 41 min 40 sec.
        Angle   7   1   6  is    0.67389127 rad =      38.6111 deg =  38 deg 36 min 40 sec.


Face # 13 has  4 vertices:
    Vertices input as          13  12   7   8
    Vertices renumbered as     14  13   8   9
        Edge 14  13 is   0.85435968.
        Edge 13   8 is   0.80874584.
        Edge  8   9 is   0.80874584.
        Edge  9  14 is   0.85435968.
        Angle   9  14  13  is    1.82366649 rad =     104.4884 deg = 104 deg 29 min 18 sec.
        Angle  14  13   8  is    1.24122757 rad =      71.1171 deg =  71 deg  7 min  2 sec.
        Angle  13   8   9  is    1.97706369 rad =     113.2774 deg = 113 deg 16 min 39 sec.
        Angle   8   9  14  is    1.24122757 rad =      71.1171 deg =  71 deg  7 min  2 sec.


Face # 14 has  4 vertices:
    Vertices input as           9   8   7  10
    Vertices renumbered as     10   9   8  11
        Edge 10   9 is   0.85435968.
        Edge  9   8 is   0.80874584.
        Edge  8  11 is   0.80874584.
        Edge 11  10 is   0.85435968.
        Angle  11  10   9  is    1.82366649 rad =     104.4884 deg = 104 deg 29 min 18 sec.
        Angle  10   9   8  is    1.24122757 rad =      71.1171 deg =  71 deg  7 min  2 sec.
        Angle   9   8  11  is    1.97706369 rad =     113.2774 deg = 113 deg 16 min 39 sec.
        Angle   8  11  10  is    1.24122757 rad =      71.1171 deg =  71 deg  7 min  2 sec.
```

```
Face # 15 has  4 vertices:
    Vertices input as         11  10   7  12
    Vertices renumbered as    12  11   8  13
       Edge 12 11 is    0.85435968.
       Edge 11  8 is    0.80874584.
       Edge  8 13 is    0.80874584.
       Edge 13 12 is    0.85435968.
       Angle 13 12 11 is   1.82366649 rad =     104.4884 deg = 104 deg 29 min 18 sec.
       Angle 12 11  8 is   1.24122757 rad =      71.1171 deg =  71 deg  7 min  2 sec.
       Angle 11  8 13 is   1.97706369 rad =     113.2774 deg = 113 deg 16 min 39 sec.
       Angle  8 13 12 is   1.24122757 rad =      71.1171 deg =  71 deg  7 min  2 sec.


The edge joining vertices  1 and  2 is between faces  7 and  8.
       Dihedral angle is   2.32412339 rad =     133.1625 deg = 133 deg  9 min 45 sec.
The edge joining vertices  1 and  3 is between faces  8 and  9.
       Dihedral angle is   2.32412339 rad =     133.1625 deg = 133 deg  9 min 45 sec.
The edge joining vertices  1 and  4 is between faces  9 and 10.
       Dihedral angle is   2.32412339 rad =     133.1625 deg = 133 deg  9 min 45 sec.
The edge joining vertices  1 and  5 is between faces 10 and 11.
       Dihedral angle is   2.32412339 rad =     133.1625 deg = 133 deg  9 min 45 sec.
The edge joining vertices  1 and  6 is between faces 11 and 12.
       Dihedral angle is   2.32412339 rad =     133.1625 deg = 133 deg  9 min 45 sec.
The edge joining vertices  1 and  7 is between faces  7 and 12.
       Dihedral angle is   2.32412339 rad =     133.1625 deg = 133 deg  9 min 45 sec.
The edge joining vertices  2 and  3 is between faces  2 and  8.
       Dihedral angle is   2.25721115 rad =     129.3287 deg = 129 deg 19 min 43 sec.
The edge joining vertices  2 and  7 is between faces  1 and  7.
       Dihedral angle is   2.25721115 rad =     129.3287 deg = 129 deg 19 min 43 sec.
The edge joining vertices  2 and 10 is between faces  1 and  2.
       Dihedral angle is   2.12530699 rad =     121.7711 deg = 121 deg 46 min 16 sec.
The edge joining vertices  3 and  4 is between faces  3 and  9.
       Dihedral angle is   2.25721115 rad =     129.3287 deg = 129 deg 19 min 43 sec.
The edge joining vertices  3 and 11 is between faces  2 and  3.
       Dihedral angle is   2.12530699 rad =     121.7711 deg = 121 deg 46 min 16 sec.
The edge joining vertices  4 and  5 is between faces  4 and 10.
       Dihedral angle is   2.25721115 rad =     129.3287 deg = 129 deg 19 min 43 sec.
The edge joining vertices  4 and 12 is between faces  3 and  4.
       Dihedral angle is   2.12530699 rad =     121.7711 deg = 121 deg 46 min 16 sec.
The edge joining vertices  5 and  6 is between faces  5 and 11.
       Dihedral angle is   2.25721115 rad =     129.3287 deg = 129 deg 19 min 43 sec.
The edge joining vertices  5 and 13 is between faces  4 and  5.
       Dihedral angle is   2.12530699 rad =     121.7711 deg = 121 deg 46 min 16 sec.
The edge joining vertices  6 and  7 is between faces  6 and 12.
       Dihedral angle is   2.25721115 rad =     129.3287 deg = 129 deg 19 min 43 sec.
The edge joining vertices  6 and 14 is between faces  5 and  6.
       Dihedral angle is   2.12530699 rad =     121.7711 deg = 121 deg 46 min 16 sec.
The edge joining vertices  7 and  9 is between faces  1 and  6.
       Dihedral angle is   2.12530699 rad =     121.7711 deg = 121 deg 46 min 16 sec.
The edge joining vertices  8 and  9 is between faces 13 and 14.
       Dihedral angle is   2.28285478 rad =     130.7979 deg = 130 deg 47 min 53 sec.
The edge joining vertices  8 and 11 is between faces 14 and 15.
       Dihedral angle is   2.28285478 rad =     130.7979 deg = 130 deg 47 min 53 sec.
The edge joining vertices  8 and 13 is between faces 13 and 15.
       Dihedral angle is   2.28285478 rad =     130.7979 deg = 130 deg 47 min 53 sec.
The edge joining vertices  9 and 10 is between faces  1 and 14.
       Dihedral angle is   2.22317941 rad =     127.3788 deg = 127 deg 22 min 44 sec.
The edge joining vertices  9 and 14 is between faces  6 and 13.
       Dihedral angle is   2.22317941 rad =     127.3788 deg = 127 deg 22 min 44 sec.
The edge joining vertices 10 and 11 is between faces  2 and 14.
       Dihedral angle is   2.22317941 rad =     127.3788 deg = 127 deg 22 min 44 sec.
The edge joining vertices 11 and 12 is between faces  3 and 15.
       Dihedral angle is   2.22317941 rad =     127.3788 deg = 127 deg 22 min 44 sec.
```

```
The edge joining vertices 12 and 13 is between faces  4 and 15.
        Dihedral angle is    2.22317941 rad =      127.3788 deg = 127 deg 22 min 44 sec.
The edge joining vertices 13 and 14 is between faces  5 and 13.
        Dihedral angle is    2.22317941 rad =      127.3788 deg = 127 deg 22 min 44 sec.
```

```
Report based on file j19.off


Vertex #   1: (  1.30656296,  0.00000000,  0.50000000).
Vertex #   2: (  0.92387953, -0.92387953,  0.50000000).
Vertex #   3: (  0.00000000, -1.30656296,  0.50000000).
Vertex #   4: ( -0.92387953, -0.92387953,  0.50000000).
Vertex #   5: ( -1.30656296,  0.00000000,  0.50000000).
Vertex #   6: ( -0.92387953,  0.92387953,  0.50000000).
Vertex #   7: (  0.00000000,  1.30656296,  0.50000000).
Vertex #   8: (  0.92387953,  0.92387953,  0.50000000).
Vertex #   9: (  1.30656296,  0.00000000, -0.50000000).
Vertex #  10: (  0.92387953, -0.92387953, -0.50000000).
Vertex #  11: (  0.00000000, -1.30656296, -0.50000000).
Vertex #  12: ( -0.92387953, -0.92387953, -0.50000000).
Vertex #  13: ( -1.30656296,  0.00000000, -0.50000000).
Vertex #  14: ( -0.92387953,  0.92387953, -0.50000000).
Vertex #  15: (  0.00000000,  1.30656296, -0.50000000).
Vertex #  16: (  0.92387953,  0.92387953, -0.50000000).
Vertex #  17: (  0.27059805,  0.65328148,  1.20710678).
Vertex #  18: (  0.65328148, -0.27059805,  1.20710678).
Vertex #  19: ( -0.27059805, -0.65328148,  1.20710678).
Vertex #  20: ( -0.65328148,  0.27059805,  1.20710678).


Face #  1 has  8 vertices:
    Vertices input as          8    9   10   11   12   13   14   15
    Vertices renumbered as     9   10   11   12   13   14   15   16
      Edge  9 10 is   1.00000000.
      Edge 10 11 is   1.00000000.
      Edge 11 12 is   1.00000000.
      Edge 12 13 is   1.00000000.
      Edge 13 14 is   1.00000000.
      Edge 14 15 is   1.00000000.
      Edge 15 16 is   1.00000000.
      Edge 16  9 is   1.00000000.
      Angle 16  9 10 is    2.35619449 rad =        135.0000 deg = 135 deg  0 min  0 sec.
      Angle  9 10 11 is    2.35619449 rad =        135.0000 deg = 135 deg  0 min  0 sec.
      Angle 10 11 12 is    2.35619449 rad =        135.0000 deg = 135 deg  0 min  0 sec.
      Angle 11 12 13 is    2.35619449 rad =        135.0000 deg = 135 deg  0 min  0 sec.
      Angle 12 13 14 is    2.35619449 rad =        135.0000 deg = 135 deg  0 min  0 sec.
      Angle 13 14 15 is    2.35619449 rad =        135.0000 deg = 135 deg  0 min  0 sec.
      Angle 14 15 16 is    2.35619449 rad =        135.0000 deg = 135 deg  0 min  0 sec.
      Angle 15 16  9 is    2.35619449 rad =        135.0000 deg = 135 deg  0 min  0 sec.


Face #  2 has  4 vertices:
    Vertices input as          0    1    9    8
    Vertices renumbered as     1    2   10    9
      Edge  1  2 is   1.00000000.
      Edge  2 10 is   1.00000000.
      Edge 10  9 is   1.00000000.
      Edge  9  1 is   1.00000000.
      Angle  9  1  2 is    1.57079633 rad =         90.0000 deg =  90 deg  0 min  0 sec.
      Angle  1  2 10 is    1.57079633 rad =         90.0000 deg =  90 deg  0 min  0 sec.
      Angle  2 10  9 is    1.57079633 rad =         90.0000 deg =  90 deg  0 min  0 sec.
      Angle 10  9  1 is    1.57079633 rad =         90.0000 deg =  90 deg  0 min  0 sec.


Face #  3 has  4 vertices:
    Vertices input as          1    2   10    9
    Vertices renumbered as     2    3   11   10
      Edge  2  3 is   1.00000000.
```

```
         Edge   3  11  is     1.00000000.
         Edge  11  10  is     1.00000000.
         Edge  10   2  is     1.00000000.
         Angle 10   2   3 is  1.57079633 rad =       90.0000 deg =   90 deg   0 min   0 sec.
         Angle  2   3  11 is  1.57079633 rad =       90.0000 deg =   90 deg   0 min   0 sec.
         Angle  3  11  10 is  1.57079633 rad =       90.0000 deg =   90 deg   0 min   0 sec.
         Angle 11  10   2 is  1.57079633 rad =       90.0000 deg =   90 deg   0 min   0 sec.


Face #  4 has  4 vertices:
    Vertices input as         2    3   11   10
    Vertices renumbered as    3    4   12   11
         Edge   3   4  is    1.00000000.
         Edge   4  12  is    1.00000000.
         Edge  12  11  is    1.00000000.
         Edge  11   3  is    1.00000000.
         Angle 11   3   4 is  1.57079633 rad =       90.0000 deg =   90 deg   0 min   0 sec.
         Angle  3   4  12 is  1.57079633 rad =       90.0000 deg =   90 deg   0 min   0 sec.
         Angle  4  12  11 is  1.57079633 rad =       90.0000 deg =   90 deg   0 min   0 sec.
         Angle 12  11   3 is  1.57079633 rad =       90.0000 deg =   90 deg   0 min   0 sec.


Face #  5 has  4 vertices:
    Vertices input as         3    4   12   11
    Vertices renumbered as    4    5   13   12
         Edge   4   5  is    1.00000000.
         Edge   5  13  is    1.00000000.
         Edge  13  12  is    1.00000000.
         Edge  12   4  is    1.00000000.
         Angle 12   4   5 is  1.57079633 rad =       90.0000 deg =   90 deg   0 min   0 sec.
         Angle  4   5  13 is  1.57079633 rad =       90.0000 deg =   90 deg   0 min   0 sec.
         Angle  5  13  12 is  1.57079633 rad =       90.0000 deg =   90 deg   0 min   0 sec.
         Angle 13  12   4 is  1.57079633 rad =       90.0000 deg =   90 deg   0 min   0 sec.


Face #  6 has  4 vertices:
    Vertices input as         4    5   13   12
    Vertices renumbered as    5    6   14   13
         Edge   5   6  is    1.00000000.
         Edge   6  14  is    1.00000000.
         Edge  14  13  is    1.00000000.
         Edge  13   5  is    1.00000000.
         Angle 13   5   6 is  1.57079633 rad =       90.0000 deg =   90 deg   0 min   0 sec.
         Angle  5   6  14 is  1.57079633 rad =       90.0000 deg =   90 deg   0 min   0 sec.
         Angle  6  14  13 is  1.57079633 rad =       90.0000 deg =   90 deg   0 min   0 sec.
         Angle 14  13   5 is  1.57079633 rad =       90.0000 deg =   90 deg   0 min   0 sec.


Face #  7 has  4 vertices:
    Vertices input as         5    6   14   13
    Vertices renumbered as    6    7   15   14
         Edge   6   7  is    1.00000000.
         Edge   7  15  is    1.00000000.
         Edge  15  14  is    1.00000000.
         Edge  14   6  is    1.00000000.
         Angle 14   6   7 is  1.57079633 rad =       90.0000 deg =   90 deg   0 min   0 sec.
         Angle  6   7  15 is  1.57079633 rad =       90.0000 deg =   90 deg   0 min   0 sec.
         Angle  7  15  14 is  1.57079633 rad =       90.0000 deg =   90 deg   0 min   0 sec.
         Angle 15  14   6 is  1.57079633 rad =       90.0000 deg =   90 deg   0 min   0 sec.


Face #  8 has  4 vertices:
    Vertices input as         6    7   15   14
```

```
        Vertices renumbered as      7   8  16  15
            Edge  7  8 is   1.00000000.
            Edge  8 16 is   1.00000000.
            Edge 16 15 is   1.00000000.
            Edge 15  7 is   1.00000000.
            Angle 15  7  8 is   1.57079633 rad =      90.0000 deg =   90 deg   0 min   0 sec.
            Angle  7  8 16 is   1.57079633 rad =      90.0000 deg =   90 deg   0 min   0 sec.
            Angle  8 16 15 is   1.57079633 rad =      90.0000 deg =   90 deg   0 min   0 sec.
            Angle 16 15  7 is   1.57079633 rad =      90.0000 deg =   90 deg   0 min   0 sec.


   Face #  9 has   4 vertices:
        Vertices input as           7   0   8  15
        Vertices renumbered as      8   1   9  16
            Edge  8  1 is   1.00000000.
            Edge  1  9 is   1.00000000.
            Edge  9 16 is   1.00000000.
            Edge 16  8 is   1.00000000.
            Angle 16  8  1 is   1.57079633 rad =      90.0000 deg =   90 deg   0 min   0 sec.
            Angle  8  1  9 is   1.57079633 rad =      90.0000 deg =   90 deg   0 min   0 sec.
            Angle  1  9 16 is   1.57079633 rad =      90.0000 deg =   90 deg   0 min   0 sec.
            Angle  9 16  8 is   1.57079633 rad =      90.0000 deg =   90 deg   0 min   0 sec.


   Face # 10 has   4 vertices:
        Vertices input as          19  18  17  16
        Vertices renumbered as     20  19  18  17
            Edge 20 19 is   1.00000000.
            Edge 19 18 is   1.00000000.
            Edge 18 17 is   1.00000000.
            Edge 17 20 is   1.00000000.
            Angle 17 20 19 is   1.57079633 rad =      90.0000 deg =   90 deg   0 min   0 sec.
            Angle 20 19 18 is   1.57079633 rad =      90.0000 deg =   90 deg   0 min   0 sec.
            Angle 19 18 17 is   1.57079633 rad =      90.0000 deg =   90 deg   0 min   0 sec.
            Angle 18 17 20 is   1.57079633 rad =      90.0000 deg =   90 deg   0 min   0 sec.


   Face # 11 has   4 vertices:
        Vertices input as           7  16  17   0
        Vertices renumbered as      8  17  18   1
            Edge  8 17 is   1.00000000.
            Edge 17 18 is   1.00000000.
            Edge 18  1 is   1.00000000.
            Edge  1  8 is   1.00000000.
            Angle  1  8 17 is   1.57079633 rad =      90.0000 deg =   90 deg   0 min   0 sec.
            Angle  8 17 18 is   1.57079633 rad =      90.0000 deg =   90 deg   0 min   0 sec.
            Angle 17 18  1 is   1.57079633 rad =      90.0000 deg =   90 deg   0 min   0 sec.
            Angle 18  1  8 is   1.57079633 rad =      90.0000 deg =   90 deg   0 min   0 sec.


   Face # 12 has   3 vertices:
        Vertices input as           0  17   1
        Vertices renumbered as      1  18   2
            Edge  1 18 is   1.00000000.
            Edge 18  2 is   1.00000000.
            Edge  2  1 is   1.00000000.
            Angle  2  1 18 is   1.04719755 rad =      60.0000 deg =   60 deg   0 min   0 sec.
            Angle  1 18  2 is   1.04719755 rad =      60.0000 deg =   59 deg  59 min  60 sec.
            Angle 18  2  1 is   1.04719755 rad =      60.0000 deg =   60 deg   0 min   0 sec.


   Face # 13 has   4 vertices:
        Vertices input as           1  17  18   2
```

```
            Vertices renumbered as      2  18  19   3
            Edge  2 18 is   1.00000000.
            Edge 18 19 is   1.00000000.
            Edge 19  3 is   1.00000000.
            Edge  3  2 is   1.00000000.
            Angle  3  2 18 is   1.57079633 rad =       90.0000 deg =  90 deg  0 min  0 sec.
            Angle  2 18 19 is   1.57079633 rad =       90.0000 deg =  90 deg  0 min  0 sec.
            Angle 18 19  3 is   1.57079633 rad =       90.0000 deg =  90 deg  0 min  0 sec.
            Angle 19  3  2 is   1.57079633 rad =       90.0000 deg =  90 deg  0 min  0 sec.

Face # 14 has  3 vertices:
            Vertices input as          2  18   3
            Vertices renumbered as     3  19   4
            Edge  3 19 is   1.00000000.
            Edge 19  4 is   1.00000000.
            Edge  4  3 is   1.00000000.
            Angle  4  3 19 is   1.04719755 rad =       60.0000 deg =  60 deg  0 min  0 sec.
            Angle  3 19  4 is   1.04719755 rad =       60.0000 deg =  59 deg 59 min 60 sec.
            Angle 19  4  3 is   1.04719755 rad =       60.0000 deg =  60 deg  0 min  0 sec.

Face # 15 has  4 vertices:
            Vertices input as          3  18  19   4
            Vertices renumbered as     4  19  20   5
            Edge  4 19 is   1.00000000.
            Edge 19 20 is   1.00000000.
            Edge 20  5 is   1.00000000.
            Edge  5  4 is   1.00000000.
            Angle  5  4 19 is   1.57079633 rad =       90.0000 deg =  90 deg  0 min  0 sec.
            Angle  4 19 20 is   1.57079633 rad =       90.0000 deg =  90 deg  0 min  0 sec.
            Angle 19 20  5 is   1.57079633 rad =       90.0000 deg =  90 deg  0 min  0 sec.
            Angle 20  5  4 is   1.57079633 rad =       90.0000 deg =  90 deg  0 min  0 sec.

Face # 16 has  3 vertices:
            Vertices input as          4  19   5
            Vertices renumbered as     5  20   6
            Edge  5 20 is   1.00000000.
            Edge 20  6 is   1.00000000.
            Edge  6  5 is   1.00000000.
            Angle  6  5 20 is   1.04719755 rad =       60.0000 deg =  60 deg  0 min  0 sec.
            Angle  5 20  6 is   1.04719755 rad =       60.0000 deg =  60 deg  0 min  0 sec.
            Angle 20  6  5 is   1.04719755 rad =       60.0000 deg =  60 deg  0 min  0 sec.

Face # 17 has  4 vertices:
            Vertices input as          5  19  16   6
            Vertices renumbered as     6  20  17   7
            Edge  6 20 is   1.00000000.
            Edge 20 17 is   1.00000000.
            Edge 17  7 is   1.00000000.
            Edge  7  6 is   1.00000000.
            Angle  7  6 20 is   1.57079633 rad =       90.0000 deg =  90 deg  0 min  0 sec.
            Angle  6 20 17 is   1.57079633 rad =       90.0000 deg =  90 deg  0 min  0 sec.
            Angle 20 17  7 is   1.57079633 rad =       90.0000 deg =  90 deg  0 min  0 sec.
            Angle 17  7  6 is   1.57079633 rad =       90.0000 deg =  90 deg  0 min  0 sec.

Face # 18 has  3 vertices:
            Vertices input as          6  16   7
            Vertices renumbered as     7  17   8
            Edge  7 17 is   1.00000000.
```

```
        Edge 17   8 is   1.00000000.
        Edge  8   7 is   1.00000000.
        Angle  8   7 17 is   1.04719755 rad =       60.0000 deg = 60 deg  0 min  0 sec.
        Angle  7  17  8 is   1.04719755 rad =       60.0000 deg = 60 deg  0 min  0 sec.
        Angle 17   8  7 is   1.04719755 rad =       60.0000 deg = 60 deg  0 min  0 sec.


The edge joining vertices  1 and  2 is between faces  2 and 12.
        Dihedral angle is    2.52611294 rad =      144.7356 deg = 144 deg 44 min  8 sec.
The edge joining vertices  1 and  8 is between faces  9 and 11.
        Dihedral angle is    2.35619449 rad =      135.0000 deg = 135 deg  0 min  0 sec.
The edge joining vertices  1 and  9 is between faces  2 and  9.
        Dihedral angle is    2.35619449 rad =      135.0000 deg = 135 deg  0 min  0 sec.
The edge joining vertices  1 and 18 is between faces 11 and 12.
        Dihedral angle is    2.52611294 rad =      144.7356 deg = 144 deg 44 min  8 sec.
The edge joining vertices  2 and  3 is between faces  3 and 13.
        Dihedral angle is    2.35619449 rad =      135.0000 deg = 135 deg  0 min  0 sec.
The edge joining vertices  2 and 10 is between faces  2 and  3.
        Dihedral angle is    2.35619449 rad =      135.0000 deg = 135 deg  0 min  0 sec.
The edge joining vertices  2 and 18 is between faces 12 and 13.
        Dihedral angle is    2.52611294 rad =      144.7356 deg = 144 deg 44 min  8 sec.
The edge joining vertices  3 and  4 is between faces  4 and 14.
        Dihedral angle is    2.52611294 rad =      144.7356 deg = 144 deg 44 min  8 sec.
The edge joining vertices  3 and 11 is between faces  3 and  4.
        Dihedral angle is    2.35619449 rad =      135.0000 deg = 135 deg  0 min  0 sec.
The edge joining vertices  3 and 19 is between faces 13 and 14.
        Dihedral angle is    2.52611294 rad =      144.7356 deg = 144 deg 44 min  8 sec.
The edge joining vertices  4 and  5 is between faces  5 and 15.
        Dihedral angle is    2.35619449 rad =      135.0000 deg = 135 deg  0 min  0 sec.
The edge joining vertices  4 and 12 is between faces  4 and  5.
        Dihedral angle is    2.35619449 rad =      135.0000 deg = 135 deg  0 min  0 sec.
The edge joining vertices  4 and 19 is between faces 14 and 15.
        Dihedral angle is    2.52611294 rad =      144.7356 deg = 144 deg 44 min  8 sec.
The edge joining vertices  5 and  6 is between faces  6 and 16.
        Dihedral angle is    2.52611294 rad =      144.7356 deg = 144 deg 44 min  8 sec.
The edge joining vertices  5 and 13 is between faces  5 and  6.
        Dihedral angle is    2.35619449 rad =      135.0000 deg = 135 deg  0 min  0 sec.
The edge joining vertices  5 and 20 is between faces 15 and 16.
        Dihedral angle is    2.52611294 rad =      144.7356 deg = 144 deg 44 min  8 sec.
The edge joining vertices  6 and  7 is between faces  7 and 17.
        Dihedral angle is    2.35619449 rad =      135.0000 deg = 135 deg  0 min  0 sec.
The edge joining vertices  6 and 14 is between faces  6 and  7.
        Dihedral angle is    2.35619449 rad =      135.0000 deg = 135 deg  0 min  0 sec.
The edge joining vertices  6 and 20 is between faces 16 and 17.
        Dihedral angle is    2.52611294 rad =      144.7356 deg = 144 deg 44 min  8 sec.
The edge joining vertices  7 and  8 is between faces  8 and 18.
        Dihedral angle is    2.52611294 rad =      144.7356 deg = 144 deg 44 min  8 sec.
The edge joining vertices  7 and 15 is between faces  7 and  8.
        Dihedral angle is    2.35619449 rad =      135.0000 deg = 135 deg  0 min  0 sec.
The edge joining vertices  7 and 17 is between faces 17 and 18.
        Dihedral angle is    2.52611294 rad =      144.7356 deg = 144 deg 44 min  8 sec.
The edge joining vertices  8 and 16 is between faces  8 and  9.
        Dihedral angle is    2.35619449 rad =      135.0000 deg = 135 deg  0 min  0 sec.
The edge joining vertices  8 and 17 is between faces 11 and 18.
        Dihedral angle is    2.52611294 rad =      144.7356 deg = 144 deg 44 min  8 sec.
The edge joining vertices  9 and 10 is between faces  1 and  2.
        Dihedral angle is    1.57079633 rad =       90.0000 deg =  90 deg  0 min  0 sec.
The edge joining vertices  9 and 16 is between faces  1 and  9.
        Dihedral angle is    1.57079633 rad =       90.0000 deg =  90 deg  0 min  0 sec.
The edge joining vertices 10 and 11 is between faces  1 and  3.
        Dihedral angle is    1.57079633 rad =       90.0000 deg =  90 deg  0 min  0 sec.
The edge joining vertices 11 and 12 is between faces  1 and  4.
        Dihedral angle is    1.57079633 rad =       90.0000 deg =  90 deg  0 min  0 sec.
```

```
The edge joining vertices 12 and 13 is between faces  1 and  5.
        Dihedral angle is   1.57079633 rad =       90.0000 deg =  90 deg  0 min  0 sec.
The edge joining vertices 13 and 14 is between faces  1 and  6.
        Dihedral angle is   1.57079633 rad =       90.0000 deg =  90 deg  0 min  0 sec.
The edge joining vertices 14 and 15 is between faces  1 and  7.
        Dihedral angle is   1.57079633 rad =       90.0000 deg =  90 deg  0 min  0 sec.
The edge joining vertices 15 and 16 is between faces  1 and  8.
        Dihedral angle is   1.57079633 rad =       90.0000 deg =  90 deg  0 min  0 sec.
The edge joining vertices 17 and 18 is between faces 10 and 11.
        Dihedral angle is   2.35619449 rad =      135.0000 deg = 135 deg  0 min  0 sec.
The edge joining vertices 17 and 20 is between faces 10 and 17.
        Dihedral angle is   2.35619449 rad =      135.0000 deg = 135 deg  0 min  0 sec.
The edge joining vertices 18 and 19 is between faces 10 and 13.
        Dihedral angle is   2.35619449 rad =      135.0000 deg = 135 deg  0 min  0 sec.
The edge joining vertices 19 and 20 is between faces 10 and 15.
        Dihedral angle is   2.35619449 rad =      135.0000 deg = 135 deg  0 min  0 sec.
```

Report based on file j19d.off

```
Vertex #  1: (  0.00000000,   0.00000000,  -1.35355339).
Vertex #  2: (  0.90508332,  -0.37489778,   0.24142136).
Vertex #  3: (  0.37489778,  -0.90508332,   0.24142136).
Vertex #  4: ( -0.37489778,  -0.90508332,   0.24142136).
Vertex #  5: ( -0.90508332,  -0.37489778,   0.24142136).
Vertex #  6: ( -0.90508332,   0.37489778,   0.24142136).
Vertex #  7: ( -0.37489778,   0.90508332,   0.24142136).
Vertex #  8: (  0.37489778,   0.90508332,   0.24142136).
Vertex #  9: (  0.90508332,   0.37489778,   0.24142136).
Vertex # 10: (  0.00000000,   0.00000000,   1.46599026).
Vertex # 11: (  0.74540702,   0.30875770,   1.04824410).
Vertex # 12: (  0.78602295,  -0.32558137,   0.84301728).
Vertex # 13: (  0.30875770,  -0.74540702,   1.04824410).
Vertex # 14: ( -0.32558137,  -0.78602295,   0.84301728).
Vertex # 15: ( -0.74540702,  -0.30875770,   1.04824410).
Vertex # 16: ( -0.78602295,   0.32558137,   0.84301728).
Vertex # 17: ( -0.30875770,   0.74540702,   1.04824410).
Vertex # 18: (  0.32558137,   0.78602295,   0.84301728).


Face #  1 has  4 vertices:
    Vertices input as           11    1    8   10
    Vertices renumbered as      12    2    9   11
       Edge 12  2 is    0.61524396.
       Edge  2  9 is    0.74979557.
       Edge  9 11 is    0.82512664.
       Edge 11 12 is    0.66794742.
       Angle 11 12  2 is   1.96961037 rad =       112.8504 deg = 112 deg 51 min  1 sec.
       Angle 12  2  9 is   1.49055274 rad =        85.4024 deg =  85 deg 24 min  9 sec.
       Angle  2  9 11 is   1.49055274 rad =        85.4024 deg =  85 deg 24 min  9 sec.
       Angle  9 11 12 is   1.33246946 rad =        76.3449 deg =  76 deg 20 min 42 sec.


Face #  2 has  4 vertices:
    Vertices input as            1   11   12    2
    Vertices renumbered as       2   12   13    3
       Edge  2 12 is    0.61524396.
       Edge 12 13 is    0.66794742.
       Edge 13  3 is    0.82512664.
       Edge  3  2 is    0.74979557.
       Angle  3  2 12 is   1.49055274 rad =        85.4024 deg =  85 deg 24 min  9 sec.
       Angle  2 12 13 is   1.96961037 rad =       112.8504 deg = 112 deg 51 min  1 sec.
       Angle 12 13  3 is   1.33246946 rad =        76.3449 deg =  76 deg 20 min 42 sec.
       Angle 13  3  2 is   1.49055274 rad =        85.4024 deg =  85 deg 24 min  9 sec.


Face #  3 has  4 vertices:
    Vertices input as            2   12   13    3
    Vertices renumbered as       3   13   14    4
       Edge  3 13 is    0.82512664.
       Edge 13 14 is    0.66794742.
       Edge 14  4 is    0.61524396.
       Edge  4  3 is    0.74979557.
       Angle  4  3 13 is   1.49055274 rad =        85.4024 deg =  85 deg 24 min  9 sec.
       Angle  3 13 14 is   1.33246946 rad =        76.3449 deg =  76 deg 20 min 42 sec.
       Angle 13 14  4 is   1.96961037 rad =       112.8504 deg = 112 deg 51 min  1 sec.
       Angle 14  4  3 is   1.49055274 rad =        85.4024 deg =  85 deg 24 min  9 sec.


Face #  4 has  4 vertices:
```

```
    Vertices input as            3  13  14   4
    Vertices renumbered as       4  14  15   5
       Edge  4 14 is    0.61524396.
       Edge 14 15 is    0.66794742.
       Edge 15  5 is    0.82512664.
       Edge  5  4 is    0.74979557.
       Angle  5  4 14 is    1.49055274 rad =     85.4024 deg =  85 deg 24 min  9 sec.
       Angle  4 14 15 is    1.96961037 rad =    112.8504 deg = 112 deg 51 min  1 sec.
       Angle 14 15  5 is    1.33246946 rad =     76.3449 deg =  76 deg 20 min 42 sec.
       Angle 15  5  4 is    1.49055274 rad =     85.4024 deg =  85 deg 24 min  9 sec.

Face #  5 has  4 vertices:
    Vertices input as            4  14  15   5
    Vertices renumbered as       5  15  16   6
       Edge  5 15 is    0.82512664.
       Edge 15 16 is    0.66794742.
       Edge 16  6 is    0.61524396.
       Edge  6  5 is    0.74979557.
       Angle  6  5 15 is    1.49055274 rad =     85.4024 deg =  85 deg 24 min  9 sec.
       Angle  5 15 16 is    1.33246946 rad =     76.3449 deg =  76 deg 20 min 42 sec.
       Angle 15 16  6 is    1.96961037 rad =    112.8504 deg = 112 deg 51 min  1 sec.
       Angle 16  6  5 is    1.49055274 rad =     85.4024 deg =  85 deg 24 min  9 sec.

Face #  6 has  4 vertices:
    Vertices input as            5  15  16   6
    Vertices renumbered as       6  16  17   7
       Edge  6 16 is    0.61524396.
       Edge 16 17 is    0.66794742.
       Edge 17  7 is    0.82512664.
       Edge  7  6 is    0.74979557.
       Angle  7  6 16 is    1.49055274 rad =     85.4024 deg =  85 deg 24 min  9 sec.
       Angle  6 16 17 is    1.96961037 rad =    112.8504 deg = 112 deg 51 min  1 sec.
       Angle 16 17  7 is    1.33246946 rad =     76.3449 deg =  76 deg 20 min 42 sec.
       Angle 17  7  6 is    1.49055274 rad =     85.4024 deg =  85 deg 24 min  9 sec.

Face #  7 has  4 vertices:
    Vertices input as            6  16  17   7
    Vertices renumbered as       7  17  18   8
       Edge  7 17 is    0.82512664.
       Edge 17 18 is    0.66794742.
       Edge 18  8 is    0.61524396.
       Edge  8  7 is    0.74979557.
       Angle  8  7 17 is    1.49055274 rad =     85.4024 deg =  85 deg 24 min  9 sec.
       Angle  7 17 18 is    1.33246946 rad =     76.3449 deg =  76 deg 20 min 42 sec.
       Angle 17 18  8 is    1.96961037 rad =    112.8504 deg = 112 deg 51 min  1 sec.
       Angle 18  8  7 is    1.49055274 rad =     85.4024 deg =  85 deg 24 min  9 sec.

Face #  8 has  4 vertices:
    Vertices input as           10   8   7  17
    Vertices renumbered as      11   9   8  18
       Edge 11  9 is    0.82512664.
       Edge  9  8 is    0.74979557.
       Edge  8 18 is    0.61524396.
       Edge 18 11 is    0.66794742.
       Angle 18 11  9 is    1.33246946 rad =     76.3449 deg =  76 deg 20 min 42 sec.
       Angle 11  9  8 is    1.49055274 rad =     85.4024 deg =  85 deg 24 min  9 sec.
       Angle  9  8 18 is    1.49055274 rad =     85.4024 deg =  85 deg 24 min  9 sec.
       Angle  8 18 11 is    1.96961037 rad =    112.8504 deg = 112 deg 51 min  1 sec.
```

```
Face #  9 has  3 vertices:
    Vertices input as          8    1    0
    Vertices renumbered as     9    2    1
        Edge  9  2 is   0.74979557.
        Edge  2  1 is   1.87180891.
        Edge  1  9 is   1.87180891.
        Angle 1  9  2 is   1.36914614 rad =       78.4463 deg =   78 deg 26 min 47 sec.
        Angle 9  2  1 is   1.36914614 rad =       78.4463 deg =   78 deg 26 min 47 sec.
        Angle 2  1  9 is   0.40330038 rad =       23.1074 deg =   23 deg  6 min 27 sec.


Face # 10 has  3 vertices:
    Vertices input as          1    2    0
    Vertices renumbered as     2    3    1
        Edge  2  3 is   0.74979557.
        Edge  3  1 is   1.87180891.
        Edge  1  2 is   1.87180891.
        Angle 1  2  3 is   1.36914614 rad =       78.4463 deg =   78 deg 26 min 47 sec.
        Angle 2  3  1 is   1.36914614 rad =       78.4463 deg =   78 deg 26 min 47 sec.
        Angle 3  1  2 is   0.40330038 rad =       23.1074 deg =   23 deg  6 min 27 sec.


Face # 11 has  3 vertices:
    Vertices input as          2    3    0
    Vertices renumbered as     3    4    1
        Edge  3  4 is   0.74979557.
        Edge  4  1 is   1.87180891.
        Edge  1  3 is   1.87180891.
        Angle 1  3  4 is   1.36914614 rad =       78.4463 deg =   78 deg 26 min 47 sec.
        Angle 3  4  1 is   1.36914614 rad =       78.4463 deg =   78 deg 26 min 47 sec.
        Angle 4  1  3 is   0.40330038 rad =       23.1074 deg =   23 deg  6 min 27 sec.


Face # 12 has  3 vertices:
    Vertices input as          3    4    0
    Vertices renumbered as     4    5    1
        Edge  4  5 is   0.74979557.
        Edge  5  1 is   1.87180891.
        Edge  1  4 is   1.87180891.
        Angle 1  4  5 is   1.36914614 rad =       78.4463 deg =   78 deg 26 min 47 sec.
        Angle 4  5  1 is   1.36914614 rad =       78.4463 deg =   78 deg 26 min 47 sec.
        Angle 5  1  4 is   0.40330038 rad =       23.1074 deg =   23 deg  6 min 27 sec.


Face # 13 has  3 vertices:
    Vertices input as          4    5    0
    Vertices renumbered as     5    6    1
        Edge  5  6 is   0.74979557.
        Edge  6  1 is   1.87180891.
        Edge  1  5 is   1.87180891.
        Angle 1  5  6 is   1.36914614 rad =       78.4463 deg =   78 deg 26 min 47 sec.
        Angle 5  6  1 is   1.36914614 rad =       78.4463 deg =   78 deg 26 min 47 sec.
        Angle 6  1  5 is   0.40330038 rad =       23.1074 deg =   23 deg  6 min 27 sec.


Face # 14 has  3 vertices:
    Vertices input as          5    6    0
    Vertices renumbered as     6    7    1
        Edge  6  7 is   0.74979557.
        Edge  7  1 is   1.87180891.
        Edge  1  6 is   1.87180891.
        Angle 1  6  7 is   1.36914614 rad =       78.4463 deg =   78 deg 26 min 47 sec.
```

```
        Angle   6  7  1 is    1.36914614 rad =      78.4463 deg =  78 deg 26 min 47 sec.
        Angle   7  1  6 is    0.40330038 rad =      23.1074 deg =  23 deg  6 min 27 sec.


Face # 15 has  3 vertices:
    Vertices input as           6   7   0
    Vertices renumbered as      7   8   1
        Edge  7  8 is    0.74979557.
        Edge  8  1 is    1.87180891.
        Edge  1  7 is    1.87180891.
        Angle   1  7  8 is    1.36914614 rad =      78.4463 deg =  78 deg 26 min 47 sec.
        Angle   7  8  1 is    1.36914614 rad =      78.4463 deg =  78 deg 26 min 47 sec.
        Angle   8  1  7 is    0.40330038 rad =      23.1074 deg =  23 deg  6 min 27 sec.


Face # 16 has  3 vertices:
    Vertices input as           7   8   0
    Vertices renumbered as      8   9   1
        Edge  8  9 is    0.74979557.
        Edge  9  1 is    1.87180891.
        Edge  1  8 is    1.87180891.
        Angle   1  8  9 is    1.36914614 rad =      78.4463 deg =  78 deg 26 min 47 sec.
        Angle   8  9  1 is    1.36914614 rad =      78.4463 deg =  78 deg 26 min 47 sec.
        Angle   9  1  8 is    0.40330038 rad =      23.1074 deg =  23 deg  6 min 27 sec.


Face # 17 has  4 vertices:
    Vertices input as          17  16   9  10
    Vertices renumbered as     18  17  10  11
        Edge 18 17 is    0.66794742.
        Edge 17 10 is    0.90855643.
        Edge 10 11 is    0.90855643.
        Edge 11 18 is    0.66794742.
        Angle  11 18 17 is    2.04772773 rad =     117.3262 deg = 117 deg 19 min 34 sec.
        Angle  18 17 10 is    1.43883819 rad =      82.4394 deg =  82 deg 26 min 22 sec.
        Angle  17 10 11 is    1.35778119 rad =      77.7951 deg =  77 deg 47 min 42 sec.
        Angle  10 11 18 is    1.43883819 rad =      82.4394 deg =  82 deg 26 min 22 sec.


Face # 18 has  4 vertices:
    Vertices input as          11  10   9  12
    Vertices renumbered as     12  11  10  13
        Edge 12 11 is    0.66794742.
        Edge 11 10 is    0.90855643.
        Edge 10 13 is    0.90855643.
        Edge 13 12 is    0.66794742.
        Angle  13 12 11 is    2.04772773 rad =     117.3262 deg = 117 deg 19 min 34 sec.
        Angle  12 11 10 is    1.43883819 rad =      82.4394 deg =  82 deg 26 min 22 sec.
        Angle  11 10 13 is    1.35778119 rad =      77.7951 deg =  77 deg 47 min 42 sec.
        Angle  10 13 12 is    1.43883819 rad =      82.4394 deg =  82 deg 26 min 22 sec.


Face # 19 has  4 vertices:
    Vertices input as          13  12   9  14
    Vertices renumbered as     14  13  10  15
        Edge 14 13 is    0.66794742.
        Edge 13 10 is    0.90855643.
        Edge 10 15 is    0.90855643.
        Edge 15 14 is    0.66794742.
        Angle  15 14 13 is    2.04772773 rad =     117.3262 deg = 117 deg 19 min 34 sec.
        Angle  14 13 10 is    1.43883819 rad =      82.4394 deg =  82 deg 26 min 22 sec.
        Angle  13 10 15 is    1.35778119 rad =      77.7951 deg =  77 deg 47 min 42 sec.
        Angle  10 15 14 is    1.43883819 rad =      82.4394 deg =  82 deg 26 min 22 sec.
```

```
Face # 20 has  4 vertices:
    Vertices input as         15   14    9   16
    Vertices renumbered as    16   15   10   17
        Edge 16 15 is    0.66794742.
        Edge 15 10 is    0.90855643.
        Edge 10 17 is    0.90855643.
        Edge 17 16 is    0.66794742.
        Angle 17 16 15 is   2.04772773 rad =      117.3262 deg = 117 deg 19 min 34 sec.
        Angle 16 15 10 is   1.43883819 rad =       82.4394 deg =  82 deg 26 min 22 sec.
        Angle 15 10 17 is   1.35778119 rad =       77.7951 deg =  77 deg 47 min 42 sec.
        Angle 10 17 16 is   1.43883819 rad =       82.4394 deg =  82 deg 26 min 22 sec.


The edge joining vertices  1 and  2 is between faces  9 and 10.
    Dihedral angle is   2.46298678 rad =      141.1187 deg = 141 deg  7 min  7 sec.
The edge joining vertices  1 and  3 is between faces 10 and 11.
    Dihedral angle is   2.46298678 rad =      141.1187 deg = 141 deg  7 min  7 sec.
The edge joining vertices  1 and  4 is between faces 11 and 12.
    Dihedral angle is   2.46298678 rad =      141.1187 deg = 141 deg  7 min  7 sec.
The edge joining vertices  1 and  5 is between faces 12 and 13.
    Dihedral angle is   2.46298678 rad =      141.1187 deg = 141 deg  7 min  7 sec.
The edge joining vertices  1 and  6 is between faces 13 and 14.
    Dihedral angle is   2.46298678 rad =      141.1187 deg = 141 deg  7 min  7 sec.
The edge joining vertices  1 and  7 is between faces 14 and 15.
    Dihedral angle is   2.46298678 rad =      141.1187 deg = 141 deg  7 min  7 sec.
The edge joining vertices  1 and  8 is between faces 15 and 16.
    Dihedral angle is   2.46298678 rad =      141.1187 deg = 141 deg  7 min  7 sec.
The edge joining vertices  1 and  9 is between faces  9 and 16.
    Dihedral angle is   2.46298678 rad =      141.1187 deg = 141 deg  7 min  7 sec.
The edge joining vertices  2 and  3 is between faces  2 and 10.
    Dihedral angle is   2.43006109 rad =      139.2322 deg = 139 deg 13 min 56 sec.
The edge joining vertices  2 and  9 is between faces  1 and  9.
    Dihedral angle is   2.43006109 rad =      139.2322 deg = 139 deg 13 min 56 sec.
The edge joining vertices  2 and 12 is between faces  1 and  2.
    Dihedral angle is   2.37193113 rad =      135.9016 deg = 135 deg 54 min  6 sec.
The edge joining vertices  3 and  4 is between faces  3 and 11.
    Dihedral angle is   2.43006109 rad =      139.2322 deg = 139 deg 13 min 56 sec.
The edge joining vertices  3 and 13 is between faces  2 and  3.
    Dihedral angle is   2.37193113 rad =      135.9016 deg = 135 deg 54 min  6 sec.
The edge joining vertices  4 and  5 is between faces  4 and 12.
    Dihedral angle is   2.43006109 rad =      139.2322 deg = 139 deg 13 min 56 sec.
The edge joining vertices  4 and 14 is between faces  3 and  4.
    Dihedral angle is   2.37193113 rad =      135.9016 deg = 135 deg 54 min  6 sec.
The edge joining vertices  5 and  6 is between faces  5 and 13.
    Dihedral angle is   2.43006109 rad =      139.2322 deg = 139 deg 13 min 56 sec.
The edge joining vertices  5 and 15 is between faces  4 and  5.
    Dihedral angle is   2.37193113 rad =      135.9016 deg = 135 deg 54 min  6 sec.
The edge joining vertices  6 and  7 is between faces  6 and 14.
    Dihedral angle is   2.43006109 rad =      139.2322 deg = 139 deg 13 min 56 sec.
The edge joining vertices  6 and 16 is between faces  5 and  6.
    Dihedral angle is   2.37193113 rad =      135.9016 deg = 135 deg 54 min  6 sec.
The edge joining vertices  7 and  8 is between faces  7 and 15.
    Dihedral angle is   2.43006109 rad =      139.2322 deg = 139 deg 13 min 56 sec.
The edge joining vertices  7 and 17 is between faces  6 and  7.
    Dihedral angle is   2.37193113 rad =      135.9016 deg = 135 deg 54 min  6 sec.
The edge joining vertices  8 and  9 is between faces  8 and 16.
    Dihedral angle is   2.43006109 rad =      139.2322 deg = 139 deg 13 min 56 sec.
The edge joining vertices  8 and 18 is between faces  7 and  8.
    Dihedral angle is   2.37193113 rad =      135.9016 deg = 135 deg 54 min  6 sec.
The edge joining vertices  9 and 11 is between faces  1 and  8.
    Dihedral angle is   2.37193113 rad =      135.9016 deg = 135 deg 54 min  6 sec.
```

```
The edge joining vertices 10 and 11 is between faces 17 and 18.
      Dihedral angle is    2.27966005 rad =       130.6149 deg = 130 deg 36 min 54 sec.
The edge joining vertices 10 and 13 is between faces 18 and 19.
      Dihedral angle is    2.27966005 rad =       130.6149 deg = 130 deg 36 min 54 sec.
The edge joining vertices 10 and 15 is between faces 19 and 20.
      Dihedral angle is    2.27966005 rad =       130.6149 deg = 130 deg 36 min 54 sec.
The edge joining vertices 10 and 17 is between faces 17 and 20.
      Dihedral angle is    2.27966005 rad =       130.6149 deg = 130 deg 36 min 54 sec.
The edge joining vertices 11 and 12 is between faces  1 and 18.
      Dihedral angle is    2.33514855 rad =       133.7942 deg = 133 deg 47 min 39 sec.
The edge joining vertices 11 and 18 is between faces  8 and 17.
      Dihedral angle is    2.33514855 rad =       133.7942 deg = 133 deg 47 min 39 sec.
The edge joining vertices 12 and 13 is between faces  2 and 18.
      Dihedral angle is    2.33514855 rad =       133.7942 deg = 133 deg 47 min 39 sec.
The edge joining vertices 13 and 14 is between faces  3 and 19.
      Dihedral angle is    2.33514855 rad =       133.7942 deg = 133 deg 47 min 39 sec.
The edge joining vertices 14 and 15 is between faces  4 and 19.
      Dihedral angle is    2.33514855 rad =       133.7942 deg = 133 deg 47 min 39 sec.
The edge joining vertices 15 and 16 is between faces  5 and 20.
      Dihedral angle is    2.33514855 rad =       133.7942 deg = 133 deg 47 min 39 sec.
The edge joining vertices 16 and 17 is between faces  6 and 20.
      Dihedral angle is    2.33514855 rad =       133.7942 deg = 133 deg 47 min 39 sec.
The edge joining vertices 17 and 18 is between faces  7 and 17.
      Dihedral angle is    2.33514855 rad =       133.7942 deg = 133 deg 47 min 39 sec.
```

Report based on file j20.off

```
Vertex #  1: (  1.53884177,  0.50000000, -0.50000000).
Vertex #  2: (  0.95105652,  1.30901699, -0.50000000).
Vertex #  3: (  0.00000000,  1.61803399, -0.50000000).
Vertex #  4: ( -0.95105652,  1.30901699, -0.50000000).
Vertex #  5: ( -1.53884177,  0.50000000, -0.50000000).
Vertex #  6: ( -1.53884177, -0.50000000, -0.50000000).
Vertex #  7: ( -0.95105652, -1.30901699, -0.50000000).
Vertex #  8: (  0.00000000, -1.61803399, -0.50000000).
Vertex #  9: (  0.95105652, -1.30901699, -0.50000000).
Vertex # 10: (  1.53884177, -0.50000000, -0.50000000).
Vertex # 11: (  1.53884177,  0.50000000,  0.50000000).
Vertex # 12: (  0.95105652,  1.30901699,  0.50000000).
Vertex # 13: (  0.00000000,  1.61803399,  0.50000000).
Vertex # 14: ( -0.95105652,  1.30901699,  0.50000000).
Vertex # 15: ( -1.53884177,  0.50000000,  0.50000000).
Vertex # 16: ( -1.53884177, -0.50000000,  0.50000000).
Vertex # 17: ( -0.95105652, -1.30901699,  0.50000000).
Vertex # 18: (  0.00000000, -1.61803399,  0.50000000).
Vertex # 19: (  0.95105652, -1.30901699,  0.50000000).
Vertex # 20: (  1.53884177, -0.50000000,  0.50000000).
Vertex # 21: (  0.68819096, -0.50000000, -1.02573111).
Vertex # 22: (  0.68819096,  0.50000000, -1.02573111).
Vertex # 23: ( -0.26286556,  0.80901699, -1.02573111).
Vertex # 24: ( -0.85065081,  0.00000000, -1.02573111).
Vertex # 25: ( -0.26286556, -0.80901699, -1.02573111).


Face #  1 has 10 vertices:
    Vertices input as          10  11  12  13  14  15  16  17  18  19
    Vertices renumbered as     11  12  13  14  15  16  17  18  19  20
       Edge 11 12 is    1.00000000.
       Edge 12 13 is    1.00000000.
       Edge 13 14 is    1.00000000.
       Edge 14 15 is    1.00000000.
       Edge 15 16 is    1.00000000.
       Edge 16 17 is    1.00000000.
       Edge 17 18 is    1.00000000.
       Edge 18 19 is    1.00000000.
       Edge 19 20 is    1.00000000.
       Edge 20 11 is    1.00000000.
       Angle 20 11 12 is   2.51327412 rad =        144.0000 deg = 144 deg  0 min  0 sec.
       Angle 11 12 13 is   2.51327412 rad =        144.0000 deg = 144 deg  0 min  0 sec.
       Angle 12 13 14 is   2.51327412 rad =        144.0000 deg = 144 deg  0 min  0 sec.
       Angle 13 14 15 is   2.51327412 rad =        144.0000 deg = 144 deg  0 min  0 sec.
       Angle 14 15 16 is   2.51327412 rad =        144.0000 deg = 144 deg  0 min  0 sec.
       Angle 15 16 17 is   2.51327412 rad =        144.0000 deg = 144 deg  0 min  0 sec.
       Angle 16 17 18 is   2.51327412 rad =        144.0000 deg = 144 deg  0 min  0 sec.
       Angle 17 18 19 is   2.51327412 rad =        144.0000 deg = 144 deg  0 min  0 sec.
       Angle 18 19 20 is   2.51327412 rad =        144.0000 deg = 144 deg  0 min  0 sec.
       Angle 19 20 11 is   2.51327412 rad =        144.0000 deg = 144 deg  0 min  0 sec.


Face #  2 has  4 vertices:
    Vertices input as           0   1  11  10
    Vertices renumbered as      1   2  12  11
       Edge  1  2 is    1.00000000.
       Edge  2 12 is    1.00000000.
       Edge 12 11 is    1.00000000.
       Edge 11  1 is    1.00000000.
       Angle 11  1  2 is   1.57079633 rad =         90.0000 deg =  90 deg  0 min  0 sec.
```

```
                Angle  1  2 12 is    1.57079633 rad =    90.0000 deg =  90 deg  0 min  0 sec.
                Angle  2 12 11 is    1.57079633 rad =    90.0000 deg =  90 deg  0 min  0 sec.
                Angle 12 11  1 is    1.57079633 rad =    90.0000 deg =  90 deg  0 min  0 sec.


Face #  3 has  4 vertices:
        Vertices input as          1    2   12   11
        Vertices renumbered as     2    3   13   12
                Edge  2  3 is    1.00000000.
                Edge  3 13 is    1.00000000.
                Edge 13 12 is    1.00000000.
                Edge 12  2 is    1.00000000.
                Angle 12  2  3 is    1.57079633 rad =    90.0000 deg =  90 deg  0 min  0 sec.
                Angle  2  3 13 is    1.57079633 rad =    90.0000 deg =  90 deg  0 min  0 sec.
                Angle  3 13 12 is    1.57079633 rad =    90.0000 deg =  90 deg  0 min  0 sec.
                Angle 13 12  2 is    1.57079633 rad =    90.0000 deg =  90 deg  0 min  0 sec.


Face #  4 has  4 vertices:
        Vertices input as          2    3   13   12
        Vertices renumbered as     3    4   14   13
                Edge  3  4 is    1.00000000.
                Edge  4 14 is    1.00000000.
                Edge 14 13 is    1.00000000.
                Edge 13  3 is    1.00000000.
                Angle 13  3  4 is    1.57079633 rad =    90.0000 deg =  90 deg  0 min  0 sec.
                Angle  3  4 14 is    1.57079633 rad =    90.0000 deg =  90 deg  0 min  0 sec.
                Angle  4 14 13 is    1.57079633 rad =    90.0000 deg =  90 deg  0 min  0 sec.
                Angle 14 13  3 is    1.57079633 rad =    90.0000 deg =  90 deg  0 min  0 sec.


Face #  5 has  4 vertices:
        Vertices input as          3    4   14   13
        Vertices renumbered as     4    5   15   14
                Edge  4  5 is    1.00000000.
                Edge  5 15 is    1.00000000.
                Edge 15 14 is    1.00000000.
                Edge 14  4 is    1.00000000.
                Angle 14  4  5 is    1.57079633 rad =    90.0000 deg =  90 deg  0 min  0 sec.
                Angle  4  5 15 is    1.57079633 rad =    90.0000 deg =  90 deg  0 min  0 sec.
                Angle  5 15 14 is    1.57079633 rad =    90.0000 deg =  90 deg  0 min  0 sec.
                Angle 15 14  4 is    1.57079633 rad =    90.0000 deg =  90 deg  0 min  0 sec.


Face #  6 has  4 vertices:
        Vertices input as          4    5   15   14
        Vertices renumbered as     5    6   16   15
                Edge  5  6 is    1.00000000.
                Edge  6 16 is    1.00000000.
                Edge 16 15 is    1.00000000.
                Edge 15  5 is    1.00000000.
                Angle 15  5  6 is    1.57079633 rad =    90.0000 deg =  90 deg  0 min  0 sec.
                Angle  5  6 16 is    1.57079633 rad =    90.0000 deg =  90 deg  0 min  0 sec.
                Angle  6 16 15 is    1.57079633 rad =    90.0000 deg =  90 deg  0 min  0 sec.
                Angle 16 15  5 is    1.57079633 rad =    90.0000 deg =  90 deg  0 min  0 sec.


Face #  7 has  4 vertices:
        Vertices input as          5    6   16   15
        Vertices renumbered as     6    7   17   16
                Edge  6  7 is    1.00000000.
                Edge  7 17 is    1.00000000.
                Edge 17 16 is    1.00000000.
```

```
        Edge  16   6 is    1.00000000.
        Angle 16   6   7 is    1.57079633 rad =        90.0000 deg =  90 deg   0 min   0 sec.
        Angle  6   7  17 is    1.57079633 rad =        90.0000 deg =  90 deg   0 min   0 sec.
        Angle  7  17  16 is    1.57079633 rad =        90.0000 deg =  90 deg   0 min   0 sec.
        Angle 17  16   6 is    1.57079633 rad =        90.0000 deg =  90 deg   0 min   0 sec.


Face #  8 has  4 vertices:
    Vertices input as         6   7  17  16
    Vertices renumbered as    7   8  18  17
        Edge   7   8 is    1.00000000.
        Edge   8  18 is    1.00000000.
        Edge  18  17 is    1.00000000.
        Edge  17   7 is    1.00000000.
        Angle 17   7   8 is    1.57079633 rad =        90.0000 deg =  90 deg   0 min   0 sec.
        Angle  7   8  18 is    1.57079633 rad =        90.0000 deg =  90 deg   0 min   0 sec.
        Angle  8  18  17 is    1.57079633 rad =        90.0000 deg =  90 deg   0 min   0 sec.
        Angle 18  17   7 is    1.57079633 rad =        90.0000 deg =  90 deg   0 min   0 sec.


Face #  9 has  4 vertices:
    Vertices input as         7   8  18  17
    Vertices renumbered as    8   9  19  18
        Edge   8   9 is    1.00000000.
        Edge   9  19 is    1.00000000.
        Edge  19  18 is    1.00000000.
        Edge  18   8 is    1.00000000.
        Angle 18   8   9 is    1.57079633 rad =        90.0000 deg =  90 deg   0 min   0 sec.
        Angle  8   9  19 is    1.57079633 rad =        90.0000 deg =  90 deg   0 min   0 sec.
        Angle  9  19  18 is    1.57079633 rad =        90.0000 deg =  90 deg   0 min   0 sec.
        Angle 19  18   8 is    1.57079633 rad =        90.0000 deg =  90 deg   0 min   0 sec.


Face # 10 has  4 vertices:
    Vertices input as         8   9  19  18
    Vertices renumbered as    9  10  20  19
        Edge   9  10 is    1.00000000.
        Edge  10  20 is    1.00000000.
        Edge  20  19 is    1.00000000.
        Edge  19   9 is    1.00000000.
        Angle 19   9  10 is    1.57079633 rad =        90.0000 deg =  90 deg   0 min   0 sec.
        Angle  9  10  20 is    1.57079633 rad =        90.0000 deg =  90 deg   0 min   0 sec.
        Angle 10  20  19 is    1.57079633 rad =        90.0000 deg =  90 deg   0 min   0 sec.
        Angle 20  19   9 is    1.57079633 rad =        90.0000 deg =  90 deg   0 min   0 sec.


Face # 11 has  4 vertices:
    Vertices input as         9   0  10  19
    Vertices renumbered as   10   1  11  20
        Edge  10   1 is    1.00000000.
        Edge   1  11 is    1.00000000.
        Edge  11  20 is    1.00000000.
        Edge  20  10 is    1.00000000.
        Angle 20  10   1 is    1.57079633 rad =        90.0000 deg =  90 deg   0 min   0 sec.
        Angle 10   1  11 is    1.57079633 rad =        90.0000 deg =  90 deg   0 min   0 sec.
        Angle  1  11  20 is    1.57079633 rad =        90.0000 deg =  90 deg   0 min   0 sec.
        Angle 11  20  10 is    1.57079633 rad =        90.0000 deg =  90 deg   0 min   0 sec.


Face # 12 has  5 vertices:
    Vertices input as        24  23  22  21  20
    Vertices renumbered as   25  24  23  22  21
        Edge  25  24 is    1.00000000.
```

```
        Edge  24  23 is   1.00000000.
        Edge  23  22 is   1.00000000.
        Edge  22  21 is   1.00000000.
        Edge  21  25 is   1.00000000.
        Angle 21  25  24 is   1.88495559 rad =      108.0000 deg =  108 deg  0 min  0 sec.
        Angle 25  24  23 is   1.88495559 rad =      108.0000 deg =  108 deg  0 min  0 sec.
        Angle 24  23  22 is   1.88495559 rad =      108.0000 deg =  108 deg  0 min  0 sec.
        Angle 23  22  21 is   1.88495559 rad =      108.0000 deg =  108 deg  0 min  0 sec.
        Angle 22  21  25 is   1.88495559 rad =      108.0000 deg =  108 deg  0 min  0 sec.


Face # 13 has  4 vertices:
    Vertices input as          9   20   21    0
    Vertices renumbered as    10   21   22    1
        Edge  10  21 is   1.00000000.
        Edge  21  22 is   1.00000000.
        Edge  22   1 is   1.00000000.
        Edge   1  10 is   1.00000000.
        Angle  1  10  21 is   1.57079633 rad =       90.0000 deg =   90 deg  0 min  0 sec.
        Angle 10  21  22 is   1.57079633 rad =       90.0000 deg =   90 deg  0 min  0 sec.
        Angle 21  22   1 is   1.57079633 rad =       90.0000 deg =   90 deg  0 min  0 sec.
        Angle 22   1  10 is   1.57079633 rad =       90.0000 deg =   90 deg  0 min  0 sec.


Face # 14 has  3 vertices:
    Vertices input as          0   21    1
    Vertices renumbered as     1   22    2
        Edge   1  22 is   1.00000000.
        Edge  22   2 is   1.00000000.
        Edge   2   1 is   1.00000000.
        Angle  2   1  22 is   1.04719755 rad =       60.0000 deg =   60 deg  0 min  0 sec.
        Angle  1  22   2 is   1.04719755 rad =       60.0000 deg =   60 deg  0 min  0 sec.
        Angle 22   2   1 is   1.04719755 rad =       60.0000 deg =   60 deg  0 min  0 sec.


Face # 15 has  4 vertices:
    Vertices input as          1   21   22    2
    Vertices renumbered as     2   22   23    3
        Edge   2  22 is   1.00000000.
        Edge  22  23 is   1.00000000.
        Edge  23   3 is   1.00000000.
        Edge   3   2 is   1.00000000.
        Angle  3   2  22 is   1.57079633 rad =       90.0000 deg =   90 deg  0 min  0 sec.
        Angle  2  22  23 is   1.57079633 rad =       90.0000 deg =   90 deg  0 min  0 sec.
        Angle 22  23   3 is   1.57079633 rad =       90.0000 deg =   90 deg  0 min  0 sec.
        Angle 23   3   2 is   1.57079633 rad =       90.0000 deg =   90 deg  0 min  0 sec.


Face # 16 has  3 vertices:
    Vertices input as          2   22    3
    Vertices renumbered as     3   23    4
        Edge   3  23 is   1.00000000.
        Edge  23   4 is   1.00000000.
        Edge   4   3 is   1.00000000.
        Angle  4   3  23 is   1.04719755 rad =       60.0000 deg =   60 deg  0 min  0 sec.
        Angle  3  23   4 is   1.04719755 rad =       60.0000 deg =   60 deg  0 min  0 sec.
        Angle 23   4   3 is   1.04719755 rad =       60.0000 deg =   60 deg  0 min  0 sec.


Face # 17 has  4 vertices:
    Vertices input as          3   22   23    4
    Vertices renumbered as     4   23   24    5
        Edge   4  23 is   1.00000000.
```

```
        Edge  23  24 is    1.00000000.
        Edge  24   5 is    1.00000000.
        Edge   5   4 is    1.00000000.
        Angle  5   4  23 is    1.57079633 rad =        90.0000 deg =   90 deg   0 min   0 sec.
        Angle  4  23  24 is    1.57079633 rad =        90.0000 deg =   90 deg   0 min   0 sec.
        Angle 23  24   5 is    1.57079633 rad =        90.0000 deg =   90 deg   0 min   0 sec.
        Angle 24   5   4 is    1.57079633 rad =        90.0000 deg =   90 deg   0 min   0 sec.


Face # 18 has  3 vertices:
    Vertices input as           4  23   5
    Vertices renumbered as      5  24   6
        Edge   5  24 is    1.00000000.
        Edge  24   6 is    1.00000000.
        Edge   6   5 is    1.00000000.
        Angle  6   5  24 is    1.04719755 rad =        60.0000 deg =   60 deg   0 min   0 sec.
        Angle  5  24   6 is    1.04719755 rad =        60.0000 deg =   60 deg   0 min   0 sec.
        Angle 24   6   5 is    1.04719755 rad =        60.0000 deg =   60 deg   0 min   0 sec.


Face # 19 has  4 vertices:
    Vertices input as           5  23  24   6
    Vertices renumbered as      6  24  25   7
        Edge   6  24 is    1.00000000.
        Edge  24  25 is    1.00000000.
        Edge  25   7 is    1.00000000.
        Edge   7   6 is    1.00000000.
        Angle  7   6  24 is    1.57079633 rad =        90.0000 deg =   90 deg   0 min   0 sec.
        Angle  6  24  25 is    1.57079633 rad =        90.0000 deg =   90 deg   0 min   0 sec.
        Angle 24  25   7 is    1.57079633 rad =        90.0000 deg =   90 deg   0 min   0 sec.
        Angle 25   7   6 is    1.57079633 rad =        90.0000 deg =   90 deg   0 min   0 sec.


Face # 20 has  3 vertices:
    Vertices input as           6  24   7
    Vertices renumbered as      7  25   8
        Edge   7  25 is    1.00000000.
        Edge  25   8 is    1.00000000.
        Edge   8   7 is    1.00000000.
        Angle  8   7  25 is    1.04719755 rad =        60.0000 deg =   60 deg   0 min   0 sec.
        Angle  7  25   8 is    1.04719755 rad =        60.0000 deg =   60 deg   0 min   0 sec.
        Angle 25   8   7 is    1.04719755 rad =        60.0000 deg =   60 deg   0 min   0 sec.


Face # 21 has  4 vertices:
    Vertices input as           7  24  20   8
    Vertices renumbered as      8  25  21   9
        Edge   8  25 is    1.00000000.
        Edge  25  21 is    1.00000000.
        Edge  21   9 is    1.00000000.
        Edge   9   8 is    1.00000000.
        Angle  9   8  25 is    1.57079633 rad =        90.0000 deg =   90 deg   0 min   0 sec.
        Angle  8  25  21 is    1.57079633 rad =        90.0000 deg =   90 deg   0 min   0 sec.
        Angle 25  21   9 is    1.57079633 rad =        90.0000 deg =   90 deg   0 min   0 sec.
        Angle 21   9   8 is    1.57079633 rad =        90.0000 deg =   90 deg   0 min   0 sec.


Face # 22 has  3 vertices:
    Vertices input as           8  20   9
    Vertices renumbered as      9  21  10
        Edge   9  21 is    1.00000000.
        Edge  21  10 is    1.00000000.
        Edge  10   9 is    1.00000000.
```

```
        Angle 10  9 21 is      1.04719755 rad =         60.0000 deg =  60 deg  0 min  0 sec.
        Angle  9 21 10 is      1.04719755 rad =         60.0000 deg =  60 deg  0 min  0 sec.
        Angle 21 10  9 is      1.04719755 rad =         60.0000 deg =  60 deg  0 min  0 sec.


The edge joining vertices  1 and  2 is between faces  2 and 14.
        Dihedral angle is    2.22315447 rad =        127.3774 deg = 127 deg 22 min 39 sec.
The edge joining vertices  1 and 10 is between faces 11 and 13.
        Dihedral angle is    2.12437069 rad =        121.7175 deg = 121 deg 43 min  3 sec.
The edge joining vertices  1 and 11 is between faces  2 and 11.
        Dihedral angle is    2.51327412 rad =        144.0000 deg = 144 deg  0 min  0 sec.
The edge joining vertices  1 and 22 is between faces 13 and 14.
        Dihedral angle is    2.77672883 rad =        159.0948 deg = 159 deg  5 min 41 sec.
The edge joining vertices  2 and  3 is between faces  3 and 15.
        Dihedral angle is    2.12437069 rad =        121.7175 deg = 121 deg 43 min  3 sec.
The edge joining vertices  2 and 12 is between faces  2 and  3.
        Dihedral angle is    2.51327412 rad =        144.0000 deg = 144 deg  0 min  0 sec.
The edge joining vertices  2 and 22 is between faces 14 and 15.
        Dihedral angle is    2.77672883 rad =        159.0948 deg = 159 deg  5 min 41 sec.
The edge joining vertices  3 and  4 is between faces  4 and 16.
        Dihedral angle is    2.22315447 rad =        127.3774 deg = 127 deg 22 min 39 sec.
The edge joining vertices  3 and 13 is between faces  3 and  4.
        Dihedral angle is    2.51327412 rad =        144.0000 deg = 144 deg  0 min  0 sec.
The edge joining vertices  3 and 23 is between faces 15 and 16.
        Dihedral angle is    2.77672883 rad =        159.0948 deg = 159 deg  5 min 41 sec.
The edge joining vertices  4 and  5 is between faces  5 and 17.
        Dihedral angle is    2.12437069 rad =        121.7175 deg = 121 deg 43 min  3 sec.
The edge joining vertices  4 and 14 is between faces  4 and  5.
        Dihedral angle is    2.51327412 rad =        144.0000 deg = 144 deg  0 min  0 sec.
The edge joining vertices  4 and 23 is between faces 16 and 17.
        Dihedral angle is    2.77672883 rad =        159.0948 deg = 159 deg  5 min 41 sec.
The edge joining vertices  5 and  6 is between faces  6 and 18.
        Dihedral angle is    2.22315447 rad =        127.3774 deg = 127 deg 22 min 39 sec.
The edge joining vertices  5 and 15 is between faces  5 and  6.
        Dihedral angle is    2.51327412 rad =        144.0000 deg = 144 deg  0 min  0 sec.
The edge joining vertices  5 and 24 is between faces 17 and 18.
        Dihedral angle is    2.77672883 rad =        159.0948 deg = 159 deg  5 min 41 sec.
The edge joining vertices  6 and  7 is between faces  7 and 19.
        Dihedral angle is    2.12437069 rad =        121.7175 deg = 121 deg 43 min  3 sec.
The edge joining vertices  6 and 16 is between faces  6 and  7.
        Dihedral angle is    2.51327412 rad =        144.0000 deg = 144 deg  0 min  0 sec.
The edge joining vertices  6 and 24 is between faces 18 and 19.
        Dihedral angle is    2.77672883 rad =        159.0948 deg = 159 deg  5 min 41 sec.
The edge joining vertices  7 and  8 is between faces  8 and 20.
        Dihedral angle is    2.22315447 rad =        127.3774 deg = 127 deg 22 min 39 sec.
The edge joining vertices  7 and 17 is between faces  7 and  8.
        Dihedral angle is    2.51327412 rad =        144.0000 deg = 144 deg  0 min  0 sec.
The edge joining vertices  7 and 25 is between faces 19 and 20.
        Dihedral angle is    2.77672883 rad =        159.0948 deg = 159 deg  5 min 41 sec.
The edge joining vertices  8 and  9 is between faces  9 and 21.
        Dihedral angle is    2.12437069 rad =        121.7175 deg = 121 deg 43 min  3 sec.
The edge joining vertices  8 and 18 is between faces  8 and  9.
        Dihedral angle is    2.51327412 rad =        144.0000 deg = 144 deg  0 min  0 sec.
The edge joining vertices  8 and 25 is between faces 20 and 21.
        Dihedral angle is    2.77672883 rad =        159.0948 deg = 159 deg  5 min 41 sec.
The edge joining vertices  9 and 10 is between faces 10 and 22.
        Dihedral angle is    2.22315447 rad =        127.3774 deg = 127 deg 22 min 39 sec.
The edge joining vertices  9 and 19 is between faces  9 and 10.
        Dihedral angle is    2.51327412 rad =        144.0000 deg = 144 deg  0 min  0 sec.
The edge joining vertices  9 and 21 is between faces 21 and 22.
        Dihedral angle is    2.77672883 rad =        159.0948 deg = 159 deg  5 min 41 sec.
The edge joining vertices 10 and 20 is between faces 10 and 11.
        Dihedral angle is    2.51327412 rad =        144.0000 deg = 144 deg  0 min  0 sec.
```

```
The edge joining vertices 10 and 21 is between faces 13 and 22.
        Dihedral angle is    2.77672883 rad =     159.0948 deg = 159 deg  5 min 41 sec.
The edge joining vertices 11 and 12 is between faces  1 and  2.
        Dihedral angle is    1.57079633 rad =      90.0000 deg =  90 deg  0 min  0 sec.
The edge joining vertices 11 and 20 is between faces  1 and 11.
        Dihedral angle is    1.57079633 rad =      90.0000 deg =  90 deg  0 min  0 sec.
The edge joining vertices 12 and 13 is between faces  1 and  3.
        Dihedral angle is    1.57079633 rad =      90.0000 deg =  90 deg  0 min  0 sec.
The edge joining vertices 13 and 14 is between faces  1 and  4.
        Dihedral angle is    1.57079633 rad =      90.0000 deg =  90 deg  0 min  0 sec.
The edge joining vertices 14 and 15 is between faces  1 and  5.
        Dihedral angle is    1.57079633 rad =      90.0000 deg =  90 deg  0 min  0 sec.
The edge joining vertices 15 and 16 is between faces  1 and  6.
        Dihedral angle is    1.57079633 rad =      90.0000 deg =  90 deg  0 min  0 sec.
The edge joining vertices 16 and 17 is between faces  1 and  7.
        Dihedral angle is    1.57079633 rad =      90.0000 deg =  90 deg  0 min  0 sec.
The edge joining vertices 17 and 18 is between faces  1 and  8.
        Dihedral angle is    1.57079633 rad =      90.0000 deg =  90 deg  0 min  0 sec.
The edge joining vertices 18 and 19 is between faces  1 and  9.
        Dihedral angle is    1.57079633 rad =      90.0000 deg =  90 deg  0 min  0 sec.
The edge joining vertices 19 and 20 is between faces  1 and 10.
        Dihedral angle is    1.57079633 rad =      90.0000 deg =  90 deg  0 min  0 sec.
The edge joining vertices 21 and 22 is between faces 12 and 13.
        Dihedral angle is    2.58801829 rad =     148.2825 deg = 148 deg 16 min 57 sec.
The edge joining vertices 21 and 25 is between faces 12 and 21.
        Dihedral angle is    2.58801829 rad =     148.2825 deg = 148 deg 16 min 57 sec.
The edge joining vertices 22 and 23 is between faces 12 and 15.
        Dihedral angle is    2.58801829 rad =     148.2825 deg = 148 deg 16 min 57 sec.
The edge joining vertices 23 and 24 is between faces 12 and 17.
        Dihedral angle is    2.58801829 rad =     148.2825 deg = 148 deg 16 min 57 sec.
The edge joining vertices 24 and 25 is between faces 12 and 19.
        Dihedral angle is    2.58801829 rad =     148.2825 deg = 148 deg 16 min 57 sec.
```

Report based on file j20d.off

```
Vertex #  1: (  0.00000000,  0.00000000,  1.42141905).
Vertex #  2: (  0.60299590,  0.43810217, -0.20514622).
Vertex #  3: (  0.23032394,  0.70886419, -0.20514622).
Vertex #  4: ( -0.23032394,  0.70886419, -0.20514622).
Vertex #  5: ( -0.60299590,  0.43810217, -0.20514622).
Vertex #  6: ( -0.74534392,  0.00000000, -0.20514622).
Vertex #  7: ( -0.60299590, -0.43810217, -0.20514622).
Vertex #  8: ( -0.23032394, -0.70886419, -0.20514622).
Vertex #  9: (  0.23032394, -0.70886419, -0.20514622).
Vertex # 10: (  0.60299590, -0.43810217, -0.20514622).
Vertex # 11: (  0.74534392,  0.00000000, -0.20514622).
Vertex # 12: (  0.00000000,  0.00000000, -1.60288870).
Vertex # 13: (  0.56895283,  0.00000000, -1.12573125).
Vertex # 14: (  0.48208140,  0.35025264, -0.98517031).
Vertex # 15: (  0.17581609,  0.54110630, -1.12573125).
Vertex # 16: ( -0.18413871,  0.56672067, -0.98517031).
Vertex # 17: ( -0.46029251,  0.33442209, -1.12573125).
Vertex # 18: ( -0.59588538,  0.00000000, -0.98517031).
Vertex # 19: ( -0.46029251, -0.33442209, -1.12573125).
Vertex # 20: ( -0.18413871, -0.56672067, -0.98517031).
Vertex # 21: (  0.17581609, -0.54110630, -1.12573125).
Vertex # 22: (  0.48208140, -0.35025264, -0.98517031).


Face #  1 has  4 vertices:
    Vertices input as         13   1  10  12
    Vertices renumbered as    14   2  11  13
       Edge 14  2 is   0.79421372.
       Edge  2 11 is   0.46064788.
       Edge 11 13 is   0.93733164.
       Edge 13 14 is   0.38727372.
       Angle 13 14  2 is   2.00683560 rad =      114.9832 deg = 114 deg 58 min 60 sec.
       Angle 14  2 11 is   1.51261136 rad =       86.6662 deg =  86 deg 39 min 58 sec.
       Angle  2 11 13 is   1.51261136 rad =       86.6662 deg =  86 deg 39 min 58 sec.
       Angle 11 13 14 is   1.25112699 rad =       71.6843 deg =  71 deg 41 min  3 sec.


Face #  2 has  4 vertices:
    Vertices input as          1  13  14   2
    Vertices renumbered as     2  14  15   3
       Edge  2 14 is   0.79421372.
       Edge 14 15 is   0.38727372.
       Edge 15  3 is   0.93733164.
       Edge  3  2 is   0.46064788.
       Angle  3  2 14 is   1.51261136 rad =       86.6662 deg =  86 deg 39 min 58 sec.
       Angle  2 14 15 is   2.00683560 rad =      114.9832 deg = 114 deg 58 min 60 sec.
       Angle 14 15  3 is   1.25112699 rad =       71.6843 deg =  71 deg 41 min  3 sec.
       Angle 15  3  2 is   1.51261136 rad =       86.6662 deg =  86 deg 39 min 58 sec.


Face #  3 has  4 vertices:
    Vertices input as          2  14  15   3
    Vertices renumbered as     3  15  16   4
       Edge  3 15 is   0.93733164.
       Edge 15 16 is   0.38727372.
       Edge 16  4 is   0.79421372.
       Edge  4  3 is   0.46064788.
       Angle  4  3 15 is   1.51261136 rad =       86.6662 deg =  86 deg 39 min 58 sec.
       Angle  3 15 16 is   1.25112699 rad =       71.6843 deg =  71 deg 41 min  3 sec.
       Angle 15 16  4 is   2.00683560 rad =      114.9832 deg = 114 deg 58 min 60 sec.
```

```
         Angle 16   4   3 is    1.51261136 rad =       86.6662 deg =  86 deg 39 min 58 sec.


Face #  4 has  4 vertices:
    Vertices input as           3  15  16   4
    Vertices renumbered as      4  16  17   5
      Edge  4 16 is   0.79421372.
      Edge 16 17 is   0.38727372.
      Edge 17  5 is   0.93733164.
      Edge  5  4 is   0.46064788.
      Angle  5   4  16 is    1.51261136 rad =       86.6662 deg =  86 deg 39 min 58 sec.
      Angle  4  16  17 is    2.00683560 rad =      114.9832 deg = 114 deg 58 min 60 sec.
      Angle 16  17   5 is    1.25112699 rad =       71.6843 deg =  71 deg 41 min  3 sec.
      Angle 17   5   4 is    1.51261136 rad =       86.6662 deg =  86 deg 39 min 58 sec.


Face #  5 has  4 vertices:
    Vertices input as           4  16  17   5
    Vertices renumbered as      5  17  18   6
      Edge  5 17 is   0.93733164.
      Edge 17 18 is   0.38727372.
      Edge 18  6 is   0.79421372.
      Edge  6  5 is   0.46064788.
      Angle  6   5  17 is    1.51261136 rad =       86.6662 deg =  86 deg 39 min 58 sec.
      Angle  5  17  18 is    1.25112699 rad =       71.6843 deg =  71 deg 41 min  3 sec.
      Angle 17  18   6 is    2.00683560 rad =      114.9832 deg = 114 deg 58 min 60 sec.
      Angle 18   6   5 is    1.51261136 rad =       86.6662 deg =  86 deg 39 min 58 sec.


Face #  6 has  4 vertices:
    Vertices input as           5  17  18   6
    Vertices renumbered as      6  18  19   7
      Edge  6 18 is   0.79421372.
      Edge 18 19 is   0.38727372.
      Edge 19  7 is   0.93733164.
      Edge  7  6 is   0.46064788.
      Angle  7   6  18 is    1.51261136 rad =       86.6662 deg =  86 deg 39 min 58 sec.
      Angle  6  18  19 is    2.00683560 rad =      114.9832 deg = 114 deg 58 min 60 sec.
      Angle 18  19   7 is    1.25112699 rad =       71.6843 deg =  71 deg 41 min  3 sec.
      Angle 19   7   6 is    1.51261136 rad =       86.6662 deg =  86 deg 39 min 58 sec.


Face #  7 has  4 vertices:
    Vertices input as           6  18  19   7
    Vertices renumbered as      7  19  20   8
      Edge  7 19 is   0.93733164.
      Edge 19 20 is   0.38727372.
      Edge 20  8 is   0.79421372.
      Edge  8  7 is   0.46064788.
      Angle  8   7  19 is    1.51261136 rad =       86.6662 deg =  86 deg 39 min 58 sec.
      Angle  7  19  20 is    1.25112699 rad =       71.6843 deg =  71 deg 41 min  3 sec.
      Angle 19  20   8 is    2.00683560 rad =      114.9832 deg = 114 deg 58 min 60 sec.
      Angle 20   8   7 is    1.51261136 rad =       86.6662 deg =  86 deg 39 min 58 sec.


Face #  8 has  4 vertices:
    Vertices input as           7  19  20   8
    Vertices renumbered as      8  20  21   9
      Edge  8 20 is   0.79421372.
      Edge 20 21 is   0.38727372.
      Edge 21  9 is   0.93733164.
      Edge  9  8 is   0.46064788.
      Angle  9   8  20 is    1.51261136 rad =       86.6662 deg =  86 deg 39 min 58 sec.
```

```
    Angle   8 20 21 is    2.00683560 rad =    114.9832 deg = 114 deg 58 min 60 sec.
    Angle  20 21  9 is    1.25112699 rad =     71.6843 deg =  71 deg 41 min  3 sec.
    Angle  21  9  8 is    1.51261136 rad =     86.6662 deg =  86 deg 39 min 58 sec.


Face #  9 has  4 vertices:
    Vertices input as          8   20   21    9
    Vertices renumbered as     9   21   22   10
    Edge  9 21 is   0.93733164.
    Edge 21 22 is   0.38727372.
    Edge 22 10 is   0.79421372.
    Edge 10  9 is   0.46064788.
    Angle 10  9 21 is    1.51261136 rad =     86.6662 deg =  86 deg 39 min 58 sec.
    Angle  9 21 22 is    1.25112699 rad =     71.6843 deg =  71 deg 41 min  3 sec.
    Angle 21 22 10 is    2.00683560 rad =    114.9832 deg = 114 deg 58 min 60 sec.
    Angle 22 10  9 is    1.51261136 rad =     86.6662 deg =  86 deg 39 min 58 sec.


Face # 10 has  4 vertices:
    Vertices input as         12   10    9   21
    Vertices renumbered as    13   11   10   22
    Edge 13 11 is   0.93733164.
    Edge 11 10 is   0.46064788.
    Edge 10 22 is   0.79421372.
    Edge 22 13 is   0.38727372.
    Angle 22 13 11 is    1.25112699 rad =     71.6843 deg =  71 deg 41 min  3 sec.
    Angle 13 11 10 is    1.51261136 rad =     86.6662 deg =  86 deg 39 min 58 sec.
    Angle 11 10 22 is    1.51261136 rad =     86.6662 deg =  86 deg 39 min 58 sec.
    Angle 10 22 13 is    2.00683560 rad =    114.9832 deg = 114 deg 58 min 60 sec.


Face # 11 has  3 vertices:
    Vertices input as         10    1    0
    Vertices renumbered as    11    2    1
    Edge 11  2 is   0.46064788.
    Edge  2  1 is   1.78920434.
    Edge  1 11 is   1.78920434.
    Angle  1 11  2 is    1.44170830 rad =     82.6038 deg =  82 deg 36 min 14 sec.
    Angle 11  2  1 is    1.44170830 rad =     82.6038 deg =  82 deg 36 min 14 sec.
    Angle  2  1 11 is    0.25817606 rad =     14.7924 deg =  14 deg 47 min 33 sec.


Face # 12 has  3 vertices:
    Vertices input as          1    2    0
    Vertices renumbered as     2    3    1
    Edge  2  3 is   0.46064788.
    Edge  3  1 is   1.78920434.
    Edge  1  2 is   1.78920434.
    Angle  1  2  3 is    1.44170830 rad =     82.6038 deg =  82 deg 36 min 14 sec.
    Angle  2  3  1 is    1.44170830 rad =     82.6038 deg =  82 deg 36 min 14 sec.
    Angle  3  1  2 is    0.25817606 rad =     14.7924 deg =  14 deg 47 min 33 sec.


Face # 13 has  3 vertices:
    Vertices input as          2    3    0
    Vertices renumbered as     3    4    1
    Edge  3  4 is   0.46064788.
    Edge  4  1 is   1.78920434.
    Edge  1  3 is   1.78920434.
    Angle  1  3  4 is    1.44170830 rad =     82.6038 deg =  82 deg 36 min 14 sec.
    Angle  3  4  1 is    1.44170830 rad =     82.6038 deg =  82 deg 36 min 14 sec.
    Angle  4  1  3 is    0.25817606 rad =     14.7924 deg =  14 deg 47 min 33 sec.
```

Face # 14 has 3 vertices:
    Vertices input as   3   4   0
    Vertices renumbered as   4   5   1
        Edge 4 5 is   0.46064788.
        Edge 5 1 is   1.78920434.
        Edge 1 4 is   1.78920434.
        Angle 1 4 5 is   1.44170830 rad =   82.6038 deg = 82 deg 36 min 14 sec.
        Angle 4 5 1 is   1.44170830 rad =   82.6038 deg = 82 deg 36 min 14 sec.
        Angle 5 1 4 is   0.25817606 rad =   14.7924 deg = 14 deg 47 min 33 sec.

Face # 15 has 3 vertices:
    Vertices input as   4   5   0
    Vertices renumbered as   5   6   1
        Edge 5 6 is   0.46064788.
        Edge 6 1 is   1.78920434.
        Edge 1 5 is   1.78920434.
        Angle 1 5 6 is   1.44170830 rad =   82.6038 deg = 82 deg 36 min 14 sec.
        Angle 5 6 1 is   1.44170830 rad =   82.6038 deg = 82 deg 36 min 14 sec.
        Angle 6 1 5 is   0.25817606 rad =   14.7924 deg = 14 deg 47 min 33 sec.

Face # 16 has 3 vertices:
    Vertices input as   5   6   0
    Vertices renumbered as   6   7   1
        Edge 6 7 is   0.46064788.
        Edge 7 1 is   1.78920434.
        Edge 1 6 is   1.78920434.
        Angle 1 6 7 is   1.44170830 rad =   82.6038 deg = 82 deg 36 min 14 sec.
        Angle 6 7 1 is   1.44170830 rad =   82.6038 deg = 82 deg 36 min 14 sec.
        Angle 7 1 6 is   0.25817606 rad =   14.7924 deg = 14 deg 47 min 33 sec.

Face # 17 has 3 vertices:
    Vertices input as   6   7   0
    Vertices renumbered as   7   8   1
        Edge 7 8 is   0.46064788.
        Edge 8 1 is   1.78920434.
        Edge 1 7 is   1.78920434.
        Angle 1 7 8 is   1.44170830 rad =   82.6038 deg = 82 deg 36 min 14 sec.
        Angle 7 8 1 is   1.44170830 rad =   82.6038 deg = 82 deg 36 min 14 sec.
        Angle 8 1 7 is   0.25817606 rad =   14.7924 deg = 14 deg 47 min 33 sec.

Face # 18 has 3 vertices:
    Vertices input as   7   8   0
    Vertices renumbered as   8   9   1
        Edge 8 9 is   0.46064788.
        Edge 9 1 is   1.78920434.
        Edge 1 8 is   1.78920434.
        Angle 1 8 9 is   1.44170830 rad =   82.6038 deg = 82 deg 36 min 14 sec.
        Angle 8 9 1 is   1.44170830 rad =   82.6038 deg = 82 deg 36 min 14 sec.
        Angle 9 1 8 is   0.25817606 rad =   14.7924 deg = 14 deg 47 min 33 sec.

Face # 19 has 3 vertices:
    Vertices input as   8   9   0
    Vertices renumbered as   9 10   1
        Edge 9 10 is   0.46064788.
        Edge 10 1 is   1.78920434.
        Edge 1 9 is   1.78920434.
        Angle 1 9 10 is   1.44170830 rad =   82.6038 deg = 82 deg 36 min 14 sec.

```
        Angle   9 10   1 is    1.44170830 rad =      82.6038 deg =  82 deg 36 min 14 sec.
        Angle  10  1   9 is    0.25817606 rad =      14.7924 deg =  14 deg 47 min 33 sec.


Face # 20 has  3 vertices:
    Vertices input as          9  10   0
    Vertices renumbered as    10  11   1
        Edge 10 11 is    0.46064788.
        Edge 11  1 is    1.78920434.
        Edge  1 10 is    1.78920434.
        Angle   1 10 11 is    1.44170830 rad =      82.6038 deg =  82 deg 36 min 14 sec.
        Angle  10 11  1 is    1.44170830 rad =      82.6038 deg =  82 deg 36 min 14 sec.
        Angle  11  1 10 is    0.25817606 rad =      14.7924 deg =  14 deg 47 min 33 sec.


Face # 21 has  4 vertices:
    Vertices input as         21  20  11  12
    Vertices renumbered as    22  21  12  13
        Edge 22 21 is    0.38727372.
        Edge 21 12 is    0.74255408.
        Edge 12 13 is    0.74255408.
        Edge 13 22 is    0.38727372.
        Angle  13 22 21 is    2.08445223 rad =     119.4303 deg = 119 deg 25 min 49 sec.
        Angle  22 21 12 is    1.63218985 rad =      93.5176 deg =  93 deg 31 min  3 sec.
        Angle  21 12 13 is    0.93435338 rad =      53.5345 deg =  53 deg 32 min  4 sec.
        Angle  12 13 22 is    1.63218985 rad =      93.5176 deg =  93 deg 31 min  3 sec.


Face # 22 has  4 vertices:
    Vertices input as         13  12  11  14
    Vertices renumbered as    14  13  12  15
        Edge 14 13 is    0.38727372.
        Edge 13 12 is    0.74255408.
        Edge 12 15 is    0.74255408.
        Edge 15 14 is    0.38727372.
        Angle  15 14 13 is    2.08445223 rad =     119.4303 deg = 119 deg 25 min 49 sec.
        Angle  14 13 12 is    1.63218985 rad =      93.5176 deg =  93 deg 31 min  3 sec.
        Angle  13 12 15 is    0.93435338 rad =      53.5345 deg =  53 deg 32 min  4 sec.
        Angle  12 15 14 is    1.63218985 rad =      93.5176 deg =  93 deg 31 min  3 sec.


Face # 23 has  4 vertices:
    Vertices input as         15  14  11  16
    Vertices renumbered as    16  15  12  17
        Edge 16 15 is    0.38727372.
        Edge 15 12 is    0.74255408.
        Edge 12 17 is    0.74255408.
        Edge 17 16 is    0.38727372.
        Angle  17 16 15 is    2.08445223 rad =     119.4303 deg = 119 deg 25 min 49 sec.
        Angle  16 15 12 is    1.63218985 rad =      93.5176 deg =  93 deg 31 min  3 sec.
        Angle  15 12 17 is    0.93435338 rad =      53.5345 deg =  53 deg 32 min  4 sec.
        Angle  12 17 16 is    1.63218985 rad =      93.5176 deg =  93 deg 31 min  3 sec.


Face # 24 has  4 vertices:
    Vertices input as         17  16  11  18
    Vertices renumbered as    18  17  12  19
        Edge 18 17 is    0.38727372.
        Edge 17 12 is    0.74255408.
        Edge 12 19 is    0.74255408.
        Edge 19 18 is    0.38727372.
        Angle  19 18 17 is    2.08445223 rad =     119.4303 deg = 119 deg 25 min 49 sec.
        Angle  18 17 12 is    1.63218985 rad =      93.5176 deg =  93 deg 31 min  3 sec.
```

```
        Angle 17 12 19 is    0.93435338 rad =        53.5345 deg =  53 deg 32 min  4 sec.
        Angle 12 19 18 is    1.63218985 rad =        93.5176 deg =  93 deg 31 min  3 sec.


Face # 25 has  4 vertices:
    Vertices input as         19  18  11  20
    Vertices renumbered as    20  19  12  21
        Edge 20 19 is    0.38727372.
        Edge 19 12 is    0.74255408.
        Edge 12 21 is    0.74255408.
        Edge 21 20 is    0.38727372.
        Angle 21 20 19 is    2.08445223 rad =       119.4303 deg = 119 deg 25 min 49 sec.
        Angle 20 19 12 is    1.63218985 rad =        93.5176 deg =  93 deg 31 min  3 sec.
        Angle 19 12 21 is    0.93435338 rad =        53.5345 deg =  53 deg 32 min  4 sec.
        Angle 12 21 20 is    1.63218985 rad =        93.5176 deg =  93 deg 31 min  3 sec.


The edge joining vertices   1 and  2 is between faces 11 and 12.
        Dihedral angle is    2.56715873 rad =       147.0874 deg = 147 deg  5 min 14 sec.
The edge joining vertices   1 and  3 is between faces 12 and 13.
        Dihedral angle is    2.56715873 rad =       147.0874 deg = 147 deg  5 min 14 sec.
The edge joining vertices   1 and  4 is between faces 13 and 14.
        Dihedral angle is    2.56715873 rad =       147.0874 deg = 147 deg  5 min 14 sec.
The edge joining vertices   1 and  5 is between faces 14 and 15.
        Dihedral angle is    2.56715873 rad =       147.0874 deg = 147 deg  5 min 14 sec.
The edge joining vertices   1 and  6 is between faces 15 and 16.
        Dihedral angle is    2.56715873 rad =       147.0874 deg = 147 deg  5 min 14 sec.
The edge joining vertices   1 and  7 is between faces 16 and 17.
        Dihedral angle is    2.56715873 rad =       147.0874 deg = 147 deg  5 min 14 sec.
The edge joining vertices   1 and  8 is between faces 17 and 18.
        Dihedral angle is    2.56715873 rad =       147.0874 deg = 147 deg  5 min 14 sec.
The edge joining vertices   1 and  9 is between faces 18 and 19.
        Dihedral angle is    2.56715873 rad =       147.0874 deg = 147 deg  5 min 14 sec.
The edge joining vertices   1 and 10 is between faces 19 and 20.
        Dihedral angle is    2.56715873 rad =       147.0874 deg = 147 deg  5 min 14 sec.
The edge joining vertices   1 and 11 is between faces 11 and 20.
        Dihedral angle is    2.56715873 rad =       147.0874 deg = 147 deg  5 min 14 sec.
The edge joining vertices   2 and  3 is between faces  2 and 12.
        Dihedral angle is    2.55035457 rad =       146.1246 deg = 146 deg  7 min 28 sec.
The edge joining vertices   2 and 11 is between faces  1 and 11.
        Dihedral angle is    2.55035457 rad =       146.1246 deg = 146 deg  7 min 28 sec.
The edge joining vertices   2 and 14 is between faces  1 and  2.
        Dihedral angle is    2.52379350 rad =       144.6027 deg = 144 deg 36 min 10 sec.
The edge joining vertices   3 and  4 is between faces  3 and 13.
        Dihedral angle is    2.55035457 rad =       146.1246 deg = 146 deg  7 min 28 sec.
The edge joining vertices   3 and 15 is between faces  2 and  3.
        Dihedral angle is    2.52379350 rad =       144.6027 deg = 144 deg 36 min 10 sec.
The edge joining vertices   4 and  5 is between faces  4 and 14.
        Dihedral angle is    2.55035457 rad =       146.1246 deg = 146 deg  7 min 28 sec.
The edge joining vertices   4 and 16 is between faces  3 and  4.
        Dihedral angle is    2.52379350 rad =       144.6027 deg = 144 deg 36 min 10 sec.
The edge joining vertices   5 and  6 is between faces  5 and 15.
        Dihedral angle is    2.55035457 rad =       146.1246 deg = 146 deg  7 min 28 sec.
The edge joining vertices   5 and 17 is between faces  4 and  5.
        Dihedral angle is    2.52379350 rad =       144.6027 deg = 144 deg 36 min 10 sec.
The edge joining vertices   6 and  7 is between faces  6 and 16.
        Dihedral angle is    2.55035457 rad =       146.1246 deg = 146 deg  7 min 28 sec.
The edge joining vertices   6 and 18 is between faces  5 and  6.
        Dihedral angle is    2.52379350 rad =       144.6027 deg = 144 deg 36 min 10 sec.
The edge joining vertices   7 and  8 is between faces  7 and 17.
        Dihedral angle is    2.55035457 rad =       146.1246 deg = 146 deg  7 min 28 sec.
The edge joining vertices   7 and 19 is between faces  6 and  7.
        Dihedral angle is    2.52379350 rad =       144.6027 deg = 144 deg 36 min 10 sec.
```

```
The edge joining vertices  8 and  9 is between faces  8 and 18.
    Dihedral angle is   2.55035457 rad =     146.1246 deg = 146 deg  7 min 28 sec.
The edge joining vertices  8 and 20 is between faces  7 and  8.
    Dihedral angle is   2.52379350 rad =     144.6027 deg = 144 deg 36 min 10 sec.
The edge joining vertices  9 and 10 is between faces  9 and 19.
    Dihedral angle is   2.55035457 rad =     146.1246 deg = 146 deg  7 min 28 sec.
The edge joining vertices  9 and 21 is between faces  8 and  9.
    Dihedral angle is   2.52379350 rad =     144.6027 deg = 144 deg 36 min 10 sec.
The edge joining vertices 10 and 11 is between faces 10 and 20.
    Dihedral angle is   2.55035457 rad =     146.1246 deg = 146 deg  7 min 28 sec.
The edge joining vertices 10 and 22 is between faces  9 and 10.
    Dihedral angle is   2.52379350 rad =     144.6027 deg = 144 deg 36 min 10 sec.
The edge joining vertices 11 and 13 is between faces  1 and 10.
    Dihedral angle is   2.52379350 rad =     144.6027 deg = 144 deg 36 min 10 sec.
The edge joining vertices 12 and 13 is between faces 21 and 22.
    Dihedral angle is   2.26800672 rad =     129.9472 deg = 129 deg 56 min 50 sec.
The edge joining vertices 12 and 15 is between faces 22 and 23.
    Dihedral angle is   2.26800672 rad =     129.9472 deg = 129 deg 56 min 50 sec.
The edge joining vertices 12 and 17 is between faces 23 and 24.
    Dihedral angle is   2.26800672 rad =     129.9472 deg = 129 deg 56 min 50 sec.
The edge joining vertices 12 and 19 is between faces 24 and 25.
    Dihedral angle is   2.26800672 rad =     129.9472 deg = 129 deg 56 min 50 sec.
The edge joining vertices 12 and 21 is between faces 21 and 25.
    Dihedral angle is   2.26800672 rad =     129.9472 deg = 129 deg 56 min 50 sec.
The edge joining vertices 13 and 14 is between faces  1 and 22.
    Dihedral angle is   2.49453989 rad =     142.9266 deg = 142 deg 55 min 36 sec.
The edge joining vertices 13 and 22 is between faces 10 and 21.
    Dihedral angle is   2.49453989 rad =     142.9266 deg = 142 deg 55 min 36 sec.
The edge joining vertices 14 and 15 is between faces  2 and 22.
    Dihedral angle is   2.49453989 rad =     142.9266 deg = 142 deg 55 min 36 sec.
The edge joining vertices 15 and 16 is between faces  3 and 23.
    Dihedral angle is   2.49453989 rad =     142.9266 deg = 142 deg 55 min 36 sec.
The edge joining vertices 16 and 17 is between faces  4 and 23.
    Dihedral angle is   2.49453989 rad =     142.9266 deg = 142 deg 55 min 36 sec.
The edge joining vertices 17 and 18 is between faces  5 and 24.
    Dihedral angle is   2.49453989 rad =     142.9266 deg = 142 deg 55 min 36 sec.
The edge joining vertices 18 and 19 is between faces  6 and 24.
    Dihedral angle is   2.49453989 rad =     142.9266 deg = 142 deg 55 min 36 sec.
The edge joining vertices 19 and 20 is between faces  7 and 25.
    Dihedral angle is   2.49453989 rad =     142.9266 deg = 142 deg 55 min 36 sec.
The edge joining vertices 20 and 21 is between faces  8 and 25.
    Dihedral angle is   2.49453989 rad =     142.9266 deg = 142 deg 55 min 36 sec.
The edge joining vertices 21 and 22 is between faces  9 and 21.
    Dihedral angle is   2.49453989 rad =     142.9266 deg = 142 deg 55 min 36 sec.
```

Report based on file j21.off

```
Vertex #  1: (  1.53884177, -0.50000000,  0.50000000).
Vertex #  2: (  0.95105652, -1.30901699,  0.50000000).
Vertex #  3: (  0.00000000, -1.61803399,  0.50000000).
Vertex #  4: ( -0.95105652, -1.30901699,  0.50000000).
Vertex #  5: ( -1.53884177, -0.50000000,  0.50000000).
Vertex #  6: ( -1.53884177,  0.50000000,  0.50000000).
Vertex #  7: ( -0.95105652,  1.30901699,  0.50000000).
Vertex #  8: (  0.00000000,  1.61803399,  0.50000000).
Vertex #  9: (  0.95105652,  1.30901699,  0.50000000).
Vertex # 10: (  1.53884177,  0.50000000,  0.50000000).
Vertex # 11: (  1.53884177, -0.50000000, -0.50000000).
Vertex # 12: (  0.95105652, -1.30901699, -0.50000000).
Vertex # 13: (  0.00000000, -1.61803399, -0.50000000).
Vertex # 14: ( -0.95105652, -1.30901699, -0.50000000).
Vertex # 15: ( -1.53884177, -0.50000000, -0.50000000).
Vertex # 16: ( -1.53884177,  0.50000000, -0.50000000).
Vertex # 17: ( -0.95105652,  1.30901699, -0.50000000).
Vertex # 18: (  0.00000000,  1.61803399, -0.50000000).
Vertex # 19: (  0.95105652,  1.30901699, -0.50000000).
Vertex # 20: (  1.53884177,  0.50000000, -0.50000000).
Vertex # 21: ( -0.26286556,  0.80901699,  1.87638192).
Vertex # 22: (  0.42532540, -1.30901699,  1.35065081).
Vertex # 23: (  0.42532540,  1.30901699,  1.35065081).
Vertex # 24: ( -1.11351636,  0.80901699,  1.35065081).
Vertex # 25: (  0.68819096,  0.50000000,  1.87638192).
Vertex # 26: ( -0.85065081,  0.00000000,  1.87638192).
Vertex # 27: (  1.37638192,  0.00000000,  1.35065081).
Vertex # 28: ( -1.11351636, -0.80901699,  1.35065081).
Vertex # 29: (  0.68819096, -0.50000000,  1.87638192).
Vertex # 30: ( -0.26286556, -0.80901699,  1.87638192).


Face #  1 has 10 vertices:
    Vertices input as           10  11  12  13  14  15  16  17  18  19
    Vertices renumbered as      11  12  13  14  15  16  17  18  19  20
        Edge 11 12 is    1.00000000.
        Edge 12 13 is    1.00000000.
        Edge 13 14 is    1.00000000.
        Edge 14 15 is    1.00000000.
        Edge 15 16 is    1.00000000.
        Edge 16 17 is    1.00000000.
        Edge 17 18 is    1.00000000.
        Edge 18 19 is    1.00000000.
        Edge 19 20 is    1.00000000.
        Edge 20 11 is    1.00000000.
        Angle 20 11 12 is   2.51327412 rad =    144.0000 deg = 144 deg  0 min  0 sec.
        Angle 11 12 13 is   2.51327412 rad =    144.0000 deg = 144 deg  0 min  0 sec.
        Angle 12 13 14 is   2.51327412 rad =    144.0000 deg = 144 deg  0 min  0 sec.
        Angle 13 14 15 is   2.51327412 rad =    144.0000 deg = 144 deg  0 min  0 sec.
        Angle 14 15 16 is   2.51327412 rad =    144.0000 deg = 144 deg  0 min  0 sec.
        Angle 15 16 17 is   2.51327412 rad =    144.0000 deg = 144 deg  0 min  0 sec.
        Angle 16 17 18 is   2.51327412 rad =    144.0000 deg = 144 deg  0 min  0 sec.
        Angle 17 18 19 is   2.51327412 rad =    144.0000 deg = 144 deg  0 min  0 sec.
        Angle 18 19 20 is   2.51327412 rad =    144.0000 deg = 144 deg  0 min  0 sec.
        Angle 19 20 11 is   2.51327412 rad =    144.0000 deg = 144 deg  0 min  0 sec.


Face #  2 has  4 vertices:
    Vertices input as            0   1  11  10
    Vertices renumbered as       1   2  12  11
```

```
        Edge   1   2 is   1.00000000.
        Edge   2  12 is   1.00000000.
        Edge  12  11 is   1.00000000.
        Edge  11   1 is   1.00000000.
        Angle 11   1   2 is   1.57079633 rad =       90.0000 deg =   90 deg   0 min   0 sec.
        Angle  1   2  12 is   1.57079633 rad =       90.0000 deg =   90 deg   0 min   0 sec.
        Angle  2  12  11 is   1.57079633 rad =       90.0000 deg =   90 deg   0 min   0 sec.
        Angle 12  11   1 is   1.57079633 rad =       90.0000 deg =   90 deg   0 min   0 sec.

Face #  3 has  4 vertices:
        Vertices input as         1    2   12   11
        Vertices renumbered as    2    3   13   12
        Edge   2   3 is   1.00000000.
        Edge   3  13 is   1.00000000.
        Edge  13  12 is   1.00000000.
        Edge  12   2 is   1.00000000.
        Angle 12   2   3 is   1.57079633 rad =       90.0000 deg =   90 deg   0 min   0 sec.
        Angle  2   3  13 is   1.57079633 rad =       90.0000 deg =   90 deg   0 min   0 sec.
        Angle  3  13  12 is   1.57079633 rad =       90.0000 deg =   90 deg   0 min   0 sec.
        Angle 13  12   2 is   1.57079633 rad =       90.0000 deg =   90 deg   0 min   0 sec.

Face #  4 has  4 vertices:
        Vertices input as         2    3   13   12
        Vertices renumbered as    3    4   14   13
        Edge   3   4 is   1.00000000.
        Edge   4  14 is   1.00000000.
        Edge  14  13 is   1.00000000.
        Edge  13   3 is   1.00000000.
        Angle 13   3   4 is   1.57079633 rad =       90.0000 deg =   90 deg   0 min   0 sec.
        Angle  3   4  14 is   1.57079633 rad =       90.0000 deg =   90 deg   0 min   0 sec.
        Angle  4  14  13 is   1.57079633 rad =       90.0000 deg =   90 deg   0 min   0 sec.
        Angle 14  13   3 is   1.57079633 rad =       90.0000 deg =   90 deg   0 min   0 sec.

Face #  5 has  4 vertices:
        Vertices input as         3    4   14   13
        Vertices renumbered as    4    5   15   14
        Edge   4   5 is   1.00000000.
        Edge   5  15 is   1.00000000.
        Edge  15  14 is   1.00000000.
        Edge  14   4 is   1.00000000.
        Angle 14   4   5 is   1.57079633 rad =       90.0000 deg =   90 deg   0 min   0 sec.
        Angle  4   5  15 is   1.57079633 rad =       90.0000 deg =   90 deg   0 min   0 sec.
        Angle  5  15  14 is   1.57079633 rad =       90.0000 deg =   90 deg   0 min   0 sec.
        Angle 15  14   4 is   1.57079633 rad =       90.0000 deg =   90 deg   0 min   0 sec.

Face #  6 has  4 vertices:
        Vertices input as         4    5   15   14
        Vertices renumbered as    5    6   16   15
        Edge   5   6 is   1.00000000.
        Edge   6  16 is   1.00000000.
        Edge  16  15 is   1.00000000.
        Edge  15   5 is   1.00000000.
        Angle 15   5   6 is   1.57079633 rad =       90.0000 deg =   90 deg   0 min   0 sec.
        Angle  5   6  16 is   1.57079633 rad =       90.0000 deg =   90 deg   0 min   0 sec.
        Angle  6  16  15 is   1.57079633 rad =       90.0000 deg =   90 deg   0 min   0 sec.
        Angle 16  15   5 is   1.57079633 rad =       90.0000 deg =   90 deg   0 min   0 sec.

Face #  7 has  4 vertices:
```

```
        Vertices input as            5    6   16   15
        Vertices renumbered as       6    7   17   16
          Edge   6   7 is    1.00000000.
          Edge   7  17 is    1.00000000.
          Edge  17  16 is    1.00000000.
          Edge  16   6 is    1.00000000.
          Angle 16   6   7 is    1.57079633 rad =        90.0000 deg =   90 deg    0 min    0 sec.
          Angle  6   7  17 is    1.57079633 rad =        90.0000 deg =   90 deg    0 min    0 sec.
          Angle  7  17  16 is    1.57079633 rad =        90.0000 deg =   90 deg    0 min    0 sec.
          Angle 17  16   6 is    1.57079633 rad =        90.0000 deg =   90 deg    0 min    0 sec.


Face #  8 has  4 vertices:
        Vertices input as            6    7   17   16
        Vertices renumbered as       7    8   18   17
          Edge   7   8 is    1.00000000.
          Edge   8  18 is    1.00000000.
          Edge  18  17 is    1.00000000.
          Edge  17   7 is    1.00000000.
          Angle 17   7   8 is    1.57079633 rad =        90.0000 deg =   90 deg    0 min    0 sec.
          Angle  7   8  18 is    1.57079633 rad =        90.0000 deg =   90 deg    0 min    0 sec.
          Angle  8  18  17 is    1.57079633 rad =        90.0000 deg =   90 deg    0 min    0 sec.
          Angle 18  17   7 is    1.57079633 rad =        90.0000 deg =   90 deg    0 min    0 sec.


Face #  9 has  4 vertices:
        Vertices input as            7    8   18   17
        Vertices renumbered as       8    9   19   18
          Edge   8   9 is    1.00000000.
          Edge   9  19 is    1.00000000.
          Edge  19  18 is    1.00000000.
          Edge  18   8 is    1.00000000.
          Angle 18   8   9 is    1.57079633 rad =        90.0000 deg =   90 deg    0 min    0 sec.
          Angle  8   9  19 is    1.57079633 rad =        90.0000 deg =   90 deg    0 min    0 sec.
          Angle  9  19  18 is    1.57079633 rad =        90.0000 deg =   90 deg    0 min    0 sec.
          Angle 19  18   8 is    1.57079633 rad =        90.0000 deg =   90 deg    0 min    0 sec.


Face # 10 has  4 vertices:
        Vertices input as            8    9   19   18
        Vertices renumbered as       9   10   20   19
          Edge   9  10 is    1.00000000.
          Edge  10  20 is    1.00000000.
          Edge  20  19 is    1.00000000.
          Edge  19   9 is    1.00000000.
          Angle 19   9  10 is    1.57079633 rad =        90.0000 deg =   90 deg    0 min    0 sec.
          Angle  9  10  20 is    1.57079633 rad =        90.0000 deg =   90 deg    0 min    0 sec.
          Angle 10  20  19 is    1.57079633 rad =        90.0000 deg =   90 deg    0 min    0 sec.
          Angle 20  19   9 is    1.57079633 rad =        90.0000 deg =   90 deg    0 min    0 sec.


Face # 11 has  4 vertices:
        Vertices input as            9    0   10   19
        Vertices renumbered as      10    1   11   20
          Edge  10   1 is    1.00000000.
          Edge   1  11 is    1.00000000.
          Edge  11  20 is    1.00000000.
          Edge  20  10 is    1.00000000.
          Angle 20  10   1 is    1.57079633 rad =        90.0000 deg =   90 deg    0 min    0 sec.
          Angle 10   1  11 is    1.57079633 rad =        90.0000 deg =   90 deg    0 min    0 sec.
          Angle  1  11  20 is    1.57079633 rad =        90.0000 deg =   90 deg    0 min    0 sec.
          Angle 11  20  10 is    1.57079633 rad =        90.0000 deg =   90 deg    0 min    0 sec.
```

```
Face # 12 has  3 vertices:
    Vertices input as          9  26   0
    Vertices renumbered as    10  27   1
       Edge 10 27 is  1.00000000.
       Edge 27  1 is  1.00000000.
       Edge  1 10 is  1.00000000.
       Angle  1 10 27 is  1.04719755 rad =     60.0000 deg =  60 deg  0 min  0 sec.
       Angle 10 27  1 is  1.04719755 rad =     60.0000 deg =  60 deg  0 min  0 sec.
       Angle 27  1 10 is  1.04719755 rad =     60.0000 deg =  60 deg  0 min  0 sec.

Face # 13 has  3 vertices:
    Vertices input as         21  28  29
    Vertices renumbered as    22  29  30
       Edge 22 29 is  1.00000000.
       Edge 29 30 is  1.00000000.
       Edge 30 22 is  1.00000000.
       Angle 30 22 29 is  1.04719755 rad =     60.0000 deg =  60 deg  0 min  0 sec.
       Angle 22 29 30 is  1.04719755 rad =     60.0000 deg =  60 deg  0 min  0 sec.
       Angle 29 30 22 is  1.04719755 rad =     60.0000 deg =  60 deg  0 min  0 sec.

Face # 14 has  3 vertices:
    Vertices input as         21   2   1
    Vertices renumbered as    22   3   2
       Edge 22  3 is  1.00000000.
       Edge  3  2 is  1.00000000.
       Edge  2 22 is  1.00000000.
       Angle  2 22  3 is  1.04719755 rad =     60.0000 deg =  60 deg  0 min  0 sec.
       Angle 22  3  2 is  1.04719755 rad =     60.0000 deg =  60 deg  0 min  0 sec.
       Angle  3  2 22 is  1.04719755 rad =     60.0000 deg =  60 deg  0 min  0 sec.

Face # 15 has  3 vertices:
    Vertices input as         22   8   7
    Vertices renumbered as    23   9   8
       Edge 23  9 is  1.00000000.
       Edge  9  8 is  1.00000000.
       Edge  8 23 is  1.00000000.
       Angle  8 23  9 is  1.04719755 rad =     60.0000 deg =  60 deg  0 min  0 sec.
       Angle 23  9  8 is  1.04719755 rad =     60.0000 deg =  60 deg  0 min  0 sec.
       Angle  9  8 23 is  1.04719755 rad =     60.0000 deg =  60 deg  0 min  0 sec.

Face # 16 has  3 vertices:
    Vertices input as         23  25  20
    Vertices renumbered as    24  26  21
       Edge 24 26 is  1.00000000.
       Edge 26 21 is  1.00000000.
       Edge 21 24 is  1.00000000.
       Angle 21 24 26 is  1.04719755 rad =     60.0000 deg =  60 deg  0 min  0 sec.
       Angle 24 26 21 is  1.04719755 rad =     60.0000 deg =  60 deg  0 min  0 sec.
       Angle 26 21 24 is  1.04719755 rad =     60.0000 deg =  60 deg  0 min  0 sec.

Face # 17 has  3 vertices:
    Vertices input as         25  27  29
    Vertices renumbered as    26  28  30
       Edge 26 28 is  1.00000000.
       Edge 28 30 is  1.00000000.
       Edge 30 26 is  1.00000000.
       Angle 30 26 28 is  1.04719755 rad =     60.0000 deg =  60 deg  0 min  0 sec.
```

```
            Angle  26  28  30  is    1.04719755 rad =        60.0000 deg =  60 deg   0 min   0 sec.
            Angle  28  30  26  is    1.04719755 rad =        60.0000 deg =  60 deg   0 min   0 sec.


Face # 18 has  3 vertices:
     Vertices input as            3  27   4
     Vertices renumbered as       4  28   5
            Edge   4  28 is   1.00000000.
            Edge  28   5 is   1.00000000.
            Edge   5   4 is   1.00000000.
            Angle   5   4  28 is    1.04719755 rad =        60.0000 deg =  60 deg   0 min   0 sec.
            Angle   4  28   5 is    1.04719755 rad =        60.0000 deg =  60 deg   0 min   0 sec.
            Angle  28   5   4 is    1.04719755 rad =        60.0000 deg =  60 deg   0 min   0 sec.


Face # 19 has  3 vertices:
     Vertices input as            6   5  23
     Vertices renumbered as       7   6  24
            Edge   7   6 is   1.00000000.
            Edge   6  24 is   1.00000000.
            Edge  24   7 is   1.00000000.
            Angle  24   7   6 is    1.04719755 rad =        60.0000 deg =  60 deg   0 min   0 sec.
            Angle   7   6  24 is    1.04719755 rad =        60.0000 deg =  60 deg   0 min   0 sec.
            Angle   6  24   7 is    1.04719755 rad =        60.0000 deg =  60 deg   0 min   0 sec.


Face # 20 has  3 vertices:
     Vertices input as           28  26  24
     Vertices renumbered as      29  27  25
            Edge  29  27 is   1.00000000.
            Edge  27  25 is   1.00000000.
            Edge  25  29 is   1.00000000.
            Angle  25  29  27 is    1.04719755 rad =        60.0000 deg =  60 deg   0 min   0 sec.
            Angle  29  27  25 is    1.04719755 rad =        60.0000 deg =  60 deg   0 min   0 sec.
            Angle  27  25  29 is    1.04719755 rad =        60.0000 deg =  60 deg   0 min   0 sec.


Face # 21 has  5 vertices:
     Vertices input as           21   1   0  26  28
     Vertices renumbered as      22   2   1  27  29
            Edge  22   2 is   1.00000000.
            Edge   2   1 is   1.00000000.
            Edge   1  27 is   1.00000000.
            Edge  27  29 is   1.00000000.
            Edge  29  22 is   1.00000000.
            Angle  29  22   2 is    1.88495559 rad =       108.0000 deg = 108 deg   0 min   0 sec.
            Angle  22   2   1 is    1.88495559 rad =       108.0000 deg = 108 deg   0 min   0 sec.
            Angle   2   1  27 is    1.88495559 rad =       108.0000 deg = 108 deg   0 min   0 sec.
            Angle   1  27  29 is    1.88495559 rad =       108.0000 deg = 108 deg   0 min   0 sec.
            Angle  27  29  22 is    1.88495559 rad =       108.0000 deg = 108 deg   0 min   0 sec.


Face # 22 has  5 vertices:
     Vertices input as           25  23   5   4  27
     Vertices renumbered as      26  24   6   5  28
            Edge  26  24 is   1.00000000.
            Edge  24   6 is   1.00000000.
            Edge   6   5 is   1.00000000.
            Edge   5  28 is   1.00000000.
            Edge  28  26 is   1.00000000.
            Angle  28  26  24 is    1.88495559 rad =       108.0000 deg = 108 deg   0 min   0 sec.
            Angle  26  24   6 is    1.88495559 rad =       108.0000 deg = 108 deg   0 min   0 sec.
            Angle  24   6   5 is    1.88495559 rad =       108.0000 deg = 108 deg   0 min   0 sec.
```

```
        Angle   6   5  28 is   1.88495559 rad =      108.0000 deg = 108 deg   0 min   0 sec.
        Angle   5  28  26 is   1.88495559 rad =      108.0000 deg = 108 deg   0 min   0 sec.


Face # 23 has   5 vertices:
    Vertices input as         26   9   8  22  24
    Vertices renumbered as    27  10   9  23  25
        Edge 27  10 is   1.00000000.
        Edge 10   9 is   1.00000000.
        Edge  9  23 is   1.00000000.
        Edge 23  25 is   1.00000000.
        Edge 25  27 is   1.00000000.
        Angle 25  27  10 is   1.88495559 rad =      108.0000 deg = 108 deg   0 min   0 sec.
        Angle 27  10   9 is   1.88495559 rad =      108.0000 deg = 108 deg   0 min   0 sec.
        Angle 10   9  23 is   1.88495559 rad =      108.0000 deg = 108 deg   0 min   0 sec.
        Angle  9  23  25 is   1.88495559 rad =      108.0000 deg = 108 deg   0 min   0 sec.
        Angle 23  25  27 is   1.88495559 rad =      108.0000 deg = 108 deg   0 min   0 sec.


Face # 24 has   5 vertices:
    Vertices input as          6  23  20  22   7
    Vertices renumbered as     7  24  21  23   8
        Edge  7  24 is   1.00000000.
        Edge 24  21 is   1.00000000.
        Edge 21  23 is   1.00000000.
        Edge 23   8 is   1.00000000.
        Edge  8   7 is   1.00000000.
        Angle  8   7  24 is   1.88495559 rad =      108.0000 deg = 108 deg   0 min   0 sec.
        Angle  7  24  21 is   1.88495559 rad =      108.0000 deg = 108 deg   0 min   0 sec.
        Angle 24  21  23 is   1.88495559 rad =      108.0000 deg = 108 deg   0 min   0 sec.
        Angle 21  23   8 is   1.88495559 rad =      108.0000 deg = 108 deg   0 min   0 sec.
        Angle 23   8   7 is   1.88495559 rad =      108.0000 deg = 108 deg   0 min   0 sec.


Face # 25 has   5 vertices:
    Vertices input as         28  24  20  25  29
    Vertices renumbered as    29  25  21  26  30
        Edge 29  25 is   1.00000000.
        Edge 25  21 is   1.00000000.
        Edge 21  26 is   1.00000000.
        Edge 26  30 is   1.00000000.
        Edge 30  29 is   1.00000000.
        Angle 30  29  25 is   1.88495559 rad =      108.0000 deg = 108 deg   0 min   0 sec.
        Angle 29  25  21 is   1.88495559 rad =      108.0000 deg = 108 deg   0 min   0 sec.
        Angle 25  21  26 is   1.88495559 rad =      108.0000 deg = 108 deg   0 min   0 sec.
        Angle 21  26  30 is   1.88495559 rad =      108.0000 deg = 108 deg   0 min   0 sec.
        Angle 26  30  29 is   1.88495559 rad =      108.0000 deg = 108 deg   0 min   0 sec.


Face # 26 has   5 vertices:
    Vertices input as         29  27   3   2  21
    Vertices renumbered as    30  28   4   3  22
        Edge 30  28 is   1.00000000.
        Edge 28   4 is   1.00000000.
        Edge  4   3 is   1.00000000.
        Edge  3  22 is   1.00000000.
        Edge 22  30 is   1.00000000.
        Angle 22  30  28 is   1.88495559 rad =      108.0000 deg = 108 deg   0 min   0 sec.
        Angle 30  28   4 is   1.88495559 rad =      108.0000 deg = 108 deg   0 min   0 sec.
        Angle 28   4   3 is   1.88495559 rad =      108.0000 deg = 108 deg   0 min   0 sec.
        Angle  4   3  22 is   1.88495559 rad =      108.0000 deg = 108 deg   0 min   0 sec.
        Angle  3  22  30 is   1.88495559 rad =      108.0000 deg = 108 deg   0 min   0 sec.
```

```
Face # 27 has  3 vertices:
    Vertices input as        20  24  22
    Vertices renumbered as   21  25  23
      Edge 21 25 is    1.00000000.
      Edge 25 23 is    1.00000000.
      Edge 23 21 is    1.00000000.
      Angle 23 21 25 is    1.04719755 rad =        60.0000 deg =  60 deg  0 min  0 sec.
      Angle 21 25 23 is    1.04719755 rad =        60.0000 deg =  60 deg  0 min  0 sec.
      Angle 25 23 21 is    1.04719755 rad =        60.0000 deg =  60 deg  0 min  0 sec.


The edge joining vertices  1 and  2 is between faces  2 and 21.
      Dihedral angle is    2.67794504 rad =       153.4349 deg = 153 deg 26 min  6 sec.
The edge joining vertices  1 and 10 is between faces 11 and 12.
      Dihedral angle is    2.95288212 rad =       169.1877 deg = 169 deg 11 min 16 sec.
The edge joining vertices  1 and 11 is between faces  2 and 11.
      Dihedral angle is    2.51327412 rad =       144.0000 deg = 144 deg  0 min  0 sec.
The edge joining vertices  1 and 27 is between faces 12 and 21.
      Dihedral angle is    2.48923451 rad =       142.6226 deg = 142 deg 37 min 21 sec.
The edge joining vertices  2 and  3 is between faces  3 and 14.
      Dihedral angle is    2.95288212 rad =       169.1877 deg = 169 deg 11 min 16 sec.
The edge joining vertices  2 and 12 is between faces  2 and  3.
      Dihedral angle is    2.51327412 rad =       144.0000 deg = 144 deg  0 min  0 sec.
The edge joining vertices  2 and 22 is between faces 14 and 21.
      Dihedral angle is    2.48923451 rad =       142.6226 deg = 142 deg 37 min 21 sec.
The edge joining vertices  3 and  4 is between faces  4 and 26.
      Dihedral angle is    2.67794504 rad =       153.4349 deg = 153 deg 26 min  6 sec.
The edge joining vertices  3 and 13 is between faces  3 and  4.
      Dihedral angle is    2.51327412 rad =       144.0000 deg = 144 deg  0 min  0 sec.
The edge joining vertices  3 and 22 is between faces 14 and 26.
      Dihedral angle is    2.48923451 rad =       142.6226 deg = 142 deg 37 min 21 sec.
The edge joining vertices  4 and  5 is between faces  5 and 18.
      Dihedral angle is    2.95288212 rad =       169.1877 deg = 169 deg 11 min 16 sec.
The edge joining vertices  4 and 14 is between faces  4 and  5.
      Dihedral angle is    2.51327412 rad =       144.0000 deg = 144 deg  0 min  0 sec.
The edge joining vertices  4 and 28 is between faces 18 and 26.
      Dihedral angle is    2.48923451 rad =       142.6226 deg = 142 deg 37 min 21 sec.
The edge joining vertices  5 and  6 is between faces  6 and 22.
      Dihedral angle is    2.67794504 rad =       153.4349 deg = 153 deg 26 min  6 sec.
The edge joining vertices  5 and 15 is between faces  5 and  6.
      Dihedral angle is    2.51327412 rad =       144.0000 deg = 144 deg  0 min  0 sec.
The edge joining vertices  5 and 28 is between faces 18 and 22.
      Dihedral angle is    2.48923451 rad =       142.6226 deg = 142 deg 37 min 21 sec.
The edge joining vertices  6 and  7 is between faces  7 and 19.
      Dihedral angle is    2.95288212 rad =       169.1877 deg = 169 deg 11 min 16 sec.
The edge joining vertices  6 and 16 is between faces  6 and  7.
      Dihedral angle is    2.51327412 rad =       144.0000 deg = 144 deg  0 min  0 sec.
The edge joining vertices  6 and 24 is between faces 19 and 22.
      Dihedral angle is    2.48923451 rad =       142.6226 deg = 142 deg 37 min 21 sec.
The edge joining vertices  7 and  8 is between faces  8 and 24.
      Dihedral angle is    2.67794504 rad =       153.4349 deg = 153 deg 26 min  6 sec.
The edge joining vertices  7 and 17 is between faces  7 and  8.
      Dihedral angle is    2.51327412 rad =       144.0000 deg = 144 deg  0 min  0 sec.
The edge joining vertices  7 and 24 is between faces 19 and 24.
      Dihedral angle is    2.48923451 rad =       142.6226 deg = 142 deg 37 min 21 sec.
The edge joining vertices  8 and  9 is between faces  9 and 15.
      Dihedral angle is    2.95288212 rad =       169.1877 deg = 169 deg 11 min 16 sec.
The edge joining vertices  8 and 18 is between faces  8 and  9.
      Dihedral angle is    2.51327412 rad =       144.0000 deg = 144 deg  0 min  0 sec.
The edge joining vertices  8 and 23 is between faces 15 and 24.
      Dihedral angle is    2.48923451 rad =       142.6226 deg = 142 deg 37 min 21 sec.
The edge joining vertices  9 and 10 is between faces 10 and 23.
```

```
        Dihedral angle is    2.67794504 rad =      153.4349 deg = 153 deg 26 min  6 sec.
The edge joining vertices  9 and 19 is between faces  9 and 10.
        Dihedral angle is    2.51327412 rad =      144.0000 deg = 144 deg  0 min  0 sec.
The edge joining vertices  9 and 23 is between faces 15 and 23.
        Dihedral angle is    2.48923451 rad =      142.6226 deg = 142 deg 37 min 21 sec.
The edge joining vertices 10 and 20 is between faces 10 and 11.
        Dihedral angle is    2.51327412 rad =      144.0000 deg = 144 deg  0 min  0 sec.
The edge joining vertices 10 and 27 is between faces 12 and 23.
        Dihedral angle is    2.48923451 rad =      142.6226 deg = 142 deg 37 min 21 sec.
The edge joining vertices 11 and 12 is between faces  1 and  2.
        Dihedral angle is    1.57079633 rad =       90.0000 deg =  90 deg  0 min  0 sec.
The edge joining vertices 11 and 20 is between faces  1 and 11.
        Dihedral angle is    1.57079633 rad =       90.0000 deg =  90 deg  0 min  0 sec.
The edge joining vertices 12 and 13 is between faces  1 and  3.
        Dihedral angle is    1.57079633 rad =       90.0000 deg =  90 deg  0 min  0 sec.
The edge joining vertices 13 and 14 is between faces  1 and  4.
        Dihedral angle is    1.57079633 rad =       90.0000 deg =  90 deg  0 min  0 sec.
The edge joining vertices 14 and 15 is between faces  1 and  5.
        Dihedral angle is    1.57079633 rad =       90.0000 deg =  90 deg  0 min  0 sec.
The edge joining vertices 15 and 16 is between faces  1 and  6.
        Dihedral angle is    1.57079633 rad =       90.0000 deg =  90 deg  0 min  0 sec.
The edge joining vertices 16 and 17 is between faces  1 and  7.
        Dihedral angle is    1.57079633 rad =       90.0000 deg =  90 deg  0 min  0 sec.
The edge joining vertices 17 and 18 is between faces  1 and  8.
        Dihedral angle is    1.57079633 rad =       90.0000 deg =  90 deg  0 min  0 sec.
The edge joining vertices 18 and 19 is between faces  1 and  9.
        Dihedral angle is    1.57079633 rad =       90.0000 deg =  90 deg  0 min  0 sec.
The edge joining vertices 19 and 20 is between faces  1 and 10.
        Dihedral angle is    1.57079633 rad =       90.0000 deg =  90 deg  0 min  0 sec.
The edge joining vertices 21 and 23 is between faces 24 and 27.
        Dihedral angle is    2.48923451 rad =      142.6226 deg = 142 deg 37 min 21 sec.
The edge joining vertices 21 and 24 is between faces 16 and 24.
        Dihedral angle is    2.48923451 rad =      142.6226 deg = 142 deg 37 min 21 sec.
The edge joining vertices 21 and 25 is between faces 25 and 27.
        Dihedral angle is    2.48923451 rad =      142.6226 deg = 142 deg 37 min 21 sec.
The edge joining vertices 21 and 26 is between faces 16 and 25.
        Dihedral angle is    2.48923451 rad =      142.6226 deg = 142 deg 37 min 21 sec.
The edge joining vertices 22 and 29 is between faces 13 and 21.
        Dihedral angle is    2.48923451 rad =      142.6226 deg = 142 deg 37 min 21 sec.
The edge joining vertices 22 and 30 is between faces 13 and 26.
        Dihedral angle is    2.48923451 rad =      142.6226 deg = 142 deg 37 min 21 sec.
The edge joining vertices 23 and 25 is between faces 23 and 27.
        Dihedral angle is    2.48923451 rad =      142.6226 deg = 142 deg 37 min 21 sec.
The edge joining vertices 24 and 26 is between faces 16 and 22.
        Dihedral angle is    2.48923451 rad =      142.6226 deg = 142 deg 37 min 21 sec.
The edge joining vertices 25 and 27 is between faces 20 and 23.
        Dihedral angle is    2.48923451 rad =      142.6226 deg = 142 deg 37 min 21 sec.
The edge joining vertices 25 and 29 is between faces 20 and 25.
        Dihedral angle is    2.48923451 rad =      142.6226 deg = 142 deg 37 min 21 sec.
The edge joining vertices 26 and 28 is between faces 17 and 22.
        Dihedral angle is    2.48923451 rad =      142.6226 deg = 142 deg 37 min 21 sec.
The edge joining vertices 26 and 30 is between faces 17 and 25.
        Dihedral angle is    2.48923451 rad =      142.6226 deg = 142 deg 37 min 21 sec.
The edge joining vertices 27 and 29 is between faces 20 and 21.
        Dihedral angle is    2.48923451 rad =      142.6226 deg = 142 deg 37 min 21 sec.
The edge joining vertices 28 and 30 is between faces 17 and 26.
        Dihedral angle is    2.48923451 rad =      142.6226 deg = 142 deg 37 min 21 sec.
The edge joining vertices 29 and 30 is between faces 13 and 25.
        Dihedral angle is    2.48923451 rad =      142.6226 deg = 142 deg 37 min 21 sec.
```

Report based on file j21d.off

```
Vertex #  1: (  0.00000000,  0.00000000,  1.64487450).
Vertex #  2: (  1.19094106,  0.86526933, -0.53783879).
Vertex #  3: (  0.45489901,  1.40003519, -0.53783879).
Vertex #  4: ( -0.45489901,  1.40003519, -0.53783879).
Vertex #  5: ( -1.19094106,  0.86526933, -0.53783879).
Vertex #  6: ( -1.47208411,  0.00000000, -0.53783879).
Vertex #  7: ( -1.19094106, -0.86526933, -0.53783879).
Vertex #  8: ( -0.45489901, -1.40003519, -0.53783879).
Vertex #  9: (  0.45489901, -1.40003519, -0.53783879).
Vertex # 10: (  1.19094106, -0.86526933, -0.53783879).
Vertex # 11: (  1.47208411,  0.00000000, -0.53783879).
Vertex # 12: (  1.47902979,  0.00000000, -0.82030834).
Vertex # 13: (  0.28684935,  0.88283152, -1.75295213).
Vertex # 14: (  0.45704534,  1.40664092, -0.82030834).
Vertex # 15: (  0.45704534, -1.40664092, -0.82030834).
Vertex # 16: ( -0.75098135, -0.54561989, -1.75295213).
Vertex # 17: ( -0.75098135,  0.54561989, -1.75295213).
Vertex # 18: ( -1.19656024,  0.86935190, -0.82030834).
Vertex # 19: ( -1.19656024, -0.86935190, -0.82030834).
Vertex # 20: (  0.92826400,  0.00000000, -1.75295213).
Vertex # 21: (  1.20576543,  0.87603986, -1.28304280).
Vertex # 22: ( -1.49040803,  0.00000000, -1.28304280).
Vertex # 23: (  1.20576543, -0.87603986, -1.28304280).
Vertex # 24: ( -0.46056141, -1.41746227, -1.28304280).
Vertex # 25: (  0.00000000,  0.00000000, -2.23020451).
Vertex # 26: ( -0.46056141,  1.41746227, -1.28304280).
Vertex # 27: (  0.28684935, -0.88283152, -1.75295213).


Face #  1 has  4 vertices:
    Vertices input as         20   1  10  11
    Vertices renumbered as    21   2  11  12
       Edge 21   2 is   0.74542927.
       Edge  2  11 is   0.90979801.
       Edge 11  12 is   0.28255494.
       Edge 12  21 is   1.02773656.
       Angle 12  21   2 is   1.09602119 rad =      62.7974 deg =  62 deg 47 min 51 sec.
       Angle 21   2  11 is   1.57839256 rad =      90.4352 deg =  90 deg 26 min  7 sec.
       Angle  2  11  12 is   1.57839256 rad =      90.4352 deg =  90 deg 26 min  7 sec.
       Angle 11  12  21 is   2.03037899 rad =     116.3321 deg = 116 deg 19 min 56 sec.


Face #  2 has  4 vertices:
    Vertices input as          1  20  13   2
    Vertices renumbered as     2  21  14   3
       Edge  2  21 is   0.74542927.
       Edge 21  14 is   1.02773656.
       Edge 14   3 is   0.28255494.
       Edge  3   2 is   0.90979801.
       Angle  3   2  21 is   1.57839256 rad =      90.4352 deg =  90 deg 26 min  7 sec.
       Angle  2  21  14 is   1.09602119 rad =      62.7974 deg =  62 deg 47 min 51 sec.
       Angle 21  14   3 is   2.03037899 rad =     116.3321 deg = 116 deg 19 min 56 sec.
       Angle 14   3   2 is   1.57839256 rad =      90.4352 deg =  90 deg 26 min  7 sec.


Face #  3 has  4 vertices:
    Vertices input as          2  13  25   3
    Vertices renumbered as     3  14  26   4
       Edge  3  14 is   0.28255494.
       Edge 14  26 is   1.02773656.
```

```
        Edge  26   4 is   0.74542927.
        Edge   4   3 is   0.90979801.
        Angle  4   3 14 is   1.57839256 rad =      90.4352 deg =   90 deg 26 min  7 sec.
        Angle  3  14 26 is   2.03037899 rad =     116.3321 deg =  116 deg 19 min 56 sec.
        Angle 14  26  4 is   1.09602119 rad =      62.7974 deg =   62 deg 47 min 51 sec.
        Angle 26   4  3 is   1.57839256 rad =      90.4352 deg =   90 deg 26 min  7 sec.

Face #  4 has  4 vertices:
    Vertices input as          3  25  17   4
    Vertices renumbered as     4  26  18   5
        Edge   4  26 is   0.74542927.
        Edge  26  18 is   1.02773656.
        Edge  18   5 is   0.28255494.
        Edge   5   4 is   0.90979801.
        Angle  5   4 26 is   1.57839256 rad =      90.4352 deg =   90 deg 26 min  7 sec.
        Angle  4  26 18 is   1.09602119 rad =      62.7974 deg =   62 deg 47 min 51 sec.
        Angle 26  18  5 is   2.03037899 rad =     116.3321 deg =  116 deg 19 min 56 sec.
        Angle 18   5  4 is   1.57839256 rad =      90.4352 deg =   90 deg 26 min  7 sec.

Face #  5 has  4 vertices:
    Vertices input as          4  17  21   5
    Vertices renumbered as     5  18  22   6
        Edge   5  18 is   0.28255494.
        Edge  18  22 is   1.02773656.
        Edge  22   6 is   0.74542927.
        Edge   6   5 is   0.90979801.
        Angle  6   5 18 is   1.57839256 rad =      90.4352 deg =   90 deg 26 min  7 sec.
        Angle  5  18 22 is   2.03037899 rad =     116.3321 deg =  116 deg 19 min 56 sec.
        Angle 18  22  6 is   1.09602119 rad =      62.7974 deg =   62 deg 47 min 51 sec.
        Angle 22   6  5 is   1.57839256 rad =      90.4352 deg =   90 deg 26 min  7 sec.

Face #  6 has  4 vertices:
    Vertices input as          5  21  18   6
    Vertices renumbered as     6  22  19   7
        Edge   6  22 is   0.74542927.
        Edge  22  19 is   1.02773656.
        Edge  19   7 is   0.28255494.
        Edge   7   6 is   0.90979801.
        Angle  7   6 22 is   1.57839256 rad =      90.4352 deg =   90 deg 26 min  7 sec.
        Angle  6  22 19 is   1.09602119 rad =      62.7974 deg =   62 deg 47 min 51 sec.
        Angle 22  19  7 is   2.03037899 rad =     116.3321 deg =  116 deg 19 min 56 sec.
        Angle 19   7  6 is   1.57839256 rad =      90.4352 deg =   90 deg 26 min  7 sec.

Face #  7 has  4 vertices:
    Vertices input as          6  18  23   7
    Vertices renumbered as     7  19  24   8
        Edge   7  19 is   0.28255494.
        Edge  19  24 is   1.02773656.
        Edge  24   8 is   0.74542927.
        Edge   8   7 is   0.90979801.
        Angle  8   7 19 is   1.57839256 rad =      90.4352 deg =   90 deg 26 min  7 sec.
        Angle  7  19 24 is   2.03037899 rad =     116.3321 deg =  116 deg 19 min 56 sec.
        Angle 19  24  8 is   1.09602119 rad =      62.7974 deg =   62 deg 47 min 51 sec.
        Angle 24   8  7 is   1.57839256 rad =      90.4352 deg =   90 deg 26 min  7 sec.

Face #  8 has  4 vertices:
    Vertices input as          7  23  14   8
    Vertices renumbered as     8  24  15   9
```

```
        Edge    8  24 is    0.74542927.
        Edge   24  15 is    1.02773656.
        Edge   15   9 is    0.28255494.
        Edge    9   8 is    0.90979801.
        Angle   9   8  24 is    1.57839256 rad =         90.4352 deg =   90 deg 26 min  7 sec.
        Angle   8  24  15 is    1.09602119 rad =         62.7974 deg =   62 deg 47 min 51 sec.
        Angle  24  15   9 is    2.03037899 rad =        116.3321 deg =  116 deg 19 min 56 sec.
        Angle  15   9   8 is    1.57839256 rad =         90.4352 deg =   90 deg 26 min  7 sec.

Face #  9 has  4 vertices:
    Vertices input as            8   14   22    9
    Vertices renumbered as       9   15   23   10
        Edge    9  15 is    0.28255494.
        Edge   15  23 is    1.02773656.
        Edge   23  10 is    0.74542927.
        Edge   10   9 is    0.90979801.
        Angle  10   9  15 is    1.57839256 rad =         90.4352 deg =   90 deg 26 min  7 sec.
        Angle   9  15  23 is    2.03037899 rad =        116.3321 deg =  116 deg 19 min 56 sec.
        Angle  15  23  10 is    1.09602119 rad =         62.7974 deg =   62 deg 47 min 51 sec.
        Angle  23  10   9 is    1.57839256 rad =         90.4352 deg =   90 deg 26 min  7 sec.

Face # 10 has  4 vertices:
    Vertices input as           11   10    9   22
    Vertices renumbered as      12   11   10   23
        Edge   12  11 is    0.28255494.
        Edge   11  10 is    0.90979801.
        Edge   10  23 is    0.74542927.
        Edge   23  12 is    1.02773656.
        Angle  23  12  11 is    2.03037899 rad =        116.3321 deg =  116 deg 19 min 56 sec.
        Angle  12  11  10 is    1.57839256 rad =         90.4352 deg =   90 deg 26 min  7 sec.
        Angle  11  10  23 is    1.57839256 rad =         90.4352 deg =   90 deg 26 min  7 sec.
        Angle  10  23  12 is    1.09602119 rad =         62.7974 deg =   62 deg 47 min 51 sec.

Face # 11 has  3 vertices:
    Vertices input as           10    1    0
    Vertices renumbered as      11    2    1
        Edge   11   2 is    0.90979801.
        Edge    2   1 is    2.63273032.
        Edge    1  11 is    2.63273032.
        Angle   1  11   2 is    1.39713879 rad =         80.0502 deg =   80 deg  3 min  1 sec.
        Angle  11   2   1 is    1.39713879 rad =         80.0502 deg =   80 deg  3 min  1 sec.
        Angle   2   1  11 is    0.34731508 rad =         19.8997 deg =   19 deg 53 min 59 sec.

Face # 12 has  3 vertices:
    Vertices input as            1    2    0
    Vertices renumbered as       2    3    1
        Edge    2   3 is    0.90979801.
        Edge    3   1 is    2.63273032.
        Edge    1   2 is    2.63273032.
        Angle   1   2   3 is    1.39713879 rad =         80.0502 deg =   80 deg  3 min  1 sec.
        Angle   2   3   1 is    1.39713879 rad =         80.0502 deg =   80 deg  3 min  1 sec.
        Angle   3   1   2 is    0.34731508 rad =         19.8997 deg =   19 deg 53 min 59 sec.

Face # 13 has  3 vertices:
    Vertices input as            2    3    0
    Vertices renumbered as       3    4    1
        Edge    3   4 is    0.90979801.
        Edge    4   1 is    2.63273032.
```

```
        Edge    1   3  is    2.63273032.
        Angle   1   3   4 is    1.39713879 rad =        80.0502 deg =   80 deg   3 min   1 sec.
        Angle   3   4   1 is    1.39713879 rad =        80.0502 deg =   80 deg   3 min   1 sec.
        Angle   4   1   3 is    0.34731508 rad =        19.8997 deg =   19 deg  53 min  59 sec.


Face # 14 has   3 vertices:
    Vertices input as           3    4    0
    Vertices renumbered as      4    5    1
        Edge    4   5  is    0.90979801.
        Edge    5   1  is    2.63273032.
        Edge    1   4  is    2.63273032.
        Angle   1   4   5 is    1.39713879 rad =        80.0502 deg =   80 deg   3 min   1 sec.
        Angle   4   5   1 is    1.39713879 rad =        80.0502 deg =   80 deg   3 min   1 sec.
        Angle   5   1   4 is    0.34731508 rad =        19.8997 deg =   19 deg  53 min  59 sec.


Face # 15 has   3 vertices:
    Vertices input as           4    5    0
    Vertices renumbered as      5    6    1
        Edge    5   6  is    0.90979801.
        Edge    6   1  is    2.63273032.
        Edge    1   5  is    2.63273032.
        Angle   1   5   6 is    1.39713879 rad =        80.0502 deg =   80 deg   3 min   1 sec.
        Angle   5   6   1 is    1.39713879 rad =        80.0502 deg =   80 deg   3 min   1 sec.
        Angle   6   1   5 is    0.34731508 rad =        19.8997 deg =   19 deg  53 min  59 sec.


Face # 16 has   3 vertices:
    Vertices input as           5    6    0
    Vertices renumbered as      6    7    1
        Edge    6   7  is    0.90979801.
        Edge    7   1  is    2.63273032.
        Edge    1   6  is    2.63273032.
        Angle   1   6   7 is    1.39713879 rad =        80.0502 deg =   80 deg   3 min   1 sec.
        Angle   6   7   1 is    1.39713879 rad =        80.0502 deg =   80 deg   3 min   1 sec.
        Angle   7   1   6 is    0.34731508 rad =        19.8997 deg =   19 deg  53 min  59 sec.


Face # 17 has   3 vertices:
    Vertices input as           6    7    0
    Vertices renumbered as      7    8    1
        Edge    7   8  is    0.90979801.
        Edge    8   1  is    2.63273032.
        Edge    1   7  is    2.63273032.
        Angle   1   7   8 is    1.39713879 rad =        80.0502 deg =   80 deg   3 min   1 sec.
        Angle   7   8   1 is    1.39713879 rad =        80.0502 deg =   80 deg   3 min   1 sec.
        Angle   8   1   7 is    0.34731508 rad =        19.8997 deg =   19 deg  53 min  59 sec.


Face # 18 has   3 vertices:
    Vertices input as           7    8    0
    Vertices renumbered as      8    9    1
        Edge    8   9  is    0.90979801.
        Edge    9   1  is    2.63273032.
        Edge    1   8  is    2.63273032.
        Angle   1   8   9 is    1.39713879 rad =        80.0502 deg =   80 deg   3 min   1 sec.
        Angle   8   9   1 is    1.39713879 rad =        80.0502 deg =   80 deg   3 min   1 sec.
        Angle   9   1   8 is    0.34731508 rad =        19.8997 deg =   19 deg  53 min  59 sec.


Face # 19 has   3 vertices:
    Vertices input as           8    9    0
```

```
        Vertices renumbered as     9  10   1
            Edge  9 10 is   0.90979801.
            Edge 10  1 is   2.63273032.
            Edge  1  9 is   2.63273032.
            Angle  1  9 10 is   1.39713879 rad =      80.0502 deg =  80 deg  3 min  1 sec.
            Angle  9 10  1 is   1.39713879 rad =      80.0502 deg =  80 deg  3 min  1 sec.
            Angle 10  1  9 is   0.34731508 rad =      19.8997 deg =  19 deg 53 min 59 sec.


Face # 20 has  3 vertices:
        Vertices input as          9  10   0
        Vertices renumbered as    10  11   1
            Edge 10 11 is   0.90979801.
            Edge 11  1 is   2.63273032.
            Edge  1 10 is   2.63273032.
            Angle  1 10 11 is   1.39713879 rad =      80.0502 deg =  80 deg  3 min  1 sec.
            Angle 10 11  1 is   1.39713879 rad =      80.0502 deg =  80 deg  3 min  1 sec.
            Angle 11  1 10 is   0.34731508 rad =      19.8997 deg =  19 deg 53 min 59 sec.


Face # 21 has  4 vertices:
        Vertices input as         26  23  15  24
        Vertices renumbered as    27  24  16  25
            Edge 27 24 is   1.03211805.
            Edge 24 16 is   1.03211805.
            Edge 16 25 is   1.04376428.
            Edge 25 27 is   1.04376428.
            Angle 25 27 24 is   2.03452916 rad =     116.5699 deg = 116 deg 34 min 12 sec.
            Angle 27 24 16 is   1.11399747 rad =      63.8274 deg =  63 deg 49 min 38 sec.
            Angle 24 16 25 is   2.03452916 rad =     116.5699 deg = 116 deg 34 min 12 sec.
            Angle 16 25 27 is   1.10012952 rad =      63.0328 deg =  63 deg  1 min 58 sec.


Face # 22 has  4 vertices:
        Vertices input as         13  20  12  25
        Vertices renumbered as    14  21  13  26
            Edge 14 21 is   1.02773656.
            Edge 21 13 is   1.03211805.
            Edge 13 26 is   1.03211805.
            Edge 26 14 is   1.02773656.
            Angle 26 14 21 is   2.04110593 rad =     116.9468 deg = 116 deg 56 min 48 sec.
            Angle 14 21 13 is   1.10736840 rad =      63.4475 deg =  63 deg 26 min 51 sec.
            Angle 21 13 26 is   2.02734257 rad =     116.1582 deg = 116 deg  9 min 29 sec.
            Angle 13 26 14 is   1.10736840 rad =      63.4475 deg =  63 deg 26 min 51 sec.


Face # 23 has  4 vertices:
        Vertices input as         14  23  26  22
        Vertices renumbered as    15  24  27  23
            Edge 15 24 is   1.02773656.
            Edge 24 27 is   1.03211805.
            Edge 27 23 is   1.03211805.
            Edge 23 15 is   1.02773656.
            Angle 23 15 24 is   2.04110593 rad =     116.9468 deg = 116 deg 56 min 48 sec.
            Angle 15 24 27 is   1.10736840 rad =      63.4475 deg =  63 deg 26 min 51 sec.
            Angle 24 27 23 is   2.02734257 rad =     116.1582 deg = 116 deg  9 min 29 sec.
            Angle 27 23 15 is   1.10736840 rad =      63.4475 deg =  63 deg 26 min 51 sec.


Face # 24 has  4 vertices:
        Vertices input as         18  21  15  23
        Vertices renumbered as    19  22  16  24
            Edge 19 22 is   1.02773656.
```

```
            Edge 22 16 is    1.03211805.
            Edge 16 24 is    1.03211805.
            Edge 24 19 is    1.02773656.
            Angle 24 19 22 is    2.04110593 rad =        116.9468 deg = 116 deg 56 min 48 sec.
            Angle 19 22 16 is    1.10736840 rad =         63.4475 deg =  63 deg 26 min 51 sec.
            Angle 22 16 24 is    2.02734257 rad =        116.1582 deg = 116 deg  9 min 29 sec.
            Angle 16 24 19 is    1.10736840 rad =         63.4475 deg =  63 deg 26 min 51 sec.

Face # 25 has  4 vertices:
      Vertices input as         26  24  19  22
      Vertices renumbered as    27  25  20  23
            Edge 27 25 is    1.04376428.
            Edge 25 20 is    1.04376428.
            Edge 20 23 is    1.03211805.
            Edge 23 27 is    1.03211805.
            Angle 23 27 25 is    2.03452916 rad =        116.5699 deg = 116 deg 34 min 12 sec.
            Angle 27 25 20 is    1.10012952 rad =         63.0328 deg =  63 deg  1 min 58 sec.
            Angle 25 20 23 is    2.03452916 rad =        116.5699 deg = 116 deg 34 min 12 sec.
            Angle 20 23 27 is    1.11399747 rad =         63.8274 deg =  63 deg 49 min 38 sec.

Face # 26 has  4 vertices:
      Vertices input as         24  15  21  16
      Vertices renumbered as    25  16  22  17
            Edge 25 16 is    1.04376428.
            Edge 16 22 is    1.03211805.
            Edge 22 17 is    1.03211805.
            Edge 17 25 is    1.04376428.
            Angle 17 25 16 is    1.10012952 rad =         63.0328 deg =  63 deg  1 min 58 sec.
            Angle 25 16 22 is    2.03452916 rad =        116.5699 deg = 116 deg 34 min 12 sec.
            Angle 16 22 17 is    1.11399747 rad =         63.8274 deg =  63 deg 49 min 38 sec.
            Angle 22 17 25 is    2.03452916 rad =        116.5699 deg = 116 deg 34 min 12 sec.

Face # 27 has  4 vertices:
      Vertices input as         20  11  22  19
      Vertices renumbered as    21  12  23  20
            Edge 21 12 is    1.02773656.
            Edge 12 23 is    1.02773656.
            Edge 23 20 is    1.03211805.
            Edge 20 21 is    1.03211805.
            Angle 20 21 12 is    1.10736840 rad =         63.4475 deg =  63 deg 26 min 51 sec.
            Angle 21 12 23 is    2.04110593 rad =        116.9468 deg = 116 deg 56 min 48 sec.
            Angle 12 23 20 is    1.10736840 rad =         63.4475 deg =  63 deg 26 min 51 sec.
            Angle 23 20 21 is    2.02734257 rad =        116.1582 deg = 116 deg  9 min 29 sec.

Face # 28 has  4 vertices:
      Vertices input as         17  25  16  21
      Vertices renumbered as    18  26  17  22
            Edge 18 26 is    1.02773656.
            Edge 26 17 is    1.03211805.
            Edge 17 22 is    1.03211805.
            Edge 22 18 is    1.02773656.
            Angle 22 18 26 is    2.04110593 rad =        116.9468 deg = 116 deg 56 min 48 sec.
            Angle 18 26 17 is    1.10736840 rad =         63.4475 deg =  63 deg 26 min 51 sec.
            Angle 26 17 22 is    2.02734257 rad =        116.1582 deg = 116 deg  9 min 29 sec.
            Angle 17 22 18 is    1.10736840 rad =         63.4475 deg =  63 deg 26 min 51 sec.

Face # 29 has  4 vertices:
      Vertices input as         12  20  19  24
```

```
        Vertices renumbered as    13  21  20  25
            Edge 13 21 is    1.03211805.
            Edge 21 20 is    1.03211805.
            Edge 20 25 is    1.04376428.
            Edge 25 13 is    1.04376428.
            Angle 25 13 21 is    2.03452916 rad =     116.5699 deg = 116 deg 34 min 12 sec.
            Angle 13 21 20 is    1.11399747 rad =      63.8274 deg =  63 deg 49 min 38 sec.
            Angle 21 20 25 is    2.03452916 rad =     116.5699 deg = 116 deg 34 min 12 sec.
            Angle 20 25 13 is    1.10012952 rad =      63.0328 deg =  63 deg  1 min 58 sec.


Face # 30 has  4 vertices:
        Vertices input as          25  12  24  16
        Vertices renumbered as     26  13  25  17
            Edge 26 13 is    1.03211805.
            Edge 13 25 is    1.04376428.
            Edge 25 17 is    1.04376428.
            Edge 17 26 is    1.03211805.
            Angle 17 26 13 is    1.11399747 rad =      63.8274 deg =  63 deg 49 min 38 sec.
            Angle 26 13 25 is    2.03452916 rad =     116.5699 deg = 116 deg 34 min 12 sec.
            Angle 13 25 17 is    1.10012952 rad =      63.0328 deg =  63 deg  1 min 58 sec.
            Angle 25 17 26 is    2.03452916 rad =     116.5699 deg = 116 deg 34 min 12 sec.


The edge joining vertices    1 and  2 is between faces 11 and 12.
        Dihedral angle is    2.61532375 rad =     149.8470 deg = 149 deg 50 min 49 sec.
The edge joining vertices    1 and  3 is between faces 12 and 13.
        Dihedral angle is    2.61532375 rad =     149.8470 deg = 149 deg 50 min 49 sec.
The edge joining vertices    1 and  4 is between faces 13 and 14.
        Dihedral angle is    2.61532375 rad =     149.8470 deg = 149 deg 50 min 49 sec.
The edge joining vertices    1 and  5 is between faces 14 and 15.
        Dihedral angle is    2.61532375 rad =     149.8470 deg = 149 deg 50 min 49 sec.
The edge joining vertices    1 and  6 is between faces 15 and 16.
        Dihedral angle is    2.61532375 rad =     149.8470 deg = 149 deg 50 min 49 sec.
The edge joining vertices    1 and  7 is between faces 16 and 17.
        Dihedral angle is    2.61532375 rad =     149.8470 deg = 149 deg 50 min 49 sec.
The edge joining vertices    1 and  8 is between faces 17 and 18.
        Dihedral angle is    2.61532375 rad =     149.8470 deg = 149 deg 50 min 49 sec.
The edge joining vertices    1 and  9 is between faces 18 and 19.
        Dihedral angle is    2.61532375 rad =     149.8470 deg = 149 deg 50 min 49 sec.
The edge joining vertices    1 and 10 is between faces 19 and 20.
        Dihedral angle is    2.61532375 rad =     149.8470 deg = 149 deg 50 min 49 sec.
The edge joining vertices    1 and 11 is between faces 11 and 20.
        Dihedral angle is    2.61532375 rad =     149.8470 deg = 149 deg 50 min 49 sec.
The edge joining vertices    2 and  3 is between faces  2 and 12.
        Dihedral angle is    2.59465438 rad =     148.6627 deg = 148 deg 39 min 46 sec.
The edge joining vertices    2 and 11 is between faces  1 and 11.
        Dihedral angle is    2.59465438 rad =     148.6627 deg = 148 deg 39 min 46 sec.
The edge joining vertices    2 and 21 is between faces  1 and  2.
        Dihedral angle is    2.51345174 rad =     144.0102 deg = 144 deg  0 min 37 sec.
The edge joining vertices    3 and  4 is between faces  3 and 13.
        Dihedral angle is    2.59465438 rad =     148.6627 deg = 148 deg 39 min 46 sec.
The edge joining vertices    3 and 14 is between faces  2 and  3.
        Dihedral angle is    2.51345174 rad =     144.0102 deg = 144 deg  0 min 37 sec.
The edge joining vertices    4 and  5 is between faces  4 and 14.
        Dihedral angle is    2.59465438 rad =     148.6627 deg = 148 deg 39 min 46 sec.
The edge joining vertices    4 and 26 is between faces  3 and  4.
        Dihedral angle is    2.51345174 rad =     144.0102 deg = 144 deg  0 min 37 sec.
The edge joining vertices    5 and  6 is between faces  5 and 15.
        Dihedral angle is    2.59465438 rad =     148.6627 deg = 148 deg 39 min 46 sec.
The edge joining vertices    5 and 18 is between faces  4 and  5.
        Dihedral angle is    2.51345174 rad =     144.0102 deg = 144 deg  0 min 37 sec.
The edge joining vertices    6 and  7 is between faces  6 and 16.
```

```
        Dihedral angle is    2.59465438 rad =      148.6627 deg = 148 deg 39 min 46 sec.
The edge joining vertices  6 and 22 is between faces  5 and  6.
        Dihedral angle is    2.51345174 rad =      144.0102 deg = 144 deg  0 min 37 sec.
The edge joining vertices  7 and  8 is between faces  7 and 17.
        Dihedral angle is    2.59465438 rad =      148.6627 deg = 148 deg 39 min 46 sec.
The edge joining vertices  7 and 19 is between faces  6 and  7.
        Dihedral angle is    2.51345174 rad =      144.0102 deg = 144 deg  0 min 37 sec.
The edge joining vertices  8 and  9 is between faces  8 and 18.
        Dihedral angle is    2.59465438 rad =      148.6627 deg = 148 deg 39 min 46 sec.
The edge joining vertices  8 and 24 is between faces  7 and  8.
        Dihedral angle is    2.51345174 rad =      144.0102 deg = 144 deg  0 min 37 sec.
The edge joining vertices  9 and 10 is between faces  9 and 19.
        Dihedral angle is    2.59465438 rad =      148.6627 deg = 148 deg 39 min 46 sec.
The edge joining vertices  9 and 15 is between faces  8 and  9.
        Dihedral angle is    2.51345174 rad =      144.0102 deg = 144 deg  0 min 37 sec.
The edge joining vertices 10 and 11 is between faces 10 and 20.
        Dihedral angle is    2.59465438 rad =      148.6627 deg = 148 deg 39 min 46 sec.
The edge joining vertices 10 and 23 is between faces  9 and 10.
        Dihedral angle is    2.51345174 rad =      144.0102 deg = 144 deg  0 min 37 sec.
The edge joining vertices 11 and 12 is between faces  1 and 10.
        Dihedral angle is    2.51345174 rad =      144.0102 deg = 144 deg  0 min 37 sec.
The edge joining vertices 12 and 21 is between faces  1 and 27.
        Dihedral angle is    2.50952757 rad =      143.7853 deg = 143 deg 47 min  7 sec.
The edge joining vertices 12 and 23 is between faces 10 and 27.
        Dihedral angle is    2.50952757 rad =      143.7853 deg = 143 deg 47 min  7 sec.
The edge joining vertices 13 and 21 is between faces 22 and 29.
        Dihedral angle is    2.50277523 rad =      143.3985 deg = 143 deg 23 min 54 sec.
The edge joining vertices 13 and 25 is between faces 29 and 30.
        Dihedral angle is    2.50012248 rad =      143.2465 deg = 143 deg 14 min 47 sec.
The edge joining vertices 13 and 26 is between faces 22 and 30.
        Dihedral angle is    2.50277523 rad =      143.3985 deg = 143 deg 23 min 54 sec.
The edge joining vertices 14 and 21 is between faces  2 and 22.
        Dihedral angle is    2.50952757 rad =      143.7853 deg = 143 deg 47 min  7 sec.
The edge joining vertices 14 and 26 is between faces  3 and 22.
        Dihedral angle is    2.50952757 rad =      143.7853 deg = 143 deg 47 min  7 sec.
The edge joining vertices 15 and 23 is between faces  9 and 23.
        Dihedral angle is    2.50952757 rad =      143.7853 deg = 143 deg 47 min  7 sec.
The edge joining vertices 15 and 24 is between faces  8 and 23.
        Dihedral angle is    2.50952757 rad =      143.7853 deg = 143 deg 47 min  7 sec.
The edge joining vertices 16 and 22 is between faces 24 and 26.
        Dihedral angle is    2.50277523 rad =      143.3985 deg = 143 deg 23 min 54 sec.
The edge joining vertices 16 and 24 is between faces 21 and 24.
        Dihedral angle is    2.50277523 rad =      143.3985 deg = 143 deg 23 min 54 sec.
The edge joining vertices 16 and 25 is between faces 21 and 26.
        Dihedral angle is    2.50012248 rad =      143.2465 deg = 143 deg 14 min 47 sec.
The edge joining vertices 17 and 22 is between faces 26 and 28.
        Dihedral angle is    2.50277523 rad =      143.3985 deg = 143 deg 23 min 54 sec.
The edge joining vertices 17 and 25 is between faces 26 and 30.
        Dihedral angle is    2.50012248 rad =      143.2465 deg = 143 deg 14 min 47 sec.
The edge joining vertices 17 and 26 is between faces 28 and 30.
        Dihedral angle is    2.50277523 rad =      143.3985 deg = 143 deg 23 min 54 sec.
The edge joining vertices 18 and 22 is between faces  5 and 28.
        Dihedral angle is    2.50952757 rad =      143.7853 deg = 143 deg 47 min  7 sec.
The edge joining vertices 18 and 26 is between faces  4 and 28.
        Dihedral angle is    2.50952757 rad =      143.7853 deg = 143 deg 47 min  7 sec.
The edge joining vertices 19 and 22 is between faces  6 and 24.
        Dihedral angle is    2.50952757 rad =      143.7853 deg = 143 deg 47 min  7 sec.
The edge joining vertices 19 and 24 is between faces  7 and 24.
        Dihedral angle is    2.50952757 rad =      143.7853 deg = 143 deg 47 min  7 sec.
The edge joining vertices 20 and 21 is between faces 27 and 29.
        Dihedral angle is    2.50277523 rad =      143.3985 deg = 143 deg 23 min 54 sec.
The edge joining vertices 20 and 23 is between faces 25 and 27.
        Dihedral angle is    2.50277523 rad =      143.3985 deg = 143 deg 23 min 54 sec.
```

```
The edge joining vertices 20 and 25 is between faces 25 and 29.
      Dihedral angle is   2.50012248 rad =     143.2465 deg = 143 deg 14 min 47 sec.
The edge joining vertices 23 and 27 is between faces 23 and 25.
      Dihedral angle is   2.50277523 rad =     143.3985 deg = 143 deg 23 min 54 sec.
The edge joining vertices 24 and 27 is between faces 21 and 23.
      Dihedral angle is   2.50277523 rad =     143.3985 deg = 143 deg 23 min 54 sec.
The edge joining vertices 25 and 27 is between faces 21 and 25.
      Dihedral angle is   2.50012248 rad =     143.2465 deg = 143 deg 14 min 47 sec.
```

Report based on file j22.off

Vertex # 1: (0.96592583, 0.25881905, 0.42779984).
Vertex # 2: (0.70710678, -0.70710678, 0.42779984).
Vertex # 3: (-0.25881905, -0.96592583, 0.42779984).
Vertex # 4: (-0.96592583, -0.25881905, 0.42779984).
Vertex # 5: (-0.70710678, 0.70710678, 0.42779984).
Vertex # 6: (0.25881905, 0.96592583, 0.42779984).
Vertex # 7: (0.96592583, -0.25881905, -0.42779984).
Vertex # 8: (0.25881905, -0.96592583, -0.42779984).
Vertex # 9: (-0.70710678, -0.70710678, -0.42779984).
Vertex # 10: (-0.96592583, 0.25881905, -0.42779984).
Vertex # 11: (-0.25881905, 0.96592583, -0.42779984).
Vertex # 12: (0.70710678, 0.70710678, -0.42779984).
Vertex # 13: (-0.14942925, 0.55767754, 1.24429642).
Vertex # 14: (0.55767754, -0.14942925, 1.24429642).
Vertex # 15: (-0.40824829, -0.40824829, 1.24429642).

Face # 1 has 6 vertices:
    Vertices input as   6   7   8   9 10 11
    Vertices renumbered as   7   8   9 10 11 12
      Edge 7 8 is   1.00000000.
      Edge 8 9 is   1.00000000.
      Edge 9 10 is   1.00000000.
      Edge 10 11 is   1.00000000.
      Edge 11 12 is   1.00000000.
      Edge 12 7 is   1.00000000.
      Angle 12 7 8 is   2.09439510 rad =   120.0000 deg = 120 deg 0 min 0 sec.
      Angle 7 8 9 is   2.09439510 rad =   120.0000 deg = 120 deg 0 min 0 sec.
      Angle 8 9 10 is   2.09439510 rad =   120.0000 deg = 120 deg 0 min 0 sec.
      Angle 9 10 11 is   2.09439510 rad =   120.0000 deg = 120 deg 0 min 0 sec.
      Angle 10 11 12 is   2.09439510 rad =   120.0000 deg = 120 deg 0 min 0 sec.
      Angle 11 12 7 is   2.09439510 rad =   120.0000 deg = 120 deg 0 min 0 sec.

Face # 2 has 3 vertices:
    Vertices input as   0   1   6
    Vertices renumbered as   1   2   7
      Edge 1 2 is   1.00000000.
      Edge 2 7 is   1.00000000.
      Edge 7 1 is   1.00000000.
      Angle 7 1 2 is   1.04719755 rad =   60.0000 deg = 60 deg 0 min 0 sec.
      Angle 1 2 7 is   1.04719755 rad =   60.0000 deg = 60 deg 0 min 0 sec.
      Angle 2 7 1 is   1.04719755 rad =   60.0000 deg = 60 deg 0 min 0 sec.

Face # 3 has 3 vertices:
    Vertices input as   1   2   7
    Vertices renumbered as   2   3   8
      Edge 2 3 is   1.00000000.
      Edge 3 8 is   1.00000000.
      Edge 8 2 is   1.00000000.
      Angle 8 2 3 is   1.04719755 rad =   60.0000 deg = 60 deg 0 min 0 sec.
      Angle 2 3 8 is   1.04719755 rad =   60.0000 deg = 60 deg 0 min 0 sec.
      Angle 3 8 2 is   1.04719755 rad =   60.0000 deg = 60 deg 0 min 0 sec.

Face # 4 has 3 vertices:
    Vertices input as   2   3   8
    Vertices renumbered as   3   4   9
      Edge 3 4 is   1.00000000.

```
        Edge   4  9 is    1.00000000.
        Edge   9  3 is    1.00000000.
        Angle  9  3  4 is   1.04719755 rad =     60.0000 deg = 60 deg  0 min  0 sec.
        Angle  3  4  9 is   1.04719755 rad =     60.0000 deg = 60 deg  0 min  0 sec.
        Angle  4  9  3 is   1.04719755 rad =     60.0000 deg = 60 deg  0 min  0 sec.

Face #  5 has  3 vertices:
    Vertices input as        3   4   9
    Vertices renumbered as   4   5  10
        Edge   4  5 is    1.00000000.
        Edge   5 10 is    1.00000000.
        Edge  10  4 is    1.00000000.
        Angle 10  4  5 is   1.04719755 rad =     60.0000 deg = 60 deg  0 min  0 sec.
        Angle  4  5 10 is   1.04719755 rad =     60.0000 deg = 60 deg  0 min  0 sec.
        Angle  5 10  4 is   1.04719755 rad =     60.0000 deg = 60 deg  0 min  0 sec.

Face #  6 has  3 vertices:
    Vertices input as        4   5  10
    Vertices renumbered as   5   6  11
        Edge   5  6 is    1.00000000.
        Edge   6 11 is    1.00000000.
        Edge  11  5 is    1.00000000.
        Angle 11  5  6 is   1.04719755 rad =     60.0000 deg = 60 deg  0 min  0 sec.
        Angle  5  6 11 is   1.04719755 rad =     60.0000 deg = 60 deg  0 min  0 sec.
        Angle  6 11  5 is   1.04719755 rad =     60.0000 deg = 60 deg  0 min  0 sec.

Face #  7 has  3 vertices:
    Vertices input as        5   0  11
    Vertices renumbered as   6   1  12
        Edge   6  1 is    1.00000000.
        Edge   1 12 is    1.00000000.
        Edge  12  6 is    1.00000000.
        Angle 12  6  1 is   1.04719755 rad =     60.0000 deg = 60 deg  0 min  0 sec.
        Angle  6  1 12 is   1.04719755 rad =     60.0000 deg = 60 deg  0 min  0 sec.
        Angle  1 12  6 is   1.04719755 rad =     60.0000 deg = 60 deg  0 min  0 sec.

Face #  8 has  3 vertices:
    Vertices input as        7   6   1
    Vertices renumbered as   8   7   2
        Edge   8  7 is    1.00000000.
        Edge   7  2 is    1.00000000.
        Edge   2  8 is    1.00000000.
        Angle  2  8  7 is   1.04719755 rad =     60.0000 deg = 60 deg  0 min  0 sec.
        Angle  8  7  2 is   1.04719755 rad =     60.0000 deg = 60 deg  0 min  0 sec.
        Angle  7  2  8 is   1.04719755 rad =     60.0000 deg = 60 deg  0 min  0 sec.

Face #  9 has  3 vertices:
    Vertices input as        8   7   2
    Vertices renumbered as   9   8   3
        Edge   9  8 is    1.00000000.
        Edge   8  3 is    1.00000000.
        Edge   3  9 is    1.00000000.
        Angle  3  9  8 is   1.04719755 rad =     60.0000 deg = 60 deg  0 min  0 sec.
        Angle  9  8  3 is   1.04719755 rad =     60.0000 deg = 60 deg  0 min  0 sec.
        Angle  8  3  9 is   1.04719755 rad =     60.0000 deg = 60 deg  0 min  0 sec.

Face # 10 has  3 vertices:
```

```
        Vertices input as          9   8   3
        Vertices renumbered as    10   9   4
          Edge 10  9 is   1.00000000.
          Edge  9  4 is   1.00000000.
          Edge  4 10 is   1.00000000.
          Angle  4 10  9 is   1.04719755 rad =      60.0000 deg =  60 deg  0 min  0 sec.
          Angle 10  9  4 is   1.04719755 rad =      60.0000 deg =  60 deg  0 min  0 sec.
          Angle  9  4 10 is   1.04719755 rad =      60.0000 deg =  60 deg  0 min  0 sec.


Face # 11 has  3 vertices:
        Vertices input as         10   9   4
        Vertices renumbered as    11  10   5
          Edge 11 10 is   1.00000000.
          Edge 10  5 is   1.00000000.
          Edge  5 11 is   1.00000000.
          Angle  5 11 10 is   1.04719755 rad =      60.0000 deg =  60 deg  0 min  0 sec.
          Angle 11 10  5 is   1.04719755 rad =      60.0000 deg =  60 deg  0 min  0 sec.
          Angle 10  5 11 is   1.04719755 rad =      60.0000 deg =  60 deg  0 min  0 sec.


Face # 12 has  3 vertices:
        Vertices input as         11  10   5
        Vertices renumbered as    12  11   6
          Edge 12 11 is   1.00000000.
          Edge 11  6 is   1.00000000.
          Edge  6 12 is   1.00000000.
          Angle  6 12 11 is   1.04719755 rad =      60.0000 deg =  60 deg  0 min  0 sec.
          Angle 12 11  6 is   1.04719755 rad =      60.0000 deg =  60 deg  0 min  0 sec.
          Angle 11  6 12 is   1.04719755 rad =      60.0000 deg =  60 deg  0 min  0 sec.


Face # 13 has  3 vertices:
        Vertices input as          6  11   0
        Vertices renumbered as     7  12   1
          Edge  7 12 is   1.00000000.
          Edge 12  1 is   1.00000000.
          Edge  1  7 is   1.00000000.
          Angle  1  7 12 is   1.04719755 rad =      60.0000 deg =  60 deg  0 min  0 sec.
          Angle  7 12  1 is   1.04719755 rad =      60.0000 deg =  60 deg  0 min  0 sec.
          Angle 12  1  7 is   1.04719755 rad =      60.0000 deg =  60 deg  0 min  0 sec.


Face # 14 has  3 vertices:
        Vertices input as         14  13  12
        Vertices renumbered as    15  14  13
          Edge 15 14 is   1.00000000.
          Edge 14 13 is   1.00000000.
          Edge 13 15 is   1.00000000.
          Angle 13 15 14 is   1.04719755 rad =      60.0000 deg =  60 deg  0 min  0 sec.
          Angle 15 14 13 is   1.04719755 rad =      60.0000 deg =  60 deg  0 min  0 sec.
          Angle 14 13 15 is   1.04719755 rad =      60.0000 deg =  60 deg  0 min  0 sec.


Face # 15 has  4 vertices:
        Vertices input as          5  12  13   0
        Vertices renumbered as     6  13  14   1
          Edge  6 13 is   1.00000000.
          Edge 13 14 is   1.00000000.
          Edge 14  1 is   1.00000000.
          Edge  1  6 is   1.00000000.
          Angle  1  6 13 is   1.57079633 rad =      90.0000 deg =  90 deg  0 min  0 sec.
          Angle  6 13 14 is   1.57079633 rad =      90.0000 deg =  90 deg  0 min  0 sec.
```

```
        Angle 13 14  1 is    1.57079633 rad =       90.0000 deg =  90 deg  0 min  0 sec.
        Angle 14  1  6 is    1.57079633 rad =       90.0000 deg =  90 deg  0 min  0 sec.


Face # 16 has  3 vertices:
    Vertices input as          0 13  1
    Vertices renumbered as     1 14  2
        Edge  1 14 is   1.00000000.
        Edge 14  2 is   1.00000000.
        Edge  2  1 is   1.00000000.
        Angle  2  1 14 is    1.04719755 rad =       60.0000 deg =  60 deg  0 min  0 sec.
        Angle  1 14  2 is    1.04719755 rad =       60.0000 deg =  59 deg 59 min 60 sec.
        Angle 14  2  1 is    1.04719755 rad =       60.0000 deg =  60 deg  0 min  0 sec.


Face # 17 has  4 vertices:
    Vertices input as          1 13 14  2
    Vertices renumbered as     2 14 15  3
        Edge  2 14 is   1.00000000.
        Edge 14 15 is   1.00000000.
        Edge 15  3 is   1.00000000.
        Edge  3  2 is   1.00000000.
        Angle  3  2 14 is    1.57079633 rad =       90.0000 deg =  90 deg  0 min  0 sec.
        Angle  2 14 15 is    1.57079633 rad =       90.0000 deg =  90 deg  0 min  0 sec.
        Angle 14 15  3 is    1.57079633 rad =       90.0000 deg =  90 deg  0 min  0 sec.
        Angle 15  3  2 is    1.57079633 rad =       90.0000 deg =  90 deg  0 min  0 sec.


Face # 18 has  3 vertices:
    Vertices input as          2 14  3
    Vertices renumbered as     3 15  4
        Edge  3 15 is   1.00000000.
        Edge 15  4 is   1.00000000.
        Edge  4  3 is   1.00000000.
        Angle  4  3 15 is    1.04719755 rad =       60.0000 deg =  60 deg  0 min  0 sec.
        Angle  3 15  4 is    1.04719755 rad =       60.0000 deg =  59 deg 59 min 60 sec.
        Angle 15  4  3 is    1.04719755 rad =       60.0000 deg =  60 deg  0 min  0 sec.


Face # 19 has  4 vertices:
    Vertices input as          3 14 12  4
    Vertices renumbered as     4 15 13  5
        Edge  4 15 is   1.00000000.
        Edge 15 13 is   1.00000000.
        Edge 13  5 is   1.00000000.
        Edge  5  4 is   1.00000000.
        Angle  5  4 15 is    1.57079633 rad =       90.0000 deg =  90 deg  0 min  0 sec.
        Angle  4 15 13 is    1.57079633 rad =       90.0000 deg =  90 deg  0 min  0 sec.
        Angle 15 13  5 is    1.57079633 rad =       90.0000 deg =  90 deg  0 min  0 sec.
        Angle 13  5  4 is    1.57079633 rad =       90.0000 deg =  90 deg  0 min  0 sec.


Face # 20 has  3 vertices:
    Vertices input as          4 12  5
    Vertices renumbered as     5 13  6
        Edge  5 13 is   1.00000000.
        Edge 13  6 is   1.00000000.
        Edge  6  5 is   1.00000000.
        Angle  6  5 13 is    1.04719755 rad =       60.0000 deg =  60 deg  0 min  0 sec.
        Angle  5 13  6 is    1.04719755 rad =       60.0000 deg =  60 deg  0 min  0 sec.
        Angle 13  6  5 is    1.04719755 rad =       60.0000 deg =  60 deg  0 min  0 sec.
```

```
The edge joining vertices  1 and  2 is between faces  2 and 16.
      Dihedral angle is   2.95708008 rad =       169.4282 deg = 169 deg 25 min 42 sec.
The edge joining vertices  1 and  6 is between faces  7 and 15.
      Dihedral angle is   2.68143728 rad =       153.6350 deg = 153 deg 38 min  6 sec.
The edge joining vertices  1 and  7 is between faces  2 and 13.
      Dihedral angle is   2.53460015 rad =       145.2219 deg = 145 deg 13 min 19 sec.
The edge joining vertices  1 and 12 is between faces  7 and 13.
      Dihedral angle is   2.53460015 rad =       145.2219 deg = 145 deg 13 min 19 sec.
The edge joining vertices  1 and 14 is between faces 15 and 16.
      Dihedral angle is   2.18627604 rad =       125.2644 deg = 125 deg 15 min 52 sec.
The edge joining vertices  2 and  3 is between faces  3 and 17.
      Dihedral angle is   2.68143728 rad =       153.6350 deg = 153 deg 38 min  6 sec.
The edge joining vertices  2 and  7 is between faces  2 and  8.
      Dihedral angle is   2.53460015 rad =       145.2219 deg = 145 deg 13 min 19 sec.
The edge joining vertices  2 and  8 is between faces  3 and  8.
      Dihedral angle is   2.53460015 rad =       145.2219 deg = 145 deg 13 min 19 sec.
The edge joining vertices  2 and 14 is between faces 16 and 17.
      Dihedral angle is   2.18627604 rad =       125.2644 deg = 125 deg 15 min 52 sec.
The edge joining vertices  3 and  4 is between faces  4 and 18.
      Dihedral angle is   2.95708008 rad =       169.4282 deg = 169 deg 25 min 42 sec.
The edge joining vertices  3 and  8 is between faces  3 and  9.
      Dihedral angle is   2.53460015 rad =       145.2219 deg = 145 deg 13 min 19 sec.
The edge joining vertices  3 and  9 is between faces  4 and  9.
      Dihedral angle is   2.53460015 rad =       145.2219 deg = 145 deg 13 min 19 sec.
The edge joining vertices  3 and 15 is between faces 17 and 18.
      Dihedral angle is   2.18627604 rad =       125.2644 deg = 125 deg 15 min 52 sec.
The edge joining vertices  4 and  5 is between faces  5 and 19.
      Dihedral angle is   2.68143728 rad =       153.6350 deg = 153 deg 38 min  6 sec.
The edge joining vertices  4 and  9 is between faces  4 and 10.
      Dihedral angle is   2.53460015 rad =       145.2219 deg = 145 deg 13 min 19 sec.
The edge joining vertices  4 and 10 is between faces  5 and 10.
      Dihedral angle is   2.53460015 rad =       145.2219 deg = 145 deg 13 min 19 sec.
The edge joining vertices  4 and 15 is between faces 18 and 19.
      Dihedral angle is   2.18627604 rad =       125.2644 deg = 125 deg 15 min 52 sec.
The edge joining vertices  5 and  6 is between faces  6 and 20.
      Dihedral angle is   2.95708008 rad =       169.4282 deg = 169 deg 25 min 42 sec.
The edge joining vertices  5 and 10 is between faces  5 and 11.
      Dihedral angle is   2.53460015 rad =       145.2219 deg = 145 deg 13 min 19 sec.
The edge joining vertices  5 and 11 is between faces  6 and 11.
      Dihedral angle is   2.53460015 rad =       145.2219 deg = 145 deg 13 min 19 sec.
The edge joining vertices  5 and 13 is between faces 19 and 20.
      Dihedral angle is   2.18627604 rad =       125.2644 deg = 125 deg 15 min 52 sec.
The edge joining vertices  6 and 11 is between faces  6 and 12.
      Dihedral angle is   2.53460015 rad =       145.2219 deg = 145 deg 13 min 19 sec.
The edge joining vertices  6 and 12 is between faces  7 and 12.
      Dihedral angle is   2.53460015 rad =       145.2219 deg = 145 deg 13 min 19 sec.
The edge joining vertices  6 and 13 is between faces 15 and 20.
      Dihedral angle is   2.18627604 rad =       125.2644 deg = 125 deg 15 min 52 sec.
The edge joining vertices  7 and  8 is between faces  1 and  8.
      Dihedral angle is   1.72612066 rad =        98.8994 deg =  98 deg 53 min 58 sec.
The edge joining vertices  7 and 12 is between faces  1 and 13.
      Dihedral angle is   1.72612066 rad =        98.8994 deg =  98 deg 53 min 58 sec.
The edge joining vertices  8 and  9 is between faces  1 and  9.
      Dihedral angle is   1.72612066 rad =        98.8994 deg =  98 deg 53 min 58 sec.
The edge joining vertices  9 and 10 is between faces  1 and 10.
      Dihedral angle is   1.72612066 rad =        98.8994 deg =  98 deg 53 min 58 sec.
The edge joining vertices 10 and 11 is between faces  1 and 11.
      Dihedral angle is   1.72612066 rad =        98.8994 deg =  98 deg 53 min 58 sec.
The edge joining vertices 11 and 12 is between faces  1 and 12.
      Dihedral angle is   1.72612066 rad =        98.8994 deg =  98 deg 53 min 58 sec.
The edge joining vertices 13 and 14 is between faces 14 and 15.
      Dihedral angle is   2.18627604 rad =       125.2644 deg = 125 deg 15 min 52 sec.
The edge joining vertices 13 and 15 is between faces 14 and 19.
```

         Dihedral angle is   2.18627604 rad =   125.2644 deg = 125 deg 15 min 52 sec.
The edge joining vertices 14 and 15 is between faces 14 and 17.
         Dihedral angle is   2.18627604 rad =   125.2644 deg = 125 deg 15 min 52 sec.

Report based on file j22d.off

Vertex # 1: (0.00000000, 0.00000000, -0.90684777).
Vertex # 2: (0.84489384, -0.22638862, 0.38582448).
Vertex # 3: (0.22638862, -0.84489384, 0.38582448).
Vertex # 4: (-0.61850522, -0.61850522, 0.38582448).
Vertex # 5: (-0.84489384, 0.22638862, 0.38582448).
Vertex # 6: (-0.22638862, 0.84489384, 0.38582448).
Vertex # 7: (0.61850522, 0.61850522, 0.38582448).
Vertex # 8: (0.56891209, -0.56891209, 0.12287627).
Vertex # 9: (-0.20823628, -0.77714837, 0.12287627).
Vertex # 10: (-0.77714837, -0.20823628, 0.12287627).
Vertex # 11: (-0.56891209, 0.56891209, 0.12287627).
Vertex # 12: (0.20823628, 0.77714837, 0.12287627).
Vertex # 13: (0.77714837, 0.20823628, 0.12287627).
Vertex # 14: (0.00000000, 0.00000000, 1.03446361).
Vertex # 15: (0.55711893, 0.55711893, 0.80597821).
Vertex # 16: (0.81284926, -0.21780230, 0.54638276).
Vertex # 17: (0.20391968, -0.76103861, 0.80597821).
Vertex # 18: (-0.59504695, -0.59504695, 0.54638276).
Vertex # 19: (-0.76103861, 0.20391968, 0.80597821).
Vertex # 20: (-0.21780230, 0.81284926, 0.54638276).

Face # 1 has 5 vertices:
    Vertices input as   15   1   12   6   14
    Vertices renumbered as   16   2   13   7   15
       Edge 16   2 is   0.16394982.
       Edge 2 13 is   0.51247440.
       Edge 13   7 is   0.51247440.
       Edge 7 15 is   0.42902881.
       Edge 15 16 is   0.85632395.
       Angle 15 16 2 is   1.98519851 rad =   113.7435 deg = 113 deg 44 min 37 sec.
       Angle 16 2 13 is   2.01775804 rad =   115.6090 deg = 115 deg 36 min 32 sec.
       Angle 2 13 7 is   2.04497395 rad =   117.1684 deg = 117 deg 10 min 6 sec.
       Angle 13 7 15 is   2.01775804 rad =   115.6090 deg = 115 deg 36 min 32 sec.
       Angle 7 15 16 is   1.35908943 rad =   77.8701 deg = 77 deg 52 min 12 sec.

Face # 2 has 5 vertices:
    Vertices input as   1   15   16   2   7
    Vertices renumbered as   2   16   17   3   8
       Edge 2 16 is   0.16394982.
       Edge 16 17 is   0.85632395.
       Edge 17   3 is   0.42902881.
       Edge 3   8 is   0.51247440.
       Edge 8   2 is   0.51247440.
       Angle 8 2 16 is   2.01775804 rad =   115.6090 deg = 115 deg 36 min 32 sec.
       Angle 2 16 17 is   1.98519851 rad =   113.7435 deg = 113 deg 44 min 37 sec.
       Angle 16 17 3 is   1.35908943 rad =   77.8701 deg = 77 deg 52 min 12 sec.
       Angle 17 3 8 is   2.01775804 rad =   115.6090 deg = 115 deg 36 min 32 sec.
       Angle 3 8 2 is   2.04497395 rad =   117.1684 deg = 117 deg 10 min 6 sec.

Face # 3 has 5 vertices:
    Vertices input as   2   16   17   3   8
    Vertices renumbered as   3   17   18   4   9
       Edge 3 17 is   0.42902881.
       Edge 17 18 is   0.85632395.
       Edge 18   4 is   0.16394982.
       Edge 4   9 is   0.51247440.
       Edge 9   3 is   0.51247440.

```
        Angle   9    3   17 is   2.01775804 rad =      115.6090 deg = 115 deg 36 min 32 sec.
        Angle   3   17   18 is   1.35908943 rad =       77.8701 deg =  77 deg 52 min 12 sec.
        Angle  17   18    4 is   1.98519851 rad =      113.7435 deg = 113 deg 44 min 37 sec.
        Angle  18    4    9 is   2.01775804 rad =      115.6090 deg = 115 deg 36 min 32 sec.
        Angle   4    9    3 is   2.04497395 rad =      117.1684 deg = 117 deg 10 min  6 sec.


Face #  4 has  5 vertices:
    Vertices input as            3   17   18    4    9
    Vertices renumbered as       4   18   19    5   10
        Edge   4   18 is   0.16394982.
        Edge  18   19 is   0.85632395.
        Edge  19    5 is   0.42902881.
        Edge   5   10 is   0.51247440.
        Edge  10    4 is   0.51247440.
        Angle  10    4   18 is   2.01775804 rad =      115.6090 deg = 115 deg 36 min 32 sec.
        Angle   4   18   19 is   1.98519851 rad =      113.7435 deg = 113 deg 44 min 37 sec.
        Angle  18   19    5 is   1.35908943 rad =       77.8701 deg =  77 deg 52 min 12 sec.
        Angle  19    5   10 is   2.01775804 rad =      115.6090 deg = 115 deg 36 min 32 sec.
        Angle   5   10    4 is   2.04497395 rad =      117.1684 deg = 117 deg 10 min  6 sec.


Face #  5 has  5 vertices:
    Vertices input as            4   18   19    5   10
    Vertices renumbered as       5   19   20    6   11
        Edge   5   19 is   0.42902881.
        Edge  19   20 is   0.85632395.
        Edge  20    6 is   0.16394982.
        Edge   6   11 is   0.51247440.
        Edge  11    5 is   0.51247440.
        Angle  11    5   19 is   2.01775804 rad =      115.6090 deg = 115 deg 36 min 32 sec.
        Angle   5   19   20 is   1.35908943 rad =       77.8701 deg =  77 deg 52 min 12 sec.
        Angle  19   20    6 is   1.98519851 rad =      113.7435 deg = 113 deg 44 min 37 sec.
        Angle  20    6   11 is   2.01775804 rad =      115.6090 deg = 115 deg 36 min 32 sec.
        Angle   6   11    5 is   2.04497395 rad =      117.1684 deg = 117 deg 10 min  6 sec.


Face #  6 has  5 vertices:
    Vertices input as           14    6   11    5   19
    Vertices renumbered as      15    7   12    6   20
        Edge  15    7 is   0.42902881.
        Edge   7   12 is   0.51247440.
        Edge  12    6 is   0.51247440.
        Edge   6   20 is   0.16394982.
        Edge  20   15 is   0.85632395.
        Angle  20   15    7 is   1.35908943 rad =       77.8701 deg =  77 deg 52 min 12 sec.
        Angle  15    7   12 is   2.01775804 rad =      115.6090 deg = 115 deg 36 min 32 sec.
        Angle   7   12    6 is   2.04497395 rad =      117.1684 deg = 117 deg 10 min  6 sec.
        Angle  12    6   20 is   2.01775804 rad =      115.6090 deg = 115 deg 36 min 32 sec.
        Angle   6   20   15 is   1.98519851 rad =      113.7435 deg = 113 deg 44 min 37 sec.


Face #  7 has  4 vertices:
    Vertices input as           12    1    7    0
    Vertices renumbered as      13    2    8    1
        Edge  13    2 is   0.51247440.
        Edge   2    8 is   0.51247440.
        Edge   8    1 is   1.30677218.
        Edge   1   13 is   1.30677218.
        Angle   1   13    2 is   1.92600473 rad =      110.3519 deg = 110 deg 21 min  7 sec.
        Angle  13    2    8 is   1.80532416 rad =      103.4375 deg = 103 deg 26 min 15 sec.
        Angle   2    8    1 is   1.92600473 rad =      110.3519 deg = 110 deg 21 min  7 sec.
        Angle   8    1   13 is   0.62585170 rad =       35.8587 deg =  35 deg 51 min 31 sec.
```

```
Face #  8 has  4 vertices:
    Vertices input as           7   2   8   0
    Vertices renumbered as      8   3   9   1
        Edge  8  3 is   0.51247440.
        Edge  3  9 is   0.51247440.
        Edge  9  1 is   1.30677218.
        Edge  1  8 is   1.30677218.
        Angle  1  8  3 is   1.92600473 rad =     110.3519 deg = 110 deg 21 min  7 sec.
        Angle  8  3  9 is   1.80532416 rad =     103.4375 deg = 103 deg 26 min 15 sec.
        Angle  3  9  1 is   1.92600473 rad =     110.3519 deg = 110 deg 21 min  7 sec.
        Angle  9  1  8 is   0.62585170 rad =      35.8587 deg =  35 deg 51 min 31 sec.

Face #  9 has  4 vertices:
    Vertices input as           8   3   9   0
    Vertices renumbered as      9   4  10   1
        Edge  9  4 is   0.51247440.
        Edge  4 10 is   0.51247440.
        Edge 10  1 is   1.30677218.
        Edge  1  9 is   1.30677218.
        Angle  1  9  4 is   1.92600473 rad =     110.3519 deg = 110 deg 21 min  7 sec.
        Angle  9  4 10 is   1.80532416 rad =     103.4375 deg = 103 deg 26 min 15 sec.
        Angle  4 10  1 is   1.92600473 rad =     110.3519 deg = 110 deg 21 min  7 sec.
        Angle 10  1  9 is   0.62585170 rad =      35.8587 deg =  35 deg 51 min 31 sec.

Face # 10 has  4 vertices:
    Vertices input as           9   4  10   0
    Vertices renumbered as     10   5  11   1
        Edge 10  5 is   0.51247440.
        Edge  5 11 is   0.51247440.
        Edge 11  1 is   1.30677218.
        Edge  1 10 is   1.30677218.
        Angle  1 10  5 is   1.92600473 rad =     110.3519 deg = 110 deg 21 min  7 sec.
        Angle 10  5 11 is   1.80532416 rad =     103.4375 deg = 103 deg 26 min 15 sec.
        Angle  5 11  1 is   1.92600473 rad =     110.3519 deg = 110 deg 21 min  7 sec.
        Angle 11  1 10 is   0.62585170 rad =      35.8587 deg =  35 deg 51 min 31 sec.

Face # 11 has  4 vertices:
    Vertices input as          10   5  11   0
    Vertices renumbered as     11   6  12   1
        Edge 11  6 is   0.51247440.
        Edge  6 12 is   0.51247440.
        Edge 12  1 is   1.30677218.
        Edge  1 11 is   1.30677218.
        Angle  1 11  6 is   1.92600473 rad =     110.3519 deg = 110 deg 21 min  7 sec.
        Angle 11  6 12 is   1.80532416 rad =     103.4375 deg = 103 deg 26 min 15 sec.
        Angle  6 12  1 is   1.92600473 rad =     110.3519 deg = 110 deg 21 min  7 sec.
        Angle 12  1 11 is   0.62585170 rad =      35.8587 deg =  35 deg 51 min 31 sec.

Face # 12 has  4 vertices:
    Vertices input as           6  12   0  11
    Vertices renumbered as      7  13   1  12
        Edge  7 13 is   0.51247440.
        Edge 13  1 is   1.30677218.
        Edge  1 12 is   1.30677218.
        Edge 12  7 is   0.51247440.
        Angle 12  7 13 is   1.80532416 rad =     103.4375 deg = 103 deg 26 min 15 sec.
        Angle  7 13  1 is   1.92600473 rad =     110.3519 deg = 110 deg 21 min  7 sec.
```

```
        Angle  13   1  12 is    0.62585170 rad =        35.8587 deg =  35 deg 51 min 31 sec.
        Angle   1  12   7 is    1.92600473 rad =       110.3519 deg = 110 deg 21 min  7 sec.


Face # 13 has  4 vertices:
     Vertices input as          19   18   13   14
     Vertices renumbered as     20   19   14   15
        Edge 20 19 is    0.85632395.
        Edge 19 14 is    0.82034662.
        Edge 14 15 is    0.82034662.
        Edge 15 20 is    0.85632395.
        Angle 15 20 19 is    1.84399858 rad =       105.6533 deg = 105 deg 39 min 12 sec.
        Angle 20 19 14 is    1.23732926 rad =        70.8937 deg =  70 deg 53 min 37 sec.
        Angle 19 14 15 is    1.96452821 rad =       112.5592 deg = 112 deg 33 min 33 sec.
        Angle 14 15 20 is    1.23732926 rad =        70.8937 deg =  70 deg 53 min 37 sec.


Face # 14 has  4 vertices:
     Vertices input as          15   14   13   16
     Vertices renumbered as     16   15   14   17
        Edge 16 15 is    0.85632395.
        Edge 15 14 is    0.82034662.
        Edge 14 17 is    0.82034662.
        Edge 17 16 is    0.85632395.
        Angle 17 16 15 is    1.84399858 rad =       105.6533 deg = 105 deg 39 min 12 sec.
        Angle 16 15 14 is    1.23732926 rad =        70.8937 deg =  70 deg 53 min 37 sec.
        Angle 15 14 17 is    1.96452821 rad =       112.5592 deg = 112 deg 33 min 33 sec.
        Angle 14 17 16 is    1.23732926 rad =        70.8937 deg =  70 deg 53 min 37 sec.


Face # 15 has  4 vertices:
     Vertices input as          17   16   13   18
     Vertices renumbered as     18   17   14   19
        Edge 18 17 is    0.85632395.
        Edge 17 14 is    0.82034662.
        Edge 14 19 is    0.82034662.
        Edge 19 18 is    0.85632395.
        Angle 19 18 17 is    1.84399858 rad =       105.6533 deg = 105 deg 39 min 12 sec.
        Angle 18 17 14 is    1.23732926 rad =        70.8937 deg =  70 deg 53 min 37 sec.
        Angle 17 14 19 is    1.96452821 rad =       112.5592 deg = 112 deg 33 min 33 sec.
        Angle 14 19 18 is    1.23732926 rad =        70.8937 deg =  70 deg 53 min 37 sec.


The edge joining vertices    1 and  8 is between faces  7 and  8.
        Dihedral angle is    2.28767299 rad =       131.0740 deg = 131 deg  4 min 26 sec.
The edge joining vertices    1 and  9 is between faces  8 and  9.
        Dihedral angle is    2.28767299 rad =       131.0740 deg = 131 deg  4 min 26 sec.
The edge joining vertices    1 and 10 is between faces  9 and 10.
        Dihedral angle is    2.28767299 rad =       131.0740 deg = 131 deg  4 min 26 sec.
The edge joining vertices    1 and 11 is between faces 10 and 11.
        Dihedral angle is    2.28767299 rad =       131.0740 deg = 131 deg  4 min 26 sec.
The edge joining vertices    1 and 12 is between faces 11 and 12.
        Dihedral angle is    2.28767299 rad =       131.0740 deg = 131 deg  4 min 26 sec.
The edge joining vertices    1 and 13 is between faces  7 and 12.
        Dihedral angle is    2.28767299 rad =       131.0740 deg = 131 deg  4 min 26 sec.
The edge joining vertices    2 and  8 is between faces  2 and  7.
        Dihedral angle is    2.22348411 rad =       127.3963 deg = 127 deg 23 min 47 sec.
The edge joining vertices    2 and 13 is between faces  1 and  7.
        Dihedral angle is    2.22348411 rad =       127.3963 deg = 127 deg 23 min 47 sec.
The edge joining vertices    2 and 16 is between faces  1 and  2.
        Dihedral angle is    2.11240271 rad =       121.0318 deg = 121 deg  1 min 54 sec.
The edge joining vertices    3 and  8 is between faces  2 and  8.
        Dihedral angle is    2.22348411 rad =       127.3963 deg = 127 deg 23 min 47 sec.
```

```
The edge joining vertices  3 and  9 is between faces  3 and  8.
      Dihedral angle is   2.22348411 rad =      127.3963 deg = 127 deg 23 min 47 sec.
The edge joining vertices  3 and 17 is between faces  2 and  3.
      Dihedral angle is   2.11240271 rad =      121.0318 deg = 121 deg  1 min 54 sec.
The edge joining vertices  4 and  9 is between faces  3 and  9.
      Dihedral angle is   2.22348411 rad =      127.3963 deg = 127 deg 23 min 47 sec.
The edge joining vertices  4 and 10 is between faces  4 and  9.
      Dihedral angle is   2.22348411 rad =      127.3963 deg = 127 deg 23 min 47 sec.
The edge joining vertices  4 and 18 is between faces  3 and  4.
      Dihedral angle is   2.11240271 rad =      121.0318 deg = 121 deg  1 min 54 sec.
The edge joining vertices  5 and 10 is between faces  4 and 10.
      Dihedral angle is   2.22348411 rad =      127.3963 deg = 127 deg 23 min 47 sec.
The edge joining vertices  5 and 11 is between faces  5 and 10.
      Dihedral angle is   2.22348411 rad =      127.3963 deg = 127 deg 23 min 47 sec.
The edge joining vertices  5 and 19 is between faces  4 and  5.
      Dihedral angle is   2.11240271 rad =      121.0318 deg = 121 deg  1 min 54 sec.
The edge joining vertices  6 and 11 is between faces  5 and 11.
      Dihedral angle is   2.22348411 rad =      127.3963 deg = 127 deg 23 min 47 sec.
The edge joining vertices  6 and 12 is between faces  6 and 11.
      Dihedral angle is   2.22348411 rad =      127.3963 deg = 127 deg 23 min 47 sec.
The edge joining vertices  6 and 20 is between faces  5 and  6.
      Dihedral angle is   2.11240271 rad =      121.0318 deg = 121 deg  1 min 54 sec.
The edge joining vertices  7 and 12 is between faces  6 and 12.
      Dihedral angle is   2.22348411 rad =      127.3963 deg = 127 deg 23 min 47 sec.
The edge joining vertices  7 and 13 is between faces  1 and 12.
      Dihedral angle is   2.22348411 rad =      127.3963 deg = 127 deg 23 min 47 sec.
The edge joining vertices  7 and 15 is between faces  1 and  6.
      Dihedral angle is   2.11240271 rad =      121.0318 deg = 121 deg  1 min 54 sec.
The edge joining vertices 14 and 15 is between faces 13 and 14.
      Dihedral angle is   2.24262926 rad =      128.4932 deg = 128 deg 29 min 35 sec.
The edge joining vertices 14 and 17 is between faces 14 and 15.
      Dihedral angle is   2.24262926 rad =      128.4932 deg = 128 deg 29 min 35 sec.
The edge joining vertices 14 and 19 is between faces 13 and 15.
      Dihedral angle is   2.24262926 rad =      128.4932 deg = 128 deg 29 min 35 sec.
The edge joining vertices 15 and 16 is between faces  1 and 14.
      Dihedral angle is   2.18961637 rad =      125.4558 deg = 125 deg 27 min 21 sec.
The edge joining vertices 15 and 20 is between faces  6 and 13.
      Dihedral angle is   2.18961637 rad =      125.4558 deg = 125 deg 27 min 21 sec.
The edge joining vertices 16 and 17 is between faces  2 and 14.
      Dihedral angle is   2.18961637 rad =      125.4558 deg = 125 deg 27 min 21 sec.
The edge joining vertices 17 and 18 is between faces  3 and 15.
      Dihedral angle is   2.18961637 rad =      125.4558 deg = 125 deg 27 min 21 sec.
The edge joining vertices 18 and 19 is between faces  4 and 15.
      Dihedral angle is   2.18961637 rad =      125.4558 deg = 125 deg 27 min 21 sec.
The edge joining vertices 19 and 20 is between faces  5 and 13.
      Dihedral angle is   2.18961637 rad =      125.4558 deg = 125 deg 27 min 21 sec.
```

Report based on file j23.off

Vertex # 1: (1.28145772,   0.25489779,   0.43014778).
Vertex # 2: (1.08636740, -0.72588749,   0.43014778).
Vertex # 3: (0.25489779, -1.28145772,   0.43014778).
Vertex # 4: (-0.72588749, -1.08636740,   0.43014778).
Vertex # 5: (-1.28145772, -0.25489779,   0.43014778).
Vertex # 6: (-1.08636740,   0.72588749,   0.43014778).
Vertex # 7: (-0.25489779,   1.28145772,   0.43014778).
Vertex # 8: (0.72588749,   1.08636740,   0.43014778).
Vertex # 9: (1.28145772, -0.25489779, -0.43014778).
Vertex # 10: (0.72588749, -1.08636740, -0.43014778).
Vertex # 11: (-0.25489779, -1.28145772, -0.43014778).
Vertex # 12: (-1.08636740, -0.72588749, -0.43014778).
Vertex # 13: (-1.28145772,   0.25489779, -0.43014778).
Vertex # 14: (-0.72588749,   1.08636740, -0.43014778).
Vertex # 15: (0.25489779,   1.28145772, -0.43014778).
Vertex # 16: (1.08636740,   0.72588749, -0.43014778).
Vertex # 17: (0.13794969,   0.69351992,   1.13725457).
Vertex # 18: (0.69351992, -0.13794969,   1.13725457).
Vertex # 19: (-0.13794969, -0.69351992,   1.13725457).
Vertex # 20: (-0.69351992,   0.13794969,   1.13725457).

Face # 1 has 8 vertices:
    Vertices input as   8   9 10 11 12 13 14 15
    Vertices renumbered as   9 10 11 12 13 14 15 16
       Edge 9 10 is   1.00000000.
       Edge 10 11 is   1.00000000.
       Edge 11 12 is   1.00000000.
       Edge 12 13 is   1.00000000.
       Edge 13 14 is   1.00000000.
       Edge 14 15 is   1.00000000.
       Edge 15 16 is   1.00000000.
       Edge 16 9 is   1.00000000.
       Angle 16 9 10 is   2.35619449 rad =   135.0000 deg = 135 deg   0 min   0 sec.
       Angle 9 10 11 is   2.35619449 rad =   135.0000 deg = 135 deg   0 min   0 sec.
       Angle 10 11 12 is   2.35619449 rad =   135.0000 deg = 135 deg   0 min   0 sec.
       Angle 11 12 13 is   2.35619449 rad =   135.0000 deg = 135 deg   0 min   0 sec.
       Angle 12 13 14 is   2.35619449 rad =   135.0000 deg = 135 deg   0 min   0 sec.
       Angle 13 14 15 is   2.35619449 rad =   135.0000 deg = 135 deg   0 min   0 sec.
       Angle 14 15 16 is   2.35619449 rad =   135.0000 deg = 135 deg   0 min   0 sec.
       Angle 15 16 9 is   2.35619449 rad =   135.0000 deg = 135 deg   0 min   0 sec.

Face # 2 has 3 vertices:
    Vertices input as   0   1   8
    Vertices renumbered as   1   2   9
       Edge 1 2 is   1.00000000.
       Edge 2 9 is   1.00000000.
       Edge 9 1 is   1.00000000.
       Angle 9 1 2 is   1.04719755 rad =   60.0000 deg = 60 deg   0 min   0 sec.
       Angle 1 2 9 is   1.04719755 rad =   60.0000 deg = 60 deg   0 min   0 sec.
       Angle 2 9 1 is   1.04719755 rad =   60.0000 deg = 60 deg   0 min   0 sec.

Face # 3 has 3 vertices:
    Vertices input as   1   2   9
    Vertices renumbered as   2   3 10
       Edge 2 3 is   1.00000000.
       Edge 3 10 is   1.00000000.
       Edge 10 2 is   1.00000000.

```
        Angle 10  2  3 is   1.04719755 rad =    60.0000 deg = 60 deg  0 min  0 sec.
        Angle  2  3 10 is   1.04719755 rad =    60.0000 deg = 60 deg  0 min  0 sec.
        Angle  3 10  2 is   1.04719755 rad =    60.0000 deg = 60 deg  0 min  0 sec.


Face #  4 has  3 vertices:
    Vertices input as         2   3  10
    Vertices renumbered as    3   4  11
        Edge  3  4 is   1.00000000.
        Edge  4 11 is   1.00000000.
        Edge 11  3 is   1.00000000.
        Angle 11  3  4 is   1.04719755 rad =    60.0000 deg = 60 deg  0 min  0 sec.
        Angle  3  4 11 is   1.04719755 rad =    60.0000 deg = 60 deg  0 min  0 sec.
        Angle  4 11  3 is   1.04719755 rad =    60.0000 deg = 60 deg  0 min  0 sec.


Face #  5 has  3 vertices:
    Vertices input as         3   4  11
    Vertices renumbered as    4   5  12
        Edge  4  5 is   1.00000000.
        Edge  5 12 is   1.00000000.
        Edge 12  4 is   1.00000000.
        Angle 12  4  5 is   1.04719755 rad =    60.0000 deg = 60 deg  0 min  0 sec.
        Angle  4  5 12 is   1.04719755 rad =    60.0000 deg = 60 deg  0 min  0 sec.
        Angle  5 12  4 is   1.04719755 rad =    60.0000 deg = 60 deg  0 min  0 sec.


Face #  6 has  3 vertices:
    Vertices input as         4   5  12
    Vertices renumbered as    5   6  13
        Edge  5  6 is   1.00000000.
        Edge  6 13 is   1.00000000.
        Edge 13  5 is   1.00000000.
        Angle 13  5  6 is   1.04719755 rad =    60.0000 deg = 60 deg  0 min  0 sec.
        Angle  5  6 13 is   1.04719755 rad =    60.0000 deg = 60 deg  0 min  0 sec.
        Angle  6 13  5 is   1.04719755 rad =    60.0000 deg = 60 deg  0 min  0 sec.


Face #  7 has  3 vertices:
    Vertices input as         5   6  13
    Vertices renumbered as    6   7  14
        Edge  6  7 is   1.00000000.
        Edge  7 14 is   1.00000000.
        Edge 14  6 is   1.00000000.
        Angle 14  6  7 is   1.04719755 rad =    60.0000 deg = 60 deg  0 min  0 sec.
        Angle  6  7 14 is   1.04719755 rad =    60.0000 deg = 60 deg  0 min  0 sec.
        Angle  7 14  6 is   1.04719755 rad =    60.0000 deg = 60 deg  0 min  0 sec.


Face #  8 has  3 vertices:
    Vertices input as         6   7  14
    Vertices renumbered as    7   8  15
        Edge  7  8 is   1.00000000.
        Edge  8 15 is   1.00000000.
        Edge 15  7 is   1.00000000.
        Angle 15  7  8 is   1.04719755 rad =    60.0000 deg = 60 deg  0 min  0 sec.
        Angle  7  8 15 is   1.04719755 rad =    60.0000 deg = 60 deg  0 min  0 sec.
        Angle  8 15  7 is   1.04719755 rad =    60.0000 deg = 60 deg  0 min  0 sec.


Face #  9 has  3 vertices:
    Vertices input as         7   0  15
    Vertices renumbered as    8   1  16
```

```
         Edge   8   1 is    1.00000000.
         Edge   1  16 is    1.00000000.
         Edge  16   8 is    1.00000000.
         Angle 16   8   1 is    1.04719755 rad =        60.0000 deg =   60 deg    0 min    0 sec.
         Angle  8   1  16 is    1.04719755 rad =        60.0000 deg =   60 deg    0 min    0 sec.
         Angle  1  16   8 is    1.04719755 rad =        60.0000 deg =   60 deg    0 min    0 sec.


Face # 10 has   3 vertices:
    Vertices input as            9   8   1
    Vertices renumbered as      10   9   2
         Edge  10   9 is    1.00000000.
         Edge   9   2 is    1.00000000.
         Edge   2  10 is    1.00000000.
         Angle  2  10   9 is    1.04719755 rad =        60.0000 deg =   60 deg    0 min    0 sec.
         Angle 10   9   2 is    1.04719755 rad =        60.0000 deg =   60 deg    0 min    0 sec.
         Angle  9   2  10 is    1.04719755 rad =        60.0000 deg =   60 deg    0 min    0 sec.


Face # 11 has   3 vertices:
    Vertices input as           10   9   2
    Vertices renumbered as      11  10   3
         Edge  11  10 is    1.00000000.
         Edge  10   3 is    1.00000000.
         Edge   3  11 is    1.00000000.
         Angle  3  11  10 is    1.04719755 rad =        60.0000 deg =   60 deg    0 min    0 sec.
         Angle 11  10   3 is    1.04719755 rad =        60.0000 deg =   60 deg    0 min    0 sec.
         Angle 10   3  11 is    1.04719755 rad =        60.0000 deg =   60 deg    0 min    0 sec.


Face # 12 has   3 vertices:
    Vertices input as           11  10   3
    Vertices renumbered as      12  11   4
         Edge  12  11 is    1.00000000.
         Edge  11   4 is    1.00000000.
         Edge   4  12 is    1.00000000.
         Angle  4  12  11 is    1.04719755 rad =        60.0000 deg =   60 deg    0 min    0 sec.
         Angle 12  11   4 is    1.04719755 rad =        60.0000 deg =   60 deg    0 min    0 sec.
         Angle 11   4  12 is    1.04719755 rad =        60.0000 deg =   60 deg    0 min    0 sec.


Face # 13 has   3 vertices:
    Vertices input as           12  11   4
    Vertices renumbered as      13  12   5
         Edge  13  12 is    1.00000000.
         Edge  12   5 is    1.00000000.
         Edge   5  13 is    1.00000000.
         Angle  5  13  12 is    1.04719755 rad =        60.0000 deg =   60 deg    0 min    0 sec.
         Angle 13  12   5 is    1.04719755 rad =        60.0000 deg =   60 deg    0 min    0 sec.
         Angle 12   5  13 is    1.04719755 rad =        60.0000 deg =   60 deg    0 min    0 sec.


Face # 14 has   3 vertices:
    Vertices input as           13  12   5
    Vertices renumbered as      14  13   6
         Edge  14  13 is    1.00000000.
         Edge  13   6 is    1.00000000.
         Edge   6  14 is    1.00000000.
         Angle  6  14  13 is    1.04719755 rad =        60.0000 deg =   60 deg    0 min    0 sec.
         Angle 14  13   6 is    1.04719755 rad =        60.0000 deg =   60 deg    0 min    0 sec.
         Angle 13   6  14 is    1.04719755 rad =        60.0000 deg =   60 deg    0 min    0 sec.
```

```
Face # 15 has  3 vertices:
    Vertices input as         14   13    6
    Vertices renumbered as    15   14    7
      Edge 15 14 is   1.00000000.
      Edge 14  7 is   1.00000000.
      Edge  7 15 is   1.00000000.
      Angle  7 15 14 is   1.04719755 rad =       60.0000 deg = 60 deg  0 min  0 sec.
      Angle 15 14  7 is   1.04719755 rad =       60.0000 deg = 60 deg  0 min  0 sec.
      Angle 14  7 15 is   1.04719755 rad =       60.0000 deg = 60 deg  0 min  0 sec.

Face # 16 has  3 vertices:
    Vertices input as         15   14    7
    Vertices renumbered as    16   15    8
      Edge 16 15 is   1.00000000.
      Edge 15  8 is   1.00000000.
      Edge  8 16 is   1.00000000.
      Angle  8 16 15 is   1.04719755 rad =       60.0000 deg = 60 deg  0 min  0 sec.
      Angle 16 15  8 is   1.04719755 rad =       60.0000 deg = 60 deg  0 min  0 sec.
      Angle 15  8 16 is   1.04719755 rad =       60.0000 deg = 60 deg  0 min  0 sec.

Face # 17 has  3 vertices:
    Vertices input as          8   15    0
    Vertices renumbered as     9   16    1
      Edge  9 16 is   1.00000000.
      Edge 16  1 is   1.00000000.
      Edge  1  9 is   1.00000000.
      Angle  1  9 16 is   1.04719755 rad =       60.0000 deg = 60 deg  0 min  0 sec.
      Angle  9 16  1 is   1.04719755 rad =       60.0000 deg = 60 deg  0 min  0 sec.
      Angle 16  1  9 is   1.04719755 rad =       60.0000 deg = 60 deg  0 min  0 sec.

Face # 18 has  4 vertices:
    Vertices input as         19   18   17   16
    Vertices renumbered as    20   19   18   17
      Edge 20 19 is   1.00000000.
      Edge 19 18 is   1.00000000.
      Edge 18 17 is   1.00000000.
      Edge 17 20 is   1.00000000.
      Angle 17 20 19 is   1.57079633 rad =       90.0000 deg = 90 deg  0 min  0 sec.
      Angle 20 19 18 is   1.57079633 rad =       90.0000 deg = 90 deg  0 min  0 sec.
      Angle 19 18 17 is   1.57079633 rad =       90.0000 deg = 90 deg  0 min  0 sec.
      Angle 18 17 20 is   1.57079633 rad =       90.0000 deg = 90 deg  0 min  0 sec.

Face # 19 has  4 vertices:
    Vertices input as          7   16   17    0
    Vertices renumbered as     8   17   18    1
      Edge  8 17 is   1.00000000.
      Edge 17 18 is   1.00000000.
      Edge 18  1 is   1.00000000.
      Edge  1  8 is   1.00000000.
      Angle  1  8 17 is   1.57079633 rad =       90.0000 deg = 90 deg  0 min  0 sec.
      Angle  8 17 18 is   1.57079633 rad =       90.0000 deg = 90 deg  0 min  0 sec.
      Angle 17 18  1 is   1.57079633 rad =       90.0000 deg = 90 deg  0 min  0 sec.
      Angle 18  1  8 is   1.57079633 rad =       90.0000 deg = 90 deg  0 min  0 sec.

Face # 20 has  3 vertices:
    Vertices input as          0   17    1
    Vertices renumbered as     1   18    2
      Edge  1 18 is   1.00000000.
```

```
            Edge  18   2 is   1.00000000.
            Edge   2   1 is   1.00000000.
            Angle  2   1  18 is   1.04719755 rad =      60.0000 deg =   60 deg   0 min   0 sec.
            Angle  1  18   2 is   1.04719755 rad =      60.0000 deg =   60 deg   0 min   0 sec.
            Angle 18   2   1 is   1.04719755 rad =      60.0000 deg =   60 deg   0 min   0 sec.


Face # 21 has  4 vertices:
        Vertices input as          1  17  18   2
        Vertices renumbered as     2  18  19   3
            Edge   2  18 is   1.00000000.
            Edge  18  19 is   1.00000000.
            Edge  19   3 is   1.00000000.
            Edge   3   2 is   1.00000000.
            Angle  3   2  18 is   1.57079633 rad =      90.0000 deg =   90 deg   0 min   0 sec.
            Angle  2  18  19 is   1.57079633 rad =      90.0000 deg =   90 deg   0 min   0 sec.
            Angle 18  19   3 is   1.57079633 rad =      90.0000 deg =   90 deg   0 min   0 sec.
            Angle 19   3   2 is   1.57079633 rad =      90.0000 deg =   90 deg   0 min   0 sec.


Face # 22 has  3 vertices:
        Vertices input as          2  18   3
        Vertices renumbered as     3  19   4
            Edge   3  19 is   1.00000000.
            Edge  19   4 is   1.00000000.
            Edge   4   3 is   1.00000000.
            Angle  4   3  19 is   1.04719755 rad =      60.0000 deg =   60 deg   0 min   0 sec.
            Angle  3  19   4 is   1.04719755 rad =      60.0000 deg =   60 deg   0 min   0 sec.
            Angle 19   4   3 is   1.04719755 rad =      60.0000 deg =   60 deg   0 min   0 sec.


Face # 23 has  4 vertices:
        Vertices input as          3  18  19   4
        Vertices renumbered as     4  19  20   5
            Edge   4  19 is   1.00000000.
            Edge  19  20 is   1.00000000.
            Edge  20   5 is   1.00000000.
            Edge   5   4 is   1.00000000.
            Angle  5   4  19 is   1.57079633 rad =      90.0000 deg =   90 deg   0 min   0 sec.
            Angle  4  19  20 is   1.57079633 rad =      90.0000 deg =   90 deg   0 min   0 sec.
            Angle 19  20   5 is   1.57079633 rad =      90.0000 deg =   90 deg   0 min   0 sec.
            Angle 20   5   4 is   1.57079633 rad =      90.0000 deg =   90 deg   0 min   0 sec.


Face # 24 has  3 vertices:
        Vertices input as          4  19   5
        Vertices renumbered as     5  20   6
            Edge   5  20 is   1.00000000.
            Edge  20   6 is   1.00000000.
            Edge   6   5 is   1.00000000.
            Angle  6   5  20 is   1.04719755 rad =      60.0000 deg =   60 deg   0 min   0 sec.
            Angle  5  20   6 is   1.04719755 rad =      60.0000 deg =   60 deg   0 min   0 sec.
            Angle 20   6   5 is   1.04719755 rad =      60.0000 deg =   60 deg   0 min   0 sec.


Face # 25 has  4 vertices:
        Vertices input as          5  19  16   6
        Vertices renumbered as     6  20  17   7
            Edge   6  20 is   1.00000000.
            Edge  20  17 is   1.00000000.
            Edge  17   7 is   1.00000000.
            Edge   7   6 is   1.00000000.
            Angle  7   6  20 is   1.57079633 rad =      90.0000 deg =   90 deg   0 min   0 sec.
```

```
        Angle   6  20  17 is   1.57079633 rad =        90.0000 deg =  90 deg   0 min   0 sec.
        Angle  20  17   7 is   1.57079633 rad =        90.0000 deg =  90 deg   0 min   0 sec.
        Angle  17   7   6 is   1.57079633 rad =        90.0000 deg =  90 deg   0 min   0 sec.


Face # 26 has  3 vertices:
    Vertices input as         6  16   7
    Vertices renumbered as    7  17   8
       Edge  7 17 is   1.00000000.
       Edge 17  8 is   1.00000000.
       Edge  8  7 is   1.00000000.
        Angle   8   7  17 is   1.04719755 rad =        60.0000 deg =  60 deg   0 min   0 sec.
        Angle   7  17   8 is   1.04719755 rad =        60.0000 deg =  60 deg   0 min   0 sec.
        Angle  17   8   7 is   1.04719755 rad =        60.0000 deg =  60 deg   0 min   0 sec.


The edge joining vertices   1 and   2 is between faces   2 and 20.
       Dihedral angle is   2.64120900 rad =       151.3301 deg = 151 deg 19 min 48 sec.
The edge joining vertices   1 and   8 is between faces   9 and 19.
       Dihedral angle is   2.47129055 rad =       141.5945 deg = 141 deg 35 min 40 sec.
The edge joining vertices   1 and   9 is between faces   2 and 17.
       Dihedral angle is   2.68715051 rad =       153.9624 deg = 153 deg 57 min 45 sec.
The edge joining vertices   1 and  16 is between faces   9 and 17.
       Dihedral angle is   2.68715051 rad =       153.9624 deg = 153 deg 57 min 45 sec.
The edge joining vertices   1 and  18 is between faces  19 and 20.
       Dihedral angle is   2.52611294 rad =       144.7356 deg = 144 deg 44 min  8 sec.
The edge joining vertices   2 and   3 is between faces   3 and 21.
       Dihedral angle is   2.47129055 rad =       141.5945 deg = 141 deg 35 min 40 sec.
The edge joining vertices   2 and   9 is between faces   2 and 10.
       Dihedral angle is   2.68715051 rad =       153.9624 deg = 153 deg 57 min 45 sec.
The edge joining vertices   2 and  10 is between faces   3 and 10.
       Dihedral angle is   2.68715051 rad =       153.9624 deg = 153 deg 57 min 45 sec.
The edge joining vertices   2 and  18 is between faces  20 and 21.
       Dihedral angle is   2.52611294 rad =       144.7356 deg = 144 deg 44 min  8 sec.
The edge joining vertices   3 and   4 is between faces   4 and 22.
       Dihedral angle is   2.64120900 rad =       151.3301 deg = 151 deg 19 min 48 sec.
The edge joining vertices   3 and  10 is between faces   3 and 11.
       Dihedral angle is   2.68715051 rad =       153.9624 deg = 153 deg 57 min 45 sec.
The edge joining vertices   3 and  11 is between faces   4 and 11.
       Dihedral angle is   2.68715051 rad =       153.9624 deg = 153 deg 57 min 45 sec.
The edge joining vertices   3 and  19 is between faces  21 and 22.
       Dihedral angle is   2.52611294 rad =       144.7356 deg = 144 deg 44 min  8 sec.
The edge joining vertices   4 and   5 is between faces   5 and 23.
       Dihedral angle is   2.47129055 rad =       141.5945 deg = 141 deg 35 min 40 sec.
The edge joining vertices   4 and  11 is between faces   4 and 12.
       Dihedral angle is   2.68715051 rad =       153.9624 deg = 153 deg 57 min 45 sec.
The edge joining vertices   4 and  12 is between faces   5 and 12.
       Dihedral angle is   2.68715051 rad =       153.9624 deg = 153 deg 57 min 45 sec.
The edge joining vertices   4 and  19 is between faces  22 and 23.
       Dihedral angle is   2.52611294 rad =       144.7356 deg = 144 deg 44 min  8 sec.
The edge joining vertices   5 and   6 is between faces   6 and 24.
       Dihedral angle is   2.64120900 rad =       151.3301 deg = 151 deg 19 min 48 sec.
The edge joining vertices   5 and  12 is between faces   5 and 13.
       Dihedral angle is   2.68715051 rad =       153.9624 deg = 153 deg 57 min 45 sec.
The edge joining vertices   5 and  13 is between faces   6 and 13.
       Dihedral angle is   2.68715051 rad =       153.9624 deg = 153 deg 57 min 45 sec.
The edge joining vertices   5 and  20 is between faces  23 and 24.
       Dihedral angle is   2.52611294 rad =       144.7356 deg = 144 deg 44 min  8 sec.
The edge joining vertices   6 and   7 is between faces   7 and 25.
       Dihedral angle is   2.47129055 rad =       141.5945 deg = 141 deg 35 min 40 sec.
The edge joining vertices   6 and  13 is between faces   6 and 14.
       Dihedral angle is   2.68715051 rad =       153.9624 deg = 153 deg 57 min 45 sec.
The edge joining vertices   6 and  14 is between faces   7 and 14.
```

                Dihedral angle is   2.68715051 rad =   153.9624 deg = 153 deg 57 min 45 sec.
The edge joining vertices 6 and 20 is between faces 24 and 25.
                Dihedral angle is   2.52611294 rad =   144.7356 deg = 144 deg 44 min 8 sec.
The edge joining vertices 7 and 8 is between faces 8 and 26.
                Dihedral angle is   2.64120900 rad =   151.3301 deg = 151 deg 19 min 48 sec.
The edge joining vertices 7 and 14 is between faces 7 and 15.
                Dihedral angle is   2.68715051 rad =   153.9624 deg = 153 deg 57 min 45 sec.
The edge joining vertices 7 and 15 is between faces 8 and 15.
                Dihedral angle is   2.68715051 rad =   153.9624 deg = 153 deg 57 min 45 sec.
The edge joining vertices 7 and 17 is between faces 25 and 26.
                Dihedral angle is   2.52611294 rad =   144.7356 deg = 144 deg 44 min 8 sec.
The edge joining vertices 8 and 15 is between faces 8 and 16.
                Dihedral angle is   2.68715051 rad =   153.9624 deg = 153 deg 57 min 45 sec.
The edge joining vertices 8 and 16 is between faces 9 and 16.
                Dihedral angle is   2.68715051 rad =   153.9624 deg = 153 deg 57 min 45 sec.
The edge joining vertices 8 and 17 is between faces 19 and 26.
                Dihedral angle is   2.52611294 rad =   144.7356 deg = 144 deg 44 min 8 sec.
The edge joining vertices 9 and 10 is between faces 1 and 10.
                Dihedral angle is   1.68589238 rad =   96.5945 deg = 96 deg 35 min 40 sec.
The edge joining vertices 9 and 16 is between faces 1 and 17.
                Dihedral angle is   1.68589238 rad =   96.5945 deg = 96 deg 35 min 40 sec.
The edge joining vertices 10 and 11 is between faces 1 and 11.
                Dihedral angle is   1.68589238 rad =   96.5945 deg = 96 deg 35 min 40 sec.
The edge joining vertices 11 and 12 is between faces 1 and 12.
                Dihedral angle is   1.68589238 rad =   96.5945 deg = 96 deg 35 min 40 sec.
The edge joining vertices 12 and 13 is between faces 1 and 13.
                Dihedral angle is   1.68589238 rad =   96.5945 deg = 96 deg 35 min 40 sec.
The edge joining vertices 13 and 14 is between faces 1 and 14.
                Dihedral angle is   1.68589238 rad =   96.5945 deg = 96 deg 35 min 40 sec.
The edge joining vertices 14 and 15 is between faces 1 and 15.
                Dihedral angle is   1.68589238 rad =   96.5945 deg = 96 deg 35 min 40 sec.
The edge joining vertices 15 and 16 is between faces 1 and 16.
                Dihedral angle is   1.68589238 rad =   96.5945 deg = 96 deg 35 min 40 sec.
The edge joining vertices 17 and 18 is between faces 18 and 19.
                Dihedral angle is   2.35619449 rad =   135.0000 deg = 135 deg 0 min 0 sec.
The edge joining vertices 17 and 20 is between faces 18 and 25.
                Dihedral angle is   2.35619449 rad =   135.0000 deg = 135 deg 0 min 0 sec.
The edge joining vertices 18 and 19 is between faces 18 and 21.
                Dihedral angle is   2.35619449 rad =   135.0000 deg = 135 deg 0 min 0 sec.
The edge joining vertices 19 and 20 is between faces 18 and 23.
                Dihedral angle is   2.35619449 rad =   135.0000 deg = 135 deg 0 min 0 sec.

Report based on file j23d.off

```
Vertex #  1: (  0.00000000,  0.00000000, -1.41145544).
Vertex #  2: (  0.85900028, -0.17086578,  0.32870288).
Vertex #  3: (  0.48658457, -0.72822527,  0.32870288).
Vertex #  4: ( -0.17086578, -0.85900028,  0.32870288).
Vertex #  5: ( -0.72822527, -0.48658457,  0.32870288).
Vertex #  6: ( -0.85900028,  0.17086578,  0.32870288).
Vertex #  7: ( -0.48658457,  0.72822527,  0.32870288).
Vertex #  8: (  0.17086578,  0.85900028,  0.32870288).
Vertex #  9: (  0.72822527,  0.48658457,  0.32870288).
Vertex # 10: (  0.69837853, -0.46664161,  0.13034882).
Vertex # 11: (  0.16386274, -0.82379364,  0.13034882).
Vertex # 12: ( -0.46664161, -0.69837853,  0.13034882).
Vertex # 13: ( -0.82379364, -0.16386274,  0.13034882).
Vertex # 14: ( -0.69837853,  0.46664161,  0.13034882).
Vertex # 15: ( -0.16386274,  0.82379364,  0.13034882).
Vertex # 16: (  0.46664161,  0.69837853,  0.13034882).
Vertex # 17: (  0.82379364,  0.16386274,  0.13034882).
Vertex # 18: (  0.00000000,  0.00000000,  1.41203913).
Vertex # 19: (  0.63562773,  0.42471287,  0.99191388).
Vertex # 20: (  0.78273599, -0.15569587,  0.79177211).
Vertex # 21: (  0.42471287, -0.63562773,  0.99191388).
Vertex # 22: ( -0.15569587, -0.78273599,  0.79177211).
Vertex # 23: ( -0.63562773, -0.42471287,  0.99191388).
Vertex # 24: ( -0.78273599,  0.15569587,  0.79177211).
Vertex # 25: ( -0.42471287,  0.63562773,  0.99191388).
Vertex # 26: (  0.15569587,  0.78273599,  0.79177211).


Face #  1 has  5 vertices:
    Vertices input as         19    1   16    8   18
    Vertices renumbered as    20    2   17    9   19
       Edge 20   2 is   0.46955243.
       Edge  2  17 is   0.39067509.
       Edge 17   9 is   0.39067509.
       Edge  9  19 is   0.67249628.
       Edge 19  20 is   0.63132549.
       Angle 19 20  2 is   1.96079684 rad =    112.3454 deg = 112 deg 20 min 43 sec.
       Angle 20  2 17 is   2.04698328 rad =    117.2835 deg = 117 deg 17 min  1 sec.
       Angle  2 17  9 is   2.06238816 rad =    118.1661 deg = 118 deg  9 min 58 sec.
       Angle 17  9 19 is   2.04698328 rad =    117.2835 deg = 117 deg 17 min  1 sec.
       Angle  9 19 20 is   1.30762640 rad =     74.9215 deg =  74 deg 55 min 17 sec.

Face #  2 has  5 vertices:
    Vertices input as          1   19   20    2    9
    Vertices renumbered as     2   20   21    3   10
       Edge  2  20 is   0.46955243.
       Edge 20  21 is   0.63132549.
       Edge 21   3 is   0.67249628.
       Edge  3  10 is   0.39067509.
       Edge 10   2 is   0.39067509.
       Angle 10  2 20 is   2.04698328 rad =    117.2835 deg = 117 deg 17 min  1 sec.
       Angle  2 20 21 is   1.96079684 rad =    112.3454 deg = 112 deg 20 min 43 sec.
       Angle 20 21  3 is   1.30762640 rad =     74.9215 deg =  74 deg 55 min 17 sec.
       Angle 21  3 10 is   2.04698328 rad =    117.2835 deg = 117 deg 17 min  1 sec.
       Angle  3 10  2 is   2.06238816 rad =    118.1661 deg = 118 deg  9 min 58 sec.

Face #  3 has  5 vertices:
    Vertices input as          2   20   21    3   10
```

```
        Vertices renumbered as      3   21   22    4   11
            Edge  3  21 is    0.67249628.
            Edge 21  22 is    0.63132549.
            Edge 22   4 is    0.46955243.
            Edge  4  11 is    0.39067509.
            Edge 11   3 is    0.39067509.
            Angle 11   3  21 is    2.04698328 rad =      117.2835 deg = 117 deg 17 min  1 sec.
            Angle  3  21  22 is    1.30762640 rad =       74.9215 deg =  74 deg 55 min 17 sec.
            Angle 21  22   4 is    1.96079684 rad =      112.3454 deg = 112 deg 20 min 43 sec.
            Angle 22   4  11 is    2.04698328 rad =      117.2835 deg = 117 deg 17 min  1 sec.
            Angle  4  11   3 is    2.06238816 rad =      118.1661 deg = 118 deg  9 min 58 sec.


Face #  4 has  5 vertices:
        Vertices input as          3   21   22    4   11
        Vertices renumbered as     4   22   23    5   12
            Edge  4  22 is    0.46955243.
            Edge 22  23 is    0.63132549.
            Edge 23   5 is    0.67249628.
            Edge  5  12 is    0.39067509.
            Edge 12   4 is    0.39067509.
            Angle 12   4  22 is    2.04698328 rad =      117.2835 deg = 117 deg 17 min  1 sec.
            Angle  4  22  23 is    1.96079684 rad =      112.3454 deg = 112 deg 20 min 43 sec.
            Angle 22  23   5 is    1.30762640 rad =       74.9215 deg =  74 deg 55 min 17 sec.
            Angle 23   5  12 is    2.04698328 rad =      117.2835 deg = 117 deg 17 min  1 sec.
            Angle  5  12   4 is    2.06238816 rad =      118.1661 deg = 118 deg  9 min 58 sec.


Face #  5 has  5 vertices:
        Vertices input as          4   22   23    5   12
        Vertices renumbered as     5   23   24    6   13
            Edge  5  23 is    0.67249628.
            Edge 23  24 is    0.63132549.
            Edge 24   6 is    0.46955243.
            Edge  6  13 is    0.39067509.
            Edge 13   5 is    0.39067509.
            Angle 13   5  23 is    2.04698328 rad =      117.2835 deg = 117 deg 17 min  1 sec.
            Angle  5  23  24 is    1.30762640 rad =       74.9215 deg =  74 deg 55 min 17 sec.
            Angle 23  24   6 is    1.96079684 rad =      112.3454 deg = 112 deg 20 min 43 sec.
            Angle 24   6  13 is    2.04698328 rad =      117.2835 deg = 117 deg 17 min  1 sec.
            Angle  6  13   5 is    2.06238816 rad =      118.1661 deg = 118 deg  9 min 58 sec.


Face #  6 has  5 vertices:
        Vertices input as          5   23   24    6   13
        Vertices renumbered as     6   24   25    7   14
            Edge  6  24 is    0.46955243.
            Edge 24  25 is    0.63132549.
            Edge 25   7 is    0.67249628.
            Edge  7  14 is    0.39067509.
            Edge 14   6 is    0.39067509.
            Angle 14   6  24 is    2.04698328 rad =      117.2835 deg = 117 deg 17 min  1 sec.
            Angle  6  24  25 is    1.96079684 rad =      112.3454 deg = 112 deg 20 min 43 sec.
            Angle 24  25   7 is    1.30762640 rad =       74.9215 deg =  74 deg 55 min 17 sec.
            Angle 25   7  14 is    2.04698328 rad =      117.2835 deg = 117 deg 17 min  1 sec.
            Angle  7  14   6 is    2.06238816 rad =      118.1661 deg = 118 deg  9 min 58 sec.


Face #  7 has  5 vertices:
        Vertices input as          6   24   25    7   14
        Vertices renumbered as     7   25   26    8   15
            Edge  7  25 is    0.67249628.
            Edge 25  26 is    0.63132549.
```

```
       Edge 26   8 is    0.46955243.
       Edge  8  15 is    0.39067509.
       Edge 15   7 is    0.39067509.
       Angle 15   7  25 is    2.04698328 rad =     117.2835 deg = 117 deg 17 min  1 sec.
       Angle  7  25  26 is    1.30762640 rad =      74.9215 deg =  74 deg 55 min 17 sec.
       Angle 25  26   8 is    1.96079684 rad =     112.3454 deg = 112 deg 20 min 43 sec.
       Angle 26   8  15 is    2.04698328 rad =     117.2835 deg = 117 deg 17 min  1 sec.
       Angle  8  15   7 is    2.06238816 rad =     118.1661 deg = 118 deg  9 min 58 sec.

Face #  8 has  5 vertices:
    Vertices input as         18   8  15   7  25
    Vertices renumbered as    19   9  16   8  26
       Edge 19   9 is    0.67249628.
       Edge  9  16 is    0.39067509.
       Edge 16   8 is    0.39067509.
       Edge  8  26 is    0.46955243.
       Edge 26  19 is    0.63132549.
       Angle 26  19   9 is    1.30762640 rad =      74.9215 deg =  74 deg 55 min 17 sec.
       Angle 19   9  16 is    2.04698328 rad =     117.2835 deg = 117 deg 17 min  1 sec.
       Angle  9  16   8 is    2.06238816 rad =     118.1661 deg = 118 deg  9 min 58 sec.
       Angle 16   8  26 is    2.04698328 rad =     117.2835 deg = 117 deg 17 min  1 sec.
       Angle  8  26  19 is    1.96079684 rad =     112.3454 deg = 112 deg 20 min 43 sec.

Face #  9 has  4 vertices:
    Vertices input as         16   1   9   0
    Vertices renumbered as    17   2  10   1
       Edge 17   2 is    0.39067509.
       Edge  2  10 is    0.39067509.
       Edge 10   1 is    1.75574695.
       Edge  1  17 is    1.75574695.
       Angle  1  17   2 is    1.99124801 rad =     114.0901 deg = 114 deg  5 min 24 sec.
       Angle 17   2  10 is    1.93246830 rad =     110.7223 deg = 110 deg 43 min 20 sec.
       Angle  2  10   1 is    1.99124801 rad =     114.0901 deg = 114 deg  5 min 24 sec.
       Angle 10   1  17 is    0.36822098 rad =      21.0975 deg =  21 deg  5 min 51 sec.

Face # 10 has  4 vertices:
    Vertices input as          9   2  10   0
    Vertices renumbered as    10   3  11   1
       Edge 10   3 is    0.39067509.
       Edge  3  11 is    0.39067509.
       Edge 11   1 is    1.75574695.
       Edge  1  10 is    1.75574695.
       Angle  1  10   3 is    1.99124801 rad =     114.0901 deg = 114 deg  5 min 24 sec.
       Angle 10   3  11 is    1.93246830 rad =     110.7223 deg = 110 deg 43 min 20 sec.
       Angle  3  11   1 is    1.99124801 rad =     114.0901 deg = 114 deg  5 min 24 sec.
       Angle 11   1  10 is    0.36822098 rad =      21.0975 deg =  21 deg  5 min 51 sec.

Face # 11 has  4 vertices:
    Vertices input as         10   3  11   0
    Vertices renumbered as    11   4  12   1
       Edge 11   4 is    0.39067509.
       Edge  4  12 is    0.39067509.
       Edge 12   1 is    1.75574695.
       Edge  1  11 is    1.75574695.
       Angle  1  11   4 is    1.99124801 rad =     114.0901 deg = 114 deg  5 min 24 sec.
       Angle 11   4  12 is    1.93246830 rad =     110.7223 deg = 110 deg 43 min 20 sec.
       Angle  4  12   1 is    1.99124801 rad =     114.0901 deg = 114 deg  5 min 24 sec.
       Angle 12   1  11 is    0.36822098 rad =      21.0975 deg =  21 deg  5 min 51 sec.
```

```
Face # 12 has  4 vertices:
    Vertices input as          11    4   12    0
    Vertices renumbered as     12    5   13    1
        Edge 12   5 is   0.39067509.
        Edge  5  13 is   0.39067509.
        Edge 13   1 is   1.75574695.
        Edge  1  12 is   1.75574695.
        Angle  1  12   5 is   1.99124801 rad =      114.0901 deg = 114 deg  5 min 24 sec.
        Angle 12   5  13 is   1.93246830 rad =      110.7223 deg = 110 deg 43 min 20 sec.
        Angle  5  13   1 is   1.99124801 rad =      114.0901 deg = 114 deg  5 min 24 sec.
        Angle 13   1  12 is   0.36822098 rad =       21.0975 deg =  21 deg  5 min 51 sec.

Face # 13 has  4 vertices:
    Vertices input as          12    5   13    0
    Vertices renumbered as     13    6   14    1
        Edge 13   6 is   0.39067509.
        Edge  6  14 is   0.39067509.
        Edge 14   1 is   1.75574695.
        Edge  1  13 is   1.75574695.
        Angle  1  13   6 is   1.99124801 rad =      114.0901 deg = 114 deg  5 min 24 sec.
        Angle 13   6  14 is   1.93246830 rad =      110.7223 deg = 110 deg 43 min 20 sec.
        Angle  6  14   1 is   1.99124801 rad =      114.0901 deg = 114 deg  5 min 24 sec.
        Angle 14   1  13 is   0.36822098 rad =       21.0975 deg =  21 deg  5 min 51 sec.

Face # 14 has  4 vertices:
    Vertices input as          13    6   14    0
    Vertices renumbered as     14    7   15    1
        Edge 14   7 is   0.39067509.
        Edge  7  15 is   0.39067509.
        Edge 15   1 is   1.75574695.
        Edge  1  14 is   1.75574695.
        Angle  1  14   7 is   1.99124801 rad =      114.0901 deg = 114 deg  5 min 24 sec.
        Angle 14   7  15 is   1.93246830 rad =      110.7223 deg = 110 deg 43 min 20 sec.
        Angle  7  15   1 is   1.99124801 rad =      114.0901 deg = 114 deg  5 min 24 sec.
        Angle 15   1  14 is   0.36822098 rad =       21.0975 deg =  21 deg  5 min 51 sec.

Face # 15 has  4 vertices:
    Vertices input as          14    7   15    0
    Vertices renumbered as     15    8   16    1
        Edge 15   8 is   0.39067509.
        Edge  8  16 is   0.39067509.
        Edge 16   1 is   1.75574695.
        Edge  1  15 is   1.75574695.
        Angle  1  15   8 is   1.99124801 rad =      114.0901 deg = 114 deg  5 min 24 sec.
        Angle 15   8  16 is   1.93246830 rad =      110.7223 deg = 110 deg 43 min 20 sec.
        Angle  8  16   1 is   1.99124801 rad =      114.0901 deg = 114 deg  5 min 24 sec.
        Angle 16   1  15 is   0.36822098 rad =       21.0975 deg =  21 deg  5 min 51 sec.

Face # 16 has  4 vertices:
    Vertices input as           8   16    0   15
    Vertices renumbered as      9   17    1   16
        Edge  9  17 is   0.39067509.
        Edge 17   1 is   1.75574695.
        Edge  1  16 is   1.75574695.
        Edge 16   9 is   0.39067509.
        Angle 16   9  17 is   1.93246830 rad =      110.7223 deg = 110 deg 43 min 20 sec.
        Angle  9  17   1 is   1.99124801 rad =      114.0901 deg = 114 deg  5 min 24 sec.
        Angle 17   1  16 is   0.36822098 rad =       21.0975 deg =  21 deg  5 min 51 sec.
```

```
        Angle   1 16   9 is    1.99124801 rad =        114.0901 deg = 114 deg  5 min 24 sec.


Face # 17 has  4 vertices:
    Vertices input as         25  24  17  18
    Vertices renumbered as    26  25  18  19
        Edge 26 25 is    0.63132549.
        Edge 25 18 is    0.87230090.
        Edge 18 19 is    0.87230090.
        Edge 19 26 is    0.63132549.
        Angle 19 26 25 is    2.05583666 rad =        117.7908 deg = 117 deg 47 min 27 sec.
        Angle 26 25 18 is    1.44532549 rad =         82.8111 deg =  82 deg 48 min 40 sec.
        Angle 25 18 19 is    1.33669768 rad =         76.5871 deg =  76 deg 35 min 14 sec.
        Angle 18 19 26 is    1.44532549 rad =         82.8111 deg =  82 deg 48 min 40 sec.

Face # 18 has  4 vertices:
    Vertices input as         19  18  17  20
    Vertices renumbered as    20  19  18  21
        Edge 20 19 is    0.63132549.
        Edge 19 18 is    0.87230090.
        Edge 18 21 is    0.87230090.
        Edge 21 20 is    0.63132549.
        Angle 21 20 19 is    2.05583666 rad =        117.7908 deg = 117 deg 47 min 27 sec.
        Angle 20 19 18 is    1.44532549 rad =         82.8111 deg =  82 deg 48 min 40 sec.
        Angle 19 18 21 is    1.33669768 rad =         76.5871 deg =  76 deg 35 min 14 sec.
        Angle 18 21 20 is    1.44532549 rad =         82.8111 deg =  82 deg 48 min 40 sec.

Face # 19 has  4 vertices:
    Vertices input as         21  20  17  22
    Vertices renumbered as    22  21  18  23
        Edge 22 21 is    0.63132549.
        Edge 21 18 is    0.87230090.
        Edge 18 23 is    0.87230090.
        Edge 23 22 is    0.63132549.
        Angle 23 22 21 is    2.05583666 rad =        117.7908 deg = 117 deg 47 min 27 sec.
        Angle 22 21 18 is    1.44532549 rad =         82.8111 deg =  82 deg 48 min 40 sec.
        Angle 21 18 23 is    1.33669768 rad =         76.5871 deg =  76 deg 35 min 14 sec.
        Angle 18 23 22 is    1.44532549 rad =         82.8111 deg =  82 deg 48 min 40 sec.

Face # 20 has  4 vertices:
    Vertices input as         23  22  17  24
    Vertices renumbered as    24  23  18  25
        Edge 24 23 is    0.63132549.
        Edge 23 18 is    0.87230090.
        Edge 18 25 is    0.87230090.
        Edge 25 24 is    0.63132549.
        Angle 25 24 23 is    2.05583666 rad =        117.7908 deg = 117 deg 47 min 27 sec.
        Angle 24 23 18 is    1.44532549 rad =         82.8111 deg =  82 deg 48 min 40 sec.
        Angle 23 18 25 is    1.33669768 rad =         76.5871 deg =  76 deg 35 min 14 sec.
        Angle 18 25 24 is    1.44532549 rad =         82.8111 deg =  82 deg 48 min 40 sec.


The edge joining vertices   1 and 10 is between faces  9 and 10.
        Dihedral angle is    2.44386674 rad =        140.0232 deg = 140 deg  1 min 24 sec.
The edge joining vertices   1 and 11 is between faces 10 and 11.
        Dihedral angle is    2.44386674 rad =        140.0232 deg = 140 deg  1 min 24 sec.
The edge joining vertices   1 and 12 is between faces 11 and 12.
        Dihedral angle is    2.44386674 rad =        140.0232 deg = 140 deg  1 min 24 sec.
The edge joining vertices   1 and 13 is between faces 12 and 13.
        Dihedral angle is    2.44386674 rad =        140.0232 deg = 140 deg  1 min 24 sec.
```

```
The edge joining vertices   1 and 14 is between faces 13 and 14.
        Dihedral angle is    2.44386674 rad =       140.0232 deg = 140 deg   1 min 24 sec.
The edge joining vertices   1 and 15 is between faces 14 and 15.
        Dihedral angle is    2.44386674 rad =       140.0232 deg = 140 deg   1 min 24 sec.
The edge joining vertices   1 and 16 is between faces 15 and 16.
        Dihedral angle is    2.44386674 rad =       140.0232 deg = 140 deg   1 min 24 sec.
The edge joining vertices   1 and 17 is between faces  9 and 16.
        Dihedral angle is    2.44386674 rad =       140.0232 deg = 140 deg   1 min 24 sec.
The edge joining vertices   2 and 10 is between faces  2 and  9.
        Dihedral angle is    2.41369238 rad =       138.2944 deg = 138 deg  17 min 40 sec.
The edge joining vertices   2 and 17 is between faces  1 and  9.
        Dihedral angle is    2.41369238 rad =       138.2944 deg = 138 deg  17 min 40 sec.
The edge joining vertices   2 and 20 is between faces  1 and  2.
        Dihedral angle is    2.36597734 rad =       135.5605 deg = 135 deg  33 min 38 sec.
The edge joining vertices   3 and 10 is between faces  2 and 10.
        Dihedral angle is    2.41369238 rad =       138.2944 deg = 138 deg  17 min 40 sec.
The edge joining vertices   3 and 11 is between faces  3 and 10.
        Dihedral angle is    2.41369238 rad =       138.2944 deg = 138 deg  17 min 40 sec.
The edge joining vertices   3 and 21 is between faces  2 and  3.
        Dihedral angle is    2.36597734 rad =       135.5605 deg = 135 deg  33 min 38 sec.
The edge joining vertices   4 and 11 is between faces  3 and 11.
        Dihedral angle is    2.41369238 rad =       138.2944 deg = 138 deg  17 min 40 sec.
The edge joining vertices   4 and 12 is between faces  4 and 11.
        Dihedral angle is    2.41369238 rad =       138.2944 deg = 138 deg  17 min 40 sec.
The edge joining vertices   4 and 22 is between faces  3 and  4.
        Dihedral angle is    2.36597734 rad =       135.5605 deg = 135 deg  33 min 38 sec.
The edge joining vertices   5 and 12 is between faces  4 and 12.
        Dihedral angle is    2.41369238 rad =       138.2944 deg = 138 deg  17 min 40 sec.
The edge joining vertices   5 and 13 is between faces  5 and 12.
        Dihedral angle is    2.41369238 rad =       138.2944 deg = 138 deg  17 min 40 sec.
The edge joining vertices   5 and 23 is between faces  4 and  5.
        Dihedral angle is    2.36597734 rad =       135.5605 deg = 135 deg  33 min 38 sec.
The edge joining vertices   6 and 13 is between faces  5 and 13.
        Dihedral angle is    2.41369238 rad =       138.2944 deg = 138 deg  17 min 40 sec.
The edge joining vertices   6 and 14 is between faces  6 and 13.
        Dihedral angle is    2.41369238 rad =       138.2944 deg = 138 deg  17 min 40 sec.
The edge joining vertices   6 and 24 is between faces  5 and  6.
        Dihedral angle is    2.36597734 rad =       135.5605 deg = 135 deg  33 min 38 sec.
The edge joining vertices   7 and 14 is between faces  6 and 14.
        Dihedral angle is    2.41369238 rad =       138.2944 deg = 138 deg  17 min 40 sec.
The edge joining vertices   7 and 15 is between faces  7 and 14.
        Dihedral angle is    2.41369238 rad =       138.2944 deg = 138 deg  17 min 40 sec.
The edge joining vertices   7 and 25 is between faces  6 and  7.
        Dihedral angle is    2.36597734 rad =       135.5605 deg = 135 deg  33 min 38 sec.
The edge joining vertices   8 and 15 is between faces  7 and 15.
        Dihedral angle is    2.41369238 rad =       138.2944 deg = 138 deg  17 min 40 sec.
The edge joining vertices   8 and 16 is between faces  8 and 15.
        Dihedral angle is    2.41369238 rad =       138.2944 deg = 138 deg  17 min 40 sec.
The edge joining vertices   8 and 26 is between faces  7 and  8.
        Dihedral angle is    2.36597734 rad =       135.5605 deg = 135 deg  33 min 38 sec.
The edge joining vertices   9 and 16 is between faces  8 and 16.
        Dihedral angle is    2.41369238 rad =       138.2944 deg = 138 deg  17 min 40 sec.
The edge joining vertices   9 and 17 is between faces  1 and 16.
        Dihedral angle is    2.41369238 rad =       138.2944 deg = 138 deg  17 min 40 sec.
The edge joining vertices   9 and 19 is between faces  1 and  8.
        Dihedral angle is    2.36597734 rad =       135.5605 deg = 135 deg  33 min 38 sec.
The edge joining vertices  18 and 19 is between faces 17 and 18.
        Dihedral angle is    2.24390677 rad =       128.5664 deg = 128 deg  33 min 59 sec.
The edge joining vertices  18 and 21 is between faces 18 and 19.
        Dihedral angle is    2.24390677 rad =       128.5664 deg = 128 deg  33 min 59 sec.
The edge joining vertices  18 and 23 is between faces 19 and 20.
        Dihedral angle is    2.24390677 rad =       128.5664 deg = 128 deg  33 min 59 sec.
The edge joining vertices  18 and 25 is between faces 17 and 20.
```

```
            Dihedral angle is    2.24390677 rad =       128.5664 deg = 128 deg 33 min 59 sec.
The edge joining vertices 19 and 20 is between faces   1 and 18.
            Dihedral angle is    2.32032025 rad =       132.9446 deg = 132 deg 56 min 40 sec.
The edge joining vertices 19 and 26 is between faces   8 and 17.
            Dihedral angle is    2.32032025 rad =       132.9446 deg = 132 deg 56 min 40 sec.
The edge joining vertices 20 and 21 is between faces   2 and 18.
            Dihedral angle is    2.32032025 rad =       132.9446 deg = 132 deg 56 min 40 sec.
The edge joining vertices 21 and 22 is between faces   3 and 19.
            Dihedral angle is    2.32032025 rad =       132.9446 deg = 132 deg 56 min 40 sec.
The edge joining vertices 22 and 23 is between faces   4 and 19.
            Dihedral angle is    2.32032025 rad =       132.9446 deg = 132 deg 56 min 40 sec.
The edge joining vertices 23 and 24 is between faces   5 and 20.
            Dihedral angle is    2.32032025 rad =       132.9446 deg = 132 deg 56 min 40 sec.
The edge joining vertices 24 and 25 is between faces   6 and 20.
            Dihedral angle is    2.32032025 rad =       132.9446 deg = 132 deg 56 min 40 sec.
The edge joining vertices 25 and 26 is between faces   7 and 17.
            Dihedral angle is    2.32032025 rad =       132.9446 deg = 132 deg 56 min 40 sec.
```

Report based on file j24.off

Vertex # 1: (1.59811331, 0.25311628, 0.43119850).
Vertex # 2: (1.44167884, -0.73457206, 0.43119850).
Vertex # 3: (0.73457206, -1.44167884, 0.43119850).
Vertex # 4: (-0.25311628, -1.59811331, 0.43119850).
Vertex # 5: (-1.14412281, -1.14412281, 0.43119850).
Vertex # 6: (-1.59811331, -0.25311628, 0.43119850).
Vertex # 7: (-1.44167884, 0.73457206, 0.43119850).
Vertex # 8: (-0.73457206, 1.44167884, 0.43119850).
Vertex # 9: (0.25311628, 1.59811331, 0.43119850).
Vertex # 10: (1.14412281, 1.14412281, 0.43119850).
Vertex # 11: (1.59811331, -0.25311628, -0.43119850).
Vertex # 12: (1.14412281, -1.14412281, -0.43119850).
Vertex # 13: (0.25311628, -1.59811331, -0.43119850).
Vertex # 14: (-0.73457206, -1.44167884, -0.43119850).
Vertex # 15: (-1.44167884, -0.73457206, -0.43119850).
Vertex # 16: (-1.59811331, 0.25311628, -0.43119850).
Vertex # 17: (-1.14412281, 1.14412281, -0.43119850).
Vertex # 18: (-0.25311628, 1.59811331, -0.43119850).
Vertex # 19: (0.73457206, 1.44167884, -0.43119850).
Vertex # 20: (1.44167884, 0.73457206, -0.43119850).
Vertex # 21: (0.38618739, 0.75793542, 0.95692961).
Vertex # 22: (0.84017789, -0.13307110, 0.95692961).
Vertex # 23: (0.13307110, -0.84017789, 0.95692961).
Vertex # 24: (-0.75793542, -0.38618739, 0.95692961).
Vertex # 25: (-0.60150096, 0.60150096, 0.95692961).

Face # 1 has 10 vertices:
    Vertices input as   10 11 12 13 14 15 16 17 18 19
    Vertices renumbered as   11 12 13 14 15 16 17 18 19 20
      Edge 11 12 is   1.00000000.
      Edge 12 13 is   1.00000000.
      Edge 13 14 is   1.00000000.
      Edge 14 15 is   1.00000000.
      Edge 15 16 is   1.00000000.
      Edge 16 17 is   1.00000000.
      Edge 17 18 is   1.00000000.
      Edge 18 19 is   1.00000000.
      Edge 19 20 is   1.00000000.
      Edge 20 11 is   1.00000000.
      Angle 20 11 12 is   2.51327412 rad =   144.0000 deg = 144 deg 0 min 0 sec.
      Angle 11 12 13 is   2.51327412 rad =   144.0000 deg = 144 deg 0 min 0 sec.
      Angle 12 13 14 is   2.51327412 rad =   144.0000 deg = 144 deg 0 min 0 sec.
      Angle 13 14 15 is   2.51327412 rad =   144.0000 deg = 144 deg 0 min 0 sec.
      Angle 14 15 16 is   2.51327412 rad =   144.0000 deg = 144 deg 0 min 0 sec.
      Angle 15 16 17 is   2.51327412 rad =   144.0000 deg = 144 deg 0 min 0 sec.
      Angle 16 17 18 is   2.51327412 rad =   144.0000 deg = 144 deg 0 min 0 sec.
      Angle 17 18 19 is   2.51327412 rad =   144.0000 deg = 144 deg 0 min 0 sec.
      Angle 18 19 20 is   2.51327412 rad =   144.0000 deg = 144 deg 0 min 0 sec.
      Angle 19 20 11 is   2.51327412 rad =   144.0000 deg = 144 deg 0 min 0 sec.

Face # 2 has 3 vertices:
    Vertices input as   0   1 10
    Vertices renumbered as   1   2 11
      Edge 1 2 is   1.00000000.
      Edge 2 11 is   1.00000000.
      Edge 11 1 is   1.00000000.
      Angle 11 1 2 is   1.04719755 rad =   60.0000 deg = 60 deg 0 min 0 sec.
      Angle 1 2 11 is   1.04719755 rad =   60.0000 deg = 60 deg 0 min 0 sec.

```
            Angle  2 11  1 is   1.04719755 rad =        60.0000 deg =  60 deg  0 min  0 sec.


Face #  3 has  3 vertices:
    Vertices input as         1   2  11
    Vertices renumbered as    2   3  12
        Edge  2  3 is   1.00000000.
        Edge  3 12 is   1.00000000.
        Edge 12  2 is   1.00000000.
        Angle 12  2  3 is   1.04719755 rad =        60.0000 deg =  60 deg  0 min  0 sec.
        Angle  2  3 12 is   1.04719755 rad =        60.0000 deg =  60 deg  0 min  0 sec.
        Angle  3 12  2 is   1.04719755 rad =        60.0000 deg =  60 deg  0 min  0 sec.


Face #  4 has  3 vertices:
    Vertices input as         2   3  12
    Vertices renumbered as    3   4  13
        Edge  3  4 is   1.00000000.
        Edge  4 13 is   1.00000000.
        Edge 13  3 is   1.00000000.
        Angle 13  3  4 is   1.04719755 rad =        60.0000 deg =  60 deg  0 min  0 sec.
        Angle  3  4 13 is   1.04719755 rad =        60.0000 deg =  60 deg  0 min  0 sec.
        Angle  4 13  3 is   1.04719755 rad =        60.0000 deg =  60 deg  0 min  0 sec.


Face #  5 has  3 vertices:
    Vertices input as         3   4  13
    Vertices renumbered as    4   5  14
        Edge  4  5 is   1.00000000.
        Edge  5 14 is   1.00000000.
        Edge 14  4 is   1.00000000.
        Angle 14  4  5 is   1.04719755 rad =        60.0000 deg =  60 deg  0 min  0 sec.
        Angle  4  5 14 is   1.04719755 rad =        60.0000 deg =  60 deg  0 min  0 sec.
        Angle  5 14  4 is   1.04719755 rad =        60.0000 deg =  60 deg  0 min  0 sec.


Face #  6 has  3 vertices:
    Vertices input as         4   5  14
    Vertices renumbered as    5   6  15
        Edge  5  6 is   1.00000000.
        Edge  6 15 is   1.00000000.
        Edge 15  5 is   1.00000000.
        Angle 15  5  6 is   1.04719755 rad =        60.0000 deg =  60 deg  0 min  0 sec.
        Angle  5  6 15 is   1.04719755 rad =        60.0000 deg =  60 deg  0 min  0 sec.
        Angle  6 15  5 is   1.04719755 rad =        60.0000 deg =  60 deg  0 min  0 sec.


Face #  7 has  3 vertices:
    Vertices input as         5   6  15
    Vertices renumbered as    6   7  16
        Edge  6  7 is   1.00000000.
        Edge  7 16 is   1.00000000.
        Edge 16  6 is   1.00000000.
        Angle 16  6  7 is   1.04719755 rad =        60.0000 deg =  60 deg  0 min  0 sec.
        Angle  6  7 16 is   1.04719755 rad =        60.0000 deg =  60 deg  0 min  0 sec.
        Angle  7 16  6 is   1.04719755 rad =        60.0000 deg =  60 deg  0 min  0 sec.


Face #  8 has  3 vertices:
    Vertices input as         6   7  16
    Vertices renumbered as    7   8  17
        Edge  7  8 is   1.00000000.
        Edge  8 17 is   1.00000000.
```

```
        Edge  17   7 is    1.00000000.
        Angle 17   7  8 is    1.04719755 rad =       60.0000 deg =   60 deg  0 min   0 sec.
        Angle  7   8 17 is    1.04719755 rad =       60.0000 deg =   60 deg  0 min   0 sec.
        Angle  8  17  7 is    1.04719755 rad =       60.0000 deg =   60 deg  0 min   0 sec.


Face #  9 has  3 vertices:
    Vertices input as         7    8   17
    Vertices renumbered as    8    9   18
        Edge   8   9 is    1.00000000.
        Edge   9  18 is    1.00000000.
        Edge  18   8 is    1.00000000.
        Angle 18   8  9 is    1.04719755 rad =       60.0000 deg =   60 deg  0 min   0 sec.
        Angle  8   9 18 is    1.04719755 rad =       60.0000 deg =   60 deg  0 min   0 sec.
        Angle  9  18  8 is    1.04719755 rad =       60.0000 deg =   60 deg  0 min   0 sec.


Face # 10 has  3 vertices:
    Vertices input as         8    9   18
    Vertices renumbered as    9   10   19
        Edge   9  10 is    1.00000000.
        Edge  10  19 is    1.00000000.
        Edge  19   9 is    1.00000000.
        Angle 19   9 10 is    1.04719755 rad =       60.0000 deg =   60 deg  0 min   0 sec.
        Angle  9  10 19 is    1.04719755 rad =       60.0000 deg =   60 deg  0 min   0 sec.
        Angle 10  19  9 is    1.04719755 rad =       60.0000 deg =   60 deg  0 min   0 sec.


Face # 11 has  3 vertices:
    Vertices input as         9    0   19
    Vertices renumbered as   10    1   20
        Edge  10   1 is    1.00000000.
        Edge   1  20 is    1.00000000.
        Edge  20  10 is    1.00000000.
        Angle 20  10  1 is    1.04719755 rad =       60.0000 deg =   60 deg  0 min   0 sec.
        Angle 10   1 20 is    1.04719755 rad =       60.0000 deg =   60 deg  0 min   0 sec.
        Angle  1  20 10 is    1.04719755 rad =       60.0000 deg =   60 deg  0 min   0 sec.


Face # 12 has  3 vertices:
    Vertices input as        11   10    1
    Vertices renumbered as   12   11    2
        Edge  12  11 is    1.00000000.
        Edge  11   2 is    1.00000000.
        Edge   2  12 is    1.00000000.
        Angle  2  12 11 is    1.04719755 rad =       60.0000 deg =   60 deg  0 min   0 sec.
        Angle 12  11  2 is    1.04719755 rad =       60.0000 deg =   60 deg  0 min   0 sec.
        Angle 11   2 12 is    1.04719755 rad =       60.0000 deg =   60 deg  0 min   0 sec.


Face # 13 has  3 vertices:
    Vertices input as        12   11    2
    Vertices renumbered as   13   12    3
        Edge  13  12 is    1.00000000.
        Edge  12   3 is    1.00000000.
        Edge   3  13 is    1.00000000.
        Angle  3  13 12 is    1.04719755 rad =       60.0000 deg =   60 deg  0 min   0 sec.
        Angle 13  12  3 is    1.04719755 rad =       60.0000 deg =   60 deg  0 min   0 sec.
        Angle 12   3 13 is    1.04719755 rad =       60.0000 deg =   60 deg  0 min   0 sec.


Face # 14 has  3 vertices:
    Vertices input as        13   12    3
```

```
        Vertices renumbered as    14  13   4
           Edge 14 13 is   1.00000000.
           Edge 13  4 is   1.00000000.
           Edge  4 14 is   1.00000000.
           Angle  4 14 13 is   1.04719755 rad =      60.0000 deg =  60 deg  0 min  0 sec.
           Angle 14 13  4 is   1.04719755 rad =      60.0000 deg =  60 deg  0 min  0 sec.
           Angle 13  4 14 is   1.04719755 rad =      60.0000 deg =  60 deg  0 min  0 sec.

Face # 15 has  3 vertices:
        Vertices input as         14  13   4
        Vertices renumbered as    15  14   5
           Edge 15 14 is   1.00000000.
           Edge 14  5 is   1.00000000.
           Edge  5 15 is   1.00000000.
           Angle  5 15 14 is   1.04719755 rad =      60.0000 deg =  60 deg  0 min  0 sec.
           Angle 15 14  5 is   1.04719755 rad =      60.0000 deg =  60 deg  0 min  0 sec.
           Angle 14  5 15 is   1.04719755 rad =      60.0000 deg =  60 deg  0 min  0 sec.

Face # 16 has  3 vertices:
        Vertices input as         15  14   5
        Vertices renumbered as    16  15   6
           Edge 16 15 is   1.00000000.
           Edge 15  6 is   1.00000000.
           Edge  6 16 is   1.00000000.
           Angle  6 16 15 is   1.04719755 rad =      60.0000 deg =  60 deg  0 min  0 sec.
           Angle 16 15  6 is   1.04719755 rad =      60.0000 deg =  60 deg  0 min  0 sec.
           Angle 15  6 16 is   1.04719755 rad =      60.0000 deg =  60 deg  0 min  0 sec.

Face # 17 has  3 vertices:
        Vertices input as         16  15   6
        Vertices renumbered as    17  16   7
           Edge 17 16 is   1.00000000.
           Edge 16  7 is   1.00000000.
           Edge  7 17 is   1.00000000.
           Angle  7 17 16 is   1.04719755 rad =      60.0000 deg =  60 deg  0 min  0 sec.
           Angle 17 16  7 is   1.04719755 rad =      60.0000 deg =  60 deg  0 min  0 sec.
           Angle 16  7 17 is   1.04719755 rad =      60.0000 deg =  60 deg  0 min  0 sec.

Face # 18 has  3 vertices:
        Vertices input as         17  16   7
        Vertices renumbered as    18  17   8
           Edge 18 17 is   1.00000000.
           Edge 17  8 is   1.00000000.
           Edge  8 18 is   1.00000000.
           Angle  8 18 17 is   1.04719755 rad =      60.0000 deg =  60 deg  0 min  0 sec.
           Angle 18 17  8 is   1.04719755 rad =      60.0000 deg =  60 deg  0 min  0 sec.
           Angle 17  8 18 is   1.04719755 rad =      60.0000 deg =  60 deg  0 min  0 sec.

Face # 19 has  3 vertices:
        Vertices input as         18  17   8
        Vertices renumbered as    19  18   9
           Edge 19 18 is   1.00000000.
           Edge 18  9 is   1.00000000.
           Edge  9 19 is   1.00000000.
           Angle  9 19 18 is   1.04719755 rad =      60.0000 deg =  60 deg  0 min  0 sec.
           Angle 19 18  9 is   1.04719755 rad =      60.0000 deg =  60 deg  0 min  0 sec.
           Angle 18  9 19 is   1.04719755 rad =      60.0000 deg =  60 deg  0 min  0 sec.
```

```
Face # 20 has  3 vertices:
    Vertices input as       19 18  9
    Vertices renumbered as  20 19 10
      Edge 20 19 is   1.00000000.
      Edge 19 10 is   1.00000000.
      Edge 10 20 is   1.00000000.
      Angle 10 20 19 is   1.04719755 rad =    60.0000 deg = 60 deg  0 min  0 sec.
      Angle 20 19 10 is   1.04719755 rad =    60.0000 deg = 60 deg  0 min  0 sec.
      Angle 19 10 20 is   1.04719755 rad =    60.0000 deg = 60 deg  0 min  0 sec.


Face # 21 has  3 vertices:
    Vertices input as       10 19  0
    Vertices renumbered as  11 20  1
      Edge 11 20 is   1.00000000.
      Edge 20  1 is   1.00000000.
      Edge  1 11 is   1.00000000.
      Angle  1 11 20 is   1.04719755 rad =    60.0000 deg = 60 deg  0 min  0 sec.
      Angle 11 20  1 is   1.04719755 rad =    60.0000 deg = 60 deg  0 min  0 sec.
      Angle 20  1 11 is   1.04719755 rad =    60.0000 deg = 60 deg  0 min  0 sec.


Face # 22 has  5 vertices:
    Vertices input as       24 23 22 21 20
    Vertices renumbered as  25 24 23 22 21
      Edge 25 24 is   1.00000000.
      Edge 24 23 is   1.00000000.
      Edge 23 22 is   1.00000000.
      Edge 22 21 is   1.00000000.
      Edge 21 25 is   1.00000000.
      Angle 21 25 24 is   1.88495559 rad =   108.0000 deg = 108 deg  0 min  0 sec.
      Angle 25 24 23 is   1.88495559 rad =   108.0000 deg = 108 deg  0 min  0 sec.
      Angle 24 23 22 is   1.88495559 rad =   108.0000 deg = 108 deg  0 min  0 sec.
      Angle 23 22 21 is   1.88495559 rad =   108.0000 deg = 108 deg  0 min  0 sec.
      Angle 22 21 25 is   1.88495559 rad =   108.0000 deg = 108 deg  0 min  0 sec.


Face # 23 has  4 vertices:
    Vertices input as        9 20 21  0
    Vertices renumbered as  10 21 22  1
      Edge 10 21 is   1.00000000.
      Edge 21 22 is   1.00000000.
      Edge 22  1 is   1.00000000.
      Edge  1 10 is   1.00000000.
      Angle  1 10 21 is   1.57079633 rad =    90.0000 deg = 90 deg  0 min  0 sec.
      Angle 10 21 22 is   1.57079633 rad =    90.0000 deg = 90 deg  0 min  0 sec.
      Angle 21 22  1 is   1.57079633 rad =    90.0000 deg = 90 deg  0 min  0 sec.
      Angle 22  1 10 is   1.57079633 rad =    90.0000 deg = 90 deg  0 min  0 sec.


Face # 24 has  3 vertices:
    Vertices input as        0 21  1
    Vertices renumbered as   1 22  2
      Edge  1 22 is   1.00000000.
      Edge 22  2 is   1.00000000.
      Edge  2  1 is   1.00000000.
      Angle  2  1 22 is   1.04719755 rad =    60.0000 deg = 60 deg  0 min  0 sec.
      Angle  1 22  2 is   1.04719755 rad =    60.0000 deg = 60 deg  0 min  0 sec.
      Angle 22  2  1 is   1.04719755 rad =    60.0000 deg = 59 deg 59 min 60 sec.


Face # 25 has  4 vertices:
```

```
    Vertices input as          1  21  22   2
    Vertices renumbered as     2  22  23   3
      Edge  2 22 is   1.00000000.
      Edge 22 23 is   1.00000000.
      Edge 23  3 is   1.00000000.
      Edge  3  2 is   1.00000000.
      Angle  3  2 22 is   1.57079633 rad =      90.0000 deg =  90 deg  0 min  0 sec.
      Angle  2 22 23 is   1.57079633 rad =      90.0000 deg =  90 deg  0 min  0 sec.
      Angle 22 23  3 is   1.57079633 rad =      90.0000 deg =  90 deg  0 min  0 sec.
      Angle 23  3  2 is   1.57079633 rad =      90.0000 deg =  90 deg  0 min  0 sec.

Face # 26 has  3 vertices:
    Vertices input as          2  22   3
    Vertices renumbered as     3  23   4
      Edge  3 23 is   1.00000000.
      Edge 23  4 is   1.00000000.
      Edge  4  3 is   1.00000000.
      Angle  4  3 23 is   1.04719755 rad =      60.0000 deg =  60 deg  0 min  0 sec.
      Angle  3 23  4 is   1.04719755 rad =      60.0000 deg =  59 deg 59 min 60 sec.
      Angle 23  4  3 is   1.04719755 rad =      60.0000 deg =  60 deg  0 min  0 sec.

Face # 27 has  4 vertices:
    Vertices input as          3  22  23   4
    Vertices renumbered as     4  23  24   5
      Edge  4 23 is   1.00000000.
      Edge 23 24 is   1.00000000.
      Edge 24  5 is   1.00000000.
      Edge  5  4 is   1.00000000.
      Angle  5  4 23 is   1.57079633 rad =      90.0000 deg =  90 deg  0 min  0 sec.
      Angle  4 23 24 is   1.57079633 rad =      90.0000 deg =  90 deg  0 min  0 sec.
      Angle 23 24  5 is   1.57079633 rad =      90.0000 deg =  90 deg  0 min  0 sec.
      Angle 24  5  4 is   1.57079633 rad =      90.0000 deg =  90 deg  0 min  0 sec.

Face # 28 has  3 vertices:
    Vertices input as          4  23   5
    Vertices renumbered as     5  24   6
      Edge  5 24 is   1.00000000.
      Edge 24  6 is   1.00000000.
      Edge  6  5 is   1.00000000.
      Angle  6  5 24 is   1.04719755 rad =      60.0000 deg =  60 deg  0 min  0 sec.
      Angle  5 24  6 is   1.04719755 rad =      60.0000 deg =  59 deg 59 min 60 sec.
      Angle 24  6  5 is   1.04719755 rad =      60.0000 deg =  60 deg  0 min  0 sec.

Face # 29 has  4 vertices:
    Vertices input as          5  23  24   6
    Vertices renumbered as     6  24  25   7
      Edge  6 24 is   1.00000000.
      Edge 24 25 is   1.00000000.
      Edge 25  7 is   1.00000000.
      Edge  7  6 is   1.00000000.
      Angle  7  6 24 is   1.57079633 rad =      90.0000 deg =  90 deg  0 min  0 sec.
      Angle  6 24 25 is   1.57079633 rad =      90.0000 deg =  90 deg  0 min  0 sec.
      Angle 24 25  7 is   1.57079633 rad =      90.0000 deg =  90 deg  0 min  0 sec.
      Angle 25  7  6 is   1.57079633 rad =      90.0000 deg =  90 deg  0 min  0 sec.

Face # 30 has  3 vertices:
    Vertices input as          6  24   7
    Vertices renumbered as     7  25   8
```

```
            Edge   7  25 is    1.00000000.
            Edge  25   8 is    1.00000000.
            Edge   8   7 is    1.00000000.
            Angle  8   7  25 is    1.04719755 rad =       60.0000 deg =  60 deg  0 min  0 sec.
            Angle  7  25   8 is    1.04719755 rad =       60.0000 deg =  60 deg  0 min  0 sec.
            Angle 25   8   7 is    1.04719755 rad =       60.0000 deg =  60 deg  0 min  0 sec.


Face # 31 has  4 vertices:
        Vertices input as         7   24   20    8
        Vertices renumbered as    8   25   21    9
            Edge   8  25 is    1.00000000.
            Edge  25  21 is    1.00000000.
            Edge  21   9 is    1.00000000.
            Edge   9   8 is    1.00000000.
            Angle  9   8  25 is    1.57079633 rad =       90.0000 deg =  90 deg  0 min  0 sec.
            Angle  8  25  21 is    1.57079633 rad =       90.0000 deg =  90 deg  0 min  0 sec.
            Angle 25  21   9 is    1.57079633 rad =       90.0000 deg =  90 deg  0 min  0 sec.
            Angle 21   9   8 is    1.57079633 rad =       90.0000 deg =  90 deg  0 min  0 sec.


Face # 32 has  3 vertices:
        Vertices input as         8   20    9
        Vertices renumbered as    9   21   10
            Edge   9  21 is    1.00000000.
            Edge  21  10 is    1.00000000.
            Edge  10   9 is    1.00000000.
            Angle 10   9  21 is    1.04719755 rad =       60.0000 deg =  60 deg  0 min  0 sec.
            Angle  9  21  10 is    1.04719755 rad =       60.0000 deg =  60 deg  0 min  0 sec.
            Angle 21  10   9 is    1.04719755 rad =       60.0000 deg =  60 deg  0 min  0 sec.


The edge joining vertices    1 and   2 is between faces   2 and 24.
        Dihedral angle is    2.31472569 rad =      132.6240 deg = 132 deg 37 min 26 sec.
The edge joining vertices    1 and 10 is between faces  11 and 23.
        Dihedral angle is    2.21594191 rad =      126.9641 deg = 126 deg 57 min 51 sec.
The edge joining vertices    1 and 11 is between faces   2 and 21.
        Dihedral angle is    2.77832867 rad =      159.1865 deg = 159 deg 11 min 11 sec.
The edge joining vertices    1 and 20 is between faces  11 and 21.
        Dihedral angle is    2.77832867 rad =      159.1865 deg = 159 deg 11 min 11 sec.
The edge joining vertices    1 and 22 is between faces  23 and 24.
        Dihedral angle is    2.77672883 rad =      159.0948 deg = 159 deg  5 min 41 sec.
The edge joining vertices    2 and   3 is between faces   3 and 25.
        Dihedral angle is    2.21594191 rad =      126.9641 deg = 126 deg 57 min 51 sec.
The edge joining vertices    2 and 11 is between faces   2 and 12.
        Dihedral angle is    2.77832867 rad =      159.1865 deg = 159 deg 11 min 11 sec.
The edge joining vertices    2 and 12 is between faces   2 and 12.
        Dihedral angle is    2.77832867 rad =      159.1865 deg = 159 deg 11 min 11 sec.
The edge joining vertices    2 and 22 is between faces  24 and 25.
        Dihedral angle is    2.77672883 rad =      159.0948 deg = 159 deg  5 min 41 sec.
The edge joining vertices    3 and   4 is between faces   4 and 26.
        Dihedral angle is    2.31472569 rad =      132.6240 deg = 132 deg 37 min 26 sec.
The edge joining vertices    3 and 12 is between faces   3 and 13.
        Dihedral angle is    2.77832867 rad =      159.1865 deg = 159 deg 11 min 11 sec.
The edge joining vertices    3 and 13 is between faces   4 and 13.
        Dihedral angle is    2.77832867 rad =      159.1865 deg = 159 deg 11 min 11 sec.
The edge joining vertices    3 and 23 is between faces  25 and 26.
        Dihedral angle is    2.77672883 rad =      159.0948 deg = 159 deg  5 min 41 sec.
The edge joining vertices    4 and   5 is between faces   5 and 27.
        Dihedral angle is    2.21594191 rad =      126.9641 deg = 126 deg 57 min 51 sec.
The edge joining vertices    4 and 13 is between faces   4 and 14.
        Dihedral angle is    2.77832867 rad =      159.1865 deg = 159 deg 11 min 11 sec.
The edge joining vertices    4 and 14 is between faces   5 and 14.
```

```
        Dihedral angle is      2.77832867 rad =       159.1865 deg = 159 deg 11 min 11 sec.
The edge joining vertices  4 and 23 is between faces 26 and 27.
        Dihedral angle is      2.77672883 rad =       159.0948 deg = 159 deg  5 min 41 sec.
The edge joining vertices  5 and  6 is between faces  6 and 28.
        Dihedral angle is      2.31472569 rad =       132.6240 deg = 132 deg 37 min 26 sec.
The edge joining vertices  5 and 14 is between faces  5 and 15.
        Dihedral angle is      2.77832867 rad =       159.1865 deg = 159 deg 11 min 11 sec.
The edge joining vertices  5 and 15 is between faces  6 and 15.
        Dihedral angle is      2.77832867 rad =       159.1865 deg = 159 deg 11 min 11 sec.
The edge joining vertices  5 and 24 is between faces 27 and 28.
        Dihedral angle is      2.77672883 rad =       159.0948 deg = 159 deg  5 min 41 sec.
The edge joining vertices  6 and  7 is between faces  7 and 29.
        Dihedral angle is      2.21594191 rad =       126.9641 deg = 126 deg 57 min 51 sec.
The edge joining vertices  6 and 15 is between faces  6 and 16.
        Dihedral angle is      2.77832867 rad =       159.1865 deg = 159 deg 11 min 11 sec.
The edge joining vertices  6 and 16 is between faces  7 and 16.
        Dihedral angle is      2.77832867 rad =       159.1865 deg = 159 deg 11 min 11 sec.
The edge joining vertices  6 and 24 is between faces 28 and 29.
        Dihedral angle is      2.77672883 rad =       159.0948 deg = 159 deg  5 min 41 sec.
The edge joining vertices  7 and  8 is between faces  8 and 30.
        Dihedral angle is      2.31472569 rad =       132.6240 deg = 132 deg 37 min 26 sec.
The edge joining vertices  7 and 16 is between faces  7 and 17.
        Dihedral angle is      2.77832867 rad =       159.1865 deg = 159 deg 11 min 11 sec.
The edge joining vertices  7 and 17 is between faces  8 and 17.
        Dihedral angle is      2.77832867 rad =       159.1865 deg = 159 deg 11 min 11 sec.
The edge joining vertices  7 and 25 is between faces 29 and 30.
        Dihedral angle is      2.77672883 rad =       159.0948 deg = 159 deg  5 min 41 sec.
The edge joining vertices  8 and  9 is between faces  9 and 31.
        Dihedral angle is      2.21594191 rad =       126.9641 deg = 126 deg 57 min 51 sec.
The edge joining vertices  8 and 17 is between faces  8 and 18.
        Dihedral angle is      2.77832867 rad =       159.1865 deg = 159 deg 11 min 11 sec.
The edge joining vertices  8 and 18 is between faces  9 and 18.
        Dihedral angle is      2.77832867 rad =       159.1865 deg = 159 deg 11 min 11 sec.
The edge joining vertices  8 and 25 is between faces 30 and 31.
        Dihedral angle is      2.77672883 rad =       159.0948 deg = 159 deg  5 min 41 sec.
The edge joining vertices  9 and 10 is between faces 10 and 32.
        Dihedral angle is      2.31472569 rad =       132.6240 deg = 132 deg 37 min 26 sec.
The edge joining vertices  9 and 18 is between faces  9 and 19.
        Dihedral angle is      2.77832867 rad =       159.1865 deg = 159 deg 11 min 11 sec.
The edge joining vertices  9 and 19 is between faces 10 and 19.
        Dihedral angle is      2.77832867 rad =       159.1865 deg = 159 deg 11 min 11 sec.
The edge joining vertices  9 and 21 is between faces 31 and 32.
        Dihedral angle is      2.77672883 rad =       159.0948 deg = 159 deg  5 min 41 sec.
The edge joining vertices 10 and 19 is between faces 10 and 20.
        Dihedral angle is      2.77832867 rad =       159.1865 deg = 159 deg 11 min 11 sec.
The edge joining vertices 10 and 20 is between faces 11 and 20.
        Dihedral angle is      2.77832867 rad =       159.1865 deg = 159 deg 11 min 11 sec.
The edge joining vertices 10 and 21 is between faces 23 and 32.
        Dihedral angle is      2.77672883 rad =       159.0948 deg = 159 deg  5 min 41 sec.
The edge joining vertices 11 and 12 is between faces  1 and 12.
        Dihedral angle is      1.66236755 rad =        95.2466 deg =  95 deg 14 min 48 sec.
The edge joining vertices 11 and 20 is between faces  1 and 21.
        Dihedral angle is      1.66236755 rad =        95.2466 deg =  95 deg 14 min 48 sec.
The edge joining vertices 12 and 13 is between faces  1 and 13.
        Dihedral angle is      1.66236755 rad =        95.2466 deg =  95 deg 14 min 48 sec.
The edge joining vertices 13 and 14 is between faces  1 and 14.
        Dihedral angle is      1.66236755 rad =        95.2466 deg =  95 deg 14 min 48 sec.
The edge joining vertices 14 and 15 is between faces  1 and 15.
        Dihedral angle is      1.66236755 rad =        95.2466 deg =  95 deg 14 min 48 sec.
The edge joining vertices 15 and 16 is between faces  1 and 16.
        Dihedral angle is      1.66236755 rad =        95.2466 deg =  95 deg 14 min 48 sec.
The edge joining vertices 16 and 17 is between faces  1 and 17.
        Dihedral angle is      1.66236755 rad =        95.2466 deg =  95 deg 14 min 48 sec.
```

```
The edge joining vertices 17 and 18 is between faces  1 and 18.
        Dihedral angle is    1.66236755 rad =        95.2466 deg =  95 deg 14 min 48 sec.
The edge joining vertices 18 and 19 is between faces  1 and 19.
        Dihedral angle is    1.66236755 rad =        95.2466 deg =  95 deg 14 min 48 sec.
The edge joining vertices 19 and 20 is between faces  1 and 20.
        Dihedral angle is    1.66236755 rad =        95.2466 deg =  95 deg 14 min 48 sec.
The edge joining vertices 21 and 22 is between faces 22 and 23.
        Dihedral angle is    2.58801829 rad =       148.2825 deg = 148 deg 16 min 57 sec.
The edge joining vertices 21 and 25 is between faces 22 and 31.
        Dihedral angle is    2.58801829 rad =       148.2825 deg = 148 deg 16 min 57 sec.
The edge joining vertices 22 and 23 is between faces 22 and 25.
        Dihedral angle is    2.58801829 rad =       148.2825 deg = 148 deg 16 min 57 sec.
The edge joining vertices 23 and 24 is between faces 22 and 27.
        Dihedral angle is    2.58801829 rad =       148.2825 deg = 148 deg 16 min 57 sec.
The edge joining vertices 24 and 25 is between faces 22 and 29.
        Dihedral angle is    2.58801829 rad =       148.2825 deg = 148 deg 16 min 57 sec.
```

Report based on file j24d.off

```
Vertex #  1: (  0.00000000,  0.00000000, -1.51065463).
Vertex #  2: (  0.67053773, -0.10620274,  0.25372761).
Vertex #  3: (  0.48005201, -0.48005201,  0.25372761).
Vertex #  4: (  0.10620274, -0.67053773,  0.25372761).
Vertex #  5: ( -0.30821236, -0.60490082,  0.25372761).
Vertex #  6: ( -0.60490082, -0.30821236,  0.25372761).
Vertex #  7: ( -0.67053773,  0.10620274,  0.25372761).
Vertex #  8: ( -0.48005201,  0.48005201,  0.25372761).
Vertex #  9: ( -0.10620274,  0.67053773,  0.25372761).
Vertex # 10: (  0.30821236,  0.60490082,  0.25372761).
Vertex # 11: (  0.60490082,  0.30821236,  0.25372761).
Vertex # 12: (  0.59157901, -0.30142456,  0.13041719).
Vertex # 13: (  0.30142456, -0.59157901,  0.13041719).
Vertex # 14: ( -0.10386383, -0.65577039,  0.13041719).
Vertex # 15: ( -0.46947976, -0.46947976,  0.13041719).
Vertex # 16: ( -0.65577039, -0.10386383,  0.13041719).
Vertex # 17: ( -0.59157901,  0.30142456,  0.13041719).
Vertex # 18: ( -0.30142456,  0.59157901,  0.13041719).
Vertex # 19: (  0.10386383,  0.65577039,  0.13041719).
Vertex # 20: (  0.46947976,  0.46947976,  0.13041719).
Vertex # 21: (  0.65577039,  0.10386383,  0.13041719).
Vertex # 22: (  0.00000000,  0.00000000,  1.57558379).
Vertex # 23: (  0.49000146,  0.24966821,  1.08120996).
Vertex # 24: (  0.56489639, -0.08947080,  0.94006234).
Vertex # 25: (  0.38886736, -0.38886736,  1.08120996).
Vertex # 26: (  0.08947080, -0.56489639,  0.94006234).
Vertex # 27: ( -0.24966821, -0.49000146,  1.08120996).
Vertex # 28: ( -0.50960039, -0.25965437,  0.94006234).
Vertex # 29: ( -0.54317080,  0.08602980,  1.08120996).
Vertex # 30: ( -0.40442116,  0.40442116,  0.94006234).
Vertex # 31: ( -0.08602980,  0.54317080,  1.08120996).
Vertex # 32: (  0.25965437,  0.50960039,  0.94006234).


Face #  1 has  5 vertices:
    Vertices input as        23   1   20   10   22
    Vertices renumbered as   24   2   21   11   23
      Edge 24  2 is   0.69461890.
      Edge  2 21 is   0.24403175.
      Edge 21 11 is   0.24403175.
      Edge 11 23 is   0.83747018.
      Edge 23 24 is   0.37489621.
      Angle 23 24  2 is   2.00885359 rad =       115.0988 deg = 115 deg  5 min 56 sec.
      Angle 24  2 21 is   2.05933935 rad =       117.9915 deg = 117 deg 59 min 29 sec.
      Angle  2 21 11 is   2.06930511 rad =       118.5624 deg = 118 deg 33 min 45 sec.
      Angle 21 11 23 is   2.05933935 rad =       117.9915 deg = 117 deg 59 min 29 sec.
      Angle 11 23 24 is   1.22794055 rad =        70.3558 deg =  70 deg 21 min 21 sec.

Face #  2 has  5 vertices:
    Vertices input as         1   23   24    2   11
    Vertices renumbered as    2   24   25    3   12
      Edge  2 24 is   0.69461890.
      Edge 24 25 is   0.37489621.
      Edge 25  3 is   0.83747018.
      Edge  3 12 is   0.24403175.
      Edge 12  2 is   0.24403175.
      Angle 12  2 24 is   2.05933935 rad =       117.9915 deg = 117 deg 59 min 29 sec.
      Angle  2 24 25 is   2.00885359 rad =       115.0988 deg = 115 deg  5 min 56 sec.
      Angle 24 25  3 is   1.22794055 rad =        70.3558 deg =  70 deg 21 min 21 sec.
```

```
            Angle 25   3  12 is     2.05933935 rad =        117.9915 deg = 117 deg 59 min 29 sec.
            Angle  3  12   2 is     2.06930511 rad =        118.5624 deg = 118 deg 33 min 45 sec.


Face #  3 has   5 vertices:
      Vertices input as           2   24   25    3   12
      Vertices renumbered as      3   25   26    4   13
            Edge  3  25 is     0.83747018.
            Edge 25  26 is     0.37489621.
            Edge 26   4 is     0.69461890.
            Edge  4  13 is     0.24403175.
            Edge 13   3 is     0.24403175.
            Angle 13   3  25 is     2.05933935 rad =        117.9915 deg = 117 deg 59 min 29 sec.
            Angle  3  25  26 is     1.22794055 rad =         70.3558 deg =  70 deg 21 min 21 sec.
            Angle 25  26   4 is     2.00885359 rad =        115.0988 deg = 115 deg  5 min 56 sec.
            Angle 26   4  13 is     2.05933935 rad =        117.9915 deg = 117 deg 59 min 29 sec.
            Angle  4  13   3 is     2.06930511 rad =        118.5624 deg = 118 deg 33 min 45 sec.


Face #  4 has   5 vertices:
      Vertices input as           3   25   26    4   13
      Vertices renumbered as      4   26   27    5   14
            Edge  4  26 is     0.69461890.
            Edge 26  27 is     0.37489621.
            Edge 27   5 is     0.83747018.
            Edge  5  14 is     0.24403175.
            Edge 14   4 is     0.24403175.
            Angle 14   4  26 is     2.05933935 rad =        117.9915 deg = 117 deg 59 min 29 sec.
            Angle  4  26  27 is     2.00885359 rad =        115.0988 deg = 115 deg  5 min 56 sec.
            Angle 26  27   5 is     1.22794055 rad =         70.3558 deg =  70 deg 21 min 21 sec.
            Angle 27   5  14 is     2.05933935 rad =        117.9915 deg = 117 deg 59 min 29 sec.
            Angle  5  14   4 is     2.06930511 rad =        118.5624 deg = 118 deg 33 min 45 sec.


Face #  5 has   5 vertices:
      Vertices input as           4   26   27    5   14
      Vertices renumbered as      5   27   28    6   15
            Edge  5  27 is     0.83747018.
            Edge 27  28 is     0.37489621.
            Edge 28   6 is     0.69461890.
            Edge  6  15 is     0.24403175.
            Edge 15   5 is     0.24403175.
            Angle 15   5  27 is     2.05933935 rad =        117.9915 deg = 117 deg 59 min 29 sec.
            Angle  5  27  28 is     1.22794055 rad =         70.3558 deg =  70 deg 21 min 21 sec.
            Angle 27  28   6 is     2.00885359 rad =        115.0988 deg = 115 deg  5 min 56 sec.
            Angle 28   6  15 is     2.05933935 rad =        117.9915 deg = 117 deg 59 min 29 sec.
            Angle  6  15   5 is     2.06930511 rad =        118.5624 deg = 118 deg 33 min 45 sec.


Face #  6 has   5 vertices:
      Vertices input as           5   27   28    6   15
      Vertices renumbered as      6   28   29    7   16
            Edge  6  28 is     0.69461890.
            Edge 28  29 is     0.37489621.
            Edge 29   7 is     0.83747018.
            Edge  7  16 is     0.24403175.
            Edge 16   6 is     0.24403175.
            Angle 16   6  28 is     2.05933935 rad =        117.9915 deg = 117 deg 59 min 29 sec.
            Angle  6  28  29 is     2.00885359 rad =        115.0988 deg = 115 deg  5 min 56 sec.
            Angle 28  29   7 is     1.22794055 rad =         70.3558 deg =  70 deg 21 min 21 sec.
            Angle 29   7  16 is     2.05933935 rad =        117.9915 deg = 117 deg 59 min 29 sec.
            Angle  7  16   6 is     2.06930511 rad =        118.5624 deg = 118 deg 33 min 45 sec.
```

```
Face #  7 has  5 vertices:
    Vertices input as         6   28   29    7   16
    Vertices renumbered as    7   29   30    8   17
      Edge  7 29 is   0.83747018.
      Edge 29 30 is   0.37489621.
      Edge 30  8 is   0.69461890.
      Edge  8 17 is   0.24403175.
      Edge 17  7 is   0.24403175.
      Angle 17  7 29 is   2.05933935 rad =    117.9915 deg = 117 deg 59 min 29 sec.
      Angle  7 29 30 is   1.22794055 rad =     70.3558 deg =  70 deg 21 min 21 sec.
      Angle 29 30  8 is   2.00885359 rad =    115.0988 deg = 115 deg  5 min 56 sec.
      Angle 30  8 17 is   2.05933935 rad =    117.9915 deg = 117 deg 59 min 29 sec.
      Angle  8 17  7 is   2.06930511 rad =    118.5624 deg = 118 deg 33 min 45 sec.


Face #  8 has  5 vertices:
    Vertices input as         7   29   30    8   17
    Vertices renumbered as    8   30   31    9   18
      Edge  8 30 is   0.69461890.
      Edge 30 31 is   0.37489621.
      Edge 31  9 is   0.83747018.
      Edge  9 18 is   0.24403175.
      Edge 18  8 is   0.24403175.
      Angle 18  8 30 is   2.05933935 rad =    117.9915 deg = 117 deg 59 min 29 sec.
      Angle  8 30 31 is   2.00885359 rad =    115.0988 deg = 115 deg  5 min 56 sec.
      Angle 30 31  9 is   1.22794055 rad =     70.3558 deg =  70 deg 21 min 21 sec.
      Angle 31  9 18 is   2.05933935 rad =    117.9915 deg = 117 deg 59 min 29 sec.
      Angle  9 18  8 is   2.06930511 rad =    118.5624 deg = 118 deg 33 min 45 sec.


Face #  9 has  5 vertices:
    Vertices input as         8   30   31    9   18
    Vertices renumbered as    9   31   32   10   19
      Edge  9 31 is   0.83747018.
      Edge 31 32 is   0.37489621.
      Edge 32 10 is   0.69461890.
      Edge 10 19 is   0.24403175.
      Edge 19  9 is   0.24403175.
      Angle 19  9 31 is   2.05933935 rad =    117.9915 deg = 117 deg 59 min 29 sec.
      Angle  9 31 32 is   1.22794055 rad =     70.3558 deg =  70 deg 21 min 21 sec.
      Angle 31 32 10 is   2.00885359 rad =    115.0988 deg = 115 deg  5 min 56 sec.
      Angle 32 10 19 is   2.05933935 rad =    117.9915 deg = 117 deg 59 min 29 sec.
      Angle 10 19  9 is   2.06930511 rad =    118.5624 deg = 118 deg 33 min 45 sec.


Face # 10 has  5 vertices:
    Vertices input as        22   10   19    9   31
    Vertices renumbered as   23   11   20   10   32
      Edge 23 11 is   0.83747018.
      Edge 11 20 is   0.24403175.
      Edge 20 10 is   0.24403175.
      Edge 10 32 is   0.69461890.
      Edge 32 23 is   0.37489621.
      Angle 32 23 11 is   1.22794055 rad =     70.3558 deg =  70 deg 21 min 21 sec.
      Angle 23 11 20 is   2.05933935 rad =    117.9915 deg = 117 deg 59 min 29 sec.
      Angle 11 20 10 is   2.06930511 rad =    118.5624 deg = 118 deg 33 min 45 sec.
      Angle 20 10 32 is   2.05933935 rad =    117.9915 deg = 117 deg 59 min 29 sec.
      Angle 10 32 23 is   2.00885359 rad =    115.0988 deg = 115 deg  5 min 56 sec.


Face # 11 has  4 vertices:
    Vertices input as        20    1   11    0
```

```
        Vertices renumbered as      21    2   12    1
            Edge  21   2  is    0.24403175.
            Edge   2  12  is    0.24403175.
            Edge  12   1  is    1.77029354.
            Edge   1  21  is    1.77029354.
            Angle  1  21   2  is    2.02676486 rad =      116.1251 deg = 116 deg   7 min 30 sec.
            Angle 21   2  12  is    1.99734124 rad =      114.4392 deg = 114 deg  26 min 21 sec.
            Angle  2  12   1  is    2.02676486 rad =      116.1251 deg = 116 deg   7 min 30 sec.
            Angle 12   1  21  is    0.23231433 rad =       13.3106 deg =  13 deg  18 min 38 sec.


Face # 12 has  4 vertices:
        Vertices input as          11    2   12    0
        Vertices renumbered as      12    3   13    1
            Edge  12   3  is    0.24403175.
            Edge   3  13  is    0.24403175.
            Edge  13   1  is    1.77029354.
            Edge   1  12  is    1.77029354.
            Angle  1  12   3  is    2.02676486 rad =      116.1251 deg = 116 deg   7 min 30 sec.
            Angle 12   3  13  is    1.99734124 rad =      114.4392 deg = 114 deg  26 min 21 sec.
            Angle  3  13   1  is    2.02676486 rad =      116.1251 deg = 116 deg   7 min 30 sec.
            Angle 13   1  12  is    0.23231433 rad =       13.3106 deg =  13 deg  18 min 38 sec.


Face # 13 has  4 vertices:
        Vertices input as          12    3   13    0
        Vertices renumbered as      13    4   14    1
            Edge  13   4  is    0.24403175.
            Edge   4  14  is    0.24403175.
            Edge  14   1  is    1.77029354.
            Edge   1  13  is    1.77029354.
            Angle  1  13   4  is    2.02676486 rad =      116.1251 deg = 116 deg   7 min 30 sec.
            Angle 13   4  14  is    1.99734124 rad =      114.4392 deg = 114 deg  26 min 21 sec.
            Angle  4  14   1  is    2.02676486 rad =      116.1251 deg = 116 deg   7 min 30 sec.
            Angle 14   1  13  is    0.23231433 rad =       13.3106 deg =  13 deg  18 min 38 sec.


Face # 14 has  4 vertices:
        Vertices input as          13    4   14    0
        Vertices renumbered as      14    5   15    1
            Edge  14   5  is    0.24403175.
            Edge   5  15  is    0.24403175.
            Edge  15   1  is    1.77029354.
            Edge   1  14  is    1.77029354.
            Angle  1  14   5  is    2.02676486 rad =      116.1251 deg = 116 deg   7 min 30 sec.
            Angle 14   5  15  is    1.99734124 rad =      114.4392 deg = 114 deg  26 min 21 sec.
            Angle  5  15   1  is    2.02676486 rad =      116.1251 deg = 116 deg   7 min 30 sec.
            Angle 15   1  14  is    0.23231433 rad =       13.3106 deg =  13 deg  18 min 38 sec.


Face # 15 has  4 vertices:
        Vertices input as          14    5   15    0
        Vertices renumbered as      15    6   16    1
            Edge  15   6  is    0.24403175.
            Edge   6  16  is    0.24403175.
            Edge  16   1  is    1.77029354.
            Edge   1  15  is    1.77029354.
            Angle  1  15   6  is    2.02676486 rad =      116.1251 deg = 116 deg   7 min 30 sec.
            Angle 15   6  16  is    1.99734124 rad =      114.4392 deg = 114 deg  26 min 21 sec.
            Angle  6  16   1  is    2.02676486 rad =      116.1251 deg = 116 deg   7 min 30 sec.
            Angle 16   1  15  is    0.23231433 rad =       13.3106 deg =  13 deg  18 min 38 sec.
```

```
Face # 16 has  4 vertices:
    Vertices input as         15   6  16   0
    Vertices renumbered as    16   7  17   1
      Edge 16  7 is   0.24403175.
      Edge  7 17 is   0.24403175.
      Edge 17  1 is   1.77029354.
      Edge  1 16 is   1.77029354.
      Angle  1 16  7 is   2.02676486 rad =     116.1251 deg = 116 deg  7 min 30 sec.
      Angle 16  7 17 is   1.99734124 rad =     114.4392 deg = 114 deg 26 min 21 sec.
      Angle  7 17  1 is   2.02676486 rad =     116.1251 deg = 116 deg  7 min 30 sec.
      Angle 17  1 16 is   0.23231433 rad =      13.3106 deg =  13 deg 18 min 38 sec.

Face # 17 has  4 vertices:
    Vertices input as         16   7  17   0
    Vertices renumbered as    17   8  18   1
      Edge 17  8 is   0.24403175.
      Edge  8 18 is   0.24403175.
      Edge 18  1 is   1.77029354.
      Edge  1 17 is   1.77029354.
      Angle  1 17  8 is   2.02676486 rad =     116.1251 deg = 116 deg  7 min 30 sec.
      Angle 17  8 18 is   1.99734124 rad =     114.4392 deg = 114 deg 26 min 21 sec.
      Angle  8 18  1 is   2.02676486 rad =     116.1251 deg = 116 deg  7 min 30 sec.
      Angle 18  1 17 is   0.23231433 rad =      13.3106 deg =  13 deg 18 min 38 sec.

Face # 18 has  4 vertices:
    Vertices input as         17   8  18   0
    Vertices renumbered as    18   9  19   1
      Edge 18  9 is   0.24403175.
      Edge  9 19 is   0.24403175.
      Edge 19  1 is   1.77029354.
      Edge  1 18 is   1.77029354.
      Angle  1 18  9 is   2.02676486 rad =     116.1251 deg = 116 deg  7 min 30 sec.
      Angle 18  9 19 is   1.99734124 rad =     114.4392 deg = 114 deg 26 min 21 sec.
      Angle  9 19  1 is   2.02676486 rad =     116.1251 deg = 116 deg  7 min 30 sec.
      Angle 19  1 18 is   0.23231433 rad =      13.3106 deg =  13 deg 18 min 38 sec.

Face # 19 has  4 vertices:
    Vertices input as         18   9  19   0
    Vertices renumbered as    19  10  20   1
      Edge 19 10 is   0.24403175.
      Edge 10 20 is   0.24403175.
      Edge 20  1 is   1.77029354.
      Edge  1 19 is   1.77029354.
      Angle  1 19 10 is   2.02676486 rad =     116.1251 deg = 116 deg  7 min 30 sec.
      Angle 19 10 20 is   1.99734124 rad =     114.4392 deg = 114 deg 26 min 21 sec.
      Angle 10 20  1 is   2.02676486 rad =     116.1251 deg = 116 deg  7 min 30 sec.
      Angle 20  1 19 is   0.23231433 rad =      13.3106 deg =  13 deg 18 min 38 sec.

Face # 20 has  4 vertices:
    Vertices input as         10  20   0  19
    Vertices renumbered as    11  21   1  20
      Edge 11 21 is   0.24403175.
      Edge 21  1 is   1.77029354.
      Edge  1 20 is   1.77029354.
      Edge 20 11 is   0.24403175.
      Angle 20 11 21 is   1.99734124 rad =     114.4392 deg = 114 deg 26 min 21 sec.
      Angle 11 21  1 is   2.02676486 rad =     116.1251 deg = 116 deg  7 min 30 sec.
      Angle 21  1 20 is   0.23231433 rad =      13.3106 deg =  13 deg 18 min 38 sec.
      Angle  1 20 11 is   2.02676486 rad =     116.1251 deg = 116 deg  7 min 30 sec.
```

Face # 21 has 4 vertices:
    Vertices input as   31 30 21 22
    Vertices renumbered as   32 31 22 23
        Edge 32 31 is   0.37489621.
        Edge 31 22 is   0.73948707.
        Edge 22 23 is   0.73948707.
        Edge 23 32 is   0.37489621.
        Angle 23 32 31 is   2.07931967 rad =   119.1362 deg = 119 deg 8 min 10 sec.
        Angle 32 31 22 is   1.64953439 rad =   94.5114 deg = 94 deg 30 min 41 sec.
        Angle 31 22 23 is   0.90479685 rad =   51.8410 deg = 51 deg 50 min 28 sec.
        Angle 22 23 32 is   1.64953439 rad =   94.5114 deg = 94 deg 30 min 41 sec.

Face # 22 has 4 vertices:
    Vertices input as   23 22 21 24
    Vertices renumbered as   24 23 22 25
        Edge 24 23 is   0.37489621.
        Edge 23 22 is   0.73948707.
        Edge 22 25 is   0.73948707.
        Edge 25 24 is   0.37489621.
        Angle 25 24 23 is   2.07931967 rad =   119.1362 deg = 119 deg 8 min 10 sec.
        Angle 24 23 22 is   1.64953439 rad =   94.5114 deg = 94 deg 30 min 41 sec.
        Angle 23 22 25 is   0.90479685 rad =   51.8410 deg = 51 deg 50 min 28 sec.
        Angle 22 25 24 is   1.64953439 rad =   94.5114 deg = 94 deg 30 min 41 sec.

Face # 23 has 4 vertices:
    Vertices input as   25 24 21 26
    Vertices renumbered as   26 25 22 27
        Edge 26 25 is   0.37489621.
        Edge 25 22 is   0.73948707.
        Edge 22 27 is   0.73948707.
        Edge 27 26 is   0.37489621.
        Angle 27 26 25 is   2.07931967 rad =   119.1362 deg = 119 deg 8 min 10 sec.
        Angle 26 25 22 is   1.64953439 rad =   94.5114 deg = 94 deg 30 min 41 sec.
        Angle 25 22 27 is   0.90479685 rad =   51.8410 deg = 51 deg 50 min 28 sec.
        Angle 22 27 26 is   1.64953439 rad =   94.5114 deg = 94 deg 30 min 41 sec.

Face # 24 has 4 vertices:
    Vertices input as   27 26 21 28
    Vertices renumbered as   28 27 22 29
        Edge 28 27 is   0.37489621.
        Edge 27 22 is   0.73948707.
        Edge 22 29 is   0.73948707.
        Edge 29 28 is   0.37489621.
        Angle 29 28 27 is   2.07931967 rad =   119.1362 deg = 119 deg 8 min 10 sec.
        Angle 28 27 22 is   1.64953439 rad =   94.5114 deg = 94 deg 30 min 41 sec.
        Angle 27 22 29 is   0.90479685 rad =   51.8410 deg = 51 deg 50 min 28 sec.
        Angle 22 29 28 is   1.64953439 rad =   94.5114 deg = 94 deg 30 min 41 sec.

Face # 25 has 4 vertices:
    Vertices input as   29 28 21 30
    Vertices renumbered as   30 29 22 31
        Edge 30 29 is   0.37489621.
        Edge 29 22 is   0.73948707.
        Edge 22 31 is   0.73948707.
        Edge 31 30 is   0.37489621.
        Angle 31 30 29 is   2.07931967 rad =   119.1362 deg = 119 deg 8 min 10 sec.
        Angle 30 29 22 is   1.64953439 rad =   94.5114 deg = 94 deg 30 min 41 sec.

```
        Angle 29 22 31 is    0.90479685 rad =        51.8410 deg =  51 deg 50 min 28 sec.
        Angle 22 31 30 is    1.64953439 rad =        94.5114 deg =  94 deg 30 min 41 sec.


The edge joining vertices   1 and 12 is between faces 11 and 12.
        Dihedral angle is    2.55647367 rad =       146.4752 deg = 146 deg 28 min 31 sec.
The edge joining vertices   1 and 13 is between faces 12 and 13.
        Dihedral angle is    2.55647367 rad =       146.4752 deg = 146 deg 28 min 31 sec.
The edge joining vertices   1 and 14 is between faces 13 and 14.
        Dihedral angle is    2.55647367 rad =       146.4752 deg = 146 deg 28 min 31 sec.
The edge joining vertices   1 and 15 is between faces 14 and 15.
        Dihedral angle is    2.55647367 rad =       146.4752 deg = 146 deg 28 min 31 sec.
The edge joining vertices   1 and 16 is between faces 15 and 16.
        Dihedral angle is    2.55647367 rad =       146.4752 deg = 146 deg 28 min 31 sec.
The edge joining vertices   1 and 17 is between faces 16 and 17.
        Dihedral angle is    2.55647367 rad =       146.4752 deg = 146 deg 28 min 31 sec.
The edge joining vertices   1 and 18 is between faces 17 and 18.
        Dihedral angle is    2.55647367 rad =       146.4752 deg = 146 deg 28 min 31 sec.
The edge joining vertices   1 and 19 is between faces 18 and 19.
        Dihedral angle is    2.55647367 rad =       146.4752 deg = 146 deg 28 min 31 sec.
The edge joining vertices   1 and 20 is between faces 19 and 20.
        Dihedral angle is    2.55647367 rad =       146.4752 deg = 146 deg 28 min 31 sec.
The edge joining vertices   1 and 21 is between faces 11 and 20.
        Dihedral angle is    2.55647367 rad =       146.4752 deg = 146 deg 28 min 31 sec.
The edge joining vertices   2 and 12 is between faces  2 and 11.
        Dihedral angle is    2.54166237 rad =       145.6265 deg = 145 deg 37 min 35 sec.
The edge joining vertices   2 and 21 is between faces  1 and 11.
        Dihedral angle is    2.54166237 rad =       145.6265 deg = 145 deg 37 min 35 sec.
The edge joining vertices   2 and 24 is between faces  1 and  2.
        Dihedral angle is    2.52029213 rad =       144.4021 deg = 144 deg 24 min  8 sec.
The edge joining vertices   3 and 12 is between faces  2 and 12.
        Dihedral angle is    2.54166237 rad =       145.6265 deg = 145 deg 37 min 35 sec.
The edge joining vertices   3 and 13 is between faces  3 and 12.
        Dihedral angle is    2.54166237 rad =       145.6265 deg = 145 deg 37 min 35 sec.
The edge joining vertices   3 and 25 is between faces  2 and  3.
        Dihedral angle is    2.52029213 rad =       144.4021 deg = 144 deg 24 min  8 sec.
The edge joining vertices   4 and 13 is between faces  3 and 13.
        Dihedral angle is    2.54166237 rad =       145.6265 deg = 145 deg 37 min 35 sec.
The edge joining vertices   4 and 14 is between faces  4 and 13.
        Dihedral angle is    2.54166237 rad =       145.6265 deg = 145 deg 37 min 35 sec.
The edge joining vertices   4 and 26 is between faces  3 and  4.
        Dihedral angle is    2.52029213 rad =       144.4021 deg = 144 deg 24 min  8 sec.
The edge joining vertices   5 and 14 is between faces  4 and 14.
        Dihedral angle is    2.54166237 rad =       145.6265 deg = 145 deg 37 min 35 sec.
The edge joining vertices   5 and 15 is between faces  5 and 14.
        Dihedral angle is    2.54166237 rad =       145.6265 deg = 145 deg 37 min 35 sec.
The edge joining vertices   5 and 27 is between faces  4 and  5.
        Dihedral angle is    2.52029213 rad =       144.4021 deg = 144 deg 24 min  8 sec.
The edge joining vertices   6 and 15 is between faces  5 and 15.
        Dihedral angle is    2.54166237 rad =       145.6265 deg = 145 deg 37 min 35 sec.
The edge joining vertices   6 and 16 is between faces  6 and 15.
        Dihedral angle is    2.54166237 rad =       145.6265 deg = 145 deg 37 min 35 sec.
The edge joining vertices   6 and 28 is between faces  5 and  6.
        Dihedral angle is    2.52029213 rad =       144.4021 deg = 144 deg 24 min  8 sec.
The edge joining vertices   7 and 16 is between faces  6 and 16.
        Dihedral angle is    2.54166237 rad =       145.6265 deg = 145 deg 37 min 35 sec.
The edge joining vertices   7 and 17 is between faces  7 and 16.
        Dihedral angle is    2.54166237 rad =       145.6265 deg = 145 deg 37 min 35 sec.
The edge joining vertices   7 and 29 is between faces  6 and  7.
        Dihedral angle is    2.52029213 rad =       144.4021 deg = 144 deg 24 min  8 sec.
The edge joining vertices   8 and 17 is between faces  7 and 17.
        Dihedral angle is    2.54166237 rad =       145.6265 deg = 145 deg 37 min 35 sec.
The edge joining vertices   8 and 18 is between faces  8 and 17.
```

```
        Dihedral angle is     2.54166237 rad =      145.6265 deg = 145 deg 37 min 35 sec.
The edge joining vertices  8 and 30 is between faces  7 and  8.
        Dihedral angle is     2.52029213 rad =      144.4021 deg = 144 deg 24 min  8 sec.
The edge joining vertices  9 and 18 is between faces  8 and 18.
        Dihedral angle is     2.54166237 rad =      145.6265 deg = 145 deg 37 min 35 sec.
The edge joining vertices  9 and 19 is between faces  9 and 18.
        Dihedral angle is     2.54166237 rad =      145.6265 deg = 145 deg 37 min 35 sec.
The edge joining vertices  9 and 31 is between faces  8 and  9.
        Dihedral angle is     2.52029213 rad =      144.4021 deg = 144 deg 24 min  8 sec.
The edge joining vertices 10 and 19 is between faces  9 and 19.
        Dihedral angle is     2.54166237 rad =      145.6265 deg = 145 deg 37 min 35 sec.
The edge joining vertices 10 and 20 is between faces 10 and 19.
        Dihedral angle is     2.54166237 rad =      145.6265 deg = 145 deg 37 min 35 sec.
The edge joining vertices 10 and 32 is between faces  9 and 10.
        Dihedral angle is     2.52029213 rad =      144.4021 deg = 144 deg 24 min  8 sec.
The edge joining vertices 11 and 20 is between faces 10 and 20.
        Dihedral angle is     2.54166237 rad =      145.6265 deg = 145 deg 37 min 35 sec.
The edge joining vertices 11 and 21 is between faces  1 and 20.
        Dihedral angle is     2.54166237 rad =      145.6265 deg = 145 deg 37 min 35 sec.
The edge joining vertices 11 and 23 is between faces  1 and 10.
        Dihedral angle is     2.52029213 rad =      144.4021 deg = 144 deg 24 min  8 sec.
The edge joining vertices 22 and 23 is between faces 21 and 22.
        Dihedral angle is     2.23727579 rad =      128.1865 deg = 128 deg 11 min 11 sec.
The edge joining vertices 22 and 25 is between faces 22 and 23.
        Dihedral angle is     2.23727579 rad =      128.1865 deg = 128 deg 11 min 11 sec.
The edge joining vertices 22 and 27 is between faces 23 and 24.
        Dihedral angle is     2.23727579 rad =      128.1865 deg = 128 deg 11 min 11 sec.
The edge joining vertices 22 and 29 is between faces 24 and 25.
        Dihedral angle is     2.23727579 rad =      128.1865 deg = 128 deg 11 min 11 sec.
The edge joining vertices 22 and 31 is between faces 21 and 25.
        Dihedral angle is     2.23727579 rad =      128.1865 deg = 128 deg 11 min 11 sec.
The edge joining vertices 23 and 24 is between faces  1 and 22.
        Dihedral angle is     2.49371704 rad =      142.8795 deg = 142 deg 52 min 46 sec.
The edge joining vertices 23 and 32 is between faces 10 and 21.
        Dihedral angle is     2.49371704 rad =      142.8795 deg = 142 deg 52 min 46 sec.
The edge joining vertices 24 and 25 is between faces  2 and 22.
        Dihedral angle is     2.49371704 rad =      142.8795 deg = 142 deg 52 min 46 sec.
The edge joining vertices 25 and 26 is between faces  3 and 23.
        Dihedral angle is     2.49371704 rad =      142.8795 deg = 142 deg 52 min 46 sec.
The edge joining vertices 26 and 27 is between faces  4 and 23.
        Dihedral angle is     2.49371704 rad =      142.8795 deg = 142 deg 52 min 46 sec.
The edge joining vertices 27 and 28 is between faces  5 and 24.
        Dihedral angle is     2.49371704 rad =      142.8795 deg = 142 deg 52 min 46 sec.
The edge joining vertices 28 and 29 is between faces  6 and 24.
        Dihedral angle is     2.49371704 rad =      142.8795 deg = 142 deg 52 min 46 sec.
The edge joining vertices 29 and 30 is between faces  7 and 25.
        Dihedral angle is     2.49371704 rad =      142.8795 deg = 142 deg 52 min 46 sec.
The edge joining vertices 30 and 31 is between faces  8 and 25.
        Dihedral angle is     2.49371704 rad =      142.8795 deg = 142 deg 52 min 46 sec.
The edge joining vertices 31 and 32 is between faces  9 and 21.
        Dihedral angle is     2.49371704 rad =      142.8795 deg = 142 deg 52 min 46 sec.
```

Report based on file j25.off

```
Vertex #  1: (  0.50000000,  0.43119850,  1.53884177).
Vertex #  2: ( -0.50000000,  0.43119850,  1.53884177).
Vertex #  3: ( -1.30901699,  0.43119850,  0.95105652).
Vertex #  4: ( -1.61803399,  0.43119850,  0.00000000).
Vertex #  5: ( -1.30901699,  0.43119850, -0.95105652).
Vertex #  6: ( -0.50000000,  0.43119850, -1.53884177).
Vertex #  7: (  0.50000000,  0.43119850, -1.53884177).
Vertex #  8: (  1.30901699,  0.43119850, -0.95105652).
Vertex #  9: (  1.61803399,  0.43119850,  0.00000000).
Vertex # 10: (  1.30901699,  0.43119850,  0.95105652).
Vertex # 11: (  0.00000000, -0.43119850,  1.61803399).
Vertex # 12: ( -0.95105652, -0.43119850,  1.30901699).
Vertex # 13: ( -1.53884177, -0.43119850,  0.50000000).
Vertex # 14: ( -1.53884177, -0.43119850, -0.50000000).
Vertex # 15: ( -0.95105652, -0.43119850, -1.30901699).
Vertex # 16: (  0.00000000, -0.43119850, -1.61803399).
Vertex # 17: (  0.95105652, -0.43119850, -1.30901699).
Vertex # 18: (  1.53884177, -0.43119850, -0.50000000).
Vertex # 19: (  1.53884177, -0.43119850,  0.50000000).
Vertex # 20: (  0.95105652, -0.43119850,  1.30901699).
Vertex # 21: (  0.50000000,  1.80758042, -0.68819096).
Vertex # 22: ( -0.80901699,  1.28184931,  1.11351636).
Vertex # 23: (  1.30901699,  1.28184931, -0.42532540).
Vertex # 24: (  0.00000000,  1.28184931, -1.37638192).
Vertex # 25: (  0.80901699,  1.80758042,  0.26286556).
Vertex # 26: ( -0.50000000,  1.80758042, -0.68819096).
Vertex # 27: (  0.80901699,  1.28184931,  1.11351636).
Vertex # 28: ( -1.30901699,  1.28184931, -0.42532540).
Vertex # 29: (  0.00000000,  1.80758042,  0.85065081).
Vertex # 30: ( -0.80901699,  1.80758042,  0.26286556).


Face #  1 has 10 vertices:
    Vertices input as          10  11  12  13  14  15  16  17  18  19
    Vertices renumbered as     11  12  13  14  15  16  17  18  19  20
       Edge 11 12 is   1.00000000.
       Edge 12 13 is   1.00000000.
       Edge 13 14 is   1.00000000.
       Edge 14 15 is   1.00000000.
       Edge 15 16 is   1.00000000.
       Edge 16 17 is   1.00000000.
       Edge 17 18 is   1.00000000.
       Edge 18 19 is   1.00000000.
       Edge 19 20 is   1.00000000.
       Edge 20 11 is   1.00000000.
       Angle 20 11 12 is   2.51327412 rad =    144.0000 deg = 144 deg  0 min  0 sec.
       Angle 11 12 13 is   2.51327412 rad =    144.0000 deg = 144 deg  0 min  0 sec.
       Angle 12 13 14 is   2.51327412 rad =    144.0000 deg = 144 deg  0 min  0 sec.
       Angle 13 14 15 is   2.51327412 rad =    144.0000 deg = 144 deg  0 min  0 sec.
       Angle 14 15 16 is   2.51327412 rad =    144.0000 deg = 144 deg  0 min  0 sec.
       Angle 15 16 17 is   2.51327412 rad =    144.0000 deg = 144 deg  0 min  0 sec.
       Angle 16 17 18 is   2.51327412 rad =    144.0000 deg = 144 deg  0 min  0 sec.
       Angle 17 18 19 is   2.51327412 rad =    144.0000 deg = 144 deg  0 min  0 sec.
       Angle 18 19 20 is   2.51327412 rad =    144.0000 deg = 144 deg  0 min  0 sec.
       Angle 19 20 11 is   2.51327412 rad =    144.0000 deg = 144 deg  0 min  0 sec.


Face #  2 has  3 vertices:
    Vertices input as           0   1  10
    Vertices renumbered as      1   2  11
```

```
        Edge  1  2 is    1.00000000.
        Edge  2 11 is    1.00000000.
        Edge 11  1 is    1.00000000.
        Angle 11  1  2 is   1.04719755 rad =      60.0000 deg =  60 deg   0 min   0 sec.
        Angle  1  2 11 is   1.04719755 rad =      60.0000 deg =  60 deg   0 min   0 sec.
        Angle  2 11  1 is   1.04719755 rad =      60.0000 deg =  60 deg   0 min   0 sec.


Face #  3 has  3 vertices:
    Vertices input as          1   2  11
    Vertices renumbered as     2   3  12
        Edge  2  3 is    1.00000000.
        Edge  3 12 is    1.00000000.
        Edge 12  2 is    1.00000000.
        Angle 12  2  3 is   1.04719755 rad =      60.0000 deg =  60 deg   0 min   0 sec.
        Angle  2  3 12 is   1.04719755 rad =      60.0000 deg =  60 deg   0 min   0 sec.
        Angle  3 12  2 is   1.04719755 rad =      60.0000 deg =  60 deg   0 min   0 sec.


Face #  4 has  3 vertices:
    Vertices input as          2   3  12
    Vertices renumbered as     3   4  13
        Edge  3  4 is    1.00000000.
        Edge  4 13 is    1.00000000.
        Edge 13  3 is    1.00000000.
        Angle 13  3  4 is   1.04719755 rad =      60.0000 deg =  60 deg   0 min   0 sec.
        Angle  3  4 13 is   1.04719755 rad =      60.0000 deg =  60 deg   0 min   0 sec.
        Angle  4 13  3 is   1.04719755 rad =      60.0000 deg =  60 deg   0 min   0 sec.


Face #  5 has  3 vertices:
    Vertices input as          3   4  13
    Vertices renumbered as     4   5  14
        Edge  4  5 is    1.00000000.
        Edge  5 14 is    1.00000000.
        Edge 14  4 is    1.00000000.
        Angle 14  4  5 is   1.04719755 rad =      60.0000 deg =  60 deg   0 min   0 sec.
        Angle  4  5 14 is   1.04719755 rad =      60.0000 deg =  60 deg   0 min   0 sec.
        Angle  5 14  4 is   1.04719755 rad =      60.0000 deg =  60 deg   0 min   0 sec.


Face #  6 has  3 vertices:
    Vertices input as          4   5  14
    Vertices renumbered as     5   6  15
        Edge  5  6 is    1.00000000.
        Edge  6 15 is    1.00000000.
        Edge 15  5 is    1.00000000.
        Angle 15  5  6 is   1.04719755 rad =      60.0000 deg =  60 deg   0 min   0 sec.
        Angle  5  6 15 is   1.04719755 rad =      60.0000 deg =  60 deg   0 min   0 sec.
        Angle  6 15  5 is   1.04719755 rad =      60.0000 deg =  60 deg   0 min   0 sec.


Face #  7 has  3 vertices:
    Vertices input as          5   6  15
    Vertices renumbered as     6   7  16
        Edge  6  7 is    1.00000000.
        Edge  7 16 is    1.00000000.
        Edge 16  6 is    1.00000000.
        Angle 16  6  7 is   1.04719755 rad =      60.0000 deg =  60 deg   0 min   0 sec.
        Angle  6  7 16 is   1.04719755 rad =      60.0000 deg =  60 deg   0 min   0 sec.
        Angle  7 16  6 is   1.04719755 rad =      60.0000 deg =  60 deg   0 min   0 sec.
```

```
Face #  8 has  3 vertices:
    Vertices input as          6    7   16
    Vertices renumbered as     7    8   17
      Edge  7  8 is   1.00000000.
      Edge  8 17 is   1.00000000.
      Edge 17  7 is   1.00000000.
      Angle 17  7  8 is   1.04719755 rad =         60.0000 deg =  60 deg   0 min   0 sec.
      Angle  7  8 17 is   1.04719755 rad =         60.0000 deg =  60 deg   0 min   0 sec.
      Angle  8 17  7 is   1.04719755 rad =         60.0000 deg =  60 deg   0 min   0 sec.


Face #  9 has  3 vertices:
    Vertices input as          7    8   17
    Vertices renumbered as     8    9   18
      Edge  8  9 is   1.00000000.
      Edge  9 18 is   1.00000000.
      Edge 18  8 is   1.00000000.
      Angle 18  8  9 is   1.04719755 rad =         60.0000 deg =  60 deg   0 min   0 sec.
      Angle  8  9 18 is   1.04719755 rad =         60.0000 deg =  60 deg   0 min   0 sec.
      Angle  9 18  8 is   1.04719755 rad =         60.0000 deg =  60 deg   0 min   0 sec.


Face # 10 has  3 vertices:
    Vertices input as          8    9   18
    Vertices renumbered as     9   10   19
      Edge  9 10 is   1.00000000.
      Edge 10 19 is   1.00000000.
      Edge 19  9 is   1.00000000.
      Angle 19  9 10 is   1.04719755 rad =         60.0000 deg =  60 deg   0 min   0 sec.
      Angle  9 10 19 is   1.04719755 rad =         60.0000 deg =  60 deg   0 min   0 sec.
      Angle 10 19  9 is   1.04719755 rad =         60.0000 deg =  60 deg   0 min   0 sec.


Face # 11 has  3 vertices:
    Vertices input as          9    0   19
    Vertices renumbered as    10    1   20
      Edge 10  1 is   1.00000000.
      Edge  1 20 is   1.00000000.
      Edge 20 10 is   1.00000000.
      Angle 20 10  1 is   1.04719755 rad =         60.0000 deg =  60 deg   0 min   0 sec.
      Angle 10  1 20 is   1.04719755 rad =         60.0000 deg =  60 deg   0 min   0 sec.
      Angle  1 20 10 is   1.04719755 rad =         60.0000 deg =  60 deg   0 min   0 sec.


Face # 12 has  3 vertices:
    Vertices input as         11   10    1
    Vertices renumbered as    12   11    2
      Edge 12 11 is   1.00000000.
      Edge 11  2 is   1.00000000.
      Edge  2 12 is   1.00000000.
      Angle  2 12 11 is   1.04719755 rad =         60.0000 deg =  60 deg   0 min   0 sec.
      Angle 12 11  2 is   1.04719755 rad =         60.0000 deg =  60 deg   0 min   0 sec.
      Angle 11  2 12 is   1.04719755 rad =         60.0000 deg =  60 deg   0 min   0 sec.


Face # 13 has  3 vertices:
    Vertices input as         12   11    2
    Vertices renumbered as    13   12    3
      Edge 13 12 is   1.00000000.
      Edge 12  3 is   1.00000000.
      Edge  3 13 is   1.00000000.
      Angle  3 13 12 is   1.04719755 rad =         60.0000 deg =  60 deg   0 min   0 sec.
      Angle 13 12  3 is   1.04719755 rad =         60.0000 deg =  60 deg   0 min   0 sec.
```

```
            Angle 12   3  13 is    1.04719755 rad =         60.0000 deg =   60 deg   0 min   0 sec.


Face # 14 has  3 vertices:
    Vertices input as         13  12   3
    Vertices renumbered as    14  13   4
        Edge 14 13 is    1.00000000.
        Edge 13  4 is    1.00000000.
        Edge  4 14 is    1.00000000.
        Angle  4 14 13 is    1.04719755 rad =         60.0000 deg =   60 deg   0 min   0 sec.
        Angle 14 13  4 is    1.04719755 rad =         60.0000 deg =   60 deg   0 min   0 sec.
        Angle 13  4 14 is    1.04719755 rad =         60.0000 deg =   60 deg   0 min   0 sec.


Face # 15 has  3 vertices:
    Vertices input as         14  13   4
    Vertices renumbered as    15  14   5
        Edge 15 14 is    1.00000000.
        Edge 14  5 is    1.00000000.
        Edge  5 15 is    1.00000000.
        Angle  5 15 14 is    1.04719755 rad =         60.0000 deg =   60 deg   0 min   0 sec.
        Angle 15 14  5 is    1.04719755 rad =         60.0000 deg =   60 deg   0 min   0 sec.
        Angle 14  5 15 is    1.04719755 rad =         60.0000 deg =   60 deg   0 min   0 sec.


Face # 16 has  3 vertices:
    Vertices input as         15  14   5
    Vertices renumbered as    16  15   6
        Edge 16 15 is    1.00000000.
        Edge 15  6 is    1.00000000.
        Edge  6 16 is    1.00000000.
        Angle  6 16 15 is    1.04719755 rad =         60.0000 deg =   60 deg   0 min   0 sec.
        Angle 16 15  6 is    1.04719755 rad =         60.0000 deg =   60 deg   0 min   0 sec.
        Angle 15  6 16 is    1.04719755 rad =         60.0000 deg =   60 deg   0 min   0 sec.


Face # 17 has  3 vertices:
    Vertices input as         16  15   6
    Vertices renumbered as    17  16   7
        Edge 17 16 is    1.00000000.
        Edge 16  7 is    1.00000000.
        Edge  7 17 is    1.00000000.
        Angle  7 17 16 is    1.04719755 rad =         60.0000 deg =   60 deg   0 min   0 sec.
        Angle 17 16  7 is    1.04719755 rad =         60.0000 deg =   60 deg   0 min   0 sec.
        Angle 16  7 17 is    1.04719755 rad =         60.0000 deg =   60 deg   0 min   0 sec.


Face # 18 has  3 vertices:
    Vertices input as         17  16   7
    Vertices renumbered as    18  17   8
        Edge 18 17 is    1.00000000.
        Edge 17  8 is    1.00000000.
        Edge  8 18 is    1.00000000.
        Angle  8 18 17 is    1.04719755 rad =         60.0000 deg =   60 deg   0 min   0 sec.
        Angle 18 17  8 is    1.04719755 rad =         60.0000 deg =   60 deg   0 min   0 sec.
        Angle 17  8 18 is    1.04719755 rad =         60.0000 deg =   60 deg   0 min   0 sec.


Face # 19 has  3 vertices:
    Vertices input as         18  17   8
    Vertices renumbered as    19  18   9
        Edge 19 18 is    1.00000000.
        Edge 18  9 is    1.00000000.
```

```
        Edge    9  19 is    1.00000000.
        Angle   9  19  18 is    1.04719755 rad =        60.0000 deg =   60 deg    0 min    0 sec.
        Angle  19  18   9 is    1.04719755 rad =        60.0000 deg =   60 deg    0 min    0 sec.
        Angle  18   9  19 is    1.04719755 rad =        60.0000 deg =   60 deg    0 min    0 sec.


Face # 20 has  3 vertices:
    Vertices input as          19  18   9
    Vertices renumbered as     20  19  10
        Edge  20  19 is    1.00000000.
        Edge  19  10 is    1.00000000.
        Edge  10  20 is    1.00000000.
        Angle  10  20  19 is    1.04719755 rad =        60.0000 deg =   60 deg    0 min    0 sec.
        Angle  20  19  10 is    1.04719755 rad =        60.0000 deg =   60 deg    0 min    0 sec.
        Angle  19  10  20 is    1.04719755 rad =        60.0000 deg =   60 deg    0 min    0 sec.


Face # 21 has  3 vertices:
    Vertices input as          10  19   0
    Vertices renumbered as     11  20   1
        Edge  11  20 is    1.00000000.
        Edge  20   1 is    1.00000000.
        Edge   1  11 is    1.00000000.
        Angle   1  11  20 is    1.04719755 rad =        60.0000 deg =   60 deg    0 min    0 sec.
        Angle  11  20   1 is    1.04719755 rad =        60.0000 deg =   60 deg    0 min    0 sec.
        Angle  20   1  11 is    1.04719755 rad =        60.0000 deg =   60 deg    0 min    0 sec.


Face # 22 has  3 vertices:
    Vertices input as           9  26   0
    Vertices renumbered as     10  27   1
        Edge  10  27 is    1.00000000.
        Edge  27   1 is    1.00000000.
        Edge   1  10 is    1.00000000.
        Angle   1  10  27 is    1.04719755 rad =        60.0000 deg =   60 deg    0 min    0 sec.
        Angle  10  27   1 is    1.04719755 rad =        60.0000 deg =   60 deg    0 min    0 sec.
        Angle  27   1  10 is    1.04719755 rad =        60.0000 deg =   60 deg    0 min    0 sec.


Face # 23 has  3 vertices:
    Vertices input as          21  28  29
    Vertices renumbered as     22  29  30
        Edge  22  29 is    1.00000000.
        Edge  29  30 is    1.00000000.
        Edge  30  22 is    1.00000000.
        Angle  30  22  29 is    1.04719755 rad =        60.0000 deg =   60 deg    0 min    0 sec.
        Angle  22  29  30 is    1.04719755 rad =        60.0000 deg =   60 deg    0 min    0 sec.
        Angle  29  30  22 is    1.04719755 rad =        60.0000 deg =   60 deg    0 min    0 sec.


Face # 24 has  3 vertices:
    Vertices input as          21   2   1
    Vertices renumbered as     22   3   2
        Edge  22   3 is    1.00000000.
        Edge   3   2 is    1.00000000.
        Edge   2  22 is    1.00000000.
        Angle   2  22   3 is    1.04719755 rad =        60.0000 deg =   60 deg    0 min    0 sec.
        Angle  22   3   2 is    1.04719755 rad =        60.0000 deg =   60 deg    0 min    0 sec.
        Angle   3   2  22 is    1.04719755 rad =        60.0000 deg =   60 deg    0 min    0 sec.


Face # 25 has  3 vertices:
    Vertices input as          22   8   7
```

```
        Vertices renumbered as    23   9   8
            Edge 23  9 is   1.00000000.
            Edge  9  8 is   1.00000000.
            Edge  8 23 is   1.00000000.
            Angle  8 23  9 is   1.04719755 rad =        60.0000 deg =  60 deg  0 min  0 sec.
            Angle 23  9  8 is   1.04719755 rad =        60.0000 deg =  60 deg  0 min  0 sec.
            Angle  9  8 23 is   1.04719755 rad =        60.0000 deg =  60 deg  0 min  0 sec.


Face # 26 has  3 vertices:
        Vertices input as         23  25  20
        Vertices renumbered as    24  26  21
            Edge 24 26 is   1.00000000.
            Edge 26 21 is   1.00000000.
            Edge 21 24 is   1.00000000.
            Angle 21 24 26 is   1.04719755 rad =        60.0000 deg =  60 deg  0 min  0 sec.
            Angle 24 26 21 is   1.04719755 rad =        60.0000 deg =  60 deg  0 min  0 sec.
            Angle 26 21 24 is   1.04719755 rad =        60.0000 deg =  60 deg  0 min  0 sec.


Face # 27 has  3 vertices:
        Vertices input as         25  27  29
        Vertices renumbered as    26  28  30
            Edge 26 28 is   1.00000000.
            Edge 28 30 is   1.00000000.
            Edge 30 26 is   1.00000000.
            Angle 30 26 28 is   1.04719755 rad =        60.0000 deg =  60 deg  0 min  0 sec.
            Angle 26 28 30 is   1.04719755 rad =        60.0000 deg =  60 deg  0 min  0 sec.
            Angle 28 30 26 is   1.04719755 rad =        60.0000 deg =  60 deg  0 min  0 sec.


Face # 28 has  3 vertices:
        Vertices input as          3  27   4
        Vertices renumbered as     4  28   5
            Edge  4 28 is   1.00000000.
            Edge 28  5 is   1.00000000.
            Edge  5  4 is   1.00000000.
            Angle  5  4 28 is   1.04719755 rad =        60.0000 deg =  60 deg  0 min  0 sec.
            Angle  4 28  5 is   1.04719755 rad =        60.0000 deg =  59 deg 59 min 60 sec.
            Angle 28  5  4 is   1.04719755 rad =        60.0000 deg =  60 deg  0 min  0 sec.


Face # 29 has  3 vertices:
        Vertices input as          6   5  23
        Vertices renumbered as     7   6  24
            Edge  7  6 is   1.00000000.
            Edge  6 24 is   1.00000000.
            Edge 24  7 is   1.00000000.
            Angle 24  7  6 is   1.04719755 rad =        60.0000 deg =  60 deg  0 min  0 sec.
            Angle  7  6 24 is   1.04719755 rad =        60.0000 deg =  60 deg  0 min  0 sec.
            Angle  6 24  7 is   1.04719755 rad =        60.0000 deg =  60 deg  0 min  0 sec.


Face # 30 has  3 vertices:
        Vertices input as         28  26  24
        Vertices renumbered as    29  27  25
            Edge 29 27 is   1.00000000.
            Edge 27 25 is   1.00000000.
            Edge 25 29 is   1.00000000.
            Angle 25 29 27 is   1.04719755 rad =        60.0000 deg =  60 deg  0 min  0 sec.
            Angle 29 27 25 is   1.04719755 rad =        60.0000 deg =  60 deg  0 min  0 sec.
            Angle 27 25 29 is   1.04719755 rad =        60.0000 deg =  60 deg  0 min  0 sec.
```

```
Face # 31 has   5 vertices:
    Vertices input as         21    1    0   26   28
    Vertices renumbered as    22    2    1   27   29
      Edge 22  2 is   1.00000000.
      Edge  2  1 is   1.00000000.
      Edge  1 27 is   1.00000000.
      Edge 27 29 is   1.00000000.
      Edge 29 22 is   1.00000000.
      Angle 29 22  2 is   1.88495559 rad =       108.0000 deg = 108 deg   0 min   0 sec.
      Angle 22  2  1 is   1.88495559 rad =       108.0000 deg = 108 deg   0 min   0 sec.
      Angle  2  1 27 is   1.88495559 rad =       108.0000 deg = 108 deg   0 min   0 sec.
      Angle  1 27 29 is   1.88495559 rad =       108.0000 deg = 108 deg   0 min   0 sec.
      Angle 27 29 22 is   1.88495559 rad =       108.0000 deg = 108 deg   0 min   0 sec.


Face # 32 has   5 vertices:
    Vertices input as         25   23    5    4   27
    Vertices renumbered as    26   24    6    5   28
      Edge 26 24 is   1.00000000.
      Edge 24  6 is   1.00000000.
      Edge  6  5 is   1.00000000.
      Edge  5 28 is   1.00000000.
      Edge 28 26 is   1.00000000.
      Angle 28 26 24 is   1.88495559 rad =       108.0000 deg = 108 deg   0 min   0 sec.
      Angle 26 24  6 is   1.88495559 rad =       108.0000 deg = 108 deg   0 min   0 sec.
      Angle 24  6  5 is   1.88495559 rad =       108.0000 deg = 108 deg   0 min   0 sec.
      Angle  6  5 28 is   1.88495559 rad =       108.0000 deg = 108 deg   0 min   0 sec.
      Angle  5 28 26 is   1.88495559 rad =       108.0000 deg = 108 deg   0 min   0 sec.


Face # 33 has   5 vertices:
    Vertices input as         26    9    8   22   24
    Vertices renumbered as    27   10    9   23   25
      Edge 27 10 is   1.00000000.
      Edge 10  9 is   1.00000000.
      Edge  9 23 is   1.00000000.
      Edge 23 25 is   1.00000000.
      Edge 25 27 is   1.00000000.
      Angle 25 27 10 is   1.88495559 rad =       108.0000 deg = 108 deg   0 min   0 sec.
      Angle 27 10  9 is   1.88495559 rad =       108.0000 deg = 108 deg   0 min   0 sec.
      Angle 10  9 23 is   1.88495559 rad =       108.0000 deg = 108 deg   0 min   0 sec.
      Angle  9 23 25 is   1.88495559 rad =       108.0000 deg = 108 deg   0 min   0 sec.
      Angle 23 25 27 is   1.88495559 rad =       108.0000 deg = 108 deg   0 min   0 sec.


Face # 34 has   5 vertices:
    Vertices input as          6   23   20   22    7
    Vertices renumbered as     7   24   21   23    8
      Edge  7 24 is   1.00000000.
      Edge 24 21 is   1.00000000.
      Edge 21 23 is   1.00000000.
      Edge 23  8 is   1.00000000.
      Edge  8  7 is   1.00000000.
      Angle  8  7 24 is   1.88495559 rad =       108.0000 deg = 108 deg   0 min   0 sec.
      Angle  7 24 21 is   1.88495559 rad =       108.0000 deg = 108 deg   0 min   0 sec.
      Angle 24 21 23 is   1.88495559 rad =       108.0000 deg = 108 deg   0 min   0 sec.
      Angle 21 23  8 is   1.88495559 rad =       108.0000 deg = 108 deg   0 min   0 sec.
      Angle 23  8  7 is   1.88495559 rad =       108.0000 deg = 108 deg   0 min   0 sec.


Face # 35 has   5 vertices:
    Vertices input as         28   24   20   25   29
```

```
    Vertices renumbered as    29  25  21  26  30
        Edge 29 25 is    1.00000000.
        Edge 25 21 is    1.00000000.
        Edge 21 26 is    1.00000000.
        Edge 26 30 is    1.00000000.
        Edge 30 29 is    1.00000000.
        Angle 30 29 25 is    1.88495559 rad =     108.0000 deg = 108 deg  0 min  0 sec.
        Angle 29 25 21 is    1.88495559 rad =     108.0000 deg = 108 deg  0 min  0 sec.
        Angle 25 21 26 is    1.88495559 rad =     108.0000 deg = 108 deg  0 min  0 sec.
        Angle 21 26 30 is    1.88495559 rad =     108.0000 deg = 108 deg  0 min  0 sec.
        Angle 26 30 29 is    1.88495559 rad =     108.0000 deg = 108 deg  0 min  0 sec.


Face # 36 has  5 vertices:
    Vertices input as          29  27   3   2  21
    Vertices renumbered as     30  28   4   3  22
        Edge 30 28 is    1.00000000.
        Edge 28  4 is    1.00000000.
        Edge  4  3 is    1.00000000.
        Edge  3 22 is    1.00000000.
        Edge 22 30 is    1.00000000.
        Angle 22 30 28 is    1.88495559 rad =     108.0000 deg = 108 deg  0 min  0 sec.
        Angle 30 28  4 is    1.88495559 rad =     108.0000 deg = 108 deg  0 min  0 sec.
        Angle 28  4  3 is    1.88495559 rad =     108.0000 deg = 108 deg  0 min  0 sec.
        Angle  4  3 22 is    1.88495559 rad =     108.0000 deg = 108 deg  0 min  0 sec.
        Angle  3 22 30 is    1.88495559 rad =     108.0000 deg = 108 deg  0 min  0 sec.


Face # 37 has  3 vertices:
    Vertices input as          20  24  22
    Vertices renumbered as     21  25  23
        Edge 21 25 is    1.00000000.
        Edge 25 23 is    1.00000000.
        Edge 23 21 is    1.00000000.
        Angle 23 21 25 is    1.04719755 rad =      60.0000 deg =  60 deg  0 min  0 sec.
        Angle 21 25 23 is    1.04719755 rad =      60.0000 deg =  60 deg  0 min  0 sec.
        Angle 25 23 21 is    1.04719755 rad =      60.0000 deg =  60 deg  0 min  0 sec.


The edge joining vertices   1 and  2 is between faces   2 and 31.
        Dihedral angle is    2.76951627 rad =     158.6816 deg = 158 deg 40 min 54 sec.
The edge joining vertices   1 and 10 is between faces  11 and 22.
        Dihedral angle is    3.04445334 rad =     174.4343 deg = 174 deg 26 min  4 sec.
The edge joining vertices   1 and 11 is between faces   2 and 21.
        Dihedral angle is    2.77832867 rad =     159.1865 deg = 159 deg 11 min 11 sec.
The edge joining vertices   1 and 20 is between faces  11 and 21.
        Dihedral angle is    2.77832867 rad =     159.1865 deg = 159 deg 11 min 11 sec.
The edge joining vertices   1 and 27 is between faces  22 and 31.
        Dihedral angle is    2.48923451 rad =     142.6226 deg = 142 deg 37 min 21 sec.
The edge joining vertices   2 and  3 is between faces   3 and 24.
        Dihedral angle is    3.04445334 rad =     174.4343 deg = 174 deg 26 min  4 sec.
The edge joining vertices   2 and 11 is between faces   2 and 12.
        Dihedral angle is    2.77832867 rad =     159.1865 deg = 159 deg 11 min 11 sec.
The edge joining vertices   2 and 12 is between faces   3 and 12.
        Dihedral angle is    2.77832867 rad =     159.1865 deg = 159 deg 11 min 11 sec.
The edge joining vertices   2 and 22 is between faces  24 and 31.
        Dihedral angle is    2.48923451 rad =     142.6226 deg = 142 deg 37 min 21 sec.
The edge joining vertices   3 and  4 is between faces   4 and 36.
        Dihedral angle is    2.76951627 rad =     158.6816 deg = 158 deg 40 min 54 sec.
The edge joining vertices   3 and 12 is between faces   3 and 13.
        Dihedral angle is    2.77832867 rad =     159.1865 deg = 159 deg 11 min 11 sec.
The edge joining vertices   3 and 13 is between faces   4 and 13.
        Dihedral angle is    2.77832867 rad =     159.1865 deg = 159 deg 11 min 11 sec.
```

```
The edge joining vertices  3 and 22 is between faces 24 and 36.
        Dihedral angle is    2.48923451 rad =       142.6226 deg = 142 deg 37 min 21 sec.
The edge joining vertices  4 and  5 is between faces  5 and 28.
        Dihedral angle is    3.04445334 rad =       174.4343 deg = 174 deg 26 min  4 sec.
The edge joining vertices  4 and 13 is between faces  4 and 14.
        Dihedral angle is    2.77832867 rad =       159.1865 deg = 159 deg 11 min 11 sec.
The edge joining vertices  4 and 14 is between faces  5 and 14.
        Dihedral angle is    2.77832867 rad =       159.1865 deg = 159 deg 11 min 11 sec.
The edge joining vertices  4 and 28 is between faces 28 and 36.
        Dihedral angle is    2.48923451 rad =       142.6226 deg = 142 deg 37 min 21 sec.
The edge joining vertices  5 and  6 is between faces  6 and 32.
        Dihedral angle is    2.76951627 rad =       158.6816 deg = 158 deg 40 min 54 sec.
The edge joining vertices  5 and 14 is between faces  5 and 15.
        Dihedral angle is    2.77832867 rad =       159.1865 deg = 159 deg 11 min 11 sec.
The edge joining vertices  5 and 15 is between faces  6 and 15.
        Dihedral angle is    2.77832867 rad =       159.1865 deg = 159 deg 11 min 11 sec.
The edge joining vertices  5 and 28 is between faces 28 and 32.
        Dihedral angle is    2.48923451 rad =       142.6226 deg = 142 deg 37 min 21 sec.
The edge joining vertices  6 and  7 is between faces  7 and 29.
        Dihedral angle is    3.04445334 rad =       174.4343 deg = 174 deg 26 min  4 sec.
The edge joining vertices  6 and 15 is between faces  6 and 16.
        Dihedral angle is    2.77832867 rad =       159.1865 deg = 159 deg 11 min 11 sec.
The edge joining vertices  6 and 16 is between faces  7 and 16.
        Dihedral angle is    2.77832867 rad =       159.1865 deg = 159 deg 11 min 11 sec.
The edge joining vertices  6 and 24 is between faces 29 and 32.
        Dihedral angle is    2.48923451 rad =       142.6226 deg = 142 deg 37 min 21 sec.
The edge joining vertices  7 and  8 is between faces  8 and 34.
        Dihedral angle is    2.76951627 rad =       158.6816 deg = 158 deg 40 min 54 sec.
The edge joining vertices  7 and 16 is between faces  7 and 17.
        Dihedral angle is    2.77832867 rad =       159.1865 deg = 159 deg 11 min 11 sec.
The edge joining vertices  7 and 17 is between faces  8 and 17.
        Dihedral angle is    2.77832867 rad =       159.1865 deg = 159 deg 11 min 11 sec.
The edge joining vertices  7 and 24 is between faces 29 and 34.
        Dihedral angle is    2.48923451 rad =       142.6226 deg = 142 deg 37 min 21 sec.
The edge joining vertices  8 and  9 is between faces  9 and 25.
        Dihedral angle is    3.04445334 rad =       174.4343 deg = 174 deg 26 min  4 sec.
The edge joining vertices  8 and 17 is between faces  8 and 18.
        Dihedral angle is    2.77832867 rad =       159.1865 deg = 159 deg 11 min 11 sec.
The edge joining vertices  8 and 18 is between faces  9 and 18.
        Dihedral angle is    2.77832867 rad =       159.1865 deg = 159 deg 11 min 11 sec.
The edge joining vertices  8 and 23 is between faces 25 and 34.
        Dihedral angle is    2.48923451 rad =       142.6226 deg = 142 deg 37 min 21 sec.
The edge joining vertices  9 and 10 is between faces 10 and 33.
        Dihedral angle is    2.76951627 rad =       158.6816 deg = 158 deg 40 min 54 sec.
The edge joining vertices  9 and 18 is between faces  9 and 19.
        Dihedral angle is    2.77832867 rad =       159.1865 deg = 159 deg 11 min 11 sec.
The edge joining vertices  9 and 19 is between faces 10 and 19.
        Dihedral angle is    2.77832867 rad =       159.1865 deg = 159 deg 11 min 11 sec.
The edge joining vertices  9 and 23 is between faces 25 and 33.
        Dihedral angle is    2.48923451 rad =       142.6226 deg = 142 deg 37 min 21 sec.
The edge joining vertices 10 and 19 is between faces 10 and 20.
        Dihedral angle is    2.77832867 rad =       159.1865 deg = 159 deg 11 min 11 sec.
The edge joining vertices 10 and 20 is between faces 11 and 20.
        Dihedral angle is    2.77832867 rad =       159.1865 deg = 159 deg 11 min 11 sec.
The edge joining vertices 10 and 27 is between faces 22 and 33.
        Dihedral angle is    2.48923451 rad =       142.6226 deg = 142 deg 37 min 21 sec.
The edge joining vertices 11 and 12 is between faces  1 and 12.
        Dihedral angle is    1.66236755 rad =        95.2466 deg =  95 deg 14 min 48 sec.
The edge joining vertices 11 and 20 is between faces  1 and 21.
        Dihedral angle is    1.66236755 rad =        95.2466 deg =  95 deg 14 min 48 sec.
The edge joining vertices 12 and 13 is between faces  1 and 13.
        Dihedral angle is    1.66236755 rad =        95.2466 deg =  95 deg 14 min 48 sec.
The edge joining vertices 13 and 14 is between faces  1 and 14.
```

        Dihedral angle is   1.66236755 rad =   95.2466 deg = 95 deg 14 min 48 sec.
The edge joining vertices 14 and 15 is between faces   1 and 15.
        Dihedral angle is   1.66236755 rad =   95.2466 deg = 95 deg 14 min 48 sec.
The edge joining vertices 15 and 16 is between faces   1 and 16.
        Dihedral angle is   1.66236755 rad =   95.2466 deg = 95 deg 14 min 48 sec.
The edge joining vertices 16 and 17 is between faces   1 and 17.
        Dihedral angle is   1.66236755 rad =   95.2466 deg = 95 deg 14 min 48 sec.
The edge joining vertices 17 and 18 is between faces   1 and 18.
        Dihedral angle is   1.66236755 rad =   95.2466 deg = 95 deg 14 min 48 sec.
The edge joining vertices 18 and 19 is between faces   1 and 19.
        Dihedral angle is   1.66236755 rad =   95.2466 deg = 95 deg 14 min 48 sec.
The edge joining vertices 19 and 20 is between faces   1 and 20.
        Dihedral angle is   1.66236755 rad =   95.2466 deg = 95 deg 14 min 48 sec.
The edge joining vertices 21 and 23 is between faces 34 and 37.
        Dihedral angle is   2.48923451 rad =   142.6226 deg = 142 deg 37 min 21 sec.
The edge joining vertices 21 and 24 is between faces 26 and 34.
        Dihedral angle is   2.48923451 rad =   142.6226 deg = 142 deg 37 min 21 sec.
The edge joining vertices 21 and 25 is between faces 35 and 37.
        Dihedral angle is   2.48923451 rad =   142.6226 deg = 142 deg 37 min 21 sec.
The edge joining vertices 21 and 26 is between faces 26 and 35.
        Dihedral angle is   2.48923451 rad =   142.6226 deg = 142 deg 37 min 21 sec.
The edge joining vertices 22 and 29 is between faces 23 and 31.
        Dihedral angle is   2.48923451 rad =   142.6226 deg = 142 deg 37 min 21 sec.
The edge joining vertices 22 and 30 is between faces 23 and 36.
        Dihedral angle is   2.48923451 rad =   142.6226 deg = 142 deg 37 min 21 sec.
The edge joining vertices 23 and 25 is between faces 33 and 37.
        Dihedral angle is   2.48923451 rad =   142.6226 deg = 142 deg 37 min 21 sec.
The edge joining vertices 24 and 26 is between faces 26 and 32.
        Dihedral angle is   2.48923451 rad =   142.6226 deg = 142 deg 37 min 21 sec.
The edge joining vertices 25 and 27 is between faces 30 and 33.
        Dihedral angle is   2.48923451 rad =   142.6226 deg = 142 deg 37 min 21 sec.
The edge joining vertices 25 and 29 is between faces 30 and 35.
        Dihedral angle is   2.48923451 rad =   142.6226 deg = 142 deg 37 min 21 sec.
The edge joining vertices 26 and 28 is between faces 27 and 32.
        Dihedral angle is   2.48923451 rad =   142.6226 deg = 142 deg 37 min 21 sec.
The edge joining vertices 26 and 30 is between faces 27 and 35.
        Dihedral angle is   2.48923451 rad =   142.6226 deg = 142 deg 37 min 21 sec.
The edge joining vertices 27 and 29 is between faces 30 and 31.
        Dihedral angle is   2.48923451 rad =   142.6226 deg = 142 deg 37 min 21 sec.
The edge joining vertices 28 and 30 is between faces 27 and 36.
        Dihedral angle is   2.48923451 rad =   142.6226 deg = 142 deg 37 min 21 sec.
The edge joining vertices 29 and 30 is between faces 23 and 35.
        Dihedral angle is   2.48923451 rad =   142.6226 deg = 142 deg 37 min 21 sec.

Report based on file j25d.off

```
Vertex #  1: (  0.00000000, -1.75188378,  0.00000000).
Vertex #  2: (  0.00000000,  0.64352414,  1.40065272).
Vertex #  3: ( -0.82328302,  0.64352414,  1.13315186).
Vertex #  4: ( -1.33209990,  0.64352414,  0.43282550).
Vertex #  5: ( -1.33209990,  0.64352414, -0.43282550).
Vertex #  6: ( -0.82328302,  0.64352414, -1.13315186).
Vertex #  7: (  0.00000000,  0.64352414, -1.40065272).
Vertex #  8: (  0.82328302,  0.64352414, -1.13315186).
Vertex #  9: (  1.33209990,  0.64352414, -0.43282550).
Vertex # 10: (  1.33209990,  0.64352414,  0.43282550).
Vertex # 11: (  0.82328302,  0.64352414,  1.13315186).
Vertex # 12: ( -0.40764877,  0.39376733,  1.25461390).
Vertex # 13: ( -1.06723833,  0.39376733,  0.77539403).
Vertex # 14: ( -1.31917912,  0.39376733,  0.00000000).
Vertex # 15: ( -1.06723833,  0.39376733, -0.77539403).
Vertex # 16: ( -0.40764877,  0.39376733, -1.25461390).
Vertex # 17: (  0.40764877,  0.39376733, -1.25461390).
Vertex # 18: (  1.06723833,  0.39376733, -0.77539403).
Vertex # 19: (  1.31917912,  0.39376733,  0.00000000).
Vertex # 20: (  1.06723833,  0.39376733,  0.77539403).
Vertex # 21: (  0.40764877,  0.39376733,  1.25461390).
Vertex # 22: (  0.82777010,  0.78386376,  1.13932780).
Vertex # 23: ( -0.52958062,  1.69429832,  0.72890519).
Vertex # 24: ( -0.82777010,  0.78386376,  1.13932780).
Vertex # 25: (  1.33936015,  0.78386376, -0.43518449).
Vertex # 26: (  0.00000000,  1.69429832, -0.90097636).
Vertex # 27: ( -0.85687944,  1.69429832, -0.27841701).
Vertex # 28: ( -1.33936015,  0.78386376, -0.43518449).
Vertex # 29: (  0.00000000,  0.78386376, -1.40828660).
Vertex # 30: (  0.52958062,  1.69429832,  0.72890519).
Vertex # 31: (  0.00000000,  1.23121527,  1.43262063).
Vertex # 32: ( -0.84207328,  1.23121527, -1.15901443).
Vertex # 33: (  1.36250318,  1.23121527,  0.44270412).
Vertex # 34: (  0.84207328,  1.23121527, -1.15901443).
Vertex # 35: (  0.00000000,  2.17395761,  0.00000000).
Vertex # 36: ( -1.36250318,  1.23121527,  0.44270412).
Vertex # 37: (  0.85687944,  1.69429832, -0.27841701).


Face #  1 has  5 vertices:
    Vertices input as         30   1  20  10  21
    Vertices renumbered as    31   2  21  11  22
       Edge 31  2 is   0.58855995.
       Edge  2 21 is   0.49988331.
       Edge 21 11 is   0.49988331.
       Edge 11 22 is   0.14054710.
       Edge 22 31 is   0.98556957.
       Angle 22 31  2 is   1.08219080 rad =         62.0050 deg =  62 deg  0 min 18 sec.
       Angle 31  2 21 is   2.11152485 rad =        120.9815 deg = 120 deg 58 min 53 sec.
       Angle  2 21 11 is   2.09370598 rad =        119.9605 deg = 119 deg 57 min 38 sec.
       Angle 21 11 22 is   2.11152485 rad =        120.9815 deg = 120 deg 58 min 53 sec.
       Angle 11 22 31 is   2.02583148 rad =        116.0716 deg = 116 deg  4 min 18 sec.


Face #  2 has  5 vertices:
    Vertices input as          1  30  23   2  11
    Vertices renumbered as     2  31  24   3  12
       Edge  2 31 is   0.58855995.
       Edge 31 24 is   0.98556957.
       Edge 24  3 is   0.14054710.
```

```
        Edge  3 12 is    0.49988331.
        Edge 12  2 is    0.49988331.
        Angle 12  2 31 is    2.11152485 rad =      120.9815 deg = 120 deg 58 min 53 sec.
        Angle  2 31 24 is    1.08219080 rad =       62.0050 deg =  62 deg  0 min 18 sec.
        Angle 31 24  3 is    2.02583148 rad =      116.0716 deg = 116 deg  4 min 18 sec.
        Angle 24  3 12 is    2.11152485 rad =      120.9815 deg = 120 deg 58 min 53 sec.
        Angle  3 12  2 is    2.09370598 rad =      119.9605 deg = 119 deg 57 min 38 sec.

Face #  3 has  5 vertices:
    Vertices input as            2  23  35   3  12
    Vertices renumbered as       3  24  36   4  13
        Edge  3 24 is    0.14054710.
        Edge 24 36 is    0.98556957.
        Edge 36  4 is    0.58855995.
        Edge  4 13 is    0.49988331.
        Edge 13  3 is    0.49988331.
        Angle 13  3 24 is    2.11152485 rad =      120.9815 deg = 120 deg 58 min 53 sec.
        Angle  3 24 36 is    2.02583148 rad =      116.0716 deg = 116 deg  4 min 18 sec.
        Angle 24 36  4 is    1.08219080 rad =       62.0050 deg =  62 deg  0 min 18 sec.
        Angle 36  4 13 is    2.11152485 rad =      120.9815 deg = 120 deg 58 min 53 sec.
        Angle  4 13  3 is    2.09370598 rad =      119.9605 deg = 119 deg 57 min 38 sec.

Face #  4 has  5 vertices:
    Vertices input as            3  35  27   4  13
    Vertices renumbered as       4  36  28   5  14
        Edge  4 36 is    0.58855995.
        Edge 36 28 is    0.98556957.
        Edge 28  5 is    0.14054710.
        Edge  5 14 is    0.49988331.
        Edge 14  4 is    0.49988331.
        Angle 14  4 36 is    2.11152485 rad =      120.9815 deg = 120 deg 58 min 53 sec.
        Angle  4 36 28 is    1.08219080 rad =       62.0050 deg =  62 deg  0 min 18 sec.
        Angle 36 28  5 is    2.02583148 rad =      116.0716 deg = 116 deg  4 min 18 sec.
        Angle 28  5 14 is    2.11152485 rad =      120.9815 deg = 120 deg 58 min 53 sec.
        Angle  5 14  4 is    2.09370598 rad =      119.9605 deg = 119 deg 57 min 38 sec.

Face #  5 has  5 vertices:
    Vertices input as            4  27  31   5  14
    Vertices renumbered as       5  28  32   6  15
        Edge  5 28 is    0.14054710.
        Edge 28 32 is    0.98556957.
        Edge 32  6 is    0.58855995.
        Edge  6 15 is    0.49988331.
        Edge 15  5 is    0.49988331.
        Angle 15  5 28 is    2.11152485 rad =      120.9815 deg = 120 deg 58 min 53 sec.
        Angle  5 28 32 is    2.02583148 rad =      116.0716 deg = 116 deg  4 min 18 sec.
        Angle 28 32  6 is    1.08219080 rad =       62.0050 deg =  62 deg  0 min 18 sec.
        Angle 32  6 15 is    2.11152485 rad =      120.9815 deg = 120 deg 58 min 53 sec.
        Angle  6 15  5 is    2.09370598 rad =      119.9605 deg = 119 deg 57 min 38 sec.

Face #  6 has  5 vertices:
    Vertices input as            5  31  28   6  15
    Vertices renumbered as       6  32  29   7  16
        Edge  6 32 is    0.58855995.
        Edge 32 29 is    0.98556957.
        Edge 29  7 is    0.14054710.
        Edge  7 16 is    0.49988331.
        Edge 16  6 is    0.49988331.
        Angle 16  6 32 is    2.11152485 rad =      120.9815 deg = 120 deg 58 min 53 sec.
```

```
        Angle   6 32 29 is    1.08219080 rad =      62.0050 deg =  62 deg  0 min 18 sec.
        Angle  32 29  7 is    2.02583148 rad =     116.0716 deg = 116 deg  4 min 18 sec.
        Angle  29  7 16 is    2.11152485 rad =     120.9815 deg = 120 deg 58 min 53 sec.
        Angle   7 16  6 is    2.09370598 rad =     119.9605 deg = 119 deg 57 min 38 sec.


Face #  7 has  5 vertices:
    Vertices input as           6  28  33   7  16
    Vertices renumbered as      7  29  34   8  17
        Edge  7 29 is    0.14054710.
        Edge 29 34 is    0.98556957.
        Edge 34  8 is    0.58855995.
        Edge  8 17 is    0.49988331.
        Edge 17  7 is    0.49988331.
        Angle  17  7 29 is    2.11152485 rad =     120.9815 deg = 120 deg 58 min 53 sec.
        Angle   7 29 34 is    2.02583148 rad =     116.0716 deg = 116 deg  4 min 18 sec.
        Angle  29 34  8 is    1.08219080 rad =      62.0050 deg =  62 deg  0 min 18 sec.
        Angle  34  8 17 is    2.11152485 rad =     120.9815 deg = 120 deg 58 min 53 sec.
        Angle   8 17  7 is    2.09370598 rad =     119.9605 deg = 119 deg 57 min 38 sec.


Face #  8 has  5 vertices:
    Vertices input as           7  33  24   8  17
    Vertices renumbered as      8  34  25   9  18
        Edge  8 34 is    0.58855995.
        Edge 34 25 is    0.98556957.
        Edge 25  9 is    0.14054710.
        Edge  9 18 is    0.49988331.
        Edge 18  8 is    0.49988331.
        Angle  18  8 34 is    2.11152485 rad =     120.9815 deg = 120 deg 58 min 53 sec.
        Angle   8 34 25 is    1.08219080 rad =      62.0050 deg =  62 deg  0 min 18 sec.
        Angle  34 25  9 is    2.02583148 rad =     116.0716 deg = 116 deg  4 min 18 sec.
        Angle  25  9 18 is    2.11152485 rad =     120.9815 deg = 120 deg 58 min 53 sec.
        Angle   9 18  8 is    2.09370598 rad =     119.9605 deg = 119 deg 57 min 38 sec.


Face #  9 has  5 vertices:
    Vertices input as           8  24  32   9  18
    Vertices renumbered as      9  25  33  10  19
        Edge  9 25 is    0.14054710.
        Edge 25 33 is    0.98556957.
        Edge 33 10 is    0.58855995.
        Edge 10 19 is    0.49988331.
        Edge 19  9 is    0.49988331.
        Angle  19  9 25 is    2.11152485 rad =     120.9815 deg = 120 deg 58 min 53 sec.
        Angle   9 25 33 is    2.02583148 rad =     116.0716 deg = 116 deg  4 min 18 sec.
        Angle  25 33 10 is    1.08219080 rad =      62.0050 deg =  62 deg  0 min 18 sec.
        Angle  33 10 19 is    2.11152485 rad =     120.9815 deg = 120 deg 58 min 53 sec.
        Angle  10 19  9 is    2.09370598 rad =     119.9605 deg = 119 deg 57 min 38 sec.


Face # 10 has  5 vertices:
    Vertices input as          21  10  19   9  32
    Vertices renumbered as     22  11  20  10  33
        Edge 22 11 is    0.14054710.
        Edge 11 20 is    0.49988331.
        Edge 20 10 is    0.49988331.
        Edge 10 33 is    0.58855995.
        Edge 33 22 is    0.98556957.
        Angle  33 22 11 is    2.02583148 rad =     116.0716 deg = 116 deg  4 min 18 sec.
        Angle  22 11 20 is    2.11152485 rad =     120.9815 deg = 120 deg 58 min 53 sec.
        Angle  11 20 10 is    2.09370598 rad =     119.9605 deg = 119 deg 57 min 38 sec.
        Angle  20 10 33 is    2.11152485 rad =     120.9815 deg = 120 deg 58 min 53 sec.
```

```
        Angle 10 33 22 is    1.08219080 rad =        62.0050 deg =  62 deg   0 min  18 sec.


Face # 11 has  4 vertices:
    Vertices input as          20    1   11    0
    Vertices renumbered as     21    2   12    1
        Edge 21   2 is   0.49988331.
        Edge  2  12 is   0.49988331.
        Edge 12   1 is   2.51874021.
        Edge  1  21 is   2.51874021.
        Angle  1  21   2 is    2.02545971 rad =       116.0503 deg = 116 deg   3 min   1 sec.
        Angle 21   2  12 is    1.90714324 rad =       109.2713 deg = 109 deg  16 min  17 sec.
        Angle  2  12   1 is    2.02545971 rad =       116.0503 deg = 116 deg   3 min   1 sec.
        Angle 12   1  21 is    0.32512265 rad =        18.6282 deg =  18 deg  37 min  41 sec.

Face # 12 has  4 vertices:
    Vertices input as          11    2   12    0
    Vertices renumbered as     12    3   13    1
        Edge 12   3 is   0.49988331.
        Edge  3  13 is   0.49988331.
        Edge 13   1 is   2.51874021.
        Edge  1  12 is   2.51874021.
        Angle  1  12   3 is    2.02545971 rad =       116.0503 deg = 116 deg   3 min   1 sec.
        Angle 12   3  13 is    1.90714324 rad =       109.2713 deg = 109 deg  16 min  17 sec.
        Angle  3  13   1 is    2.02545971 rad =       116.0503 deg = 116 deg   3 min   1 sec.
        Angle 13   1  12 is    0.32512265 rad =        18.6282 deg =  18 deg  37 min  41 sec.

Face # 13 has  4 vertices:
    Vertices input as          12    3   13    0
    Vertices renumbered as     13    4   14    1
        Edge 13   4 is   0.49988331.
        Edge  4  14 is   0.49988331.
        Edge 14   1 is   2.51874021.
        Edge  1  13 is   2.51874021.
        Angle  1  13   4 is    2.02545971 rad =       116.0503 deg = 116 deg   3 min   1 sec.
        Angle 13   4  14 is    1.90714324 rad =       109.2713 deg = 109 deg  16 min  17 sec.
        Angle  4  14   1 is    2.02545971 rad =       116.0503 deg = 116 deg   3 min   1 sec.
        Angle 14   1  13 is    0.32512265 rad =        18.6282 deg =  18 deg  37 min  41 sec.

Face # 14 has  4 vertices:
    Vertices input as          13    4   14    0
    Vertices renumbered as     14    5   15    1
        Edge 14   5 is   0.49988331.
        Edge  5  15 is   0.49988331.
        Edge 15   1 is   2.51874021.
        Edge  1  14 is   2.51874021.
        Angle  1  14   5 is    2.02545971 rad =       116.0503 deg = 116 deg   3 min   1 sec.
        Angle 14   5  15 is    1.90714324 rad =       109.2713 deg = 109 deg  16 min  17 sec.
        Angle  5  15   1 is    2.02545971 rad =       116.0503 deg = 116 deg   3 min   1 sec.
        Angle 15   1  14 is    0.32512265 rad =        18.6282 deg =  18 deg  37 min  41 sec.

Face # 15 has  4 vertices:
    Vertices input as          14    5   15    0
    Vertices renumbered as     15    6   16    1
        Edge 15   6 is   0.49988331.
        Edge  6  16 is   0.49988331.
        Edge 16   1 is   2.51874021.
        Edge  1  15 is   2.51874021.
        Angle  1  15   6 is    2.02545971 rad =       116.0503 deg = 116 deg   3 min   1 sec.
```

```
        Angle 15   6  16 is    1.90714324 rad =    109.2713 deg = 109 deg 16 min 17 sec.
        Angle  6  16   1 is    2.02545971 rad =    116.0503 deg = 116 deg  3 min  1 sec.
        Angle 16   1  15 is    0.32512265 rad =     18.6282 deg =  18 deg 37 min 41 sec.


Face # 16 has  4 vertices:
    Vertices input as          15   6  16   0
    Vertices renumbered as     16   7  17   1
        Edge 16   7 is   0.49988331.
        Edge  7  17 is   0.49988331.
        Edge 17   1 is   2.51874021.
        Edge  1  16 is   2.51874021.
        Angle  1  16   7 is    2.02545971 rad =    116.0503 deg = 116 deg  3 min  1 sec.
        Angle 16   7  17 is    1.90714324 rad =    109.2713 deg = 109 deg 16 min 17 sec.
        Angle  7  17   1 is    2.02545971 rad =    116.0503 deg = 116 deg  3 min  1 sec.
        Angle 17   1  16 is    0.32512265 rad =     18.6282 deg =  18 deg 37 min 41 sec.


Face # 17 has  4 vertices:
    Vertices input as          16   7  17   0
    Vertices renumbered as     17   8  18   1
        Edge 17   8 is   0.49988331.
        Edge  8  18 is   0.49988331.
        Edge 18   1 is   2.51874021.
        Edge  1  17 is   2.51874021.
        Angle  1  17   8 is    2.02545971 rad =    116.0503 deg = 116 deg  3 min  1 sec.
        Angle 17   8  18 is    1.90714324 rad =    109.2713 deg = 109 deg 16 min 17 sec.
        Angle  8  18   1 is    2.02545971 rad =    116.0503 deg = 116 deg  3 min  1 sec.
        Angle 18   1  17 is    0.32512265 rad =     18.6282 deg =  18 deg 37 min 41 sec.


Face # 18 has  4 vertices:
    Vertices input as          17   8  18   0
    Vertices renumbered as     18   9  19   1
        Edge 18   9 is   0.49988331.
        Edge  9  19 is   0.49988331.
        Edge 19   1 is   2.51874021.
        Edge  1  18 is   2.51874021.
        Angle  1  18   9 is    2.02545971 rad =    116.0503 deg = 116 deg  3 min  1 sec.
        Angle 18   9  19 is    1.90714324 rad =    109.2713 deg = 109 deg 16 min 17 sec.
        Angle  9  19   1 is    2.02545971 rad =    116.0503 deg = 116 deg  3 min  1 sec.
        Angle 19   1  18 is    0.32512265 rad =     18.6282 deg =  18 deg 37 min 41 sec.


Face # 19 has  4 vertices:
    Vertices input as          18   9  19   0
    Vertices renumbered as     19  10  20   1
        Edge 19  10 is   0.49988331.
        Edge 10  20 is   0.49988331.
        Edge 20   1 is   2.51874021.
        Edge  1  19 is   2.51874021.
        Angle  1  19  10 is    2.02545971 rad =    116.0503 deg = 116 deg  3 min  1 sec.
        Angle 19  10  20 is    1.90714324 rad =    109.2713 deg = 109 deg 16 min 17 sec.
        Angle 10  20   1 is    2.02545971 rad =    116.0503 deg = 116 deg  3 min  1 sec.
        Angle 20   1  19 is    0.32512265 rad =     18.6282 deg =  18 deg 37 min 41 sec.


Face # 20 has  4 vertices:
    Vertices input as          10  20   0  19
    Vertices renumbered as     11  21   1  20
        Edge 11  21 is   0.49988331.
        Edge 21   1 is   2.51874021.
        Edge  1  20 is   2.51874021.
```

```
        Edge 20 11 is    0.49988331.
        Angle 20 11 21 is     1.90714324 rad =      109.2713 deg = 109 deg 16 min 17 sec.
        Angle 11 21  1 is     2.02545971 rad =      116.0503 deg = 116 deg  3 min  1 sec.
        Angle 21  1 20 is     0.32512265 rad =       18.6282 deg =  18 deg 37 min 41 sec.
        Angle  1 20 11 is     2.02545971 rad =      116.0503 deg = 116 deg  3 min  1 sec.


Face # 21 has  4 vertices:
    Vertices input as          36  33  25  34
    Vertices renumbered as     37  34  26  35
        Edge 37 34 is    0.99504621.
        Edge 34 26 is    0.99504621.
        Edge 26 35 is    1.02070144.
        Edge 35 37 is    1.02070144.
        Angle 35 37 34 is     2.03488210 rad =      116.5902 deg = 116 deg 35 min 25 sec.
        Angle 37 34 26 is     1.12243446 rad =       64.3108 deg =  64 deg 18 min 39 sec.
        Angle 34 26 35 is     2.03488210 rad =      116.5902 deg = 116 deg 35 min 25 sec.
        Angle 26 35 37 is     1.09098665 rad =       62.5089 deg =  62 deg 30 min 32 sec.


Face # 22 has  4 vertices:
    Vertices input as          23  30  22  35
    Vertices renumbered as     24  31  23  36
        Edge 24 31 is    0.98556957.
        Edge 31 23 is    0.99504621.
        Edge 23 36 is    0.99504621.
        Edge 36 24 is    0.98556957.
        Angle 36 24 31 is     2.04880036 rad =      117.3876 deg = 117 deg 23 min 15 sec.
        Angle 24 31 23 is     1.10825642 rad =       63.4984 deg =  63 deg 29 min 54 sec.
        Angle 31 23 36 is     2.01787211 rad =      115.6156 deg = 115 deg 36 min 56 sec.
        Angle 23 36 24 is     1.10825642 rad =       63.4984 deg =  63 deg 29 min 54 sec.


Face # 23 has  4 vertices:
    Vertices input as          24  33  36  32
    Vertices renumbered as     25  34  37  33
        Edge 25 34 is    0.98556957.
        Edge 34 37 is    0.99504621.
        Edge 37 33 is    0.99504621.
        Edge 33 25 is    0.98556957.
        Angle 33 25 34 is     2.04880036 rad =      117.3876 deg = 117 deg 23 min 15 sec.
        Angle 25 34 37 is     1.10825642 rad =       63.4984 deg =  63 deg 29 min 54 sec.
        Angle 34 37 33 is     2.01787211 rad =      115.6156 deg = 115 deg 36 min 56 sec.
        Angle 37 33 25 is     1.10825642 rad =       63.4984 deg =  63 deg 29 min 54 sec.


Face # 24 has  4 vertices:
    Vertices input as          28  31  25  33
    Vertices renumbered as     29  32  26  34
        Edge 29 32 is    0.98556957.
        Edge 32 26 is    0.99504621.
        Edge 26 34 is    0.99504621.
        Edge 34 29 is    0.98556957.
        Angle 34 29 32 is     2.04880036 rad =      117.3876 deg = 117 deg 23 min 15 sec.
        Angle 29 32 26 is     1.10825642 rad =       63.4984 deg =  63 deg 29 min 54 sec.
        Angle 32 26 34 is     2.01787211 rad =      115.6156 deg = 115 deg 36 min 56 sec.
        Angle 26 34 29 is     1.10825642 rad =       63.4984 deg =  63 deg 29 min 54 sec.


Face # 25 has  4 vertices:
    Vertices input as          36  34  29  32
    Vertices renumbered as     37  35  30  33
        Edge 37 35 is    1.02070144.
```

```
        Edge  35  30 is    1.02070144.
        Edge  30  33 is    0.99504621.
        Edge  33  37 is    0.99504621.
        Angle 33 37 35 is  2.03488210 rad =    116.5902 deg = 116 deg 35 min 25 sec.
        Angle 37 35 30 is  1.09098665 rad =     62.5089 deg =  62 deg 30 min 32 sec.
        Angle 35 30 33 is  2.03488210 rad =    116.5902 deg = 116 deg 35 min 25 sec.
        Angle 30 33 37 is  1.12243446 rad =     64.3108 deg =  64 deg 18 min 39 sec.

Face # 26 has  4 vertices:
    Vertices input as         34   25   31   26
    Vertices renumbered as    35   26   32   27
        Edge  35  26 is    1.02070144.
        Edge  26  32 is    0.99504621.
        Edge  32  27 is    0.99504621.
        Edge  27  35 is    1.02070144.
        Angle 27 35 26 is  1.09098665 rad =     62.5089 deg =  62 deg 30 min 32 sec.
        Angle 35 26 32 is  2.03488210 rad =    116.5902 deg = 116 deg 35 min 25 sec.
        Angle 26 32 27 is  1.12243446 rad =     64.3108 deg =  64 deg 18 min 39 sec.
        Angle 32 27 35 is  2.03488210 rad =    116.5902 deg = 116 deg 35 min 25 sec.

Face # 27 has  4 vertices:
    Vertices input as         30   21   32   29
    Vertices renumbered as    31   22   33   30
        Edge  31  22 is    0.98556957.
        Edge  22  33 is    0.98556957.
        Edge  33  30 is    0.99504621.
        Edge  30  31 is    0.99504621.
        Angle 30 31 22 is  1.10825642 rad =     63.4984 deg =  63 deg 29 min 54 sec.
        Angle 31 22 33 is  2.04880036 rad =    117.3876 deg = 117 deg 23 min 15 sec.
        Angle 22 33 30 is  1.10825642 rad =     63.4984 deg =  63 deg 29 min 54 sec.
        Angle 33 30 31 is  2.01787211 rad =    115.6156 deg = 115 deg 36 min 56 sec.

Face # 28 has  4 vertices:
    Vertices input as         27   35   26   31
    Vertices renumbered as    28   36   27   32
        Edge  28  36 is    0.98556957.
        Edge  36  27 is    0.99504621.
        Edge  27  32 is    0.99504621.
        Edge  32  28 is    0.98556957.
        Angle 32 28 36 is  2.04880036 rad =    117.3876 deg = 117 deg 23 min 15 sec.
        Angle 28 36 27 is  1.10825642 rad =     63.4984 deg =  63 deg 29 min 54 sec.
        Angle 36 27 32 is  2.01787211 rad =    115.6156 deg = 115 deg 36 min 56 sec.
        Angle 27 32 28 is  1.10825642 rad =     63.4984 deg =  63 deg 29 min 54 sec.

Face # 29 has  4 vertices:
    Vertices input as         22   30   29   34
    Vertices renumbered as    23   31   30   35
        Edge  23  31 is    0.99504621.
        Edge  31  30 is    0.99504621.
        Edge  30  35 is    1.02070144.
        Edge  35  23 is    1.02070144.
        Angle 35 23 31 is  2.03488210 rad =    116.5902 deg = 116 deg 35 min 25 sec.
        Angle 23 31 30 is  1.12243446 rad =     64.3108 deg =  64 deg 18 min 39 sec.
        Angle 31 30 35 is  2.03488210 rad =    116.5902 deg = 116 deg 35 min 25 sec.
        Angle 30 35 23 is  1.09098665 rad =     62.5089 deg =  62 deg 30 min 32 sec.

Face # 30 has  4 vertices:
    Vertices input as         35   22   34   26
```

```
       Vertices renumbered as   36  23  35  27
          Edge 36 23 is    0.99504621.
          Edge 23 35 is    1.02070144.
          Edge 35 27 is    1.02070144.
          Edge 27 36 is    0.99504621.
          Angle 27 36 23 is   1.12243446 rad =      64.3108 deg =  64 deg 18 min 39 sec.
          Angle 36 23 35 is   2.03488210 rad =     116.5902 deg = 116 deg 35 min 25 sec.
          Angle 23 35 27 is   1.09098665 rad =      62.5089 deg =  62 deg 30 min 32 sec.
          Angle 35 27 36 is   2.03488210 rad =     116.5902 deg = 116 deg 35 min 25 sec.


The edge joining vertices   1 and 12 is between faces 11 and 12.
       Dihedral angle is   2.60153183 rad =      149.0568 deg = 149 deg  3 min 24 sec.
The edge joining vertices   1 and 13 is between faces 12 and 13.
       Dihedral angle is   2.60153183 rad =      149.0568 deg = 149 deg  3 min 24 sec.
The edge joining vertices   1 and 14 is between faces 13 and 14.
       Dihedral angle is   2.60153183 rad =      149.0568 deg = 149 deg  3 min 24 sec.
The edge joining vertices   1 and 15 is between faces 14 and 15.
       Dihedral angle is   2.60153183 rad =      149.0568 deg = 149 deg  3 min 24 sec.
The edge joining vertices   1 and 16 is between faces 15 and 16.
       Dihedral angle is   2.60153183 rad =      149.0568 deg = 149 deg  3 min 24 sec.
The edge joining vertices   1 and 17 is between faces 16 and 17.
       Dihedral angle is   2.60153183 rad =      149.0568 deg = 149 deg  3 min 24 sec.
The edge joining vertices   1 and 18 is between faces 17 and 18.
       Dihedral angle is   2.60153183 rad =      149.0568 deg = 149 deg  3 min 24 sec.
The edge joining vertices   1 and 19 is between faces 18 and 19.
       Dihedral angle is   2.60153183 rad =      149.0568 deg = 149 deg  3 min 24 sec.
The edge joining vertices   1 and 20 is between faces 19 and 20.
       Dihedral angle is   2.60153183 rad =      149.0568 deg = 149 deg  3 min 24 sec.
The edge joining vertices   1 and 21 is between faces 11 and 20.
       Dihedral angle is   2.60153183 rad =      149.0568 deg = 149 deg  3 min 24 sec.
The edge joining vertices   2 and 12 is between faces  2 and 11.
       Dihedral angle is   2.57921012 rad =      147.7779 deg = 147 deg 46 min 40 sec.
The edge joining vertices   2 and 21 is between faces  1 and 11.
       Dihedral angle is   2.57921012 rad =      147.7779 deg = 147 deg 46 min 40 sec.
The edge joining vertices   2 and 31 is between faces  1 and  2.
       Dihedral angle is   2.51414192 rad =      144.0497 deg = 144 deg  2 min 59 sec.
The edge joining vertices   3 and 12 is between faces  2 and 12.
       Dihedral angle is   2.57921012 rad =      147.7779 deg = 147 deg 46 min 40 sec.
The edge joining vertices   3 and 13 is between faces  3 and 12.
       Dihedral angle is   2.57921012 rad =      147.7779 deg = 147 deg 46 min 40 sec.
The edge joining vertices   3 and 24 is between faces  2 and  3.
       Dihedral angle is   2.51414192 rad =      144.0497 deg = 144 deg  2 min 59 sec.
The edge joining vertices   4 and 13 is between faces  3 and 13.
       Dihedral angle is   2.57921012 rad =      147.7779 deg = 147 deg 46 min 40 sec.
The edge joining vertices   4 and 14 is between faces  4 and 13.
       Dihedral angle is   2.57921012 rad =      147.7779 deg = 147 deg 46 min 40 sec.
The edge joining vertices   4 and 36 is between faces  3 and  4.
       Dihedral angle is   2.51414192 rad =      144.0497 deg = 144 deg  2 min 59 sec.
The edge joining vertices   5 and 14 is between faces  4 and 14.
       Dihedral angle is   2.57921012 rad =      147.7779 deg = 147 deg 46 min 40 sec.
The edge joining vertices   5 and 15 is between faces  5 and 14.
       Dihedral angle is   2.57921012 rad =      147.7779 deg = 147 deg 46 min 40 sec.
The edge joining vertices   5 and 28 is between faces  4 and  5.
       Dihedral angle is   2.51414192 rad =      144.0497 deg = 144 deg  2 min 59 sec.
The edge joining vertices   6 and 15 is between faces  5 and 15.
       Dihedral angle is   2.57921012 rad =      147.7779 deg = 147 deg 46 min 40 sec.
The edge joining vertices   6 and 16 is between faces  6 and 15.
       Dihedral angle is   2.57921012 rad =      147.7779 deg = 147 deg 46 min 40 sec.
The edge joining vertices   6 and 32 is between faces  5 and  6.
       Dihedral angle is   2.51414192 rad =      144.0497 deg = 144 deg  2 min 59 sec.
The edge joining vertices   7 and 16 is between faces  6 and 16.
       Dihedral angle is   2.57921012 rad =      147.7779 deg = 147 deg 46 min 40 sec.
```

```
The edge joining vertices   7 and 17 is between faces   7 and 16.
        Dihedral angle is    2.57921012 rad =       147.7779 deg = 147 deg 46 min 40 sec.
The edge joining vertices   7 and 29 is between faces   6 and  7.
        Dihedral angle is    2.51414192 rad =       144.0497 deg = 144 deg  2 min 59 sec.
The edge joining vertices   8 and 17 is between faces   7 and 17.
        Dihedral angle is    2.57921012 rad =       147.7779 deg = 147 deg 46 min 40 sec.
The edge joining vertices   8 and 18 is between faces   8 and 17.
        Dihedral angle is    2.57921012 rad =       147.7779 deg = 147 deg 46 min 40 sec.
The edge joining vertices   8 and 34 is between faces   7 and  8.
        Dihedral angle is    2.51414192 rad =       144.0497 deg = 144 deg  2 min 59 sec.
The edge joining vertices   9 and 18 is between faces   8 and 18.
        Dihedral angle is    2.57921012 rad =       147.7779 deg = 147 deg 46 min 40 sec.
The edge joining vertices   9 and 19 is between faces   9 and 18.
        Dihedral angle is    2.57921012 rad =       147.7779 deg = 147 deg 46 min 40 sec.
The edge joining vertices   9 and 25 is between faces   8 and  9.
        Dihedral angle is    2.51414192 rad =       144.0497 deg = 144 deg  2 min 59 sec.
The edge joining vertices  10 and 19 is between faces   9 and 19.
        Dihedral angle is    2.57921012 rad =       147.7779 deg = 147 deg 46 min 40 sec.
The edge joining vertices  10 and 20 is between faces  10 and 19.
        Dihedral angle is    2.57921012 rad =       147.7779 deg = 147 deg 46 min 40 sec.
The edge joining vertices  10 and 33 is between faces   9 and 10.
        Dihedral angle is    2.51414192 rad =       144.0497 deg = 144 deg  2 min 59 sec.
The edge joining vertices  11 and 20 is between faces  10 and 20.
        Dihedral angle is    2.57921012 rad =       147.7779 deg = 147 deg 46 min 40 sec.
The edge joining vertices  11 and 21 is between faces   1 and 20.
        Dihedral angle is    2.57921012 rad =       147.7779 deg = 147 deg 46 min 40 sec.
The edge joining vertices  11 and 22 is between faces   1 and 10.
        Dihedral angle is    2.51414192 rad =       144.0497 deg = 144 deg  2 min 59 sec.
The edge joining vertices  22 and 31 is between faces   1 and 27.
        Dihedral angle is    2.50567807 rad =       143.5648 deg = 143 deg 33 min 53 sec.
The edge joining vertices  22 and 33 is between faces  10 and 27.
        Dihedral angle is    2.50567807 rad =       143.5648 deg = 143 deg 33 min 53 sec.
The edge joining vertices  23 and 31 is between faces  22 and 29.
        Dihedral angle is    2.48996184 rad =       142.6643 deg = 142 deg 39 min 51 sec.
The edge joining vertices  23 and 35 is between faces  29 and 30.
        Dihedral angle is    2.48356228 rad =       142.2976 deg = 142 deg 17 min 51 sec.
The edge joining vertices  23 and 36 is between faces  22 and 30.
        Dihedral angle is    2.48996184 rad =       142.6643 deg = 142 deg 39 min 51 sec.
The edge joining vertices  24 and 31 is between faces   2 and 22.
        Dihedral angle is    2.50567807 rad =       143.5648 deg = 143 deg 33 min 53 sec.
The edge joining vertices  24 and 36 is between faces   3 and 22.
        Dihedral angle is    2.50567807 rad =       143.5648 deg = 143 deg 33 min 53 sec.
The edge joining vertices  25 and 33 is between faces   9 and 23.
        Dihedral angle is    2.50567807 rad =       143.5648 deg = 143 deg 33 min 53 sec.
The edge joining vertices  25 and 34 is between faces   8 and 23.
        Dihedral angle is    2.50567807 rad =       143.5648 deg = 143 deg 33 min 53 sec.
The edge joining vertices  26 and 32 is between faces  24 and 26.
        Dihedral angle is    2.48996184 rad =       142.6643 deg = 142 deg 39 min 51 sec.
The edge joining vertices  26 and 34 is between faces  21 and 24.
        Dihedral angle is    2.48996184 rad =       142.6643 deg = 142 deg 39 min 51 sec.
The edge joining vertices  26 and 35 is between faces  21 and 26.
        Dihedral angle is    2.48356228 rad =       142.2976 deg = 142 deg 17 min 51 sec.
The edge joining vertices  27 and 32 is between faces  26 and 28.
        Dihedral angle is    2.48996184 rad =       142.6643 deg = 142 deg 39 min 51 sec.
The edge joining vertices  27 and 35 is between faces  26 and 30.
        Dihedral angle is    2.48356228 rad =       142.2976 deg = 142 deg 17 min 51 sec.
The edge joining vertices  27 and 36 is between faces  28 and 30.
        Dihedral angle is    2.48996184 rad =       142.6643 deg = 142 deg 39 min 51 sec.
The edge joining vertices  28 and 32 is between faces   5 and 28.
        Dihedral angle is    2.50567807 rad =       143.5648 deg = 143 deg 33 min 53 sec.
The edge joining vertices  28 and 36 is between faces   4 and 28.
        Dihedral angle is    2.50567807 rad =       143.5648 deg = 143 deg 33 min 53 sec.
The edge joining vertices  29 and 32 is between faces   6 and 24.
```

Dihedral angle is   2.50567807 rad =   143.5648 deg = 143 deg 33 min 53 sec.
The edge joining vertices 29 and 34 is between faces 7 and 24.
Dihedral angle is   2.50567807 rad =   143.5648 deg = 143 deg 33 min 53 sec.
The edge joining vertices 30 and 31 is between faces 27 and 29.
Dihedral angle is   2.48996184 rad =   142.6643 deg = 142 deg 39 min 51 sec.
The edge joining vertices 30 and 33 is between faces 25 and 27.
Dihedral angle is   2.48996184 rad =   142.6643 deg = 142 deg 39 min 51 sec.
The edge joining vertices 30 and 35 is between faces 25 and 29.
Dihedral angle is   2.48356228 rad =   142.2976 deg = 142 deg 17 min 51 sec.
The edge joining vertices 33 and 37 is between faces 23 and 25.
Dihedral angle is   2.48996184 rad =   142.6643 deg = 142 deg 39 min 51 sec.
The edge joining vertices 34 and 37 is between faces 21 and 23.
Dihedral angle is   2.48996184 rad =   142.6643 deg = 142 deg 39 min 51 sec.
The edge joining vertices 35 and 37 is between faces 21 and 25.
Dihedral angle is   2.48356228 rad =   142.2976 deg = 142 deg 17 min 51 sec.

```
Report based on file j26.off


Vertex #  1: (  0.57735027,  0.00000000,  0.50000000).
Vertex #  2: ( -0.28867513, -0.50000000,  0.50000000).
Vertex #  3: ( -0.28867513,  0.50000000,  0.50000000).
Vertex #  4: (  0.57735027,  0.00000000, -0.50000000).
Vertex #  5: ( -0.28867513, -0.50000000, -0.50000000).
Vertex #  6: ( -0.28867513,  0.50000000, -0.50000000).
Vertex #  7: (  0.14433757,  1.25000000,  0.00000000).
Vertex #  8: (  1.01036297,  0.75000000,  0.00000000).


Face #  1 has  3 vertices:
    Vertices input as         2    1    0
    Vertices renumbered as    3    2    1
      Edge  3  2 is   1.00000000.
      Edge  2  1 is   1.00000000.
      Edge  1  3 is   1.00000000.
      Angle  1  3  2 is   1.04719755 rad =       60.0000 deg =  60 deg  0 min  0 sec.
      Angle  3  2  1 is   1.04719755 rad =       60.0000 deg =  60 deg  0 min  0 sec.
      Angle  2  1  3 is   1.04719755 rad =       60.0000 deg =  60 deg  0 min  0 sec.


Face #  2 has  3 vertices:
    Vertices input as         3    4    5
    Vertices renumbered as    4    5    6
      Edge  4  5 is   1.00000000.
      Edge  5  6 is   1.00000000.
      Edge  6  4 is   1.00000000.
      Angle  6  4  5 is   1.04719755 rad =       60.0000 deg =  60 deg  0 min  0 sec.
      Angle  4  5  6 is   1.04719755 rad =       60.0000 deg =  60 deg  0 min  0 sec.
      Angle  5  6  4 is   1.04719755 rad =       60.0000 deg =  60 deg  0 min  0 sec.


Face #  3 has  4 vertices:
    Vertices input as         0    1    4    3
    Vertices renumbered as    1    2    5    4
      Edge  1  2 is   1.00000000.
      Edge  2  5 is   1.00000000.
      Edge  5  4 is   1.00000000.
      Edge  4  1 is   1.00000000.
      Angle  4  1  2 is   1.57079633 rad =       90.0000 deg =  90 deg  0 min  0 sec.
      Angle  1  2  5 is   1.57079633 rad =       90.0000 deg =  90 deg  0 min  0 sec.
      Angle  2  5  4 is   1.57079633 rad =       90.0000 deg =  90 deg  0 min  0 sec.
      Angle  5  4  1 is   1.57079633 rad =       90.0000 deg =  90 deg  0 min  0 sec.


Face #  4 has  4 vertices:
    Vertices input as         1    2    5    4
    Vertices renumbered as    2    3    6    5
      Edge  2  3 is   1.00000000.
      Edge  3  6 is   1.00000000.
      Edge  6  5 is   1.00000000.
      Edge  5  2 is   1.00000000.
      Angle  5  2  3 is   1.57079633 rad =       90.0000 deg =  90 deg  0 min  0 sec.
      Angle  2  3  6 is   1.57079633 rad =       90.0000 deg =  90 deg  0 min  0 sec.
      Angle  3  6  5 is   1.57079633 rad =       90.0000 deg =  90 deg  0 min  0 sec.
      Angle  6  5  2 is   1.57079633 rad =       90.0000 deg =  90 deg  0 min  0 sec.


Face #  5 has  3 vertices:
    Vertices input as         2    6    5
```

```
        Vertices renumbered as      3   7   6
           Edge   3   7 is    1.00000000.
           Edge   7   6 is    1.00000000.
           Edge   6   3 is    1.00000000.
           Angle  6   3   7 is   1.04719755 rad =      60.0000 deg =   60 deg   0 min   0 sec.
           Angle  3   7   6 is   1.04719755 rad =      60.0000 deg =   60 deg   0 min   0 sec.
           Angle  7   6   3 is   1.04719755 rad =      60.0000 deg =   60 deg   0 min   0 sec.


Face #   6 has   3 vertices:
        Vertices input as           3   7   0
        Vertices renumbered as      4   8   1
           Edge   4   8 is    1.00000000.
           Edge   8   1 is    1.00000000.
           Edge   1   4 is    1.00000000.
           Angle  1   4   8 is   1.04719755 rad =      60.0000 deg =   60 deg   0 min   0 sec.
           Angle  4   8   1 is   1.04719755 rad =      60.0000 deg =   60 deg   0 min   0 sec.
           Angle  8   1   4 is   1.04719755 rad =      60.0000 deg =   60 deg   0 min   0 sec.


Face #   7 has   4 vertices:
        Vertices input as           5   6   7   3
        Vertices renumbered as      6   7   8   4
           Edge   6   7 is    1.00000000.
           Edge   7   8 is    1.00000000.
           Edge   8   4 is    1.00000000.
           Edge   4   6 is    1.00000000.
           Angle  4   6   7 is   1.57079633 rad =      90.0000 deg =   90 deg   0 min   0 sec.
           Angle  6   7   8 is   1.57079633 rad =      90.0000 deg =   90 deg   0 min   0 sec.
           Angle  7   8   4 is   1.57079633 rad =      90.0000 deg =   90 deg   0 min   0 sec.
           Angle  8   4   6 is   1.57079633 rad =      90.0000 deg =   90 deg   0 min   0 sec.


Face #   8 has   4 vertices:
        Vertices input as           6   2   0   7
        Vertices renumbered as      7   3   1   8
           Edge   7   3 is    1.00000000.
           Edge   3   1 is    1.00000000.
           Edge   1   8 is    1.00000000.
           Edge   8   7 is    1.00000000.
           Angle  8   7   3 is   1.57079633 rad =      90.0000 deg =   90 deg   0 min   0 sec.
           Angle  7   3   1 is   1.57079633 rad =      90.0000 deg =   90 deg   0 min   0 sec.
           Angle  3   1   8 is   1.57079633 rad =      90.0000 deg =   90 deg   0 min   0 sec.
           Angle  1   8   7 is   1.57079633 rad =      90.0000 deg =   90 deg   0 min   0 sec.


The edge joining vertices    1 and   2 is between faces   1 and   3.
     Dihedral angle is    1.57079633 rad =       90.0000 deg =   90 deg   0 min   0 sec.
The edge joining vertices    1 and   3 is between faces   1 and   8.
     Dihedral angle is    2.61799388 rad =      150.0000 deg =  150 deg   0 min   0 sec.
The edge joining vertices    1 and   4 is between faces   3 and   6.
     Dihedral angle is    2.61799388 rad =      150.0000 deg =  150 deg   0 min   0 sec.
The edge joining vertices    1 and   8 is between faces   6 and   8.
     Dihedral angle is    1.57079633 rad =       90.0000 deg =   90 deg   0 min   0 sec.
The edge joining vertices    2 and   3 is between faces   1 and   4.
     Dihedral angle is    1.57079633 rad =       90.0000 deg =   90 deg   0 min   0 sec.
The edge joining vertices    2 and   5 is between faces   3 and   4.
     Dihedral angle is    1.04719755 rad =       60.0000 deg =   60 deg   0 min   0 sec.
The edge joining vertices    3 and   6 is between faces   4 and   5.
     Dihedral angle is    2.61799388 rad =      150.0000 deg =  150 deg   0 min   0 sec.
The edge joining vertices    3 and   7 is between faces   5 and   8.
     Dihedral angle is    1.57079633 rad =       90.0000 deg =   90 deg   0 min   0 sec.
The edge joining vertices    4 and   5 is between faces   2 and   3.
```

```
           Dihedral angle is   1.57079633 rad =        90.0000 deg =  90 deg  0 min  0 sec.
The edge joining vertices  4 and  6 is between faces  2 and  7.
           Dihedral angle is   2.61799388 rad =       150.0000 deg = 150 deg  0 min  0 sec.
The edge joining vertices  4 and  8 is between faces  6 and  7.
           Dihedral angle is   1.57079633 rad =        90.0000 deg =  90 deg  0 min  0 sec.
The edge joining vertices  5 and  6 is between faces  2 and  4.
           Dihedral angle is   1.57079633 rad =        90.0000 deg =  90 deg  0 min  0 sec.
The edge joining vertices  6 and  7 is between faces  5 and  7.
           Dihedral angle is   1.57079633 rad =        90.0000 deg =  90 deg  0 min  0 sec.
The edge joining vertices  7 and  8 is between faces  7 and  8.
           Dihedral angle is   1.04719755 rad =        60.0000 deg =  60 deg  0 min  0 sec.
```

Report based on file j26d.off

```
Vertex #   1: (   0.14433757,   0.25000000,   0.50000000).
Vertex #   2: (   0.14433757,   0.25000000,  -0.50000000).
Vertex #   3: (   0.43301270,  -0.25000000,   0.00000000).
Vertex #   4: (  -0.43301270,   0.25000000,   0.00000000).
Vertex #   5: (  -0.28867513,   0.50000000,   0.00000000).
Vertex #   6: (   0.57735027,   0.00000000,   0.00000000).
Vertex #   7: (   0.28867513,   0.50000000,  -0.50000000).
Vertex #   8: (   0.28867513,   0.50000000,   0.50000000).


Face #  1 has  4 vertices:
    Vertices input as            0    2    5    7
    Vertices renumbered as       1    3    6    8
       Edge  1  3 is   0.76376262.
       Edge  3  6 is   0.28867513.
       Edge  6  8 is   0.76376262.
       Edge  8  1 is   0.28867513.
       Angle  8  1  3 is   1.95839301 rad =      112.2077 deg = 112 deg 12 min 28 sec.
       Angle  1  3  6 is   1.18319964 rad =       67.7923 deg =  67 deg 47 min 32 sec.
       Angle  3  6  8 is   1.95839301 rad =      112.2077 deg = 112 deg 12 min 28 sec.
       Angle  6  8  1 is   1.18319964 rad =       67.7923 deg =  67 deg 47 min 32 sec.


Face #  2 has  3 vertices:
    Vertices input as            2    0    3
    Vertices renumbered as       3    1    4
       Edge  3  1 is   0.76376262.
       Edge  1  4 is   0.76376262.
       Edge  4  3 is   1.00000000.
       Angle  4  3  1 is   0.85707195 rad =       49.1066 deg =  49 deg  6 min 24 sec.
       Angle  3  1  4 is   1.42744876 rad =       81.7868 deg =  81 deg 47 min 12 sec.
       Angle  1  4  3 is   0.85707195 rad =       49.1066 deg =  49 deg  6 min 24 sec.


Face #  3 has  4 vertices:
    Vertices input as            0    7    4    3
    Vertices renumbered as       1    8    5    4
       Edge  1  8 is   0.28867513.
       Edge  8  5 is   0.76376262.
       Edge  5  4 is   0.28867513.
       Edge  4  1 is   0.76376262.
       Angle  4  1  8 is   1.95839301 rad =      112.2077 deg = 112 deg 12 min 28 sec.
       Angle  1  8  5 is   1.18319964 rad =       67.7923 deg =  67 deg 47 min 32 sec.
       Angle  8  5  4 is   1.95839301 rad =      112.2077 deg = 112 deg 12 min 28 sec.
       Angle  5  4  1 is   1.18319964 rad =       67.7923 deg =  67 deg 47 min 32 sec.


Face #  4 has  4 vertices:
    Vertices input as            5    2    1    6
    Vertices renumbered as       6    3    2    7
       Edge  6  3 is   0.28867513.
       Edge  3  2 is   0.76376262.
       Edge  2  7 is   0.28867513.
       Edge  7  6 is   0.76376262.
       Angle  7  6  3 is   1.95839301 rad =      112.2077 deg = 112 deg 12 min 28 sec.
       Angle  6  3  2 is   1.18319964 rad =       67.7923 deg =  67 deg 47 min 32 sec.
       Angle  3  2  7 is   1.95839301 rad =      112.2077 deg = 112 deg 12 min 28 sec.
       Angle  2  7  6 is   1.18319964 rad =       67.7923 deg =  67 deg 47 min 32 sec.
```

```
Face #  5 has  3 vertices:
    Vertices input as           2    3    1
    Vertices renumbered as      3    4    2
        Edge  3  4 is   1.00000000.
        Edge  4  2 is   0.76376262.
        Edge  2  3 is   0.76376262.
        Angle  2  3  4 is   0.85707195 rad =        49.1066 deg =   49 deg   6 min 24 sec.
        Angle  3  4  2 is   0.85707195 rad =        49.1066 deg =   49 deg   6 min 24 sec.
        Angle  4  2  3 is   1.42744876 rad =        81.7868 deg =   81 deg  47 min 12 sec.

Face #  6 has  4 vertices:
    Vertices input as           3    4    6    1
    Vertices renumbered as      4    5    7    2
        Edge  4  5 is   0.28867513.
        Edge  5  7 is   0.76376262.
        Edge  7  2 is   0.28867513.
        Edge  2  4 is   0.76376262.
        Angle  2  4  5 is   1.18319964 rad =        67.7923 deg =   67 deg  47 min 32 sec.
        Angle  4  5  7 is   1.95839301 rad =       112.2077 deg =  112 deg  12 min 28 sec.
        Angle  5  7  2 is   1.18319964 rad =        67.7923 deg =   67 deg  47 min 32 sec.
        Angle  7  2  4 is   1.95839301 rad =       112.2077 deg =  112 deg  12 min 28 sec.

Face #  7 has  3 vertices:
    Vertices input as           4    7    6
    Vertices renumbered as      5    8    7
        Edge  5  8 is   0.76376262.
        Edge  8  7 is   1.00000000.
        Edge  7  5 is   0.76376262.
        Angle  7  5  8 is   1.42744876 rad =        81.7868 deg =   81 deg  47 min 12 sec.
        Angle  5  8  7 is   0.85707195 rad =        49.1066 deg =   49 deg   6 min 24 sec.
        Angle  8  7  5 is   0.85707195 rad =        49.1066 deg =   49 deg   6 min 24 sec.

Face #  8 has  3 vertices:
    Vertices input as           7    5    6
    Vertices renumbered as      8    6    7
        Edge  8  6 is   0.76376262.
        Edge  6  7 is   0.76376262.
        Edge  7  8 is   1.00000000.
        Angle  7  8  6 is   0.85707195 rad =        49.1066 deg =   49 deg   6 min 24 sec.
        Angle  8  6  7 is   1.42744876 rad =        81.7868 deg =   81 deg  47 min 12 sec.
        Angle  6  7  8 is   0.85707195 rad =        49.1066 deg =   49 deg   6 min 24 sec.

The edge joining vertices    1 and   3 is between faces   1 and   2.
        Dihedral angle is   1.93216345 rad =       110.7048 deg =  110 deg  42 min 17 sec.
The edge joining vertices    1 and   4 is between faces   2 and   3.
        Dihedral angle is   1.93216345 rad =       110.7048 deg =  110 deg  42 min 17 sec.
The edge joining vertices    1 and   8 is between faces   1 and   3.
        Dihedral angle is   1.57079633 rad =        90.0000 deg =   90 deg   0 min  0 sec.
The edge joining vertices    2 and   3 is between faces   4 and   5.
        Dihedral angle is   1.93216345 rad =       110.7048 deg =  110 deg  42 min 17 sec.
The edge joining vertices    2 and   4 is between faces   5 and   6.
        Dihedral angle is   1.93216345 rad =       110.7048 deg =  110 deg  42 min 17 sec.
The edge joining vertices    2 and   7 is between faces   4 and   6.
        Dihedral angle is   1.57079633 rad =        90.0000 deg =   90 deg   0 min  0 sec.
The edge joining vertices    3 and   4 is between faces   2 and   5.
        Dihedral angle is   2.09439510 rad =       120.0000 deg =  120 deg   0 min  0 sec.
The edge joining vertices    3 and   6 is between faces   1 and   4.
        Dihedral angle is   1.57079633 rad =        90.0000 deg =   90 deg   0 min  0 sec.
The edge joining vertices    4 and   5 is between faces   3 and   6.
```

```
           Dihedral angle is    1.57079633 rad =       90.0000 deg =  90 deg  0 min  0 sec.
The edge joining vertices  5 and  7 is between faces  6 and  7.
           Dihedral angle is    1.93216345 rad =      110.7048 deg = 110 deg 42 min 17 sec.
The edge joining vertices  5 and  8 is between faces  3 and  7.
           Dihedral angle is    1.93216345 rad =      110.7048 deg = 110 deg 42 min 17 sec.
The edge joining vertices  6 and  7 is between faces  4 and  8.
           Dihedral angle is    1.93216345 rad =      110.7048 deg = 110 deg 42 min 17 sec.
The edge joining vertices  6 and  8 is between faces  1 and  8.
           Dihedral angle is    1.93216345 rad =      110.7048 deg = 110 deg 42 min 17 sec.
The edge joining vertices  7 and  8 is between faces  7 and  8.
           Dihedral angle is    2.09439510 rad =      120.0000 deg = 120 deg  0 min  0 sec.
```

Report based on file j27.off

Vertex # 1: (1.00000000, 0.00000000, 0.00000000).
Vertex # 2: (0.50000000, 0.00000000, 0.86602540).
Vertex # 3: (-0.50000000, 0.00000000, 0.86602540).
Vertex # 4: (-1.00000000, 0.00000000, 0.00000000).
Vertex # 5: (-0.50000000, 0.00000000, -0.86602540).
Vertex # 6: (0.50000000, 0.00000000, -0.86602540).
Vertex # 7: (0.50000000, 0.81649658, -0.28867513).
Vertex # 8: (0.00000000, 0.81649658, 0.57735027).
Vertex # 9: (-0.50000000, 0.81649658, -0.28867513).
Vertex # 10: (0.00000000, -0.81649658, 0.57735027).
Vertex # 11: (0.50000000, -0.81649658, -0.28867513).
Vertex # 12: (-0.50000000, -0.81649658, -0.28867513).

Face # 1 has 3 vertices:
    Vertices input as   7   6   8
    Vertices renumbered as   8   7   9
       Edge 8 7 is   1.00000000.
       Edge 7 9 is   1.00000000.
       Edge 9 8 is   1.00000000.
       Angle 9 8 7 is   1.04719755 rad =   60.0000 deg = 60 deg 0 min 0 sec.
       Angle 8 7 9 is   1.04719755 rad =   60.0000 deg = 60 deg 0 min 0 sec.
       Angle 7 9 8 is   1.04719755 rad =   60.0000 deg = 60 deg 0 min 0 sec.

Face # 2 has 4 vertices:
    Vertices input as   6   7   1   0
    Vertices renumbered as   7   8   2   1
       Edge 7 8 is   1.00000000.
       Edge 8 2 is   1.00000000.
       Edge 2 1 is   1.00000000.
       Edge 1 7 is   1.00000000.
       Angle 1 7 8 is   1.57079633 rad =   90.0000 deg = 90 deg 0 min 0 sec.
       Angle 7 8 2 is   1.57079633 rad =   90.0000 deg = 90 deg 0 min 0 sec.
       Angle 8 2 1 is   1.57079633 rad =   90.0000 deg = 90 deg 0 min 0 sec.
       Angle 2 1 7 is   1.57079633 rad =   90.0000 deg = 90 deg 0 min 0 sec.

Face # 3 has 3 vertices:
    Vertices input as   1   7   2
    Vertices renumbered as   2   8   3
       Edge 2 8 is   1.00000000.
       Edge 8 3 is   1.00000000.
       Edge 3 2 is   1.00000000.
       Angle 3 2 8 is   1.04719755 rad =   60.0000 deg = 60 deg 0 min 0 sec.
       Angle 2 8 3 is   1.04719755 rad =   60.0000 deg = 60 deg 0 min 0 sec.
       Angle 8 3 2 is   1.04719755 rad =   60.0000 deg = 60 deg 0 min 0 sec.

Face # 4 has 4 vertices:
    Vertices input as   7   8   3   2
    Vertices renumbered as   8   9   4   3
       Edge 8 9 is   1.00000000.
       Edge 9 4 is   1.00000000.
       Edge 4 3 is   1.00000000.
       Edge 3 8 is   1.00000000.
       Angle 3 8 9 is   1.57079633 rad =   90.0000 deg = 90 deg 0 min 0 sec.
       Angle 8 9 4 is   1.57079633 rad =   90.0000 deg = 90 deg 0 min 0 sec.
       Angle 9 4 3 is   1.57079633 rad =   90.0000 deg = 90 deg 0 min 0 sec.
       Angle 4 3 8 is   1.57079633 rad =   90.0000 deg = 90 deg 0 min 0 sec.

```
Face #  5 has  3 vertices:
    Vertices input as         3    8    4
    Vertices renumbered as    4    9    5
        Edge  4  9 is   1.00000000.
        Edge  9  5 is   1.00000000.
        Edge  5  4 is   1.00000000.
        Angle  5  4  9 is   1.04719755 rad =     60.0000 deg =  60 deg  0 min  0 sec.
        Angle  4  9  5 is   1.04719755 rad =     60.0000 deg =  60 deg  0 min  0 sec.
        Angle  9  5  4 is   1.04719755 rad =     60.0000 deg =  60 deg  0 min  0 sec.


Face #  6 has  4 vertices:
    Vertices input as         8    6    5    4
    Vertices renumbered as    9    7    6    5
        Edge  9  7 is   1.00000000.
        Edge  7  6 is   1.00000000.
        Edge  6  5 is   1.00000000.
        Edge  5  9 is   1.00000000.
        Angle  5  9  7 is   1.57079633 rad =     90.0000 deg =  90 deg  0 min  0 sec.
        Angle  9  7  6 is   1.57079633 rad =     90.0000 deg =  90 deg  0 min  0 sec.
        Angle  7  6  5 is   1.57079633 rad =     90.0000 deg =  90 deg  0 min  0 sec.
        Angle  6  5  9 is   1.57079633 rad =     90.0000 deg =  90 deg  0 min  0 sec.


Face #  7 has  3 vertices:
    Vertices input as         6    0    5
    Vertices renumbered as    7    1    6
        Edge  7  1 is   1.00000000.
        Edge  1  6 is   1.00000000.
        Edge  6  7 is   1.00000000.
        Angle  6  7  1 is   1.04719755 rad =     60.0000 deg =  60 deg  0 min  0 sec.
        Angle  7  1  6 is   1.04719755 rad =     60.0000 deg =  60 deg  0 min  0 sec.
        Angle  1  6  7 is   1.04719755 rad =     60.0000 deg =  60 deg  0 min  0 sec.


Face #  8 has  3 vertices:
    Vertices input as        10    9   11
    Vertices renumbered as   11   10   12
        Edge 11 10 is   1.00000000.
        Edge 10 12 is   1.00000000.
        Edge 12 11 is   1.00000000.
        Angle 12 11 10 is   1.04719755 rad =     60.0000 deg =  60 deg  0 min  0 sec.
        Angle 11 10 12 is   1.04719755 rad =     60.0000 deg =  60 deg  0 min  0 sec.
        Angle 10 12 11 is   1.04719755 rad =     60.0000 deg =  60 deg  0 min  0 sec.


Face #  9 has  4 vertices:
    Vertices input as         0    1    9   10
    Vertices renumbered as    1    2   10   11
        Edge  1  2 is   1.00000000.
        Edge  2 10 is   1.00000000.
        Edge 10 11 is   1.00000000.
        Edge 11  1 is   1.00000000.
        Angle 11  1  2 is   1.57079633 rad =     90.0000 deg =  90 deg  0 min  0 sec.
        Angle  1  2 10 is   1.57079633 rad =     90.0000 deg =  90 deg  0 min  0 sec.
        Angle  2 10 11 is   1.57079633 rad =     90.0000 deg =  90 deg  0 min  0 sec.
        Angle 10 11  1 is   1.57079633 rad =     90.0000 deg =  90 deg  0 min  0 sec.


Face # 10 has  3 vertices:
    Vertices input as         5    0   10
```

```
        Vertices renumbered as      6    1   11
            Edge   6   1 is   1.00000000.
            Edge   1  11 is   1.00000000.
            Edge  11   6 is   1.00000000.
            Angle 11   6   1 is   1.04719755 rad =     60.0000 deg =  60 deg  0 min  0 sec.
            Angle  6   1  11 is   1.04719755 rad =     60.0000 deg =  60 deg  0 min  0 sec.
            Angle  1  11   6 is   1.04719755 rad =     60.0000 deg =  60 deg  0 min  0 sec.


Face # 11 has  4 vertices:
        Vertices input as           4    5   10   11
        Vertices renumbered as      5    6   11   12
            Edge   5   6 is   1.00000000.
            Edge   6  11 is   1.00000000.
            Edge  11  12 is   1.00000000.
            Edge  12   5 is   1.00000000.
            Angle 12   5   6 is   1.57079633 rad =     90.0000 deg =  90 deg  0 min  0 sec.
            Angle  5   6  11 is   1.57079633 rad =     90.0000 deg =  90 deg  0 min  0 sec.
            Angle  6  11  12 is   1.57079633 rad =     90.0000 deg =  90 deg  0 min  0 sec.
            Angle 11  12   5 is   1.57079633 rad =     90.0000 deg =  90 deg  0 min  0 sec.


Face # 12 has  3 vertices:
        Vertices input as           3    4   11
        Vertices renumbered as      4    5   12
            Edge   4   5 is   1.00000000.
            Edge   5  12 is   1.00000000.
            Edge  12   4 is   1.00000000.
            Angle 12   4   5 is   1.04719755 rad =     60.0000 deg =  60 deg  0 min  0 sec.
            Angle  4   5  12 is   1.04719755 rad =     60.0000 deg =  60 deg  0 min  0 sec.
            Angle  5  12   4 is   1.04719755 rad =     60.0000 deg =  60 deg  0 min  0 sec.


Face # 13 has  4 vertices:
        Vertices input as           2    3   11    9
        Vertices renumbered as      3    4   12   10
            Edge   3   4 is   1.00000000.
            Edge   4  12 is   1.00000000.
            Edge  12  10 is   1.00000000.
            Edge  10   3 is   1.00000000.
            Angle 10   3   4 is   1.57079633 rad =     90.0000 deg =  90 deg  0 min  0 sec.
            Angle  3   4  12 is   1.57079633 rad =     90.0000 deg =  90 deg  0 min  0 sec.
            Angle  4  12  10 is   1.57079633 rad =     90.0000 deg =  90 deg  0 min  0 sec.
            Angle 12  10   3 is   1.57079633 rad =     90.0000 deg =  90 deg  0 min  0 sec.


Face # 14 has  3 vertices:
        Vertices input as           1    2    9
        Vertices renumbered as      2    3   10
            Edge   2   3 is   1.00000000.
            Edge   3  10 is   1.00000000.
            Edge  10   2 is   1.00000000.
            Angle 10   2   3 is   1.04719755 rad =     60.0000 deg =  60 deg  0 min  0 sec.
            Angle  2   3  10 is   1.04719755 rad =     60.0000 deg =  60 deg  0 min  0 sec.
            Angle  3  10   2 is   1.04719755 rad =     60.0000 deg =  60 deg  0 min  0 sec.


The edge joining vertices   1 and   2 is between faces   2 and  9.
        Dihedral angle is   1.91063324 rad =    109.4712 deg = 109 deg 28 min 16 sec.
The edge joining vertices   1 and   6 is between faces   7 and 10.
        Dihedral angle is   2.46191883 rad =    141.0576 deg = 141 deg  3 min 27 sec.
The edge joining vertices   1 and   7 is between faces   2 and  7.
        Dihedral angle is   2.18627604 rad =    125.2644 deg = 125 deg 15 min 52 sec.
```

```
The edge joining vertices  1 and 11 is between faces  9 and 10.
        Dihedral angle is  2.18627604 rad =      125.2644 deg = 125 deg 15 min 52 sec.
The edge joining vertices  2 and  3 is between faces  3 and 14.
        Dihedral angle is  2.46191883 rad =      141.0576 deg = 141 deg  3 min 27 sec.
The edge joining vertices  2 and  8 is between faces  2 and  3.
        Dihedral angle is  2.18627604 rad =      125.2644 deg = 125 deg 15 min 52 sec.
The edge joining vertices  2 and 10 is between faces  9 and 14.
        Dihedral angle is  2.18627604 rad =      125.2644 deg = 125 deg 15 min 52 sec.
The edge joining vertices  3 and  4 is between faces  4 and 13.
        Dihedral angle is  1.91063324 rad =      109.4712 deg = 109 deg 28 min 16 sec.
The edge joining vertices  3 and  8 is between faces  3 and  4.
        Dihedral angle is  2.18627604 rad =      125.2644 deg = 125 deg 15 min 52 sec.
The edge joining vertices  3 and 10 is between faces 13 and 14.
        Dihedral angle is  2.18627604 rad =      125.2644 deg = 125 deg 15 min 52 sec.
The edge joining vertices  4 and  5 is between faces  5 and 12.
        Dihedral angle is  2.46191883 rad =      141.0576 deg = 141 deg  3 min 27 sec.
The edge joining vertices  4 and  9 is between faces  4 and  5.
        Dihedral angle is  2.18627604 rad =      125.2644 deg = 125 deg 15 min 52 sec.
The edge joining vertices  4 and 12 is between faces 12 and 13.
        Dihedral angle is  2.18627604 rad =      125.2644 deg = 125 deg 15 min 52 sec.
The edge joining vertices  5 and  6 is between faces  6 and 11.
        Dihedral angle is  1.91063324 rad =      109.4712 deg = 109 deg 28 min 16 sec.
The edge joining vertices  5 and  9 is between faces  5 and  6.
        Dihedral angle is  2.18627604 rad =      125.2644 deg = 125 deg 15 min 52 sec.
The edge joining vertices  5 and 12 is between faces 11 and 12.
        Dihedral angle is  2.18627604 rad =      125.2644 deg = 125 deg 15 min 52 sec.
The edge joining vertices  6 and  7 is between faces  6 and  7.
        Dihedral angle is  2.18627604 rad =      125.2644 deg = 125 deg 15 min 52 sec.
The edge joining vertices  6 and 11 is between faces 10 and 11.
        Dihedral angle is  2.18627604 rad =      125.2644 deg = 125 deg 15 min 52 sec.
The edge joining vertices  7 and  8 is between faces  1 and  2.
        Dihedral angle is  2.18627604 rad =      125.2644 deg = 125 deg 15 min 52 sec.
The edge joining vertices  7 and  9 is between faces  1 and  6.
        Dihedral angle is  2.18627604 rad =      125.2644 deg = 125 deg 15 min 52 sec.
The edge joining vertices  8 and  9 is between faces  1 and  4.
        Dihedral angle is  2.18627604 rad =      125.2644 deg = 125 deg 15 min 52 sec.
The edge joining vertices 10 and 11 is between faces  8 and  9.
        Dihedral angle is  2.18627604 rad =      125.2644 deg = 125 deg 15 min 52 sec.
The edge joining vertices 10 and 12 is between faces  8 and 13.
        Dihedral angle is  2.18627604 rad =      125.2644 deg = 125 deg 15 min 52 sec.
The edge joining vertices 11 and 12 is between faces  8 and 11.
        Dihedral angle is  2.18627604 rad =      125.2644 deg = 125 deg 15 min 52 sec.
```

Report based on file j27d.off

```
Vertex #  1: (  0.00000000,  0.91855865,  0.00000000).
Vertex #  2: (  0.75000000,  0.61237244,  0.43301270).
Vertex #  3: (  0.00000000,  0.30618622,  0.86602540).
Vertex #  4: ( -0.75000000,  0.61237244,  0.43301270).
Vertex #  5: ( -0.75000000,  0.30618622, -0.43301270).
Vertex #  6: (  0.00000000,  0.61237244, -0.86602540).
Vertex #  7: (  0.75000000,  0.30618622, -0.43301270).
Vertex #  8: (  0.00000000, -0.91855865,  0.00000000).
Vertex #  9: (  0.75000000, -0.61237244,  0.43301270).
Vertex # 10: (  0.75000000, -0.30618622, -0.43301270).
Vertex # 11: (  0.00000000, -0.61237244, -0.86602540).
Vertex # 12: ( -0.75000000, -0.30618622, -0.43301270).
Vertex # 13: ( -0.75000000, -0.61237244,  0.43301270).
Vertex # 14: (  0.00000000, -0.30618622,  0.86602540).
```

```
Face #  1 has  4 vertices:
    Vertices input as          1   8   9   6
    Vertices renumbered as     2   9  10   7
      Edge  2  9 is   1.22474487.
      Edge  9 10 is   0.91855865.
      Edge 10  7 is   0.61237244.
      Edge  7  2 is   0.91855865.
      Angle  7  2  9 is   1.23095942 rad =      70.5288 deg =  70 deg 31 min 44 sec.
      Angle  2  9 10 is   1.23095942 rad =      70.5288 deg =  70 deg 31 min 44 sec.
      Angle  9 10  7 is   1.91063324 rad =     109.4712 deg = 109 deg 28 min 16 sec.
      Angle 10  7  2 is   1.91063324 rad =     109.4712 deg = 109 deg 28 min 16 sec.

Face #  2 has  4 vertices:
    Vertices input as          8   1   2  13
    Vertices renumbered as     9   2   3  14
      Edge  9  2 is   1.22474487.
      Edge  2  3 is   0.91855865.
      Edge  3 14 is   0.61237244.
      Edge 14  9 is   0.91855865.
      Angle 14  9  2 is   1.23095942 rad =      70.5288 deg =  70 deg 31 min 44 sec.
      Angle  9  2  3 is   1.23095942 rad =      70.5288 deg =  70 deg 31 min 44 sec.
      Angle  2  3 14 is   1.91063324 rad =     109.4712 deg = 109 deg 28 min 16 sec.
      Angle  3 14  9 is   1.91063324 rad =     109.4712 deg = 109 deg 28 min 16 sec.

Face #  3 has  4 vertices:
    Vertices input as         13   2   3  12
    Vertices renumbered as    14   3   4  13
      Edge 14  3 is   0.61237244.
      Edge  3  4 is   0.91855865.
      Edge  4 13 is   1.22474487.
      Edge 13 14 is   0.91855865.
      Angle 13 14  3 is   1.91063324 rad =     109.4712 deg = 109 deg 28 min 16 sec.
      Angle 14  3  4 is   1.91063324 rad =     109.4712 deg = 109 deg 28 min 16 sec.
      Angle  3  4 13 is   1.23095942 rad =      70.5288 deg =  70 deg 31 min 44 sec.
      Angle  4 13 14 is   1.23095942 rad =      70.5288 deg =  70 deg 31 min 44 sec.

Face #  4 has  4 vertices:
    Vertices input as         12   3   4  11
    Vertices renumbered as    13   4   5  12
      Edge 13  4 is   1.22474487.
      Edge  4  5 is   0.91855865.
```

```
       Edge    5  12 is    0.61237244.
       Edge   12  13 is    0.91855865.
       Angle  12  13   4 is    1.23095942 rad =      70.5288 deg =  70 deg 31 min 44 sec.
       Angle  13   4   5 is    1.23095942 rad =      70.5288 deg =  70 deg 31 min 44 sec.
       Angle   4   5  12 is    1.91063324 rad =     109.4712 deg = 109 deg 28 min 16 sec.
       Angle   5  12  13 is    1.91063324 rad =     109.4712 deg = 109 deg 28 min 16 sec.


Face #  5 has  4 vertices:
    Vertices input as          11    4    5   10
    Vertices renumbered as     12    5    6   11
       Edge   12   5 is    0.61237244.
       Edge    5   6 is    0.91855865.
       Edge    6  11 is    1.22474487.
       Edge   11  12 is    0.91855865.
       Angle  11  12   5 is    1.91063324 rad =     109.4712 deg = 109 deg 28 min 16 sec.
       Angle  12   5   6 is    1.91063324 rad =     109.4712 deg = 109 deg 28 min 16 sec.
       Angle   5   6  11 is    1.23095942 rad =      70.5288 deg =  70 deg 31 min 44 sec.
       Angle   6  11  12 is    1.23095942 rad =      70.5288 deg =  70 deg 31 min 44 sec.


Face #  6 has  4 vertices:
    Vertices input as           6    9   10    5
    Vertices renumbered as      7   10   11    6
       Edge    7  10 is    0.61237244.
       Edge   10  11 is    0.91855865.
       Edge   11   6 is    1.22474487.
       Edge    6   7 is    0.91855865.
       Angle   6   7  10 is    1.91063324 rad =     109.4712 deg = 109 deg 28 min 16 sec.
       Angle   7  10  11 is    1.91063324 rad =     109.4712 deg = 109 deg 28 min 16 sec.
       Angle  10  11   6 is    1.23095942 rad =      70.5288 deg =  70 deg 31 min 44 sec.
       Angle  11   6   7 is    1.23095942 rad =      70.5288 deg =  70 deg 31 min 44 sec.


Face #  7 has  4 vertices:
    Vertices input as           1    6    5    0
    Vertices renumbered as      2    7    6    1
       Edge    2   7 is    0.91855865.
       Edge    7   6 is    0.91855865.
       Edge    6   1 is    0.91855865.
       Edge    1   2 is    0.91855865.
       Angle   1   2   7 is    1.23095942 rad =      70.5288 deg =  70 deg 31 min 44 sec.
       Angle   2   7   6 is    1.91063324 rad =     109.4712 deg = 109 deg 28 min 16 sec.
       Angle   7   6   1 is    1.23095942 rad =      70.5288 deg =  70 deg 31 min 44 sec.
       Angle   6   1   2 is    1.91063324 rad =     109.4712 deg = 109 deg 28 min 16 sec.


Face #  8 has  4 vertices:
    Vertices input as           2    1    0    3
    Vertices renumbered as      3    2    1    4
       Edge    3   2 is    0.91855865.
       Edge    2   1 is    0.91855865.
       Edge    1   4 is    0.91855865.
       Edge    4   3 is    0.91855865.
       Angle   4   3   2 is    1.91063324 rad =     109.4712 deg = 109 deg 28 min 16 sec.
       Angle   3   2   1 is    1.23095942 rad =      70.5288 deg =  70 deg 31 min 44 sec.
       Angle   2   1   4 is    1.91063324 rad =     109.4712 deg = 109 deg 28 min 16 sec.
       Angle   1   4   3 is    1.23095942 rad =      70.5288 deg =  70 deg 31 min 44 sec.


Face #  9 has  4 vertices:
    Vertices input as           4    3    0    5
    Vertices renumbered as      5    4    1    6
```

```
        Edge   5   4 is   0.91855865.
        Edge   4   1 is   0.91855865.
        Edge   1   6 is   0.91855865.
        Edge   6   5 is   0.91855865.
        Angle   6   5   4 is   1.91063324 rad =    109.4712 deg = 109 deg 28 min 16 sec.
        Angle   5   4   1 is   1.23095942 rad =     70.5288 deg =  70 deg 31 min 44 sec.
        Angle   4   1   6 is   1.91063324 rad =    109.4712 deg = 109 deg 28 min 16 sec.
        Angle   1   6   5 is   1.23095942 rad =     70.5288 deg =  70 deg 31 min 44 sec.

Face # 10 has  4 vertices:
    Vertices input as          8   13   12    7
    Vertices renumbered as     9   14   13    8
        Edge  9  14 is   0.91855865.
        Edge 14  13 is   0.91855865.
        Edge 13   8 is   0.91855865.
        Edge  8   9 is   0.91855865.
        Angle   8   9  14 is   1.23095942 rad =     70.5288 deg =  70 deg 31 min 44 sec.
        Angle   9  14  13 is   1.91063324 rad =    109.4712 deg = 109 deg 28 min 16 sec.
        Angle  14  13   8 is   1.23095942 rad =     70.5288 deg =  70 deg 31 min 44 sec.
        Angle  13   8   9 is   1.91063324 rad =    109.4712 deg = 109 deg 28 min 16 sec.

Face # 11 has  4 vertices:
    Vertices input as          9    8    7   10
    Vertices renumbered as    10    9    8   11
        Edge 10   9 is   0.91855865.
        Edge  9   8 is   0.91855865.
        Edge  8  11 is   0.91855865.
        Edge 11  10 is   0.91855865.
        Angle  11  10   9 is   1.91063324 rad =    109.4712 deg = 109 deg 28 min 16 sec.
        Angle  10   9   8 is   1.23095942 rad =     70.5288 deg =  70 deg 31 min 44 sec.
        Angle   9   8  11 is   1.91063324 rad =    109.4712 deg = 109 deg 28 min 16 sec.
        Angle   8  11  10 is   1.23095942 rad =     70.5288 deg =  70 deg 31 min 44 sec.

Face # 12 has  4 vertices:
    Vertices input as         12   11   10    7
    Vertices renumbered as    13   12   11    8
        Edge 13  12 is   0.91855865.
        Edge 12  11 is   0.91855865.
        Edge 11   8 is   0.91855865.
        Edge  8  13 is   0.91855865.
        Angle   8  13  12 is   1.23095942 rad =     70.5288 deg =  70 deg 31 min 44 sec.
        Angle  13  12  11 is   1.91063324 rad =    109.4712 deg = 109 deg 28 min 16 sec.
        Angle  12  11   8 is   1.23095942 rad =     70.5288 deg =  70 deg 31 min 44 sec.
        Angle  11   8  13 is   1.91063324 rad =    109.4712 deg = 109 deg 28 min 16 sec.


The edge joining vertices   1 and  2 is between faces   7 and  8.
        Dihedral angle is   2.09439510 rad =    120.0000 deg = 120 deg  0 min  0 sec.
The edge joining vertices   1 and  4 is between faces   8 and  9.
        Dihedral angle is   2.09439510 rad =    120.0000 deg = 120 deg  0 min  0 sec.
The edge joining vertices   1 and  6 is between faces   7 and  9.
        Dihedral angle is   2.09439510 rad =    120.0000 deg = 120 deg  0 min  0 sec.
The edge joining vertices   2 and  3 is between faces   2 and  8.
        Dihedral angle is   2.09439510 rad =    120.0000 deg = 120 deg  0 min  0 sec.
The edge joining vertices   2 and  7 is between faces   1 and  7.
        Dihedral angle is   2.09439510 rad =    120.0000 deg = 120 deg  0 min  0 sec.
The edge joining vertices   2 and  9 is between faces   1 and  2.
        Dihedral angle is   2.09439510 rad =    120.0000 deg = 120 deg  0 min  0 sec.
The edge joining vertices   3 and  4 is between faces   3 and  8.
        Dihedral angle is   2.09439510 rad =    120.0000 deg = 120 deg  0 min  0 sec.
```

```
The edge joining vertices  3 and 14 is between faces  2 and  3.
        Dihedral angle is   2.09439510 rad =      120.0000 deg = 120 deg  0 min  0 sec.
The edge joining vertices  4 and  5 is between faces  4 and  9.
        Dihedral angle is   2.09439510 rad =      120.0000 deg = 120 deg  0 min  0 sec.
The edge joining vertices  4 and 13 is between faces  3 and  4.
        Dihedral angle is   2.09439510 rad =      120.0000 deg = 120 deg  0 min  0 sec.
The edge joining vertices  5 and  6 is between faces  5 and  9.
        Dihedral angle is   2.09439510 rad =      120.0000 deg = 120 deg  0 min  0 sec.
The edge joining vertices  5 and 12 is between faces  4 and  5.
        Dihedral angle is   2.09439510 rad =      120.0000 deg = 120 deg  0 min  0 sec.
The edge joining vertices  6 and  7 is between faces  6 and  7.
        Dihedral angle is   2.09439510 rad =      120.0000 deg = 120 deg  0 min  0 sec.
The edge joining vertices  6 and 11 is between faces  5 and  6.
        Dihedral angle is   2.09439510 rad =      120.0000 deg = 120 deg  0 min  0 sec.
The edge joining vertices  7 and 10 is between faces  1 and  6.
        Dihedral angle is   2.09439510 rad =      120.0000 deg = 120 deg  0 min  0 sec.
The edge joining vertices  8 and  9 is between faces 10 and 11.
        Dihedral angle is   2.09439510 rad =      120.0000 deg = 120 deg  0 min  0 sec.
The edge joining vertices  8 and 11 is between faces 11 and 12.
        Dihedral angle is   2.09439510 rad =      120.0000 deg = 120 deg  0 min  0 sec.
The edge joining vertices  8 and 13 is between faces 10 and 12.
        Dihedral angle is   2.09439510 rad =      120.0000 deg = 120 deg  0 min  0 sec.
The edge joining vertices  9 and 10 is between faces  1 and 11.
        Dihedral angle is   2.09439510 rad =      120.0000 deg = 120 deg  0 min  0 sec.
The edge joining vertices  9 and 14 is between faces  2 and 10.
        Dihedral angle is   2.09439510 rad =      120.0000 deg = 120 deg  0 min  0 sec.
The edge joining vertices 10 and 11 is between faces  6 and 11.
        Dihedral angle is   2.09439510 rad =      120.0000 deg = 120 deg  0 min  0 sec.
The edge joining vertices 11 and 12 is between faces  5 and 12.
        Dihedral angle is   2.09439510 rad =      120.0000 deg = 120 deg  0 min  0 sec.
The edge joining vertices 12 and 13 is between faces  4 and 12.
        Dihedral angle is   2.09439510 rad =      120.0000 deg = 120 deg  0 min  0 sec.
The edge joining vertices 13 and 14 is between faces  3 and 10.
        Dihedral angle is   2.09439510 rad =      120.0000 deg = 120 deg  0 min  0 sec.
```

Report based on file j28.off

```
Vertex #  1: ( -1.20710678,  0.50000000,  0.00000000).
Vertex #  2: ( -0.50000000,  1.20710678,  0.00000000).
Vertex #  3: (  0.50000000,  1.20710678,  0.00000000).
Vertex #  4: (  1.20710678,  0.50000000,  0.00000000).
Vertex #  5: (  1.20710678, -0.50000000,  0.00000000).
Vertex #  6: (  0.50000000, -1.20710678,  0.00000000).
Vertex #  7: ( -0.50000000, -1.20710678,  0.00000000).
Vertex #  8: ( -1.20710678, -0.50000000,  0.00000000).
Vertex #  9: ( -0.70710678,  0.00000000,  0.70710678).
Vertex # 10: (  0.00000000,  0.70710678,  0.70710678).
Vertex # 11: (  0.70710678,  0.00000000,  0.70710678).
Vertex # 12: (  0.00000000, -0.70710678,  0.70710678).
Vertex # 13: (  0.00000000,  0.70710678, -0.70710678).
Vertex # 14: ( -0.70710678,  0.00000000, -0.70710678).
Vertex # 15: (  0.00000000, -0.70710678, -0.70710678).
Vertex # 16: (  0.70710678,  0.00000000, -0.70710678).


Face #  1 has  4 vertices:
    Vertices input as         11  10   9   8
    Vertices renumbered as    12  11  10   9
      Edge 12 11 is   1.00000000.
      Edge 11 10 is   1.00000000.
      Edge 10  9 is   1.00000000.
      Edge  9 12 is   1.00000000.
      Angle  9 12 11 is   1.57079633 rad =      90.0000 deg =  90 deg  0 min  0 sec.
      Angle 12 11 10 is   1.57079633 rad =      90.0000 deg =  90 deg  0 min  0 sec.
      Angle 11 10  9 is   1.57079633 rad =      90.0000 deg =  90 deg  0 min  0 sec.
      Angle 10  9 12 is   1.57079633 rad =      90.0000 deg =  90 deg  0 min  0 sec.


Face #  2 has  4 vertices:
    Vertices input as          0   8   9   1
    Vertices renumbered as     1   9  10   2
      Edge  1  9 is   1.00000000.
      Edge  9 10 is   1.00000000.
      Edge 10  2 is   1.00000000.
      Edge  2  1 is   1.00000000.
      Angle  2  1  9 is   1.57079633 rad =      90.0000 deg =  90 deg  0 min  0 sec.
      Angle  1  9 10 is   1.57079633 rad =      90.0000 deg =  90 deg  0 min  0 sec.
      Angle  9 10  2 is   1.57079633 rad =      90.0000 deg =  90 deg  0 min  0 sec.
      Angle 10  2  1 is   1.57079633 rad =      90.0000 deg =  90 deg  0 min  0 sec.


Face #  3 has  3 vertices:
    Vertices input as          1   9   2
    Vertices renumbered as     2  10   3
      Edge  2 10 is   1.00000000.
      Edge 10  3 is   1.00000000.
      Edge  3  2 is   1.00000000.
      Angle  3  2 10 is   1.04719755 rad =      60.0000 deg =  60 deg  0 min  0 sec.
      Angle  2 10  3 is   1.04719755 rad =      60.0000 deg =  60 deg  0 min  0 sec.
      Angle 10  3  2 is   1.04719755 rad =      60.0000 deg =  60 deg  0 min  0 sec.


Face #  4 has  4 vertices:
    Vertices input as          2   9  10   3
    Vertices renumbered as     3  10  11   4
      Edge  3 10 is   1.00000000.
      Edge 10 11 is   1.00000000.
```

```
            Edge  11   4 is     1.00000000.
            Edge   4   3 is     1.00000000.
            Angle  4   3  10 is    1.57079633 rad =     90.0000 deg =  90 deg  0 min  0 sec.
            Angle  3  10  11 is    1.57079633 rad =     90.0000 deg =  90 deg  0 min  0 sec.
            Angle 10  11   4 is    1.57079633 rad =     90.0000 deg =  90 deg  0 min  0 sec.
            Angle 11   4   3 is    1.57079633 rad =     90.0000 deg =  90 deg  0 min  0 sec.


Face #  5 has  3 vertices:
    Vertices input as          3   10    4
    Vertices renumbered as     4   11    5
            Edge   4  11 is     1.00000000.
            Edge  11   5 is     1.00000000.
            Edge   5   4 is     1.00000000.
            Angle  5   4  11 is    1.04719755 rad =     60.0000 deg =  60 deg  0 min  0 sec.
            Angle  4  11   5 is    1.04719755 rad =     60.0000 deg =  60 deg  0 min  0 sec.
            Angle 11   5   4 is    1.04719755 rad =     60.0000 deg =  60 deg  0 min  0 sec.


Face #  6 has  4 vertices:
    Vertices input as          4   10   11    5
    Vertices renumbered as     5   11   12    6
            Edge   5  11 is     1.00000000.
            Edge  11  12 is     1.00000000.
            Edge  12   6 is     1.00000000.
            Edge   6   5 is     1.00000000.
            Angle  6   5  11 is    1.57079633 rad =     90.0000 deg =  90 deg  0 min  0 sec.
            Angle  5  11  12 is    1.57079633 rad =     90.0000 deg =  90 deg  0 min  0 sec.
            Angle 11  12   6 is    1.57079633 rad =     90.0000 deg =  90 deg  0 min  0 sec.
            Angle 12   6   5 is    1.57079633 rad =     90.0000 deg =  90 deg  0 min  0 sec.


Face #  7 has  3 vertices:
    Vertices input as          5   11    6
    Vertices renumbered as     6   12    7
            Edge   6  12 is     1.00000000.
            Edge  12   7 is     1.00000000.
            Edge   7   6 is     1.00000000.
            Angle  7   6  12 is    1.04719755 rad =     60.0000 deg =  60 deg  0 min  0 sec.
            Angle  6  12   7 is    1.04719755 rad =     60.0000 deg =  60 deg  0 min  0 sec.
            Angle 12   7   6 is    1.04719755 rad =     60.0000 deg =  60 deg  0 min  0 sec.


Face #  8 has  4 vertices:
    Vertices input as          6   11    8    7
    Vertices renumbered as     7   12    9    8
            Edge   7  12 is     1.00000000.
            Edge  12   9 is     1.00000000.
            Edge   9   8 is     1.00000000.
            Edge   8   7 is     1.00000000.
            Angle  8   7  12 is    1.57079633 rad =     90.0000 deg =  90 deg  0 min  0 sec.
            Angle  7  12   9 is    1.57079633 rad =     90.0000 deg =  90 deg  0 min  0 sec.
            Angle 12   9   8 is    1.57079633 rad =     90.0000 deg =  90 deg  0 min  0 sec.
            Angle  9   8   7 is    1.57079633 rad =     90.0000 deg =  90 deg  0 min  0 sec.


Face #  9 has  3 vertices:
    Vertices input as          7    8    0
    Vertices renumbered as     8    9    1
            Edge   8   9 is     1.00000000.
            Edge   9   1 is     1.00000000.
            Edge   1   8 is     1.00000000.
            Angle  1   8   9 is    1.04719755 rad =     60.0000 deg =  60 deg  0 min  0 sec.
```

```
          Angle   8   9   1 is    1.04719755 rad =        60.0000 deg =  60 deg  0 min  0 sec.
          Angle   9   1   8 is    1.04719755 rad =        60.0000 deg =  60 deg  0 min  0 sec.


Face # 10 has  4 vertices:
     Vertices input as            15  14  13  12
     Vertices renumbered as       16  15  14  13
          Edge 16 15 is   1.00000000.
          Edge 15 14 is   1.00000000.
          Edge 14 13 is   1.00000000.
          Edge 13 16 is   1.00000000.
          Angle  13  16  15 is    1.57079633 rad =        90.0000 deg =  90 deg  0 min  0 sec.
          Angle  16  15  14 is    1.57079633 rad =        90.0000 deg =  90 deg  0 min  0 sec.
          Angle  15  14  13 is    1.57079633 rad =        90.0000 deg =  90 deg  0 min  0 sec.
          Angle  14  13  16 is    1.57079633 rad =        90.0000 deg =  90 deg  0 min  0 sec.


Face # 11 has  4 vertices:
     Vertices input as             1  12  13   0
     Vertices renumbered as        2  13  14   1
          Edge  2 13 is   1.00000000.
          Edge 13 14 is   1.00000000.
          Edge 14  1 is   1.00000000.
          Edge  1  2 is   1.00000000.
          Angle   1   2  13 is    1.57079633 rad =        90.0000 deg =  90 deg  0 min  0 sec.
          Angle   2  13  14 is    1.57079633 rad =        90.0000 deg =  90 deg  0 min  0 sec.
          Angle  13  14   1 is    1.57079633 rad =        90.0000 deg =  90 deg  0 min  0 sec.
          Angle  14   1   2 is    1.57079633 rad =        90.0000 deg =  90 deg  0 min  0 sec.


Face # 12 has  3 vertices:
     Vertices input as             0  13   7
     Vertices renumbered as        1  14   8
          Edge  1 14 is   1.00000000.
          Edge 14  8 is   1.00000000.
          Edge  8  1 is   1.00000000.
          Angle   8   1  14 is    1.04719755 rad =        60.0000 deg =  60 deg  0 min  0 sec.
          Angle   1  14   8 is    1.04719755 rad =        60.0000 deg =  60 deg  0 min  0 sec.
          Angle  14   8   1 is    1.04719755 rad =        60.0000 deg =  60 deg  0 min  0 sec.


Face # 13 has  4 vertices:
     Vertices input as             7  13  14   6
     Vertices renumbered as        8  14  15   7
          Edge  8 14 is   1.00000000.
          Edge 14 15 is   1.00000000.
          Edge 15  7 is   1.00000000.
          Edge  7  8 is   1.00000000.
          Angle   7   8  14 is    1.57079633 rad =        90.0000 deg =  90 deg  0 min  0 sec.
          Angle   8  14  15 is    1.57079633 rad =        90.0000 deg =  90 deg  0 min  0 sec.
          Angle  14  15   7 is    1.57079633 rad =        90.0000 deg =  90 deg  0 min  0 sec.
          Angle  15   7   8 is    1.57079633 rad =        90.0000 deg =  90 deg  0 min  0 sec.


Face # 14 has  3 vertices:
     Vertices input as             6  14   5
     Vertices renumbered as        7  15   6
          Edge  7 15 is   1.00000000.
          Edge 15  6 is   1.00000000.
          Edge  6  7 is   1.00000000.
          Angle   6   7  15 is    1.04719755 rad =        60.0000 deg =  60 deg  0 min  0 sec.
          Angle   7  15   6 is    1.04719755 rad =        60.0000 deg =  60 deg  0 min  0 sec.
          Angle  15   6   7 is    1.04719755 rad =        60.0000 deg =  60 deg  0 min  0 sec.
```

```
Face # 15 has  4 vertices:
    Vertices input as          5  14  15   4
    Vertices renumbered as     6  15  16   5
       Edge  6 15 is    1.00000000.
       Edge 15 16 is    1.00000000.
       Edge 16  5 is    1.00000000.
       Edge  5  6 is    1.00000000.
       Angle  5  6 15 is    1.57079633 rad =        90.0000 deg =  90 deg  0 min  0 sec.
       Angle  6 15 16 is    1.57079633 rad =        90.0000 deg =  90 deg  0 min  0 sec.
       Angle 15 16  5 is    1.57079633 rad =        90.0000 deg =  90 deg  0 min  0 sec.
       Angle 16  5  6 is    1.57079633 rad =        90.0000 deg =  90 deg  0 min  0 sec.

Face # 16 has  3 vertices:
    Vertices input as          4  15   3
    Vertices renumbered as     5  16   4
       Edge  5 16 is    1.00000000.
       Edge 16  4 is    1.00000000.
       Edge  4  5 is    1.00000000.
       Angle  4  5 16 is    1.04719755 rad =        60.0000 deg =  60 deg  0 min  0 sec.
       Angle  5 16  4 is    1.04719755 rad =        60.0000 deg =  60 deg  0 min  0 sec.
       Angle 16  4  5 is    1.04719755 rad =        60.0000 deg =  60 deg  0 min  0 sec.

Face # 17 has  4 vertices:
    Vertices input as          3  15  12   2
    Vertices renumbered as     4  16  13   3
       Edge  4 16 is    1.00000000.
       Edge 16 13 is    1.00000000.
       Edge 13  3 is    1.00000000.
       Edge  3  4 is    1.00000000.
       Angle  3  4 16 is    1.57079633 rad =        90.0000 deg =  90 deg  0 min  0 sec.
       Angle  4 16 13 is    1.57079633 rad =        90.0000 deg =  90 deg  0 min  0 sec.
       Angle 16 13  3 is    1.57079633 rad =        90.0000 deg =  90 deg  0 min  0 sec.
       Angle 13  3  4 is    1.57079633 rad =        90.0000 deg =  90 deg  0 min  0 sec.

Face # 18 has  3 vertices:
    Vertices input as          2  12   1
    Vertices renumbered as     3  13   2
       Edge  3 13 is    1.00000000.
       Edge 13  2 is    1.00000000.
       Edge  2  3 is    1.00000000.
       Angle  2  3 13 is    1.04719755 rad =        60.0000 deg =  60 deg  0 min  0 sec.
       Angle  3 13  2 is    1.04719755 rad =        60.0000 deg =  60 deg  0 min  0 sec.
       Angle 13  2  3 is    1.04719755 rad =        60.0000 deg =  60 deg  0 min  0 sec.


The edge joining vertices   1 and   2 is between faces   2 and 11.
       Dihedral angle is    1.57079633 rad =        90.0000 deg =  90 deg  0 min  0 sec.
The edge joining vertices   1 and   8 is between faces   9 and 12.
       Dihedral angle is    1.91063324 rad =       109.4712 deg = 109 deg 28 min 16 sec.
The edge joining vertices   1 and   9 is between faces   2 and  9.
       Dihedral angle is    2.52611294 rad =       144.7356 deg = 144 deg 44 min  8 sec.
The edge joining vertices   1 and  14 is between faces  11 and 12.
       Dihedral angle is    2.52611294 rad =       144.7356 deg = 144 deg 44 min  8 sec.
The edge joining vertices   2 and   3 is between faces   3 and 18.
       Dihedral angle is    1.91063324 rad =       109.4712 deg = 109 deg 28 min 16 sec.
The edge joining vertices   2 and  10 is between faces   2 and  3.
       Dihedral angle is    2.52611294 rad =       144.7356 deg = 144 deg 44 min  8 sec.
The edge joining vertices   2 and  13 is between faces  11 and 18.
```

```
        Dihedral angle is       2.52611294 rad =        144.7356 deg = 144 deg 44 min   8 sec.
The edge joining vertices  3 and  4 is between faces  4 and 17.
        Dihedral angle is       1.57079633 rad =         90.0000 deg =  90 deg  0 min   0 sec.
The edge joining vertices  3 and 10 is between faces  3 and  4.
        Dihedral angle is       2.52611294 rad =        144.7356 deg = 144 deg 44 min   8 sec.
The edge joining vertices  3 and 13 is between faces 17 and 18.
        Dihedral angle is       2.52611294 rad =        144.7356 deg = 144 deg 44 min   8 sec.
The edge joining vertices  4 and  5 is between faces  5 and 16.
        Dihedral angle is       1.91063324 rad =        109.4712 deg = 109 deg 28 min  16 sec.
The edge joining vertices  4 and 11 is between faces  4 and  5.
        Dihedral angle is       2.52611294 rad =        144.7356 deg = 144 deg 44 min   8 sec.
The edge joining vertices  4 and 16 is between faces 16 and 17.
        Dihedral angle is       2.52611294 rad =        144.7356 deg = 144 deg 44 min   8 sec.
The edge joining vertices  5 and  6 is between faces  6 and 15.
        Dihedral angle is       1.57079633 rad =         90.0000 deg =  90 deg  0 min   0 sec.
The edge joining vertices  5 and 11 is between faces  5 and  6.
        Dihedral angle is       2.52611294 rad =        144.7356 deg = 144 deg 44 min   8 sec.
The edge joining vertices  5 and 16 is between faces 15 and 16.
        Dihedral angle is       2.52611294 rad =        144.7356 deg = 144 deg 44 min   8 sec.
The edge joining vertices  6 and  7 is between faces  7 and 14.
        Dihedral angle is       1.91063324 rad =        109.4712 deg = 109 deg 28 min  16 sec.
The edge joining vertices  6 and 12 is between faces  6 and  7.
        Dihedral angle is       2.52611294 rad =        144.7356 deg = 144 deg 44 min   8 sec.
The edge joining vertices  6 and 15 is between faces 14 and 15.
        Dihedral angle is       2.52611294 rad =        144.7356 deg = 144 deg 44 min   8 sec.
The edge joining vertices  7 and  8 is between faces  8 and 13.
        Dihedral angle is       1.57079633 rad =         90.0000 deg =  90 deg  0 min   0 sec.
The edge joining vertices  7 and 12 is between faces  7 and  8.
        Dihedral angle is       2.52611294 rad =        144.7356 deg = 144 deg 44 min   8 sec.
The edge joining vertices  7 and 15 is between faces 13 and 14.
        Dihedral angle is       2.52611294 rad =        144.7356 deg = 144 deg 44 min   8 sec.
The edge joining vertices  8 and  9 is between faces  8 and  9.
        Dihedral angle is       2.52611294 rad =        144.7356 deg = 144 deg 44 min   8 sec.
The edge joining vertices  8 and 14 is between faces 12 and 13.
        Dihedral angle is       2.52611294 rad =        144.7356 deg = 144 deg 44 min   8 sec.
The edge joining vertices  9 and 10 is between faces  1 and  2.
        Dihedral angle is       2.35619449 rad =        135.0000 deg = 135 deg  0 min   0 sec.
The edge joining vertices  9 and 12 is between faces  1 and  8.
        Dihedral angle is       2.35619449 rad =        135.0000 deg = 135 deg  0 min   0 sec.
The edge joining vertices 10 and 11 is between faces  1 and  4.
        Dihedral angle is       2.35619449 rad =        135.0000 deg = 135 deg  0 min   0 sec.
The edge joining vertices 11 and 12 is between faces  1 and  6.
        Dihedral angle is       2.35619449 rad =        135.0000 deg = 135 deg  0 min   0 sec.
The edge joining vertices 13 and 14 is between faces 10 and 11.
        Dihedral angle is       2.35619449 rad =        135.0000 deg = 135 deg  0 min   0 sec.
The edge joining vertices 13 and 16 is between faces 10 and 17.
        Dihedral angle is       2.35619449 rad =        135.0000 deg = 135 deg  0 min   0 sec.
The edge joining vertices 14 and 15 is between faces 10 and 13.
        Dihedral angle is       2.35619449 rad =        135.0000 deg = 135 deg  0 min   0 sec.
The edge joining vertices 15 and 16 is between faces 10 and 15.
        Dihedral angle is       2.35619449 rad =        135.0000 deg = 135 deg  0 min   0 sec.
```

Report based on file j28d.off

Vertex # 1: (0.00000000,   0.00000000,   1.06066017).
Vertex # 2: (-0.43933983,   0.43933983,   0.62132034).
Vertex # 3: (0.00000000,   0.62132034,   0.43933983).
Vertex # 4: (0.43933983,   0.43933983,   0.62132034).
Vertex # 5: (0.62132034,   0.00000000,   0.43933983).
Vertex # 6: (0.43933983, -0.43933983,   0.62132034).
Vertex # 7: (0.00000000, -0.62132034,   0.43933983).
Vertex # 8: (-0.43933983, -0.43933983,   0.62132034).
Vertex # 9: (-0.62132034,   0.00000000,   0.43933983).
Vertex # 10: (0.00000000,   0.00000000, -1.06066017).
Vertex # 11: (-0.43933983,   0.43933983, -0.62132034).
Vertex # 12: (-0.62132034,   0.00000000, -0.43933983).
Vertex # 13: (-0.43933983, -0.43933983, -0.62132034).
Vertex # 14: (0.00000000, -0.62132034, -0.43933983).
Vertex # 15: (0.43933983, -0.43933983, -0.62132034).
Vertex # 16: (0.62132034,   0.00000000, -0.43933983).
Vertex # 17: (0.43933983,   0.43933983, -0.62132034).
Vertex # 18: (0.00000000,   0.62132034, -0.43933983).

Face # 1 has 4 vertices:
    Vertices input as   1 10 11   8
    Vertices renumbered as   2 11 12   9
       Edge 2 11 is   1.24264069.
       Edge 11 12 is   0.50916923.
       Edge 12 9 is   0.87867966.
       Edge 9 2 is   0.50916923.
       Angle 9 2 11 is   1.20530657 rad =   69.0590 deg = 69 deg   3 min 32 sec.
       Angle 2 11 12 is   1.20530657 rad =   69.0590 deg = 69 deg   3 min 32 sec.
       Angle 11 12 9 is   1.93628608 rad =   110.9410 deg = 110 deg 56 min 28 sec.
       Angle 12 9 2 is   1.93628608 rad =   110.9410 deg = 110 deg 56 min 28 sec.

Face # 2 has 4 vertices:
    Vertices input as   10   1   2 17
    Vertices renumbered as   11   2   3 18
       Edge 11 2 is   1.24264069.
       Edge 2 3 is   0.50916923.
       Edge 3 18 is   0.87867966.
       Edge 18 11 is   0.50916923.
       Angle 18 11 2 is   1.20530657 rad =   69.0590 deg = 69 deg   3 min 32 sec.
       Angle 11 2 3 is   1.20530657 rad =   69.0590 deg = 69 deg   3 min 32 sec.
       Angle 2 3 18 is   1.93628608 rad =   110.9410 deg = 110 deg 56 min 28 sec.
       Angle 3 18 11 is   1.93628608 rad =   110.9410 deg = 110 deg 56 min 28 sec.

Face # 3 has 4 vertices:
    Vertices input as   17   2   3 16
    Vertices renumbered as   18   3   4 17
       Edge 18 3 is   0.87867966.
       Edge 3 4 is   0.50916923.
       Edge 4 17 is   1.24264069.
       Edge 17 18 is   0.50916923.
       Angle 17 18 3 is   1.93628608 rad =   110.9410 deg = 110 deg 56 min 28 sec.
       Angle 18 3 4 is   1.93628608 rad =   110.9410 deg = 110 deg 56 min 28 sec.
       Angle 3 4 17 is   1.20530657 rad =   69.0590 deg = 69 deg   3 min 32 sec.
       Angle 4 17 18 is   1.20530657 rad =   69.0590 deg = 69 deg   3 min 32 sec.

Face # 4 has 4 vertices:

```
    Vertices input as             16    3    4   15
    Vertices renumbered as        17    4    5   16
       Edge 17   4 is    1.24264069.
       Edge  4   5 is    0.50916923.
       Edge  5  16 is    0.87867966.
       Edge 16  17 is    0.50916923.
       Angle 16  17   4 is    1.20530657 rad =     69.0590 deg =  69 deg   3 min 32 sec.
       Angle 17   4   5 is    1.20530657 rad =     69.0590 deg =  69 deg   3 min 32 sec.
       Angle  4   5  16 is    1.93628608 rad =    110.9410 deg = 110 deg  56 min 28 sec.
       Angle  5  16  17 is    1.93628608 rad =    110.9410 deg = 110 deg  56 min 28 sec.

Face #  5 has  4 vertices:
    Vertices input as             15    4    5   14
    Vertices renumbered as        16    5    6   15
       Edge 16   5 is    0.87867966.
       Edge  5   6 is    0.50916923.
       Edge  6  15 is    1.24264069.
       Edge 15  16 is    0.50916923.
       Angle 15  16   5 is    1.93628608 rad =    110.9410 deg = 110 deg  56 min 28 sec.
       Angle 16   5   6 is    1.93628608 rad =    110.9410 deg = 110 deg  56 min 28 sec.
       Angle  5   6  15 is    1.20530657 rad =     69.0590 deg =  69 deg   3 min 32 sec.
       Angle  6  15  16 is    1.20530657 rad =     69.0590 deg =  69 deg   3 min 32 sec.

Face #  6 has  4 vertices:
    Vertices input as             14    5    6   13
    Vertices renumbered as        15    6    7   14
       Edge 15   6 is    1.24264069.
       Edge  6   7 is    0.50916923.
       Edge  7  14 is    0.87867966.
       Edge 14  15 is    0.50916923.
       Angle 14  15   6 is    1.20530657 rad =     69.0590 deg =  69 deg   3 min 32 sec.
       Angle 15   6   7 is    1.20530657 rad =     69.0590 deg =  69 deg   3 min 32 sec.
       Angle  6   7  14 is    1.93628608 rad =    110.9410 deg = 110 deg  56 min 28 sec.
       Angle  7  14  15 is    1.93628608 rad =    110.9410 deg = 110 deg  56 min 28 sec.

Face #  7 has  4 vertices:
    Vertices input as             13    6    7   12
    Vertices renumbered as        14    7    8   13
       Edge 14   7 is    0.87867966.
       Edge  7   8 is    0.50916923.
       Edge  8  13 is    1.24264069.
       Edge 13  14 is    0.50916923.
       Angle 13  14   7 is    1.93628608 rad =    110.9410 deg = 110 deg  56 min 28 sec.
       Angle 14   7   8 is    1.93628608 rad =    110.9410 deg = 110 deg  56 min 28 sec.
       Angle  7   8  13 is    1.20530657 rad =     69.0590 deg =  69 deg   3 min 32 sec.
       Angle  8  13  14 is    1.20530657 rad =     69.0590 deg =  69 deg   3 min 32 sec.

Face #  8 has  4 vertices:
    Vertices input as              8   11   12    7
    Vertices renumbered as         9   12   13    8
       Edge  9  12 is    0.87867966.
       Edge 12  13 is    0.50916923.
       Edge 13   8 is    1.24264069.
       Edge  8   9 is    0.50916923.
       Angle  8   9  12 is    1.93628608 rad =    110.9410 deg = 110 deg  56 min 28 sec.
       Angle  9  12  13 is    1.93628608 rad =    110.9410 deg = 110 deg  56 min 28 sec.
       Angle 12  13   8 is    1.20530657 rad =     69.0590 deg =  69 deg   3 min 32 sec.
       Angle 13   8   9 is    1.20530657 rad =     69.0590 deg =  69 deg   3 min 32 sec.
```

```
Face #  9 has  4 vertices:
    Vertices input as          1    8    7    0
    Vertices renumbered as     2    9    8    1
       Edge  2  9 is   0.50916923.
       Edge  9  8 is   0.50916923.
       Edge  8  1 is   0.76095890.
       Edge  1  2 is   0.76095890.
       Angle 1  2  9 is  1.48521941 rad =      85.0968 deg =  85 deg  5 min 48 sec.
       Angle 2  9  8 is  2.08178707 rad =     119.2776 deg = 119 deg 16 min 39 sec.
       Angle 9  8  1 is  1.48521941 rad =      85.0968 deg =  85 deg  5 min 48 sec.
       Angle 8  1  2 is  1.23095942 rad =      70.5288 deg =  70 deg 31 min 44 sec.

Face # 10 has  4 vertices:
    Vertices input as          2    1    0    3
    Vertices renumbered as     3    2    1    4
       Edge  3  2 is   0.50916923.
       Edge  2  1 is   0.76095890.
       Edge  1  4 is   0.76095890.
       Edge  4  3 is   0.50916923.
       Angle 4  3  2 is  2.08178707 rad =     119.2776 deg = 119 deg 16 min 39 sec.
       Angle 3  2  1 is  1.48521941 rad =      85.0968 deg =  85 deg  5 min 48 sec.
       Angle 2  1  4 is  1.23095942 rad =      70.5288 deg =  70 deg 31 min 44 sec.
       Angle 1  4  3 is  1.48521941 rad =      85.0968 deg =  85 deg  5 min 48 sec.

Face # 11 has  4 vertices:
    Vertices input as          4    3    0    5
    Vertices renumbered as     5    4    1    6
       Edge  5  4 is   0.50916923.
       Edge  4  1 is   0.76095890.
       Edge  1  6 is   0.76095890.
       Edge  6  5 is   0.50916923.
       Angle 6  5  4 is  2.08178707 rad =     119.2776 deg = 119 deg 16 min 39 sec.
       Angle 5  4  1 is  1.48521941 rad =      85.0968 deg =  85 deg  5 min 48 sec.
       Angle 4  1  6 is  1.23095942 rad =      70.5288 deg =  70 deg 31 min 44 sec.
       Angle 1  6  5 is  1.48521941 rad =      85.0968 deg =  85 deg  5 min 48 sec.

Face # 12 has  4 vertices:
    Vertices input as          6    5    0    7
    Vertices renumbered as     7    6    1    8
       Edge  7  6 is   0.50916923.
       Edge  6  1 is   0.76095890.
       Edge  1  8 is   0.76095890.
       Edge  8  7 is   0.50916923.
       Angle 8  7  6 is  2.08178707 rad =     119.2776 deg = 119 deg 16 min 39 sec.
       Angle 7  6  1 is  1.48521941 rad =      85.0968 deg =  85 deg  5 min 48 sec.
       Angle 6  1  8 is  1.23095942 rad =      70.5288 deg =  70 deg 31 min 44 sec.
       Angle 1  8  7 is  1.48521941 rad =      85.0968 deg =  85 deg  5 min 48 sec.

Face # 13 has  4 vertices:
    Vertices input as         10   17   16    9
    Vertices renumbered as    11   18   17   10
       Edge 11 18 is   0.50916923.
       Edge 18 17 is   0.50916923.
       Edge 17 10 is   0.76095890.
       Edge 10 11 is   0.76095890.
       Angle 10 11 18 is  1.48521941 rad =      85.0968 deg =  85 deg  5 min 48 sec.
       Angle 11 18 17 is  2.08178707 rad =     119.2776 deg = 119 deg 16 min 39 sec.
       Angle 18 17 10 is  1.48521941 rad =      85.0968 deg =  85 deg  5 min 48 sec.
```

```
        Angle 17 10 11 is    1.23095942 rad =         70.5288 deg =  70 deg 31 min 44 sec.


Face # 14 has  4 vertices:
    Vertices input as         11  10   9  12
    Vertices renumbered as    12  11  10  13
        Edge 12 11 is   0.50916923.
        Edge 11 10 is   0.76095890.
        Edge 10 13 is   0.76095890.
        Edge 13 12 is   0.50916923.
        Angle 13 12 11 is    2.08178707 rad =        119.2776 deg = 119 deg 16 min 39 sec.
        Angle 12 11 10 is    1.48521941 rad =         85.0968 deg =  85 deg  5 min 48 sec.
        Angle 11 10 13 is    1.23095942 rad =         70.5288 deg =  70 deg 31 min 44 sec.
        Angle 10 13 12 is    1.48521941 rad =         85.0968 deg =  85 deg  5 min 48 sec.

Face # 15 has  4 vertices:
    Vertices input as         14  13  12   9
    Vertices renumbered as    15  14  13  10
        Edge 15 14 is   0.50916923.
        Edge 14 13 is   0.50916923.
        Edge 13 10 is   0.76095890.
        Edge 10 15 is   0.76095890.
        Angle 10 15 14 is    1.48521941 rad =         85.0968 deg =  85 deg  5 min 48 sec.
        Angle 15 14 13 is    2.08178707 rad =        119.2776 deg = 119 deg 16 min 39 sec.
        Angle 14 13 10 is    1.48521941 rad =         85.0968 deg =  85 deg  5 min 48 sec.
        Angle 13 10 15 is    1.23095942 rad =         70.5288 deg =  70 deg 31 min 44 sec.

Face # 16 has  4 vertices:
    Vertices input as         16  15  14   9
    Vertices renumbered as    17  16  15  10
        Edge 17 16 is   0.50916923.
        Edge 16 15 is   0.50916923.
        Edge 15 10 is   0.76095890.
        Edge 10 17 is   0.76095890.
        Angle 10 17 16 is    1.48521941 rad =         85.0968 deg =  85 deg  5 min 48 sec.
        Angle 17 16 15 is    2.08178707 rad =        119.2776 deg = 119 deg 16 min 39 sec.
        Angle 16 15 10 is    1.48521941 rad =         85.0968 deg =  85 deg  5 min 48 sec.
        Angle 15 10 17 is    1.23095942 rad =         70.5288 deg =  70 deg 31 min 44 sec.


The edge joining vertices   1 and  2 is between faces  9 and 10.
    Dihedral angle is    2.09439510 rad =        120.0000 deg = 120 deg  0 min  0 sec.
The edge joining vertices   1 and  4 is between faces 10 and 11.
    Dihedral angle is    2.09439510 rad =        120.0000 deg = 120 deg  0 min  0 sec.
The edge joining vertices   1 and  6 is between faces 11 and 12.
    Dihedral angle is    2.09439510 rad =        120.0000 deg = 120 deg  0 min  0 sec.
The edge joining vertices   1 and  8 is between faces  9 and 12.
    Dihedral angle is    2.09439510 rad =        120.0000 deg = 120 deg  0 min  0 sec.
The edge joining vertices   2 and  3 is between faces  2 and 10.
    Dihedral angle is    2.28270689 rad =        130.7895 deg = 130 deg 47 min 22 sec.
The edge joining vertices   2 and  9 is between faces  1 and  9.
    Dihedral angle is    2.28270689 rad =        130.7895 deg = 130 deg 47 min 22 sec.
The edge joining vertices   2 and 11 is between faces  1 and  2.
    Dihedral angle is    2.35619449 rad =        135.0000 deg = 135 deg  0 min  0 sec.
The edge joining vertices   3 and  4 is between faces  3 and 10.
    Dihedral angle is    2.28270689 rad =        130.7895 deg = 130 deg 47 min 22 sec.
The edge joining vertices   3 and 18 is between faces  2 and  3.
    Dihedral angle is    2.35619449 rad =        135.0000 deg = 135 deg  0 min  0 sec.
The edge joining vertices   4 and  5 is between faces  4 and 11.
    Dihedral angle is    2.28270689 rad =        130.7895 deg = 130 deg 47 min 22 sec.
The edge joining vertices   4 and 17 is between faces  3 and  4.
```

```
            Dihedral angle is     2.35619449 rad =      135.0000 deg = 135 deg   0 min   0 sec.
The edge joining vertices  5 and  6 is between faces   5 and 11.
            Dihedral angle is     2.28270689 rad =      130.7895 deg = 130 deg  47 min  22 sec.
The edge joining vertices  5 and 16 is between faces   4 and  5.
            Dihedral angle is     2.35619449 rad =      135.0000 deg = 135 deg   0 min   0 sec.
The edge joining vertices  6 and  7 is between faces   6 and 12.
            Dihedral angle is     2.28270689 rad =      130.7895 deg = 130 deg  47 min  22 sec.
The edge joining vertices  6 and 15 is between faces   5 and  6.
            Dihedral angle is     2.35619449 rad =      135.0000 deg = 135 deg   0 min   0 sec.
The edge joining vertices  7 and  8 is between faces   7 and 12.
            Dihedral angle is     2.28270689 rad =      130.7895 deg = 130 deg  47 min  22 sec.
The edge joining vertices  7 and 14 is between faces   6 and  7.
            Dihedral angle is     2.35619449 rad =      135.0000 deg = 135 deg   0 min   0 sec.
The edge joining vertices  8 and  9 is between faces   8 and  9.
            Dihedral angle is     2.28270689 rad =      130.7895 deg = 130 deg  47 min  22 sec.
The edge joining vertices  8 and 13 is between faces   7 and  8.
            Dihedral angle is     2.35619449 rad =      135.0000 deg = 135 deg   0 min   0 sec.
The edge joining vertices  9 and 12 is between faces   1 and  8.
            Dihedral angle is     2.35619449 rad =      135.0000 deg = 135 deg   0 min   0 sec.
The edge joining vertices 10 and 11 is between faces  13 and 14.
            Dihedral angle is     2.09439510 rad =      120.0000 deg = 120 deg   0 min   0 sec.
The edge joining vertices 10 and 13 is between faces  14 and 15.
            Dihedral angle is     2.09439510 rad =      120.0000 deg = 120 deg   0 min   0 sec.
The edge joining vertices 10 and 15 is between faces  15 and 16.
            Dihedral angle is     2.09439510 rad =      120.0000 deg = 120 deg   0 min   0 sec.
The edge joining vertices 10 and 17 is between faces  13 and 16.
            Dihedral angle is     2.09439510 rad =      120.0000 deg = 120 deg   0 min   0 sec.
The edge joining vertices 11 and 12 is between faces   1 and 14.
            Dihedral angle is     2.28270689 rad =      130.7895 deg = 130 deg  47 min  22 sec.
The edge joining vertices 11 and 18 is between faces   2 and 13.
            Dihedral angle is     2.28270689 rad =      130.7895 deg = 130 deg  47 min  22 sec.
The edge joining vertices 12 and 13 is between faces   8 and 14.
            Dihedral angle is     2.28270689 rad =      130.7895 deg = 130 deg  47 min  22 sec.
The edge joining vertices 13 and 14 is between faces   7 and 15.
            Dihedral angle is     2.28270689 rad =      130.7895 deg = 130 deg  47 min  22 sec.
The edge joining vertices 14 and 15 is between faces   6 and 15.
            Dihedral angle is     2.28270689 rad =      130.7895 deg = 130 deg  47 min  22 sec.
The edge joining vertices 15 and 16 is between faces   5 and 16.
            Dihedral angle is     2.28270689 rad =      130.7895 deg = 130 deg  47 min  22 sec.
The edge joining vertices 16 and 17 is between faces   4 and 16.
            Dihedral angle is     2.28270689 rad =      130.7895 deg = 130 deg  47 min  22 sec.
The edge joining vertices 17 and 18 is between faces   3 and 13.
            Dihedral angle is     2.28270689 rad =      130.7895 deg = 130 deg  47 min  22 sec.
```

Report based on file j29.off

Vertex # 1: (-0.92387953, -0.92387953, 0.00000000).
Vertex # 2: (-1.30656296, 0.00000000, 0.00000000).
Vertex # 3: (-0.92387953, 0.92387953, 0.00000000).
Vertex # 4: (0.00000000, 1.30656296, 0.00000000).
Vertex # 5: (0.92387953, 0.92387953, 0.00000000).
Vertex # 6: (1.30656296, 0.00000000, 0.00000000).
Vertex # 7: (0.92387953, -0.92387953, 0.00000000).
Vertex # 8: (0.00000000, -1.30656296, 0.00000000).
Vertex # 9: (-0.27059805, -0.65328148, 0.70710678).
Vertex # 10: (-0.65328148, 0.27059805, 0.70710678).
Vertex # 11: (0.27059805, 0.65328148, 0.70710678).
Vertex # 12: (0.65328148, -0.27059805, 0.70710678).
Vertex # 13: (-0.65328148, -0.27059805, -0.70710678).
Vertex # 14: (0.27059805, -0.65328148, -0.70710678).
Vertex # 15: (0.65328148, 0.27059805, -0.70710678).
Vertex # 16: (-0.27059805, 0.65328148, -0.70710678).

Face # 1 has 4 vertices:
    Vertices input as   11   10   9   8
    Vertices renumbered as   12   11   10   9
      Edge 12 11 is   1.00000000.
      Edge 11 10 is   1.00000000.
      Edge 10 9 is   1.00000000.
      Edge 9 12 is   1.00000000.
      Angle 9 12 11 is   1.57079633 rad =   90.0000 deg =   90 deg 0 min 0 sec.
      Angle 12 11 10 is   1.57079633 rad =   90.0000 deg =   90 deg 0 min 0 sec.
      Angle 11 10 9 is   1.57079633 rad =   90.0000 deg =   90 deg 0 min 0 sec.
      Angle 10 9 12 is   1.57079633 rad =   90.0000 deg =   90 deg 0 min 0 sec.

Face # 2 has 4 vertices:
    Vertices input as   0   8   9   1
    Vertices renumbered as   1   9   10   2
      Edge 1 9 is   1.00000000.
      Edge 9 10 is   1.00000000.
      Edge 10 2 is   1.00000000.
      Edge 2 1 is   1.00000000.
      Angle 2 1 9 is   1.57079633 rad =   90.0000 deg =   90 deg 0 min 0 sec.
      Angle 1 9 10 is   1.57079633 rad =   90.0000 deg =   90 deg 0 min 0 sec.
      Angle 9 10 2 is   1.57079633 rad =   90.0000 deg =   90 deg 0 min 0 sec.
      Angle 10 2 1 is   1.57079633 rad =   90.0000 deg =   90 deg 0 min 0 sec.

Face # 3 has 3 vertices:
    Vertices input as   1   9   2
    Vertices renumbered as   2   10   3
      Edge 2 10 is   1.00000000.
      Edge 10 3 is   1.00000000.
      Edge 3 2 is   1.00000000.
      Angle 3 2 10 is   1.04719755 rad =   60.0000 deg =   60 deg 0 min 0 sec.
      Angle 2 10 3 is   1.04719755 rad =   60.0000 deg =   60 deg 0 min 0 sec.
      Angle 10 3 2 is   1.04719755 rad =   60.0000 deg =   60 deg 0 min 0 sec.

Face # 4 has 4 vertices:
    Vertices input as   2   9   10   3
    Vertices renumbered as   3   10   11   4
      Edge 3 10 is   1.00000000.
      Edge 10 11 is   1.00000000.

```
         Edge  11   4 is    1.00000000.
         Edge   4   3 is    1.00000000.
         Angle  4   3  10 is   1.57079633 rad =       90.0000 deg  =  90 deg  0 min  0 sec.
         Angle  3  10  11 is   1.57079633 rad =       90.0000 deg  =  90 deg  0 min  0 sec.
         Angle 10  11   4 is   1.57079633 rad =       90.0000 deg  =  90 deg  0 min  0 sec.
         Angle 11   4   3 is   1.57079633 rad =       90.0000 deg  =  90 deg  0 min  0 sec.

Face #  5 has  3 vertices:
    Vertices input as           3   10   4
    Vertices renumbered as      4   11   5
         Edge   4  11 is    1.00000000.
         Edge  11   5 is    1.00000000.
         Edge   5   4 is    1.00000000.
         Angle  5   4  11 is   1.04719755 rad =       60.0000 deg  =  60 deg  0 min  0 sec.
         Angle  4  11   5 is   1.04719755 rad =       60.0000 deg  =  60 deg  0 min  0 sec.
         Angle 11   5   4 is   1.04719755 rad =       60.0000 deg  =  60 deg  0 min  0 sec.

Face #  6 has  4 vertices:
    Vertices input as           4  10  11   5
    Vertices renumbered as      5  11  12   6
         Edge   5  11 is    1.00000000.
         Edge  11  12 is    1.00000000.
         Edge  12   6 is    1.00000000.
         Edge   6   5 is    1.00000000.
         Angle  6   5  11 is   1.57079633 rad =       90.0000 deg  =  90 deg  0 min  0 sec.
         Angle  5  11  12 is   1.57079633 rad =       90.0000 deg  =  90 deg  0 min  0 sec.
         Angle 11  12   6 is   1.57079633 rad =       90.0000 deg  =  90 deg  0 min  0 sec.
         Angle 12   6   5 is   1.57079633 rad =       90.0000 deg  =  90 deg  0 min  0 sec.

Face #  7 has  3 vertices:
    Vertices input as           5  11   6
    Vertices renumbered as      6  12   7
         Edge   6  12 is    1.00000000.
         Edge  12   7 is    1.00000000.
         Edge   7   6 is    1.00000000.
         Angle  7   6  12 is   1.04719755 rad =       60.0000 deg  =  60 deg  0 min  0 sec.
         Angle  6  12   7 is   1.04719755 rad =       60.0000 deg  =  60 deg  0 min  0 sec.
         Angle 12   7   6 is   1.04719755 rad =       60.0000 deg  =  60 deg  0 min  0 sec.

Face #  8 has  4 vertices:
    Vertices input as           6  11   8   7
    Vertices renumbered as      7  12   9   8
         Edge   7  12 is    1.00000000.
         Edge  12   9 is    1.00000000.
         Edge   9   8 is    1.00000000.
         Edge   8   7 is    1.00000000.
         Angle  8   7  12 is   1.57079633 rad =       90.0000 deg  =  90 deg  0 min  0 sec.
         Angle  7  12   9 is   1.57079633 rad =       90.0000 deg  =  90 deg  0 min  0 sec.
         Angle 12   9   8 is   1.57079633 rad =       90.0000 deg  =  90 deg  0 min  0 sec.
         Angle  9   8   7 is   1.57079633 rad =       90.0000 deg  =  90 deg  0 min  0 sec.

Face #  9 has  3 vertices:
    Vertices input as           7   8   0
    Vertices renumbered as      8   9   1
         Edge   8   9 is    1.00000000.
         Edge   9   1 is    1.00000000.
         Edge   1   8 is    1.00000000.
         Angle  1   8   9 is   1.04719755 rad =       60.0000 deg  =  60 deg  0 min  0 sec.
```

```
        Angle   8   9   1 is   1.04719755 rad =     60.0000 deg =  60 deg  0 min  0 sec.
        Angle   9   1   8 is   1.04719755 rad =     60.0000 deg =  60 deg  0 min  0 sec.


Face # 10 has  4 vertices:
    Vertices input as        15  14  13  12
    Vertices renumbered as   16  15  14  13
        Edge 16 15 is   1.00000000.
        Edge 15 14 is   1.00000000.
        Edge 14 13 is   1.00000000.
        Edge 13 16 is   1.00000000.
        Angle 13 16 15 is   1.57079633 rad =     90.0000 deg =  90 deg  0 min  0 sec.
        Angle 16 15 14 is   1.57079633 rad =     90.0000 deg =  90 deg  0 min  0 sec.
        Angle 15 14 13 is   1.57079633 rad =     90.0000 deg =  90 deg  0 min  0 sec.
        Angle 14 13 16 is   1.57079633 rad =     90.0000 deg =  90 deg  0 min  0 sec.


Face # 11 has  4 vertices:
    Vertices input as         0  12  13   7
    Vertices renumbered as    1  13  14   8
        Edge  1 13 is   1.00000000.
        Edge 13 14 is   1.00000000.
        Edge 14  8 is   1.00000000.
        Edge  8  1 is   1.00000000.
        Angle  8  1 13 is   1.57079633 rad =     90.0000 deg =  90 deg  0 min  0 sec.
        Angle  1 13 14 is   1.57079633 rad =     90.0000 deg =  90 deg  0 min  0 sec.
        Angle 13 14  8 is   1.57079633 rad =     90.0000 deg =  90 deg  0 min  0 sec.
        Angle 14  8  1 is   1.57079633 rad =     90.0000 deg =  90 deg  0 min  0 sec.


Face # 12 has  3 vertices:
    Vertices input as         7  13   6
    Vertices renumbered as    8  14   7
        Edge  8 14 is   1.00000000.
        Edge 14  7 is   1.00000000.
        Edge  7  8 is   1.00000000.
        Angle  7  8 14 is   1.04719755 rad =     60.0000 deg =  60 deg  0 min  0 sec.
        Angle  8 14  7 is   1.04719755 rad =     60.0000 deg =  60 deg  0 min  0 sec.
        Angle 14  7  8 is   1.04719755 rad =     60.0000 deg =  60 deg  0 min  0 sec.


Face # 13 has  4 vertices:
    Vertices input as         6  13  14   5
    Vertices renumbered as    7  14  15   6
        Edge  7 14 is   1.00000000.
        Edge 14 15 is   1.00000000.
        Edge 15  6 is   1.00000000.
        Edge  6  7 is   1.00000000.
        Angle  6  7 14 is   1.57079633 rad =     90.0000 deg =  90 deg  0 min  0 sec.
        Angle  7 14 15 is   1.57079633 rad =     90.0000 deg =  90 deg  0 min  0 sec.
        Angle 14 15  6 is   1.57079633 rad =     90.0000 deg =  90 deg  0 min  0 sec.
        Angle 15  6  7 is   1.57079633 rad =     90.0000 deg =  90 deg  0 min  0 sec.


Face # 14 has  3 vertices:
    Vertices input as         5  14   4
    Vertices renumbered as    6  15   5
        Edge  6 15 is   1.00000000.
        Edge 15  5 is   1.00000000.
        Edge  5  6 is   1.00000000.
        Angle  5  6 15 is   1.04719755 rad =     60.0000 deg =  60 deg  0 min  0 sec.
        Angle  6 15  5 is   1.04719755 rad =     60.0000 deg =  60 deg  0 min  0 sec.
        Angle 15  5  6 is   1.04719755 rad =     60.0000 deg =  60 deg  0 min  0 sec.
```

```
Face # 15 has  4 vertices:
    Vertices input as         4  14  15   3
    Vertices renumbered as    5  15  16   4
      Edge   5  15 is   1.00000000.
      Edge  15  16 is   1.00000000.
      Edge  16   4 is   1.00000000.
      Edge   4   5 is   1.00000000.
      Angle   4   5  15 is   1.57079633 rad =         90.0000 deg =  90 deg  0 min  0 sec.
      Angle   5  15  16 is   1.57079633 rad =         90.0000 deg =  90 deg  0 min  0 sec.
      Angle  15  16   4 is   1.57079633 rad =         90.0000 deg =  90 deg  0 min  0 sec.
      Angle  16   4   5 is   1.57079633 rad =         90.0000 deg =  90 deg  0 min  0 sec.

Face # 16 has  3 vertices:
    Vertices input as         3  15   2
    Vertices renumbered as    4  16   3
      Edge   4  16 is   1.00000000.
      Edge  16   3 is   1.00000000.
      Edge   3   4 is   1.00000000.
      Angle   3   4  16 is   1.04719755 rad =         60.0000 deg =  60 deg  0 min  0 sec.
      Angle   4  16   3 is   1.04719755 rad =         60.0000 deg =  60 deg  0 min  0 sec.
      Angle  16   3   4 is   1.04719755 rad =         60.0000 deg =  60 deg  0 min  0 sec.

Face # 17 has  4 vertices:
    Vertices input as         2  15  12   1
    Vertices renumbered as    3  16  13   2
      Edge   3  16 is   1.00000000.
      Edge  16  13 is   1.00000000.
      Edge  13   2 is   1.00000000.
      Edge   2   3 is   1.00000000.
      Angle   2   3  16 is   1.57079633 rad =         90.0000 deg =  90 deg  0 min  0 sec.
      Angle   3  16  13 is   1.57079633 rad =         90.0000 deg =  90 deg  0 min  0 sec.
      Angle  16  13   2 is   1.57079633 rad =         90.0000 deg =  90 deg  0 min  0 sec.
      Angle  13   2   3 is   1.57079633 rad =         90.0000 deg =  90 deg  0 min  0 sec.

Face # 18 has  3 vertices:
    Vertices input as         1  12   0
    Vertices renumbered as    2  13   1
      Edge   2  13 is   1.00000000.
      Edge  13   1 is   1.00000000.
      Edge   1   2 is   1.00000000.
      Angle   1   2  13 is   1.04719755 rad =         60.0000 deg =  60 deg  0 min  0 sec.
      Angle   2  13   1 is   1.04719755 rad =         60.0000 deg =  60 deg  0 min  0 sec.
      Angle  13   1   2 is   1.04719755 rad =         60.0000 deg =  60 deg  0 min  0 sec.

The edge joining vertices   1 and  2 is between faces  2 and 18.
       Dihedral angle is   1.74071478 rad =         99.7356 deg =  99 deg 44 min  8 sec.
The edge joining vertices   1 and  8 is between faces  9 and 11.
       Dihedral angle is   1.74071478 rad =         99.7356 deg =  99 deg 44 min  8 sec.
The edge joining vertices   1 and  9 is between faces  2 and  9.
       Dihedral angle is   2.52611294 rad =        144.7356 deg = 144 deg 44 min  8 sec.
The edge joining vertices   1 and 13 is between faces 11 and 18.
       Dihedral angle is   2.52611294 rad =        144.7356 deg = 144 deg 44 min  8 sec.
The edge joining vertices   2 and  3 is between faces  3 and 17.
       Dihedral angle is   1.74071478 rad =         99.7356 deg =  99 deg 44 min  8 sec.
The edge joining vertices   2 and 10 is between faces  2 and  3.
       Dihedral angle is   2.52611294 rad =        144.7356 deg = 144 deg 44 min  8 sec.
The edge joining vertices   2 and 13 is between faces 17 and 18.
```

```
        Dihedral angle is    2.52611294 rad =        144.7356 deg = 144 deg 44 min  8 sec.
The edge joining vertices  3 and  4 is between faces  4 and 16.
        Dihedral angle is    1.74071478 rad =         99.7356 deg =  99 deg 44 min  8 sec.
The edge joining vertices  3 and 10 is between faces  3 and  4.
        Dihedral angle is    2.52611294 rad =        144.7356 deg = 144 deg 44 min  8 sec.
The edge joining vertices  3 and 16 is between faces 16 and 17.
        Dihedral angle is    2.52611294 rad =        144.7356 deg = 144 deg 44 min  8 sec.
The edge joining vertices  4 and  5 is between faces  5 and 15.
        Dihedral angle is    1.74071478 rad =         99.7356 deg =  99 deg 44 min  8 sec.
The edge joining vertices  4 and 11 is between faces  4 and  5.
        Dihedral angle is    2.52611294 rad =        144.7356 deg = 144 deg 44 min  8 sec.
The edge joining vertices  4 and 16 is between faces 15 and 16.
        Dihedral angle is    2.52611294 rad =        144.7356 deg = 144 deg 44 min  8 sec.
The edge joining vertices  5 and  6 is between faces  6 and 14.
        Dihedral angle is    1.74071478 rad =         99.7356 deg =  99 deg 44 min  8 sec.
The edge joining vertices  5 and 11 is between faces  5 and  6.
        Dihedral angle is    2.52611294 rad =        144.7356 deg = 144 deg 44 min  8 sec.
The edge joining vertices  5 and 15 is between faces 14 and 15.
        Dihedral angle is    2.52611294 rad =        144.7356 deg = 144 deg 44 min  8 sec.
The edge joining vertices  6 and  7 is between faces  7 and 13.
        Dihedral angle is    1.74071478 rad =         99.7356 deg =  99 deg 44 min  8 sec.
The edge joining vertices  6 and 12 is between faces  6 and  7.
        Dihedral angle is    2.52611294 rad =        144.7356 deg = 144 deg 44 min  8 sec.
The edge joining vertices  6 and 15 is between faces 13 and 14.
        Dihedral angle is    2.52611294 rad =        144.7356 deg = 144 deg 44 min  8 sec.
The edge joining vertices  7 and  8 is between faces  8 and 12.
        Dihedral angle is    1.74071478 rad =         99.7356 deg =  99 deg 44 min  8 sec.
The edge joining vertices  7 and 12 is between faces  7 and  8.
        Dihedral angle is    2.52611294 rad =        144.7356 deg = 144 deg 44 min  8 sec.
The edge joining vertices  7 and 14 is between faces 12 and 13.
        Dihedral angle is    2.52611294 rad =        144.7356 deg = 144 deg 44 min  8 sec.
The edge joining vertices  8 and  9 is between faces  8 and  9.
        Dihedral angle is    2.52611294 rad =        144.7356 deg = 144 deg 44 min  8 sec.
The edge joining vertices  8 and 14 is between faces 11 and 12.
        Dihedral angle is    2.52611294 rad =        144.7356 deg = 144 deg 44 min  8 sec.
The edge joining vertices  9 and 10 is between faces  1 and  2.
        Dihedral angle is    2.35619449 rad =        135.0000 deg = 135 deg  0 min  0 sec.
The edge joining vertices  9 and 12 is between faces  1 and  8.
        Dihedral angle is    2.35619449 rad =        135.0000 deg = 135 deg  0 min  0 sec.
The edge joining vertices 10 and 11 is between faces  1 and  4.
        Dihedral angle is    2.35619449 rad =        135.0000 deg = 135 deg  0 min  0 sec.
The edge joining vertices 11 and 12 is between faces  1 and  6.
        Dihedral angle is    2.35619449 rad =        135.0000 deg = 135 deg  0 min  0 sec.
The edge joining vertices 13 and 14 is between faces 10 and 11.
        Dihedral angle is    2.35619449 rad =        135.0000 deg = 135 deg  0 min  0 sec.
The edge joining vertices 13 and 16 is between faces 10 and 17.
        Dihedral angle is    2.35619449 rad =        135.0000 deg = 135 deg  0 min  0 sec.
The edge joining vertices 14 and 15 is between faces 10 and 13.
        Dihedral angle is    2.35619449 rad =        135.0000 deg = 135 deg  0 min  0 sec.
The edge joining vertices 15 and 16 is between faces 10 and 15.
        Dihedral angle is    2.35619449 rad =        135.0000 deg = 135 deg  0 min  0 sec.
```

Report based on file j29d.off

```
Vertex #  1: (  0.00000000,  0.00000000,  1.06066017).
Vertex #  2: ( -0.57402515, -0.23776900,  0.62132034).
Vertex #  3: ( -0.57402515,  0.23776900,  0.43933983).
Vertex #  4: ( -0.23776900,  0.57402515,  0.62132034).
Vertex #  5: (  0.23776900,  0.57402515,  0.43933983).
Vertex #  6: (  0.57402515,  0.23776900,  0.62132034).
Vertex #  7: (  0.57402515, -0.23776900,  0.43933983).
Vertex #  8: (  0.23776900, -0.57402515,  0.62132034).
Vertex #  9: ( -0.23776900, -0.57402515,  0.43933983).
Vertex # 10: (  0.00000000,  0.00000000, -1.06066017).
Vertex # 11: ( -0.23776900, -0.57402515, -0.62132034).
Vertex # 12: (  0.23776900, -0.57402515, -0.43933983).
Vertex # 13: (  0.57402515, -0.23776900, -0.62132034).
Vertex # 14: (  0.57402515,  0.23776900, -0.43933983).
Vertex # 15: (  0.23776900,  0.57402515, -0.62132034).
Vertex # 16: ( -0.23776900,  0.57402515, -0.43933983).
Vertex # 17: ( -0.57402515,  0.23776900, -0.62132034).
Vertex # 18: ( -0.57402515, -0.23776900, -0.43933983).


Face #  1 has  4 vertices:
    Vertices input as          1   17   10    8
    Vertices renumbered as     2   18   11    9
       Edge  2 18 is   1.06066017.
       Edge 18 11 is   0.50916923.
       Edge 11  9 is   1.06066017.
       Edge  9  2 is   0.50916923.
       Angle  9  2 18 is   1.20530657 rad =       69.0590 deg =  69 deg  3 min 32 sec.
       Angle  2 18 11 is   1.93628608 rad =      110.9410 deg = 110 deg 56 min 28 sec.
       Angle 18 11  9 is   1.20530657 rad =       69.0590 deg =  69 deg  3 min 32 sec.
       Angle 11  9  2 is   1.93628608 rad =      110.9410 deg = 110 deg 56 min 28 sec.


Face #  2 has  4 vertices:
    Vertices input as         17    1    2   16
    Vertices renumbered as    18    2    3   17
       Edge 18  2 is   1.06066017.
       Edge  2  3 is   0.50916923.
       Edge  3 17 is   1.06066017.
       Edge 17 18 is   0.50916923.
       Angle 17 18  2 is   1.93628608 rad =      110.9410 deg = 110 deg 56 min 28 sec.
       Angle 18  2  3 is   1.20530657 rad =       69.0590 deg =  69 deg  3 min 32 sec.
       Angle  2  3 17 is   1.93628608 rad =      110.9410 deg = 110 deg 56 min 28 sec.
       Angle  3 17 18 is   1.20530657 rad =       69.0590 deg =  69 deg  3 min 32 sec.


Face #  3 has  4 vertices:
    Vertices input as         16    2    3   15
    Vertices renumbered as    17    3    4   16
       Edge 17  3 is   1.06066017.
       Edge  3  4 is   0.50916923.
       Edge  4 16 is   1.06066017.
       Edge 16 17 is   0.50916923.
       Angle 16 17  3 is   1.20530657 rad =       69.0590 deg =  69 deg  3 min 32 sec.
       Angle 17  3  4 is   1.93628608 rad =      110.9410 deg = 110 deg 56 min 28 sec.
       Angle  3  4 16 is   1.20530657 rad =       69.0590 deg =  69 deg  3 min 32 sec.
       Angle  4 16 17 is   1.93628608 rad =      110.9410 deg = 110 deg 56 min 28 sec.


Face #  4 has  4 vertices:
```

```
        Vertices input as          15    3    4   14
        Vertices renumbered as     16    4    5   15
           Edge  16   4 is    1.06066017.
           Edge   4   5 is    0.50916923.
           Edge   5  15 is    1.06066017.
           Edge  15  16 is    0.50916923.
           Angle 15  16   4 is    1.93628608 rad =       110.9410 deg = 110 deg 56 min 28 sec.
           Angle 16   4   5 is    1.20530657 rad =        69.0590 deg =  69 deg  3 min 32 sec.
           Angle  4   5  15 is    1.93628608 rad =       110.9410 deg = 110 deg 56 min 28 sec.
           Angle  5  15  16 is    1.20530657 rad =        69.0590 deg =  69 deg  3 min 32 sec.

Face #  5 has  4 vertices:
        Vertices input as          14    4    5   13
        Vertices renumbered as     15    5    6   14
           Edge  15   5 is    1.06066017.
           Edge   5   6 is    0.50916923.
           Edge   6  14 is    1.06066017.
           Edge  14  15 is    0.50916923.
           Angle 14  15   5 is    1.20530657 rad =        69.0590 deg =  69 deg  3 min 32 sec.
           Angle 15   5   6 is    1.93628608 rad =       110.9410 deg = 110 deg 56 min 28 sec.
           Angle  5   6  14 is    1.20530657 rad =        69.0590 deg =  69 deg  3 min 32 sec.
           Angle  6  14  15 is    1.93628608 rad =       110.9410 deg = 110 deg 56 min 28 sec.

Face #  6 has  4 vertices:
        Vertices input as          13    5    6   12
        Vertices renumbered as     14    6    7   13
           Edge  14   6 is    1.06066017.
           Edge   6   7 is    0.50916923.
           Edge   7  13 is    1.06066017.
           Edge  13  14 is    0.50916923.
           Angle 13  14   6 is    1.93628608 rad =       110.9410 deg = 110 deg 56 min 28 sec.
           Angle 14   6   7 is    1.20530657 rad =        69.0590 deg =  69 deg  3 min 32 sec.
           Angle  6   7  13 is    1.93628608 rad =       110.9410 deg = 110 deg 56 min 28 sec.
           Angle  7  13  14 is    1.20530657 rad =        69.0590 deg =  69 deg  3 min 32 sec.

Face #  7 has  4 vertices:
        Vertices input as          12    6    7   11
        Vertices renumbered as     13    7    8   12
           Edge  13   7 is    1.06066017.
           Edge   7   8 is    0.50916923.
           Edge   8  12 is    1.06066017.
           Edge  12  13 is    0.50916923.
           Angle 12  13   7 is    1.20530657 rad =        69.0590 deg =  69 deg  3 min 32 sec.
           Angle 13   7   8 is    1.93628608 rad =       110.9410 deg = 110 deg 56 min 28 sec.
           Angle  7   8  12 is    1.20530657 rad =        69.0590 deg =  69 deg  3 min 32 sec.
           Angle  8  12  13 is    1.93628608 rad =       110.9410 deg = 110 deg 56 min 28 sec.

Face #  8 has  4 vertices:
        Vertices input as           8   10   11    7
        Vertices renumbered as      9   11   12    8
           Edge   9  11 is    1.06066017.
           Edge  11  12 is    0.50916923.
           Edge  12   8 is    1.06066017.
           Edge   8   9 is    0.50916923.
           Angle  8   9  11 is    1.93628608 rad =       110.9410 deg = 110 deg 56 min 28 sec.
           Angle  9  11  12 is    1.20530657 rad =        69.0590 deg =  69 deg  3 min 32 sec.
           Angle 11  12   8 is    1.93628608 rad =       110.9410 deg = 110 deg 56 min 28 sec.
           Angle 12   8   9 is    1.20530657 rad =        69.0590 deg =  69 deg  3 min 32 sec.
```

```
Face #  9 has  4 vertices:
    Vertices input as           1    8    7    0
    Vertices renumbered as      2    9    8    1
       Edge  2  9 is   0.50916923.
       Edge  9  8 is   0.50916923.
       Edge  8  1 is   0.76095890.
       Edge  1  2 is   0.76095890.
       Angle  1  2  9 is   1.48521941 rad =    85.0968 deg =  85 deg  5 min 48 sec.
       Angle  2  9  8 is   2.08178707 rad =   119.2776 deg = 119 deg 16 min 39 sec.
       Angle  9  8  1 is   1.48521941 rad =    85.0968 deg =  85 deg  5 min 48 sec.
       Angle  8  1  2 is   1.23095942 rad =    70.5288 deg =  70 deg 31 min 44 sec.

Face # 10 has  4 vertices:
    Vertices input as           2    1    0    3
    Vertices renumbered as      3    2    1    4
       Edge  3  2 is   0.50916923.
       Edge  2  1 is   0.76095890.
       Edge  1  4 is   0.76095890.
       Edge  4  3 is   0.50916923.
       Angle  4  3  2 is   2.08178707 rad =   119.2776 deg = 119 deg 16 min 39 sec.
       Angle  3  2  1 is   1.48521941 rad =    85.0968 deg =  85 deg  5 min 48 sec.
       Angle  2  1  4 is   1.23095942 rad =    70.5288 deg =  70 deg 31 min 44 sec.
       Angle  1  4  3 is   1.48521941 rad =    85.0968 deg =  85 deg  5 min 48 sec.

Face # 11 has  4 vertices:
    Vertices input as           4    3    0    5
    Vertices renumbered as      5    4    1    6
       Edge  5  4 is   0.50916923.
       Edge  4  1 is   0.76095890.
       Edge  1  6 is   0.76095890.
       Edge  6  5 is   0.50916923.
       Angle  6  5  4 is   2.08178707 rad =   119.2776 deg = 119 deg 16 min 39 sec.
       Angle  5  4  1 is   1.48521941 rad =    85.0968 deg =  85 deg  5 min 48 sec.
       Angle  4  1  6 is   1.23095942 rad =    70.5288 deg =  70 deg 31 min 44 sec.
       Angle  1  6  5 is   1.48521941 rad =    85.0968 deg =  85 deg  5 min 48 sec.

Face # 12 has  4 vertices:
    Vertices input as           6    5    0    7
    Vertices renumbered as      7    6    1    8
       Edge  7  6 is   0.50916923.
       Edge  6  1 is   0.76095890.
       Edge  1  8 is   0.76095890.
       Edge  8  7 is   0.50916923.
       Angle  8  7  6 is   2.08178707 rad =   119.2776 deg = 119 deg 16 min 39 sec.
       Angle  7  6  1 is   1.48521941 rad =    85.0968 deg =  85 deg  5 min 48 sec.
       Angle  6  1  8 is   1.23095942 rad =    70.5288 deg =  70 deg 31 min 44 sec.
       Angle  1  8  7 is   1.48521941 rad =    85.0968 deg =  85 deg  5 min 48 sec.

Face # 13 has  4 vertices:
    Vertices input as          10   17   16    9
    Vertices renumbered as     11   18   17   10
       Edge 11 18 is   0.50916923.
       Edge 18 17 is   0.50916923.
       Edge 17 10 is   0.76095890.
       Edge 10 11 is   0.76095890.
       Angle 10 11 18 is   1.48521941 rad =    85.0968 deg =  85 deg  5 min 48 sec.
       Angle 11 18 17 is   2.08178707 rad =   119.2776 deg = 119 deg 16 min 39 sec.
       Angle 18 17 10 is   1.48521941 rad =    85.0968 deg =  85 deg  5 min 48 sec.
```

Angle 17 10 11 is   1.23095942 rad =   70.5288 deg = 70 deg 31 min 44 sec.

Face # 14 has 4 vertices:
    Vertices input as   12   11   10   9
    Vertices renumbered as   13   12   11   10
        Edge 13 12 is   0.50916923.
        Edge 12 11 is   0.50916923.
        Edge 11 10 is   0.76095890.
        Edge 10 13 is   0.76095890.
        Angle 10 13 12 is   1.48521941 rad =   85.0968 deg = 85 deg 5 min 48 sec.
        Angle 13 12 11 is   2.08178707 rad =   119.2776 deg = 119 deg 16 min 39 sec.
        Angle 12 11 10 is   1.48521941 rad =   85.0968 deg = 85 deg 5 min 48 sec.
        Angle 11 10 13 is   1.23095942 rad =   70.5288 deg = 70 deg 31 min 44 sec.

Face # 15 has 4 vertices:
    Vertices input as   14   13   12   9
    Vertices renumbered as   15   14   13   10
        Edge 15 14 is   0.50916923.
        Edge 14 13 is   0.50916923.
        Edge 13 10 is   0.76095890.
        Edge 10 15 is   0.76095890.
        Angle 10 15 14 is   1.48521941 rad =   85.0968 deg = 85 deg 5 min 48 sec.
        Angle 15 14 13 is   2.08178707 rad =   119.2776 deg = 119 deg 16 min 39 sec.
        Angle 14 13 10 is   1.48521941 rad =   85.0968 deg = 85 deg 5 min 48 sec.
        Angle 13 10 15 is   1.23095942 rad =   70.5288 deg = 70 deg 31 min 44 sec.

Face # 16 has 4 vertices:
    Vertices input as   16   15   14   9
    Vertices renumbered as   17   16   15   10
        Edge 17 16 is   0.50916923.
        Edge 16 15 is   0.50916923.
        Edge 15 10 is   0.76095890.
        Edge 10 17 is   0.76095890.
        Angle 10 17 16 is   1.48521941 rad =   85.0968 deg = 85 deg 5 min 48 sec.
        Angle 17 16 15 is   2.08178707 rad =   119.2776 deg = 119 deg 16 min 39 sec.
        Angle 16 15 10 is   1.48521941 rad =   85.0968 deg = 85 deg 5 min 48 sec.
        Angle 15 10 17 is   1.23095942 rad =   70.5288 deg = 70 deg 31 min 44 sec.

The edge joining vertices   1 and   2 is between faces   9 and 10.
    Dihedral angle is   2.09439510 rad =   120.0000 deg = 120 deg 0 min 0 sec.
The edge joining vertices   1 and   4 is between faces 10 and 11.
    Dihedral angle is   2.09439510 rad =   120.0000 deg = 120 deg 0 min 0 sec.
The edge joining vertices   1 and   6 is between faces 11 and 12.
    Dihedral angle is   2.09439510 rad =   120.0000 deg = 120 deg 0 min 0 sec.
The edge joining vertices   1 and   8 is between faces   9 and 12.
    Dihedral angle is   2.09439510 rad =   120.0000 deg = 120 deg 0 min 0 sec.
The edge joining vertices   2 and   3 is between faces   2 and 10.
    Dihedral angle is   2.28270689 rad =   130.7895 deg = 130 deg 47 min 22 sec.
The edge joining vertices   2 and   9 is between faces   1 and 9.
    Dihedral angle is   2.28270689 rad =   130.7895 deg = 130 deg 47 min 22 sec.
The edge joining vertices   2 and 18 is between faces   1 and 2.
    Dihedral angle is   2.35619449 rad =   135.0000 deg = 135 deg 0 min 0 sec.
The edge joining vertices   3 and   4 is between faces   3 and 10.
    Dihedral angle is   2.28270689 rad =   130.7895 deg = 130 deg 47 min 22 sec.
The edge joining vertices   3 and 17 is between faces   2 and 3.
    Dihedral angle is   2.35619449 rad =   135.0000 deg = 135 deg 0 min 0 sec.
The edge joining vertices   4 and   5 is between faces   4 and 11.
    Dihedral angle is   2.28270689 rad =   130.7895 deg = 130 deg 47 min 22 sec.
The edge joining vertices   4 and 16 is between faces   3 and 4.

```
        Dihedral angle is     2.35619449 rad =       135.0000 deg = 135 deg  0 min  0 sec.
The edge joining vertices  5 and  6 is between faces  5 and 11.
        Dihedral angle is     2.28270689 rad =       130.7895 deg = 130 deg 47 min 22 sec.
The edge joining vertices  5 and 15 is between faces  4 and  5.
        Dihedral angle is     2.35619449 rad =       135.0000 deg = 135 deg  0 min  0 sec.
The edge joining vertices  6 and  7 is between faces  6 and 12.
        Dihedral angle is     2.28270689 rad =       130.7895 deg = 130 deg 47 min 22 sec.
The edge joining vertices  6 and 14 is between faces  5 and  6.
        Dihedral angle is     2.35619449 rad =       135.0000 deg = 135 deg  0 min  0 sec.
The edge joining vertices  7 and  8 is between faces  7 and 12.
        Dihedral angle is     2.28270689 rad =       130.7895 deg = 130 deg 47 min 22 sec.
The edge joining vertices  7 and 13 is between faces  6 and  7.
        Dihedral angle is     2.35619449 rad =       135.0000 deg = 135 deg  0 min  0 sec.
The edge joining vertices  8 and  9 is between faces  8 and  9.
        Dihedral angle is     2.28270689 rad =       130.7895 deg = 130 deg 47 min 22 sec.
The edge joining vertices  8 and 12 is between faces  7 and  8.
        Dihedral angle is     2.35619449 rad =       135.0000 deg = 135 deg  0 min  0 sec.
The edge joining vertices  9 and 11 is between faces  1 and  8.
        Dihedral angle is     2.35619449 rad =       135.0000 deg = 135 deg  0 min  0 sec.
The edge joining vertices 10 and 11 is between faces 13 and 14.
        Dihedral angle is     2.09439510 rad =       120.0000 deg = 120 deg  0 min  0 sec.
The edge joining vertices 10 and 13 is between faces 14 and 15.
        Dihedral angle is     2.09439510 rad =       120.0000 deg = 120 deg  0 min  0 sec.
The edge joining vertices 10 and 15 is between faces 15 and 16.
        Dihedral angle is     2.09439510 rad =       120.0000 deg = 120 deg  0 min  0 sec.
The edge joining vertices 10 and 17 is between faces 13 and 16.
        Dihedral angle is     2.09439510 rad =       120.0000 deg = 120 deg  0 min  0 sec.
The edge joining vertices 11 and 12 is between faces  8 and 14.
        Dihedral angle is     2.28270689 rad =       130.7895 deg = 130 deg 47 min 22 sec.
The edge joining vertices 11 and 18 is between faces  1 and 13.
        Dihedral angle is     2.28270689 rad =       130.7895 deg = 130 deg 47 min 22 sec.
The edge joining vertices 12 and 13 is between faces  7 and 14.
        Dihedral angle is     2.28270689 rad =       130.7895 deg = 130 deg 47 min 22 sec.
The edge joining vertices 13 and 14 is between faces  6 and 15.
        Dihedral angle is     2.28270689 rad =       130.7895 deg = 130 deg 47 min 22 sec.
The edge joining vertices 14 and 15 is between faces  5 and 15.
        Dihedral angle is     2.28270689 rad =       130.7895 deg = 130 deg 47 min 22 sec.
The edge joining vertices 15 and 16 is between faces  4 and 16.
        Dihedral angle is     2.28270689 rad =       130.7895 deg = 130 deg 47 min 22 sec.
The edge joining vertices 16 and 17 is between faces  3 and 16.
        Dihedral angle is     2.28270689 rad =       130.7895 deg = 130 deg 47 min 22 sec.
The edge joining vertices 17 and 18 is between faces  2 and 13.
        Dihedral angle is     2.28270689 rad =       130.7895 deg = 130 deg 47 min 22 sec.
```

Report based on file j30.off

```
Vertex #  1: ( -1.53884177,  0.50000000,  0.00000000).
Vertex #  2: ( -0.95105652,  1.30901699,  0.00000000).
Vertex #  3: (  0.00000000,  1.61803399,  0.00000000).
Vertex #  4: (  0.95105652,  1.30901699,  0.00000000).
Vertex #  5: (  1.53884177,  0.50000000,  0.00000000).
Vertex #  6: (  1.53884177, -0.50000000,  0.00000000).
Vertex #  7: (  0.95105652, -1.30901699,  0.00000000).
Vertex #  8: (  0.00000000, -1.61803399,  0.00000000).
Vertex #  9: ( -0.95105652, -1.30901699,  0.00000000).
Vertex # 10: ( -1.53884177, -0.50000000,  0.00000000).
Vertex # 11: ( -0.85065081,  0.00000000,  0.52573111).
Vertex # 12: ( -0.26286556,  0.80901699,  0.52573111).
Vertex # 13: (  0.68819096,  0.50000000,  0.52573111).
Vertex # 14: (  0.68819096, -0.50000000,  0.52573111).
Vertex # 15: ( -0.26286556, -0.80901699,  0.52573111).
Vertex # 16: ( -0.26286556,  0.80901699, -0.52573111).
Vertex # 17: ( -0.85065081,  0.00000000, -0.52573111).
Vertex # 18: ( -0.26286556, -0.80901699, -0.52573111).
Vertex # 19: (  0.68819096, -0.50000000, -0.52573111).
Vertex # 20: (  0.68819096,  0.50000000, -0.52573111).


Face #  1 has  5 vertices:
    Vertices input as         14  13  12  11  10
    Vertices renumbered as    15  14  13  12  11
       Edge 15 14 is    1.00000000.
       Edge 14 13 is    1.00000000.
       Edge 13 12 is    1.00000000.
       Edge 12 11 is    1.00000000.
       Edge 11 15 is    1.00000000.
       Angle 11 15 14 is   1.88495559 rad =      108.0000 deg = 108 deg  0 min  0 sec.
       Angle 15 14 13 is   1.88495559 rad =      108.0000 deg = 108 deg  0 min  0 sec.
       Angle 14 13 12 is   1.88495559 rad =      108.0000 deg = 108 deg  0 min  0 sec.
       Angle 13 12 11 is   1.88495559 rad =      108.0000 deg = 108 deg  0 min  0 sec.
       Angle 12 11 15 is   1.88495559 rad =      108.0000 deg = 108 deg  0 min  0 sec.


Face #  2 has  4 vertices:
    Vertices input as          0  10  11   1
    Vertices renumbered as     1  11  12   2
       Edge  1 11 is    1.00000000.
       Edge 11 12 is    1.00000000.
       Edge 12  2 is    1.00000000.
       Edge  2  1 is    1.00000000.
       Angle  2  1 11 is   1.57079633 rad =       90.0000 deg =  90 deg  0 min  0 sec.
       Angle  1 11 12 is   1.57079633 rad =       90.0000 deg =  90 deg  0 min  0 sec.
       Angle 11 12  2 is   1.57079633 rad =       90.0000 deg =  90 deg  0 min  0 sec.
       Angle 12  2  1 is   1.57079633 rad =       90.0000 deg =  90 deg  0 min  0 sec.


Face #  3 has  3 vertices:
    Vertices input as          1  11   2
    Vertices renumbered as     2  12   3
       Edge  2 12 is    1.00000000.
       Edge 12  3 is    1.00000000.
       Edge  3  2 is    1.00000000.
       Angle  3  2 12 is   1.04719755 rad =       60.0000 deg =  60 deg  0 min  0 sec.
       Angle  2 12  3 is   1.04719755 rad =       60.0000 deg =  60 deg  0 min  0 sec.
       Angle 12  3  2 is   1.04719755 rad =       60.0000 deg =  60 deg  0 min  0 sec.
```

```
Face #  4 has  4 vertices:
    Vertices input as          2  11  12   3
    Vertices renumbered as     3  12  13   4
      Edge  3 12 is   1.00000000.
      Edge 12 13 is   1.00000000.
      Edge 13  4 is   1.00000000.
      Edge  4  3 is   1.00000000.
      Angle  4  3 12 is    1.57079633 rad =      90.0000 deg =   90 deg   0 min   0 sec.
      Angle  3 12 13 is    1.57079633 rad =      90.0000 deg =   90 deg   0 min   0 sec.
      Angle 12 13  4 is    1.57079633 rad =      90.0000 deg =   90 deg   0 min   0 sec.
      Angle 13  4  3 is    1.57079633 rad =      90.0000 deg =   90 deg   0 min   0 sec.

Face #  5 has  3 vertices:
    Vertices input as          3  12   4
    Vertices renumbered as     4  13   5
      Edge  4 13 is   1.00000000.
      Edge 13  5 is   1.00000000.
      Edge  5  4 is   1.00000000.
      Angle  5  4 13 is    1.04719755 rad =      60.0000 deg =   60 deg   0 min   0 sec.
      Angle  4 13  5 is    1.04719755 rad =      60.0000 deg =   60 deg   0 min   0 sec.
      Angle 13  5  4 is    1.04719755 rad =      60.0000 deg =   60 deg   0 min   0 sec.

Face #  6 has  4 vertices:
    Vertices input as          4  12  13   5
    Vertices renumbered as     5  13  14   6
      Edge  5 13 is   1.00000000.
      Edge 13 14 is   1.00000000.
      Edge 14  6 is   1.00000000.
      Edge  6  5 is   1.00000000.
      Angle  6  5 13 is    1.57079633 rad =      90.0000 deg =   90 deg   0 min   0 sec.
      Angle  5 13 14 is    1.57079633 rad =      90.0000 deg =   90 deg   0 min   0 sec.
      Angle 13 14  6 is    1.57079633 rad =      90.0000 deg =   90 deg   0 min   0 sec.
      Angle 14  6  5 is    1.57079633 rad =      90.0000 deg =   90 deg   0 min   0 sec.

Face #  7 has  3 vertices:
    Vertices input as          5  13   6
    Vertices renumbered as     6  14   7
      Edge  6 14 is   1.00000000.
      Edge 14  7 is   1.00000000.
      Edge  7  6 is   1.00000000.
      Angle  7  6 14 is    1.04719755 rad =      60.0000 deg =   60 deg   0 min   0 sec.
      Angle  6 14  7 is    1.04719755 rad =      60.0000 deg =   60 deg   0 min   0 sec.
      Angle 14  7  6 is    1.04719755 rad =      60.0000 deg =   60 deg   0 min   0 sec.

Face #  8 has  4 vertices:
    Vertices input as          6  13  14   7
    Vertices renumbered as     7  14  15   8
      Edge  7 14 is   1.00000000.
      Edge 14 15 is   1.00000000.
      Edge 15  8 is   1.00000000.
      Edge  8  7 is   1.00000000.
      Angle  8  7 14 is    1.57079633 rad =      90.0000 deg =   90 deg   0 min   0 sec.
      Angle  7 14 15 is    1.57079633 rad =      90.0000 deg =   90 deg   0 min   0 sec.
      Angle 14 15  8 is    1.57079633 rad =      90.0000 deg =   90 deg   0 min   0 sec.
      Angle 15  8  7 is    1.57079633 rad =      90.0000 deg =   90 deg   0 min   0 sec.

Face #  9 has  3 vertices:
```

```
    Vertices input as           7  14   8
    Vertices renumbered as      8  15   9
      Edge  8 15 is   1.00000000.
      Edge 15  9 is   1.00000000.
      Edge  9  8 is   1.00000000.
      Angle  9  8 15 is   1.04719755 rad =       60.0000 deg =  60 deg  0 min  0 sec.
      Angle  8 15  9 is   1.04719755 rad =       60.0000 deg =  60 deg  0 min  0 sec.
      Angle 15  9  8 is   1.04719755 rad =       60.0000 deg =  60 deg  0 min  0 sec.


Face # 10 has  4 vertices:
    Vertices input as           8  14  10   9
    Vertices renumbered as      9  15  11  10
      Edge  9 15 is   1.00000000.
      Edge 15 11 is   1.00000000.
      Edge 11 10 is   1.00000000.
      Edge 10  9 is   1.00000000.
      Angle 10  9 15 is   1.57079633 rad =       90.0000 deg =  90 deg  0 min  0 sec.
      Angle  9 15 11 is   1.57079633 rad =       90.0000 deg =  90 deg  0 min  0 sec.
      Angle 15 11 10 is   1.57079633 rad =       90.0000 deg =  90 deg  0 min  0 sec.
      Angle 11 10  9 is   1.57079633 rad =       90.0000 deg =  90 deg  0 min  0 sec.


Face # 11 has  3 vertices:
    Vertices input as           9  10   0
    Vertices renumbered as     10  11   1
      Edge 10 11 is   1.00000000.
      Edge 11  1 is   1.00000000.
      Edge  1 10 is   1.00000000.
      Angle  1 10 11 is   1.04719755 rad =       60.0000 deg =  60 deg  0 min  0 sec.
      Angle 10 11  1 is   1.04719755 rad =       60.0000 deg =  60 deg  0 min  0 sec.
      Angle 11  1 10 is   1.04719755 rad =       60.0000 deg =  60 deg  0 min  0 sec.


Face # 12 has  5 vertices:
    Vertices input as          19  18  17  16  15
    Vertices renumbered as     20  19  18  17  16
      Edge 20 19 is   1.00000000.
      Edge 19 18 is   1.00000000.
      Edge 18 17 is   1.00000000.
      Edge 17 16 is   1.00000000.
      Edge 16 20 is   1.00000000.
      Angle 16 20 19 is   1.88495559 rad =      108.0000 deg = 108 deg  0 min  0 sec.
      Angle 20 19 18 is   1.88495559 rad =      108.0000 deg = 108 deg  0 min  0 sec.
      Angle 19 18 17 is   1.88495559 rad =      108.0000 deg = 108 deg  0 min  0 sec.
      Angle 18 17 16 is   1.88495559 rad =      108.0000 deg = 108 deg  0 min  0 sec.
      Angle 17 16 20 is   1.88495559 rad =      108.0000 deg = 108 deg  0 min  0 sec.


Face # 13 has  4 vertices:
    Vertices input as           1  15  16   0
    Vertices renumbered as      2  16  17   1
      Edge  2 16 is   1.00000000.
      Edge 16 17 is   1.00000000.
      Edge 17  1 is   1.00000000.
      Edge  1  2 is   1.00000000.
      Angle  1  2 16 is   1.57079633 rad =       90.0000 deg =  89 deg 59 min 60 sec.
      Angle  2 16 17 is   1.57079633 rad =       90.0000 deg =  90 deg  0 min  0 sec.
      Angle 16 17  1 is   1.57079633 rad =       90.0000 deg =  90 deg  0 min  0 sec.
      Angle 17  1  2 is   1.57079633 rad =       90.0000 deg =  90 deg  0 min  0 sec.


Face # 14 has  3 vertices:
```

```
        Vertices input as            0  16   9
        Vertices renumbered as       1  17  10
           Edge  1 17 is   1.00000000.
           Edge 17 10 is   1.00000000.
           Edge 10  1 is   1.00000000.
           Angle 10  1 17 is   1.04719755 rad =        60.0000 deg =  59 deg 59 min 60 sec.
           Angle  1 17 10 is   1.04719755 rad =        60.0000 deg =  60 deg  0 min  0 sec.
           Angle 17 10  1 is   1.04719755 rad =        60.0000 deg =  60 deg  0 min  0 sec.


Face # 15 has  4 vertices:
        Vertices input as            9  16  17   8
        Vertices renumbered as      10  17  18   9
           Edge 10 17 is   1.00000000.
           Edge 17 18 is   1.00000000.
           Edge 18  9 is   1.00000000.
           Edge  9 10 is   1.00000000.
           Angle  9 10 17 is   1.57079633 rad =        90.0000 deg =  89 deg 59 min 60 sec.
           Angle 10 17 18 is   1.57079633 rad =        90.0000 deg =  89 deg 59 min 60 sec.
           Angle 17 18  9 is   1.57079633 rad =        90.0000 deg =  90 deg  0 min  0 sec.
           Angle 18  9 10 is   1.57079633 rad =        90.0000 deg =  90 deg  0 min  0 sec.


Face # 16 has  3 vertices:
        Vertices input as            8  17   7
        Vertices renumbered as       9  18   8
           Edge  9 18 is   1.00000000.
           Edge 18  8 is   1.00000000.
           Edge  8  9 is   1.00000000.
           Angle  8  9 18 is   1.04719755 rad =        60.0000 deg =  59 deg 59 min 60 sec.
           Angle  9 18  8 is   1.04719755 rad =        60.0000 deg =  60 deg  0 min  0 sec.
           Angle 18  8  9 is   1.04719755 rad =        60.0000 deg =  59 deg 59 min 60 sec.


Face # 17 has  4 vertices:
        Vertices input as            7  17  18   6
        Vertices renumbered as       8  18  19   7
           Edge  8 18 is   1.00000000.
           Edge 18 19 is   1.00000000.
           Edge 19  7 is   1.00000000.
           Edge  7  8 is   1.00000000.
           Angle  7  8 18 is   1.57079633 rad =        90.0000 deg =  90 deg  0 min  0 sec.
           Angle  8 18 19 is   1.57079633 rad =        90.0000 deg =  89 deg 59 min 60 sec.
           Angle 18 19  7 is   1.57079633 rad =        90.0000 deg =  90 deg  0 min  0 sec.
           Angle 19  7  8 is   1.57079633 rad =        90.0000 deg =  89 deg 59 min 60 sec.


Face # 18 has  3 vertices:
        Vertices input as            6  18   5
        Vertices renumbered as       7  19   6
           Edge  7 19 is   1.00000000.
           Edge 19  6 is   1.00000000.
           Edge  6  7 is   1.00000000.
           Angle  6  7 19 is   1.04719755 rad =        60.0000 deg =  60 deg  0 min  0 sec.
           Angle  7 19  6 is   1.04719755 rad =        60.0000 deg =  60 deg  0 min  0 sec.
           Angle 19  6  7 is   1.04719755 rad =        60.0000 deg =  59 deg 59 min 60 sec.


Face # 19 has  4 vertices:
        Vertices input as            5  18  19   4
        Vertices renumbered as       6  19  20   5
           Edge  6 19 is   1.00000000.
           Edge 19 20 is   1.00000000.
```

```
        Edge 20   5 is    1.00000000.
        Edge  5   6 is    1.00000000.
        Angle  5   6 19 is    1.57079633 rad =        90.0000 deg =  90 deg  0 min   0 sec.
        Angle  6  19 20 is    1.57079633 rad =        90.0000 deg =  89 deg 59 min  60 sec.
        Angle 19  20  5 is    1.57079633 rad =        90.0000 deg =  90 deg  0 min   0 sec.
        Angle 20   5  6 is    1.57079633 rad =        90.0000 deg =  89 deg 59 min  60 sec.

Face # 20 has  3 vertices:
    Vertices input as          4  19   3
    Vertices renumbered as     5  20   4
        Edge  5 20 is    1.00000000.
        Edge 20  4 is    1.00000000.
        Edge  4  5 is    1.00000000.
        Angle  4   5 20 is    1.04719755 rad =        60.0000 deg =  60 deg  0 min   0 sec.
        Angle  5  20  4 is    1.04719755 rad =        60.0000 deg =  60 deg  0 min   0 sec.
        Angle 20   4  5 is    1.04719755 rad =        60.0000 deg =  59 deg 59 min  60 sec.

Face # 21 has  4 vertices:
    Vertices input as          3  19  15   2
    Vertices renumbered as     4  20  16   3
        Edge  4 20 is    1.00000000.
        Edge 20 16 is    1.00000000.
        Edge 16  3 is    1.00000000.
        Edge  3  4 is    1.00000000.
        Angle  3   4 20 is    1.57079633 rad =        90.0000 deg =  90 deg  0 min   0 sec.
        Angle  4  20 16 is    1.57079633 rad =        90.0000 deg =  89 deg 59 min  60 sec.
        Angle 20  16  3 is    1.57079633 rad =        90.0000 deg =  90 deg  0 min   0 sec.
        Angle 16   3  4 is    1.57079633 rad =        90.0000 deg =  89 deg 59 min  60 sec.

Face # 22 has  3 vertices:
    Vertices input as          2  15   1
    Vertices renumbered as     3  16   2
        Edge  3 16 is    1.00000000.
        Edge 16  2 is    1.00000000.
        Edge  2  3 is    1.00000000.
        Angle  2   3 16 is    1.04719755 rad =        60.0000 deg =  60 deg  0 min   0 sec.
        Angle  3  16  2 is    1.04719755 rad =        60.0000 deg =  59 deg 59 min  60 sec.
        Angle 16   2  3 is    1.04719755 rad =        60.0000 deg =  60 deg  0 min   0 sec.


The edge joining vertices   1 and  2 is between faces  2 and 13.
        Dihedral angle is     1.10714872 rad =        63.4349 deg =  63 deg 26 min   6 sec.
The edge joining vertices   1 and 10 is between faces 11 and 14.
        Dihedral angle is     1.30471628 rad =        74.7547 deg =  74 deg 45 min  17 sec.
The edge joining vertices   1 and 11 is between faces  2 and 11.
        Dihedral angle is     2.77672883 rad =       159.0948 deg = 159 deg  5 min  41 sec.
The edge joining vertices   1 and 17 is between faces 13 and 14.
        Dihedral angle is     2.77672883 rad =       159.0948 deg = 159 deg  5 min  41 sec.
The edge joining vertices   2 and  3 is between faces  3 and 22.
        Dihedral angle is     1.30471628 rad =        74.7547 deg =  74 deg 45 min  17 sec.
The edge joining vertices   2 and 12 is between faces  2 and  3.
        Dihedral angle is     2.77672883 rad =       159.0948 deg = 159 deg  5 min  41 sec.
The edge joining vertices   2 and 16 is between faces 13 and 22.
        Dihedral angle is     2.77672883 rad =       159.0948 deg = 159 deg  5 min  41 sec.
The edge joining vertices   3 and  4 is between faces  4 and 21.
        Dihedral angle is     1.10714872 rad =        63.4349 deg =  63 deg 26 min   6 sec.
The edge joining vertices   3 and 12 is between faces  3 and  4.
        Dihedral angle is     2.77672883 rad =       159.0948 deg = 159 deg  5 min  41 sec.
The edge joining vertices   3 and 16 is between faces 21 and 22.
        Dihedral angle is     2.77672883 rad =       159.0948 deg = 159 deg  5 min  41 sec.
```

```
The edge joining vertices  4 and  5 is between faces  5 and 20.
        Dihedral angle is    1.30471628 rad =        74.7547 deg =  74 deg 45 min 17 sec.
The edge joining vertices  4 and 13 is between faces  4 and  5.
        Dihedral angle is    2.77672883 rad =       159.0948 deg = 159 deg  5 min 41 sec.
The edge joining vertices  4 and 20 is between faces 20 and 21.
        Dihedral angle is    2.77672883 rad =       159.0948 deg = 159 deg  5 min 41 sec.
The edge joining vertices  5 and  6 is between faces  6 and 19.
        Dihedral angle is    1.10714872 rad =        63.4349 deg =  63 deg 26 min  6 sec.
The edge joining vertices  5 and 13 is between faces  5 and  6.
        Dihedral angle is    2.77672883 rad =       159.0948 deg = 159 deg  5 min 41 sec.
The edge joining vertices  5 and 20 is between faces 19 and 20.
        Dihedral angle is    2.77672883 rad =       159.0948 deg = 159 deg  5 min 41 sec.
The edge joining vertices  6 and  7 is between faces  7 and 18.
        Dihedral angle is    1.30471628 rad =        74.7547 deg =  74 deg 45 min 17 sec.
The edge joining vertices  6 and 14 is between faces  6 and  7.
        Dihedral angle is    2.77672883 rad =       159.0948 deg = 159 deg  5 min 41 sec.
The edge joining vertices  6 and 19 is between faces 18 and 19.
        Dihedral angle is    2.77672883 rad =       159.0948 deg = 159 deg  5 min 41 sec.
The edge joining vertices  7 and  8 is between faces  8 and 17.
        Dihedral angle is    1.10714872 rad =        63.4349 deg =  63 deg 26 min  6 sec.
The edge joining vertices  7 and 14 is between faces  7 and  8.
        Dihedral angle is    2.77672883 rad =       159.0948 deg = 159 deg  5 min 41 sec.
The edge joining vertices  7 and 19 is between faces 17 and 18.
        Dihedral angle is    2.77672883 rad =       159.0948 deg = 159 deg  5 min 41 sec.
The edge joining vertices  8 and  9 is between faces  9 and 16.
        Dihedral angle is    1.30471628 rad =        74.7547 deg =  74 deg 45 min 17 sec.
The edge joining vertices  8 and 15 is between faces  8 and  9.
        Dihedral angle is    2.77672883 rad =       159.0948 deg = 159 deg  5 min 41 sec.
The edge joining vertices  8 and 18 is between faces 16 and 17.
        Dihedral angle is    2.77672883 rad =       159.0948 deg = 159 deg  5 min 41 sec.
The edge joining vertices  9 and 10 is between faces 10 and 15.
        Dihedral angle is    1.10714872 rad =        63.4349 deg =  63 deg 26 min  6 sec.
The edge joining vertices  9 and 15 is between faces  9 and 10.
        Dihedral angle is    2.77672883 rad =       159.0948 deg = 159 deg  5 min 41 sec.
The edge joining vertices  9 and 18 is between faces 15 and 16.
        Dihedral angle is    2.77672883 rad =       159.0948 deg = 159 deg  5 min 41 sec.
The edge joining vertices 10 and 11 is between faces 10 and 11.
        Dihedral angle is    2.77672883 rad =       159.0948 deg = 159 deg  5 min 41 sec.
The edge joining vertices 10 and 17 is between faces 14 and 15.
        Dihedral angle is    2.77672883 rad =       159.0948 deg = 159 deg  5 min 41 sec.
The edge joining vertices 11 and 12 is between faces  1 and  2.
        Dihedral angle is    2.58801829 rad =       148.2825 deg = 148 deg 16 min 57 sec.
The edge joining vertices 11 and 15 is between faces  1 and 10.
        Dihedral angle is    2.58801829 rad =       148.2825 deg = 148 deg 16 min 57 sec.
The edge joining vertices 12 and 13 is between faces  1 and  4.
        Dihedral angle is    2.58801829 rad =       148.2825 deg = 148 deg 16 min 57 sec.
The edge joining vertices 13 and 14 is between faces  1 and  6.
        Dihedral angle is    2.58801829 rad =       148.2825 deg = 148 deg 16 min 57 sec.
The edge joining vertices 14 and 15 is between faces  1 and  8.
        Dihedral angle is    2.58801829 rad =       148.2825 deg = 148 deg 16 min 57 sec.
The edge joining vertices 16 and 17 is between faces 12 and 13.
        Dihedral angle is    2.58801829 rad =       148.2825 deg = 148 deg 16 min 57 sec.
The edge joining vertices 16 and 20 is between faces 12 and 21.
        Dihedral angle is    2.58801829 rad =       148.2825 deg = 148 deg 16 min 57 sec.
The edge joining vertices 17 and 18 is between faces 12 and 15.
        Dihedral angle is    2.58801829 rad =       148.2825 deg = 148 deg 16 min 57 sec.
The edge joining vertices 18 and 19 is between faces 12 and 17.
        Dihedral angle is    2.58801829 rad =       148.2825 deg = 148 deg 16 min 57 sec.
The edge joining vertices 19 and 20 is between faces 12 and 19.
        Dihedral angle is    2.58801829 rad =       148.2825 deg = 148 deg 16 min 57 sec.
```

Report based on file j30d.off

```
Vertex #  1: (  0.00000000,  0.00000000,  1.42658477).
Vertex #  2: ( -0.39429833,  0.28647451,  0.78859667).
Vertex #  3: ( -0.15060856,  0.46352549,  0.63798811).
Vertex #  4: (  0.15060856,  0.46352549,  0.78859667).
Vertex #  5: (  0.39429833,  0.28647451,  0.63798811).
Vertex #  6: (  0.48737954,  0.00000000,  0.78859667).
Vertex #  7: (  0.39429833, -0.28647451,  0.63798811).
Vertex #  8: (  0.15060856, -0.46352549,  0.78859667).
Vertex #  9: ( -0.15060856, -0.46352549,  0.63798811).
Vertex # 10: ( -0.39429833, -0.28647451,  0.78859667).
Vertex # 11: ( -0.48737954,  0.00000000,  0.63798811).
Vertex # 12: (  0.00000000,  0.00000000, -1.42658477).
Vertex # 13: ( -0.39429833,  0.28647451, -0.78859667).
Vertex # 14: ( -0.48737954,  0.00000000, -0.63798811).
Vertex # 15: ( -0.39429833, -0.28647451, -0.78859667).
Vertex # 16: ( -0.15060856, -0.46352549, -0.63798811).
Vertex # 17: (  0.15060856, -0.46352549, -0.78859667).
Vertex # 18: (  0.39429833, -0.28647451, -0.63798811).
Vertex # 19: (  0.48737954,  0.00000000, -0.78859667).
Vertex # 20: (  0.39429833,  0.28647451, -0.63798811).
Vertex # 21: (  0.15060856,  0.46352549, -0.78859667).
Vertex # 22: ( -0.15060856,  0.46352549, -0.63798811).


Face #  1 has  4 vertices:
    Vertices input as         1  12  13  10
    Vertices renumbered as    2  13  14  11
       Edge  2 13 is   1.57719334.
       Edge 13 14 is   0.33677098.
       Edge 14 11 is   1.27597621.
       Edge 11  2 is   0.33677098.
       Angle 11  2 13 is   1.10714872 rad =      63.4349 deg =  63 deg 26 min  6 sec.
       Angle  2 13 14 is   1.10714872 rad =      63.4349 deg =  63 deg 26 min  6 sec.
       Angle 13 14 11 is   2.03444394 rad =     116.5651 deg = 116 deg 33 min 54 sec.
       Angle 14 11  2 is   2.03444394 rad =     116.5651 deg = 116 deg 33 min 54 sec.


Face #  2 has  4 vertices:
    Vertices input as        12   1   2  21
    Vertices renumbered as   13   2   3  22
       Edge 13  2 is   1.57719334.
       Edge  2  3 is   0.33677098.
       Edge  3 22 is   1.27597621.
       Edge 22 13 is   0.33677098.
       Angle 22 13  2 is   1.10714872 rad =      63.4349 deg =  63 deg 26 min  6 sec.
       Angle 13  2  3 is   1.10714872 rad =      63.4349 deg =  63 deg 26 min  6 sec.
       Angle  2  3 22 is   2.03444394 rad =     116.5651 deg = 116 deg 33 min 54 sec.
       Angle  3 22 13 is   2.03444394 rad =     116.5651 deg = 116 deg 33 min 54 sec.


Face #  3 has  4 vertices:
    Vertices input as        21   2   3  20
    Vertices renumbered as   22   3   4  21
       Edge 22  3 is   1.27597621.
       Edge  3  4 is   0.33677098.
       Edge  4 21 is   1.57719334.
       Edge 21 22 is   0.33677098.
       Angle 21 22  3 is   2.03444394 rad =     116.5651 deg = 116 deg 33 min 54 sec.
       Angle 22  3  4 is   2.03444394 rad =     116.5651 deg = 116 deg 33 min 54 sec.
       Angle  3  4 21 is   1.10714872 rad =      63.4349 deg =  63 deg 26 min  6 sec.
```

```
            Angle   4 21 22 is    1.10714872 rad =        63.4349 deg =  63 deg 26 min   6 sec.


Face #  4 has  4 vertices:
    Vertices input as         20    3    4   19
    Vertices renumbered as    21    4    5   20
        Edge 21   4 is    1.57719334.
        Edge  4   5 is    0.33677098.
        Edge  5  20 is    1.27597621.
        Edge 20  21 is    0.33677098.
        Angle 20  21   4 is    1.10714872 rad =        63.4349 deg =  63 deg 26 min   6 sec.
        Angle 21   4   5 is    1.10714872 rad =        63.4349 deg =  63 deg 26 min   6 sec.
        Angle  4   5  20 is    2.03444394 rad =       116.5651 deg = 116 deg 33 min  54 sec.
        Angle  5  20  21 is    2.03444394 rad =       116.5651 deg = 116 deg 33 min  54 sec.

Face #  5 has  4 vertices:
    Vertices input as         19    4    5   18
    Vertices renumbered as    20    5    6   19
        Edge 20   5 is    1.27597621.
        Edge  5   6 is    0.33677098.
        Edge  6  19 is    1.57719334.
        Edge 19  20 is    0.33677098.
        Angle 19  20   5 is    2.03444394 rad =       116.5651 deg = 116 deg 33 min  54 sec.
        Angle 20   5   6 is    2.03444394 rad =       116.5651 deg = 116 deg 33 min  54 sec.
        Angle  5   6  19 is    1.10714872 rad =        63.4349 deg =  63 deg 26 min   6 sec.
        Angle  6  19  20 is    1.10714872 rad =        63.4349 deg =  63 deg 26 min   6 sec.

Face #  6 has  4 vertices:
    Vertices input as         18    5    6   17
    Vertices renumbered as    19    6    7   18
        Edge 19   6 is    1.57719334.
        Edge  6   7 is    0.33677098.
        Edge  7  18 is    1.27597621.
        Edge 18  19 is    0.33677098.
        Angle 18  19   6 is    1.10714872 rad =        63.4349 deg =  63 deg 26 min   6 sec.
        Angle 19   6   7 is    1.10714872 rad =        63.4349 deg =  63 deg 26 min   6 sec.
        Angle  6   7  18 is    2.03444394 rad =       116.5651 deg = 116 deg 33 min  54 sec.
        Angle  7  18  19 is    2.03444394 rad =       116.5651 deg = 116 deg 33 min  54 sec.

Face #  7 has  4 vertices:
    Vertices input as         17    6    7   16
    Vertices renumbered as    18    7    8   17
        Edge 18   7 is    1.27597621.
        Edge  7   8 is    0.33677098.
        Edge  8  17 is    1.57719334.
        Edge 17  18 is    0.33677098.
        Angle 17  18   7 is    2.03444394 rad =       116.5651 deg = 116 deg 33 min  54 sec.
        Angle 18   7   8 is    2.03444394 rad =       116.5651 deg = 116 deg 33 min  54 sec.
        Angle  7   8  17 is    1.10714872 rad =        63.4349 deg =  63 deg 26 min   6 sec.
        Angle  8  17  18 is    1.10714872 rad =        63.4349 deg =  63 deg 26 min   6 sec.

Face #  8 has  4 vertices:
    Vertices input as         16    7    8   15
    Vertices renumbered as    17    8    9   16
        Edge 17   8 is    1.57719334.
        Edge  8   9 is    0.33677098.
        Edge  9  16 is    1.27597621.
        Edge 16  17 is    0.33677098.
        Angle 16  17   8 is    1.10714872 rad =        63.4349 deg =  63 deg 26 min   6 sec.
```

```
        Angle 17  8  9 is    1.10714872 rad =     63.4349 deg =  63 deg 26 min  6 sec.
        Angle  8  9 16 is    2.03444394 rad =    116.5651 deg = 116 deg 33 min 54 sec.
        Angle  9 16 17 is    2.03444394 rad =    116.5651 deg = 116 deg 33 min 54 sec.


Face #  9 has  4 vertices:
    Vertices input as           15    8    9   14
    Vertices renumbered as      16    9   10   15
        Edge 16  9 is    1.27597621.
        Edge  9 10 is    0.33677098.
        Edge 10 15 is    1.57719334.
        Edge 15 16 is    0.33677098.
        Angle 15 16  9 is    2.03444394 rad =    116.5651 deg = 116 deg 33 min 54 sec.
        Angle 16  9 10 is    2.03444394 rad =    116.5651 deg = 116 deg 33 min 54 sec.
        Angle  9 10 15 is    1.10714872 rad =     63.4349 deg =  63 deg 26 min  6 sec.
        Angle 10 15 16 is    1.10714872 rad =     63.4349 deg =  63 deg 26 min  6 sec.


Face # 10 has  4 vertices:
    Vertices input as           10   13   14    9
    Vertices renumbered as      11   14   15   10
        Edge 11 14 is    1.27597621.
        Edge 14 15 is    0.33677098.
        Edge 15 10 is    1.57719334.
        Edge 10 11 is    0.33677098.
        Angle 10 11 14 is    2.03444394 rad =    116.5651 deg = 116 deg 33 min 54 sec.
        Angle 11 14 15 is    2.03444394 rad =    116.5651 deg = 116 deg 33 min 54 sec.
        Angle 14 15 10 is    1.10714872 rad =     63.4349 deg =  63 deg 26 min  6 sec.
        Angle 15 10 11 is    1.10714872 rad =     63.4349 deg =  63 deg 26 min  6 sec.


Face # 11 has  4 vertices:
    Vertices input as            1   10    9    0
    Vertices renumbered as       2   11   10    1
        Edge  2 11 is    0.33677098.
        Edge 11 10 is    0.33677098.
        Edge 10  1 is    0.80284970.
        Edge  1  2 is    0.80284970.
        Angle  1  2 11 is    1.75950686 rad =    100.8123 deg = 100 deg 48 min 44 sec.
        Angle  2 11 10 is    2.03444394 rad =    116.5651 deg = 116 deg 33 min 54 sec.
        Angle 11 10  1 is    1.75950686 rad =    100.8123 deg = 100 deg 48 min 44 sec.
        Angle 10  1  2 is    0.72972766 rad =     41.8103 deg =  41 deg 48 min 37 sec.


Face # 12 has  4 vertices:
    Vertices input as            2    1    0    3
    Vertices renumbered as       3    2    1    4
        Edge  3  2 is    0.33677098.
        Edge  2  1 is    0.80284970.
        Edge  1  4 is    0.80284970.
        Edge  4  3 is    0.33677098.
        Angle  4  3  2 is    2.03444394 rad =    116.5651 deg = 116 deg 33 min 54 sec.
        Angle  3  2  1 is    1.75950686 rad =    100.8123 deg = 100 deg 48 min 44 sec.
        Angle  2  1  4 is    0.72972766 rad =     41.8103 deg =  41 deg 48 min 37 sec.
        Angle  1  4  3 is    1.75950686 rad =    100.8123 deg = 100 deg 48 min 44 sec.


Face # 13 has  4 vertices:
    Vertices input as            4    3    0    5
    Vertices renumbered as       5    4    1    6
        Edge  5  4 is    0.33677098.
        Edge  4  1 is    0.80284970.
        Edge  1  6 is    0.80284970.
```

```
        Edge   6   5 is     0.33677098.
        Angle  6   5   4 is    2.03444394 rad =      116.5651 deg = 116 deg 33 min 54 sec.
        Angle  5   4   1 is    1.75950686 rad =      100.8123 deg = 100 deg 48 min 44 sec.
        Angle  4   1   6 is    0.72972766 rad =       41.8103 deg =  41 deg 48 min 37 sec.
        Angle  1   6   5 is    1.75950686 rad =      100.8123 deg = 100 deg 48 min 44 sec.


Face # 14 has  4 vertices:
    Vertices input as            6    5    0    7
    Vertices renumbered as       7    6    1    8
        Edge   7   6 is     0.33677098.
        Edge   6   1 is     0.80284970.
        Edge   1   8 is     0.80284970.
        Edge   8   7 is     0.33677098.
        Angle  8   7   6 is    2.03444394 rad =      116.5651 deg = 116 deg 33 min 54 sec.
        Angle  7   6   1 is    1.75950686 rad =      100.8123 deg = 100 deg 48 min 44 sec.
        Angle  6   1   8 is    0.72972766 rad =       41.8103 deg =  41 deg 48 min 37 sec.
        Angle  1   8   7 is    1.75950686 rad =      100.8123 deg = 100 deg 48 min 44 sec.


Face # 15 has  4 vertices:
    Vertices input as            8    7    0    9
    Vertices renumbered as       9    8    1   10
        Edge   9   8 is     0.33677098.
        Edge   8   1 is     0.80284970.
        Edge   1  10 is     0.80284970.
        Edge  10   9 is     0.33677098.
        Angle 10   9   8 is    2.03444394 rad =      116.5651 deg = 116 deg 33 min 54 sec.
        Angle  9   8   1 is    1.75950686 rad =      100.8123 deg = 100 deg 48 min 44 sec.
        Angle  8   1  10 is    0.72972766 rad =       41.8103 deg =  41 deg 48 min 37 sec.
        Angle  1  10   9 is    1.75950686 rad =      100.8123 deg = 100 deg 48 min 44 sec.


Face # 16 has  4 vertices:
    Vertices input as           12   21   20   11
    Vertices renumbered as      13   22   21   12
        Edge  13  22 is     0.33677098.
        Edge  22  21 is     0.33677098.
        Edge  21  12 is     0.80284970.
        Edge  12  13 is     0.80284970.
        Angle 12  13  22 is    1.75950686 rad =      100.8123 deg = 100 deg 48 min 44 sec.
        Angle 13  22  21 is    2.03444394 rad =      116.5651 deg = 116 deg 33 min 54 sec.
        Angle 22  21  12 is    1.75950686 rad =      100.8123 deg = 100 deg 48 min 44 sec.
        Angle 21  12  13 is    0.72972766 rad =       41.8103 deg =  41 deg 48 min 37 sec.


Face # 17 has  4 vertices:
    Vertices input as           13   12   11   14
    Vertices renumbered as      14   13   12   15
        Edge  14  13 is     0.33677098.
        Edge  13  12 is     0.80284970.
        Edge  12  15 is     0.80284970.
        Edge  15  14 is     0.33677098.
        Angle 15  14  13 is    2.03444394 rad =      116.5651 deg = 116 deg 33 min 54 sec.
        Angle 14  13  12 is    1.75950686 rad =      100.8123 deg = 100 deg 48 min 44 sec.
        Angle 13  12  15 is    0.72972766 rad =       41.8103 deg =  41 deg 48 min 37 sec.
        Angle 12  15  14 is    1.75950686 rad =      100.8123 deg = 100 deg 48 min 44 sec.


Face # 18 has  4 vertices:
    Vertices input as           16   15   14   11
    Vertices renumbered as      17   16   15   12
        Edge  17  16 is     0.33677098.
```

```
        Edge 16 15 is    0.33677098.
        Edge 15 12 is    0.80284970.
        Edge 12 17 is    0.80284970.
        Angle 12 17 16 is    1.75950686 rad =        100.8123 deg = 100 deg 48 min 44 sec.
        Angle 17 16 15 is    2.03444394 rad =        116.5651 deg = 116 deg 33 min 54 sec.
        Angle 16 15 12 is    1.75950686 rad =        100.8123 deg = 100 deg 48 min 44 sec.
        Angle 15 12 17 is    0.72972766 rad =         41.8103 deg =  41 deg 48 min 37 sec.

Face # 19 has  4 vertices:
    Vertices input as          18   17   16   11
    Vertices renumbered as     19   18   17   12
        Edge 19 18 is    0.33677098.
        Edge 18 17 is    0.33677098.
        Edge 17 12 is    0.80284970.
        Edge 12 19 is    0.80284970.
        Angle 12 19 18 is    1.75950686 rad =        100.8123 deg = 100 deg 48 min 44 sec.
        Angle 19 18 17 is    2.03444394 rad =        116.5651 deg = 116 deg 33 min 54 sec.
        Angle 18 17 12 is    1.75950686 rad =        100.8123 deg = 100 deg 48 min 44 sec.
        Angle 17 12 19 is    0.72972766 rad =         41.8103 deg =  41 deg 48 min 37 sec.

Face # 20 has  4 vertices:
    Vertices input as          20   19   18   11
    Vertices renumbered as     21   20   19   12
        Edge 21 20 is    0.33677098.
        Edge 20 19 is    0.33677098.
        Edge 19 12 is    0.80284970.
        Edge 12 21 is    0.80284970.
        Angle 12 21 20 is    1.75950686 rad =        100.8123 deg = 100 deg 48 min 44 sec.
        Angle 21 20 19 is    2.03444394 rad =        116.5651 deg = 116 deg 33 min 54 sec.
        Angle 20 19 12 is    1.75950686 rad =        100.8123 deg = 100 deg 48 min 44 sec.
        Angle 19 12 21 is    0.72972766 rad =         41.8103 deg =  41 deg 48 min 37 sec.


The edge joining vertices    1 and  2 is between faces 11 and 12.
        Dihedral angle is    2.09439510 rad =        120.0000 deg = 120 deg  0 min  0 sec.
The edge joining vertices    1 and  4 is between faces 12 and 13.
        Dihedral angle is    2.09439510 rad =        120.0000 deg = 120 deg  0 min  0 sec.
The edge joining vertices    1 and  6 is between faces 13 and 14.
        Dihedral angle is    2.09439510 rad =        120.0000 deg = 120 deg  0 min  0 sec.
The edge joining vertices    1 and  8 is between faces 14 and 15.
        Dihedral angle is    2.09439510 rad =        120.0000 deg = 120 deg  0 min  0 sec.
The edge joining vertices    1 and 10 is between faces 11 and 15.
        Dihedral angle is    2.09439510 rad =        120.0000 deg = 120 deg  0 min  0 sec.
The edge joining vertices    2 and  3 is between faces  2 and 12.
        Dihedral angle is    2.51327412 rad =        144.0000 deg = 144 deg  0 min  0 sec.
The edge joining vertices    2 and 11 is between faces  1 and 11.
        Dihedral angle is    2.51327412 rad =        144.0000 deg = 144 deg  0 min  0 sec.
The edge joining vertices    2 and 13 is between faces  1 and  2.
        Dihedral angle is    2.51327412 rad =        144.0000 deg = 144 deg  0 min  0 sec.
The edge joining vertices    3 and  4 is between faces  3 and 12.
        Dihedral angle is    2.51327412 rad =        144.0000 deg = 144 deg  0 min  0 sec.
The edge joining vertices    3 and 22 is between faces  2 and  3.
        Dihedral angle is    2.51327412 rad =        144.0000 deg = 144 deg  0 min  0 sec.
The edge joining vertices    4 and  5 is between faces  4 and 13.
        Dihedral angle is    2.51327412 rad =        144.0000 deg = 144 deg  0 min  0 sec.
The edge joining vertices    4 and 21 is between faces  3 and  4.
        Dihedral angle is    2.51327412 rad =        144.0000 deg = 144 deg  0 min  0 sec.
The edge joining vertices    5 and  6 is between faces  5 and 13.
        Dihedral angle is    2.51327412 rad =        144.0000 deg = 144 deg  0 min  0 sec.
The edge joining vertices    5 and 20 is between faces  4 and  5.
        Dihedral angle is    2.51327412 rad =        144.0000 deg = 144 deg  0 min  0 sec.
```

```
The edge joining vertices  6 and  7 is between faces  6 and 14.
        Dihedral angle is   2.51327412 rad =    144.0000 deg = 144 deg  0 min  0 sec.
The edge joining vertices  6 and 19 is between faces  5 and  6.
        Dihedral angle is   2.51327412 rad =    144.0000 deg = 144 deg  0 min  0 sec.
The edge joining vertices  7 and  8 is between faces  7 and 14.
        Dihedral angle is   2.51327412 rad =    144.0000 deg = 144 deg  0 min  0 sec.
The edge joining vertices  7 and 18 is between faces  6 and  7.
        Dihedral angle is   2.51327412 rad =    144.0000 deg = 144 deg  0 min  0 sec.
The edge joining vertices  8 and  9 is between faces  8 and 15.
        Dihedral angle is   2.51327412 rad =    144.0000 deg = 144 deg  0 min  0 sec.
The edge joining vertices  8 and 17 is between faces  7 and  8.
        Dihedral angle is   2.51327412 rad =    144.0000 deg = 144 deg  0 min  0 sec.
The edge joining vertices  9 and 10 is between faces  9 and 15.
        Dihedral angle is   2.51327412 rad =    144.0000 deg = 144 deg  0 min  0 sec.
The edge joining vertices  9 and 16 is between faces  8 and  9.
        Dihedral angle is   2.51327412 rad =    144.0000 deg = 144 deg  0 min  0 sec.
The edge joining vertices 10 and 11 is between faces 10 and 11.
        Dihedral angle is   2.51327412 rad =    144.0000 deg = 144 deg  0 min  0 sec.
The edge joining vertices 10 and 15 is between faces  9 and 10.
        Dihedral angle is   2.51327412 rad =    144.0000 deg = 144 deg  0 min  0 sec.
The edge joining vertices 11 and 14 is between faces  1 and 10.
        Dihedral angle is   2.51327412 rad =    144.0000 deg = 144 deg  0 min  0 sec.
The edge joining vertices 12 and 13 is between faces 16 and 17.
        Dihedral angle is   2.09439510 rad =    120.0000 deg = 119 deg 59 min 60 sec.
The edge joining vertices 12 and 15 is between faces 17 and 18.
        Dihedral angle is   2.09439510 rad =    120.0000 deg = 120 deg  0 min  0 sec.
The edge joining vertices 12 and 17 is between faces 18 and 19.
        Dihedral angle is   2.09439510 rad =    120.0000 deg = 120 deg  0 min  0 sec.
The edge joining vertices 12 and 19 is between faces 19 and 20.
        Dihedral angle is   2.09439510 rad =    120.0000 deg = 119 deg 59 min 60 sec.
The edge joining vertices 12 and 21 is between faces 16 and 20.
        Dihedral angle is   2.09439510 rad =    120.0000 deg = 119 deg 59 min 60 sec.
The edge joining vertices 13 and 14 is between faces  1 and 17.
        Dihedral angle is   2.51327412 rad =    144.0000 deg = 144 deg  0 min  0 sec.
The edge joining vertices 13 and 22 is between faces  2 and 16.
        Dihedral angle is   2.51327412 rad =    144.0000 deg = 144 deg  0 min  0 sec.
The edge joining vertices 14 and 15 is between faces 10 and 17.
        Dihedral angle is   2.51327412 rad =    144.0000 deg = 144 deg  0 min  0 sec.
The edge joining vertices 15 and 16 is between faces  9 and 18.
        Dihedral angle is   2.51327412 rad =    144.0000 deg = 144 deg  0 min  0 sec.
The edge joining vertices 16 and 17 is between faces  8 and 18.
        Dihedral angle is   2.51327412 rad =    144.0000 deg = 144 deg  0 min  0 sec.
The edge joining vertices 17 and 18 is between faces  7 and 19.
        Dihedral angle is   2.51327412 rad =    144.0000 deg = 144 deg  0 min  0 sec.
The edge joining vertices 18 and 19 is between faces  6 and 19.
        Dihedral angle is   2.51327412 rad =    144.0000 deg = 144 deg  0 min  0 sec.
The edge joining vertices 19 and 20 is between faces  5 and 20.
        Dihedral angle is   2.51327412 rad =    144.0000 deg = 144 deg  0 min  0 sec.
The edge joining vertices 20 and 21 is between faces  4 and 20.
        Dihedral angle is   2.51327412 rad =    144.0000 deg = 144 deg  0 min  0 sec.
The edge joining vertices 21 and 22 is between faces  3 and 16.
        Dihedral angle is   2.51327412 rad =    144.0000 deg = 143 deg 59 min 60 sec.
```

Report based on file j31.off

```
Vertex #  1: ( -1.30901699, -0.95105652,  0.00000000).
Vertex #  2: ( -1.61803399,  0.00000000,  0.00000000).
Vertex #  3: ( -1.30901699,  0.95105652,  0.00000000).
Vertex #  4: ( -0.50000000,  1.53884177,  0.00000000).
Vertex #  5: (  0.50000000,  1.53884177,  0.00000000).
Vertex #  6: (  1.30901699,  0.95105652,  0.00000000).
Vertex #  7: (  1.61803399,  0.00000000,  0.00000000).
Vertex #  8: (  1.30901699, -0.95105652,  0.00000000).
Vertex #  9: (  0.50000000, -1.53884177,  0.00000000).
Vertex # 10: ( -0.50000000, -1.53884177,  0.00000000).
Vertex # 11: ( -0.50000000, -0.68819096,  0.52573111).
Vertex # 12: ( -0.80901699,  0.26286556,  0.52573111).
Vertex # 13: (  0.00000000,  0.85065081,  0.52573111).
Vertex # 14: (  0.80901699,  0.26286556,  0.52573111).
Vertex # 15: (  0.50000000, -0.68819096,  0.52573111).
Vertex # 16: ( -0.80901699, -0.26286556, -0.52573111).
Vertex # 17: (  0.00000000, -0.85065081, -0.52573111).
Vertex # 18: (  0.80901699, -0.26286556, -0.52573111).
Vertex # 19: (  0.50000000,  0.68819096, -0.52573111).
Vertex # 20: ( -0.50000000,  0.68819096, -0.52573111).


Face #  1 has  5 vertices:
    Vertices input as         14  13  12  11  10
    Vertices renumbered as    15  14  13  12  11
      Edge 15 14 is   1.00000000.
      Edge 14 13 is   1.00000000.
      Edge 13 12 is   1.00000000.
      Edge 12 11 is   1.00000000.
      Edge 11 15 is   1.00000000.
      Angle 11 15 14 is   1.88495559 rad =     108.0000 deg = 108 deg  0 min  0 sec.
      Angle 15 14 13 is   1.88495559 rad =     108.0000 deg = 108 deg  0 min  0 sec.
      Angle 14 13 12 is   1.88495559 rad =     108.0000 deg = 108 deg  0 min  0 sec.
      Angle 13 12 11 is   1.88495559 rad =     108.0000 deg = 108 deg  0 min  0 sec.
      Angle 12 11 15 is   1.88495559 rad =     108.0000 deg = 108 deg  0 min  0 sec.


Face #  2 has  4 vertices:
    Vertices input as          0  10  11   1
    Vertices renumbered as     1  11  12   2
      Edge  1 11 is   1.00000000.
      Edge 11 12 is   1.00000000.
      Edge 12  2 is   1.00000000.
      Edge  2  1 is   1.00000000.
      Angle  2  1 11 is   1.57079633 rad =      90.0000 deg =  90 deg  0 min  0 sec.
      Angle  1 11 12 is   1.57079633 rad =      90.0000 deg =  90 deg  0 min  0 sec.
      Angle 11 12  2 is   1.57079633 rad =      90.0000 deg =  90 deg  0 min  0 sec.
      Angle 12  2  1 is   1.57079633 rad =      90.0000 deg =  90 deg  0 min  0 sec.


Face #  3 has  3 vertices:
    Vertices input as          1  11   2
    Vertices renumbered as     2  12   3
      Edge  2 12 is   1.00000000.
      Edge 12  3 is   1.00000000.
      Edge  3  2 is   1.00000000.
      Angle  3  2 12 is   1.04719755 rad =      60.0000 deg =  60 deg  0 min  0 sec.
      Angle  2 12  3 is   1.04719755 rad =      60.0000 deg =  60 deg  0 min  0 sec.
      Angle 12  3  2 is   1.04719755 rad =      60.0000 deg =  60 deg  0 min  0 sec.
```

```
Face #  4 has  4 vertices:
    Vertices input as          2 11 12  3
    Vertices renumbered as     3 12 13  4
        Edge  3 12 is   1.00000000.
        Edge 12 13 is   1.00000000.
        Edge 13  4 is   1.00000000.
        Edge  4  3 is   1.00000000.
        Angle  4  3 12 is   1.57079633 rad =    90.0000 deg =  90 deg  0 min  0 sec.
        Angle  3 12 13 is   1.57079633 rad =    90.0000 deg =  90 deg  0 min  0 sec.
        Angle 12 13  4 is   1.57079633 rad =    90.0000 deg =  90 deg  0 min  0 sec.
        Angle 13  4  3 is   1.57079633 rad =    90.0000 deg =  90 deg  0 min  0 sec.

Face #  5 has  3 vertices:
    Vertices input as          3 12  4
    Vertices renumbered as     4 13  5
        Edge  4 13 is   1.00000000.
        Edge 13  5 is   1.00000000.
        Edge  5  4 is   1.00000000.
        Angle  5  4 13 is   1.04719755 rad =    60.0000 deg =  60 deg  0 min  0 sec.
        Angle  4 13  5 is   1.04719755 rad =    60.0000 deg =  60 deg  0 min  0 sec.
        Angle 13  5  4 is   1.04719755 rad =    60.0000 deg =  60 deg  0 min  0 sec.

Face #  6 has  4 vertices:
    Vertices input as          4 12 13  5
    Vertices renumbered as     5 13 14  6
        Edge  5 13 is   1.00000000.
        Edge 13 14 is   1.00000000.
        Edge 14  6 is   1.00000000.
        Edge  6  5 is   1.00000000.
        Angle  6  5 13 is   1.57079633 rad =    90.0000 deg =  90 deg  0 min  0 sec.
        Angle  5 13 14 is   1.57079633 rad =    90.0000 deg =  90 deg  0 min  0 sec.
        Angle 13 14  6 is   1.57079633 rad =    90.0000 deg =  90 deg  0 min  0 sec.
        Angle 14  6  5 is   1.57079633 rad =    90.0000 deg =  90 deg  0 min  0 sec.

Face #  7 has  3 vertices:
    Vertices input as          5 13  6
    Vertices renumbered as     6 14  7
        Edge  6 14 is   1.00000000.
        Edge 14  7 is   1.00000000.
        Edge  7  6 is   1.00000000.
        Angle  7  6 14 is   1.04719755 rad =    60.0000 deg =  60 deg  0 min  0 sec.
        Angle  6 14  7 is   1.04719755 rad =    60.0000 deg =  60 deg  0 min  0 sec.
        Angle 14  7  6 is   1.04719755 rad =    60.0000 deg =  60 deg  0 min  0 sec.

Face #  8 has  4 vertices:
    Vertices input as          6 13 14  7
    Vertices renumbered as     7 14 15  8
        Edge  7 14 is   1.00000000.
        Edge 14 15 is   1.00000000.
        Edge 15  8 is   1.00000000.
        Edge  8  7 is   1.00000000.
        Angle  8  7 14 is   1.57079633 rad =    90.0000 deg =  90 deg  0 min  0 sec.
        Angle  7 14 15 is   1.57079633 rad =    90.0000 deg =  90 deg  0 min  0 sec.
        Angle 14 15  8 is   1.57079633 rad =    90.0000 deg =  90 deg  0 min  0 sec.
        Angle 15  8  7 is   1.57079633 rad =    90.0000 deg =  90 deg  0 min  0 sec.

Face #  9 has  3 vertices:
```

```
        Vertices input as          7  14   8
        Vertices renumbered as     8  15   9
          Edge  8 15 is   1.00000000.
          Edge 15  9 is   1.00000000.
          Edge  9  8 is   1.00000000.
          Angle  9  8 15 is   1.04719755 rad =     60.0000 deg =  60 deg  0 min  0 sec.
          Angle  8 15  9 is   1.04719755 rad =     60.0000 deg =  60 deg  0 min  0 sec.
          Angle 15  9  8 is   1.04719755 rad =     60.0000 deg =  60 deg  0 min  0 sec.

Face # 10 has  4 vertices:
        Vertices input as          8  14  10   9
        Vertices renumbered as     9  15  11  10
          Edge  9 15 is   1.00000000.
          Edge 15 11 is   1.00000000.
          Edge 11 10 is   1.00000000.
          Edge 10  9 is   1.00000000.
          Angle 10  9 15 is   1.57079633 rad =     90.0000 deg =  90 deg  0 min  0 sec.
          Angle  9 15 11 is   1.57079633 rad =     90.0000 deg =  90 deg  0 min  0 sec.
          Angle 15 11 10 is   1.57079633 rad =     90.0000 deg =  90 deg  0 min  0 sec.
          Angle 11 10  9 is   1.57079633 rad =     90.0000 deg =  90 deg  0 min  0 sec.

Face # 11 has  3 vertices:
        Vertices input as          9  10   0
        Vertices renumbered as    10  11   1
          Edge 10 11 is   1.00000000.
          Edge 11  1 is   1.00000000.
          Edge  1 10 is   1.00000000.
          Angle  1 10 11 is   1.04719755 rad =     60.0000 deg =  60 deg  0 min  0 sec.
          Angle 10 11  1 is   1.04719755 rad =     60.0000 deg =  60 deg  0 min  0 sec.
          Angle 11  1 10 is   1.04719755 rad =     60.0000 deg =  60 deg  0 min  0 sec.

Face # 12 has  5 vertices:
        Vertices input as         19  18  17  16  15
        Vertices renumbered as    20  19  18  17  16
          Edge 20 19 is   1.00000000.
          Edge 19 18 is   1.00000000.
          Edge 18 17 is   1.00000000.
          Edge 17 16 is   1.00000000.
          Edge 16 20 is   1.00000000.
          Angle 16 20 19 is   1.88495559 rad =    108.0000 deg = 108 deg  0 min  0 sec.
          Angle 20 19 18 is   1.88495559 rad =    108.0000 deg = 108 deg  0 min  0 sec.
          Angle 19 18 17 is   1.88495559 rad =    108.0000 deg = 108 deg  0 min  0 sec.
          Angle 18 17 16 is   1.88495559 rad =    108.0000 deg = 108 deg  0 min  0 sec.
          Angle 17 16 20 is   1.88495559 rad =    108.0000 deg = 108 deg  0 min  0 sec.

Face # 13 has  4 vertices:
        Vertices input as          0  15  16   9
        Vertices renumbered as     1  16  17  10
          Edge  1 16 is   1.00000000.
          Edge 16 17 is   1.00000000.
          Edge 17 10 is   1.00000000.
          Edge 10  1 is   1.00000000.
          Angle 10  1 16 is   1.57079633 rad =     90.0000 deg =  90 deg  0 min  0 sec.
          Angle  1 16 17 is   1.57079633 rad =     90.0000 deg =  90 deg  0 min  0 sec.
          Angle 16 17 10 is   1.57079633 rad =     90.0000 deg =  90 deg  0 min  0 sec.
          Angle 17 10  1 is   1.57079633 rad =     90.0000 deg =  90 deg  0 min  0 sec.

Face # 14 has  3 vertices:
```

```
        Vertices input as            9  16   8
        Vertices renumbered as      10  17   9
           Edge  10  17 is    1.00000000.
           Edge  17   9 is    1.00000000.
           Edge   9  10 is    1.00000000.
           Angle  9  10  17 is    1.04719755 rad =       60.0000 deg =   60 deg  0 min   0 sec.
           Angle 10  17   9 is    1.04719755 rad =       60.0000 deg =   60 deg  0 min   0 sec.
           Angle 17   9  10 is    1.04719755 rad =       60.0000 deg =   60 deg  0 min   0 sec.


Face # 15 has   4 vertices:
        Vertices input as            8  16  17   7
        Vertices renumbered as       9  17  18   8
           Edge   9  17 is    1.00000000.
           Edge  17  18 is    1.00000000.
           Edge  18   8 is    1.00000000.
           Edge   8   9 is    1.00000000.
           Angle  8   9  17 is    1.57079633 rad =       90.0000 deg =   90 deg  0 min   0 sec.
           Angle  9  17  18 is    1.57079633 rad =       90.0000 deg =   90 deg  0 min   0 sec.
           Angle 17  18   8 is    1.57079633 rad =       90.0000 deg =   90 deg  0 min   0 sec.
           Angle 18   8   9 is    1.57079633 rad =       90.0000 deg =   90 deg  0 min   0 sec.


Face # 16 has   3 vertices:
        Vertices input as            7  17   6
        Vertices renumbered as       8  18   7
           Edge   8  18 is    1.00000000.
           Edge  18   7 is    1.00000000.
           Edge   7   8 is    1.00000000.
           Angle  7   8  18 is    1.04719755 rad =       60.0000 deg =   60 deg  0 min   0 sec.
           Angle  8  18   7 is    1.04719755 rad =       60.0000 deg =   60 deg  0 min   0 sec.
           Angle 18   7   8 is    1.04719755 rad =       60.0000 deg =   60 deg  0 min   0 sec.


Face # 17 has   4 vertices:
        Vertices input as            6  17  18   5
        Vertices renumbered as       7  18  19   6
           Edge   7  18 is    1.00000000.
           Edge  18  19 is    1.00000000.
           Edge  19   6 is    1.00000000.
           Edge   6   7 is    1.00000000.
           Angle  6   7  18 is    1.57079633 rad =       90.0000 deg =   90 deg  0 min   0 sec.
           Angle  7  18  19 is    1.57079633 rad =       90.0000 deg =   90 deg  0 min   0 sec.
           Angle 18  19   6 is    1.57079633 rad =       90.0000 deg =   90 deg  0 min   0 sec.
           Angle 19   6   7 is    1.57079633 rad =       90.0000 deg =   90 deg  0 min   0 sec.


Face # 18 has   3 vertices:
        Vertices input as            5  18   4
        Vertices renumbered as       6  19   5
           Edge   6  19 is    1.00000000.
           Edge  19   5 is    1.00000000.
           Edge   5   6 is    1.00000000.
           Angle  5   6  19 is    1.04719755 rad =       60.0000 deg =   60 deg  0 min   0 sec.
           Angle  6  19   5 is    1.04719755 rad =       60.0000 deg =   60 deg  0 min   0 sec.
           Angle 19   5   6 is    1.04719755 rad =       60.0000 deg =   60 deg  0 min   0 sec.


Face # 19 has   4 vertices:
        Vertices input as            4  18  19   3
        Vertices renumbered as       5  19  20   4
           Edge   5  19 is    1.00000000.
           Edge  19  20 is    1.00000000.
```

```
        Edge  20   4 is    1.00000000.
        Edge   4   5 is    1.00000000.
        Angle  4   5  19 is   1.57079633 rad =       90.0000 deg =  90 deg  0 min  0 sec.
        Angle  5  19  20 is   1.57079633 rad =       90.0000 deg =  90 deg  0 min  0 sec.
        Angle 19  20   4 is   1.57079633 rad =       90.0000 deg =  90 deg  0 min  0 sec.
        Angle 20   4   5 is   1.57079633 rad =       90.0000 deg =  90 deg  0 min  0 sec.


Face # 20 has  3 vertices:
    Vertices input as            3  19   2
    Vertices renumbered as       4  20   3
        Edge  4  20 is    1.00000000.
        Edge 20   3 is    1.00000000.
        Edge  3   4 is    1.00000000.
        Angle  3   4  20 is   1.04719755 rad =       60.0000 deg =  60 deg  0 min  0 sec.
        Angle  4  20   3 is   1.04719755 rad =       60.0000 deg =  60 deg  0 min  0 sec.
        Angle 20   3   4 is   1.04719755 rad =       60.0000 deg =  60 deg  0 min  0 sec.


Face # 21 has  4 vertices:
    Vertices input as            2  19  15   1
    Vertices renumbered as       3  20  16   2
        Edge  3  20 is    1.00000000.
        Edge 20  16 is    1.00000000.
        Edge 16   2 is    1.00000000.
        Edge  2   3 is    1.00000000.
        Angle  2   3  20 is   1.57079633 rad =       90.0000 deg =  90 deg  0 min  0 sec.
        Angle  3  20  16 is   1.57079633 rad =       90.0000 deg =  90 deg  0 min  0 sec.
        Angle 20  16   2 is   1.57079633 rad =       90.0000 deg =  90 deg  0 min  0 sec.
        Angle 16   2   3 is   1.57079633 rad =       90.0000 deg =  90 deg  0 min  0 sec.


Face # 22 has  3 vertices:
    Vertices input as            1  15   0
    Vertices renumbered as       2  16   1
        Edge  2  16 is    1.00000000.
        Edge 16   1 is    1.00000000.
        Edge  1   2 is    1.00000000.
        Angle  1   2  16 is   1.04719755 rad =       60.0000 deg =  60 deg  0 min  0 sec.
        Angle  2  16   1 is   1.04719755 rad =       60.0000 deg =  60 deg  0 min  0 sec.
        Angle 16   1   2 is   1.04719755 rad =       60.0000 deg =  60 deg  0 min  0 sec.


The edge joining vertices   1 and   2 is between faces   2 and 22.
        Dihedral angle is   1.20593250 rad =       69.0948 deg =  69 deg  5 min 41 sec.
The edge joining vertices   1 and  10 is between faces  11 and 13.
        Dihedral angle is   1.20593250 rad =       69.0948 deg =  69 deg  5 min 41 sec.
The edge joining vertices   1 and  11 is between faces   2 and 11.
        Dihedral angle is   2.77672883 rad =      159.0948 deg = 159 deg  5 min 41 sec.
The edge joining vertices   1 and  16 is between faces  13 and 22.
        Dihedral angle is   2.77672883 rad =      159.0948 deg = 159 deg  5 min 41 sec.
The edge joining vertices   2 and   3 is between faces   3 and 21.
        Dihedral angle is   1.20593250 rad =       69.0948 deg =  69 deg  5 min 41 sec.
The edge joining vertices   2 and  12 is between faces   2 and  3.
        Dihedral angle is   2.77672883 rad =      159.0948 deg = 159 deg  5 min 41 sec.
The edge joining vertices   2 and  16 is between faces  21 and 22.
        Dihedral angle is   2.77672883 rad =      159.0948 deg = 159 deg  5 min 41 sec.
The edge joining vertices   3 and   4 is between faces   4 and 20.
        Dihedral angle is   1.20593250 rad =       69.0948 deg =  69 deg  5 min 41 sec.
The edge joining vertices   3 and  12 is between faces   3 and  4.
        Dihedral angle is   2.77672883 rad =      159.0948 deg = 159 deg  5 min 41 sec.
The edge joining vertices   3 and  20 is between faces  20 and 21.
        Dihedral angle is   2.77672883 rad =      159.0948 deg = 159 deg  5 min 41 sec.
```

```
The edge joining vertices    4 and  5 is between faces  5 and 19.
      Dihedral angle is   1.20593250 rad =       69.0948 deg =  69 deg  5 min 41 sec.
The edge joining vertices    4 and 13 is between faces  4 and  5.
      Dihedral angle is   2.77672883 rad =      159.0948 deg = 159 deg  5 min 41 sec.
The edge joining vertices    4 and 20 is between faces 19 and 20.
      Dihedral angle is   2.77672883 rad =      159.0948 deg = 159 deg  5 min 41 sec.
The edge joining vertices    5 and  6 is between faces  6 and 18.
      Dihedral angle is   1.20593250 rad =       69.0948 deg =  69 deg  5 min 41 sec.
The edge joining vertices    5 and 13 is between faces  5 and  6.
      Dihedral angle is   2.77672883 rad =      159.0948 deg = 159 deg  5 min 41 sec.
The edge joining vertices    5 and 19 is between faces 18 and 19.
      Dihedral angle is   2.77672883 rad =      159.0948 deg = 159 deg  5 min 41 sec.
The edge joining vertices    6 and  7 is between faces  7 and 17.
      Dihedral angle is   1.20593250 rad =       69.0948 deg =  69 deg  5 min 41 sec.
The edge joining vertices    6 and 14 is between faces  6 and  7.
      Dihedral angle is   2.77672883 rad =      159.0948 deg = 159 deg  5 min 41 sec.
The edge joining vertices    6 and 19 is between faces 17 and 18.
      Dihedral angle is   2.77672883 rad =      159.0948 deg = 159 deg  5 min 41 sec.
The edge joining vertices    7 and  8 is between faces  8 and 16.
      Dihedral angle is   1.20593250 rad =       69.0948 deg =  69 deg  5 min 41 sec.
The edge joining vertices    7 and 14 is between faces  7 and  8.
      Dihedral angle is   2.77672883 rad =      159.0948 deg = 159 deg  5 min 41 sec.
The edge joining vertices    7 and 18 is between faces 16 and 17.
      Dihedral angle is   2.77672883 rad =      159.0948 deg = 159 deg  5 min 41 sec.
The edge joining vertices    8 and  9 is between faces  9 and 15.
      Dihedral angle is   1.20593250 rad =       69.0948 deg =  69 deg  5 min 41 sec.
The edge joining vertices    8 and 15 is between faces  8 and  9.
      Dihedral angle is   2.77672883 rad =      159.0948 deg = 159 deg  5 min 41 sec.
The edge joining vertices    8 and 18 is between faces 15 and 16.
      Dihedral angle is   2.77672883 rad =      159.0948 deg = 159 deg  5 min 41 sec.
The edge joining vertices    9 and 10 is between faces 10 and 14.
      Dihedral angle is   1.20593250 rad =       69.0948 deg =  69 deg  5 min 41 sec.
The edge joining vertices    9 and 15 is between faces  9 and 10.
      Dihedral angle is   2.77672883 rad =      159.0948 deg = 159 deg  5 min 41 sec.
The edge joining vertices    9 and 17 is between faces 14 and 15.
      Dihedral angle is   2.77672883 rad =      159.0948 deg = 159 deg  5 min 41 sec.
The edge joining vertices   10 and 11 is between faces 10 and 11.
      Dihedral angle is   2.77672883 rad =      159.0948 deg = 159 deg  5 min 41 sec.
The edge joining vertices   10 and 17 is between faces 13 and 14.
      Dihedral angle is   2.77672883 rad =      159.0948 deg = 159 deg  5 min 41 sec.
The edge joining vertices   11 and 12 is between faces  1 and  2.
      Dihedral angle is   2.58801829 rad =      148.2825 deg = 148 deg 16 min 57 sec.
The edge joining vertices   11 and 15 is between faces  1 and 10.
      Dihedral angle is   2.58801829 rad =      148.2825 deg = 148 deg 16 min 57 sec.
The edge joining vertices   12 and 13 is between faces  1 and  4.
      Dihedral angle is   2.58801829 rad =      148.2825 deg = 148 deg 16 min 57 sec.
The edge joining vertices   13 and 14 is between faces  1 and  6.
      Dihedral angle is   2.58801829 rad =      148.2825 deg = 148 deg 16 min 57 sec.
The edge joining vertices   14 and 15 is between faces  1 and  8.
      Dihedral angle is   2.58801829 rad =      148.2825 deg = 148 deg 16 min 57 sec.
The edge joining vertices   16 and 17 is between faces 12 and 13.
      Dihedral angle is   2.58801829 rad =      148.2825 deg = 148 deg 16 min 57 sec.
The edge joining vertices   16 and 20 is between faces 12 and 21.
      Dihedral angle is   2.58801829 rad =      148.2825 deg = 148 deg 16 min 57 sec.
The edge joining vertices   17 and 18 is between faces 12 and 15.
      Dihedral angle is   2.58801829 rad =      148.2825 deg = 148 deg 16 min 57 sec.
The edge joining vertices   18 and 19 is between faces 12 and 17.
      Dihedral angle is   2.58801829 rad =      148.2825 deg = 148 deg 16 min 57 sec.
The edge joining vertices   19 and 20 is between faces 12 and 19.
      Dihedral angle is   2.58801829 rad =      148.2825 deg = 148 deg 16 min 57 sec.
```

Report based on file j31d.off

```
Vertex #  1: (  0.00000000,  0.00000000,  1.42658477).
Vertex #  2: ( -0.46352549, -0.15060856,  0.78859667).
Vertex #  3: ( -0.46352549,  0.15060856,  0.63798811).
Vertex #  4: ( -0.28647451,  0.39429833,  0.78859667).
Vertex #  5: (  0.00000000,  0.48737954,  0.63798811).
Vertex #  6: (  0.28647451,  0.39429833,  0.78859667).
Vertex #  7: (  0.46352549,  0.15060856,  0.63798811).
Vertex #  8: (  0.46352549, -0.15060856,  0.78859667).
Vertex #  9: (  0.28647451, -0.39429833,  0.63798811).
Vertex # 10: (  0.00000000, -0.48737954,  0.78859667).
Vertex # 11: ( -0.28647451, -0.39429833,  0.63798811).
Vertex # 12: (  0.00000000,  0.00000000, -1.42658477).
Vertex # 13: ( -0.28647451, -0.39429833, -0.78859667).
Vertex # 14: (  0.00000000, -0.48737954, -0.63798811).
Vertex # 15: (  0.28647451, -0.39429833, -0.78859667).
Vertex # 16: (  0.46352549, -0.15060856, -0.63798811).
Vertex # 17: (  0.46352549,  0.15060856, -0.78859667).
Vertex # 18: (  0.28647451,  0.39429833, -0.63798811).
Vertex # 19: (  0.00000000,  0.48737954, -0.78859667).
Vertex # 20: ( -0.28647451,  0.39429833, -0.63798811).
Vertex # 21: ( -0.46352549,  0.15060856, -0.78859667).
Vertex # 22: ( -0.46352549, -0.15060856, -0.63798811).
```

```
Face #  1 has  4 vertices:
    Vertices input as       1  21  12  10
    Vertices renumbered as  2  22  13  11
      Edge  2 22 is  1.42658477.
      Edge 22 13 is  0.33677098.
      Edge 13 11 is  1.42658477.
      Edge 11  2 is  0.33677098.
      Angle 11  2 22 is  1.10714872 rad =    63.4349 deg =  63 deg 26 min  6 sec.
      Angle  2 22 13 is  2.03444394 rad =   116.5651 deg = 116 deg 33 min 54 sec.
      Angle 22 13 11 is  1.10714872 rad =    63.4349 deg =  63 deg 26 min  6 sec.
      Angle 13 11  2 is  2.03444394 rad =   116.5651 deg = 116 deg 33 min 54 sec.


Face #  2 has  4 vertices:
    Vertices input as      21   1   2  20
    Vertices renumbered as 22   2   3  21
      Edge 22  2 is  1.42658477.
      Edge  2  3 is  0.33677098.
      Edge  3 21 is  1.42658477.
      Edge 21 22 is  0.33677098.
      Angle 21 22  2 is  2.03444394 rad =   116.5651 deg = 116 deg 33 min 54 sec.
      Angle 22  2  3 is  1.10714872 rad =    63.4349 deg =  63 deg 26 min  6 sec.
      Angle  2  3 21 is  2.03444394 rad =   116.5651 deg = 116 deg 33 min 54 sec.
      Angle  3 21 22 is  1.10714872 rad =    63.4349 deg =  63 deg 26 min  6 sec.


Face #  3 has  4 vertices:
    Vertices input as      20   2   3  19
    Vertices renumbered as 21   3   4  20
      Edge 21  3 is  1.42658477.
      Edge  3  4 is  0.33677098.
      Edge  4 20 is  1.42658477.
      Edge 20 21 is  0.33677098.
      Angle 20 21  3 is  1.10714872 rad =    63.4349 deg =  63 deg 26 min  6 sec.
      Angle 21  3  4 is  2.03444394 rad =   116.5651 deg = 116 deg 33 min 54 sec.
      Angle  3  4 20 is  1.10714872 rad =    63.4349 deg =  63 deg 26 min  6 sec.
```

```
        Angle   4 20 21 is    2.03444394 rad =        116.5651 deg = 116 deg 33 min 54 sec.


Face #  4 has  4 vertices:
    Vertices input as         19    3    4   18
    Vertices renumbered as    20    4    5   19
        Edge 20   4 is   1.42658477.
        Edge  4   5 is   0.33677098.
        Edge  5  19 is   1.42658477.
        Edge 19  20 is   0.33677098.
        Angle 19 20   4 is    2.03444394 rad =        116.5651 deg = 116 deg 33 min 54 sec.
        Angle 20  4   5 is    1.10714872 rad =         63.4349 deg =  63 deg 26 min  6 sec.
        Angle  4  5  19 is    2.03444394 rad =        116.5651 deg = 116 deg 33 min 54 sec.
        Angle  5 19  20 is    1.10714872 rad =         63.4349 deg =  63 deg 26 min  6 sec.

Face #  5 has  4 vertices:
    Vertices input as         18    4    5   17
    Vertices renumbered as    19    5    6   18
        Edge 19   5 is   1.42658477.
        Edge  5   6 is   0.33677098.
        Edge  6  18 is   1.42658477.
        Edge 18  19 is   0.33677098.
        Angle 18 19   5 is    1.10714872 rad =         63.4349 deg =  63 deg 26 min  6 sec.
        Angle 19  5   6 is    2.03444394 rad =        116.5651 deg = 116 deg 33 min 54 sec.
        Angle  5  6  18 is    1.10714872 rad =         63.4349 deg =  63 deg 26 min  6 sec.
        Angle  6 18  19 is    2.03444394 rad =        116.5651 deg = 116 deg 33 min 54 sec.

Face #  6 has  4 vertices:
    Vertices input as         17    5    6   16
    Vertices renumbered as    18    6    7   17
        Edge 18   6 is   1.42658477.
        Edge  6   7 is   0.33677098.
        Edge  7  17 is   1.42658477.
        Edge 17  18 is   0.33677098.
        Angle 17 18   6 is    2.03444394 rad =        116.5651 deg = 116 deg 33 min 54 sec.
        Angle 18  6   7 is    1.10714872 rad =         63.4349 deg =  63 deg 26 min  6 sec.
        Angle  6  7  17 is    2.03444394 rad =        116.5651 deg = 116 deg 33 min 54 sec.
        Angle  7 17  18 is    1.10714872 rad =         63.4349 deg =  63 deg 26 min  6 sec.

Face #  7 has  4 vertices:
    Vertices input as         16    6    7   15
    Vertices renumbered as    17    7    8   16
        Edge 17   7 is   1.42658477.
        Edge  7   8 is   0.33677098.
        Edge  8  16 is   1.42658477.
        Edge 16  17 is   0.33677098.
        Angle 16 17   7 is    1.10714872 rad =         63.4349 deg =  63 deg 26 min  6 sec.
        Angle 17  7   8 is    2.03444394 rad =        116.5651 deg = 116 deg 33 min 54 sec.
        Angle  7  8  16 is    1.10714872 rad =         63.4349 deg =  63 deg 26 min  6 sec.
        Angle  8 16  17 is    2.03444394 rad =        116.5651 deg = 116 deg 33 min 54 sec.

Face #  8 has  4 vertices:
    Vertices input as         15    7    8   14
    Vertices renumbered as    16    8    9   15
        Edge 16   8 is   1.42658477.
        Edge  8   9 is   0.33677098.
        Edge  9  15 is   1.42658477.
        Edge 15  16 is   0.33677098.
        Angle 15 16   8 is    2.03444394 rad =        116.5651 deg = 116 deg 33 min 54 sec.
```

```
        Angle 16  8  9 is    1.10714872 rad =     63.4349 deg =  63 deg 26 min  6 sec.
        Angle  8  9 15 is    2.03444394 rad =    116.5651 deg = 116 deg 33 min 54 sec.
        Angle  9 15 16 is    1.10714872 rad =     63.4349 deg =  63 deg 26 min  6 sec.


Face #  9 has  4 vertices:
    Vertices input as          14   8   9  13
    Vertices renumbered as     15   9  10  14
        Edge 15  9 is    1.42658477.
        Edge  9 10 is    0.33677098.
        Edge 10 14 is    1.42658477.
        Edge 14 15 is    0.33677098.
        Angle 14 15  9 is    1.10714872 rad =     63.4349 deg =  63 deg 26 min  6 sec.
        Angle 15  9 10 is    2.03444394 rad =    116.5651 deg = 116 deg 33 min 54 sec.
        Angle  9 10 14 is    1.10714872 rad =     63.4349 deg =  63 deg 26 min  6 sec.
        Angle 10 14 15 is    2.03444394 rad =    116.5651 deg = 116 deg 33 min 54 sec.


Face # 10 has  4 vertices:
    Vertices input as          10  12  13   9
    Vertices renumbered as     11  13  14  10
        Edge 11 13 is    1.42658477.
        Edge 13 14 is    0.33677098.
        Edge 14 10 is    1.42658477.
        Edge 10 11 is    0.33677098.
        Angle 10 11 13 is    2.03444394 rad =    116.5651 deg = 116 deg 33 min 54 sec.
        Angle 11 13 14 is    1.10714872 rad =     63.4349 deg =  63 deg 26 min  6 sec.
        Angle 13 14 10 is    2.03444394 rad =    116.5651 deg = 116 deg 33 min 54 sec.
        Angle 14 10 11 is    1.10714872 rad =     63.4349 deg =  63 deg 26 min  6 sec.


Face # 11 has  4 vertices:
    Vertices input as           1  10   9   0
    Vertices renumbered as      2  11  10   1
        Edge  2 11 is    0.33677098.
        Edge 11 10 is    0.33677098.
        Edge 10  1 is    0.80284970.
        Edge  1  2 is    0.80284970.
        Angle  1  2 11 is    1.75950686 rad =    100.8123 deg = 100 deg 48 min 44 sec.
        Angle  2 11 10 is    2.03444394 rad =    116.5651 deg = 116 deg 33 min 54 sec.
        Angle 11 10  1 is    1.75950686 rad =    100.8123 deg = 100 deg 48 min 44 sec.
        Angle 10  1  2 is    0.72972766 rad =     41.8103 deg =  41 deg 48 min 37 sec.


Face # 12 has  4 vertices:
    Vertices input as           2   1   0   3
    Vertices renumbered as      3   2   1   4
        Edge  3  2 is    0.33677098.
        Edge  2  1 is    0.80284970.
        Edge  1  4 is    0.80284970.
        Edge  4  3 is    0.33677098.
        Angle  4  3  2 is    2.03444394 rad =    116.5651 deg = 116 deg 33 min 54 sec.
        Angle  3  2  1 is    1.75950686 rad =    100.8123 deg = 100 deg 48 min 44 sec.
        Angle  2  1  4 is    0.72972766 rad =     41.8103 deg =  41 deg 48 min 37 sec.
        Angle  1  4  3 is    1.75950686 rad =    100.8123 deg = 100 deg 48 min 44 sec.


Face # 13 has  4 vertices:
    Vertices input as           4   3   0   5
    Vertices renumbered as      5   4   1   6
        Edge  5  4 is    0.33677098.
        Edge  4  1 is    0.80284970.
        Edge  1  6 is    0.80284970.
```

```
        Edge  6  5 is    0.33677098.
        Angle  6  5  4 is    2.03444394 rad =      116.5651 deg = 116 deg 33 min 54 sec.
        Angle  5  4  1 is    1.75950686 rad =      100.8123 deg = 100 deg 48 min 44 sec.
        Angle  4  1  6 is    0.72972766 rad =       41.8103 deg =  41 deg 48 min 37 sec.
        Angle  1  6  5 is    1.75950686 rad =      100.8123 deg = 100 deg 48 min 44 sec.


Face # 14 has  4 vertices:
    Vertices input as          6    5    0    7
    Vertices renumbered as     7    6    1    8
        Edge  7  6 is    0.33677098.
        Edge  6  1 is    0.80284970.
        Edge  1  8 is    0.80284970.
        Edge  8  7 is    0.33677098.
        Angle  8  7  6 is    2.03444394 rad =      116.5651 deg = 116 deg 33 min 54 sec.
        Angle  7  6  1 is    1.75950686 rad =      100.8123 deg = 100 deg 48 min 44 sec.
        Angle  6  1  8 is    0.72972766 rad =       41.8103 deg =  41 deg 48 min 37 sec.
        Angle  1  8  7 is    1.75950686 rad =      100.8123 deg = 100 deg 48 min 44 sec.


Face # 15 has  4 vertices:
    Vertices input as          8    7    0    9
    Vertices renumbered as     9    8    1   10
        Edge  9  8 is    0.33677098.
        Edge  8  1 is    0.80284970.
        Edge  1 10 is    0.80284970.
        Edge 10  9 is    0.33677098.
        Angle 10  9  8 is    2.03444394 rad =      116.5651 deg = 116 deg 33 min 54 sec.
        Angle  9  8  1 is    1.75950686 rad =      100.8123 deg = 100 deg 48 min 44 sec.
        Angle  8  1 10 is    0.72972766 rad =       41.8103 deg =  41 deg 48 min 37 sec.
        Angle  1 10  9 is    1.75950686 rad =      100.8123 deg = 100 deg 48 min 44 sec.


Face # 16 has  4 vertices:
    Vertices input as         12   21   20   11
    Vertices renumbered as    13   22   21   12
        Edge 13 22 is    0.33677098.
        Edge 22 21 is    0.33677098.
        Edge 21 12 is    0.80284970.
        Edge 12 13 is    0.80284970.
        Angle 12 13 22 is    1.75950686 rad =      100.8123 deg = 100 deg 48 min 44 sec.
        Angle 13 22 21 is    2.03444394 rad =      116.5651 deg = 116 deg 33 min 54 sec.
        Angle 22 21 12 is    1.75950686 rad =      100.8123 deg = 100 deg 48 min 44 sec.
        Angle 21 12 13 is    0.72972766 rad =       41.8103 deg =  41 deg 48 min 37 sec.


Face # 17 has  4 vertices:
    Vertices input as         14   13   12   11
    Vertices renumbered as    15   14   13   12
        Edge 15 14 is    0.33677098.
        Edge 14 13 is    0.33677098.
        Edge 13 12 is    0.80284970.
        Edge 12 15 is    0.80284970.
        Angle 12 15 14 is    1.75950686 rad =      100.8123 deg = 100 deg 48 min 44 sec.
        Angle 15 14 13 is    2.03444394 rad =      116.5651 deg = 116 deg 33 min 54 sec.
        Angle 14 13 12 is    1.75950686 rad =      100.8123 deg = 100 deg 48 min 44 sec.
        Angle 13 12 15 is    0.72972766 rad =       41.8103 deg =  41 deg 48 min 37 sec.


Face # 18 has  4 vertices:
    Vertices input as         16   15   14   11
    Vertices renumbered as    17   16   15   12
        Edge 17 16 is    0.33677098.
```

```
        Edge 16 15 is   0.33677098.
        Edge 15 12 is   0.80284970.
        Edge 12 17 is   0.80284970.
        Angle 12 17 16 is   1.75950686 rad =      100.8123 deg = 100 deg 48 min 44 sec.
        Angle 17 16 15 is   2.03444394 rad =      116.5651 deg = 116 deg 33 min 54 sec.
        Angle 16 15 12 is   1.75950686 rad =      100.8123 deg = 100 deg 48 min 44 sec.
        Angle 15 12 17 is   0.72972766 rad =       41.8103 deg =  41 deg 48 min 37 sec.

Face # 19 has  4 vertices:
    Vertices input as         18   17   16   11
    Vertices renumbered as    19   18   17   12
        Edge 19 18 is   0.33677098.
        Edge 18 17 is   0.33677098.
        Edge 17 12 is   0.80284970.
        Edge 12 19 is   0.80284970.
        Angle 12 19 18 is   1.75950686 rad =      100.8123 deg = 100 deg 48 min 44 sec.
        Angle 19 18 17 is   2.03444394 rad =      116.5651 deg = 116 deg 33 min 54 sec.
        Angle 18 17 12 is   1.75950686 rad =      100.8123 deg = 100 deg 48 min 44 sec.
        Angle 17 12 19 is   0.72972766 rad =       41.8103 deg =  41 deg 48 min 37 sec.

Face # 20 has  4 vertices:
    Vertices input as         20   19   18   11
    Vertices renumbered as    21   20   19   12
        Edge 21 20 is   0.33677098.
        Edge 20 19 is   0.33677098.
        Edge 19 12 is   0.80284970.
        Edge 12 21 is   0.80284970.
        Angle 12 21 20 is   1.75950686 rad =      100.8123 deg = 100 deg 48 min 44 sec.
        Angle 21 20 19 is   2.03444394 rad =      116.5651 deg = 116 deg 33 min 54 sec.
        Angle 20 19 12 is   1.75950686 rad =      100.8123 deg = 100 deg 48 min 44 sec.
        Angle 19 12 21 is   0.72972766 rad =       41.8103 deg =  41 deg 48 min 37 sec.


The edge joining vertices   1 and  2 is between faces 11 and 12.
        Dihedral angle is   2.09439510 rad =      120.0000 deg = 120 deg  0 min  0 sec.
The edge joining vertices   1 and  4 is between faces 12 and 13.
        Dihedral angle is   2.09439510 rad =      120.0000 deg = 120 deg  0 min  0 sec.
The edge joining vertices   1 and  6 is between faces 13 and 14.
        Dihedral angle is   2.09439510 rad =      120.0000 deg = 120 deg  0 min  0 sec.
The edge joining vertices   1 and  8 is between faces 14 and 15.
        Dihedral angle is   2.09439510 rad =      120.0000 deg = 120 deg  0 min  0 sec.
The edge joining vertices   1 and 10 is between faces 11 and 15.
        Dihedral angle is   2.09439510 rad =      120.0000 deg = 120 deg  0 min  0 sec.
The edge joining vertices   2 and  3 is between faces  2 and 12.
        Dihedral angle is   2.51327412 rad =      144.0000 deg = 144 deg  0 min  0 sec.
The edge joining vertices   2 and 11 is between faces  1 and 11.
        Dihedral angle is   2.51327412 rad =      144.0000 deg = 144 deg  0 min  0 sec.
The edge joining vertices   2 and 22 is between faces  1 and  2.
        Dihedral angle is   2.51327412 rad =      144.0000 deg = 144 deg  0 min  0 sec.
The edge joining vertices   3 and  4 is between faces  3 and 12.
        Dihedral angle is   2.51327412 rad =      144.0000 deg = 144 deg  0 min  0 sec.
The edge joining vertices   3 and 21 is between faces  2 and  3.
        Dihedral angle is   2.51327412 rad =      144.0000 deg = 144 deg  0 min  0 sec.
The edge joining vertices   4 and  5 is between faces  4 and 13.
        Dihedral angle is   2.51327412 rad =      144.0000 deg = 144 deg  0 min  0 sec.
The edge joining vertices   4 and 20 is between faces  3 and  4.
        Dihedral angle is   2.51327412 rad =      144.0000 deg = 144 deg  0 min  0 sec.
The edge joining vertices   5 and  6 is between faces  5 and 13.
        Dihedral angle is   2.51327412 rad =      144.0000 deg = 144 deg  0 min  0 sec.
The edge joining vertices   5 and 19 is between faces  4 and  5.
        Dihedral angle is   2.51327412 rad =      144.0000 deg = 144 deg  0 min  0 sec.
```

```
The edge joining vertices  6 and  7 is between faces  6 and 14.
        Dihedral angle is   2.51327412 rad =     144.0000 deg = 144 deg  0 min  0 sec.
The edge joining vertices  6 and 18 is between faces  5 and  6.
        Dihedral angle is   2.51327412 rad =     144.0000 deg = 144 deg  0 min  0 sec.
The edge joining vertices  7 and  8 is between faces  7 and 14.
        Dihedral angle is   2.51327412 rad =     144.0000 deg = 144 deg  0 min  0 sec.
The edge joining vertices  7 and 17 is between faces  6 and  7.
        Dihedral angle is   2.51327412 rad =     144.0000 deg = 144 deg  0 min  0 sec.
The edge joining vertices  8 and  9 is between faces  8 and 15.
        Dihedral angle is   2.51327412 rad =     144.0000 deg = 144 deg  0 min  0 sec.
The edge joining vertices  8 and 16 is between faces  7 and  8.
        Dihedral angle is   2.51327412 rad =     144.0000 deg = 144 deg  0 min  0 sec.
The edge joining vertices  9 and 10 is between faces  9 and 15.
        Dihedral angle is   2.51327412 rad =     144.0000 deg = 144 deg  0 min  0 sec.
The edge joining vertices  9 and 15 is between faces  8 and  9.
        Dihedral angle is   2.51327412 rad =     144.0000 deg = 144 deg  0 min  0 sec.
The edge joining vertices 10 and 11 is between faces 10 and 11.
        Dihedral angle is   2.51327412 rad =     144.0000 deg = 144 deg  0 min  0 sec.
The edge joining vertices 10 and 14 is between faces  9 and 10.
        Dihedral angle is   2.51327412 rad =     144.0000 deg = 144 deg  0 min  0 sec.
The edge joining vertices 11 and 13 is between faces  1 and 10.
        Dihedral angle is   2.51327412 rad =     144.0000 deg = 144 deg  0 min  0 sec.
The edge joining vertices 12 and 13 is between faces 16 and 17.
        Dihedral angle is   2.09439510 rad =     120.0000 deg = 120 deg  0 min  0 sec.
The edge joining vertices 12 and 15 is between faces 17 and 18.
        Dihedral angle is   2.09439510 rad =     120.0000 deg = 120 deg  0 min  0 sec.
The edge joining vertices 12 and 17 is between faces 18 and 19.
        Dihedral angle is   2.09439510 rad =     120.0000 deg = 120 deg  0 min  0 sec.
The edge joining vertices 12 and 19 is between faces 19 and 20.
        Dihedral angle is   2.09439510 rad =     120.0000 deg = 120 deg  0 min  0 sec.
The edge joining vertices 12 and 21 is between faces 16 and 20.
        Dihedral angle is   2.09439510 rad =     120.0000 deg = 120 deg  0 min  0 sec.
The edge joining vertices 13 and 14 is between faces 10 and 17.
        Dihedral angle is   2.51327412 rad =     144.0000 deg = 144 deg  0 min  0 sec.
The edge joining vertices 13 and 22 is between faces  1 and 16.
        Dihedral angle is   2.51327412 rad =     144.0000 deg = 144 deg  0 min  0 sec.
The edge joining vertices 14 and 15 is between faces  9 and 17.
        Dihedral angle is   2.51327412 rad =     144.0000 deg = 144 deg  0 min  0 sec.
The edge joining vertices 15 and 16 is between faces  8 and 18.
        Dihedral angle is   2.51327412 rad =     144.0000 deg = 144 deg  0 min  0 sec.
The edge joining vertices 16 and 17 is between faces  7 and 18.
        Dihedral angle is   2.51327412 rad =     144.0000 deg = 144 deg  0 min  0 sec.
The edge joining vertices 17 and 18 is between faces  6 and 19.
        Dihedral angle is   2.51327412 rad =     144.0000 deg = 144 deg  0 min  0 sec.
The edge joining vertices 18 and 19 is between faces  5 and 19.
        Dihedral angle is   2.51327412 rad =     144.0000 deg = 144 deg  0 min  0 sec.
The edge joining vertices 19 and 20 is between faces  4 and 20.
        Dihedral angle is   2.51327412 rad =     144.0000 deg = 144 deg  0 min  0 sec.
The edge joining vertices 20 and 21 is between faces  3 and 20.
        Dihedral angle is   2.51327412 rad =     144.0000 deg = 144 deg  0 min  0 sec.
The edge joining vertices 21 and 22 is between faces  2 and 16.
        Dihedral angle is   2.51327412 rad =     144.0000 deg = 144 deg  0 min  0 sec.
```

Report based on file j32.off

```
Vertex #  1: (  0.85065081,  0.00000000, -1.37638192).
Vertex #  2: (  0.00000000,  1.61803399,  0.00000000).
Vertex #  3: (  0.00000000, -1.61803399,  0.00000000).
Vertex #  4: ( -1.37638192,  0.00000000, -0.85065081).
Vertex #  5: (  1.11351636,  0.80901699, -0.85065081).
Vertex #  6: (  1.11351636, -0.80901699, -0.85065081).
Vertex #  7: (  0.26286556,  0.80901699, -1.37638192).
Vertex #  8: (  0.26286556, -0.80901699, -1.37638192).
Vertex #  9: (  0.95105652,  1.30901699,  0.00000000).
Vertex # 10: (  0.95105652, -1.30901699,  0.00000000).
Vertex # 11: ( -0.42532540,  1.30901699, -0.85065081).
Vertex # 12: ( -0.42532540, -1.30901699, -0.85065081).
Vertex # 13: ( -0.95105652,  1.30901699,  0.00000000).
Vertex # 14: ( -0.95105652, -1.30901699,  0.00000000).
Vertex # 15: (  1.53884177,  0.50000000,  0.00000000).
Vertex # 16: (  1.53884177, -0.50000000,  0.00000000).
Vertex # 17: ( -0.68819096,  0.50000000, -1.37638192).
Vertex # 18: ( -0.68819096, -0.50000000, -1.37638192).
Vertex # 19: ( -1.53884177,  0.50000000,  0.00000000).
Vertex # 20: ( -1.53884177, -0.50000000,  0.00000000).
Vertex # 21: ( -0.68819096,  0.50000000,  0.52573111).
Vertex # 22: (  0.26286556,  0.80901699,  0.52573111).
Vertex # 23: (  0.85065081,  0.00000000,  0.52573111).
Vertex # 24: (  0.26286556, -0.80901699,  0.52573111).
Vertex # 25: ( -0.68819096, -0.50000000,  0.52573111).


Face #  1 has  3 vertices:
    Vertices input as         1  10  12
    Vertices renumbered as    2  11  13
      Edge  2 11 is   1.00000000.
      Edge 11 13 is   1.00000000.
      Edge 13  2 is   1.00000000.
      Angle 13  2 11 is   1.04719755 rad =      60.0000 deg =  60 deg  0 min  0 sec.
      Angle  2 11 13 is   1.04719755 rad =      60.0000 deg =  60 deg  0 min  0 sec.
      Angle 11 13  2 is   1.04719755 rad =      60.0000 deg =  60 deg  0 min  0 sec.


Face #  2 has  3 vertices:
    Vertices input as         3  16  17
    Vertices renumbered as    4  17  18
      Edge  4 17 is   1.00000000.
      Edge 17 18 is   1.00000000.
      Edge 18  4 is   1.00000000.
      Angle 18  4 17 is   1.04719755 rad =      60.0000 deg =  60 deg  0 min  0 sec.
      Angle  4 17 18 is   1.04719755 rad =      60.0000 deg =  60 deg  0 min  0 sec.
      Angle 17 18  4 is   1.04719755 rad =      60.0000 deg =  60 deg  0 min  0 sec.


Face #  3 has  3 vertices:
    Vertices input as         3  19  18
    Vertices renumbered as    4  20  19
      Edge  4 20 is   1.00000000.
      Edge 20 19 is   1.00000000.
      Edge 19  4 is   1.00000000.
      Angle 19  4 20 is   1.04719755 rad =      60.0000 deg =  60 deg  0 min  0 sec.
      Angle  4 20 19 is   1.04719755 rad =      60.0000 deg =  60 deg  0 min  0 sec.
      Angle 20 19  4 is   1.04719755 rad =      60.0000 deg =  60 deg  0 min  0 sec.
```

```
Face #  4 has  3 vertices:
    Vertices input as          4   8  14
    Vertices renumbered as     5   9  15
       Edge  5  9 is   1.00000000.
       Edge  9 15 is   1.00000000.
       Edge 15  5 is   1.00000000.
       Angle 15  5  9 is   1.04719755 rad =        60.0000 deg =   60 deg   0 min   0 sec.
       Angle  5  9 15 is   1.04719755 rad =        60.0000 deg =   60 deg   0 min   0 sec.
       Angle  9 15  5 is   1.04719755 rad =        60.0000 deg =   60 deg   0 min   0 sec.

Face #  5 has  3 vertices:
    Vertices input as          5   7   0
    Vertices renumbered as     6   8   1
       Edge  6  8 is   1.00000000.
       Edge  8  1 is   1.00000000.
       Edge  1  6 is   1.00000000.
       Angle  1  6  8 is   1.04719755 rad =        60.0000 deg =   60 deg   0 min   0 sec.
       Angle  6  8  1 is   1.04719755 rad =        60.0000 deg =   60 deg   0 min   0 sec.
       Angle  8  1  6 is   1.04719755 rad =        60.0000 deg =   60 deg   0 min   0 sec.

Face #  6 has  3 vertices:
    Vertices input as          7  11  17
    Vertices renumbered as     8  12  18
       Edge  8 12 is   1.00000000.
       Edge 12 18 is   1.00000000.
       Edge 18  8 is   1.00000000.
       Angle 18  8 12 is   1.04719755 rad =        60.0000 deg =   60 deg   0 min   0 sec.
       Angle  8 12 18 is   1.04719755 rad =        60.0000 deg =   60 deg   0 min   0 sec.
       Angle 12 18  8 is   1.04719755 rad =        60.0000 deg =   60 deg   0 min   0 sec.

Face #  7 has  3 vertices:
    Vertices input as         13  11   2
    Vertices renumbered as    14  12   3
       Edge 14 12 is   1.00000000.
       Edge 12  3 is   1.00000000.
       Edge  3 14 is   1.00000000.
       Angle  3 14 12 is   1.04719755 rad =        60.0000 deg =   60 deg   0 min   0 sec.
       Angle 14 12  3 is   1.04719755 rad =        60.0000 deg =   60 deg   0 min   0 sec.
       Angle 12  3 14 is   1.04719755 rad =        60.0000 deg =   60 deg   0 min   0 sec.

Face #  8 has  3 vertices:
    Vertices input as         15   9   5
    Vertices renumbered as    16  10   6
       Edge 16 10 is   1.00000000.
       Edge 10  6 is   1.00000000.
       Edge  6 16 is   1.00000000.
       Angle  6 16 10 is   1.04719755 rad =        60.0000 deg =   60 deg   0 min   0 sec.
       Angle 16 10  6 is   1.04719755 rad =        60.0000 deg =   60 deg   0 min   0 sec.
       Angle 10  6 16 is   1.04719755 rad =        60.0000 deg =   60 deg   0 min   0 sec.

Face #  9 has  3 vertices:
    Vertices input as         16  10   6
    Vertices renumbered as    17  11   7
       Edge 17 11 is   1.00000000.
       Edge 11  7 is   1.00000000.
       Edge  7 17 is   1.00000000.
       Angle  7 17 11 is   1.04719755 rad =        60.0000 deg =   60 deg   0 min   0 sec.
       Angle 17 11  7 is   1.04719755 rad =        60.0000 deg =   60 deg   0 min   0 sec.
```

```
          Angle  11   7  17 is    1.04719755 rad =         60.0000 deg =  60 deg  0 min  0 sec.


Face # 10 has  5 vertices:
    Vertices input as         3   18   12   10   16
    Vertices renumbered as    4   19   13   11   17
       Edge  4  19 is   1.00000000.
       Edge 19  13 is   1.00000000.
       Edge 13  11 is   1.00000000.
       Edge 11  17 is   1.00000000.
       Edge 17   4 is   1.00000000.
       Angle 17   4  19 is    1.88495559 rad =        108.0000 deg = 108 deg  0 min  0 sec.
       Angle  4  19  13 is    1.88495559 rad =        108.0000 deg = 108 deg  0 min  0 sec.
       Angle 19  13  11 is    1.88495559 rad =        108.0000 deg = 108 deg  0 min  0 sec.
       Angle 13  11  17 is    1.88495559 rad =        108.0000 deg = 108 deg  0 min  0 sec.
       Angle 11  17   4 is    1.88495559 rad =        108.0000 deg = 108 deg  0 min  0 sec.

Face # 11 has  5 vertices:
    Vertices input as         7    5    9    2   11
    Vertices renumbered as    8    6   10    3   12
       Edge  8   6 is   1.00000000.
       Edge  6  10 is   1.00000000.
       Edge 10   3 is   1.00000000.
       Edge  3  12 is   1.00000000.
       Edge 12   8 is   1.00000000.
       Angle 12   8   6 is    1.88495559 rad =        108.0000 deg = 108 deg  0 min  0 sec.
       Angle  8   6  10 is    1.88495559 rad =        108.0000 deg = 108 deg  0 min  0 sec.
       Angle  6  10   3 is    1.88495559 rad =        108.0000 deg = 108 deg  0 min  0 sec.
       Angle 10   3  12 is    1.88495559 rad =        108.0000 deg = 108 deg  0 min  0 sec.
       Angle  3  12   8 is    1.88495559 rad =        108.0000 deg = 108 deg  0 min  0 sec.


Face # 12 has  5 vertices:
    Vertices input as        10    1    8    4    6
    Vertices renumbered as   11    2    9    5    7
       Edge 11   2 is   1.00000000.
       Edge  2   9 is   1.00000000.
       Edge  9   5 is   1.00000000.
       Edge  5   7 is   1.00000000.
       Edge  7  11 is   1.00000000.
       Angle  7  11   2 is    1.88495559 rad =        108.0000 deg = 108 deg  0 min  0 sec.
       Angle 11   2   9 is    1.88495559 rad =        108.0000 deg = 108 deg  0 min  0 sec.
       Angle  2   9   5 is    1.88495559 rad =        108.0000 deg = 108 deg  0 min  0 sec.
       Angle  9   5   7 is    1.88495559 rad =        108.0000 deg = 108 deg  0 min  0 sec.
       Angle  5   7  11 is    1.88495559 rad =        108.0000 deg = 108 deg  0 min  0 sec.


Face # 13 has  5 vertices:
    Vertices input as        15    5    0    4   14
    Vertices renumbered as   16    6    1    5   15
       Edge 16   6 is   1.00000000.
       Edge  6   1 is   1.00000000.
       Edge  1   5 is   1.00000000.
       Edge  5  15 is   1.00000000.
       Edge 15  16 is   1.00000000.
       Angle 15  16   6 is    1.88495559 rad =        108.0000 deg = 108 deg  0 min  0 sec.
       Angle 16   6   1 is    1.88495559 rad =        108.0000 deg = 108 deg  0 min  0 sec.
       Angle  6   1   5 is    1.88495559 rad =        108.0000 deg = 108 deg  0 min  0 sec.
       Angle  1   5  15 is    1.88495559 rad =        108.0000 deg = 108 deg  0 min  0 sec.
       Angle  5  15  16 is    1.88495559 rad =        108.0000 deg = 108 deg  0 min  0 sec.
```

```
Face # 14 has  5 vertices:
    Vertices input as         16   6   0   7  17
    Vertices renumbered as    17   7   1   8  18
        Edge 17   7 is   1.00000000.
        Edge  7   1 is   1.00000000.
        Edge  1   8 is   1.00000000.
        Edge  8  18 is   1.00000000.
        Edge 18  17 is   1.00000000.
        Angle 18  17   7 is   1.88495559 rad =      108.0000 deg = 108 deg  0 min  0 sec.
        Angle 17   7   1 is   1.88495559 rad =      108.0000 deg = 108 deg  0 min  0 sec.
        Angle  7   1   8 is   1.88495559 rad =      108.0000 deg = 108 deg  0 min  0 sec.
        Angle  1   8  18 is   1.88495559 rad =      108.0000 deg = 108 deg  0 min  0 sec.
        Angle  8  18  17 is   1.88495559 rad =      108.0000 deg = 108 deg  0 min  0 sec.

Face # 15 has  5 vertices:
    Vertices input as         17  11  13  19   3
    Vertices renumbered as    18  12  14  20   4
        Edge 18  12 is   1.00000000.
        Edge 12  14 is   1.00000000.
        Edge 14  20 is   1.00000000.
        Edge 20   4 is   1.00000000.
        Edge  4  18 is   1.00000000.
        Angle  4  18  12 is   1.88495559 rad =      108.0000 deg = 108 deg  0 min  0 sec.
        Angle 18  12  14 is   1.88495559 rad =      108.0000 deg = 108 deg  0 min  0 sec.
        Angle 12  14  20 is   1.88495559 rad =      108.0000 deg = 108 deg  0 min  0 sec.
        Angle 14  20   4 is   1.88495559 rad =      108.0000 deg = 108 deg  0 min  0 sec.
        Angle 20   4  18 is   1.88495559 rad =      108.0000 deg = 108 deg  0 min  0 sec.

Face # 16 has  3 vertices:
    Vertices input as          0   6   4
    Vertices renumbered as     1   7   5
        Edge  1   7 is   1.00000000.
        Edge  7   5 is   1.00000000.
        Edge  5   1 is   1.00000000.
        Angle  5   1   7 is   1.04719755 rad =       60.0000 deg =  60 deg  0 min  0 sec.
        Angle  1   7   5 is   1.04719755 rad =       60.0000 deg =  60 deg  0 min  0 sec.
        Angle  7   5   1 is   1.04719755 rad =       60.0000 deg =  60 deg  0 min  0 sec.

Face # 17 has  5 vertices:
    Vertices input as         24  23  22  21  20
    Vertices renumbered as    25  24  23  22  21
        Edge 25  24 is   1.00000000.
        Edge 24  23 is   1.00000000.
        Edge 23  22 is   1.00000000.
        Edge 22  21 is   1.00000000.
        Edge 21  25 is   1.00000000.
        Angle 21  25  24 is   1.88495559 rad =      108.0000 deg = 108 deg  0 min  0 sec.
        Angle 25  24  23 is   1.88495559 rad =      108.0000 deg = 108 deg  0 min  0 sec.
        Angle 24  23  22 is   1.88495559 rad =      108.0000 deg = 108 deg  0 min  0 sec.
        Angle 23  22  21 is   1.88495559 rad =      108.0000 deg = 108 deg  0 min  0 sec.
        Angle 22  21  25 is   1.88495559 rad =      108.0000 deg = 108 deg  0 min  0 sec.

Face # 18 has  4 vertices:
    Vertices input as         12  20  21   1
    Vertices renumbered as    13  21  22   2
        Edge 13  21 is   1.00000000.
        Edge 21  22 is   1.00000000.
        Edge 22   2 is   1.00000000.
        Edge  2  13 is   1.00000000.
```

```
        Angle  2 13 21 is    1.57079633 rad =      90.0000 deg =  90 deg  0 min  0 sec.
        Angle 13 21 22 is    1.57079633 rad =      90.0000 deg =  90 deg  0 min  0 sec.
        Angle 21 22  2 is    1.57079633 rad =      90.0000 deg =  90 deg  0 min  0 sec.
        Angle 22  2 13 is    1.57079633 rad =      90.0000 deg =  90 deg  0 min  0 sec.


Face # 19 has  3 vertices:
    Vertices input as         1  21   8
    Vertices renumbered as    2  22   9
        Edge  2 22 is   1.00000000.
        Edge 22  9 is   1.00000000.
        Edge  9  2 is   1.00000000.
        Angle  9  2 22 is    1.04719755 rad =      60.0000 deg =  60 deg  0 min  0 sec.
        Angle  2 22  9 is    1.04719755 rad =      60.0000 deg =  60 deg  0 min  0 sec.
        Angle 22  9  2 is    1.04719755 rad =      60.0000 deg =  60 deg  0 min  0 sec.


Face # 20 has  4 vertices:
    Vertices input as         8  21  22  14
    Vertices renumbered as    9  22  23  15
        Edge  9 22 is   1.00000000.
        Edge 22 23 is   1.00000000.
        Edge 23 15 is   1.00000000.
        Edge 15  9 is   1.00000000.
        Angle 15  9 22 is    1.57079633 rad =      90.0000 deg =  90 deg  0 min  0 sec.
        Angle  9 22 23 is    1.57079633 rad =      90.0000 deg =  90 deg  0 min  0 sec.
        Angle 22 23 15 is    1.57079633 rad =      90.0000 deg =  90 deg  0 min  0 sec.
        Angle 23 15  9 is    1.57079633 rad =      90.0000 deg =  90 deg  0 min  0 sec.


Face # 21 has  3 vertices:
    Vertices input as        14  22  15
    Vertices renumbered as   15  23  16
        Edge 15 23 is   1.00000000.
        Edge 23 16 is   1.00000000.
        Edge 16 15 is   1.00000000.
        Angle 16 15 23 is    1.04719755 rad =      60.0000 deg =  60 deg  0 min  0 sec.
        Angle 15 23 16 is    1.04719755 rad =      60.0000 deg =  60 deg  0 min  0 sec.
        Angle 23 16 15 is    1.04719755 rad =      60.0000 deg =  60 deg  0 min  0 sec.


Face # 22 has  4 vertices:
    Vertices input as        15  22  23   9
    Vertices renumbered as   16  23  24  10
        Edge 16 23 is   1.00000000.
        Edge 23 24 is   1.00000000.
        Edge 24 10 is   1.00000000.
        Edge 10 16 is   1.00000000.
        Angle 10 16 23 is    1.57079633 rad =      90.0000 deg =  90 deg  0 min  0 sec.
        Angle 16 23 24 is    1.57079633 rad =      90.0000 deg =  90 deg  0 min  0 sec.
        Angle 23 24 10 is    1.57079633 rad =      90.0000 deg =  90 deg  0 min  0 sec.
        Angle 24 10 16 is    1.57079633 rad =      90.0000 deg =  90 deg  0 min  0 sec.


Face # 23 has  3 vertices:
    Vertices input as         9  23   2
    Vertices renumbered as   10  24   3
        Edge 10 24 is   1.00000000.
        Edge 24  3 is   1.00000000.
        Edge  3 10 is   1.00000000.
        Angle  3 10 24 is    1.04719755 rad =      60.0000 deg =  60 deg  0 min  0 sec.
        Angle 10 24  3 is    1.04719755 rad =      60.0000 deg =  60 deg  0 min  0 sec.
        Angle 24  3 10 is    1.04719755 rad =      60.0000 deg =  60 deg  0 min  0 sec.
```

```
Face # 24 has  4 vertices:
    Vertices input as         2  23  24  13
    Vertices renumbered as    3  24  25  14
        Edge  3 24 is   1.00000000.
        Edge 24 25 is   1.00000000.
        Edge 25 14 is   1.00000000.
        Edge 14  3 is   1.00000000.
        Angle 14  3 24 is   1.57079633 rad =        90.0000 deg =   90 deg  0 min   0 sec.
        Angle  3 24 25 is   1.57079633 rad =        90.0000 deg =   90 deg  0 min   0 sec.
        Angle 24 25 14 is   1.57079633 rad =        90.0000 deg =   90 deg  0 min   0 sec.
        Angle 25 14  3 is   1.57079633 rad =        90.0000 deg =   90 deg  0 min   0 sec.

Face # 25 has  3 vertices:
    Vertices input as        13  24  19
    Vertices renumbered as   14  25  20
        Edge 14 25 is   1.00000000.
        Edge 25 20 is   1.00000000.
        Edge 20 14 is   1.00000000.
        Angle 20 14 25 is   1.04719755 rad =        60.0000 deg =   60 deg  0 min   0 sec.
        Angle 14 25 20 is   1.04719755 rad =        60.0000 deg =   60 deg  0 min   0 sec.
        Angle 25 20 14 is   1.04719755 rad =        60.0000 deg =   60 deg  0 min   0 sec.

Face # 26 has  4 vertices:
    Vertices input as        19  24  20  18
    Vertices renumbered as   20  25  21  19
        Edge 20 25 is   1.00000000.
        Edge 25 21 is   1.00000000.
        Edge 21 19 is   1.00000000.
        Edge 19 20 is   1.00000000.
        Angle 19 20 25 is   1.57079633 rad =        90.0000 deg =   90 deg  0 min   0 sec.
        Angle 20 25 21 is   1.57079633 rad =        90.0000 deg =   90 deg  0 min   0 sec.
        Angle 25 21 19 is   1.57079633 rad =        90.0000 deg =   90 deg  0 min   0 sec.
        Angle 21 19 20 is   1.57079633 rad =        90.0000 deg =   90 deg  0 min   0 sec.

Face # 27 has  3 vertices:
    Vertices input as        18  20  12
    Vertices renumbered as   19  21  13
        Edge 19 21 is   1.00000000.
        Edge 21 13 is   1.00000000.
        Edge 13 19 is   1.00000000.
        Angle 13 19 21 is   1.04719755 rad =        60.0000 deg =   60 deg  0 min   0 sec.
        Angle 19 21 13 is   1.04719755 rad =        60.0000 deg =   60 deg  0 min   0 sec.
        Angle 21 13 19 is   1.04719755 rad =        60.0000 deg =   60 deg  0 min   0 sec.


The edge joining vertices   1 and  5 is between faces 13 and 16.
        Dihedral angle is   2.48923451 rad =       142.6226 deg =  142 deg 37 min 21 sec.
The edge joining vertices   1 and  6 is between faces  5 and 13.
        Dihedral angle is   2.48923451 rad =       142.6226 deg =  142 deg 37 min 21 sec.
The edge joining vertices   1 and  7 is between faces 14 and 16.
        Dihedral angle is   2.48923451 rad =       142.6226 deg =  142 deg 37 min 21 sec.
The edge joining vertices   1 and  8 is between faces  5 and 14.
        Dihedral angle is   2.48923451 rad =       142.6226 deg =  142 deg 37 min 21 sec.
The edge joining vertices   2 and  9 is between faces 12 and 19.
        Dihedral angle is   1.75950686 rad =       100.8123 deg =  100 deg 48 min 44 sec.
The edge joining vertices   2 and 11 is between faces  1 and 12.
        Dihedral angle is   2.48923451 rad =       142.6226 deg =  142 deg 37 min 21 sec.
The edge joining vertices   2 and 13 is between faces  1 and 18.
```

```
        Dihedral angle is    1.93566015 rad =       110.9052 deg = 110 deg 54 min 19 sec.
The edge joining vertices  2 and 22 is between faces 18 and 19.
        Dihedral angle is    2.77672883 rad =       159.0948 deg = 159 deg  5 min 41 sec.
The edge joining vertices  3 and 10 is between faces 11 and 23.
        Dihedral angle is    1.75950686 rad =       100.8123 deg = 100 deg 48 min 44 sec.
The edge joining vertices  3 and 12 is between faces  7 and 11.
        Dihedral angle is    2.48923451 rad =       142.6226 deg = 142 deg 37 min 21 sec.
The edge joining vertices  3 and 14 is between faces  7 and 24.
        Dihedral angle is    1.93566015 rad =       110.9052 deg = 110 deg 54 min 19 sec.
The edge joining vertices  3 and 24 is between faces 23 and 24.
        Dihedral angle is    2.77672883 rad =       159.0948 deg = 159 deg  5 min 41 sec.
The edge joining vertices  4 and 17 is between faces  2 and 10.
        Dihedral angle is    2.48923451 rad =       142.6226 deg = 142 deg 37 min 21 sec.
The edge joining vertices  4 and 18 is between faces  2 and 15.
        Dihedral angle is    2.48923451 rad =       142.6226 deg = 142 deg 37 min 21 sec.
The edge joining vertices  4 and 19 is between faces  3 and 10.
        Dihedral angle is    2.48923451 rad =       142.6226 deg = 142 deg 37 min 21 sec.
The edge joining vertices  4 and 20 is between faces  3 and 15.
        Dihedral angle is    2.48923451 rad =       142.6226 deg = 142 deg 37 min 21 sec.
The edge joining vertices  5 and  7 is between faces 12 and 16.
        Dihedral angle is    2.48923451 rad =       142.6226 deg = 142 deg 37 min 21 sec.
The edge joining vertices  5 and  9 is between faces  4 and 12.
        Dihedral angle is    2.48923451 rad =       142.6226 deg = 142 deg 37 min 21 sec.
The edge joining vertices  5 and 15 is between faces  4 and 13.
        Dihedral angle is    2.48923451 rad =       142.6226 deg = 142 deg 37 min 21 sec.
The edge joining vertices  6 and  8 is between faces  5 and 11.
        Dihedral angle is    2.48923451 rad =       142.6226 deg = 142 deg 37 min 21 sec.
The edge joining vertices  6 and 10 is between faces  8 and 11.
        Dihedral angle is    2.48923451 rad =       142.6226 deg = 142 deg 37 min 21 sec.
The edge joining vertices  6 and 16 is between faces  8 and 13.
        Dihedral angle is    2.48923451 rad =       142.6226 deg = 142 deg 37 min 21 sec.
The edge joining vertices  7 and 11 is between faces  9 and 12.
        Dihedral angle is    2.48923451 rad =       142.6226 deg = 142 deg 37 min 21 sec.
The edge joining vertices  7 and 17 is between faces  9 and 14.
        Dihedral angle is    2.48923451 rad =       142.6226 deg = 142 deg 37 min 21 sec.
The edge joining vertices  8 and 12 is between faces  6 and 11.
        Dihedral angle is    2.48923451 rad =       142.6226 deg = 142 deg 37 min 21 sec.
The edge joining vertices  8 and 18 is between faces  6 and 14.
        Dihedral angle is    2.48923451 rad =       142.6226 deg = 142 deg 37 min 21 sec.
The edge joining vertices  9 and 15 is between faces  4 and 20.
        Dihedral angle is    1.93566015 rad =       110.9052 deg = 110 deg 54 min 19 sec.
The edge joining vertices  9 and 22 is between faces 19 and 20.
        Dihedral angle is    2.77672883 rad =       159.0948 deg = 159 deg  5 min 41 sec.
The edge joining vertices 10 and 16 is between faces  8 and 22.
        Dihedral angle is    1.93566015 rad =       110.9052 deg = 110 deg 54 min 19 sec.
The edge joining vertices 10 and 24 is between faces 22 and 23.
        Dihedral angle is    2.77672883 rad =       159.0948 deg = 159 deg  5 min 41 sec.
The edge joining vertices 11 and 13 is between faces  1 and 10.
        Dihedral angle is    2.48923451 rad =       142.6226 deg = 142 deg 37 min 21 sec.
The edge joining vertices 11 and 17 is between faces  9 and 10.
        Dihedral angle is    2.48923451 rad =       142.6226 deg = 142 deg 37 min 21 sec.
The edge joining vertices 12 and 14 is between faces  7 and 15.
        Dihedral angle is    2.48923451 rad =       142.6226 deg = 142 deg 37 min 21 sec.
The edge joining vertices 12 and 18 is between faces  6 and 15.
        Dihedral angle is    2.48923451 rad =       142.6226 deg = 142 deg 37 min 21 sec.
The edge joining vertices 13 and 19 is between faces 10 and 27.
        Dihedral angle is    1.75950686 rad =       100.8123 deg = 100 deg 48 min 44 sec.
The edge joining vertices 13 and 21 is between faces 18 and 27.
        Dihedral angle is    2.77672883 rad =       159.0948 deg = 159 deg  5 min 41 sec.
The edge joining vertices 14 and 20 is between faces 15 and 25.
        Dihedral angle is    1.75950686 rad =       100.8123 deg = 100 deg 48 min 44 sec.
The edge joining vertices 14 and 25 is between faces 24 and 25.
        Dihedral angle is    2.77672883 rad =       159.0948 deg = 159 deg  5 min 41 sec.
```

```
The edge joining vertices 15 and 16 is between faces 13 and 21.
        Dihedral angle is    1.75950686 rad =      100.8123 deg = 100 deg 48 min 44 sec.
The edge joining vertices 15 and 23 is between faces 20 and 21.
        Dihedral angle is    2.77672883 rad =      159.0948 deg = 159 deg  5 min 41 sec.
The edge joining vertices 16 and 23 is between faces 21 and 22.
        Dihedral angle is    2.77672883 rad =      159.0948 deg = 159 deg  5 min 41 sec.
The edge joining vertices 17 and 18 is between faces  2 and 14.
        Dihedral angle is    2.48923451 rad =      142.6226 deg = 142 deg 37 min 21 sec.
The edge joining vertices 19 and 20 is between faces  3 and 26.
        Dihedral angle is    1.93566015 rad =      110.9052 deg = 110 deg 54 min 19 sec.
The edge joining vertices 19 and 21 is between faces 26 and 27.
        Dihedral angle is    2.77672883 rad =      159.0948 deg = 159 deg  5 min 41 sec.
The edge joining vertices 20 and 25 is between faces 25 and 26.
        Dihedral angle is    2.77672883 rad =      159.0948 deg = 159 deg  5 min 41 sec.
The edge joining vertices 21 and 22 is between faces 17 and 18.
        Dihedral angle is    2.58801829 rad =      148.2825 deg = 148 deg 16 min 57 sec.
The edge joining vertices 21 and 25 is between faces 17 and 26.
        Dihedral angle is    2.58801829 rad =      148.2825 deg = 148 deg 16 min 57 sec.
The edge joining vertices 22 and 23 is between faces 17 and 20.
        Dihedral angle is    2.58801829 rad =      148.2825 deg = 148 deg 16 min 57 sec.
The edge joining vertices 23 and 24 is between faces 17 and 22.
        Dihedral angle is    2.58801829 rad =      148.2825 deg = 148 deg 16 min 57 sec.
The edge joining vertices 24 and 25 is between faces 17 and 24.
        Dihedral angle is    2.58801829 rad =      148.2825 deg = 148 deg 16 min 57 sec.
```

Report based on file j32d.off

Vertex # 1: (-0.25653568,   0.78953563, -0.49880809).
Vertex # 2: (-0.59846070,   0.00000000, -1.12365555).
Vertex # 3: (-0.83016689,   0.00000000, -0.49880809).
Vertex # 4: (0.67161912,   0.48795985, -0.49880809).
Vertex # 5: (0.48416488, -0.35176638, -1.12365555).
Vertex # 6: (-0.18493453, -0.56916995, -1.12365555).
Vertex # 7: (-0.25653568, -0.78953563, -0.49880809).
Vertex # 8: (0.67161912, -0.48795985, -0.49880809).
Vertex # 9: (-0.18493453,   0.56916995, -1.12365555).
Vertex # 10: (-0.72321378,   0.52544557, -0.78723102).
Vertex # 11: (0.27624308, -0.85018879, -0.78723102).
Vertex # 12: (0.27624308,   0.85018879, -0.78723102).
Vertex # 13: (0.89394140,   0.00000000, -0.78723102).
Vertex # 14: (0.00000000,   0.00000000, -1.52115257).
Vertex # 15: (-0.72321378, -0.52544557, -0.78723102).
Vertex # 16: (0.48416488,   0.35176638, -1.12365555).
Vertex # 17: (0.00000000,   0.00000000,   1.07262659).
Vertex # 18: (-0.18096013,   0.55693802,   0.60725924).
Vertex # 19: (0.19054929,   0.58645042,   0.46691944).
Vertex # 20: (0.47375978,   0.34420663,   0.60725924).
Vertex # 21: (0.61663047,   0.00000000,   0.46691944).
Vertex # 22: (0.47375978, -0.34420663,   0.60725924).
Vertex # 23: (0.19054929, -0.58645042,   0.46691944).
Vertex # 24: (-0.18096013, -0.55693802,   0.60725924).
Vertex # 25: (-0.49886453, -0.36244629,   0.46691944).
Vertex # 26: (-0.58559929,   0.00000000,   0.60725924).
Vertex # 27: (-0.49886453,   0.36244629,   0.46691944).

Face # 1 has 4 vertices:
    Vertices input as   15   12   4   13
    Vertices renumbered as   16   13   5   14
      Edge 16 13 is   0.63626869.
      Edge 13 5 is   0.63626869.
      Edge 5 14 is   0.71844213.
      Edge 14 16 is   0.71844213.
      Angle 14 16 13 is   2.04414394 rad =   117.1208 deg = 117 deg 7 min 15 sec.
      Angle 16 13 5 is   1.17158091 rad =   67.1266 deg = 67 deg 7 min 36 sec.
      Angle 13 5 14 is   2.04414394 rad =   117.1208 deg = 117 deg 7 min 15 sec.
      Angle 5 14 16 is   1.02331652 rad =   58.6317 deg = 58 deg 37 min 54 sec.

Face # 2 has 4 vertices:
    Vertices input as   18   11   0   17
    Vertices renumbered as   19   12   1   18
      Edge 19 12 is   1.28444335.
      Edge 12 1 is   0.60886764.
      Edge 1 18 is   1.13278340.
      Edge 18 19 is   0.39822794.
      Angle 18 19 12 is   2.00595777 rad =   114.9329 deg = 114 deg 55 min 58 sec.
      Angle 19 12 1 is   0.99873597 rad =   57.2234 deg = 57 deg 13 min 24 sec.
      Angle 12 1 18 is   2.00932415 rad =   115.1258 deg = 115 deg 7 min 33 sec.
      Angle 1 18 19 is   1.26916742 rad =   72.7179 deg = 72 deg 43 min 5 sec.

Face # 3 has 4 vertices:
    Vertices input as   10   22   23   6
    Vertices renumbered as   11   23   24   7
      Edge 11 23 is   1.28444335.
      Edge 23 24 is   0.39822794.

```
        Edge  24   7 is    1.13278340.
        Edge   7  11 is    0.60886764.
        Angle  7  11  23 is    0.99873597 rad =      57.2234 deg =  57 deg 13 min 24 sec.
        Angle 11  23  24 is    2.00595777 rad =     114.9329 deg = 114 deg 55 min 58 sec.
        Angle 23  24   7 is    1.26916742 rad =      72.7179 deg =  72 deg 43 min  5 sec.
        Angle 24   7  11 is    2.00932415 rad =     115.1258 deg = 115 deg  7 min 33 sec.


Face #  4 has   4 vertices:
        Vertices input as           9    1   14    2
        Vertices renumbered as     10    2   15    3
        Edge  10   2 is    0.63626869.
        Edge   2  15 is    0.63626869.
        Edge  15   3 is    0.60886764.
        Edge   3  10 is    0.60886764.
        Angle  3  10   2 is    1.12877723 rad =      64.6742 deg =  64 deg 40 min 27 sec.
        Angle 10   2  15 is    1.94332150 rad =     111.3441 deg = 111 deg 20 min 39 sec.
        Angle  2  15   3 is    1.12877723 rad =      64.6742 deg =  64 deg 40 min 27 sec.
        Angle 15   3  10 is    2.08230935 rad =     119.3075 deg = 119 deg 18 min 27 sec.


Face #  5 has   4 vertices:
        Vertices input as          12   15   11    3
        Vertices renumbered as     13   16   12    4
        Edge  13  16 is    0.63626869.
        Edge  16  12 is    0.63626869.
        Edge  12   4 is    0.60886764.
        Edge   4  13 is    0.60886764.
        Angle  4  13  16 is    1.12877723 rad =      64.6742 deg =  64 deg 40 min 27 sec.
        Angle 13  16  12 is    1.94332150 rad =     111.3441 deg = 111 deg 20 min 39 sec.
        Angle 16  12   4 is    1.12877723 rad =      64.6742 deg =  64 deg 40 min 27 sec.
        Angle 12   4  13 is    2.08230935 rad =     119.3075 deg = 119 deg 18 min 27 sec.


Face #  6 has   4 vertices:
        Vertices input as           4   12    7   10
        Vertices renumbered as      5   13    8   11
        Edge   5  13 is    0.63626869.
        Edge  13   8 is    0.60886764.
        Edge   8  11 is    0.60886764.
        Edge  11   5 is    0.63626869.
        Angle 11   5  13 is    1.94332150 rad =     111.3441 deg = 111 deg 20 min 39 sec.
        Angle  5  13   8 is    1.12877723 rad =      64.6742 deg =  64 deg 40 min 27 sec.
        Angle 13   8  11 is    2.08230935 rad =     119.3075 deg = 119 deg 18 min 27 sec.
        Angle  8  11   5 is    1.12877723 rad =      64.6742 deg =  64 deg 40 min 27 sec.


Face #  7 has   4 vertices:
        Vertices input as          15   13    8   11
        Vertices renumbered as     16   14    9   12
        Edge  16  14 is    0.71844213.
        Edge  14   9 is    0.71844213.
        Edge   9  12 is    0.63626869.
        Edge  12  16 is    0.63626869.
        Angle 12  16  14 is    2.04414394 rad =     117.1208 deg = 117 deg  7 min 15 sec.
        Angle 16  14   9 is    1.02331652 rad =      58.6317 deg =  58 deg 37 min 54 sec.
        Angle 14   9  12 is    2.04414394 rad =     117.1208 deg = 117 deg  7 min 15 sec.
        Angle  9  12  16 is    1.17158091 rad =      67.1266 deg =  67 deg  7 min 36 sec.


Face #  8 has   4 vertices:
        Vertices input as          13    4   10    5
        Vertices renumbered as     14    5   11    6
```

```
        Edge  14   5 is    0.71844213.
        Edge   5  11 is    0.63626869.
        Edge  11   6 is    0.63626869.
        Edge   6  14 is    0.71844213.
        Angle  6  14   5 is    1.02331652 rad =     58.6317 deg =  58 deg 37 min 54 sec.
        Angle 14   5  11 is    2.04414394 rad =    117.1208 deg = 117 deg  7 min 15 sec.
        Angle  5  11   6 is    1.17158091 rad =     67.1266 deg =  67 deg  7 min 36 sec.
        Angle 11   6  14 is    2.04414394 rad =    117.1208 deg = 117 deg  7 min 15 sec.

Face #  9 has  4 vertices:
    Vertices input as         11  18  19   3
    Vertices renumbered as    12  19  20   4
        Edge  12 19 is    1.28444335.
        Edge  19 20 is    0.39822794.
        Edge  20  4 is    1.13278340.
        Edge   4 12 is    0.60886764.
        Angle  4  12  19 is    0.99873597 rad =     57.2234 deg =  57 deg 13 min 24 sec.
        Angle 12  19  20 is    2.00595777 rad =    114.9329 deg = 114 deg 55 min 58 sec.
        Angle 19  20   4 is    1.26916742 rad =     72.7179 deg =  72 deg 43 min  5 sec.
        Angle 20   4  12 is    2.00932415 rad =    115.1258 deg = 115 deg  7 min 33 sec.

Face # 10 has  4 vertices:
    Vertices input as         22  10   7  21
    Vertices renumbered as    23  11   8  22
        Edge  23 11 is    1.28444335.
        Edge  11  8 is    0.60886764.
        Edge   8 22 is    1.13278340.
        Edge  22 23 is    0.39822794.
        Angle 22  23  11 is    2.00595777 rad =    114.9329 deg = 114 deg 55 min 58 sec.
        Angle 23  11   8 is    0.99873597 rad =     57.2234 deg =  57 deg 13 min 24 sec.
        Angle 11   8  22 is    2.00932415 rad =    115.1258 deg = 115 deg  7 min 33 sec.
        Angle  8  22  23 is    1.26916742 rad =     72.7179 deg =  72 deg 43 min  5 sec.

Face # 11 has  4 vertices:
    Vertices input as          0  11   8   9
    Vertices renumbered as     1  12   9  10
        Edge   1 12 is    0.60886764.
        Edge  12  9 is    0.63626869.
        Edge   9 10 is    0.63626869.
        Edge  10  1 is    0.60886764.
        Angle 10   1  12 is    2.08230935 rad =    119.3075 deg = 119 deg 18 min 27 sec.
        Angle  1  12   9 is    1.12877723 rad =     64.6742 deg =  64 deg 40 min 27 sec.
        Angle 12   9  10 is    1.94332150 rad =    111.3441 deg = 111 deg 20 min 39 sec.
        Angle  9  10   1 is    1.12877723 rad =     64.6742 deg =  64 deg 40 min 27 sec.

Face # 12 has  4 vertices:
    Vertices input as         10   6  14   5
    Vertices renumbered as    11   7  15   6
        Edge  11  7 is    0.60886764.
        Edge   7 15 is    0.60886764.
        Edge  15  6 is    0.63626869.
        Edge   6 11 is    0.63626869.
        Angle  6  11   7 is    1.12877723 rad =     64.6742 deg =  64 deg 40 min 27 sec.
        Angle 11   7  15 is    2.08230935 rad =    119.3075 deg = 119 deg 18 min 27 sec.
        Angle  7  15   6 is    1.12877723 rad =     64.6742 deg =  64 deg 40 min 27 sec.
        Angle 15   6  11 is    1.94332150 rad =    111.3441 deg = 111 deg 20 min 39 sec.

Face # 13 has  4 vertices:
```

```
        Vertices input as          17    0    9   26
        Vertices renumbered as     18    1   10   27
           Edge  18   1 is   1.13278340.
           Edge   1  10 is   0.60886764.
           Edge  10  27 is   1.28444335.
           Edge  27  18 is   0.39822794.
           Angle 27  18   1 is  1.26916742 rad =      72.7179 deg =  72 deg 43 min  5 sec.
           Angle 18   1  10 is  2.00932415 rad =     115.1258 deg = 115 deg  7 min 33 sec.
           Angle  1  10  27 is  0.99873597 rad =      57.2234 deg =  57 deg 13 min 24 sec.
           Angle 10  27  18 is  2.00595777 rad =     114.9329 deg = 114 deg 55 min 58 sec.


  Face # 14 has  4 vertices:
        Vertices input as           6   23   24   14
        Vertices renumbered as      7   24   25   15
           Edge   7  24 is   1.13278340.
           Edge  24  25 is   0.39822794.
           Edge  25  15 is   1.28444335.
           Edge  15   7 is   0.60886764.
           Angle 15   7  24 is  2.00932415 rad =     115.1258 deg = 115 deg  7 min 33 sec.
           Angle  7  24  25 is  1.26916742 rad =      72.7179 deg =  72 deg 43 min  5 sec.
           Angle 24  25  15 is  2.00595777 rad =     114.9329 deg = 114 deg 55 min 58 sec.
           Angle 25  15   7 is  0.99873597 rad =      57.2234 deg =  57 deg 13 min 24 sec.


  Face # 15 has  4 vertices:
        Vertices input as          12    3   19   20
        Vertices renumbered as     13    4   20   21
           Edge  13   4 is   0.60886764.
           Edge   4  20 is   1.13278340.
           Edge  20  21 is   0.39822794.
           Edge  21  13 is   1.28444335.
           Angle 21  13   4 is  0.99873597 rad =      57.2234 deg =  57 deg 13 min 24 sec.
           Angle 13   4  20 is  2.00932415 rad =     115.1258 deg = 115 deg  7 min 33 sec.
           Angle  4  20  21 is  1.26916742 rad =      72.7179 deg =  72 deg 43 min  5 sec.
           Angle 20  21  13 is  2.00595777 rad =     114.9329 deg = 114 deg 55 min 58 sec.


  Face # 16 has  4 vertices:
        Vertices input as           7   12   20   21
        Vertices renumbered as      8   13   21   22
           Edge   8  13 is   0.60886764.
           Edge  13  21 is   1.28444335.
           Edge  21  22 is   0.39822794.
           Edge  22   8 is   1.13278340.
           Angle 22   8  13 is  2.00932415 rad =     115.1258 deg = 115 deg  7 min 33 sec.
           Angle  8  13  21 is  0.99873597 rad =      57.2234 deg =  57 deg 13 min 24 sec.
           Angle 13  21  22 is  2.00595777 rad =     114.9329 deg = 114 deg 55 min 58 sec.
           Angle 21  22   8 is  1.26916742 rad =      72.7179 deg =  72 deg 43 min  5 sec.


  Face # 17 has  4 vertices:
        Vertices input as           1    9    8   13
        Vertices renumbered as      2   10    9   14
           Edge   2  10 is   0.63626869.
           Edge  10   9 is   0.63626869.
           Edge   9  14 is   0.71844213.
           Edge  14   2 is   0.71844213.
           Angle 14   2  10 is  2.04414394 rad =     117.1208 deg = 117 deg  7 min 15 sec.
           Angle  2  10   9 is  1.17158091 rad =      67.1266 deg =  67 deg  7 min 36 sec.
           Angle 10   9  14 is  2.04414394 rad =     117.1208 deg = 117 deg  7 min 15 sec.
           Angle  9  14   2 is  1.02331652 rad =      58.6317 deg =  58 deg 37 min 54 sec.
```

```
Face # 18 has  4 vertices:
    Vertices input as          14    1   13    5
    Vertices renumbered as     15    2   14    6
      Edge 15   2 is   0.63626869.
      Edge  2  14 is   0.71844213.
      Edge 14   6 is   0.71844213.
      Edge  6  15 is   0.63626869.
      Angle  6 15  2 is   1.17158091 rad =      67.1266 deg =   67 deg  7 min 36 sec.
      Angle 15  2 14 is   2.04414394 rad =     117.1208 deg =  117 deg  7 min 15 sec.
      Angle  2 14  6 is   1.02331652 rad =      58.6317 deg =   58 deg 37 min 54 sec.
      Angle 14  6 15 is   2.04414394 rad =     117.1208 deg =  117 deg  7 min 15 sec.

Face # 19 has  4 vertices:
    Vertices input as           9    2   25   26
    Vertices renumbered as     10    3   26   27
      Edge 10   3 is   0.60886764.
      Edge  3  26 is   1.13278340.
      Edge 26  27 is   0.39822794.
      Edge 27  10 is   1.28444335.
      Angle 27 10  3 is   0.99873597 rad =      57.2234 deg =   57 deg 13 min 24 sec.
      Angle 10  3 26 is   2.00932415 rad =     115.1258 deg =  115 deg  7 min 33 sec.
      Angle  3 26 27 is   1.26916742 rad =      72.7179 deg =   72 deg 43 min  5 sec.
      Angle 26 27 10 is   2.00595777 rad =     114.9329 deg =  114 deg 55 min 58 sec.

Face # 20 has  4 vertices:
    Vertices input as           2   14   24   25
    Vertices renumbered as      3   15   25   26
      Edge  3  15 is   0.60886764.
      Edge 15  25 is   1.28444335.
      Edge 25  26 is   0.39822794.
      Edge 26   3 is   1.13278340.
      Angle 26  3 15 is   2.00932415 rad =     115.1258 deg =  115 deg  7 min 33 sec.
      Angle  3 15 25 is   0.99873597 rad =      57.2234 deg =   57 deg 13 min 24 sec.
      Angle 15 25 26 is   2.00595777 rad =     114.9329 deg =  114 deg 55 min 58 sec.
      Angle 25 26  3 is   1.26916742 rad =      72.7179 deg =   72 deg 43 min  5 sec.

Face # 21 has  4 vertices:
    Vertices input as          17   26   25   16
    Vertices renumbered as     18   27   26   17
      Edge 18  27 is   0.39822794.
      Edge 27  26 is   0.39822794.
      Edge 26  17 is   0.74799285.
      Edge 17  18 is   0.74799285.
      Angle 17 18 27 is   1.61955389 rad =      92.7936 deg =   92 deg 47 min 37 sec.
      Angle 18 27 26 is   2.08769588 rad =     119.6162 deg =  119 deg 36 min 58 sec.
      Angle 27 26 17 is   1.61955389 rad =      92.7936 deg =   92 deg 47 min 37 sec.
      Angle 26 17 18 is   0.95638164 rad =      54.7966 deg =   54 deg 47 min 48 sec.

Face # 22 has  4 vertices:
    Vertices input as          18   17   16   19
    Vertices renumbered as     19   18   17   20
      Edge 19  18 is   0.39822794.
      Edge 18  17 is   0.74799285.
      Edge 17  20 is   0.74799285.
      Edge 20  19 is   0.39822794.
      Angle 20 19 18 is   2.08769588 rad =     119.6162 deg =  119 deg 36 min 58 sec.
      Angle 19 18 17 is   1.61955389 rad =      92.7936 deg =   92 deg 47 min 37 sec.
      Angle 18 17 20 is   0.95638164 rad =      54.7966 deg =   54 deg 47 min 48 sec.
```

            Angle 17 20 19 is   1.61955389 rad =   92.7936 deg = 92 deg 47 min 37 sec.

Face # 23 has 4 vertices:
    Vertices input as   20 19 16 21
    Vertices renumbered as   21 20 17 22
        Edge 21 20 is   0.39822794.
        Edge 20 17 is   0.74799285.
        Edge 17 22 is   0.74799285.
        Edge 22 21 is   0.39822794.
        Angle 22 21 20 is   2.08769588 rad =   119.6162 deg = 119 deg 36 min 58 sec.
        Angle 21 20 17 is   1.61955389 rad =   92.7936 deg = 92 deg 47 min 37 sec.
        Angle 20 17 22 is   0.95638164 rad =   54.7966 deg = 54 deg 47 min 48 sec.
        Angle 17 22 21 is   1.61955389 rad =   92.7936 deg = 92 deg 47 min 37 sec.

Face # 24 has 4 vertices:
    Vertices input as   23 22 21 16
    Vertices renumbered as   24 23 22 17
        Edge 24 23 is   0.39822794.
        Edge 23 22 is   0.39822794.
        Edge 22 17 is   0.74799285.
        Edge 17 24 is   0.74799285.
        Angle 17 24 23 is   1.61955389 rad =   92.7936 deg = 92 deg 47 min 37 sec.
        Angle 24 23 22 is   2.08769588 rad =   119.6162 deg = 119 deg 36 min 58 sec.
        Angle 23 22 17 is   1.61955389 rad =   92.7936 deg = 92 deg 47 min 37 sec.
        Angle 22 17 24 is   0.95638164 rad =   54.7966 deg = 54 deg 47 min 48 sec.

Face # 25 has 4 vertices:
    Vertices input as   24 23 16 25
    Vertices renumbered as   25 24 17 26
        Edge 25 24 is   0.39822794.
        Edge 24 17 is   0.74799285.
        Edge 17 26 is   0.74799285.
        Edge 26 25 is   0.39822794.
        Angle 26 25 24 is   2.08769588 rad =   119.6162 deg = 119 deg 36 min 58 sec.
        Angle 25 24 17 is   1.61955389 rad =   92.7936 deg = 92 deg 47 min 37 sec.
        Angle 24 17 26 is   0.95638164 rad =   54.7966 deg = 54 deg 47 min 48 sec.
        Angle 17 26 25 is   1.61955389 rad =   92.7936 deg = 92 deg 47 min 37 sec.

The edge joining vertices 1 and 10 is between faces 11 and 13.
        Dihedral angle is   2.49990068 rad =   143.2338 deg = 143 deg 14 min 2 sec.
The edge joining vertices 1 and 12 is between faces 2 and 11.
        Dihedral angle is   2.49990068 rad =   143.2338 deg = 143 deg 14 min 2 sec.
The edge joining vertices 1 and 18 is between faces 2 and 13.
        Dihedral angle is   2.52716778 rad =   144.7960 deg = 144 deg 47 min 46 sec.
The edge joining vertices 2 and 10 is between faces 4 and 17.
        Dihedral angle is   2.41893162 rad =   138.5946 deg = 138 deg 35 min 40 sec.
The edge joining vertices 2 and 14 is between faces 17 and 18.
        Dihedral angle is   2.37717054 rad =   136.2018 deg = 136 deg 12 min 7 sec.
The edge joining vertices 2 and 15 is between faces 4 and 18.
        Dihedral angle is   2.41893162 rad =   138.5946 deg = 138 deg 35 min 40 sec.
The edge joining vertices 3 and 10 is between faces 4 and 19.
        Dihedral angle is   2.49990068 rad =   143.2338 deg = 143 deg 14 min 2 sec.
The edge joining vertices 3 and 15 is between faces 4 and 20.
        Dihedral angle is   2.49990068 rad =   143.2338 deg = 143 deg 14 min 2 sec.
The edge joining vertices 3 and 26 is between faces 19 and 20.
        Dihedral angle is   2.52716778 rad =   144.7960 deg = 144 deg 47 min 46 sec.
The edge joining vertices 4 and 12 is between faces 5 and 9.
        Dihedral angle is   2.49990068 rad =   143.2338 deg = 143 deg 14 min 2 sec.
The edge joining vertices 4 and 13 is between faces 5 and 15.

```
        Dihedral angle is    2.49990068 rad =      143.2338 deg = 143 deg 14 min  2 sec.
The edge joining vertices  4 and 20 is between faces  9 and 15.
        Dihedral angle is    2.52716778 rad =      144.7960 deg = 144 deg 47 min 46 sec.
The edge joining vertices  5 and 11 is between faces  6 and  8.
        Dihedral angle is    2.41893162 rad =      138.5946 deg = 138 deg 35 min 40 sec.
The edge joining vertices  5 and 13 is between faces  1 and  6.
        Dihedral angle is    2.41893162 rad =      138.5946 deg = 138 deg 35 min 40 sec.
The edge joining vertices  5 and 14 is between faces  1 and  8.
        Dihedral angle is    2.37717054 rad =      136.2018 deg = 136 deg 12 min  7 sec.
The edge joining vertices  6 and 11 is between faces  8 and 12.
        Dihedral angle is    2.41893162 rad =      138.5946 deg = 138 deg 35 min 40 sec.
The edge joining vertices  6 and 14 is between faces  8 and 18.
        Dihedral angle is    2.37717054 rad =      136.2018 deg = 136 deg 12 min  7 sec.
The edge joining vertices  6 and 15 is between faces 12 and 18.
        Dihedral angle is    2.41893162 rad =      138.5946 deg = 138 deg 35 min 40 sec.
The edge joining vertices  7 and 11 is between faces  3 and 12.
        Dihedral angle is    2.49990068 rad =      143.2338 deg = 143 deg 14 min  2 sec.
The edge joining vertices  7 and 15 is between faces 12 and 14.
        Dihedral angle is    2.49990068 rad =      143.2338 deg = 143 deg 14 min  2 sec.
The edge joining vertices  7 and 24 is between faces  3 and 14.
        Dihedral angle is    2.52716778 rad =      144.7960 deg = 144 deg 47 min 46 sec.
The edge joining vertices  8 and 11 is between faces  6 and 10.
        Dihedral angle is    2.49990068 rad =      143.2338 deg = 143 deg 14 min  2 sec.
The edge joining vertices  8 and 13 is between faces  6 and 16.
        Dihedral angle is    2.49990068 rad =      143.2338 deg = 143 deg 14 min  2 sec.
The edge joining vertices  8 and 22 is between faces 10 and 16.
        Dihedral angle is    2.52716778 rad =      144.7960 deg = 144 deg 47 min 46 sec.
The edge joining vertices  9 and 10 is between faces 11 and 17.
        Dihedral angle is    2.41893162 rad =      138.5946 deg = 138 deg 35 min 40 sec.
The edge joining vertices  9 and 12 is between faces  7 and 11.
        Dihedral angle is    2.41893162 rad =      138.5946 deg = 138 deg 35 min 40 sec.
The edge joining vertices  9 and 14 is between faces  7 and 17.
        Dihedral angle is    2.37717054 rad =      136.2018 deg = 136 deg 12 min  7 sec.
The edge joining vertices 10 and 27 is between faces 13 and 19.
        Dihedral angle is    2.52716778 rad =      144.7960 deg = 144 deg 47 min 46 sec.
The edge joining vertices 11 and 23 is between faces  3 and 10.
        Dihedral angle is    2.52716778 rad =      144.7960 deg = 144 deg 47 min 46 sec.
The edge joining vertices 12 and 16 is between faces  5 and  7.
        Dihedral angle is    2.41893162 rad =      138.5946 deg = 138 deg 35 min 40 sec.
The edge joining vertices 12 and 19 is between faces  2 and  9.
        Dihedral angle is    2.52716778 rad =      144.7960 deg = 144 deg 47 min 46 sec.
The edge joining vertices 13 and 16 is between faces  1 and  5.
        Dihedral angle is    2.41893162 rad =      138.5946 deg = 138 deg 35 min 40 sec.
The edge joining vertices 13 and 21 is between faces 15 and 16.
        Dihedral angle is    2.52716778 rad =      144.7960 deg = 144 deg 47 min 46 sec.
The edge joining vertices 14 and 16 is between faces  1 and  7.
        Dihedral angle is    2.37717054 rad =      136.2018 deg = 136 deg 12 min  7 sec.
The edge joining vertices 15 and 25 is between faces 14 and 20.
        Dihedral angle is    2.52716778 rad =      144.7960 deg = 144 deg 47 min 46 sec.
The edge joining vertices 17 and 18 is between faces 21 and 22.
        Dihedral angle is    2.29252447 rad =      131.3520 deg = 131 deg 21 min  7 sec.
The edge joining vertices 17 and 20 is between faces 22 and 23.
        Dihedral angle is    2.29252447 rad =      131.3520 deg = 131 deg 21 min  7 sec.
The edge joining vertices 17 and 22 is between faces 23 and 24.
        Dihedral angle is    2.29252447 rad =      131.3520 deg = 131 deg 21 min  7 sec.
The edge joining vertices 17 and 24 is between faces 24 and 25.
        Dihedral angle is    2.29252447 rad =      131.3520 deg = 131 deg 21 min  7 sec.
The edge joining vertices 17 and 26 is between faces 21 and 25.
        Dihedral angle is    2.29252447 rad =      131.3520 deg = 131 deg 21 min  7 sec.
The edge joining vertices 18 and 19 is between faces  2 and 22.
        Dihedral angle is    2.49644024 rad =      143.0355 deg = 143 deg  2 min  8 sec.
The edge joining vertices 18 and 27 is between faces 13 and 21.
        Dihedral angle is    2.49644024 rad =      143.0355 deg = 143 deg  2 min  8 sec.
```

```
The edge joining vertices 19 and 20 is between faces  9 and 22.
        Dihedral angle is   2.49644024 rad =     143.0355 deg = 143 deg  2 min  8 sec.
The edge joining vertices 20 and 21 is between faces 15 and 23.
        Dihedral angle is   2.49644024 rad =     143.0355 deg = 143 deg  2 min  8 sec.
The edge joining vertices 21 and 22 is between faces 16 and 23.
        Dihedral angle is   2.49644024 rad =     143.0355 deg = 143 deg  2 min  8 sec.
The edge joining vertices 22 and 23 is between faces 10 and 24.
        Dihedral angle is   2.49644024 rad =     143.0355 deg = 143 deg  2 min  8 sec.
The edge joining vertices 23 and 24 is between faces  3 and 24.
        Dihedral angle is   2.49644024 rad =     143.0355 deg = 143 deg  2 min  8 sec.
The edge joining vertices 24 and 25 is between faces 14 and 25.
        Dihedral angle is   2.49644024 rad =     143.0355 deg = 143 deg  2 min  8 sec.
The edge joining vertices 25 and 26 is between faces 20 and 25.
        Dihedral angle is   2.49644024 rad =     143.0355 deg = 143 deg  2 min  8 sec.
The edge joining vertices 26 and 27 is between faces 19 and 21.
        Dihedral angle is   2.49644024 rad =     143.0355 deg = 143 deg  2 min  8 sec.
```

Report based on file j33.off

```
Vertex #  1: (  0.85065081,   0.00000000,  -1.37638192).
Vertex #  2: (  0.00000000,   1.61803399,   0.00000000).
Vertex #  3: (  0.00000000,  -1.61803399,   0.00000000).
Vertex #  4: ( -1.37638192,   0.00000000,  -0.85065081).
Vertex #  5: (  1.11351636,   0.80901699,  -0.85065081).
Vertex #  6: (  1.11351636,  -0.80901699,  -0.85065081).
Vertex #  7: (  0.26286556,   0.80901699,  -1.37638192).
Vertex #  8: (  0.26286556,  -0.80901699,  -1.37638192).
Vertex #  9: (  0.95105652,   1.30901699,   0.00000000).
Vertex # 10: (  0.95105652,  -1.30901699,   0.00000000).
Vertex # 11: ( -0.42532540,   1.30901699,  -0.85065081).
Vertex # 12: ( -0.42532540,  -1.30901699,  -0.85065081).
Vertex # 13: ( -0.95105652,   1.30901699,   0.00000000).
Vertex # 14: ( -0.95105652,  -1.30901699,   0.00000000).
Vertex # 15: (  1.53884177,   0.50000000,   0.00000000).
Vertex # 16: (  1.53884177,  -0.50000000,   0.00000000).
Vertex # 17: ( -0.68819096,   0.50000000,  -1.37638192).
Vertex # 18: ( -0.68819096,  -0.50000000,  -1.37638192).
Vertex # 19: ( -1.53884177,   0.50000000,   0.00000000).
Vertex # 20: ( -1.53884177,  -0.50000000,   0.00000000).
Vertex # 21: ( -0.26286556,   0.80901699,   0.52573111).
Vertex # 22: (  0.68819096,   0.50000000,   0.52573111).
Vertex # 23: (  0.68819096,  -0.50000000,   0.52573111).
Vertex # 24: ( -0.26286556,  -0.80901699,   0.52573111).
Vertex # 25: ( -0.85065081,   0.00000000,   0.52573111).


Face #  1 has  3 vertices:
    Vertices input as         1   10   12
    Vertices renumbered as    2   11   13
      Edge  2 11 is  1.00000000.
      Edge 11 13 is  1.00000000.
      Edge 13  2 is  1.00000000.
      Angle 13  2 11 is  1.04719755 rad =      60.0000 deg =  60 deg  0 min  0 sec.
      Angle  2 11 13 is  1.04719755 rad =      60.0000 deg =  60 deg  0 min  0 sec.
      Angle 11 13  2 is  1.04719755 rad =      60.0000 deg =  60 deg  0 min  0 sec.


Face #  2 has  3 vertices:
    Vertices input as         3   16   17
    Vertices renumbered as    4   17   18
      Edge  4 17 is  1.00000000.
      Edge 17 18 is  1.00000000.
      Edge 18  4 is  1.00000000.
      Angle 18  4 17 is  1.04719755 rad =      60.0000 deg =  60 deg  0 min  0 sec.
      Angle  4 17 18 is  1.04719755 rad =      60.0000 deg =  60 deg  0 min  0 sec.
      Angle 17 18  4 is  1.04719755 rad =      60.0000 deg =  60 deg  0 min  0 sec.


Face #  3 has  3 vertices:
    Vertices input as         3   19   18
    Vertices renumbered as    4   20   19
      Edge  4 20 is  1.00000000.
      Edge 20 19 is  1.00000000.
      Edge 19  4 is  1.00000000.
      Angle 19  4 20 is  1.04719755 rad =      60.0000 deg =  60 deg  0 min  0 sec.
      Angle  4 20 19 is  1.04719755 rad =      60.0000 deg =  60 deg  0 min  0 sec.
      Angle 20 19  4 is  1.04719755 rad =      60.0000 deg =  60 deg  0 min  0 sec.
```

```
Face #  4 has  3 vertices:
    Vertices input as         4   8  14
    Vertices renumbered as    5   9  15
       Edge  5  9 is   1.00000000.
       Edge  9 15 is   1.00000000.
       Edge 15  5 is   1.00000000.
       Angle 15  5  9 is   1.04719755 rad =       60.0000 deg =   60 deg   0 min   0 sec.
       Angle  5  9 15 is   1.04719755 rad =       60.0000 deg =   60 deg   0 min   0 sec.
       Angle  9 15  5 is   1.04719755 rad =       60.0000 deg =   60 deg   0 min   0 sec.


Face #  5 has  3 vertices:
    Vertices input as         5   7   0
    Vertices renumbered as    6   8   1
       Edge  6  8 is   1.00000000.
       Edge  8  1 is   1.00000000.
       Edge  1  6 is   1.00000000.
       Angle  1  6  8 is   1.04719755 rad =       60.0000 deg =   60 deg   0 min   0 sec.
       Angle  6  8  1 is   1.04719755 rad =       60.0000 deg =   60 deg   0 min   0 sec.
       Angle  8  1  6 is   1.04719755 rad =       60.0000 deg =   60 deg   0 min   0 sec.


Face #  6 has  3 vertices:
    Vertices input as         7  11  17
    Vertices renumbered as    8  12  18
       Edge  8 12 is   1.00000000.
       Edge 12 18 is   1.00000000.
       Edge 18  8 is   1.00000000.
       Angle 18  8 12 is   1.04719755 rad =       60.0000 deg =   60 deg   0 min   0 sec.
       Angle  8 12 18 is   1.04719755 rad =       60.0000 deg =   60 deg   0 min   0 sec.
       Angle 12 18  8 is   1.04719755 rad =       60.0000 deg =   60 deg   0 min   0 sec.


Face #  7 has  3 vertices:
    Vertices input as        13  11   2
    Vertices renumbered as   14  12   3
       Edge 14 12 is   1.00000000.
       Edge 12  3 is   1.00000000.
       Edge  3 14 is   1.00000000.
       Angle  3 14 12 is   1.04719755 rad =       60.0000 deg =   60 deg   0 min   0 sec.
       Angle 14 12  3 is   1.04719755 rad =       60.0000 deg =   60 deg   0 min   0 sec.
       Angle 12  3 14 is   1.04719755 rad =       60.0000 deg =   60 deg   0 min   0 sec.


Face #  8 has  3 vertices:
    Vertices input as        15   9   5
    Vertices renumbered as   16  10   6
       Edge 16 10 is   1.00000000.
       Edge 10  6 is   1.00000000.
       Edge  6 16 is   1.00000000.
       Angle  6 16 10 is   1.04719755 rad =       60.0000 deg =   60 deg   0 min   0 sec.
       Angle 16 10  6 is   1.04719755 rad =       60.0000 deg =   60 deg   0 min   0 sec.
       Angle 10  6 16 is   1.04719755 rad =       60.0000 deg =   60 deg   0 min   0 sec.


Face #  9 has  3 vertices:
    Vertices input as        16  10   6
    Vertices renumbered as   17  11   7
       Edge 17 11 is   1.00000000.
       Edge 11  7 is   1.00000000.
       Edge  7 17 is   1.00000000.
       Angle  7 17 11 is   1.04719755 rad =       60.0000 deg =   60 deg   0 min   0 sec.
       Angle 17 11  7 is   1.04719755 rad =       60.0000 deg =   60 deg   0 min   0 sec.
```

```
        Angle  11   7  17 is    1.04719755 rad =        60.0000 deg =  60 deg  0 min  0 sec.


Face # 10 has  5 vertices:
     Vertices input as         3  18  12  10  16
     Vertices renumbered as    4  19  13  11  17
        Edge  4  19 is    1.00000000.
        Edge 19  13 is    1.00000000.
        Edge 13  11 is    1.00000000.
        Edge 11  17 is    1.00000000.
        Edge 17   4 is    1.00000000.
        Angle 17   4  19 is    1.88495559 rad =       108.0000 deg = 108 deg  0 min  0 sec.
        Angle  4  19  13 is    1.88495559 rad =       108.0000 deg = 108 deg  0 min  0 sec.
        Angle 19  13  11 is    1.88495559 rad =       108.0000 deg = 108 deg  0 min  0 sec.
        Angle 13  11  17 is    1.88495559 rad =       108.0000 deg = 108 deg  0 min  0 sec.
        Angle 11  17   4 is    1.88495559 rad =       108.0000 deg = 108 deg  0 min  0 sec.


Face # 11 has  5 vertices:
     Vertices input as         7   5   9   2  11
     Vertices renumbered as    8   6  10   3  12
        Edge  8   6 is    1.00000000.
        Edge  6  10 is    1.00000000.
        Edge 10   3 is    1.00000000.
        Edge  3  12 is    1.00000000.
        Edge 12   8 is    1.00000000.
        Angle 12   8   6 is    1.88495559 rad =       108.0000 deg = 108 deg  0 min  0 sec.
        Angle  8   6  10 is    1.88495559 rad =       108.0000 deg = 108 deg  0 min  0 sec.
        Angle  6  10   3 is    1.88495559 rad =       108.0000 deg = 108 deg  0 min  0 sec.
        Angle 10   3  12 is    1.88495559 rad =       108.0000 deg = 108 deg  0 min  0 sec.
        Angle  3  12   8 is    1.88495559 rad =       108.0000 deg = 108 deg  0 min  0 sec.


Face # 12 has  5 vertices:
     Vertices input as        10   1   8   4   6
     Vertices renumbered as   11   2   9   5   7
        Edge 11   2 is    1.00000000.
        Edge  2   9 is    1.00000000.
        Edge  9   5 is    1.00000000.
        Edge  5   7 is    1.00000000.
        Edge  7  11 is    1.00000000.
        Angle  7  11   2 is    1.88495559 rad =       108.0000 deg = 108 deg  0 min  0 sec.
        Angle 11   2   9 is    1.88495559 rad =       108.0000 deg = 108 deg  0 min  0 sec.
        Angle  2   9   5 is    1.88495559 rad =       108.0000 deg = 108 deg  0 min  0 sec.
        Angle  9   5   7 is    1.88495559 rad =       108.0000 deg = 108 deg  0 min  0 sec.
        Angle  5   7  11 is    1.88495559 rad =       108.0000 deg = 108 deg  0 min  0 sec.


Face # 13 has  5 vertices:
     Vertices input as        15   5   0   4  14
     Vertices renumbered as   16   6   1   5  15
        Edge 16   6 is    1.00000000.
        Edge  6   1 is    1.00000000.
        Edge  1   5 is    1.00000000.
        Edge  5  15 is    1.00000000.
        Edge 15  16 is    1.00000000.
        Angle 15  16   6 is    1.88495559 rad =       108.0000 deg = 108 deg  0 min  0 sec.
        Angle 16   6   1 is    1.88495559 rad =       108.0000 deg = 108 deg  0 min  0 sec.
        Angle  6   1   5 is    1.88495559 rad =       108.0000 deg = 108 deg  0 min  0 sec.
        Angle  1   5  15 is    1.88495559 rad =       108.0000 deg = 108 deg  0 min  0 sec.
        Angle  5  15  16 is    1.88495559 rad =       108.0000 deg = 108 deg  0 min  0 sec.
```

```
Face # 14 has  5 vertices:
    Vertices input as         16   6   0   7  17
    Vertices renumbered as    17   7   1   8  18
       Edge 17   7 is   1.00000000.
       Edge  7   1 is   1.00000000.
       Edge  1   8 is   1.00000000.
       Edge  8  18 is   1.00000000.
       Edge 18  17 is   1.00000000.
       Angle 18 17  7 is   1.88495559 rad =       108.0000 deg = 108 deg  0 min  0 sec.
       Angle 17  7  1 is   1.88495559 rad =       108.0000 deg = 108 deg  0 min  0 sec.
       Angle  7  1  8 is   1.88495559 rad =       108.0000 deg = 108 deg  0 min  0 sec.
       Angle  1  8 18 is   1.88495559 rad =       108.0000 deg = 108 deg  0 min  0 sec.
       Angle  8 18 17 is   1.88495559 rad =       108.0000 deg = 108 deg  0 min  0 sec.


Face # 15 has  5 vertices:
    Vertices input as         17  11  13  19   3
    Vertices renumbered as    18  12  14  20   4
       Edge 18  12 is   1.00000000.
       Edge 12  14 is   1.00000000.
       Edge 14  20 is   1.00000000.
       Edge 20   4 is   1.00000000.
       Edge  4  18 is   1.00000000.
       Angle  4 18 12 is   1.88495559 rad =       108.0000 deg = 108 deg  0 min  0 sec.
       Angle 18 12 14 is   1.88495559 rad =       108.0000 deg = 108 deg  0 min  0 sec.
       Angle 12 14 20 is   1.88495559 rad =       108.0000 deg = 108 deg  0 min  0 sec.
       Angle 14 20  4 is   1.88495559 rad =       108.0000 deg = 108 deg  0 min  0 sec.
       Angle 20  4 18 is   1.88495559 rad =       108.0000 deg = 108 deg  0 min  0 sec.


Face # 16 has  3 vertices:
    Vertices input as          0   6   4
    Vertices renumbered as     1   7   5
       Edge  1   7 is   1.00000000.
       Edge  7   5 is   1.00000000.
       Edge  5   1 is   1.00000000.
       Angle  5  1  7 is   1.04719755 rad =        60.0000 deg =  60 deg  0 min  0 sec.
       Angle  1  7  5 is   1.04719755 rad =        60.0000 deg =  60 deg  0 min  0 sec.
       Angle  7  5  1 is   1.04719755 rad =        60.0000 deg =  60 deg  0 min  0 sec.


Face # 17 has  5 vertices:
    Vertices input as         24  23  22  21  20
    Vertices renumbered as    25  24  23  22  21
       Edge 25  24 is   1.00000000.
       Edge 24  23 is   1.00000000.
       Edge 23  22 is   1.00000000.
       Edge 22  21 is   1.00000000.
       Edge 21  25 is   1.00000000.
       Angle 21 25 24 is   1.88495559 rad =       108.0000 deg = 108 deg  0 min  0 sec.
       Angle 25 24 23 is   1.88495559 rad =       108.0000 deg = 108 deg  0 min  0 sec.
       Angle 24 23 22 is   1.88495559 rad =       108.0000 deg = 108 deg  0 min  0 sec.
       Angle 23 22 21 is   1.88495559 rad =       108.0000 deg = 108 deg  0 min  0 sec.
       Angle 22 21 25 is   1.88495559 rad =       108.0000 deg = 108 deg  0 min  0 sec.


Face # 18 has  4 vertices:
    Vertices input as          1  20  21   8
    Vertices renumbered as     2  21  22   9
       Edge  2  21 is   1.00000000.
       Edge 21  22 is   1.00000000.
       Edge 22   9 is   1.00000000.
       Edge  9   2 is   1.00000000.
```

```
        Angle   9   2  21 is    1.57079633 rad =      90.0000 deg =  90 deg   0 min   0 sec.
        Angle   2  21  22 is    1.57079633 rad =      90.0000 deg =  90 deg   0 min   0 sec.
        Angle  21  22   9 is    1.57079633 rad =      90.0000 deg =  90 deg   0 min   0 sec.
        Angle  22   9   2 is    1.57079633 rad =      90.0000 deg =  90 deg   0 min   0 sec.

Face # 19 has   3 vertices:
    Vertices input as          8  21  14
    Vertices renumbered as     9  22  15
        Edge  9  22 is    1.00000000.
        Edge 22  15 is    1.00000000.
        Edge 15   9 is    1.00000000.
        Angle  15   9  22 is    1.04719755 rad =      60.0000 deg =  60 deg   0 min   0 sec.
        Angle   9  22  15 is    1.04719755 rad =      60.0000 deg =  60 deg   0 min   0 sec.
        Angle  22  15   9 is    1.04719755 rad =      60.0000 deg =  59 deg  59 min  60 sec.

Face # 20 has   4 vertices:
    Vertices input as         14  21  22  15
    Vertices renumbered as    15  22  23  16
        Edge 15  22 is    1.00000000.
        Edge 22  23 is    1.00000000.
        Edge 23  16 is    1.00000000.
        Edge 16  15 is    1.00000000.
        Angle  16  15  22 is    1.57079633 rad =      90.0000 deg =  90 deg   0 min   0 sec.
        Angle  15  22  23 is    1.57079633 rad =      90.0000 deg =  90 deg   0 min   0 sec.
        Angle  22  23  16 is    1.57079633 rad =      90.0000 deg =  90 deg   0 min   0 sec.
        Angle  23  16  15 is    1.57079633 rad =      90.0000 deg =  90 deg   0 min   0 sec.

Face # 21 has   3 vertices:
    Vertices input as         15  22   9
    Vertices renumbered as    16  23  10
        Edge 16  23 is    1.00000000.
        Edge 23  10 is    1.00000000.
        Edge 10  16 is    1.00000000.
        Angle  10  16  23 is    1.04719755 rad =      60.0000 deg =  60 deg   0 min   0 sec.
        Angle  16  23  10 is    1.04719755 rad =      60.0000 deg =  60 deg   0 min   0 sec.
        Angle  23  10  16 is    1.04719755 rad =      60.0000 deg =  60 deg   0 min   0 sec.

Face # 22 has   4 vertices:
    Vertices input as          9  22  23   2
    Vertices renumbered as    10  23  24   3
        Edge 10  23 is    1.00000000.
        Edge 23  24 is    1.00000000.
        Edge 24   3 is    1.00000000.
        Edge  3  10 is    1.00000000.
        Angle   3  10  23 is    1.57079633 rad =      90.0000 deg =  90 deg   0 min   0 sec.
        Angle  10  23  24 is    1.57079633 rad =      90.0000 deg =  90 deg   0 min   0 sec.
        Angle  23  24   3 is    1.57079633 rad =      90.0000 deg =  90 deg   0 min   0 sec.
        Angle  24   3  10 is    1.57079633 rad =      90.0000 deg =  90 deg   0 min   0 sec.

Face # 23 has   3 vertices:
    Vertices input as          2  23  13
    Vertices renumbered as     3  24  14
        Edge  3  24 is    1.00000000.
        Edge 24  14 is    1.00000000.
        Edge 14   3 is    1.00000000.
        Angle  14   3  24 is    1.04719755 rad =      60.0000 deg =  60 deg   0 min   0 sec.
        Angle   3  24  14 is    1.04719755 rad =      60.0000 deg =  59 deg  59 min  60 sec.
        Angle  24  14   3 is    1.04719755 rad =      60.0000 deg =  60 deg   0 min   0 sec.
```

```
Face # 24 has  4 vertices:
    Vertices input as         13   23   24   19
    Vertices renumbered as    14   24   25   20
       Edge 14 24 is    1.00000000.
       Edge 24 25 is    1.00000000.
       Edge 25 20 is    1.00000000.
       Edge 20 14 is    1.00000000.
       Angle 20 14 24 is    1.57079633 rad =       90.0000 deg =   90 deg   0 min   0 sec.
       Angle 14 24 25 is    1.57079633 rad =       90.0000 deg =   90 deg   0 min   0 sec.
       Angle 24 25 20 is    1.57079633 rad =       90.0000 deg =   90 deg   0 min   0 sec.
       Angle 25 20 14 is    1.57079633 rad =       90.0000 deg =   90 deg   0 min   0 sec.

Face # 25 has  3 vertices:
    Vertices input as         19   24   18
    Vertices renumbered as    20   25   19
       Edge 20 25 is    1.00000000.
       Edge 25 19 is    1.00000000.
       Edge 19 20 is    1.00000000.
       Angle 19 20 25 is    1.04719755 rad =       60.0000 deg =   60 deg   0 min   0 sec.
       Angle 20 25 19 is    1.04719755 rad =       60.0000 deg =   60 deg   0 min   0 sec.
       Angle 25 19 20 is    1.04719755 rad =       60.0000 deg =   60 deg   0 min   0 sec.

Face # 26 has  4 vertices:
    Vertices input as         18   24   20   12
    Vertices renumbered as    19   25   21   13
       Edge 19 25 is    1.00000000.
       Edge 25 21 is    1.00000000.
       Edge 21 13 is    1.00000000.
       Edge 13 19 is    1.00000000.
       Angle 13 19 25 is    1.57079633 rad =       90.0000 deg =   90 deg   0 min   0 sec.
       Angle 19 25 21 is    1.57079633 rad =       90.0000 deg =   90 deg   0 min   0 sec.
       Angle 25 21 13 is    1.57079633 rad =       90.0000 deg =   90 deg   0 min   0 sec.
       Angle 21 13 19 is    1.57079633 rad =       90.0000 deg =   90 deg   0 min   0 sec.

Face # 27 has  3 vertices:
    Vertices input as         12   20    1
    Vertices renumbered as    13   21    2
       Edge 13 21 is    1.00000000.
       Edge 21  2 is    1.00000000.
       Edge  2 13 is    1.00000000.
       Angle  2 13 21 is    1.04719755 rad =       60.0000 deg =   60 deg   0 min   0 sec.
       Angle 13 21  2 is    1.04719755 rad =       60.0000 deg =   60 deg   0 min   0 sec.
       Angle 21  2 13 is    1.04719755 rad =       60.0000 deg =   60 deg   0 min   0 sec.

The edge joining vertices    1 and  5 is between faces 13 and 16.
    Dihedral angle is    2.48923451 rad =      142.6226 deg = 142 deg 37 min 21 sec.
The edge joining vertices    1 and  6 is between faces  5 and 13.
    Dihedral angle is    2.48923451 rad =      142.6226 deg = 142 deg 37 min 21 sec.
The edge joining vertices    1 and  7 is between faces 14 and 16.
    Dihedral angle is    2.48923451 rad =      142.6226 deg = 142 deg 37 min 21 sec.
The edge joining vertices    1 and  8 is between faces  5 and 14.
    Dihedral angle is    2.48923451 rad =      142.6226 deg = 142 deg 37 min 21 sec.
The edge joining vertices    2 and  9 is between faces 12 and 18.
    Dihedral angle is    1.66072308 rad =       95.1524 deg =  95 deg  9 min  9 sec.
The edge joining vertices    2 and 11 is between faces  1 and 12.
    Dihedral angle is    2.48923451 rad =      142.6226 deg = 142 deg 37 min 21 sec.
The edge joining vertices    2 and 13 is between faces  1 and 27.
```

```
        Dihedral angle is      2.03444394 rad =        116.5651 deg = 116 deg 33 min 54 sec.
The edge joining vertices  2 and 21 is between faces 18 and 27.
        Dihedral angle is      2.77672883 rad =        159.0948 deg = 159 deg  5 min 41 sec.
The edge joining vertices  3 and 10 is between faces 11 and 22.
        Dihedral angle is      1.66072308 rad =         95.1524 deg =  95 deg  9 min  9 sec.
The edge joining vertices  3 and 12 is between faces  7 and 11.
        Dihedral angle is      2.48923451 rad =        142.6226 deg = 142 deg 37 min 21 sec.
The edge joining vertices  3 and 14 is between faces  7 and 23.
        Dihedral angle is      2.03444394 rad =        116.5651 deg = 116 deg 33 min 54 sec.
The edge joining vertices  3 and 24 is between faces 22 and 23.
        Dihedral angle is      2.77672883 rad =        159.0948 deg = 159 deg  5 min 41 sec.
The edge joining vertices  4 and 17 is between faces  2 and 10.
        Dihedral angle is      2.48923451 rad =        142.6226 deg = 142 deg 37 min 21 sec.
The edge joining vertices  4 and 18 is between faces  2 and 15.
        Dihedral angle is      2.48923451 rad =        142.6226 deg = 142 deg 37 min 21 sec.
The edge joining vertices  4 and 19 is between faces  3 and 10.
        Dihedral angle is      2.48923451 rad =        142.6226 deg = 142 deg 37 min 21 sec.
The edge joining vertices  4 and 20 is between faces  3 and 15.
        Dihedral angle is      2.48923451 rad =        142.6226 deg = 142 deg 37 min 21 sec.
The edge joining vertices  5 and  7 is between faces 12 and 16.
        Dihedral angle is      2.48923451 rad =        142.6226 deg = 142 deg 37 min 21 sec.
The edge joining vertices  5 and  9 is between faces  4 and 12.
        Dihedral angle is      2.48923451 rad =        142.6226 deg = 142 deg 37 min 21 sec.
The edge joining vertices  5 and 15 is between faces  4 and 13.
        Dihedral angle is      2.48923451 rad =        142.6226 deg = 142 deg 37 min 21 sec.
The edge joining vertices  6 and  8 is between faces  5 and 11.
        Dihedral angle is      2.48923451 rad =        142.6226 deg = 142 deg 37 min 21 sec.
The edge joining vertices  6 and 10 is between faces  8 and 11.
        Dihedral angle is      2.48923451 rad =        142.6226 deg = 142 deg 37 min 21 sec.
The edge joining vertices  6 and 16 is between faces  8 and 13.
        Dihedral angle is      2.48923451 rad =        142.6226 deg = 142 deg 37 min 21 sec.
The edge joining vertices  7 and 11 is between faces  9 and 12.
        Dihedral angle is      2.48923451 rad =        142.6226 deg = 142 deg 37 min 21 sec.
The edge joining vertices  7 and 17 is between faces  9 and 14.
        Dihedral angle is      2.48923451 rad =        142.6226 deg = 142 deg 37 min 21 sec.
The edge joining vertices  8 and 12 is between faces  6 and 11.
        Dihedral angle is      2.48923451 rad =        142.6226 deg = 142 deg 37 min 21 sec.
The edge joining vertices  8 and 18 is between faces  6 and 14.
        Dihedral angle is      2.48923451 rad =        142.6226 deg = 142 deg 37 min 21 sec.
The edge joining vertices  9 and 15 is between faces  4 and 19.
        Dihedral angle is      2.03444394 rad =        116.5651 deg = 116 deg 33 min 54 sec.
The edge joining vertices  9 and 22 is between faces 18 and 19.
        Dihedral angle is      2.77672883 rad =        159.0948 deg = 159 deg  5 min 41 sec.
The edge joining vertices 10 and 16 is between faces  8 and 21.
        Dihedral angle is      2.03444394 rad =        116.5651 deg = 116 deg 33 min 54 sec.
The edge joining vertices 10 and 23 is between faces 21 and 22.
        Dihedral angle is      2.77672883 rad =        159.0948 deg = 159 deg  5 min 41 sec.
The edge joining vertices 11 and 13 is between faces  1 and 10.
        Dihedral angle is      2.48923451 rad =        142.6226 deg = 142 deg 37 min 21 sec.
The edge joining vertices 11 and 17 is between faces  9 and 10.
        Dihedral angle is      2.48923451 rad =        142.6226 deg = 142 deg 37 min 21 sec.
The edge joining vertices 12 and 14 is between faces  7 and 15.
        Dihedral angle is      2.48923451 rad =        142.6226 deg = 142 deg 37 min 21 sec.
The edge joining vertices 12 and 18 is between faces  6 and 15.
        Dihedral angle is      2.48923451 rad =        142.6226 deg = 142 deg 37 min 21 sec.
The edge joining vertices 13 and 19 is between faces 10 and 26.
        Dihedral angle is      1.66072308 rad =         95.1524 deg =  95 deg  9 min  9 sec.
The edge joining vertices 13 and 21 is between faces 26 and 27.
        Dihedral angle is      2.77672883 rad =        159.0948 deg = 159 deg  5 min 41 sec.
The edge joining vertices 14 and 20 is between faces 15 and 24.
        Dihedral angle is      1.66072308 rad =         95.1524 deg =  95 deg  9 min  9 sec.
The edge joining vertices 14 and 24 is between faces 23 and 24.
        Dihedral angle is      2.77672883 rad =        159.0948 deg = 159 deg  5 min 41 sec.
```

```
The edge joining vertices 15 and 16 is between faces 13 and 20.
       Dihedral angle is    1.66072308 rad =         95.1524 deg =  95 deg  9 min  9 sec.
The edge joining vertices 15 and 22 is between faces 19 and 20.
       Dihedral angle is    2.77672883 rad =        159.0948 deg = 159 deg  5 min 41 sec.
The edge joining vertices 16 and 23 is between faces 20 and 21.
       Dihedral angle is    2.77672883 rad =        159.0948 deg = 159 deg  5 min 41 sec.
The edge joining vertices 17 and 18 is between faces  2 and 14.
       Dihedral angle is    2.48923451 rad =        142.6226 deg = 142 deg 37 min 21 sec.
The edge joining vertices 19 and 20 is between faces  3 and 25.
       Dihedral angle is    2.03444394 rad =        116.5651 deg = 116 deg 33 min 54 sec.
The edge joining vertices 19 and 25 is between faces 25 and 26.
       Dihedral angle is    2.77672883 rad =        159.0948 deg = 159 deg  5 min 41 sec.
The edge joining vertices 20 and 25 is between faces 24 and 25.
       Dihedral angle is    2.77672883 rad =        159.0948 deg = 159 deg  5 min 41 sec.
The edge joining vertices 21 and 22 is between faces 17 and 18.
       Dihedral angle is    2.58801829 rad =        148.2825 deg = 148 deg 16 min 57 sec.
The edge joining vertices 21 and 25 is between faces 17 and 26.
       Dihedral angle is    2.58801829 rad =        148.2825 deg = 148 deg 16 min 57 sec.
The edge joining vertices 22 and 23 is between faces 17 and 20.
       Dihedral angle is    2.58801829 rad =        148.2825 deg = 148 deg 16 min 57 sec.
The edge joining vertices 23 and 24 is between faces 17 and 22.
       Dihedral angle is    2.58801829 rad =        148.2825 deg = 148 deg 16 min 57 sec.
The edge joining vertices 24 and 25 is between faces 17 and 24.
       Dihedral angle is    2.58801829 rad =        148.2825 deg = 148 deg 16 min 57 sec.
```

Report based on file j33d.off

```
Vertex #  1: ( -0.25653568,  0.78953563, -0.49880809).
Vertex #  2: ( -0.59846070,  0.00000000, -1.12365555).
Vertex #  3: ( -0.83016689,  0.00000000, -0.49880809).
Vertex #  4: (  0.67161912,  0.48795985, -0.49880809).
Vertex #  5: (  0.48416488, -0.35176638, -1.12365555).
Vertex #  6: ( -0.18493453, -0.56916995, -1.12365555).
Vertex #  7: ( -0.25653568, -0.78953563, -0.49880809).
Vertex #  8: (  0.67161912, -0.48795985, -0.49880809).
Vertex #  9: ( -0.18493453,  0.56916995, -1.12365555).
Vertex # 10: ( -0.72321378,  0.52544557, -0.78723102).
Vertex # 11: (  0.27624308, -0.85018879, -0.78723102).
Vertex # 12: (  0.27624308,  0.85018879, -0.78723102).
Vertex # 13: (  0.89394140,  0.00000000, -0.78723102).
Vertex # 14: (  0.00000000,  0.00000000, -1.52115257).
Vertex # 15: ( -0.72321378, -0.52544557, -0.78723102).
Vertex # 16: (  0.48416488,  0.35176638, -1.12365555).
Vertex # 17: (  0.00000000,  0.00000000,  1.07262659).
Vertex # 18: (  0.18096013,  0.55693802,  0.60725924).
Vertex # 19: (  0.49886453,  0.36244629,  0.46691944).
Vertex # 20: (  0.58559929,  0.00000000,  0.60725924).
Vertex # 21: (  0.49886453, -0.36244629,  0.46691944).
Vertex # 22: (  0.18096013, -0.55693802,  0.60725924).
Vertex # 23: ( -0.19054929, -0.58645042,  0.46691944).
Vertex # 24: ( -0.47375978, -0.34420663,  0.60725924).
Vertex # 25: ( -0.61663047,  0.00000000,  0.46691944).
Vertex # 26: ( -0.47375978,  0.34420663,  0.60725924).
Vertex # 27: ( -0.19054929,  0.58645042,  0.46691944).


Face #  1 has  4 vertices:
    Vertices input as         15  12   4  13
    Vertices renumbered as    16  13   5  14
      Edge 16 13 is   0.63626869.
      Edge 13  5 is   0.63626869.
      Edge  5 14 is   0.71844213.
      Edge 14 16 is   0.71844213.
      Angle 14 16 13 is   2.04414394 rad =       117.1208 deg = 117 deg  7 min 15 sec.
      Angle 16 13  5 is   1.17158091 rad =        67.1266 deg =  67 deg  7 min 36 sec.
      Angle 13  5 14 is   2.04414394 rad =       117.1208 deg = 117 deg  7 min 15 sec.
      Angle  5 14 16 is   1.02331652 rad =        58.6317 deg =  58 deg 37 min 54 sec.


Face #  2 has  4 vertices:
    Vertices input as         17  11   0  26
    Vertices renumbered as    18  12   1  27
      Edge 18 12 is   1.42817293.
      Edge 12  1 is   0.60886764.
      Edge  1 27 is   0.98905382.
      Edge 27 18 is   0.39822794.
      Angle 27 18 12 is   1.26916742 rad =        72.7179 deg =  72 deg 43 min  5 sec.
      Angle 18 12  1 is   0.99873597 rad =        57.2234 deg =  57 deg 13 min 24 sec.
      Angle 12  1 27 is   2.00932415 rad =       115.1258 deg = 115 deg  7 min 33 sec.
      Angle  1 27 18 is   2.00595777 rad =       114.9329 deg = 114 deg 55 min 58 sec.


Face #  3 has  4 vertices:
    Vertices input as         10  21  22   6
    Vertices renumbered as    11  22  23   7
      Edge 11 22 is   1.42817293.
      Edge 22 23 is   0.39822794.
```

```
    Edge  23   7 is   0.98905382.
    Edge   7  11 is   0.60886764.
    Angle  7 11 22 is  0.99873597 rad =     57.2234 deg =  57 deg 13 min 24 sec.
    Angle 11 22 23 is  1.26916742 rad =     72.7179 deg =  72 deg 43 min  5 sec.
    Angle 22 23  7 is  2.00595777 rad =    114.9329 deg = 114 deg 55 min 58 sec.
    Angle 23  7 11 is  2.00932415 rad =    115.1258 deg = 115 deg  7 min 33 sec.


Face #  4 has  4 vertices:
    Vertices input as         9   1  14   2
    Vertices renumbered as   10   2  15   3
    Edge  10   2 is   0.63626869.
    Edge   2  15 is   0.63626869.
    Edge  15   3 is   0.60886764.
    Edge   3  10 is   0.60886764.
    Angle  3 10  2 is  1.12877723 rad =     64.6742 deg =  64 deg 40 min 27 sec.
    Angle 10  2 15 is  1.94332150 rad =    111.3441 deg = 111 deg 20 min 39 sec.
    Angle  2 15  3 is  1.12877723 rad =     64.6742 deg =  64 deg 40 min 27 sec.
    Angle 15  3 10 is  2.08230935 rad =    119.3075 deg = 119 deg 18 min 27 sec.


Face #  5 has  4 vertices:
    Vertices input as        12  15  11   3
    Vertices renumbered as   13  16  12   4
    Edge  13  16 is   0.63626869.
    Edge  16  12 is   0.63626869.
    Edge  12   4 is   0.60886764.
    Edge   4  13 is   0.60886764.
    Angle  4 13 16 is  1.12877723 rad =     64.6742 deg =  64 deg 40 min 27 sec.
    Angle 13 16 12 is  1.94332150 rad =    111.3441 deg = 111 deg 20 min 39 sec.
    Angle 16 12  4 is  1.12877723 rad =     64.6742 deg =  64 deg 40 min 27 sec.
    Angle 12  4 13 is  2.08230935 rad =    119.3075 deg = 119 deg 18 min 27 sec.


Face #  6 has  4 vertices:
    Vertices input as         4  12   7  10
    Vertices renumbered as    5  13   8  11
    Edge   5  13 is   0.63626869.
    Edge  13   8 is   0.60886764.
    Edge   8  11 is   0.60886764.
    Edge  11   5 is   0.63626869.
    Angle 11  5 13 is  1.94332150 rad =    111.3441 deg = 111 deg 20 min 39 sec.
    Angle  5 13  8 is  1.12877723 rad =     64.6742 deg =  64 deg 40 min 27 sec.
    Angle 13  8 11 is  2.08230935 rad =    119.3075 deg = 119 deg 18 min 27 sec.
    Angle  8 11  5 is  1.12877723 rad =     64.6742 deg =  64 deg 40 min 27 sec.


Face #  7 has  4 vertices:
    Vertices input as        15  13   8  11
    Vertices renumbered as   16  14   9  12
    Edge  16  14 is   0.71844213.
    Edge  14   9 is   0.71844213.
    Edge   9  12 is   0.63626869.
    Edge  12  16 is   0.63626869.
    Angle 12 16 14 is  2.04414394 rad =    117.1208 deg = 117 deg  7 min 15 sec.
    Angle 16 14  9 is  1.02331652 rad =     58.6317 deg =  58 deg 37 min 54 sec.
    Angle 14  9 12 is  2.04414394 rad =    117.1208 deg = 117 deg  7 min 15 sec.
    Angle  9 12 16 is  1.17158091 rad =     67.1266 deg =  67 deg  7 min 36 sec.


Face #  8 has  4 vertices:
    Vertices input as        13   4  10   5
    Vertices renumbered as   14   5  11   6
```

```
    Edge 14  5 is   0.71844213.
    Edge  5 11 is   0.63626869.
    Edge 11  6 is   0.63626869.
    Edge  6 14 is   0.71844213.
    Angle  6 14  5 is  1.02331652 rad =   58.6317 deg =  58 deg 37 min 54 sec.
    Angle 14  5 11 is  2.04414394 rad =  117.1208 deg = 117 deg  7 min 15 sec.
    Angle  5 11  6 is  1.17158091 rad =   67.1266 deg =  67 deg  7 min 36 sec.
    Angle 11  6 14 is  2.04414394 rad =  117.1208 deg = 117 deg  7 min 15 sec.

Face # 9 has  4 vertices:
    Vertices input as          11  17  18   3
    Vertices renumbered as     12  18  19   4
    Edge 12 18 is   1.42817293.
    Edge 18 19 is   0.39822794.
    Edge 19  4 is   0.98905382.
    Edge  4 12 is   0.60886764.
    Angle  4 12 18 is  0.99873597 rad =   57.2234 deg =  57 deg 13 min 24 sec.
    Angle 12 18 19 is  1.26916742 rad =   72.7179 deg =  72 deg 43 min  5 sec.
    Angle 18 19  4 is  2.00595777 rad =  114.9329 deg = 114 deg 55 min 58 sec.
    Angle 19  4 12 is  2.00932415 rad =  115.1258 deg = 115 deg  7 min 33 sec.

Face # 10 has  4 vertices:
    Vertices input as          21  10   7  20
    Vertices renumbered as     22  11   8  21
    Edge 22 11 is   1.42817293.
    Edge 11  8 is   0.60886764.
    Edge  8 21 is   0.98905382.
    Edge 21 22 is   0.39822794.
    Angle 21 22 11 is  1.26916742 rad =   72.7179 deg =  72 deg 43 min  5 sec.
    Angle 22 11  8 is  0.99873597 rad =   57.2234 deg =  57 deg 13 min 24 sec.
    Angle 11  8 21 is  2.00932415 rad =  115.1258 deg = 115 deg  7 min 33 sec.
    Angle  8 21 22 is  2.00595777 rad =  114.9329 deg = 114 deg 55 min 58 sec.

Face # 11 has  4 vertices:
    Vertices input as           0  11   8   9
    Vertices renumbered as      1  12   9  10
    Edge  1 12 is   0.60886764.
    Edge 12  9 is   0.63626869.
    Edge  9 10 is   0.63626869.
    Edge 10  1 is   0.60886764.
    Angle 10  1 12 is  2.08230935 rad =  119.3075 deg = 119 deg 18 min 27 sec.
    Angle  1 12  9 is  1.12877723 rad =   64.6742 deg =  64 deg 40 min 27 sec.
    Angle 12  9 10 is  1.94332150 rad =  111.3441 deg = 111 deg 20 min 39 sec.
    Angle  9 10  1 is  1.12877723 rad =   64.6742 deg =  64 deg 40 min 27 sec.

Face # 12 has  4 vertices:
    Vertices input as          10   6  14   5
    Vertices renumbered as     11   7  15   6
    Edge 11  7 is   0.60886764.
    Edge  7 15 is   0.60886764.
    Edge 15  6 is   0.63626869.
    Edge  6 11 is   0.63626869.
    Angle  6 11  7 is  1.12877723 rad =   64.6742 deg =  64 deg 40 min 27 sec.
    Angle 11  7 15 is  2.08230935 rad =  119.3075 deg = 119 deg 18 min 27 sec.
    Angle  7 15  6 is  1.12877723 rad =   64.6742 deg =  64 deg 40 min 27 sec.
    Angle 15  6 11 is  1.94332150 rad =  111.3441 deg = 111 deg 20 min 39 sec.

Face # 13 has  4 vertices:
```

```
        Vertices input as            26    0    9   25
        Vertices renumbered as       27    1   10   26
            Edge  27   1 is   0.98905382.
            Edge   1  10 is   0.60886764.
            Edge  10  26 is   1.42817293.
            Edge  26  27 is   0.39822794.
            Angle 26  27   1 is   2.00595777 rad =      114.9329 deg = 114 deg 55 min 58 sec.
            Angle 27   1  10 is   2.00932415 rad =      115.1258 deg = 115 deg  7 min 33 sec.
            Angle  1  10  26 is   0.99873597 rad =       57.2234 deg =  57 deg 13 min 24 sec.
            Angle 10  26  27 is   1.26916742 rad =       72.7179 deg =  72 deg 43 min  5 sec.

Face # 14 has  4 vertices:
        Vertices input as             6   22   23   14
        Vertices renumbered as        7   23   24   15
            Edge   7  23 is   0.98905382.
            Edge  23  24 is   0.39822794.
            Edge  24  15 is   1.42817293.
            Edge  15   7 is   0.60886764.
            Angle 15   7  23 is   2.00932415 rad =      115.1258 deg = 115 deg  7 min 33 sec.
            Angle  7  23  24 is   2.00595777 rad =      114.9329 deg = 114 deg 55 min 58 sec.
            Angle 23  24  15 is   1.26916742 rad =       72.7179 deg =  72 deg 43 min  5 sec.
            Angle 24  15   7 is   0.99873597 rad =       57.2234 deg =  57 deg 13 min 24 sec.

Face # 15 has  4 vertices:
        Vertices input as            12    3   18   19
        Vertices renumbered as       13    4   19   20
            Edge  13   4 is   0.60886764.
            Edge   4  19 is   0.98905382.
            Edge  19  20 is   0.39822794.
            Edge  20  13 is   1.42817293.
            Angle 20  13   4 is   0.99873597 rad =       57.2234 deg =  57 deg 13 min 24 sec.
            Angle 13   4  19 is   2.00932415 rad =      115.1258 deg = 115 deg  7 min 33 sec.
            Angle  4  19  20 is   2.00595777 rad =      114.9329 deg = 114 deg 55 min 58 sec.
            Angle 19  20  13 is   1.26916742 rad =       72.7179 deg =  72 deg 43 min  5 sec.

Face # 16 has  4 vertices:
        Vertices input as             7   12   19   20
        Vertices renumbered as        8   13   20   21
            Edge   8  13 is   0.60886764.
            Edge  13  20 is   1.42817293.
            Edge  20  21 is   0.39822794.
            Edge  21   8 is   0.98905382.
            Angle 21   8  13 is   2.00932415 rad =      115.1258 deg = 115 deg  7 min 33 sec.
            Angle  8  13  20 is   0.99873597 rad =       57.2234 deg =  57 deg 13 min 24 sec.
            Angle 13  20  21 is   1.26916742 rad =       72.7179 deg =  72 deg 43 min  5 sec.
            Angle 20  21   8 is   2.00595777 rad =      114.9329 deg = 114 deg 55 min 58 sec.

Face # 17 has  4 vertices:
        Vertices input as             1    9    8   13
        Vertices renumbered as        2   10    9   14
            Edge   2  10 is   0.63626869.
            Edge  10   9 is   0.63626869.
            Edge   9  14 is   0.71844213.
            Edge  14   2 is   0.71844213.
            Angle 14   2  10 is   2.04414394 rad =      117.1208 deg = 117 deg  7 min 15 sec.
            Angle  2  10   9 is   1.17158091 rad =       67.1266 deg =  67 deg  7 min 36 sec.
            Angle 10   9  14 is   2.04414394 rad =      117.1208 deg = 117 deg  7 min 15 sec.
            Angle  9  14   2 is   1.02331652 rad =       58.6317 deg =  58 deg 37 min 54 sec.
```

```
Face # 18 has  4 vertices:
    Vertices input as       14   1  13   5
    Vertices renumbered as  15   2  14   6
      Edge 15  2 is   0.63626869.
      Edge  2 14 is   0.71844213.
      Edge 14  6 is   0.71844213.
      Edge  6 15 is   0.63626869.
      Angle  6 15  2 is   1.17158091 rad =     67.1266 deg =  67 deg  7 min 36 sec.
      Angle 15  2 14 is   2.04414394 rad =    117.1208 deg = 117 deg  7 min 15 sec.
      Angle  2 14  6 is   1.02331652 rad =     58.6317 deg =  58 deg 37 min 54 sec.
      Angle 14  6 15 is   2.04414394 rad =    117.1208 deg = 117 deg  7 min 15 sec.

Face # 19 has  4 vertices:
    Vertices input as        9   2  24  25
    Vertices renumbered as  10   3  25  26
      Edge 10  3 is   0.60886764.
      Edge  3 25 is   0.98905382.
      Edge 25 26 is   0.39822794.
      Edge 26 10 is   1.42817293.
      Angle 26 10  3 is   0.99873597 rad =     57.2234 deg =  57 deg 13 min 24 sec.
      Angle 10  3 25 is   2.00932415 rad =    115.1258 deg = 115 deg  7 min 33 sec.
      Angle  3 25 26 is   2.00595777 rad =    114.9329 deg = 114 deg 55 min 58 sec.
      Angle 25 26 10 is   1.26916742 rad =     72.7179 deg =  72 deg 43 min  5 sec.

Face # 20 has  4 vertices:
    Vertices input as        2  14  23  24
    Vertices renumbered as   3  15  24  25
      Edge  3 15 is   0.60886764.
      Edge 15 24 is   1.42817293.
      Edge 24 25 is   0.39822794.
      Edge 25  3 is   0.98905382.
      Angle 25  3 15 is   2.00932415 rad =    115.1258 deg = 115 deg  7 min 33 sec.
      Angle  3 15 24 is   0.99873597 rad =     57.2234 deg =  57 deg 13 min 24 sec.
      Angle 15 24 25 is   1.26916742 rad =     72.7179 deg =  72 deg 43 min  5 sec.
      Angle 24 25  3 is   2.00595777 rad =    114.9329 deg = 114 deg 55 min 58 sec.

Face # 21 has  4 vertices:
    Vertices input as       17  26  25  16
    Vertices renumbered as  18  27  26  17
      Edge 18 27 is   0.39822794.
      Edge 27 26 is   0.39822794.
      Edge 26 17 is   0.74799285.
      Edge 17 18 is   0.74799285.
      Angle 17 18 27 is   1.61955389 rad =     92.7936 deg =  92 deg 47 min 37 sec.
      Angle 18 27 26 is   2.08769588 rad =    119.6162 deg = 119 deg 36 min 58 sec.
      Angle 27 26 17 is   1.61955389 rad =     92.7936 deg =  92 deg 47 min 37 sec.
      Angle 26 17 18 is   0.95638164 rad =     54.7966 deg =  54 deg 47 min 48 sec.

Face # 22 has  4 vertices:
    Vertices input as       18  17  16  19
    Vertices renumbered as  19  18  17  20
      Edge 19 18 is   0.39822794.
      Edge 18 17 is   0.74799285.
      Edge 17 20 is   0.74799285.
      Edge 20 19 is   0.39822794.
      Angle 20 19 18 is   2.08769588 rad =    119.6162 deg = 119 deg 36 min 58 sec.
      Angle 19 18 17 is   1.61955389 rad =     92.7936 deg =  92 deg 47 min 37 sec.
      Angle 18 17 20 is   0.95638164 rad =     54.7966 deg =  54 deg 47 min 48 sec.
```

```
         Angle 17 20 19 is    1.61955389 rad =        92.7936 deg =  92 deg 47 min 37 sec.


Face # 23 has  4 vertices:
    Vertices input as         21  20  19  16
    Vertices renumbered as    22  21  20  17
        Edge 22 21 is   0.39822794.
        Edge 21 20 is   0.39822794.
        Edge 20 17 is   0.74799285.
        Edge 17 22 is   0.74799285.
        Angle 17 22 21 is    1.61955389 rad =        92.7936 deg =  92 deg 47 min 37 sec.
        Angle 22 21 20 is    2.08769588 rad =       119.6162 deg = 119 deg 36 min 58 sec.
        Angle 21 20 17 is    1.61955389 rad =        92.7936 deg =  92 deg 47 min 37 sec.
        Angle 20 17 22 is    0.95638164 rad =        54.7966 deg =  54 deg 47 min 48 sec.


Face # 24 has  4 vertices:
    Vertices input as         22  21  16  23
    Vertices renumbered as    23  22  17  24
        Edge 23 22 is   0.39822794.
        Edge 22 17 is   0.74799285.
        Edge 17 24 is   0.74799285.
        Edge 24 23 is   0.39822794.
        Angle 24 23 22 is    2.08769588 rad =       119.6162 deg = 119 deg 36 min 58 sec.
        Angle 23 22 17 is    1.61955389 rad =        92.7936 deg =  92 deg 47 min 37 sec.
        Angle 22 17 24 is    0.95638164 rad =        54.7966 deg =  54 deg 47 min 48 sec.
        Angle 17 24 23 is    1.61955389 rad =        92.7936 deg =  92 deg 47 min 37 sec.


Face # 25 has  4 vertices:
    Vertices input as         25  24  23  16
    Vertices renumbered as    26  25  24  17
        Edge 26 25 is   0.39822794.
        Edge 25 24 is   0.39822794.
        Edge 24 17 is   0.74799285.
        Edge 17 26 is   0.74799285.
        Angle 17 26 25 is    1.61955389 rad =        92.7936 deg =  92 deg 47 min 37 sec.
        Angle 26 25 24 is    2.08769588 rad =       119.6162 deg = 119 deg 36 min 58 sec.
        Angle 25 24 17 is    1.61955389 rad =        92.7936 deg =  92 deg 47 min 37 sec.
        Angle 24 17 26 is    0.95638164 rad =        54.7966 deg =  54 deg 47 min 48 sec.


The edge joining vertices   1 and 10 is between faces 11 and 13.
        Dihedral angle is    2.49990068 rad =       143.2338 deg = 143 deg 14 min  2 sec.
The edge joining vertices   1 and 12 is between faces  2 and 11.
        Dihedral angle is    2.49990068 rad =       143.2338 deg = 143 deg 14 min  2 sec.
The edge joining vertices   1 and 27 is between faces  2 and 13.
        Dihedral angle is    2.52716778 rad =       144.7960 deg = 144 deg 47 min 46 sec.
The edge joining vertices   2 and 10 is between faces  4 and 17.
        Dihedral angle is    2.41893162 rad =       138.5946 deg = 138 deg 35 min 40 sec.
The edge joining vertices   2 and 14 is between faces 17 and 18.
        Dihedral angle is    2.37717054 rad =       136.2018 deg = 136 deg 12 min  7 sec.
The edge joining vertices   2 and 15 is between faces  4 and 18.
        Dihedral angle is    2.41893162 rad =       138.5946 deg = 138 deg 35 min 40 sec.
The edge joining vertices   3 and 10 is between faces  4 and 19.
        Dihedral angle is    2.49990068 rad =       143.2338 deg = 143 deg 14 min  2 sec.
The edge joining vertices   3 and 15 is between faces  4 and 20.
        Dihedral angle is    2.49990068 rad =       143.2338 deg = 143 deg 14 min  2 sec.
The edge joining vertices   3 and 25 is between faces 19 and 20.
        Dihedral angle is    2.52716778 rad =       144.7960 deg = 144 deg 47 min 46 sec.
The edge joining vertices   4 and 12 is between faces  5 and  9.
        Dihedral angle is    2.49990068 rad =       143.2338 deg = 143 deg 14 min  2 sec.
The edge joining vertices   4 and 13 is between faces  5 and 15.
```

```
        Dihedral angle is    2.49990068 rad =      143.2338 deg = 143 deg 14 min  2 sec.
The edge joining vertices  4 and 19 is between faces  9 and 15.
        Dihedral angle is    2.52716778 rad =      144.7960 deg = 144 deg 47 min 46 sec.
The edge joining vertices  5 and 11 is between faces  6 and  8.
        Dihedral angle is    2.41893162 rad =      138.5946 deg = 138 deg 35 min 40 sec.
The edge joining vertices  5 and 13 is between faces  1 and  6.
        Dihedral angle is    2.41893162 rad =      138.5946 deg = 138 deg 35 min 40 sec.
The edge joining vertices  5 and 14 is between faces  1 and  8.
        Dihedral angle is    2.37717054 rad =      136.2018 deg = 136 deg 12 min  7 sec.
The edge joining vertices  6 and 11 is between faces  8 and 12.
        Dihedral angle is    2.41893162 rad =      138.5946 deg = 138 deg 35 min 40 sec.
The edge joining vertices  6 and 14 is between faces  8 and 18.
        Dihedral angle is    2.37717054 rad =      136.2018 deg = 136 deg 12 min  7 sec.
The edge joining vertices  6 and 15 is between faces 12 and 18.
        Dihedral angle is    2.41893162 rad =      138.5946 deg = 138 deg 35 min 40 sec.
The edge joining vertices  7 and 11 is between faces  3 and 12.
        Dihedral angle is    2.49990068 rad =      143.2338 deg = 143 deg 14 min  2 sec.
The edge joining vertices  7 and 15 is between faces 12 and 14.
        Dihedral angle is    2.49990068 rad =      143.2338 deg = 143 deg 14 min  2 sec.
The edge joining vertices  7 and 23 is between faces  3 and 14.
        Dihedral angle is    2.52716778 rad =      144.7960 deg = 144 deg 47 min 46 sec.
The edge joining vertices  8 and 11 is between faces  6 and 10.
        Dihedral angle is    2.49990068 rad =      143.2338 deg = 143 deg 14 min  2 sec.
The edge joining vertices  8 and 13 is between faces  6 and 16.
        Dihedral angle is    2.49990068 rad =      143.2338 deg = 143 deg 14 min  2 sec.
The edge joining vertices  8 and 21 is between faces 10 and 16.
        Dihedral angle is    2.52716778 rad =      144.7960 deg = 144 deg 47 min 46 sec.
The edge joining vertices  9 and 10 is between faces 11 and 17.
        Dihedral angle is    2.41893162 rad =      138.5946 deg = 138 deg 35 min 40 sec.
The edge joining vertices  9 and 12 is between faces  7 and 11.
        Dihedral angle is    2.41893162 rad =      138.5946 deg = 138 deg 35 min 40 sec.
The edge joining vertices  9 and 14 is between faces  7 and 17.
        Dihedral angle is    2.37717054 rad =      136.2018 deg = 136 deg 12 min  7 sec.
The edge joining vertices 10 and 26 is between faces 13 and 19.
        Dihedral angle is    2.52716778 rad =      144.7960 deg = 144 deg 47 min 46 sec.
The edge joining vertices 11 and 22 is between faces  3 and 10.
        Dihedral angle is    2.52716778 rad =      144.7960 deg = 144 deg 47 min 46 sec.
The edge joining vertices 12 and 16 is between faces  5 and  7.
        Dihedral angle is    2.41893162 rad =      138.5946 deg = 138 deg 35 min 40 sec.
The edge joining vertices 12 and 18 is between faces  2 and  9.
        Dihedral angle is    2.52716778 rad =      144.7960 deg = 144 deg 47 min 46 sec.
The edge joining vertices 13 and 16 is between faces  1 and  5.
        Dihedral angle is    2.41893162 rad =      138.5946 deg = 138 deg 35 min 40 sec.
The edge joining vertices 13 and 20 is between faces 15 and 16.
        Dihedral angle is    2.52716778 rad =      144.7960 deg = 144 deg 47 min 46 sec.
The edge joining vertices 14 and 16 is between faces  1 and  7.
        Dihedral angle is    2.37717054 rad =      136.2018 deg = 136 deg 12 min  7 sec.
The edge joining vertices 15 and 24 is between faces 14 and 20.
        Dihedral angle is    2.52716778 rad =      144.7960 deg = 144 deg 47 min 46 sec.
The edge joining vertices 17 and 18 is between faces 21 and 22.
        Dihedral angle is    2.29252447 rad =      131.3520 deg = 131 deg 21 min  7 sec.
The edge joining vertices 17 and 20 is between faces 22 and 23.
        Dihedral angle is    2.29252447 rad =      131.3520 deg = 131 deg 21 min  7 sec.
The edge joining vertices 17 and 22 is between faces 23 and 24.
        Dihedral angle is    2.29252447 rad =      131.3520 deg = 131 deg 21 min  7 sec.
The edge joining vertices 17 and 24 is between faces 24 and 25.
        Dihedral angle is    2.29252447 rad =      131.3520 deg = 131 deg 21 min  7 sec.
The edge joining vertices 17 and 26 is between faces 21 and 25.
        Dihedral angle is    2.29252447 rad =      131.3520 deg = 131 deg 21 min  7 sec.
The edge joining vertices 18 and 19 is between faces  9 and 22.
        Dihedral angle is    2.49644024 rad =      143.0355 deg = 143 deg  2 min  8 sec.
The edge joining vertices 18 and 27 is between faces  2 and 21.
        Dihedral angle is    2.49644024 rad =      143.0355 deg = 143 deg  2 min  8 sec.
```

```
The edge joining vertices 19 and 20 is between faces 15 and 22.
      Dihedral angle is   2.49644024 rad =     143.0355 deg = 143 deg  2 min  8 sec.
The edge joining vertices 20 and 21 is between faces 16 and 23.
      Dihedral angle is   2.49644024 rad =     143.0355 deg = 143 deg  2 min  8 sec.
The edge joining vertices 21 and 22 is between faces 10 and 23.
      Dihedral angle is   2.49644024 rad =     143.0355 deg = 143 deg  2 min  8 sec.
The edge joining vertices 22 and 23 is between faces  3 and 24.
      Dihedral angle is   2.49644024 rad =     143.0355 deg = 143 deg  2 min  8 sec.
The edge joining vertices 23 and 24 is between faces 14 and 24.
      Dihedral angle is   2.49644024 rad =     143.0355 deg = 143 deg  2 min  8 sec.
The edge joining vertices 24 and 25 is between faces 20 and 25.
      Dihedral angle is   2.49644024 rad =     143.0355 deg = 143 deg  2 min  8 sec.
The edge joining vertices 25 and 26 is between faces 19 and 25.
      Dihedral angle is   2.49644024 rad =     143.0355 deg = 143 deg  2 min  8 sec.
The edge joining vertices 26 and 27 is between faces 13 and 21.
      Dihedral angle is   2.49644024 rad =     143.0355 deg = 143 deg  2 min  8 sec.
```

Report based on file j34.off

```
Vertex #  1: (  0.85065081,  0.00000000,  1.37638192).
Vertex #  2: (  0.00000000, -1.61803399,  0.00000000).
Vertex #  3: (  0.00000000,  1.61803399,  0.00000000).
Vertex #  4: ( -1.37638192,  0.00000000,  0.85065081).
Vertex #  5: (  1.11351636, -0.80901699,  0.85065081).
Vertex #  6: (  1.11351636,  0.80901699,  0.85065081).
Vertex #  7: (  0.26286556, -0.80901699,  1.37638192).
Vertex #  8: (  0.26286556,  0.80901699,  1.37638192).
Vertex #  9: (  0.95105652, -1.30901699,  0.00000000).
Vertex # 10: (  0.95105652,  1.30901699,  0.00000000).
Vertex # 11: ( -0.42532540, -1.30901699,  0.85065081).
Vertex # 12: ( -0.42532540,  1.30901699,  0.85065081).
Vertex # 13: ( -0.95105652, -1.30901699,  0.00000000).
Vertex # 14: ( -0.95105652,  1.30901699,  0.00000000).
Vertex # 15: (  1.53884177, -0.50000000,  0.00000000).
Vertex # 16: (  1.53884177,  0.50000000,  0.00000000).
Vertex # 17: ( -0.68819096, -0.50000000,  1.37638192).
Vertex # 18: ( -0.68819096,  0.50000000,  1.37638192).
Vertex # 19: ( -1.53884177, -0.50000000,  0.00000000).
Vertex # 20: ( -1.53884177,  0.50000000,  0.00000000).
Vertex # 21: ( -0.68819096,  0.50000000, -1.37638192).
Vertex # 22: (  1.11351636, -0.80901699, -0.85065081).
Vertex # 23: ( -1.37638192,  0.00000000, -0.85065081).
Vertex # 24: ( -0.42532540,  1.30901699, -0.85065081).
Vertex # 25: ( -0.68819096, -0.50000000, -1.37638192).
Vertex # 26: (  0.26286556,  0.80901699, -1.37638192).
Vertex # 27: ( -0.42532540, -1.30901699, -0.85065081).
Vertex # 28: (  1.11351636,  0.80901699, -0.85065081).
Vertex # 29: (  0.26286556, -0.80901699, -1.37638192).
Vertex # 30: (  0.85065081,  0.00000000, -1.37638192).


Face #  1 has  3 vertices:
    Vertices input as         1  10  12
    Vertices renumbered as    2  11  13
        Edge  2 11 is   1.00000000.
        Edge 11 13 is   1.00000000.
        Edge 13  2 is   1.00000000.
        Angle 13  2 11 is   1.04719755 rad =        60.0000 deg =  60 deg  0 min  0 sec.
        Angle  2 11 13 is   1.04719755 rad =        60.0000 deg =  60 deg  0 min  0 sec.
        Angle 11 13  2 is   1.04719755 rad =        60.0000 deg =  60 deg  0 min  0 sec.

Face #  2 has  3 vertices:
    Vertices input as         3  16  17
    Vertices renumbered as    4  17  18
        Edge  4 17 is   1.00000000.
        Edge 17 18 is   1.00000000.
        Edge 18  4 is   1.00000000.
        Angle 18  4 17 is   1.04719755 rad =        60.0000 deg =  60 deg  0 min  0 sec.
        Angle  4 17 18 is   1.04719755 rad =        60.0000 deg =  60 deg  0 min  0 sec.
        Angle 17 18  4 is   1.04719755 rad =        60.0000 deg =  60 deg  0 min  0 sec.

Face #  3 has  3 vertices:
    Vertices input as         3  19  18
    Vertices renumbered as    4  20  19
        Edge  4 20 is   1.00000000.
        Edge 20 19 is   1.00000000.
        Edge 19  4 is   1.00000000.
```

```
        Angle 19  4 20 is  1.04719755 rad =    60.0000 deg =  60 deg  0 min  0 sec.
        Angle  4 20 19 is  1.04719755 rad =    60.0000 deg =  60 deg  0 min  0 sec.
        Angle 20 19  4 is  1.04719755 rad =    60.0000 deg =  60 deg  0 min  0 sec.


Face #  4 has  3 vertices:
    Vertices input as           4   8  14
    Vertices renumbered as      5   9  15
        Edge  5  9 is  1.00000000.
        Edge  9 15 is  1.00000000.
        Edge 15  5 is  1.00000000.
        Angle 15  5  9 is  1.04719755 rad =    60.0000 deg =  60 deg  0 min  0 sec.
        Angle  5  9 15 is  1.04719755 rad =    60.0000 deg =  60 deg  0 min  0 sec.
        Angle  9 15  5 is  1.04719755 rad =    60.0000 deg =  60 deg  0 min  0 sec.


Face #  5 has  3 vertices:
    Vertices input as           5   7   0
    Vertices renumbered as      6   8   1
        Edge  6  8 is  1.00000000.
        Edge  8  1 is  1.00000000.
        Edge  1  6 is  1.00000000.
        Angle  1  6  8 is  1.04719755 rad =    60.0000 deg =  60 deg  0 min  0 sec.
        Angle  6  8  1 is  1.04719755 rad =    60.0000 deg =  60 deg  0 min  0 sec.
        Angle  8  1  6 is  1.04719755 rad =    60.0000 deg =  60 deg  0 min  0 sec.


Face #  6 has  3 vertices:
    Vertices input as           7  11  17
    Vertices renumbered as      8  12  18
        Edge  8 12 is  1.00000000.
        Edge 12 18 is  1.00000000.
        Edge 18  8 is  1.00000000.
        Angle 18  8 12 is  1.04719755 rad =    60.0000 deg =  60 deg  0 min  0 sec.
        Angle  8 12 18 is  1.04719755 rad =    60.0000 deg =  60 deg  0 min  0 sec.
        Angle 12 18  8 is  1.04719755 rad =    60.0000 deg =  60 deg  0 min  0 sec.


Face #  7 has  3 vertices:
    Vertices input as          13  11   2
    Vertices renumbered as     14  12   3
        Edge 14 12 is  1.00000000.
        Edge 12  3 is  1.00000000.
        Edge  3 14 is  1.00000000.
        Angle  3 14 12 is  1.04719755 rad =    60.0000 deg =  60 deg  0 min  0 sec.
        Angle 14 12  3 is  1.04719755 rad =    60.0000 deg =  60 deg  0 min  0 sec.
        Angle 12  3 14 is  1.04719755 rad =    60.0000 deg =  60 deg  0 min  0 sec.


Face #  8 has  3 vertices:
    Vertices input as          15   9   5
    Vertices renumbered as     16  10   6
        Edge 16 10 is  1.00000000.
        Edge 10  6 is  1.00000000.
        Edge  6 16 is  1.00000000.
        Angle  6 16 10 is  1.04719755 rad =    60.0000 deg =  60 deg  0 min  0 sec.
        Angle 16 10  6 is  1.04719755 rad =    60.0000 deg =  60 deg  0 min  0 sec.
        Angle 10  6 16 is  1.04719755 rad =    60.0000 deg =  60 deg  0 min  0 sec.


Face #  9 has  3 vertices:
    Vertices input as          16  10   6
    Vertices renumbered as     17  11   7
```

```
        Edge  17  11 is    1.00000000.
        Edge  11   7 is    1.00000000.
        Edge   7  17 is    1.00000000.
        Angle  7  17  11 is   1.04719755 rad =        60.0000 deg =  60 deg  0 min  0 sec.
        Angle 17  11   7 is   1.04719755 rad =        60.0000 deg =  60 deg  0 min  0 sec.
        Angle 11   7  17 is   1.04719755 rad =        60.0000 deg =  60 deg  0 min  0 sec.


Face # 10 has  5 vertices:
    Vertices input as         3   18   12   10   16
    Vertices renumbered as    4   19   13   11   17
        Edge   4  19 is    1.00000000.
        Edge  19  13 is    1.00000000.
        Edge  13  11 is    1.00000000.
        Edge  11  17 is    1.00000000.
        Edge  17   4 is    1.00000000.
        Angle 17   4  19 is   1.88495559 rad =       108.0000 deg = 108 deg  0 min  0 sec.
        Angle  4  19  13 is   1.88495559 rad =       108.0000 deg = 108 deg  0 min  0 sec.
        Angle 19  13  11 is   1.88495559 rad =       108.0000 deg = 108 deg  0 min  0 sec.
        Angle 13  11  17 is   1.88495559 rad =       108.0000 deg = 108 deg  0 min  0 sec.
        Angle 11  17   4 is   1.88495559 rad =       108.0000 deg = 108 deg  0 min  0 sec.


Face # 11 has  5 vertices:
    Vertices input as         7    5    9    2   11
    Vertices renumbered as    8    6   10    3   12
        Edge   8   6 is    1.00000000.
        Edge   6  10 is    1.00000000.
        Edge  10   3 is    1.00000000.
        Edge   3  12 is    1.00000000.
        Edge  12   8 is    1.00000000.
        Angle 12   8   6 is   1.88495559 rad =       108.0000 deg = 108 deg  0 min  0 sec.
        Angle  8   6  10 is   1.88495559 rad =       108.0000 deg = 108 deg  0 min  0 sec.
        Angle  6  10   3 is   1.88495559 rad =       108.0000 deg = 108 deg  0 min  0 sec.
        Angle 10   3  12 is   1.88495559 rad =       108.0000 deg = 108 deg  0 min  0 sec.
        Angle  3  12   8 is   1.88495559 rad =       108.0000 deg = 108 deg  0 min  0 sec.


Face # 12 has  5 vertices:
    Vertices input as        10    1    8    4    6
    Vertices renumbered as   11    2    9    5    7
        Edge  11   2 is    1.00000000.
        Edge   2   9 is    1.00000000.
        Edge   9   5 is    1.00000000.
        Edge   5   7 is    1.00000000.
        Edge   7  11 is    1.00000000.
        Angle  7  11   2 is   1.88495559 rad =       108.0000 deg = 108 deg  0 min  0 sec.
        Angle 11   2   9 is   1.88495559 rad =       108.0000 deg = 108 deg  0 min  0 sec.
        Angle  2   9   5 is   1.88495559 rad =       108.0000 deg = 108 deg  0 min  0 sec.
        Angle  9   5   7 is   1.88495559 rad =       108.0000 deg = 108 deg  0 min  0 sec.
        Angle  5   7  11 is   1.88495559 rad =       108.0000 deg = 108 deg  0 min  0 sec.


Face # 13 has  5 vertices:
    Vertices input as        15    5    0    4   14
    Vertices renumbered as   16    6    1    5   15
        Edge  16   6 is    1.00000000.
        Edge   6   1 is    1.00000000.
        Edge   1   5 is    1.00000000.
        Edge   5  15 is    1.00000000.
        Edge  15  16 is    1.00000000.
        Angle 15  16   6 is   1.88495559 rad =       108.0000 deg = 108 deg  0 min  0 sec.
        Angle 16   6   1 is   1.88495559 rad =       108.0000 deg = 108 deg  0 min  0 sec.
```

```
        Angle    6   1   5 is   1.88495559 rad =        108.0000 deg = 108 deg   0 min   0 sec.
        Angle    1   5  15 is   1.88495559 rad =        108.0000 deg = 108 deg   0 min   0 sec.
        Angle    5  15  16 is   1.88495559 rad =        108.0000 deg = 108 deg   0 min   0 sec.


Face # 14 has   5 vertices:
    Vertices input as          16    6    0    7   17
    Vertices renumbered as     17    7    1    8   18
        Edge  17   7 is   1.00000000.
        Edge   7   1 is   1.00000000.
        Edge   1   8 is   1.00000000.
        Edge   8  18 is   1.00000000.
        Edge  18  17 is   1.00000000.
        Angle   18  17   7 is   1.88495559 rad =        108.0000 deg = 108 deg   0 min   0 sec.
        Angle   17   7   1 is   1.88495559 rad =        108.0000 deg = 108 deg   0 min   0 sec.
        Angle    7   1   8 is   1.88495559 rad =        108.0000 deg = 108 deg   0 min   0 sec.
        Angle    1   8  18 is   1.88495559 rad =        108.0000 deg = 108 deg   0 min   0 sec.
        Angle    8  18  17 is   1.88495559 rad =        108.0000 deg = 108 deg   0 min   0 sec.


Face # 15 has   5 vertices:
    Vertices input as          17   11   13   19    3
    Vertices renumbered as     18   12   14   20    4
        Edge  18  12 is   1.00000000.
        Edge  12  14 is   1.00000000.
        Edge  14  20 is   1.00000000.
        Edge  20   4 is   1.00000000.
        Edge   4  18 is   1.00000000.
        Angle    4  18  12 is   1.88495559 rad =        108.0000 deg = 108 deg   0 min   0 sec.
        Angle   18  12  14 is   1.88495559 rad =        108.0000 deg = 108 deg   0 min   0 sec.
        Angle   12  14  20 is   1.88495559 rad =        108.0000 deg = 108 deg   0 min   0 sec.
        Angle   14  20   4 is   1.88495559 rad =        108.0000 deg = 108 deg   0 min   0 sec.
        Angle   20   4  18 is   1.88495559 rad =        108.0000 deg = 108 deg   0 min   0 sec.


Face # 16 has   3 vertices:
    Vertices input as           0    6    4
    Vertices renumbered as      1    7    5
        Edge   1   7 is   1.00000000.
        Edge   7   5 is   1.00000000.
        Edge   5   1 is   1.00000000.
        Angle    5   1   7 is   1.04719755 rad =         60.0000 deg =  60 deg   0 min   0 sec.
        Angle    1   7   5 is   1.04719755 rad =         60.0000 deg =  60 deg   0 min   0 sec.
        Angle    7   5   1 is   1.04719755 rad =         60.0000 deg =  60 deg   0 min   0 sec.


Face # 17 has   3 vertices:
    Vertices input as          12   26    1
    Vertices renumbered as     13   27    2
        Edge  13  27 is   1.00000000.
        Edge  27   2 is   1.00000000.
        Edge   2  13 is   1.00000000.
        Angle    2  13  27 is   1.04719755 rad =         60.0000 deg =  60 deg   0 min   0 sec.
        Angle   13  27   2 is   1.04719755 rad =         60.0000 deg =  60 deg   0 min   0 sec.
        Angle   27   2  13 is   1.04719755 rad =         60.0000 deg =  60 deg   0 min   0 sec.


Face # 18 has   3 vertices:
    Vertices input as          21   28   29
    Vertices renumbered as     22   29   30
        Edge  22  29 is   1.00000000.
        Edge  29  30 is   1.00000000.
        Edge  30  22 is   1.00000000.
```

```
        Angle 30 22 29 is    1.04719755 rad =    60.0000 deg =  60 deg  0 min  0 sec.
        Angle 22 29 30 is    1.04719755 rad =    60.0000 deg =  60 deg  0 min  0 sec.
        Angle 29 30 22 is    1.04719755 rad =    60.0000 deg =  60 deg  0 min  0 sec.


Face # 19 has  3 vertices:
    Vertices input as         21  14   8
    Vertices renumbered as    22  15   9
        Edge 22 15 is    1.00000000.
        Edge 15  9 is    1.00000000.
        Edge  9 22 is    1.00000000.
        Angle  9 22 15 is    1.04719755 rad =    60.0000 deg =  60 deg  0 min  0 sec.
        Angle 22 15  9 is    1.04719755 rad =    60.0000 deg =  60 deg  0 min  0 sec.
        Angle 15  9 22 is    1.04719755 rad =    60.0000 deg =  60 deg  0 min  0 sec.


Face # 20 has  3 vertices:
    Vertices input as         22  18  19
    Vertices renumbered as    23  19  20
        Edge 23 19 is    1.00000000.
        Edge 19 20 is    1.00000000.
        Edge 20 23 is    1.00000000.
        Angle 20 23 19 is    1.04719755 rad =    60.0000 deg =  60 deg  0 min  0 sec.
        Angle 23 19 20 is    1.04719755 rad =    60.0000 deg =  60 deg  0 min  0 sec.
        Angle 19 20 23 is    1.04719755 rad =    60.0000 deg =  60 deg  0 min  0 sec.


Face # 21 has  3 vertices:
    Vertices input as         23  25  20
    Vertices renumbered as    24  26  21
        Edge 24 26 is    1.00000000.
        Edge 26 21 is    1.00000000.
        Edge 21 24 is    1.00000000.
        Angle 21 24 26 is    1.04719755 rad =    60.0000 deg =  60 deg  0 min  0 sec.
        Angle 24 26 21 is    1.04719755 rad =    60.0000 deg =  60 deg  0 min  0 sec.
        Angle 26 21 24 is    1.04719755 rad =    60.0000 deg =  60 deg  0 min  0 sec.


Face # 22 has  3 vertices:
    Vertices input as         25  27  29
    Vertices renumbered as    26  28  30
        Edge 26 28 is    1.00000000.
        Edge 28 30 is    1.00000000.
        Edge 30 26 is    1.00000000.
        Angle 30 26 28 is    1.04719755 rad =    60.0000 deg =  60 deg  0 min  0 sec.
        Angle 26 28 30 is    1.04719755 rad =    60.0000 deg =  60 deg  0 min  0 sec.
        Angle 28 30 26 is    1.04719755 rad =    60.0000 deg =  60 deg  0 min  0 sec.


Face # 23 has  3 vertices:
    Vertices input as         15  27   9
    Vertices renumbered as    16  28  10
        Edge 16 28 is    1.00000000.
        Edge 28 10 is    1.00000000.
        Edge 10 16 is    1.00000000.
        Angle 10 16 28 is    1.04719755 rad =    60.0000 deg =  60 deg  0 min  0 sec.
        Angle 16 28 10 is    1.04719755 rad =    60.0000 deg =  60 deg  0 min  0 sec.
        Angle 28 10 16 is    1.04719755 rad =    60.0000 deg =  60 deg  0 min  0 sec.


Face # 24 has  3 vertices:
    Vertices input as         13   2  23
    Vertices renumbered as    14   3  24
```

```
            Edge 14  3 is   1.00000000.
            Edge  3 24 is   1.00000000.
            Edge 24 14 is   1.00000000.
            Angle 24 14  3 is   1.04719755 rad =      60.0000 deg =  60 deg  0 min  0 sec.
            Angle 14  3 24 is   1.04719755 rad =      60.0000 deg =  60 deg  0 min  0 sec.
            Angle  3 24 14 is   1.04719755 rad =      60.0000 deg =  59 deg 59 min 60 sec.


    Face # 25 has  3 vertices:
        Vertices input as           28 26 24
        Vertices renumbered as      29 27 25
            Edge 29 27 is   1.00000000.
            Edge 27 25 is   1.00000000.
            Edge 25 29 is   1.00000000.
            Angle 25 29 27 is   1.04719755 rad =      60.0000 deg =  60 deg  0 min  0 sec.
            Angle 29 27 25 is   1.04719755 rad =      60.0000 deg =  60 deg  0 min  0 sec.
            Angle 27 25 29 is   1.04719755 rad =      60.0000 deg =  60 deg  0 min  0 sec.


    Face # 26 has  5 vertices:
        Vertices input as           21  8  1 26 28
        Vertices renumbered as      22  9  2 27 29
            Edge 22  9 is   1.00000000.
            Edge  9  2 is   1.00000000.
            Edge  2 27 is   1.00000000.
            Edge 27 29 is   1.00000000.
            Edge 29 22 is   1.00000000.
            Angle 29 22  9 is   1.88495559 rad =     108.0000 deg = 108 deg  0 min  0 sec.
            Angle 22  9  2 is   1.88495559 rad =     108.0000 deg = 108 deg  0 min  0 sec.
            Angle  9  2 27 is   1.88495559 rad =     108.0000 deg = 108 deg  0 min  0 sec.
            Angle  2 27 29 is   1.88495559 rad =     108.0000 deg = 108 deg  0 min  0 sec.
            Angle 27 29 22 is   1.88495559 rad =     108.0000 deg = 108 deg  0 min  0 sec.


    Face # 27 has  5 vertices:
        Vertices input as           25 23  2  9 27
        Vertices renumbered as      26 24  3 10 28
            Edge 26 24 is   1.00000000.
            Edge 24  3 is   1.00000000.
            Edge  3 10 is   1.00000000.
            Edge 10 28 is   1.00000000.
            Edge 28 26 is   1.00000000.
            Angle 28 26 24 is   1.88495559 rad =     108.0000 deg = 108 deg  0 min  0 sec.
            Angle 26 24  3 is   1.88495559 rad =     108.0000 deg = 108 deg  0 min  0 sec.
            Angle 24  3 10 is   1.88495559 rad =     108.0000 deg = 108 deg  0 min  0 sec.
            Angle  3 10 28 is   1.88495559 rad =     108.0000 deg = 108 deg  0 min  0 sec.
            Angle 10 28 26 is   1.88495559 rad =     108.0000 deg = 108 deg  0 min  0 sec.


    Face # 28 has  5 vertices:
        Vertices input as           26 12 18 22 24
        Vertices renumbered as      27 13 19 23 25
            Edge 27 13 is   1.00000000.
            Edge 13 19 is   1.00000000.
            Edge 19 23 is   1.00000000.
            Edge 23 25 is   1.00000000.
            Edge 25 27 is   1.00000000.
            Angle 25 27 13 is   1.88495559 rad =     108.0000 deg = 108 deg  0 min  0 sec.
            Angle 27 13 19 is   1.88495559 rad =     108.0000 deg = 108 deg  0 min  0 sec.
            Angle 13 19 23 is   1.88495559 rad =     108.0000 deg = 108 deg  0 min  0 sec.
            Angle 19 23 25 is   1.88495559 rad =     108.0000 deg = 108 deg  0 min  0 sec.
            Angle 23 25 27 is   1.88495559 rad =     108.0000 deg = 108 deg  0 min  0 sec.
```

```
Face # 29 has  5 vertices:
    Vertices input as         13  23  20  22  19
    Vertices renumbered as    14  24  21  23  20
      Edge 14 24 is   1.00000000.
      Edge 24 21 is   1.00000000.
      Edge 21 23 is   1.00000000.
      Edge 23 20 is   1.00000000.
      Edge 20 14 is   1.00000000.
      Angle 20 14 24 is   1.88495559 rad =      108.0000 deg = 108 deg   0 min   0 sec.
      Angle 14 24 21 is   1.88495559 rad =      108.0000 deg = 108 deg   0 min   0 sec.
      Angle 24 21 23 is   1.88495559 rad =      108.0000 deg = 108 deg   0 min   0 sec.
      Angle 21 23 20 is   1.88495559 rad =      108.0000 deg = 108 deg   0 min   0 sec.
      Angle 23 20 14 is   1.88495559 rad =      108.0000 deg = 108 deg   0 min   0 sec.

Face # 30 has  5 vertices:
    Vertices input as         28  24  20  25  29
    Vertices renumbered as    29  25  21  26  30
      Edge 29 25 is   1.00000000.
      Edge 25 21 is   1.00000000.
      Edge 21 26 is   1.00000000.
      Edge 26 30 is   1.00000000.
      Edge 30 29 is   1.00000000.
      Angle 30 29 25 is   1.88495559 rad =      108.0000 deg = 108 deg   0 min   0 sec.
      Angle 29 25 21 is   1.88495559 rad =      108.0000 deg = 108 deg   0 min   0 sec.
      Angle 25 21 26 is   1.88495559 rad =      108.0000 deg = 108 deg   0 min   0 sec.
      Angle 21 26 30 is   1.88495559 rad =      108.0000 deg = 108 deg   0 min   0 sec.
      Angle 26 30 29 is   1.88495559 rad =      108.0000 deg = 108 deg   0 min   0 sec.

Face # 31 has  5 vertices:
    Vertices input as         29  27  15  14  21
    Vertices renumbered as    30  28  16  15  22
      Edge 30 28 is   1.00000000.
      Edge 28 16 is   1.00000000.
      Edge 16 15 is   1.00000000.
      Edge 15 22 is   1.00000000.
      Edge 22 30 is   1.00000000.
      Angle 22 30 28 is   1.88495559 rad =      108.0000 deg = 108 deg   0 min   0 sec.
      Angle 30 28 16 is   1.88495559 rad =      108.0000 deg = 108 deg   0 min   0 sec.
      Angle 28 16 15 is   1.88495559 rad =      108.0000 deg = 108 deg   0 min   0 sec.
      Angle 16 15 22 is   1.88495559 rad =      108.0000 deg = 108 deg   0 min   0 sec.
      Angle 15 22 30 is   1.88495559 rad =      108.0000 deg = 108 deg   0 min   0 sec.

Face # 32 has  3 vertices:
    Vertices input as         20  24  22
    Vertices renumbered as    21  25  23
      Edge 21 25 is   1.00000000.
      Edge 25 23 is   1.00000000.
      Edge 23 21 is   1.00000000.
      Angle 23 21 25 is   1.04719755 rad =       60.0000 deg =  60 deg   0 min   0 sec.
      Angle 21 25 23 is   1.04719755 rad =       60.0000 deg =  60 deg   0 min   0 sec.
      Angle 25 23 21 is   1.04719755 rad =       60.0000 deg =  60 deg   0 min   0 sec.


The edge joining vertices   1 and   5 is between faces  13 and 16.
      Dihedral angle is   2.48923451 rad =      142.6226 deg = 142 deg  37 min  21 sec.
The edge joining vertices   1 and   6 is between faces   5 and 13.
      Dihedral angle is   2.48923451 rad =      142.6226 deg = 142 deg  37 min  21 sec.
The edge joining vertices   1 and   7 is between faces  14 and 16.
      Dihedral angle is   2.48923451 rad =      142.6226 deg = 142 deg  37 min  21 sec.
```

```
The edge joining vertices   1 and  8 is between faces  5 and 14.
      Dihedral angle is   2.48923451 rad =     142.6226 deg = 142 deg 37 min 21 sec.
The edge joining vertices   2 and  9 is between faces 12 and 26.
      Dihedral angle is   2.21429744 rad =     126.8699 deg = 126 deg 52 min 12 sec.
The edge joining vertices   2 and 11 is between faces  1 and 12.
      Dihedral angle is   2.48923451 rad =     142.6226 deg = 142 deg 37 min 21 sec.
The edge joining vertices   2 and 13 is between faces  1 and 17.
      Dihedral angle is   2.76417159 rad =     158.3754 deg = 158 deg 22 min 31 sec.
The edge joining vertices   2 and 27 is between faces 17 and 26.
      Dihedral angle is   2.48923451 rad =     142.6226 deg = 142 deg 37 min 21 sec.
The edge joining vertices   3 and 10 is between faces 11 and 27.
      Dihedral angle is   2.21429744 rad =     126.8699 deg = 126 deg 52 min 12 sec.
The edge joining vertices   3 and 12 is between faces  7 and 11.
      Dihedral angle is   2.48923451 rad =     142.6226 deg = 142 deg 37 min 21 sec.
The edge joining vertices   3 and 14 is between faces  7 and 24.
      Dihedral angle is   2.76417159 rad =     158.3754 deg = 158 deg 22 min 31 sec.
The edge joining vertices   3 and 24 is between faces 24 and 27.
      Dihedral angle is   2.48923451 rad =     142.6226 deg = 142 deg 37 min 21 sec.
The edge joining vertices   4 and 17 is between faces  2 and 10.
      Dihedral angle is   2.48923451 rad =     142.6226 deg = 142 deg 37 min 21 sec.
The edge joining vertices   4 and 18 is between faces  2 and 15.
      Dihedral angle is   2.48923451 rad =     142.6226 deg = 142 deg 37 min 21 sec.
The edge joining vertices   4 and 19 is between faces  3 and 10.
      Dihedral angle is   2.48923451 rad =     142.6226 deg = 142 deg 37 min 21 sec.
The edge joining vertices   4 and 20 is between faces  3 and 15.
      Dihedral angle is   2.48923451 rad =     142.6226 deg = 142 deg 37 min 21 sec.
The edge joining vertices   5 and  7 is between faces 12 and 16.
      Dihedral angle is   2.48923451 rad =     142.6226 deg = 142 deg 37 min 21 sec.
The edge joining vertices   5 and  9 is between faces  4 and 12.
      Dihedral angle is   2.48923451 rad =     142.6226 deg = 142 deg 37 min 21 sec.
The edge joining vertices   5 and 15 is between faces  4 and 13.
      Dihedral angle is   2.48923451 rad =     142.6226 deg = 142 deg 37 min 21 sec.
The edge joining vertices   6 and  8 is between faces  5 and 11.
      Dihedral angle is   2.48923451 rad =     142.6226 deg = 142 deg 37 min 21 sec.
The edge joining vertices   6 and 10 is between faces  8 and 11.
      Dihedral angle is   2.48923451 rad =     142.6226 deg = 142 deg 37 min 21 sec.
The edge joining vertices   6 and 16 is between faces  8 and 13.
      Dihedral angle is   2.48923451 rad =     142.6226 deg = 142 deg 37 min 21 sec.
The edge joining vertices   7 and 11 is between faces  9 and 12.
      Dihedral angle is   2.48923451 rad =     142.6226 deg = 142 deg 37 min 21 sec.
The edge joining vertices   7 and 17 is between faces  9 and 14.
      Dihedral angle is   2.48923451 rad =     142.6226 deg = 142 deg 37 min 21 sec.
The edge joining vertices   8 and 12 is between faces  6 and 11.
      Dihedral angle is   2.48923451 rad =     142.6226 deg = 142 deg 37 min 21 sec.
The edge joining vertices   8 and 18 is between faces  6 and 14.
      Dihedral angle is   2.48923451 rad =     142.6226 deg = 142 deg 37 min 21 sec.
The edge joining vertices   9 and 15 is between faces  4 and 19.
      Dihedral angle is   2.76417159 rad =     158.3754 deg = 158 deg 22 min 31 sec.
The edge joining vertices   9 and 22 is between faces 19 and 26.
      Dihedral angle is   2.48923451 rad =     142.6226 deg = 142 deg 37 min 21 sec.
The edge joining vertices  10 and 16 is between faces  8 and 23.
      Dihedral angle is   2.76417159 rad =     158.3754 deg = 158 deg 22 min 31 sec.
The edge joining vertices  10 and 28 is between faces 23 and 27.
      Dihedral angle is   2.48923451 rad =     142.6226 deg = 142 deg 37 min 21 sec.
The edge joining vertices  11 and 13 is between faces  1 and 10.
      Dihedral angle is   2.48923451 rad =     142.6226 deg = 142 deg 37 min 21 sec.
The edge joining vertices  11 and 17 is between faces  9 and 10.
      Dihedral angle is   2.48923451 rad =     142.6226 deg = 142 deg 37 min 21 sec.
The edge joining vertices  12 and 14 is between faces  7 and 15.
      Dihedral angle is   2.48923451 rad =     142.6226 deg = 142 deg 37 min 21 sec.
The edge joining vertices  12 and 18 is between faces  6 and 15.
      Dihedral angle is   2.48923451 rad =     142.6226 deg = 142 deg 37 min 21 sec.
The edge joining vertices  13 and 19 is between faces 10 and 28.
```

        Dihedral angle is   2.21429744 rad =   126.8699 deg = 126 deg 52 min 12 sec.
The edge joining vertices 13 and 27 is between faces 17 and 28.
        Dihedral angle is   2.48923451 rad =   142.6226 deg = 142 deg 37 min 21 sec.
The edge joining vertices 14 and 20 is between faces 15 and 29.
        Dihedral angle is   2.21429744 rad =   126.8699 deg = 126 deg 52 min 12 sec.
The edge joining vertices 14 and 24 is between faces 24 and 29.
        Dihedral angle is   2.48923451 rad =   142.6226 deg = 142 deg 37 min 21 sec.
The edge joining vertices 15 and 16 is between faces 13 and 31.
        Dihedral angle is   2.21429744 rad =   126.8699 deg = 126 deg 52 min 12 sec.
The edge joining vertices 15 and 22 is between faces 19 and 31.
        Dihedral angle is   2.48923451 rad =   142.6226 deg = 142 deg 37 min 21 sec.
The edge joining vertices 16 and 28 is between faces 23 and 31.
        Dihedral angle is   2.48923451 rad =   142.6226 deg = 142 deg 37 min 21 sec.
The edge joining vertices 17 and 18 is between faces 2 and 14.
        Dihedral angle is   2.48923451 rad =   142.6226 deg = 142 deg 37 min 21 sec.
The edge joining vertices 19 and 20 is between faces 3 and 20.
        Dihedral angle is   2.76417159 rad =   158.3754 deg = 158 deg 22 min 31 sec.
The edge joining vertices 19 and 23 is between faces 20 and 28.
        Dihedral angle is   2.48923451 rad =   142.6226 deg = 142 deg 37 min 21 sec.
The edge joining vertices 20 and 23 is between faces 20 and 29.
        Dihedral angle is   2.48923451 rad =   142.6226 deg = 142 deg 37 min 21 sec.
The edge joining vertices 21 and 23 is between faces 29 and 32.
        Dihedral angle is   2.48923451 rad =   142.6226 deg = 142 deg 37 min 21 sec.
The edge joining vertices 21 and 24 is between faces 21 and 29.
        Dihedral angle is   2.48923451 rad =   142.6226 deg = 142 deg 37 min 21 sec.
The edge joining vertices 21 and 25 is between faces 30 and 32.
        Dihedral angle is   2.48923451 rad =   142.6226 deg = 142 deg 37 min 21 sec.
The edge joining vertices 21 and 26 is between faces 21 and 30.
        Dihedral angle is   2.48923451 rad =   142.6226 deg = 142 deg 37 min 21 sec.
The edge joining vertices 22 and 29 is between faces 18 and 26.
        Dihedral angle is   2.48923451 rad =   142.6226 deg = 142 deg 37 min 21 sec.
The edge joining vertices 22 and 30 is between faces 18 and 31.
        Dihedral angle is   2.48923451 rad =   142.6226 deg = 142 deg 37 min 21 sec.
The edge joining vertices 23 and 25 is between faces 28 and 32.
        Dihedral angle is   2.48923451 rad =   142.6226 deg = 142 deg 37 min 21 sec.
The edge joining vertices 24 and 26 is between faces 21 and 27.
        Dihedral angle is   2.48923451 rad =   142.6226 deg = 142 deg 37 min 21 sec.
The edge joining vertices 25 and 27 is between faces 25 and 28.
        Dihedral angle is   2.48923451 rad =   142.6226 deg = 142 deg 37 min 21 sec.
The edge joining vertices 25 and 29 is between faces 25 and 30.
        Dihedral angle is   2.48923451 rad =   142.6226 deg = 142 deg 37 min 21 sec.
The edge joining vertices 26 and 28 is between faces 22 and 27.
        Dihedral angle is   2.48923451 rad =   142.6226 deg = 142 deg 37 min 21 sec.
The edge joining vertices 26 and 30 is between faces 22 and 30.
        Dihedral angle is   2.48923451 rad =   142.6226 deg = 142 deg 37 min 21 sec.
The edge joining vertices 27 and 29 is between faces 25 and 26.
        Dihedral angle is   2.48923451 rad =   142.6226 deg = 142 deg 37 min 21 sec.
The edge joining vertices 28 and 30 is between faces 22 and 31.
        Dihedral angle is   2.48923451 rad =   142.6226 deg = 142 deg 37 min 21 sec.
The edge joining vertices 29 and 30 is between faces 18 and 30.
        Dihedral angle is   2.48923451 rad =   142.6226 deg = 142 deg 37 min 21 sec.

Report based on file j34d.off

```
Vertex #  1: ( -0.47552826, -1.46352549,  0.29389263).
Vertex #  2: ( -0.95105652,  0.00000000,  1.24494914).
Vertex #  3: ( -1.53884177,  0.00000000,  0.29389263).
Vertex #  4: (  1.24494914, -0.90450850,  0.29389263).
Vertex #  5: (  0.76942088,  0.55901699,  1.24494914).
Vertex #  6: ( -0.29389263,  0.90450850,  1.24494914).
Vertex #  7: ( -0.47552826,  1.46352549,  0.29389263).
Vertex #  8: (  1.24494914,  0.90450850,  0.29389263).
Vertex #  9: ( -0.29389263, -0.90450850,  1.24494914).
Vertex # 10: ( -1.24494914, -0.90450850,  0.76942088).
Vertex # 11: (  0.47552826,  1.46352549,  0.76942088).
Vertex # 12: (  0.47552826, -1.46352549,  0.76942088).
Vertex # 13: (  1.53884177,  0.00000000,  0.76942088).
Vertex # 14: (  0.00000000,  0.00000000,  1.72047740).
Vertex # 15: ( -1.24494914,  0.90450850,  0.76942088).
Vertex # 16: (  0.76942088, -0.55901699,  1.24494914).
Vertex # 17: ( -0.47552826, -1.46352549, -0.29389263).
Vertex # 18: (  0.76942088, -0.55901699, -1.24494914).
Vertex # 19: (  1.24494914, -0.90450850, -0.29389263).
Vertex # 20: ( -1.53884177,  0.00000000, -0.29389263).
Vertex # 21: ( -0.29389263,  0.90450850, -1.24494914).
Vertex # 22: (  0.76942088,  0.55901699, -1.24494914).
Vertex # 23: (  1.24494914,  0.90450850, -0.29389263).
Vertex # 24: ( -0.47552826,  1.46352549, -0.29389263).
Vertex # 25: ( -0.29389263, -0.90450850, -1.24494914).
Vertex # 26: (  0.47552826, -1.46352549, -0.76942088).
Vertex # 27: (  0.47552826,  1.46352549, -0.76942088).
Vertex # 28: ( -1.24494914, -0.90450850, -0.76942088).
Vertex # 29: ( -1.24494914,  0.90450850, -0.76942088).
Vertex # 30: (  0.00000000,  0.00000000, -1.72047740).
Vertex # 31: (  1.53884177,  0.00000000, -0.76942088).
Vertex # 32: ( -0.95105652,  0.00000000, -1.24494914).


Face #  1 has  4 vertices:
    Vertices input as           15   12    4   13
    Vertices renumbered as      16   13    5   14
      Edge 16 13 is   1.06331351.
      Edge 13  5 is   1.06331351.
      Edge  5 14 is   1.06331351.
      Edge 14 16 is   1.06331351.
      Angle 14 16 13 is   2.03444394 rad =       116.5651 deg = 116 deg 33 min 54 sec.
      Angle 16 13  5 is   1.10714872 rad =        63.4349 deg =  63 deg 26 min  6 sec.
      Angle 13  5 14 is   2.03444394 rad =       116.5651 deg = 116 deg 33 min 54 sec.
      Angle  5 14 16 is   1.10714872 rad =        63.4349 deg =  63 deg 26 min  6 sec.


Face #  2 has  4 vertices:
    Vertices input as           25   11    0   16
    Vertices renumbered as      26   12    1   17
      Edge 26 12 is   1.53884177.
      Edge 12  1 is   1.06331351.
      Edge  1 17 is   0.58778525.
      Edge 17 26 is   1.06331351.
      Angle 17 26 12 is   1.10714872 rad =        63.4349 deg =  63 deg 26 min  6 sec.
      Angle 26 12  1 is   1.10714872 rad =        63.4349 deg =  63 deg 26 min  6 sec.
      Angle 12  1 17 is   2.03444394 rad =       116.5651 deg = 116 deg 33 min 54 sec.
      Angle  1 17 26 is   2.03444394 rad =       116.5651 deg = 116 deg 33 min 54 sec.
```

```
Face #  3 has  4 vertices:
    Vertices input as          10   26   23    6
    Vertices renumbered as     11   27   24    7
      Edge 11  27 is   1.53884177.
      Edge 27  24 is   1.06331351.
      Edge 24   7 is   0.58778525.
      Edge  7  11 is   1.06331351.
      Angle  7 11 27 is   1.10714872 rad =        63.4349 deg =  63 deg 26 min  6 sec.
      Angle 11 27 24 is   1.10714872 rad =        63.4349 deg =  63 deg 26 min  6 sec.
      Angle 27 24  7 is   2.03444394 rad =       116.5651 deg = 116 deg 33 min 54 sec.
      Angle 24  7 11 is   2.03444394 rad =       116.5651 deg = 116 deg 33 min 54 sec.

Face #  4 has  4 vertices:
    Vertices input as           9    1   14    2
    Vertices renumbered as     10    2   15    3
      Edge 10   2 is   1.06331351.
      Edge  2  15 is   1.06331351.
      Edge 15   3 is   1.06331351.
      Edge  3  10 is   1.06331351.
      Angle  3 10  2 is   1.10714872 rad =        63.4349 deg =  63 deg 26 min  6 sec.
      Angle 10  2 15 is   2.03444394 rad =       116.5651 deg = 116 deg 33 min 54 sec.
      Angle  2 15  3 is   1.10714872 rad =        63.4349 deg =  63 deg 26 min  6 sec.
      Angle 15  3 10 is   2.03444394 rad =       116.5651 deg = 116 deg 33 min 54 sec.

Face #  5 has  4 vertices:
    Vertices input as          12   15   11    3
    Vertices renumbered as     13   16   12    4
      Edge 13  16 is   1.06331351.
      Edge 16  12 is   1.06331351.
      Edge 12   4 is   1.06331351.
      Edge  4  13 is   1.06331351.
      Angle  4 13 16 is   1.10714872 rad =        63.4349 deg =  63 deg 26 min  6 sec.
      Angle 13 16 12 is   2.03444394 rad =       116.5651 deg = 116 deg 33 min 54 sec.
      Angle 16 12  4 is   1.10714872 rad =        63.4349 deg =  63 deg 26 min  6 sec.
      Angle 12  4 13 is   2.03444394 rad =       116.5651 deg = 116 deg 33 min 54 sec.

Face #  6 has  4 vertices:
    Vertices input as           4   12    7   10
    Vertices renumbered as      5   13    8   11
      Edge  5  13 is   1.06331351.
      Edge 13   8 is   1.06331351.
      Edge  8  11 is   1.06331351.
      Edge 11   5 is   1.06331351.
      Angle 11  5 13 is   2.03444394 rad =       116.5651 deg = 116 deg 33 min 54 sec.
      Angle  5 13  8 is   1.10714872 rad =        63.4349 deg =  63 deg 26 min  6 sec.
      Angle 13  8 11 is   2.03444394 rad =       116.5651 deg = 116 deg 33 min 54 sec.
      Angle  8 11  5 is   1.10714872 rad =        63.4349 deg =  63 deg 26 min  6 sec.

Face #  7 has  4 vertices:
    Vertices input as          15   13    8   11
    Vertices renumbered as     16   14    9   12
      Edge 16  14 is   1.06331351.
      Edge 14   9 is   1.06331351.
      Edge  9  12 is   1.06331351.
      Edge 12  16 is   1.06331351.
      Angle 12 16 14 is   2.03444394 rad =       116.5651 deg = 116 deg 33 min 54 sec.
      Angle 16 14  9 is   1.10714872 rad =        63.4349 deg =  63 deg 26 min  6 sec.
      Angle 14  9 12 is   2.03444394 rad =       116.5651 deg = 116 deg 33 min 54 sec.
      Angle  9 12 16 is   1.10714872 rad =        63.4349 deg =  63 deg 26 min  6 sec.
```

```
Face #  8 has  4 vertices:
    Vertices input as          13    4   10    5
    Vertices renumbered as     14    5   11    6
       Edge 14   5 is   1.06331351.
       Edge  5  11 is   1.06331351.
       Edge 11   6 is   1.06331351.
       Edge  6  14 is   1.06331351.
       Angle  6  14   5 is   1.10714872 rad =     63.4349 deg =  63 deg 26 min  6 sec.
       Angle 14   5  11 is   2.03444394 rad =    116.5651 deg = 116 deg 33 min 54 sec.
       Angle  5  11   6 is   1.10714872 rad =     63.4349 deg =  63 deg 26 min  6 sec.
       Angle 11   6  14 is   2.03444394 rad =    116.5651 deg = 116 deg 33 min 54 sec.

Face #  9 has  4 vertices:
    Vertices input as          11   25   18    3
    Vertices renumbered as     12   26   19    4
       Edge 12  26 is   1.53884177.
       Edge 26  19 is   1.06331351.
       Edge 19   4 is   0.58778525.
       Edge  4  12 is   1.06331351.
       Angle  4  12  26 is   1.10714872 rad =     63.4349 deg =  63 deg 26 min  6 sec.
       Angle 12  26  19 is   1.10714872 rad =     63.4349 deg =  63 deg 26 min  6 sec.
       Angle 26  19   4 is   2.03444394 rad =    116.5651 deg = 116 deg 33 min 54 sec.
       Angle 19   4  12 is   2.03444394 rad =    116.5651 deg = 116 deg 33 min 54 sec.

Face # 10 has  4 vertices:
    Vertices input as          26   10    7   22
    Vertices renumbered as     27   11    8   23
       Edge 27  11 is   1.53884177.
       Edge 11   8 is   1.06331351.
       Edge  8  23 is   0.58778525.
       Edge 23  27 is   1.06331351.
       Angle 23  27  11 is   1.10714872 rad =     63.4349 deg =  63 deg 26 min  6 sec.
       Angle 27  11   8 is   1.10714872 rad =     63.4349 deg =  63 deg 26 min  6 sec.
       Angle 11   8  23 is   2.03444394 rad =    116.5651 deg = 116 deg 33 min 54 sec.
       Angle  8  23  27 is   2.03444394 rad =    116.5651 deg = 116 deg 33 min 54 sec.

Face # 11 has  4 vertices:
    Vertices input as           0   11    8    9
    Vertices renumbered as      1   12    9   10
       Edge  1  12 is   1.06331351.
       Edge 12   9 is   1.06331351.
       Edge  9  10 is   1.06331351.
       Edge 10   1 is   1.06331351.
       Angle 10   1  12 is   2.03444394 rad =    116.5651 deg = 116 deg 33 min 54 sec.
       Angle  1  12   9 is   1.10714872 rad =     63.4349 deg =  63 deg 26 min  6 sec.
       Angle 12   9  10 is   2.03444394 rad =    116.5651 deg = 116 deg 33 min 54 sec.
       Angle  9  10   1 is   1.10714872 rad =     63.4349 deg =  63 deg 26 min  6 sec.

Face # 12 has  4 vertices:
    Vertices input as          10    6   14    5
    Vertices renumbered as     11    7   15    6
       Edge 11   7 is   1.06331351.
       Edge  7  15 is   1.06331351.
       Edge 15   6 is   1.06331351.
       Edge  6  11 is   1.06331351.
       Angle  6  11   7 is   1.10714872 rad =     63.4349 deg =  63 deg 26 min  6 sec.
       Angle 11   7  15 is   2.03444394 rad =    116.5651 deg = 116 deg 33 min 54 sec.
```

```
        Angle  7 15   6 is    1.10714872 rad =        63.4349 deg =  63 deg 26 min   6 sec.
        Angle 15   6 11 is    2.03444394 rad =       116.5651 deg = 116 deg 33 min  54 sec.


Face # 13 has  4 vertices:
    Vertices input as           16   0   9  27
    Vertices renumbered as      17   1  10  28
        Edge 17   1 is   0.58778525.
        Edge  1  10 is   1.06331351.
        Edge 10  28 is   1.53884177.
        Edge 28  17 is   1.06331351.
        Angle 28 17   1 is    2.03444394 rad =       116.5651 deg = 116 deg 33 min  54 sec.
        Angle 17   1  10 is   2.03444394 rad =       116.5651 deg = 116 deg 33 min  54 sec.
        Angle  1  10 28 is    1.10714872 rad =        63.4349 deg =  63 deg 26 min   6 sec.
        Angle 10  28 17 is    1.10714872 rad =        63.4349 deg =  63 deg 26 min   6 sec.


Face # 14 has  4 vertices:
    Vertices input as            6  23  28  14
    Vertices renumbered as       7  24  29  15
        Edge  7  24 is   0.58778525.
        Edge 24  29 is   1.06331351.
        Edge 29  15 is   1.53884177.
        Edge 15   7 is   1.06331351.
        Angle 15   7 24 is    2.03444394 rad =       116.5651 deg = 116 deg 33 min  54 sec.
        Angle  7  24 29 is    2.03444394 rad =       116.5651 deg = 116 deg 33 min  54 sec.
        Angle 24  29 15 is    1.10714872 rad =        63.4349 deg =  63 deg 26 min   6 sec.
        Angle 29  15  7 is    1.10714872 rad =        63.4349 deg =  63 deg 26 min   6 sec.


Face # 15 has  4 vertices:
    Vertices input as           12   3  18  30
    Vertices renumbered as      13   4  19  31
        Edge 13   4 is   1.06331351.
        Edge  4  19 is   0.58778525.
        Edge 19  31 is   1.06331351.
        Edge 31  13 is   1.53884177.
        Angle 31 13   4 is    1.10714872 rad =        63.4349 deg =  63 deg 26 min   6 sec.
        Angle 13   4  19 is   2.03444394 rad =       116.5651 deg = 116 deg 33 min  54 sec.
        Angle  4  19 31 is    2.03444394 rad =       116.5651 deg = 116 deg 33 min  54 sec.
        Angle 19  31 13 is    1.10714872 rad =        63.4349 deg =  63 deg 26 min   6 sec.


Face # 16 has  4 vertices:
    Vertices input as            7  12  30  22
    Vertices renumbered as       8  13  31  23
        Edge  8  13 is   1.06331351.
        Edge 13  31 is   1.53884177.
        Edge 31  23 is   1.06331351.
        Edge 23   8 is   0.58778525.
        Angle 23   8 13 is    2.03444394 rad =       116.5651 deg = 116 deg 33 min  54 sec.
        Angle  8  13 31 is    1.10714872 rad =        63.4349 deg =  63 deg 26 min   6 sec.
        Angle 13  31 23 is    1.10714872 rad =        63.4349 deg =  63 deg 26 min   6 sec.
        Angle 31  23  8 is    2.03444394 rad =       116.5651 deg = 116 deg 33 min  54 sec.


Face # 17 has  4 vertices:
    Vertices input as            1   9   8  13
    Vertices renumbered as       2  10   9  14
        Edge  2  10 is   1.06331351.
        Edge 10   9 is   1.06331351.
        Edge  9  14 is   1.06331351.
        Edge 14   2 is   1.06331351.
```

```
             Angle  14   2  10 is    2.03444394 rad =      116.5651 deg = 116 deg 33 min 54 sec.
             Angle   2  10   9 is    1.10714872 rad =       63.4349 deg =  63 deg 26 min  6 sec.
             Angle  10   9  14 is    2.03444394 rad =      116.5651 deg = 116 deg 33 min 54 sec.
             Angle   9  14   2 is    1.10714872 rad =       63.4349 deg =  63 deg 26 min  6 sec.


Face # 18 has  4 vertices:
       Vertices input as           14    1   13    5
       Vertices renumbered as      15    2   14    6
             Edge 15   2 is    1.06331351.
             Edge  2  14 is    1.06331351.
             Edge 14   6 is    1.06331351.
             Edge  6  15 is    1.06331351.
             Angle   6  15   2 is    1.10714872 rad =       63.4349 deg =  63 deg 26 min  6 sec.
             Angle  15   2  14 is    2.03444394 rad =      116.5651 deg = 116 deg 33 min 54 sec.
             Angle   2  14   6 is    1.10714872 rad =       63.4349 deg =  63 deg 26 min  6 sec.
             Angle  14   6  15 is    2.03444394 rad =      116.5651 deg = 116 deg 33 min 54 sec.


Face # 19 has  4 vertices:
       Vertices input as            9    2   19   27
       Vertices renumbered as      10    3   20   28
             Edge 10   3 is    1.06331351.
             Edge  3  20 is    0.58778525.
             Edge 20  28 is    1.06331351.
             Edge 28  10 is    1.53884177.
             Angle  28  10   3 is    1.10714872 rad =       63.4349 deg =  63 deg 26 min  6 sec.
             Angle  10   3  20 is    2.03444394 rad =      116.5651 deg = 116 deg 33 min 54 sec.
             Angle   3  20  28 is    2.03444394 rad =      116.5651 deg = 116 deg 33 min 54 sec.
             Angle  20  28  10 is    1.10714872 rad =       63.4349 deg =  63 deg 26 min  6 sec.


Face # 20 has  4 vertices:
       Vertices input as            2   14   28   19
       Vertices renumbered as       3   15   29   20
             Edge  3  15 is    1.06331351.
             Edge 15  29 is    1.53884177.
             Edge 29  20 is    1.06331351.
             Edge 20   3 is    0.58778525.
             Angle  20   3  15 is    2.03444394 rad =      116.5651 deg = 116 deg 33 min 54 sec.
             Angle   3  15  29 is    1.10714872 rad =       63.4349 deg =  63 deg 26 min  6 sec.
             Angle  15  29  20 is    1.10714872 rad =       63.4349 deg =  63 deg 26 min  6 sec.
             Angle  29  20   3 is    2.03444394 rad =      116.5651 deg = 116 deg 33 min 54 sec.


Face # 21 has  4 vertices:
       Vertices input as           31   28   20   29
       Vertices renumbered as      32   29   21   30
             Edge 32  29 is    1.06331351.
             Edge 29  21 is    1.06331351.
             Edge 21  30 is    1.06331351.
             Edge 30  32 is    1.06331351.
             Angle  30  32  29 is    2.03444394 rad =      116.5651 deg = 116 deg 33 min 54 sec.
             Angle  32  29  21 is    1.10714872 rad =       63.4349 deg =  63 deg 26 min  6 sec.
             Angle  29  21  30 is    2.03444394 rad =      116.5651 deg = 116 deg 33 min 54 sec.
             Angle  21  30  32 is    1.10714872 rad =       63.4349 deg =  63 deg 26 min  6 sec.


Face # 22 has  4 vertices:
       Vertices input as           18   25   17   30
       Vertices renumbered as      19   26   18   31
             Edge 19  26 is    1.06331351.
             Edge 26  18 is    1.06331351.
```

        Edge 18 31 is   1.06331351.
        Edge 31 19 is   1.06331351.
        Angle 31 19 26 is   2.03444394 rad =   116.5651 deg = 116 deg 33 min 54 sec.
        Angle 19 26 18 is   1.10714872 rad =   63.4349 deg = 63 deg 26 min 6 sec.
        Angle 26 18 31 is   2.03444394 rad =   116.5651 deg = 116 deg 33 min 54 sec.
        Angle 18 31 19 is   1.10714872 rad =   63.4349 deg = 63 deg 26 min 6 sec.

Face # 23 has 4 vertices:
    Vertices input as   27   19   28   31
    Vertices renumbered as   28   20   29   32
        Edge 28 20 is   1.06331351.
        Edge 20 29 is   1.06331351.
        Edge 29 32 is   1.06331351.
        Edge 32 28 is   1.06331351.
        Angle 32 28 20 is   1.10714872 rad =   63.4349 deg = 63 deg 26 min 6 sec.
        Angle 28 20 29 is   2.03444394 rad =   116.5651 deg = 116 deg 33 min 54 sec.
        Angle 20 29 32 is   1.10714872 rad =   63.4349 deg = 63 deg 26 min 6 sec.
        Angle 29 32 28 is   2.03444394 rad =   116.5651 deg = 116 deg 33 min 54 sec.

Face # 24 has 4 vertices:
    Vertices input as   23   26   20   28
    Vertices renumbered as   24   27   21   29
        Edge 24 27 is   1.06331351.
        Edge 27 21 is   1.06331351.
        Edge 21 29 is   1.06331351.
        Edge 29 24 is   1.06331351.
        Angle 29 24 27 is   2.03444394 rad =   116.5651 deg = 116 deg 33 min 54 sec.
        Angle 24 27 21 is   1.10714872 rad =   63.4349 deg = 63 deg 26 min 6 sec.
        Angle 27 21 29 is   2.03444394 rad =   116.5651 deg = 116 deg 33 min 54 sec.
        Angle 21 29 24 is   1.10714872 rad =   63.4349 deg = 63 deg 26 min 6 sec.

Face # 25 has 4 vertices:
    Vertices input as   31   29   24   27
    Vertices renumbered as   32   30   25   28
        Edge 32 30 is   1.06331351.
        Edge 30 25 is   1.06331351.
        Edge 25 28 is   1.06331351.
        Edge 28 32 is   1.06331351.
        Angle 28 32 30 is   2.03444394 rad =   116.5651 deg = 116 deg 33 min 54 sec.
        Angle 32 30 25 is   1.10714872 rad =   63.4349 deg = 63 deg 26 min 6 sec.
        Angle 30 25 28 is   2.03444394 rad =   116.5651 deg = 116 deg 33 min 54 sec.
        Angle 25 28 32 is   1.10714872 rad =   63.4349 deg = 63 deg 26 min 6 sec.

Face # 26 has 4 vertices:
    Vertices input as   29   20   26   21
    Vertices renumbered as   30   21   27   22
        Edge 30 21 is   1.06331351.
        Edge 21 27 is   1.06331351.
        Edge 27 22 is   1.06331351.
        Edge 22 30 is   1.06331351.
        Angle 22 30 21 is   1.10714872 rad =   63.4349 deg = 63 deg 26 min 6 sec.
        Angle 30 21 27 is   2.03444394 rad =   116.5651 deg = 116 deg 33 min 54 sec.
        Angle 21 27 22 is   1.10714872 rad =   63.4349 deg = 63 deg 26 min 6 sec.
        Angle 27 22 30 is   2.03444394 rad =   116.5651 deg = 116 deg 33 min 54 sec.

Face # 27 has 4 vertices:
    Vertices input as   25   16   27   24
    Vertices renumbered as   26   17   28   25

```
        Edge 26 17 is       1.06331351.
        Edge 17 28 is       1.06331351.
        Edge 28 25 is       1.06331351.
        Edge 25 26 is       1.06331351.
        Angle 25 26 17 is   1.10714872 rad =        63.4349 deg =  63 deg 26 min  6 sec.
        Angle 26 17 28 is   2.03444394 rad =       116.5651 deg = 116 deg 33 min 54 sec.
        Angle 17 28 25 is   1.10714872 rad =        63.4349 deg =  63 deg 26 min  6 sec.
        Angle 28 25 26 is   2.03444394 rad =       116.5651 deg = 116 deg 33 min 54 sec.


Face # 28 has  4 vertices:
    Vertices input as        26   22   30   21
    Vertices renumbered as   27   23   31   22
        Edge 27 23 is       1.06331351.
        Edge 23 31 is       1.06331351.
        Edge 31 22 is       1.06331351.
        Edge 22 27 is       1.06331351.
        Angle 22 27 23 is   1.10714872 rad =        63.4349 deg =  63 deg 26 min  6 sec.
        Angle 27 23 31 is   2.03444394 rad =       116.5651 deg = 116 deg 33 min 54 sec.
        Angle 23 31 22 is   1.10714872 rad =        63.4349 deg =  63 deg 26 min  6 sec.
        Angle 31 22 27 is   2.03444394 rad =       116.5651 deg = 116 deg 33 min 54 sec.


Face # 29 has  4 vertices:
    Vertices input as        17   25   24   29
    Vertices renumbered as   18   26   25   30
        Edge 18 26 is       1.06331351.
        Edge 26 25 is       1.06331351.
        Edge 25 30 is       1.06331351.
        Edge 30 18 is       1.06331351.
        Angle 30 18 26 is   2.03444394 rad =       116.5651 deg = 116 deg 33 min 54 sec.
        Angle 18 26 25 is   1.10714872 rad =        63.4349 deg =  63 deg 26 min  6 sec.
        Angle 26 25 30 is   2.03444394 rad =       116.5651 deg = 116 deg 33 min 54 sec.
        Angle 25 30 18 is   1.10714872 rad =        63.4349 deg =  63 deg 26 min  6 sec.


Face # 30 has  4 vertices:
    Vertices input as        30   17   29   21
    Vertices renumbered as   31   18   30   22
        Edge 31 18 is       1.06331351.
        Edge 18 30 is       1.06331351.
        Edge 30 22 is       1.06331351.
        Edge 22 31 is       1.06331351.
        Angle 22 31 18 is   1.10714872 rad =        63.4349 deg =  63 deg 26 min  6 sec.
        Angle 31 18 30 is   2.03444394 rad =       116.5651 deg = 116 deg 33 min 54 sec.
        Angle 18 30 22 is   1.10714872 rad =        63.4349 deg =  63 deg 26 min  6 sec.
        Angle 30 22 31 is   2.03444394 rad =       116.5651 deg = 116 deg 33 min 54 sec.


The edge joining vertices   1 and 10 is between faces  11 and 13.
        Dihedral angle is   2.51327412 rad =       144.0000 deg = 144 deg  0 min  0 sec.
The edge joining vertices   1 and 12 is between faces   2 and 11.
        Dihedral angle is   2.51327412 rad =       144.0000 deg = 144 deg  0 min  0 sec.
The edge joining vertices   1 and 17 is between faces   2 and 13.
        Dihedral angle is   2.51327412 rad =       144.0000 deg = 144 deg  0 min  0 sec.
The edge joining vertices   2 and 10 is between faces   4 and 17.
        Dihedral angle is   2.51327412 rad =       144.0000 deg = 144 deg  0 min  0 sec.
The edge joining vertices   2 and 14 is between faces  17 and 18.
        Dihedral angle is   2.51327412 rad =       144.0000 deg = 144 deg  0 min  0 sec.
The edge joining vertices   2 and 15 is between faces   4 and 18.
        Dihedral angle is   2.51327412 rad =       144.0000 deg = 144 deg  0 min  0 sec.
The edge joining vertices   3 and 10 is between faces   4 and 19.
        Dihedral angle is   2.51327412 rad =       144.0000 deg = 144 deg  0 min  0 sec.
```

```
The edge joining vertices  3 and 15 is between faces  4 and 20.
      Dihedral angle is    2.51327412 rad =      144.0000 deg = 144 deg  0 min  0 sec.
The edge joining vertices  3 and 20 is between faces 19 and 20.
      Dihedral angle is    2.51327412 rad =      144.0000 deg = 144 deg  0 min  0 sec.
The edge joining vertices  4 and 12 is between faces  5 and  9.
      Dihedral angle is    2.51327412 rad =      144.0000 deg = 144 deg  0 min  0 sec.
The edge joining vertices  4 and 13 is between faces  5 and 15.
      Dihedral angle is    2.51327412 rad =      144.0000 deg = 144 deg  0 min  0 sec.
The edge joining vertices  4 and 19 is between faces  9 and 15.
      Dihedral angle is    2.51327412 rad =      144.0000 deg = 144 deg  0 min  0 sec.
The edge joining vertices  5 and 11 is between faces  6 and  8.
      Dihedral angle is    2.51327412 rad =      144.0000 deg = 144 deg  0 min  0 sec.
The edge joining vertices  5 and 13 is between faces  1 and  6.
      Dihedral angle is    2.51327412 rad =      144.0000 deg = 144 deg  0 min  0 sec.
The edge joining vertices  5 and 14 is between faces  1 and  8.
      Dihedral angle is    2.51327412 rad =      144.0000 deg = 144 deg  0 min  0 sec.
The edge joining vertices  6 and 11 is between faces  8 and 12.
      Dihedral angle is    2.51327412 rad =      144.0000 deg = 144 deg  0 min  0 sec.
The edge joining vertices  6 and 14 is between faces  8 and 18.
      Dihedral angle is    2.51327412 rad =      144.0000 deg = 144 deg  0 min  0 sec.
The edge joining vertices  6 and 15 is between faces 12 and 18.
      Dihedral angle is    2.51327412 rad =      144.0000 deg = 144 deg  0 min  0 sec.
The edge joining vertices  7 and 11 is between faces  3 and 12.
      Dihedral angle is    2.51327412 rad =      144.0000 deg = 144 deg  0 min  0 sec.
The edge joining vertices  7 and 15 is between faces 12 and 14.
      Dihedral angle is    2.51327412 rad =      144.0000 deg = 144 deg  0 min  0 sec.
The edge joining vertices  7 and 24 is between faces  3 and 14.
      Dihedral angle is    2.51327412 rad =      144.0000 deg = 144 deg  0 min  0 sec.
The edge joining vertices  8 and 11 is between faces  6 and 10.
      Dihedral angle is    2.51327412 rad =      144.0000 deg = 144 deg  0 min  0 sec.
The edge joining vertices  8 and 13 is between faces  6 and 16.
      Dihedral angle is    2.51327412 rad =      144.0000 deg = 144 deg  0 min  0 sec.
The edge joining vertices  8 and 23 is between faces 10 and 16.
      Dihedral angle is    2.51327412 rad =      144.0000 deg = 144 deg  0 min  0 sec.
The edge joining vertices  9 and 10 is between faces 11 and 17.
      Dihedral angle is    2.51327412 rad =      144.0000 deg = 144 deg  0 min  0 sec.
The edge joining vertices  9 and 12 is between faces  7 and 11.
      Dihedral angle is    2.51327412 rad =      144.0000 deg = 144 deg  0 min  0 sec.
The edge joining vertices  9 and 14 is between faces  7 and 17.
      Dihedral angle is    2.51327412 rad =      144.0000 deg = 144 deg  0 min  0 sec.
The edge joining vertices 10 and 28 is between faces 13 and 19.
      Dihedral angle is    2.51327412 rad =      144.0000 deg = 144 deg  0 min  0 sec.
The edge joining vertices 11 and 27 is between faces  3 and 10.
      Dihedral angle is    2.51327412 rad =      144.0000 deg = 144 deg  0 min  0 sec.
The edge joining vertices 12 and 16 is between faces  5 and  7.
      Dihedral angle is    2.51327412 rad =      144.0000 deg = 144 deg  0 min  0 sec.
The edge joining vertices 12 and 26 is between faces  2 and  9.
      Dihedral angle is    2.51327412 rad =      144.0000 deg = 144 deg  0 min  0 sec.
The edge joining vertices 13 and 16 is between faces  1 and  5.
      Dihedral angle is    2.51327412 rad =      144.0000 deg = 144 deg  0 min  0 sec.
The edge joining vertices 13 and 31 is between faces 15 and 16.
      Dihedral angle is    2.51327412 rad =      144.0000 deg = 144 deg  0 min  0 sec.
The edge joining vertices 14 and 16 is between faces  1 and  7.
      Dihedral angle is    2.51327412 rad =      144.0000 deg = 144 deg  0 min  0 sec.
The edge joining vertices 15 and 29 is between faces 14 and 20.
      Dihedral angle is    2.51327412 rad =      144.0000 deg = 144 deg  0 min  0 sec.
The edge joining vertices 17 and 26 is between faces  2 and 27.
      Dihedral angle is    2.51327412 rad =      144.0000 deg = 144 deg  0 min  0 sec.
The edge joining vertices 17 and 28 is between faces 13 and 27.
      Dihedral angle is    2.51327412 rad =      144.0000 deg = 144 deg  0 min  0 sec.
The edge joining vertices 18 and 26 is between faces 22 and 29.
      Dihedral angle is    2.51327412 rad =      144.0000 deg = 144 deg  0 min  0 sec.
The edge joining vertices 18 and 30 is between faces 29 and 30.
```

Dihedral angle is   2.51327412 rad =   144.0000 deg = 144 deg 0 min 0 sec.
The edge joining vertices 18 and 31 is between faces 22 and 30.
Dihedral angle is   2.51327412 rad =   144.0000 deg = 144 deg 0 min 0 sec.
The edge joining vertices 19 and 26 is between faces 9 and 22.
Dihedral angle is   2.51327412 rad =   144.0000 deg = 144 deg 0 min 0 sec.
The edge joining vertices 19 and 31 is between faces 15 and 22.
Dihedral angle is   2.51327412 rad =   144.0000 deg = 144 deg 0 min 0 sec.
The edge joining vertices 20 and 28 is between faces 19 and 23.
Dihedral angle is   2.51327412 rad =   144.0000 deg = 144 deg 0 min 0 sec.
The edge joining vertices 20 and 29 is between faces 20 and 23.
Dihedral angle is   2.51327412 rad =   144.0000 deg = 144 deg 0 min 0 sec.
The edge joining vertices 21 and 27 is between faces 24 and 26.
Dihedral angle is   2.51327412 rad =   144.0000 deg = 144 deg 0 min 0 sec.
The edge joining vertices 21 and 29 is between faces 21 and 24.
Dihedral angle is   2.51327412 rad =   144.0000 deg = 144 deg 0 min 0 sec.
The edge joining vertices 21 and 30 is between faces 21 and 26.
Dihedral angle is   2.51327412 rad =   144.0000 deg = 144 deg 0 min 0 sec.
The edge joining vertices 22 and 27 is between faces 26 and 28.
Dihedral angle is   2.51327412 rad =   144.0000 deg = 144 deg 0 min 0 sec.
The edge joining vertices 22 and 30 is between faces 26 and 30.
Dihedral angle is   2.51327412 rad =   144.0000 deg = 144 deg 0 min 0 sec.
The edge joining vertices 22 and 31 is between faces 28 and 30.
Dihedral angle is   2.51327412 rad =   144.0000 deg = 144 deg 0 min 0 sec.
The edge joining vertices 23 and 27 is between faces 10 and 28.
Dihedral angle is   2.51327412 rad =   144.0000 deg = 144 deg 0 min 0 sec.
The edge joining vertices 23 and 31 is between faces 16 and 28.
Dihedral angle is   2.51327412 rad =   144.0000 deg = 144 deg 0 min 0 sec.
The edge joining vertices 24 and 27 is between faces 3 and 24.
Dihedral angle is   2.51327412 rad =   144.0000 deg = 144 deg 0 min 0 sec.
The edge joining vertices 24 and 29 is between faces 14 and 24.
Dihedral angle is   2.51327412 rad =   144.0000 deg = 144 deg 0 min 0 sec.
The edge joining vertices 25 and 26 is between faces 27 and 29.
Dihedral angle is   2.51327412 rad =   144.0000 deg = 144 deg 0 min 0 sec.
The edge joining vertices 25 and 28 is between faces 25 and 27.
Dihedral angle is   2.51327412 rad =   144.0000 deg = 144 deg 0 min 0 sec.
The edge joining vertices 25 and 30 is between faces 25 and 29.
Dihedral angle is   2.51327412 rad =   144.0000 deg = 144 deg 0 min 0 sec.
The edge joining vertices 28 and 32 is between faces 23 and 25.
Dihedral angle is   2.51327412 rad =   144.0000 deg = 144 deg 0 min 0 sec.
The edge joining vertices 29 and 32 is between faces 21 and 23.
Dihedral angle is   2.51327412 rad =   144.0000 deg = 144 deg 0 min 0 sec.
The edge joining vertices 30 and 32 is between faces 21 and 25.
Dihedral angle is   2.51327412 rad =   144.0000 deg = 144 deg 0 min 0 sec.

Report based on file j35.off

```
Vertex #  1: (  0.86602540, -0.50000000,  0.50000000).
Vertex #  2: (  0.00000000, -1.00000000,  0.50000000).
Vertex #  3: ( -0.86602540, -0.50000000,  0.50000000).
Vertex #  4: ( -0.86602540,  0.50000000,  0.50000000).
Vertex #  5: (  0.00000000,  1.00000000,  0.50000000).
Vertex #  6: (  0.86602540,  0.50000000,  0.50000000).
Vertex #  7: (  0.86602540, -0.50000000, -0.50000000).
Vertex #  8: (  0.00000000, -1.00000000, -0.50000000).
Vertex #  9: ( -0.86602540, -0.50000000, -0.50000000).
Vertex # 10: ( -0.86602540,  0.50000000, -0.50000000).
Vertex # 11: (  0.00000000,  1.00000000, -0.50000000).
Vertex # 12: (  0.86602540,  0.50000000, -0.50000000).
Vertex # 13: (  0.28867513,  0.50000000,  1.31649658).
Vertex # 14: (  0.28867513, -0.50000000,  1.31649658).
Vertex # 15: ( -0.57735027,  0.00000000,  1.31649658).
Vertex # 16: (  0.28867513, -0.50000000, -1.31649658).
Vertex # 17: (  0.28867513,  0.50000000, -1.31649658).
Vertex # 18: ( -0.57735027,  0.00000000, -1.31649658).


Face #  1 has  4 vertices:
    Vertices input as          0    1    7    6
    Vertices renumbered as     1    2    8    7
      Edge  1  2 is  1.00000000.
      Edge  2  8 is  1.00000000.
      Edge  8  7 is  1.00000000.
      Edge  7  1 is  1.00000000.
      Angle  7  1  2 is  1.57079633 rad =      90.0000 deg =  90 deg  0 min  0 sec.
      Angle  1  2  8 is  1.57079633 rad =      90.0000 deg =  90 deg  0 min  0 sec.
      Angle  2  8  7 is  1.57079633 rad =      90.0000 deg =  90 deg  0 min  0 sec.
      Angle  8  7  1 is  1.57079633 rad =      90.0000 deg =  90 deg  0 min  0 sec.


Face #  2 has  4 vertices:
    Vertices input as          1    2    8    7
    Vertices renumbered as     2    3    9    8
      Edge  2  3 is  1.00000000.
      Edge  3  9 is  1.00000000.
      Edge  9  8 is  1.00000000.
      Edge  8  2 is  1.00000000.
      Angle  8  2  3 is  1.57079633 rad =      90.0000 deg =  90 deg  0 min  0 sec.
      Angle  2  3  9 is  1.57079633 rad =      90.0000 deg =  90 deg  0 min  0 sec.
      Angle  3  9  8 is  1.57079633 rad =      90.0000 deg =  90 deg  0 min  0 sec.
      Angle  9  8  2 is  1.57079633 rad =      90.0000 deg =  90 deg  0 min  0 sec.


Face #  3 has  4 vertices:
    Vertices input as          2    3    9    8
    Vertices renumbered as     3    4   10    9
      Edge  3  4 is  1.00000000.
      Edge  4 10 is  1.00000000.
      Edge 10  9 is  1.00000000.
      Edge  9  3 is  1.00000000.
      Angle  9  3  4 is  1.57079633 rad =      90.0000 deg =  90 deg  0 min  0 sec.
      Angle  3  4 10 is  1.57079633 rad =      90.0000 deg =  90 deg  0 min  0 sec.
      Angle  4 10  9 is  1.57079633 rad =      90.0000 deg =  90 deg  0 min  0 sec.
      Angle 10  9  3 is  1.57079633 rad =      90.0000 deg =  90 deg  0 min  0 sec.


Face #  4 has  4 vertices:
```

```
        Vertices input as          3   4  10   9
        Vertices renumbered as     4   5  11  10
           Edge  4  5 is   1.00000000.
           Edge  5 11 is   1.00000000.
           Edge 11 10 is   1.00000000.
           Edge 10  4 is   1.00000000.
           Angle 10  4  5 is   1.57079633 rad =      90.0000 deg =   90 deg   0 min   0 sec.
           Angle  4  5 11 is   1.57079633 rad =      90.0000 deg =   90 deg   0 min   0 sec.
           Angle  5 11 10 is   1.57079633 rad =      90.0000 deg =   90 deg   0 min   0 sec.
           Angle 11 10  4 is   1.57079633 rad =      90.0000 deg =   90 deg   0 min   0 sec.


Face #  5 has  4 vertices:
        Vertices input as          4   5  11  10
        Vertices renumbered as     5   6  12  11
           Edge  5  6 is   1.00000000.
           Edge  6 12 is   1.00000000.
           Edge 12 11 is   1.00000000.
           Edge 11  5 is   1.00000000.
           Angle 11  5  6 is   1.57079633 rad =      90.0000 deg =   90 deg   0 min   0 sec.
           Angle  5  6 12 is   1.57079633 rad =      90.0000 deg =   90 deg   0 min   0 sec.
           Angle  6 12 11 is   1.57079633 rad =      90.0000 deg =   90 deg   0 min   0 sec.
           Angle 12 11  5 is   1.57079633 rad =      90.0000 deg =   90 deg   0 min   0 sec.


Face #  6 has  4 vertices:
        Vertices input as          5   0   6  11
        Vertices renumbered as     6   1   7  12
           Edge  6  1 is   1.00000000.
           Edge  1  7 is   1.00000000.
           Edge  7 12 is   1.00000000.
           Edge 12  6 is   1.00000000.
           Angle 12  6  1 is   1.57079633 rad =      90.0000 deg =   90 deg   0 min   0 sec.
           Angle  6  1  7 is   1.57079633 rad =      90.0000 deg =   90 deg   0 min   0 sec.
           Angle  1  7 12 is   1.57079633 rad =      90.0000 deg =   90 deg   0 min   0 sec.
           Angle  7 12  6 is   1.57079633 rad =      90.0000 deg =   90 deg   0 min   0 sec.


Face #  7 has  3 vertices:
        Vertices input as         14  13  12
        Vertices renumbered as    15  14  13
           Edge 15 14 is   1.00000000.
           Edge 14 13 is   1.00000000.
           Edge 13 15 is   1.00000000.
           Angle 13 15 14 is   1.04719755 rad =      60.0000 deg =   60 deg   0 min   0 sec.
           Angle 15 14 13 is   1.04719755 rad =      60.0000 deg =   60 deg   0 min   0 sec.
           Angle 14 13 15 is   1.04719755 rad =      60.0000 deg =   60 deg   0 min   0 sec.


Face #  8 has  4 vertices:
        Vertices input as          5  12  13   0
        Vertices renumbered as     6  13  14   1
           Edge  6 13 is   1.00000000.
           Edge 13 14 is   1.00000000.
           Edge 14  1 is   1.00000000.
           Edge  1  6 is   1.00000000.
           Angle  1  6 13 is   1.57079633 rad =      90.0000 deg =   90 deg   0 min   0 sec.
           Angle  6 13 14 is   1.57079633 rad =      90.0000 deg =   90 deg   0 min   0 sec.
           Angle 13 14  1 is   1.57079633 rad =      90.0000 deg =   90 deg   0 min   0 sec.
           Angle 14  1  6 is   1.57079633 rad =      90.0000 deg =   90 deg   0 min   0 sec.


Face #  9 has  3 vertices:
```

```
        Vertices input as         0  13   1
        Vertices renumbered as    1  14   2
           Edge  1 14 is   1.00000000.
           Edge 14  2 is   1.00000000.
           Edge  2  1 is   1.00000000.
           Angle  2  1 14 is   1.04719755 rad =      60.0000 deg = 59 deg 59 min 60 sec.
           Angle  1 14  2 is   1.04719755 rad =      60.0000 deg = 60 deg  0 min  0 sec.
           Angle 14  2  1 is   1.04719755 rad =      60.0000 deg = 60 deg  0 min  0 sec.


Face # 10 has  4 vertices:
        Vertices input as         1  13  14   2
        Vertices renumbered as    2  14  15   3
           Edge  2 14 is   1.00000000.
           Edge 14 15 is   1.00000000.
           Edge 15  3 is   1.00000000.
           Edge  3  2 is   1.00000000.
           Angle  3  2 14 is   1.57079633 rad =      90.0000 deg = 90 deg  0 min  0 sec.
           Angle  2 14 15 is   1.57079633 rad =      90.0000 deg = 90 deg  0 min  0 sec.
           Angle 14 15  3 is   1.57079633 rad =      90.0000 deg = 90 deg  0 min  0 sec.
           Angle 15  3  2 is   1.57079633 rad =      90.0000 deg = 90 deg  0 min  0 sec.


Face # 11 has  3 vertices:
        Vertices input as         2  14   3
        Vertices renumbered as    3  15   4
           Edge  3 15 is   1.00000000.
           Edge 15  4 is   1.00000000.
           Edge  4  3 is   1.00000000.
           Angle  4  3 15 is   1.04719755 rad =      60.0000 deg = 60 deg  0 min  0 sec.
           Angle  3 15  4 is   1.04719755 rad =      60.0000 deg = 60 deg  0 min  0 sec.
           Angle 15  4  3 is   1.04719755 rad =      60.0000 deg = 59 deg 59 min 60 sec.


Face # 12 has  4 vertices:
        Vertices input as         3  14  12   4
        Vertices renumbered as    4  15  13   5
           Edge  4 15 is   1.00000000.
           Edge 15 13 is   1.00000000.
           Edge 13  5 is   1.00000000.
           Edge  5  4 is   1.00000000.
           Angle  5  4 15 is   1.57079633 rad =      90.0000 deg = 90 deg  0 min  0 sec.
           Angle  4 15 13 is   1.57079633 rad =      90.0000 deg = 90 deg  0 min  0 sec.
           Angle 15 13  5 is   1.57079633 rad =      90.0000 deg = 90 deg  0 min  0 sec.
           Angle 13  5  4 is   1.57079633 rad =      90.0000 deg = 90 deg  0 min  0 sec.


Face # 13 has  3 vertices:
        Vertices input as         4  12   5
        Vertices renumbered as    5  13   6
           Edge  5 13 is   1.00000000.
           Edge 13  6 is   1.00000000.
           Edge  6  5 is   1.00000000.
           Angle  6  5 13 is   1.04719755 rad =      60.0000 deg = 60 deg  0 min  0 sec.
           Angle  5 13  6 is   1.04719755 rad =      60.0000 deg = 60 deg  0 min  0 sec.
           Angle 13  6  5 is   1.04719755 rad =      60.0000 deg = 60 deg  0 min  0 sec.


Face # 14 has  3 vertices:
        Vertices input as        17  16  15
        Vertices renumbered as   18  17  16
           Edge 18 17 is   1.00000000.
           Edge 17 16 is   1.00000000.
```

```
        Edge  16  18 is    1.00000000.
        Angle 16 18 17 is  1.04719755 rad =      60.0000 deg =  60 deg  0 min  0 sec.
        Angle 18 17 16 is  1.04719755 rad =      60.0000 deg =  60 deg  0 min  0 sec.
        Angle 17 16 18 is  1.04719755 rad =      60.0000 deg =  60 deg  0 min  0 sec.


Face # 15 has  4 vertices:
    Vertices input as          6  15  16  11
    Vertices renumbered as     7  16  17  12
        Edge   7  16 is    1.00000000.
        Edge  16  17 is    1.00000000.
        Edge  17  12 is    1.00000000.
        Edge  12   7 is    1.00000000.
        Angle 12  7 16 is  1.57079633 rad =      90.0000 deg =  90 deg  0 min  0 sec.
        Angle  7 16 17 is  1.57079633 rad =      90.0000 deg =  90 deg  0 min  0 sec.
        Angle 16 17 12 is  1.57079633 rad =      90.0000 deg =  90 deg  0 min  0 sec.
        Angle 17 12  7 is  1.57079633 rad =      90.0000 deg =  90 deg  0 min  0 sec.


Face # 16 has  3 vertices:
    Vertices input as         11  16  10
    Vertices renumbered as    12  17  11
        Edge  12  17 is    1.00000000.
        Edge  17  11 is    1.00000000.
        Edge  11  12 is    1.00000000.
        Angle 11 12 17 is  1.04719755 rad =      60.0000 deg =  60 deg  0 min  0 sec.
        Angle 12 17 11 is  1.04719755 rad =      60.0000 deg =  60 deg  0 min  0 sec.
        Angle 17 11 12 is  1.04719755 rad =      60.0000 deg =  60 deg  0 min  0 sec.


Face # 17 has  4 vertices:
    Vertices input as         10  16  17   9
    Vertices renumbered as    11  17  18  10
        Edge  11  17 is    1.00000000.
        Edge  17  18 is    1.00000000.
        Edge  18  10 is    1.00000000.
        Edge  10  11 is    1.00000000.
        Angle 10 11 17 is  1.57079633 rad =      90.0000 deg =  90 deg  0 min  0 sec.
        Angle 11 17 18 is  1.57079633 rad =      90.0000 deg =  90 deg  0 min  0 sec.
        Angle 17 18 10 is  1.57079633 rad =      90.0000 deg =  90 deg  0 min  0 sec.
        Angle 18 10 11 is  1.57079633 rad =      90.0000 deg =  90 deg  0 min  0 sec.


Face # 18 has  3 vertices:
    Vertices input as          9  17   8
    Vertices renumbered as    10  18   9
        Edge  10  18 is    1.00000000.
        Edge  18   9 is    1.00000000.
        Edge   9  10 is    1.00000000.
        Angle  9 10 18 is  1.04719755 rad =      60.0000 deg =  60 deg  0 min  0 sec.
        Angle 10 18  9 is  1.04719755 rad =      60.0000 deg =  60 deg  0 min  0 sec.
        Angle 18  9 10 is  1.04719755 rad =      60.0000 deg =  60 deg  0 min  0 sec.


Face # 19 has  4 vertices:
    Vertices input as          8  17  15   7
    Vertices renumbered as     9  18  16   8
        Edge   9  18 is    1.00000000.
        Edge  18  16 is    1.00000000.
        Edge  16   8 is    1.00000000.
        Edge   8   9 is    1.00000000.
        Angle  8  9 18 is  1.57079633 rad =      90.0000 deg =  90 deg  0 min  0 sec.
        Angle  9 18 16 is  1.57079633 rad =      90.0000 deg =  90 deg  0 min  0 sec.
```

```
        Angle 18 16   8 is    1.57079633 rad =       90.0000 deg =  90 deg   0 min   0 sec.
        Angle 16  8   9 is    1.57079633 rad =       90.0000 deg =  90 deg   0 min   0 sec.


Face # 20 has  3 vertices:
    Vertices input as         7  15   6
    Vertices renumbered as    8  16   7
        Edge  8 16 is   1.00000000.
        Edge 16  7 is   1.00000000.
        Edge  7  8 is   1.00000000.
        Angle  7  8 16 is    1.04719755 rad =       60.0000 deg =  60 deg   0 min   0 sec.
        Angle  8 16  7 is    1.04719755 rad =       60.0000 deg =  60 deg   0 min   0 sec.
        Angle 16  7  8 is    1.04719755 rad =       60.0000 deg =  60 deg   0 min   0 sec.


The edge joining vertices   1 and  2 is between faces   1 and  9.
        Dihedral angle is    2.80175574 rad =      160.5288 deg = 160 deg 31 min  44 sec.
The edge joining vertices   1 and  6 is between faces   6 and  8.
        Dihedral angle is    2.52611294 rad =      144.7356 deg = 144 deg 44 min   8 sec.
The edge joining vertices   1 and  7 is between faces   1 and  6.
        Dihedral angle is    2.09439510 rad =      120.0000 deg = 120 deg  0 min   0 sec.
The edge joining vertices   1 and 14 is between faces   8 and  9.
        Dihedral angle is    2.18627604 rad =      125.2644 deg = 125 deg 15 min  52 sec.
The edge joining vertices   2 and  3 is between faces   2 and 10.
        Dihedral angle is    2.52611294 rad =      144.7356 deg = 144 deg 44 min   8 sec.
The edge joining vertices   2 and  8 is between faces   1 and  2.
        Dihedral angle is    2.09439510 rad =      120.0000 deg = 120 deg  0 min   0 sec.
The edge joining vertices   2 and 14 is between faces   9 and 10.
        Dihedral angle is    2.18627604 rad =      125.2644 deg = 125 deg 15 min  52 sec.
The edge joining vertices   3 and  4 is between faces   3 and 11.
        Dihedral angle is    2.80175574 rad =      160.5288 deg = 160 deg 31 min  44 sec.
The edge joining vertices   3 and  9 is between faces   2 and  3.
        Dihedral angle is    2.09439510 rad =      120.0000 deg = 120 deg  0 min   0 sec.
The edge joining vertices   3 and 15 is between faces  10 and 11.
        Dihedral angle is    2.18627604 rad =      125.2644 deg = 125 deg 15 min  52 sec.
The edge joining vertices   4 and  5 is between faces   4 and 12.
        Dihedral angle is    2.52611294 rad =      144.7356 deg = 144 deg 44 min   8 sec.
The edge joining vertices   4 and 10 is between faces   3 and  4.
        Dihedral angle is    2.09439510 rad =      120.0000 deg = 120 deg  0 min   0 sec.
The edge joining vertices   4 and 15 is between faces  11 and 12.
        Dihedral angle is    2.18627604 rad =      125.2644 deg = 125 deg 15 min  52 sec.
The edge joining vertices   5 and  6 is between faces   5 and 13.
        Dihedral angle is    2.80175574 rad =      160.5288 deg = 160 deg 31 min  44 sec.
The edge joining vertices   5 and 11 is between faces   4 and  5.
        Dihedral angle is    2.09439510 rad =      120.0000 deg = 120 deg  0 min   0 sec.
The edge joining vertices   5 and 13 is between faces  12 and 13.
        Dihedral angle is    2.18627604 rad =      125.2644 deg = 125 deg 15 min  52 sec.
The edge joining vertices   6 and 12 is between faces   5 and  6.
        Dihedral angle is    2.09439510 rad =      120.0000 deg = 120 deg  0 min   0 sec.
The edge joining vertices   6 and 13 is between faces   8 and 13.
        Dihedral angle is    2.18627604 rad =      125.2644 deg = 125 deg 15 min  52 sec.
The edge joining vertices   7 and  8 is between faces   1 and 20.
        Dihedral angle is    2.80175574 rad =      160.5288 deg = 160 deg 31 min  44 sec.
The edge joining vertices   7 and 12 is between faces   6 and 15.
        Dihedral angle is    2.52611294 rad =      144.7356 deg = 144 deg 44 min   8 sec.
The edge joining vertices   7 and 16 is between faces  15 and 20.
        Dihedral angle is    2.18627604 rad =      125.2644 deg = 125 deg 15 min  52 sec.
The edge joining vertices   8 and  9 is between faces   2 and 19.
        Dihedral angle is    2.52611294 rad =      144.7356 deg = 144 deg 44 min   8 sec.
The edge joining vertices   8 and 16 is between faces  19 and 20.
        Dihedral angle is    2.18627604 rad =      125.2644 deg = 125 deg 15 min  52 sec.
The edge joining vertices   9 and 10 is between faces   3 and 18.
        Dihedral angle is    2.80175574 rad =      160.5288 deg = 160 deg 31 min  44 sec.
```

```
The edge joining vertices  9 and 18 is between faces 18 and 19.
       Dihedral angle is    2.18627604 rad =      125.2644 deg = 125 deg 15 min 52 sec.
The edge joining vertices 10 and 11 is between faces  4 and 17.
       Dihedral angle is    2.52611294 rad =      144.7356 deg = 144 deg 44 min  8 sec.
The edge joining vertices 10 and 18 is between faces 17 and 18.
       Dihedral angle is    2.18627604 rad =      125.2644 deg = 125 deg 15 min 52 sec.
The edge joining vertices 11 and 12 is between faces  5 and 16.
       Dihedral angle is    2.80175574 rad =      160.5288 deg = 160 deg 31 min 44 sec.
The edge joining vertices 11 and 17 is between faces 16 and 17.
       Dihedral angle is    2.18627604 rad =      125.2644 deg = 125 deg 15 min 52 sec.
The edge joining vertices 12 and 17 is between faces 15 and 16.
       Dihedral angle is    2.18627604 rad =      125.2644 deg = 125 deg 15 min 52 sec.
The edge joining vertices 13 and 14 is between faces  7 and  8.
       Dihedral angle is    2.18627604 rad =      125.2644 deg = 125 deg 15 min 52 sec.
The edge joining vertices 13 and 15 is between faces  7 and 12.
       Dihedral angle is    2.18627604 rad =      125.2644 deg = 125 deg 15 min 52 sec.
The edge joining vertices 14 and 15 is between faces  7 and 10.
       Dihedral angle is    2.18627604 rad =      125.2644 deg = 125 deg 15 min 52 sec.
The edge joining vertices 16 and 17 is between faces 14 and 15.
       Dihedral angle is    2.18627604 rad =      125.2644 deg = 125 deg 15 min 52 sec.
The edge joining vertices 16 and 18 is between faces 14 and 19.
       Dihedral angle is    2.18627604 rad =      125.2644 deg = 125 deg 15 min 52 sec.
The edge joining vertices 17 and 18 is between faces 14 and 17.
       Dihedral angle is    2.18627604 rad =      125.2644 deg = 125 deg 15 min 52 sec.
```

Report based on file j35d.off

```
Vertex #  1: (  0.57735027, -1.00000000,  0.00000000).
Vertex #  2: ( -0.57735027, -1.00000000,  0.00000000).
Vertex #  3: ( -1.15470054,  0.00000000,  0.00000000).
Vertex #  4: ( -0.57735027,  1.00000000,  0.00000000).
Vertex #  5: (  0.57735027,  1.00000000,  0.00000000).
Vertex #  6: (  1.15470054,  0.00000000,  0.00000000).
Vertex #  7: (  0.00000000,  0.00000000,  0.75959179).
Vertex #  8: (  0.81995522,  0.00000000,  0.57979590).
Vertex #  9: (  0.47947736, -0.83047915,  0.33904169).
Vertex # 10: ( -0.40997761, -0.71010205,  0.57979590).
Vertex # 11: ( -0.95895472,  0.00000000,  0.33904169).
Vertex # 12: ( -0.40997761,  0.71010205,  0.57979590).
Vertex # 13: (  0.47947736,  0.83047915,  0.33904169).
Vertex # 14: (  0.00000000,  0.00000000, -0.75959179).
Vertex # 15: (  0.81995522,  0.00000000, -0.57979590).
Vertex # 16: (  0.47947736,  0.83047915, -0.33904169).
Vertex # 17: ( -0.40997761,  0.71010205, -0.57979590).
Vertex # 18: ( -0.95895472,  0.00000000, -0.33904169).
Vertex # 19: ( -0.40997761, -0.71010205, -0.57979590).
Vertex # 20: (  0.47947736, -0.83047915, -0.33904169).


Face #  1 has  4 vertices:
    Vertices input as          8    0    5    7
    Vertices renumbered as     9    1    6    8
      Edge   9   1 is   0.39149163.
      Edge   1   6 is   1.15470054.
      Edge   6   8 is   0.66949063.
      Edge   8   9 is   0.92929187.
      Angle  8   9   1 is   2.11733996 rad =       121.3146 deg = 121 deg 18 min 53 sec.
      Angle  9   1   6 is   1.31811607 rad =        75.5225 deg =  75 deg 31 min 21 sec.
      Angle  1   6   8 is   1.31811607 rad =        75.5225 deg =  75 deg 31 min 21 sec.
      Angle  6   8   9 is   1.52961320 rad =        87.6404 deg =  87 deg 38 min 25 sec.

Face #  2 has  4 vertices:
    Vertices input as          0    8    9    1
    Vertices renumbered as     1    9   10    2
      Edge   1   9 is   0.39149163.
      Edge   9  10 is   0.92929187.
      Edge  10   2 is   0.66949063.
      Edge   2   1 is   1.15470054.
      Angle  2   1   9 is   1.31811607 rad =        75.5225 deg =  75 deg 31 min 21 sec.
      Angle  1   9  10 is   2.11733996 rad =       121.3146 deg = 121 deg 18 min 53 sec.
      Angle  9  10   2 is   1.52961320 rad =        87.6404 deg =  87 deg 38 min 25 sec.
      Angle 10   2   1 is   1.31811607 rad =        75.5225 deg =  75 deg 31 min 21 sec.

Face #  3 has  4 vertices:
    Vertices input as          1    9   10    2
    Vertices renumbered as     2   10   11    3
      Edge   2  10 is   0.66949063.
      Edge  10  11 is   0.92929187.
      Edge  11   3 is   0.39149163.
      Edge   3   2 is   1.15470054.
      Angle  3   2  10 is   1.31811607 rad =        75.5225 deg =  75 deg 31 min 21 sec.
      Angle  2  10  11 is   1.52961320 rad =        87.6404 deg =  87 deg 38 min 25 sec.
      Angle 10  11   3 is   2.11733996 rad =       121.3146 deg = 121 deg 18 min 53 sec.
      Angle 11   3   2 is   1.31811607 rad =        75.5225 deg =  75 deg 31 min 21 sec.
```

```
Face #  4 has  4 vertices:
    Vertices input as         2   10   11    3
    Vertices renumbered as    3   11   12    4
        Edge  3 11 is   0.39149163.
        Edge 11 12 is   0.92929187.
        Edge 12  4 is   0.66949063.
        Edge  4  3 is   1.15470054.
        Angle  4  3 11 is   1.31811607 rad =     75.5225 deg =  75 deg 31 min 21 sec.
        Angle  3 11 12 is   2.11733996 rad =    121.3146 deg = 121 deg 18 min 53 sec.
        Angle 11 12  4 is   1.52961320 rad =     87.6404 deg =  87 deg 38 min 25 sec.
        Angle 12  4  3 is   1.31811607 rad =     75.5225 deg =  75 deg 31 min 21 sec.


Face #  5 has  4 vertices:
    Vertices input as         3   11   12    4
    Vertices renumbered as    4   12   13    5
        Edge  4 12 is   0.66949063.
        Edge 12 13 is   0.92929187.
        Edge 13  5 is   0.39149163.
        Edge  5  4 is   1.15470054.
        Angle  5  4 12 is   1.31811607 rad =     75.5225 deg =  75 deg 31 min 21 sec.
        Angle  4 12 13 is   1.52961320 rad =     87.6404 deg =  87 deg 38 min 25 sec.
        Angle 12 13  5 is   2.11733996 rad =    121.3146 deg = 121 deg 18 min 53 sec.
        Angle 13  5  4 is   1.31811607 rad =     75.5225 deg =  75 deg 31 min 21 sec.


Face #  6 has  4 vertices:
    Vertices input as         7    5    4   12
    Vertices renumbered as    8    6    5   13
        Edge  8  6 is   0.66949063.
        Edge  6  5 is   1.15470054.
        Edge  5 13 is   0.39149163.
        Edge 13  8 is   0.92929187.
        Angle 13  8  6 is   1.52961320 rad =     87.6404 deg =  87 deg 38 min 25 sec.
        Angle  8  6  5 is   1.31811607 rad =     75.5225 deg =  75 deg 31 min 21 sec.
        Angle  6  5 13 is   1.31811607 rad =     75.5225 deg =  75 deg 31 min 21 sec.
        Angle  5 13  8 is   2.11733996 rad =    121.3146 deg = 121 deg 18 min 53 sec.


Face #  7 has  4 vertices:
    Vertices input as         5    0   19   14
    Vertices renumbered as    6    1   20   15
        Edge  6  1 is   1.15470054.
        Edge  1 20 is   0.39149163.
        Edge 20 15 is   0.92929187.
        Edge 15  6 is   0.66949063.
        Angle 15  6  1 is   1.31811607 rad =     75.5225 deg =  75 deg 31 min 21 sec.
        Angle  6  1 20 is   1.31811607 rad =     75.5225 deg =  75 deg 31 min 21 sec.
        Angle  1 20 15 is   2.11733996 rad =    121.3146 deg = 121 deg 18 min 53 sec.
        Angle 20 15  6 is   1.52961320 rad =     87.6404 deg =  87 deg 38 min 25 sec.


Face #  8 has  4 vertices:
    Vertices input as         0    1   18   19
    Vertices renumbered as    1    2   19   20
        Edge  1  2 is   1.15470054.
        Edge  2 19 is   0.66949063.
        Edge 19 20 is   0.92929187.
        Edge 20  1 is   0.39149163.
        Angle 20  1  2 is   1.31811607 rad =     75.5225 deg =  75 deg 31 min 21 sec.
        Angle  1  2 19 is   1.31811607 rad =     75.5225 deg =  75 deg 31 min 21 sec.
        Angle  2 19 20 is   1.52961320 rad =     87.6404 deg =  87 deg 38 min 25 sec.
```

Angle 19 20 1 is   2.11733996 rad =   121.3146 deg = 121 deg 18 min 53 sec.

Face # 9 has 4 vertices:
    Vertices input as   1   2   17   18
    Vertices renumbered as   2   3   18   19
      Edge 2 3 is   1.15470054.
      Edge 3 18 is   0.39149163.
      Edge 18 19 is   0.92929187.
      Edge 19 2 is   0.66949063.
      Angle 19 2 3 is   1.31811607 rad =   75.5225 deg = 75 deg 31 min 21 sec.
      Angle 2 3 18 is   1.31811607 rad =   75.5225 deg = 75 deg 31 min 21 sec.
      Angle 3 18 19 is   2.11733996 rad =   121.3146 deg = 121 deg 18 min 53 sec.
      Angle 18 19 2 is   1.52961320 rad =   87.6404 deg = 87 deg 38 min 25 sec.

Face # 10 has 4 vertices:
    Vertices input as   2   3   16   17
    Vertices renumbered as   3   4   17   18
      Edge 3 4 is   1.15470054.
      Edge 4 17 is   0.66949063.
      Edge 17 18 is   0.92929187.
      Edge 18 3 is   0.39149163.
      Angle 18 3 4 is   1.31811607 rad =   75.5225 deg = 75 deg 31 min 21 sec.
      Angle 3 4 17 is   1.31811607 rad =   75.5225 deg = 75 deg 31 min 21 sec.
      Angle 4 17 18 is   1.52961320 rad =   87.6404 deg = 87 deg 38 min 25 sec.
      Angle 17 18 3 is   2.11733996 rad =   121.3146 deg = 121 deg 18 min 53 sec.

Face # 11 has 4 vertices:
    Vertices input as   3   4   15   16
    Vertices renumbered as   4   5   16   17
      Edge 4 5 is   1.15470054.
      Edge 5 16 is   0.39149163.
      Edge 16 17 is   0.92929187.
      Edge 17 4 is   0.66949063.
      Angle 17 4 5 is   1.31811607 rad =   75.5225 deg = 75 deg 31 min 21 sec.
      Angle 4 5 16 is   1.31811607 rad =   75.5225 deg = 75 deg 31 min 21 sec.
      Angle 5 16 17 is   2.11733996 rad =   121.3146 deg = 121 deg 18 min 53 sec.
      Angle 16 17 4 is   1.52961320 rad =   87.6404 deg = 87 deg 38 min 25 sec.

Face # 12 has 4 vertices:
    Vertices input as   4   5   14   15
    Vertices renumbered as   5   6   15   16
      Edge 5 6 is   1.15470054.
      Edge 6 15 is   0.66949063.
      Edge 15 16 is   0.92929187.
      Edge 16 5 is   0.39149163.
      Angle 16 5 6 is   1.31811607 rad =   75.5225 deg = 75 deg 31 min 21 sec.
      Angle 5 6 15 is   1.31811607 rad =   75.5225 deg = 75 deg 31 min 21 sec.
      Angle 6 15 16 is   1.52961320 rad =   87.6404 deg = 87 deg 38 min 25 sec.
      Angle 15 16 5 is   2.11733996 rad =   121.3146 deg = 121 deg 18 min 53 sec.

Face # 13 has 4 vertices:
    Vertices input as   12   11   6   7
    Vertices renumbered as   13   12   7   8
      Edge 13 12 is   0.92929187.
      Edge 12 7 is   0.83943620.
      Edge 7 8 is   0.83943620.
      Edge 8 13 is   0.92929187.
      Angle 8 13 12 is   1.73939061 rad =   99.6597 deg = 99 deg 39 min 35 sec.

```
            Angle  13  12   7 is    1.26359565 rad =     72.3987 deg =  72 deg 23 min 55 sec.
            Angle  12   7   8 is    2.01660341 rad =    115.5429 deg = 115 deg 32 min 34 sec.
            Angle   7   8  13 is    1.26359565 rad =     72.3987 deg =  72 deg 23 min 55 sec.


Face # 14 has  4 vertices:
     Vertices input as          8    7    6    9
     Vertices renumbered as     9    8    7   10
        Edge   9   8 is    0.92929187.
        Edge   8   7 is    0.83943620.
        Edge   7  10 is    0.83943620.
        Edge  10   9 is    0.92929187.
        Angle  10   9   8 is    1.73939061 rad =     99.6597 deg =  99 deg 39 min 35 sec.
        Angle   9   8   7 is    1.26359565 rad =     72.3987 deg =  72 deg 23 min 55 sec.
        Angle   8   7  10 is    2.01660341 rad =    115.5429 deg = 115 deg 32 min 34 sec.
        Angle   7  10   9 is    1.26359565 rad =     72.3987 deg =  72 deg 23 min 55 sec.


Face # 15 has  4 vertices:
     Vertices input as         10    9    6   11
     Vertices renumbered as    11   10    7   12
        Edge  11  10 is    0.92929187.
        Edge  10   7 is    0.83943620.
        Edge   7  12 is    0.83943620.
        Edge  12  11 is    0.92929187.
        Angle  12  11  10 is    1.73939061 rad =     99.6597 deg =  99 deg 39 min 35 sec.
        Angle  11  10   7 is    1.26359565 rad =     72.3987 deg =  72 deg 23 min 55 sec.
        Angle  10   7  12 is    2.01660341 rad =    115.5429 deg = 115 deg 32 min 34 sec.
        Angle   7  12  11 is    1.26359565 rad =     72.3987 deg =  72 deg 23 min 55 sec.


Face # 16 has  4 vertices:
     Vertices input as         14   19   18   13
     Vertices renumbered as    15   20   19   14
        Edge  15  20 is    0.92929187.
        Edge  20  19 is    0.92929187.
        Edge  19  14 is    0.83943620.
        Edge  14  15 is    0.83943620.
        Angle  14  15  20 is    1.26359565 rad =     72.3987 deg =  72 deg 23 min 55 sec.
        Angle  15  20  19 is    1.73939061 rad =     99.6597 deg =  99 deg 39 min 35 sec.
        Angle  20  19  14 is    1.26359565 rad =     72.3987 deg =  72 deg 23 min 55 sec.
        Angle  19  14  15 is    2.01660341 rad =    115.5429 deg = 115 deg 32 min 34 sec.


Face # 17 has  4 vertices:
     Vertices input as         16   15   14   13
     Vertices renumbered as    17   16   15   14
        Edge  17  16 is    0.92929187.
        Edge  16  15 is    0.92929187.
        Edge  15  14 is    0.83943620.
        Edge  14  17 is    0.83943620.
        Angle  14  17  16 is    1.26359565 rad =     72.3987 deg =  72 deg 23 min 55 sec.
        Angle  17  16  15 is    1.73939061 rad =     99.6597 deg =  99 deg 39 min 35 sec.
        Angle  16  15  14 is    1.26359565 rad =     72.3987 deg =  72 deg 23 min 55 sec.
        Angle  15  14  17 is    2.01660341 rad =    115.5429 deg = 115 deg 32 min 34 sec.


Face # 18 has  4 vertices:
     Vertices input as         18   17   16   13
     Vertices renumbered as    19   18   17   14
        Edge  19  18 is    0.92929187.
        Edge  18  17 is    0.92929187.
        Edge  17  14 is    0.83943620.
```

```
        Edge 14 19 is    0.83943620.
        Angle 14 19 18 is   1.26359565 rad =       72.3987 deg =   72 deg 23 min 55 sec.
        Angle 19 18 17 is   1.73939061 rad =       99.6597 deg =   99 deg 39 min 35 sec.
        Angle 18 17 14 is   1.26359565 rad =       72.3987 deg =   72 deg 23 min 55 sec.
        Angle 17 14 19 is   2.01660341 rad =      115.5429 deg =  115 deg 32 min 34 sec.


The edge joining vertices   1 and   2 is between faces   2 and   8.
        Dihedral angle is   2.21429744 rad =      126.8699 deg =  126 deg 52 min 12 sec.
The edge joining vertices   1 and   6 is between faces   1 and   7.
        Dihedral angle is   2.21429744 rad =      126.8699 deg =  126 deg 52 min 12 sec.
The edge joining vertices   1 and   9 is between faces   1 and   2.
        Dihedral angle is   2.21429744 rad =      126.8699 deg =  126 deg 52 min 12 sec.
The edge joining vertices   1 and  20 is between faces   7 and   8.
        Dihedral angle is   2.21429744 rad =      126.8699 deg =  126 deg 52 min 12 sec.
The edge joining vertices   2 and   3 is between faces   3 and   9.
        Dihedral angle is   2.21429744 rad =      126.8699 deg =  126 deg 52 min 12 sec.
The edge joining vertices   2 and  10 is between faces   2 and   3.
        Dihedral angle is   2.21429744 rad =      126.8699 deg =  126 deg 52 min 12 sec.
The edge joining vertices   2 and  19 is between faces   8 and   9.
        Dihedral angle is   2.21429744 rad =      126.8699 deg =  126 deg 52 min 12 sec.
The edge joining vertices   3 and   4 is between faces   4 and  10.
        Dihedral angle is   2.21429744 rad =      126.8699 deg =  126 deg 52 min 12 sec.
The edge joining vertices   3 and  11 is between faces   3 and   4.
        Dihedral angle is   2.21429744 rad =      126.8699 deg =  126 deg 52 min 12 sec.
The edge joining vertices   3 and  18 is between faces   9 and  10.
        Dihedral angle is   2.21429744 rad =      126.8699 deg =  126 deg 52 min 12 sec.
The edge joining vertices   4 and   5 is between faces   5 and  11.
        Dihedral angle is   2.21429744 rad =      126.8699 deg =  126 deg 52 min 12 sec.
The edge joining vertices   4 and  12 is between faces   4 and   5.
        Dihedral angle is   2.21429744 rad =      126.8699 deg =  126 deg 52 min 12 sec.
The edge joining vertices   4 and  17 is between faces  10 and  11.
        Dihedral angle is   2.21429744 rad =      126.8699 deg =  126 deg 52 min 12 sec.
The edge joining vertices   5 and   6 is between faces   6 and  12.
        Dihedral angle is   2.21429744 rad =      126.8699 deg =  126 deg 52 min 12 sec.
The edge joining vertices   5 and  13 is between faces   5 and   6.
        Dihedral angle is   2.21429744 rad =      126.8699 deg =  126 deg 52 min 12 sec.
The edge joining vertices   5 and  16 is between faces  11 and  12.
        Dihedral angle is   2.21429744 rad =      126.8699 deg =  126 deg 52 min 12 sec.
The edge joining vertices   6 and   8 is between faces   1 and   6.
        Dihedral angle is   2.21429744 rad =      126.8699 deg =  126 deg 52 min 12 sec.
The edge joining vertices   6 and  15 is between faces   7 and  12.
        Dihedral angle is   2.21429744 rad =      126.8699 deg =  126 deg 52 min 12 sec.
The edge joining vertices   7 and   8 is between faces  13 and  14.
        Dihedral angle is   2.43110605 rad =      139.2921 deg =  139 deg 17 min 32 sec.
The edge joining vertices   7 and  10 is between faces  14 and  15.
        Dihedral angle is   2.43110605 rad =      139.2921 deg =  139 deg 17 min 32 sec.
The edge joining vertices   7 and  12 is between faces  13 and  15.
        Dihedral angle is   2.43110605 rad =      139.2921 deg =  139 deg 17 min 32 sec.
The edge joining vertices   8 and   9 is between faces   1 and  14.
        Dihedral angle is   2.37554752 rad =      136.1088 deg =  136 deg  6 min 32 sec.
The edge joining vertices   8 and  13 is between faces   6 and  13.
        Dihedral angle is   2.37554752 rad =      136.1088 deg =  136 deg  6 min 32 sec.
The edge joining vertices   9 and  10 is between faces   2 and  14.
        Dihedral angle is   2.37554752 rad =      136.1088 deg =  136 deg  6 min 32 sec.
The edge joining vertices  10 and  11 is between faces   3 and  15.
        Dihedral angle is   2.37554752 rad =      136.1088 deg =  136 deg  6 min 32 sec.
The edge joining vertices  11 and  12 is between faces   4 and  15.
        Dihedral angle is   2.37554752 rad =      136.1088 deg =  136 deg  6 min 32 sec.
The edge joining vertices  12 and  13 is between faces   5 and  13.
        Dihedral angle is   2.37554752 rad =      136.1088 deg =  136 deg  6 min 32 sec.
The edge joining vertices  14 and  15 is between faces  16 and  17.
        Dihedral angle is   2.43110605 rad =      139.2921 deg =  139 deg 17 min 32 sec.
```

The edge joining vertices 14 and 17 is between faces 17 and 18.
       Dihedral angle is   2.43110605 rad =   139.2921 deg = 139 deg 17 min 32 sec.
The edge joining vertices 14 and 19 is between faces 16 and 18.
       Dihedral angle is   2.43110605 rad =   139.2921 deg = 139 deg 17 min 32 sec.
The edge joining vertices 15 and 16 is between faces 12 and 17.
       Dihedral angle is   2.37554752 rad =   136.1088 deg = 136 deg 6 min 32 sec.
The edge joining vertices 15 and 20 is between faces 7 and 16.
       Dihedral angle is   2.37554752 rad =   136.1088 deg = 136 deg 6 min 32 sec.
The edge joining vertices 16 and 17 is between faces 11 and 17.
       Dihedral angle is   2.37554752 rad =   136.1088 deg = 136 deg 6 min 32 sec.
The edge joining vertices 17 and 18 is between faces 10 and 18.
       Dihedral angle is   2.37554752 rad =   136.1088 deg = 136 deg 6 min 32 sec.
The edge joining vertices 18 and 19 is between faces 9 and 18.
       Dihedral angle is   2.37554752 rad =   136.1088 deg = 136 deg 6 min 32 sec.
The edge joining vertices 19 and 20 is between faces 8 and 16.
       Dihedral angle is   2.37554752 rad =   136.1088 deg = 136 deg 6 min 32 sec.

```
Report based on file j36.off


Vertex #  1: (  0.50000000,  0.86602540,  0.50000000).
Vertex #  2: (  1.00000000,  0.00000000,  0.50000000).
Vertex #  3: (  0.50000000, -0.86602540,  0.50000000).
Vertex #  4: ( -0.50000000, -0.86602540,  0.50000000).
Vertex #  5: ( -1.00000000,  0.00000000,  0.50000000).
Vertex #  6: ( -0.50000000,  0.86602540,  0.50000000).
Vertex #  7: (  0.50000000,  0.86602540, -0.50000000).
Vertex #  8: (  1.00000000,  0.00000000, -0.50000000).
Vertex #  9: (  0.50000000, -0.86602540, -0.50000000).
Vertex # 10: ( -0.50000000, -0.86602540, -0.50000000).
Vertex # 11: ( -1.00000000,  0.00000000, -0.50000000).
Vertex # 12: ( -0.50000000,  0.86602540, -0.50000000).
Vertex # 13: ( -0.50000000,  0.28867513,  1.31649658).
Vertex # 14: (  0.50000000,  0.28867513,  1.31649658).
Vertex # 15: (  0.00000000, -0.57735027,  1.31649658).
Vertex # 16: (  0.50000000, -0.28867513, -1.31649658).
Vertex # 17: (  0.00000000,  0.57735027, -1.31649658).
Vertex # 18: ( -0.50000000, -0.28867513, -1.31649658).


Face #  1 has  4 vertices:
    Vertices input as        0   1   7   6
    Vertices renumbered as   1   2   8   7
      Edge  1  2 is   1.00000000.
      Edge  2  8 is   1.00000000.
      Edge  8  7 is   1.00000000.
      Edge  7  1 is   1.00000000.
      Angle  7  1  2 is   1.57079633 rad =      90.0000 deg =  90 deg  0 min  0 sec.
      Angle  1  2  8 is   1.57079633 rad =      90.0000 deg =  90 deg  0 min  0 sec.
      Angle  2  8  7 is   1.57079633 rad =      90.0000 deg =  90 deg  0 min  0 sec.
      Angle  8  7  1 is   1.57079633 rad =      90.0000 deg =  90 deg  0 min  0 sec.


Face #  2 has  4 vertices:
    Vertices input as        1   2   8   7
    Vertices renumbered as   2   3   9   8
      Edge  2  3 is   1.00000000.
      Edge  3  9 is   1.00000000.
      Edge  9  8 is   1.00000000.
      Edge  8  2 is   1.00000000.
      Angle  8  2  3 is   1.57079633 rad =      90.0000 deg =  90 deg  0 min  0 sec.
      Angle  2  3  9 is   1.57079633 rad =      90.0000 deg =  90 deg  0 min  0 sec.
      Angle  3  9  8 is   1.57079633 rad =      90.0000 deg =  90 deg  0 min  0 sec.
      Angle  9  8  2 is   1.57079633 rad =      90.0000 deg =  90 deg  0 min  0 sec.


Face #  3 has  4 vertices:
    Vertices input as        2   3   9   8
    Vertices renumbered as   3   4  10   9
      Edge  3  4 is   1.00000000.
      Edge  4 10 is   1.00000000.
      Edge 10  9 is   1.00000000.
      Edge  9  3 is   1.00000000.
      Angle  9  3  4 is   1.57079633 rad =      90.0000 deg =  90 deg  0 min  0 sec.
      Angle  3  4 10 is   1.57079633 rad =      90.0000 deg =  90 deg  0 min  0 sec.
      Angle  4 10  9 is   1.57079633 rad =      90.0000 deg =  90 deg  0 min  0 sec.
      Angle 10  9  3 is   1.57079633 rad =      90.0000 deg =  90 deg  0 min  0 sec.


Face #  4 has  4 vertices:
```

```
        Vertices input as          3    4   10    9
        Vertices renumbered as     4    5   11   10
           Edge   4   5 is   1.00000000.
           Edge   5  11 is   1.00000000.
           Edge  11  10 is   1.00000000.
           Edge  10   4 is   1.00000000.
           Angle 10   4   5 is   1.57079633 rad =      90.0000 deg =   90 deg   0 min   0 sec.
           Angle  4   5  11 is   1.57079633 rad =      90.0000 deg =   90 deg   0 min   0 sec.
           Angle  5  11  10 is   1.57079633 rad =      90.0000 deg =   90 deg   0 min   0 sec.
           Angle 11  10   4 is   1.57079633 rad =      90.0000 deg =   90 deg   0 min   0 sec.


Face #  5 has  4 vertices:
        Vertices input as          4    5   11   10
        Vertices renumbered as     5    6   12   11
           Edge   5   6 is   1.00000000.
           Edge   6  12 is   1.00000000.
           Edge  12  11 is   1.00000000.
           Edge  11   5 is   1.00000000.
           Angle 11   5   6 is   1.57079633 rad =      90.0000 deg =   90 deg   0 min   0 sec.
           Angle  5   6  12 is   1.57079633 rad =      90.0000 deg =   90 deg   0 min   0 sec.
           Angle  6  12  11 is   1.57079633 rad =      90.0000 deg =   90 deg   0 min   0 sec.
           Angle 12  11   5 is   1.57079633 rad =      90.0000 deg =   90 deg   0 min   0 sec.


Face #  6 has  4 vertices:
        Vertices input as          5    0    6   11
        Vertices renumbered as     6    1    7   12
           Edge   6   1 is   1.00000000.
           Edge   1   7 is   1.00000000.
           Edge   7  12 is   1.00000000.
           Edge  12   6 is   1.00000000.
           Angle 12   6   1 is   1.57079633 rad =      90.0000 deg =   90 deg   0 min   0 sec.
           Angle  6   1   7 is   1.57079633 rad =      90.0000 deg =   90 deg   0 min   0 sec.
           Angle  1   7  12 is   1.57079633 rad =      90.0000 deg =   90 deg   0 min   0 sec.
           Angle  7  12   6 is   1.57079633 rad =      90.0000 deg =   90 deg   0 min   0 sec.


Face #  7 has  3 vertices:
        Vertices input as         14   13   12
        Vertices renumbered as    15   14   13
           Edge  15  14 is   1.00000000.
           Edge  14  13 is   1.00000000.
           Edge  13  15 is   1.00000000.
           Angle 13  15  14 is   1.04719755 rad =      60.0000 deg =   60 deg   0 min   0 sec.
           Angle 15  14  13 is   1.04719755 rad =      60.0000 deg =   60 deg   0 min   0 sec.
           Angle 14  13  15 is   1.04719755 rad =      60.0000 deg =   60 deg   0 min   0 sec.


Face #  8 has  4 vertices:
        Vertices input as          5   12   13    0
        Vertices renumbered as     6   13   14    1
           Edge   6  13 is   1.00000000.
           Edge  13  14 is   1.00000000.
           Edge  14   1 is   1.00000000.
           Edge   1   6 is   1.00000000.
           Angle  1   6  13 is   1.57079633 rad =      90.0000 deg =   90 deg   0 min   0 sec.
           Angle  6  13  14 is   1.57079633 rad =      90.0000 deg =   90 deg   0 min   0 sec.
           Angle 13  14   1 is   1.57079633 rad =      90.0000 deg =   90 deg   0 min   0 sec.
           Angle 14   1   6 is   1.57079633 rad =      90.0000 deg =   90 deg   0 min   0 sec.


Face #  9 has  3 vertices:
```

```
       Vertices input as          0   13    1
       Vertices renumbered as     1   14    2
         Edge  1 14 is   1.00000000.
         Edge 14  2 is   1.00000000.
         Edge  2  1 is   1.00000000.
         Angle  2  1 14 is   1.04719755 rad =     60.0000 deg = 59 deg 59 min 60 sec.
         Angle  1 14  2 is   1.04719755 rad =     60.0000 deg = 60 deg  0 min  0 sec.
         Angle 14  2  1 is   1.04719755 rad =     60.0000 deg = 60 deg  0 min  0 sec.

Face # 10 has  4 vertices:
       Vertices input as          1   13   14    2
       Vertices renumbered as     2   14   15    3
         Edge  2 14 is   1.00000000.
         Edge 14 15 is   1.00000000.
         Edge 15  3 is   1.00000000.
         Edge  3  2 is   1.00000000.
         Angle  3  2 14 is   1.57079633 rad =     90.0000 deg = 90 deg  0 min  0 sec.
         Angle  2 14 15 is   1.57079633 rad =     90.0000 deg = 90 deg  0 min  0 sec.
         Angle 14 15  3 is   1.57079633 rad =     90.0000 deg = 90 deg  0 min  0 sec.
         Angle 15  3  2 is   1.57079633 rad =     90.0000 deg = 90 deg  0 min  0 sec.

Face # 11 has  3 vertices:
       Vertices input as          2   14    3
       Vertices renumbered as     3   15    4
         Edge  3 15 is   1.00000000.
         Edge 15  4 is   1.00000000.
         Edge  4  3 is   1.00000000.
         Angle  4  3 15 is   1.04719755 rad =     60.0000 deg = 60 deg  0 min  0 sec.
         Angle  3 15  4 is   1.04719755 rad =     60.0000 deg = 60 deg  0 min  0 sec.
         Angle 15  4  3 is   1.04719755 rad =     60.0000 deg = 59 deg 59 min 60 sec.

Face # 12 has  4 vertices:
       Vertices input as          3   14   12    4
       Vertices renumbered as     4   15   13    5
         Edge  4 15 is   1.00000000.
         Edge 15 13 is   1.00000000.
         Edge 13  5 is   1.00000000.
         Edge  5  4 is   1.00000000.
         Angle  5  4 15 is   1.57079633 rad =     90.0000 deg = 90 deg  0 min  0 sec.
         Angle  4 15 13 is   1.57079633 rad =     90.0000 deg = 90 deg  0 min  0 sec.
         Angle 15 13  5 is   1.57079633 rad =     90.0000 deg = 90 deg  0 min  0 sec.
         Angle 13  5  4 is   1.57079633 rad =     90.0000 deg = 90 deg  0 min  0 sec.

Face # 13 has  3 vertices:
       Vertices input as          4   12    5
       Vertices renumbered as     5   13    6
         Edge  5 13 is   1.00000000.
         Edge 13  6 is   1.00000000.
         Edge  6  5 is   1.00000000.
         Angle  6  5 13 is   1.04719755 rad =     60.0000 deg = 60 deg  0 min  0 sec.
         Angle  5 13  6 is   1.04719755 rad =     60.0000 deg = 60 deg  0 min  0 sec.
         Angle 13  6  5 is   1.04719755 rad =     60.0000 deg = 60 deg  0 min  0 sec.

Face # 14 has  3 vertices:
       Vertices input as         17   16   15
       Vertices renumbered as    18   17   16
         Edge 18 17 is   1.00000000.
         Edge 17 16 is   1.00000000.
```

```
        Edge 16 18 is    1.00000000.
        Angle 16 18 17 is    1.04719755 rad =        60.0000 deg =  60 deg  0 min  0 sec.
        Angle 18 17 16 is    1.04719755 rad =        60.0000 deg =  60 deg  0 min  0 sec.
        Angle 17 16 18 is    1.04719755 rad =        60.0000 deg =  60 deg  0 min  0 sec.


Face # 15 has  4 vertices:
    Vertices input as         7  15  16   6
    Vertices renumbered as    8  16  17   7
        Edge  8 16 is    1.00000000.
        Edge 16 17 is    1.00000000.
        Edge 17  7 is    1.00000000.
        Edge  7  8 is    1.00000000.
        Angle  7  8 16 is    1.57079633 rad =        90.0000 deg =  90 deg  0 min  0 sec.
        Angle  8 16 17 is    1.57079633 rad =        90.0000 deg =  90 deg  0 min  0 sec.
        Angle 16 17  7 is    1.57079633 rad =        90.0000 deg =  90 deg  0 min  0 sec.
        Angle 17  7  8 is    1.57079633 rad =        90.0000 deg =  90 deg  0 min  0 sec.


Face # 16 has  3 vertices:
    Vertices input as         6  16  11
    Vertices renumbered as    7  17  12
        Edge  7 17 is    1.00000000.
        Edge 17 12 is    1.00000000.
        Edge 12  7 is    1.00000000.
        Angle 12  7 17 is    1.04719755 rad =        60.0000 deg =  60 deg  0 min  0 sec.
        Angle  7 17 12 is    1.04719755 rad =        60.0000 deg =  60 deg  0 min  0 sec.
        Angle 17 12  7 is    1.04719755 rad =        60.0000 deg =  60 deg  0 min  0 sec.


Face # 17 has  4 vertices:
    Vertices input as        11  16  17  10
    Vertices renumbered as   12  17  18  11
        Edge 12 17 is    1.00000000.
        Edge 17 18 is    1.00000000.
        Edge 18 11 is    1.00000000.
        Edge 11 12 is    1.00000000.
        Angle 11 12 17 is    1.57079633 rad =        90.0000 deg =  90 deg  0 min  0 sec.
        Angle 12 17 18 is    1.57079633 rad =        90.0000 deg =  90 deg  0 min  0 sec.
        Angle 17 18 11 is    1.57079633 rad =        90.0000 deg =  90 deg  0 min  0 sec.
        Angle 18 11 12 is    1.57079633 rad =        90.0000 deg =  90 deg  0 min  0 sec.


Face # 18 has  3 vertices:
    Vertices input as        10  17   9
    Vertices renumbered as   11  18  10
        Edge 11 18 is    1.00000000.
        Edge 18 10 is    1.00000000.
        Edge 10 11 is    1.00000000.
        Angle 10 11 18 is    1.04719755 rad =        60.0000 deg =  60 deg  0 min  0 sec.
        Angle 11 18 10 is    1.04719755 rad =        60.0000 deg =  60 deg  0 min  0 sec.
        Angle 18 10 11 is    1.04719755 rad =        60.0000 deg =  59 deg 59 min 60 sec.


Face # 19 has  4 vertices:
    Vertices input as         9  17  15   8
    Vertices renumbered as   10  18  16   9
        Edge 10 18 is    1.00000000.
        Edge 18 16 is    1.00000000.
        Edge 16  9 is    1.00000000.
        Edge  9 10 is    1.00000000.
        Angle  9 10 18 is    1.57079633 rad =        90.0000 deg =  90 deg  0 min  0 sec.
        Angle 10 18 16 is    1.57079633 rad =        90.0000 deg =  90 deg  0 min  0 sec.
```

```
        Angle  18  16   9 is    1.57079633 rad =      90.0000 deg =  90 deg   0 min   0 sec.
        Angle  16   9  10 is    1.57079633 rad =      90.0000 deg =  90 deg   0 min   0 sec.


Face #  20 has   3 vertices:
    Vertices input as          8  15   7
    Vertices renumbered as     9  16   8
        Edge   9  16 is    1.00000000.
        Edge  16   8 is    1.00000000.
        Edge   8   9 is    1.00000000.
        Angle   8   9  16 is    1.04719755 rad =      60.0000 deg =  60 deg   0 min   0 sec.
        Angle   9  16   8 is    1.04719755 rad =      60.0000 deg =  60 deg   0 min   0 sec.
        Angle  16   8   9 is    1.04719755 rad =      60.0000 deg =  60 deg   0 min   0 sec.


The edge joining vertices   1 and   2 is between faces   1 and   9.
        Dihedral angle is    2.80175574 rad =     160.5288 deg = 160 deg  31 min  44 sec.
The edge joining vertices   1 and   6 is between faces   6 and   8.
        Dihedral angle is    2.52611294 rad =     144.7356 deg = 144 deg  44 min   8 sec.
The edge joining vertices   1 and   7 is between faces   1 and   6.
        Dihedral angle is    2.09439510 rad =     120.0000 deg = 120 deg   0 min   0 sec.
The edge joining vertices   1 and  14 is between faces   8 and   9.
        Dihedral angle is    2.18627604 rad =     125.2644 deg = 125 deg  15 min  52 sec.
The edge joining vertices   2 and   3 is between faces   2 and  10.
        Dihedral angle is    2.52611294 rad =     144.7356 deg = 144 deg  44 min   8 sec.
The edge joining vertices   2 and   8 is between faces   1 and   2.
        Dihedral angle is    2.09439510 rad =     120.0000 deg = 120 deg   0 min   0 sec.
The edge joining vertices   2 and  14 is between faces   9 and  10.
        Dihedral angle is    2.18627604 rad =     125.2644 deg = 125 deg  15 min  52 sec.
The edge joining vertices   3 and   4 is between faces   3 and  11.
        Dihedral angle is    2.80175574 rad =     160.5288 deg = 160 deg  31 min  44 sec.
The edge joining vertices   3 and   9 is between faces   2 and   3.
        Dihedral angle is    2.09439510 rad =     120.0000 deg = 120 deg   0 min   0 sec.
The edge joining vertices   3 and  15 is between faces  10 and  11.
        Dihedral angle is    2.18627604 rad =     125.2644 deg = 125 deg  15 min  52 sec.
The edge joining vertices   4 and   5 is between faces   4 and  12.
        Dihedral angle is    2.52611294 rad =     144.7356 deg = 144 deg  44 min   8 sec.
The edge joining vertices   4 and  10 is between faces   3 and   4.
        Dihedral angle is    2.09439510 rad =     120.0000 deg = 120 deg   0 min   0 sec.
The edge joining vertices   4 and  15 is between faces  11 and  12.
        Dihedral angle is    2.18627604 rad =     125.2644 deg = 125 deg  15 min  52 sec.
The edge joining vertices   5 and   6 is between faces   5 and  13.
        Dihedral angle is    2.80175574 rad =     160.5288 deg = 160 deg  31 min  44 sec.
The edge joining vertices   5 and  11 is between faces   4 and   5.
        Dihedral angle is    2.09439510 rad =     120.0000 deg = 120 deg   0 min   0 sec.
The edge joining vertices   5 and  13 is between faces  12 and  13.
        Dihedral angle is    2.18627604 rad =     125.2644 deg = 125 deg  15 min  52 sec.
The edge joining vertices   6 and  12 is between faces   5 and   6.
        Dihedral angle is    2.09439510 rad =     120.0000 deg = 120 deg   0 min   0 sec.
The edge joining vertices   6 and  13 is between faces   8 and  13.
        Dihedral angle is    2.18627604 rad =     125.2644 deg = 125 deg  15 min  52 sec.
The edge joining vertices   7 and   8 is between faces   1 and  15.
        Dihedral angle is    2.52611294 rad =     144.7356 deg = 144 deg  44 min   8 sec.
The edge joining vertices   7 and  12 is between faces   6 and  16.
        Dihedral angle is    2.80175574 rad =     160.5288 deg = 160 deg  31 min  44 sec.
The edge joining vertices   7 and  17 is between faces  15 and  16.
        Dihedral angle is    2.18627604 rad =     125.2644 deg = 125 deg  15 min  52 sec.
The edge joining vertices   8 and   9 is between faces   2 and  20.
        Dihedral angle is    2.80175574 rad =     160.5288 deg = 160 deg  31 min  44 sec.
The edge joining vertices   8 and  16 is between faces  15 and  20.
        Dihedral angle is    2.18627604 rad =     125.2644 deg = 125 deg  15 min  52 sec.
The edge joining vertices   9 and  10 is between faces   3 and  19.
        Dihedral angle is    2.52611294 rad =     144.7356 deg = 144 deg  44 min   8 sec.
```

```
The edge joining vertices  9 and 16 is between faces 19 and 20.
      Dihedral angle is   2.18627604 rad =     125.2644 deg = 125 deg 15 min 52 sec.
The edge joining vertices 10 and 11 is between faces  4 and 18.
      Dihedral angle is   2.80175574 rad =     160.5288 deg = 160 deg 31 min 44 sec.
The edge joining vertices 10 and 18 is between faces 18 and 19.
      Dihedral angle is   2.18627604 rad =     125.2644 deg = 125 deg 15 min 52 sec.
The edge joining vertices 11 and 12 is between faces  5 and 17.
      Dihedral angle is   2.52611294 rad =     144.7356 deg = 144 deg 44 min  8 sec.
The edge joining vertices 11 and 18 is between faces 17 and 18.
      Dihedral angle is   2.18627604 rad =     125.2644 deg = 125 deg 15 min 52 sec.
The edge joining vertices 12 and 17 is between faces 16 and 17.
      Dihedral angle is   2.18627604 rad =     125.2644 deg = 125 deg 15 min 52 sec.
The edge joining vertices 13 and 14 is between faces  7 and  8.
      Dihedral angle is   2.18627604 rad =     125.2644 deg = 125 deg 15 min 52 sec.
The edge joining vertices 13 and 15 is between faces  7 and 12.
      Dihedral angle is   2.18627604 rad =     125.2644 deg = 125 deg 15 min 52 sec.
The edge joining vertices 14 and 15 is between faces  7 and 10.
      Dihedral angle is   2.18627604 rad =     125.2644 deg = 125 deg 15 min 52 sec.
The edge joining vertices 16 and 17 is between faces 14 and 15.
      Dihedral angle is   2.18627604 rad =     125.2644 deg = 125 deg 15 min 52 sec.
The edge joining vertices 16 and 18 is between faces 14 and 19.
      Dihedral angle is   2.18627604 rad =     125.2644 deg = 125 deg 15 min 52 sec.
The edge joining vertices 17 and 18 is between faces 14 and 17.
      Dihedral angle is   2.18627604 rad =     125.2644 deg = 125 deg 15 min 52 sec.
```

Report based on file j36d.off

```
Vertex #  1: (  1.00000000,   0.57735027,   0.00000000).
Vertex #  2: (  1.00000000,  -0.57735027,   0.00000000).
Vertex #  3: (  0.00000000,  -1.15470054,   0.00000000).
Vertex #  4: ( -1.00000000,  -0.57735027,   0.00000000).
Vertex #  5: ( -1.00000000,   0.57735027,   0.00000000).
Vertex #  6: (  0.00000000,   1.15470054,   0.00000000).
Vertex #  7: (  0.00000000,   0.00000000,   0.75959179).
Vertex #  8: (  0.00000000,   0.81995522,   0.57979590).
Vertex #  9: (  0.83047915,   0.47947736,   0.33904169).
Vertex # 10: (  0.71010205,  -0.40997761,   0.57979590).
Vertex # 11: (  0.00000000,  -0.95895472,   0.33904169).
Vertex # 12: ( -0.71010205,  -0.40997761,   0.57979590).
Vertex # 13: ( -0.83047915,   0.47947736,   0.33904169).
Vertex # 14: (  0.00000000,   0.00000000,  -0.75959179).
Vertex # 15: (  0.71010205,   0.40997761,  -0.57979590).
Vertex # 16: (  0.00000000,   0.95895472,  -0.33904169).
Vertex # 17: ( -0.71010205,   0.40997761,  -0.57979590).
Vertex # 18: ( -0.83047915,  -0.47947736,  -0.33904169).
Vertex # 19: (  0.00000000,  -0.81995522,  -0.57979590).
Vertex # 20: (  0.83047915,  -0.47947736,  -0.33904169).


Face #  1 has  4 vertices:
    Vertices input as          8    0    5    7
    Vertices renumbered as     9    1    6    8
      Edge  9  1 is   0.39149163.
      Edge  1  6 is   1.15470054.
      Edge  6  8 is   0.66949063.
      Edge  8  9 is   0.92929187.
      Angle  8  9  1 is   2.11733996 rad =    121.3146 deg = 121 deg 18 min 53 sec.
      Angle  9  1  6 is   1.31811607 rad =     75.5225 deg =  75 deg 31 min 21 sec.
      Angle  1  6  8 is   1.31811607 rad =     75.5225 deg =  75 deg 31 min 21 sec.
      Angle  6  8  9 is   1.52961320 rad =     87.6404 deg =  87 deg 38 min 25 sec.


Face #  2 has  4 vertices:
    Vertices input as          0    8    9    1
    Vertices renumbered as     1    9   10    2
      Edge  1  9 is   0.39149163.
      Edge  9 10 is   0.92929187.
      Edge 10  2 is   0.66949063.
      Edge  2  1 is   1.15470054.
      Angle  2  1  9 is   1.31811607 rad =     75.5225 deg =  75 deg 31 min 21 sec.
      Angle  1  9 10 is   2.11733996 rad =    121.3146 deg = 121 deg 18 min 53 sec.
      Angle  9 10  2 is   1.52961320 rad =     87.6404 deg =  87 deg 38 min 25 sec.
      Angle 10  2  1 is   1.31811607 rad =     75.5225 deg =  75 deg 31 min 21 sec.


Face #  3 has  4 vertices:
    Vertices input as          1    9   10    2
    Vertices renumbered as     2   10   11    3
      Edge  2 10 is   0.66949063.
      Edge 10 11 is   0.92929187.
      Edge 11  3 is   0.39149163.
      Edge  3  2 is   1.15470054.
      Angle  3  2 10 is   1.31811607 rad =     75.5225 deg =  75 deg 31 min 21 sec.
      Angle  2 10 11 is   1.52961320 rad =     87.6404 deg =  87 deg 38 min 25 sec.
      Angle 10 11  3 is   2.11733996 rad =    121.3146 deg = 121 deg 18 min 53 sec.
      Angle 11  3  2 is   1.31811607 rad =     75.5225 deg =  75 deg 31 min 21 sec.
```

```
Face #  4 has  4 vertices:
    Vertices input as          2  10  11   3
    Vertices renumbered as     3  11  12   4
       Edge  3 11 is   0.39149163.
       Edge 11 12 is   0.92929187.
       Edge 12  4 is   0.66949063.
       Edge  4  3 is   1.15470054.
       Angle  4  3 11 is   1.31811607 rad =       75.5225 deg =   75 deg 31 min 21 sec.
       Angle  3 11 12 is   2.11733996 rad =      121.3146 deg =  121 deg 18 min 53 sec.
       Angle 11 12  4 is   1.52961320 rad =       87.6404 deg =   87 deg 38 min 25 sec.
       Angle 12  4  3 is   1.31811607 rad =       75.5225 deg =   75 deg 31 min 21 sec.

Face #  5 has  4 vertices:
    Vertices input as          3  11  12   4
    Vertices renumbered as     4  12  13   5
       Edge  4 12 is   0.66949063.
       Edge 12 13 is   0.92929187.
       Edge 13  5 is   0.39149163.
       Edge  5  4 is   1.15470054.
       Angle  5  4 12 is   1.31811607 rad =       75.5225 deg =   75 deg 31 min 21 sec.
       Angle  4 12 13 is   1.52961320 rad =       87.6404 deg =   87 deg 38 min 25 sec.
       Angle 12 13  5 is   2.11733996 rad =      121.3146 deg =  121 deg 18 min 53 sec.
       Angle 13  5  4 is   1.31811607 rad =       75.5225 deg =   75 deg 31 min 21 sec.

Face #  6 has  4 vertices:
    Vertices input as          7   5   4  12
    Vertices renumbered as     8   6   5  13
       Edge  8  6 is   0.66949063.
       Edge  6  5 is   1.15470054.
       Edge  5 13 is   0.39149163.
       Edge 13  8 is   0.92929187.
       Angle 13  8  6 is   1.52961320 rad =       87.6404 deg =   87 deg 38 min 25 sec.
       Angle  8  6  5 is   1.31811607 rad =       75.5225 deg =   75 deg 31 min 21 sec.
       Angle  6  5 13 is   1.31811607 rad =       75.5225 deg =   75 deg 31 min 21 sec.
       Angle  5 13  8 is   2.11733996 rad =      121.3146 deg =  121 deg 18 min 53 sec.

Face #  7 has  4 vertices:
    Vertices input as          5   0  14  15
    Vertices renumbered as     6   1  15  16
       Edge  6  1 is   1.15470054.
       Edge  1 15 is   0.66949063.
       Edge 15 16 is   0.92929187.
       Edge 16  6 is   0.39149163.
       Angle 16  6  1 is   1.31811607 rad =       75.5225 deg =   75 deg 31 min 21 sec.
       Angle  6  1 15 is   1.31811607 rad =       75.5225 deg =   75 deg 31 min 21 sec.
       Angle  1 15 16 is   1.52961320 rad =       87.6404 deg =   87 deg 38 min 25 sec.
       Angle 15 16  6 is   2.11733996 rad =      121.3146 deg =  121 deg 18 min 53 sec.

Face #  8 has  4 vertices:
    Vertices input as          0   1  19  14
    Vertices renumbered as     1   2  20  15
       Edge  1  2 is   1.15470054.
       Edge  2 20 is   0.39149163.
       Edge 20 15 is   0.92929187.
       Edge 15  1 is   0.66949063.
       Angle 15  1  2 is   1.31811607 rad =       75.5225 deg =   75 deg 31 min 21 sec.
       Angle  1  2 20 is   1.31811607 rad =       75.5225 deg =   75 deg 31 min 21 sec.
       Angle  2 20 15 is   2.11733996 rad =      121.3146 deg =  121 deg 18 min 53 sec.
```

                Angle 20 15   1 is   1.52961320 rad =   87.6404 deg = 87 deg 38 min 25 sec.

Face # 9 has 4 vertices:
    Vertices input as   1   2   18   19
    Vertices renumbered as   2   3   19   20
        Edge 2   3 is   1.15470054.
        Edge 3 19 is   0.66949063.
        Edge 19 20 is   0.92929187.
        Edge 20   2 is   0.39149163.
        Angle 20   2   3 is   1.31811607 rad =   75.5225 deg = 75 deg 31 min 21 sec.
        Angle 2   3 19 is   1.31811607 rad =   75.5225 deg = 75 deg 31 min 21 sec.
        Angle 3 19 20 is   1.52961320 rad =   87.6404 deg = 87 deg 38 min 25 sec.
        Angle 19 20   2 is   2.11733996 rad =   121.3146 deg = 121 deg 18 min 53 sec.

Face # 10 has 4 vertices:
    Vertices input as   2   3   17   18
    Vertices renumbered as   3   4   18   19
        Edge 3   4 is   1.15470054.
        Edge 4 18 is   0.39149163.
        Edge 18 19 is   0.92929187.
        Edge 19   3 is   0.66949063.
        Angle 19   3   4 is   1.31811607 rad =   75.5225 deg = 75 deg 31 min 21 sec.
        Angle 3   4 18 is   1.31811607 rad =   75.5225 deg = 75 deg 31 min 21 sec.
        Angle 4 18 19 is   2.11733996 rad =   121.3146 deg = 121 deg 18 min 53 sec.
        Angle 18 19   3 is   1.52961320 rad =   87.6404 deg = 87 deg 38 min 25 sec.

Face # 11 has 4 vertices:
    Vertices input as   3   4   16   17
    Vertices renumbered as   4   5   17   18
        Edge 4   5 is   1.15470054.
        Edge 5 17 is   0.66949063.
        Edge 17 18 is   0.92929187.
        Edge 18   4 is   0.39149163.
        Angle 18   4   5 is   1.31811607 rad =   75.5225 deg = 75 deg 31 min 21 sec.
        Angle 4   5 17 is   1.31811607 rad =   75.5225 deg = 75 deg 31 min 21 sec.
        Angle 5 17 18 is   1.52961320 rad =   87.6404 deg = 87 deg 38 min 25 sec.
        Angle 17 18   4 is   2.11733996 rad =   121.3146 deg = 121 deg 18 min 53 sec.

Face # 12 has 4 vertices:
    Vertices input as   4   5   15   16
    Vertices renumbered as   5   6   16   17
        Edge 5   6 is   1.15470054.
        Edge 6 16 is   0.39149163.
        Edge 16 17 is   0.92929187.
        Edge 17   5 is   0.66949063.
        Angle 17   5   6 is   1.31811607 rad =   75.5225 deg = 75 deg 31 min 21 sec.
        Angle 5   6 16 is   1.31811607 rad =   75.5225 deg = 75 deg 31 min 21 sec.
        Angle 6 16 17 is   2.11733996 rad =   121.3146 deg = 121 deg 18 min 53 sec.
        Angle 16 17   5 is   1.52961320 rad =   87.6404 deg = 87 deg 38 min 25 sec.

Face # 13 has 4 vertices:
    Vertices input as   12   11   6   7
    Vertices renumbered as   13   12   7   8
        Edge 13 12 is   0.92929187.
        Edge 12   7 is   0.83943620.
        Edge 7   8 is   0.83943620.
        Edge 8 13 is   0.92929187.
        Angle 8 13 12 is   1.73939061 rad =   99.6597 deg = 99 deg 39 min 35 sec.

```
       Angle 13 12  7 is   1.26359565 rad =       72.3987 deg =  72 deg 23 min 55 sec.
       Angle 12  7  8 is   2.01660341 rad =      115.5429 deg = 115 deg 32 min 34 sec.
       Angle  7  8 13 is   1.26359565 rad =       72.3987 deg =  72 deg 23 min 55 sec.


Face # 14 has  4 vertices:
    Vertices input as           8   7   6   9
    Vertices renumbered as      9   8   7  10
       Edge  9  8 is   0.92929187.
       Edge  8  7 is   0.83943620.
       Edge  7 10 is   0.83943620.
       Edge 10  9 is   0.92929187.
       Angle 10  9  8 is   1.73939061 rad =       99.6597 deg =  99 deg 39 min 35 sec.
       Angle  9  8  7 is   1.26359565 rad =       72.3987 deg =  72 deg 23 min 55 sec.
       Angle  8  7 10 is   2.01660341 rad =      115.5429 deg = 115 deg 32 min 34 sec.
       Angle  7 10  9 is   1.26359565 rad =       72.3987 deg =  72 deg 23 min 55 sec.


Face # 15 has  4 vertices:
    Vertices input as          10   9   6  11
    Vertices renumbered as     11  10   7  12
       Edge 11 10 is   0.92929187.
       Edge 10  7 is   0.83943620.
       Edge  7 12 is   0.83943620.
       Edge 12 11 is   0.92929187.
       Angle 12 11 10 is   1.73939061 rad =       99.6597 deg =  99 deg 39 min 35 sec.
       Angle 11 10  7 is   1.26359565 rad =       72.3987 deg =  72 deg 23 min 55 sec.
       Angle 10  7 12 is   2.01660341 rad =      115.5429 deg = 115 deg 32 min 34 sec.
       Angle  7 12 11 is   1.26359565 rad =       72.3987 deg =  72 deg 23 min 55 sec.


Face # 16 has  4 vertices:
    Vertices input as          14  19  18  13
    Vertices renumbered as     15  20  19  14
       Edge 15 20 is   0.92929187.
       Edge 20 19 is   0.92929187.
       Edge 19 14 is   0.83943620.
       Edge 14 15 is   0.83943620.
       Angle 14 15 20 is   1.26359565 rad =       72.3987 deg =  72 deg 23 min 55 sec.
       Angle 15 20 19 is   1.73939061 rad =       99.6597 deg =  99 deg 39 min 35 sec.
       Angle 20 19 14 is   1.26359565 rad =       72.3987 deg =  72 deg 23 min 55 sec.
       Angle 19 14 15 is   2.01660341 rad =      115.5429 deg = 115 deg 32 min 34 sec.


Face # 17 has  4 vertices:
    Vertices input as          15  14  13  16
    Vertices renumbered as     16  15  14  17
       Edge 16 15 is   0.92929187.
       Edge 15 14 is   0.83943620.
       Edge 14 17 is   0.83943620.
       Edge 17 16 is   0.92929187.
       Angle 17 16 15 is   1.73939061 rad =       99.6597 deg =  99 deg 39 min 35 sec.
       Angle 16 15 14 is   1.26359565 rad =       72.3987 deg =  72 deg 23 min 55 sec.
       Angle 15 14 17 is   2.01660341 rad =      115.5429 deg = 115 deg 32 min 34 sec.
       Angle 14 17 16 is   1.26359565 rad =       72.3987 deg =  72 deg 23 min 55 sec.


Face # 18 has  4 vertices:
    Vertices input as          18  17  16  13
    Vertices renumbered as     19  18  17  14
       Edge 19 18 is   0.92929187.
       Edge 18 17 is   0.92929187.
       Edge 17 14 is   0.83943620.
```

```
        Edge  14 19 is    0.83943620.
        Angle 14 19 18 is 1.26359565 rad =     72.3987 deg =  72 deg 23 min 55 sec.
        Angle 19 18 17 is 1.73939061 rad =     99.6597 deg =  99 deg 39 min 35 sec.
        Angle 18 17 14 is 1.26359565 rad =     72.3987 deg =  72 deg 23 min 55 sec.
        Angle 17 14 19 is 2.01660341 rad =    115.5429 deg = 115 deg 32 min 34 sec.


The edge joining vertices  1 and  2 is between faces  2 and  8.
        Dihedral angle is 2.21429744 rad =    126.8699 deg = 126 deg 52 min 12 sec.
The edge joining vertices  1 and  6 is between faces  1 and  7.
        Dihedral angle is 2.21429744 rad =    126.8699 deg = 126 deg 52 min 12 sec.
The edge joining vertices  1 and  9 is between faces  1 and  2.
        Dihedral angle is 2.21429744 rad =    126.8699 deg = 126 deg 52 min 12 sec.
The edge joining vertices  1 and 15 is between faces  7 and  8.
        Dihedral angle is 2.21429744 rad =    126.8699 deg = 126 deg 52 min 12 sec.
The edge joining vertices  2 and  3 is between faces  3 and  9.
        Dihedral angle is 2.21429744 rad =    126.8699 deg = 126 deg 52 min 12 sec.
The edge joining vertices  2 and 10 is between faces  2 and  3.
        Dihedral angle is 2.21429744 rad =    126.8699 deg = 126 deg 52 min 12 sec.
The edge joining vertices  2 and 20 is between faces  8 and  9.
        Dihedral angle is 2.21429744 rad =    126.8699 deg = 126 deg 52 min 12 sec.
The edge joining vertices  3 and  4 is between faces  4 and 10.
        Dihedral angle is 2.21429744 rad =    126.8699 deg = 126 deg 52 min 12 sec.
The edge joining vertices  3 and 11 is between faces  3 and  4.
        Dihedral angle is 2.21429744 rad =    126.8699 deg = 126 deg 52 min 12 sec.
The edge joining vertices  3 and 19 is between faces  9 and 10.
        Dihedral angle is 2.21429744 rad =    126.8699 deg = 126 deg 52 min 12 sec.
The edge joining vertices  4 and  5 is between faces  5 and 11.
        Dihedral angle is 2.21429744 rad =    126.8699 deg = 126 deg 52 min 12 sec.
The edge joining vertices  4 and 12 is between faces  4 and  5.
        Dihedral angle is 2.21429744 rad =    126.8699 deg = 126 deg 52 min 12 sec.
The edge joining vertices  4 and 18 is between faces 10 and 11.
        Dihedral angle is 2.21429744 rad =    126.8699 deg = 126 deg 52 min 12 sec.
The edge joining vertices  5 and  6 is between faces  6 and 12.
        Dihedral angle is 2.21429744 rad =    126.8699 deg = 126 deg 52 min 12 sec.
The edge joining vertices  5 and 13 is between faces  5 and  6.
        Dihedral angle is 2.21429744 rad =    126.8699 deg = 126 deg 52 min 12 sec.
The edge joining vertices  5 and 17 is between faces 11 and 12.
        Dihedral angle is 2.21429744 rad =    126.8699 deg = 126 deg 52 min 12 sec.
The edge joining vertices  6 and  8 is between faces  1 and  6.
        Dihedral angle is 2.21429744 rad =    126.8699 deg = 126 deg 52 min 12 sec.
The edge joining vertices  6 and 16 is between faces  7 and 12.
        Dihedral angle is 2.21429744 rad =    126.8699 deg = 126 deg 52 min 12 sec.
The edge joining vertices  7 and  8 is between faces 13 and 14.
        Dihedral angle is 2.43110605 rad =    139.2921 deg = 139 deg 17 min 32 sec.
The edge joining vertices  7 and 10 is between faces 14 and 15.
        Dihedral angle is 2.43110605 rad =    139.2921 deg = 139 deg 17 min 32 sec.
The edge joining vertices  7 and 12 is between faces 13 and 15.
        Dihedral angle is 2.43110605 rad =    139.2921 deg = 139 deg 17 min 32 sec.
The edge joining vertices  8 and  9 is between faces  1 and 14.
        Dihedral angle is 2.37554752 rad =    136.1088 deg = 136 deg  6 min 32 sec.
The edge joining vertices  8 and 13 is between faces  6 and 13.
        Dihedral angle is 2.37554752 rad =    136.1088 deg = 136 deg  6 min 32 sec.
The edge joining vertices  9 and 10 is between faces  2 and 14.
        Dihedral angle is 2.37554752 rad =    136.1088 deg = 136 deg  6 min 32 sec.
The edge joining vertices 10 and 11 is between faces  3 and 15.
        Dihedral angle is 2.37554752 rad =    136.1088 deg = 136 deg  6 min 32 sec.
The edge joining vertices 11 and 12 is between faces  4 and 15.
        Dihedral angle is 2.37554752 rad =    136.1088 deg = 136 deg  6 min 32 sec.
The edge joining vertices 12 and 13 is between faces  5 and 13.
        Dihedral angle is 2.37554752 rad =    136.1088 deg = 136 deg  6 min 32 sec.
The edge joining vertices 14 and 15 is between faces 16 and 17.
        Dihedral angle is 2.43110605 rad =    139.2921 deg = 139 deg 17 min 32 sec.
```

```
The edge joining vertices 14 and 17 is between faces 17 and 18.
        Dihedral angle is    2.43110605 rad =     139.2921 deg = 139 deg 17 min 32 sec.
The edge joining vertices 14 and 19 is between faces 16 and 18.
        Dihedral angle is    2.43110605 rad =     139.2921 deg = 139 deg 17 min 32 sec.
The edge joining vertices 15 and 16 is between faces  7 and 17.
        Dihedral angle is    2.37554752 rad =     136.1088 deg = 136 deg  6 min 32 sec.
The edge joining vertices 15 and 20 is between faces  8 and 16.
        Dihedral angle is    2.37554752 rad =     136.1088 deg = 136 deg  6 min 32 sec.
The edge joining vertices 16 and 17 is between faces 12 and 17.
        Dihedral angle is    2.37554752 rad =     136.1088 deg = 136 deg  6 min 32 sec.
The edge joining vertices 17 and 18 is between faces 11 and 18.
        Dihedral angle is    2.37554752 rad =     136.1088 deg = 136 deg  6 min 32 sec.
The edge joining vertices 18 and 19 is between faces 10 and 18.
        Dihedral angle is    2.37554752 rad =     136.1088 deg = 136 deg  6 min 32 sec.
The edge joining vertices 19 and 20 is between faces  9 and 16.
        Dihedral angle is    2.37554752 rad =     136.1088 deg = 136 deg  6 min 32 sec.
```

```
Report based on file j37.off

Vertex #  1: (  1.15438915,   0.55204122,  -0.56545819).
Vertex #  2: (  1.24001396,   0.48552488,   0.42864642).
Vertex #  3: (  0.59609136,   0.42679908,   1.19147993).
Vertex #  4: ( -0.40017753,   0.41026460,   1.27618482).
Vertex #  5: ( -1.16519190,   0.44560711,   0.63314211).
Vertex #  6: ( -1.25081671,   0.51212345,  -0.36096249).
Vertex #  7: ( -0.60689411,   0.57084925,  -1.12379601).
Vertex #  8: (  0.38937478,   0.58738373,  -1.20850090).
Vertex #  9: (  1.16519190,  -0.44560711,  -0.63314211).
Vertex # 10: (  1.25081671,  -0.51212345,   0.36096249).
Vertex # 11: (  0.60689411,  -0.57084925,   1.12379601).
Vertex # 12: ( -0.38937478,  -0.58738373,   1.20850090).
Vertex # 13: ( -1.15438915,  -0.55204122,   0.56545819).
Vertex # 14: ( -1.24001396,  -0.48552488,  -0.42864642).
Vertex # 15: ( -0.59609136,  -0.42679908,  -1.19147993).
Vertex # 16: (  0.40017753,  -0.41026460,  -1.27618482).
Vertex # 17: ( -0.07358595,   1.25130222,  -0.62123639).
Vertex # 18: (  0.69142842,   1.21595971,   0.02180632).
Vertex # 19: (  0.04750582,   1.15723391,   0.78463983).
Vertex # 20: ( -0.71750855,   1.19257642,   0.14159712).
Vertex # 21: (  0.55398692,  -1.22925899,   0.37299814).
Vertex # 22: (  0.46836211,  -1.16274265,  -0.62110647).
Vertex # 23: ( -0.52790678,  -1.17927713,  -0.53640158).
Vertex # 24: ( -0.44228197,  -1.24579347,   0.45770303).


Face #  1 has  4 vertices:
    Vertices input as          0    1    9    8
    Vertices renumbered as     1    2   10    9
      Edge  1  2 is   1.00000000.
      Edge  2 10 is   1.00000000.
      Edge 10  9 is   1.00000000.
      Edge  9  1 is   1.00000000.
      Angle  9  1  2 is   1.57079633 rad =        90.0000 deg =  90 deg   0 min   0 sec.
      Angle  1  2 10 is   1.57079633 rad =        90.0000 deg =  90 deg   0 min   0 sec.
      Angle  2 10  9 is   1.57079633 rad =        90.0000 deg =  90 deg   0 min   0 sec.
      Angle 10  9  1 is   1.57079633 rad =        90.0000 deg =  90 deg   0 min   0 sec.


Face #  2 has  4 vertices:
    Vertices input as          1    2   10    9
    Vertices renumbered as     2    3   11   10
      Edge  2  3 is   1.00000000.
      Edge  3 11 is   1.00000000.
      Edge 11 10 is   1.00000000.
      Edge 10  2 is   1.00000000.
      Angle 10  2  3 is   1.57079633 rad =        90.0000 deg =  90 deg   0 min   0 sec.
      Angle  2  3 11 is   1.57079633 rad =        90.0000 deg =  90 deg   0 min   0 sec.
      Angle  3 11 10 is   1.57079633 rad =        90.0000 deg =  90 deg   0 min   0 sec.
      Angle 11 10  2 is   1.57079633 rad =        90.0000 deg =  90 deg   0 min   0 sec.


Face #  3 has  4 vertices:
    Vertices input as          2    3   11   10
    Vertices renumbered as     3    4   12   11
      Edge  3  4 is   1.00000000.
      Edge  4 12 is   1.00000000.
      Edge 12 11 is   1.00000000.
      Edge 11  3 is   1.00000000.
      Angle 11  3  4 is   1.57079633 rad =        90.0000 deg =  90 deg   0 min   0 sec.
```

```
        Angle  3  4 12 is   1.57079633 rad =     90.0000 deg = 90 deg  0 min  0 sec.
        Angle  4 12 11 is   1.57079633 rad =     90.0000 deg = 90 deg  0 min  0 sec.
        Angle 12 11  3 is   1.57079633 rad =     90.0000 deg = 90 deg  0 min  0 sec.


Face #  4 has  4 vertices:
    Vertices input as           3   4  12  11
    Vertices renumbered as      4   5  13  12
        Edge  4  5 is   1.00000000.
        Edge  5 13 is   1.00000000.
        Edge 13 12 is   1.00000000.
        Edge 12  4 is   1.00000000.
        Angle 12  4  5 is   1.57079633 rad =     90.0000 deg = 90 deg  0 min  0 sec.
        Angle  4  5 13 is   1.57079633 rad =     90.0000 deg = 90 deg  0 min  0 sec.
        Angle  5 13 12 is   1.57079633 rad =     90.0000 deg = 90 deg  0 min  0 sec.
        Angle 13 12  4 is   1.57079633 rad =     90.0000 deg = 90 deg  0 min  0 sec.


Face #  5 has  4 vertices:
    Vertices input as           4   5  13  12
    Vertices renumbered as      5   6  14  13
        Edge  5  6 is   1.00000000.
        Edge  6 14 is   1.00000000.
        Edge 14 13 is   1.00000000.
        Edge 13  5 is   1.00000000.
        Angle 13  5  6 is   1.57079633 rad =     90.0000 deg = 90 deg  0 min  0 sec.
        Angle  5  6 14 is   1.57079633 rad =     90.0000 deg = 90 deg  0 min  0 sec.
        Angle  6 14 13 is   1.57079633 rad =     90.0000 deg = 90 deg  0 min  0 sec.
        Angle 14 13  5 is   1.57079633 rad =     90.0000 deg = 90 deg  0 min  0 sec.


Face #  6 has  4 vertices:
    Vertices input as           5   6  14  13
    Vertices renumbered as      6   7  15  14
        Edge  6  7 is   1.00000000.
        Edge  7 15 is   1.00000000.
        Edge 15 14 is   1.00000000.
        Edge 14  6 is   1.00000000.
        Angle 14  6  7 is   1.57079633 rad =     90.0000 deg = 90 deg  0 min  0 sec.
        Angle  6  7 15 is   1.57079633 rad =     90.0000 deg = 90 deg  0 min  0 sec.
        Angle  7 15 14 is   1.57079633 rad =     90.0000 deg = 90 deg  0 min  0 sec.
        Angle 15 14  6 is   1.57079633 rad =     90.0000 deg = 90 deg  0 min  0 sec.


Face #  7 has  4 vertices:
    Vertices input as           6   7  15  14
    Vertices renumbered as      7   8  16  15
        Edge  7  8 is   1.00000000.
        Edge  8 16 is   1.00000000.
        Edge 16 15 is   1.00000000.
        Edge 15  7 is   1.00000000.
        Angle 15  7  8 is   1.57079633 rad =     90.0000 deg = 90 deg  0 min  0 sec.
        Angle  7  8 16 is   1.57079633 rad =     90.0000 deg = 90 deg  0 min  0 sec.
        Angle  8 16 15 is   1.57079633 rad =     90.0000 deg = 90 deg  0 min  0 sec.
        Angle 16 15  7 is   1.57079633 rad =     90.0000 deg = 90 deg  0 min  0 sec.


Face #  8 has  4 vertices:
    Vertices input as           7   0   8  15
    Vertices renumbered as      8   1   9  16
        Edge  8  1 is   1.00000000.
        Edge  1  9 is   1.00000000.
        Edge  9 16 is   1.00000000.
```

```
       Edge 16  8 is   1.00000000.
       Angle 16  8  1 is   1.57079633 rad =       90.0000 deg = 90 deg  0 min  0 sec.
       Angle  8  1  9 is   1.57079633 rad =       90.0000 deg = 90 deg  0 min  0 sec.
       Angle  1  9 16 is   1.57079633 rad =       90.0000 deg = 90 deg  0 min  0 sec.
       Angle  9 16  8 is   1.57079633 rad =       90.0000 deg = 90 deg  0 min  0 sec.


Face #  9 has  4 vertices:
    Vertices input as         19  18  17  16
    Vertices renumbered as    20  19  18  17
       Edge 20 19 is   1.00000000.
       Edge 19 18 is   1.00000000.
       Edge 18 17 is   1.00000000.
       Edge 17 20 is   1.00000000.
       Angle 17 20 19 is   1.57079633 rad =       90.0000 deg = 90 deg  0 min  0 sec.
       Angle 20 19 18 is   1.57079633 rad =       90.0000 deg = 90 deg  0 min  0 sec.
       Angle 19 18 17 is   1.57079633 rad =       90.0000 deg = 90 deg  0 min  0 sec.
       Angle 18 17 20 is   1.57079633 rad =       90.0000 deg = 90 deg  0 min  0 sec.


Face # 10 has  4 vertices:
    Vertices input as          7  16  17   0
    Vertices renumbered as     8  17  18   1
       Edge  8 17 is   1.00000000.
       Edge 17 18 is   1.00000000.
       Edge 18  1 is   1.00000000.
       Edge  1  8 is   1.00000000.
       Angle  1  8 17 is   1.57079633 rad =       90.0000 deg = 90 deg  0 min  0 sec.
       Angle  8 17 18 is   1.57079633 rad =       90.0000 deg = 90 deg  0 min  0 sec.
       Angle 17 18  1 is   1.57079633 rad =       90.0000 deg = 90 deg  0 min  0 sec.
       Angle 18  1  8 is   1.57079633 rad =       90.0000 deg = 90 deg  0 min  0 sec.


Face # 11 has  3 vertices:
    Vertices input as          0  17   1
    Vertices renumbered as     1  18   2
       Edge  1 18 is   1.00000000.
       Edge 18  2 is   1.00000000.
       Edge  2  1 is   1.00000000.
       Angle  2  1 18 is   1.04719755 rad =       60.0000 deg = 60 deg  0 min  0 sec.
       Angle  1 18  2 is   1.04719755 rad =       60.0000 deg = 59 deg 59 min 60 sec.
       Angle 18  2  1 is   1.04719755 rad =       60.0000 deg = 60 deg  0 min  0 sec.


Face # 12 has  4 vertices:
    Vertices input as          1  17  18   2
    Vertices renumbered as     2  18  19   3
       Edge  2 18 is   1.00000000.
       Edge 18 19 is   1.00000000.
       Edge 19  3 is   1.00000000.
       Edge  3  2 is   1.00000000.
       Angle  3  2 18 is   1.57079633 rad =       90.0000 deg = 90 deg  0 min  0 sec.
       Angle  2 18 19 is   1.57079633 rad =       90.0000 deg = 90 deg  0 min  0 sec.
       Angle 18 19  3 is   1.57079633 rad =       90.0000 deg = 90 deg  0 min  0 sec.
       Angle 19  3  2 is   1.57079633 rad =       90.0000 deg = 90 deg  0 min  0 sec.


Face # 13 has  3 vertices:
    Vertices input as          2  18   3
    Vertices renumbered as     3  19   4
       Edge  3 19 is   1.00000000.
       Edge 19  4 is   1.00000000.
       Edge  4  3 is   1.00000000.
```

```
        Angle   4   3  19 is    1.04719755 rad =        60.0000 deg =   60 deg   0 min   0 sec.
        Angle   3  19   4 is    1.04719755 rad =        60.0000 deg =   59 deg  59 min  60 sec.
        Angle  19   4   3 is    1.04719755 rad =        60.0000 deg =   60 deg   0 min   0 sec.


Face # 14 has  4 vertices:
    Vertices input as        3  18  19   4
    Vertices renumbered as   4  19  20   5
        Edge  4 19 is    1.00000000.
        Edge 19 20 is    1.00000000.
        Edge 20  5 is    1.00000000.
        Edge  5  4 is    1.00000000.
        Angle   5   4  19 is    1.57079633 rad =        90.0000 deg =   90 deg   0 min   0 sec.
        Angle   4  19  20 is    1.57079633 rad =        90.0000 deg =   90 deg   0 min   0 sec.
        Angle  19  20   5 is    1.57079633 rad =        90.0000 deg =   90 deg   0 min   0 sec.
        Angle  20   5   4 is    1.57079633 rad =        90.0000 deg =   90 deg   0 min   0 sec.


Face # 15 has  3 vertices:
    Vertices input as        4  19   5
    Vertices renumbered as   5  20   6
        Edge  5 20 is    1.00000000.
        Edge 20  6 is    1.00000000.
        Edge  6  5 is    1.00000000.
        Angle   6   5  20 is    1.04719755 rad =        60.0000 deg =   60 deg   0 min   0 sec.
        Angle   5  20   6 is    1.04719755 rad =        60.0000 deg =   60 deg   0 min   0 sec.
        Angle  20   6   5 is    1.04719755 rad =        60.0000 deg =   60 deg   0 min   0 sec.


Face # 16 has  4 vertices:
    Vertices input as        5  19  16   6
    Vertices renumbered as   6  20  17   7
        Edge  6 20 is    1.00000000.
        Edge 20 17 is    1.00000000.
        Edge 17  7 is    1.00000000.
        Edge  7  6 is    1.00000000.
        Angle   7   6  20 is    1.57079633 rad =        90.0000 deg =   90 deg   0 min   0 sec.
        Angle   6  20  17 is    1.57079633 rad =        90.0000 deg =   90 deg   0 min   0 sec.
        Angle  20  17   7 is    1.57079633 rad =        90.0000 deg =   90 deg   0 min   0 sec.
        Angle  17   7   6 is    1.57079633 rad =        90.0000 deg =   90 deg   0 min   0 sec.


Face # 17 has  3 vertices:
    Vertices input as        6  16   7
    Vertices renumbered as   7  17   8
        Edge  7 17 is    1.00000000.
        Edge 17  8 is    1.00000000.
        Edge  8  7 is    1.00000000.
        Angle   8   7  17 is    1.04719755 rad =        60.0000 deg =   60 deg   0 min   0 sec.
        Angle   7  17   8 is    1.04719755 rad =        60.0000 deg =   60 deg   0 min   0 sec.
        Angle  17   8   7 is    1.04719755 rad =        60.0000 deg =   60 deg   0 min   0 sec.


Face # 18 has  4 vertices:
    Vertices input as       23  22  21  20
    Vertices renumbered as  24  23  22  21
        Edge 24 23 is    1.00000000.
        Edge 23 22 is    1.00000000.
        Edge 22 21 is    1.00000000.
        Edge 21 24 is    1.00000000.
        Angle  21  24  23 is    1.57079633 rad =        90.0000 deg =   90 deg   0 min   0 sec.
        Angle  24  23  22 is    1.57079633 rad =        90.0000 deg =   90 deg   0 min   0 sec.
        Angle  23  22  21 is    1.57079633 rad =        90.0000 deg =   90 deg   0 min   0 sec.
```

```
        Angle 22 21 24 is    1.57079633 rad =      90.0000 deg =  90 deg  0 min  0 sec.


Face # 19 has  4 vertices:
    Vertices input as          9  20  21   8
    Vertices renumbered as    10  21  22   9
        Edge 10 21 is   1.00000000.
        Edge 21 22 is   1.00000000.
        Edge 22  9 is   1.00000000.
        Edge  9 10 is   1.00000000.
        Angle  9 10 21 is    1.57079633 rad =      90.0000 deg =  90 deg  0 min  0 sec.
        Angle 10 21 22 is    1.57079633 rad =      90.0000 deg =  90 deg  0 min  0 sec.
        Angle 21 22  9 is    1.57079633 rad =      90.0000 deg =  90 deg  0 min  0 sec.
        Angle 22  9 10 is    1.57079633 rad =      90.0000 deg =  90 deg  0 min  0 sec.


Face # 20 has  3 vertices:
    Vertices input as          8  21  15
    Vertices renumbered as     9  22  16
        Edge  9 22 is   1.00000000.
        Edge 22 16 is   1.00000000.
        Edge 16  9 is   1.00000000.
        Angle 16  9 22 is    1.04719755 rad =      60.0000 deg =  59 deg 59 min 60 sec.
        Angle  9 22 16 is    1.04719755 rad =      60.0000 deg =  60 deg  0 min  0 sec.
        Angle 22 16  9 is    1.04719755 rad =      60.0000 deg =  60 deg  0 min  0 sec.


Face # 21 has  4 vertices:
    Vertices input as         15  21  22  14
    Vertices renumbered as    16  22  23  15
        Edge 16 22 is   1.00000000.
        Edge 22 23 is   1.00000000.
        Edge 23 15 is   1.00000000.
        Edge 15 16 is   1.00000000.
        Angle 15 16 22 is    1.57079633 rad =      90.0000 deg =  90 deg  0 min  0 sec.
        Angle 16 22 23 is    1.57079633 rad =      90.0000 deg =  90 deg  0 min  0 sec.
        Angle 22 23 15 is    1.57079633 rad =      90.0000 deg =  90 deg  0 min  0 sec.
        Angle 23 15 16 is    1.57079633 rad =      90.0000 deg =  90 deg  0 min  0 sec.


Face # 22 has  3 vertices:
    Vertices input as         14  22  13
    Vertices renumbered as    15  23  14
        Edge 15 23 is   1.00000000.
        Edge 23 14 is   1.00000000.
        Edge 14 15 is   1.00000000.
        Angle 14 15 23 is    1.04719755 rad =      60.0000 deg =  60 deg  0 min  0 sec.
        Angle 15 23 14 is    1.04719755 rad =      60.0000 deg =  60 deg  0 min  0 sec.
        Angle 23 14 15 is    1.04719755 rad =      60.0000 deg =  59 deg 59 min 60 sec.


Face # 23 has  4 vertices:
    Vertices input as         13  22  23  12
    Vertices renumbered as    14  23  24  13
        Edge 14 23 is   1.00000000.
        Edge 23 24 is   1.00000000.
        Edge 24 13 is   1.00000000.
        Edge 13 14 is   1.00000000.
        Angle 13 14 23 is    1.57079633 rad =      90.0000 deg =  90 deg  0 min  0 sec.
        Angle 14 23 24 is    1.57079633 rad =      90.0000 deg =  89 deg 59 min 60 sec.
        Angle 23 24 13 is    1.57079633 rad =      90.0000 deg =  90 deg  0 min  0 sec.
        Angle 24 13 14 is    1.57079633 rad =      90.0000 deg =  89 deg 59 min 60 sec.
```

```
Face # 24 has  3 vertices:
    Vertices input as         12  23  11
    Vertices renumbered as    13  24  12
       Edge 13 24 is    1.00000000.
       Edge 24 12 is    1.00000000.
       Edge 12 13 is    1.00000000.
       Angle 12 13 24 is   1.04719755 rad =        60.0000 deg =   60 deg   0 min   0 sec.
       Angle 13 24 12 is   1.04719755 rad =        60.0000 deg =   60 deg   0 min   0 sec.
       Angle 24 12 13 is   1.04719755 rad =        60.0000 deg =   59 deg  59 min  60 sec.


Face # 25 has  4 vertices:
    Vertices input as         11  23  20  10
    Vertices renumbered as    12  24  21  11
       Edge 12 24 is    1.00000000.
       Edge 24 21 is    1.00000000.
       Edge 21 11 is    1.00000000.
       Edge 11 12 is    1.00000000.
       Angle 11 12 24 is   1.57079633 rad =        90.0000 deg =   90 deg   0 min   0 sec.
       Angle 12 24 21 is   1.57079633 rad =        90.0000 deg =   89 deg  59 min  60 sec.
       Angle 24 21 11 is   1.57079633 rad =        90.0000 deg =   90 deg   0 min   0 sec.
       Angle 21 11 12 is   1.57079633 rad =        90.0000 deg =   89 deg  59 min  60 sec.


Face # 26 has  3 vertices:
    Vertices input as         10  20   9
    Vertices renumbered as    11  21  10
       Edge 11 21 is    1.00000000.
       Edge 21 10 is    1.00000000.
       Edge 10 11 is    1.00000000.
       Angle 10 11 21 is   1.04719755 rad =        60.0000 deg =   60 deg   0 min   0 sec.
       Angle 11 21 10 is   1.04719755 rad =        60.0000 deg =   60 deg   0 min   0 sec.
       Angle 21 10 11 is   1.04719755 rad =        60.0000 deg =   60 deg   0 min   0 sec.


The edge joining vertices   1 and   2 is between faces   1 and 11.
       Dihedral angle is    2.52611294 rad =       144.7356 deg = 144 deg  44 min   8 sec.
The edge joining vertices   1 and   8 is between faces   8 and 10.
       Dihedral angle is    2.35619449 rad =       135.0000 deg = 135 deg   0 min   0 sec.
The edge joining vertices   1 and   9 is between faces   1 and   8.
       Dihedral angle is    2.35619449 rad =       135.0000 deg = 135 deg   0 min   0 sec.
The edge joining vertices   1 and  18 is between faces  10 and 11.
       Dihedral angle is    2.52611294 rad =       144.7356 deg = 144 deg  44 min   8 sec.
The edge joining vertices   2 and   3 is between faces   2 and 12.
       Dihedral angle is    2.35619449 rad =       135.0000 deg = 135 deg   0 min   0 sec.
The edge joining vertices   2 and  10 is between faces   1 and   2.
       Dihedral angle is    2.35619449 rad =       135.0000 deg = 135 deg   0 min   0 sec.
The edge joining vertices   2 and  18 is between faces  11 and 12.
       Dihedral angle is    2.52611294 rad =       144.7356 deg = 144 deg  44 min   8 sec.
The edge joining vertices   3 and   4 is between faces   3 and 13.
       Dihedral angle is    2.52611294 rad =       144.7356 deg = 144 deg  44 min   8 sec.
The edge joining vertices   3 and  11 is between faces   2 and   3.
       Dihedral angle is    2.35619449 rad =       135.0000 deg = 135 deg   0 min   0 sec.
The edge joining vertices   3 and  19 is between faces  12 and 13.
       Dihedral angle is    2.52611294 rad =       144.7356 deg = 144 deg  44 min   8 sec.
The edge joining vertices   4 and   5 is between faces   4 and 14.
       Dihedral angle is    2.35619449 rad =       135.0000 deg = 135 deg   0 min   0 sec.
The edge joining vertices   4 and  12 is between faces   3 and   4.
       Dihedral angle is    2.35619449 rad =       135.0000 deg = 135 deg   0 min   0 sec.
The edge joining vertices   4 and  19 is between faces  13 and 14.
       Dihedral angle is    2.52611294 rad =       144.7356 deg = 144 deg  44 min   8 sec.
The edge joining vertices   5 and   6 is between faces   5 and 15.
```

```
        Dihedral angle is      2.52611294 rad =       144.7356 deg = 144 deg 44 min   8 sec.
The edge joining vertices  5 and 13 is between faces  4 and  5.
        Dihedral angle is      2.35619449 rad =       135.0000 deg = 135 deg  0 min   0 sec.
The edge joining vertices  5 and 20 is between faces 14 and 15.
        Dihedral angle is      2.52611294 rad =       144.7356 deg = 144 deg 44 min   8 sec.
The edge joining vertices  6 and  7 is between faces  6 and 16.
        Dihedral angle is      2.35619449 rad =       135.0000 deg = 135 deg  0 min   0 sec.
The edge joining vertices  6 and 14 is between faces  5 and  6.
        Dihedral angle is      2.35619449 rad =       135.0000 deg = 135 deg  0 min   0 sec.
The edge joining vertices  6 and 20 is between faces 15 and 16.
        Dihedral angle is      2.52611294 rad =       144.7356 deg = 144 deg 44 min   8 sec.
The edge joining vertices  7 and  8 is between faces  7 and 17.
        Dihedral angle is      2.52611294 rad =       144.7356 deg = 144 deg 44 min   8 sec.
The edge joining vertices  7 and 15 is between faces  6 and  7.
        Dihedral angle is      2.35619449 rad =       135.0000 deg = 135 deg  0 min   0 sec.
The edge joining vertices  7 and 17 is between faces 16 and 17.
        Dihedral angle is      2.52611294 rad =       144.7356 deg = 144 deg 44 min   8 sec.
The edge joining vertices  8 and 16 is between faces  7 and  8.
        Dihedral angle is      2.35619449 rad =       135.0000 deg = 135 deg  0 min   0 sec.
The edge joining vertices  8 and 17 is between faces 10 and 17.
        Dihedral angle is      2.52611294 rad =       144.7356 deg = 144 deg 44 min   8 sec.
The edge joining vertices  9 and 10 is between faces  1 and 19.
        Dihedral angle is      2.35619449 rad =       135.0000 deg = 135 deg  0 min   0 sec.
The edge joining vertices  9 and 16 is between faces  8 and 20.
        Dihedral angle is      2.52611294 rad =       144.7356 deg = 144 deg 44 min   8 sec.
The edge joining vertices  9 and 22 is between faces 19 and 20.
        Dihedral angle is      2.52611294 rad =       144.7356 deg = 144 deg 44 min   8 sec.
The edge joining vertices 10 and 11 is between faces  2 and 26.
        Dihedral angle is      2.52611294 rad =       144.7356 deg = 144 deg 44 min   8 sec.
The edge joining vertices 10 and 21 is between faces 19 and 26.
        Dihedral angle is      2.52611294 rad =       144.7356 deg = 144 deg 44 min   8 sec.
The edge joining vertices 11 and 12 is between faces  3 and 25.
        Dihedral angle is      2.35619449 rad =       135.0000 deg = 134 deg 59 min  60 sec.
The edge joining vertices 11 and 21 is between faces 25 and 26.
        Dihedral angle is      2.52611294 rad =       144.7356 deg = 144 deg 44 min   8 sec.
The edge joining vertices 12 and 13 is between faces  4 and 24.
        Dihedral angle is      2.52611294 rad =       144.7356 deg = 144 deg 44 min   8 sec.
The edge joining vertices 12 and 24 is between faces 24 and 25.
        Dihedral angle is      2.52611294 rad =       144.7356 deg = 144 deg 44 min   8 sec.
The edge joining vertices 13 and 14 is between faces  5 and 23.
        Dihedral angle is      2.35619449 rad =       135.0000 deg = 135 deg  0 min   0 sec.
The edge joining vertices 13 and 24 is between faces 23 and 24.
        Dihedral angle is      2.52611294 rad =       144.7356 deg = 144 deg 44 min   8 sec.
The edge joining vertices 14 and 15 is between faces  6 and 22.
        Dihedral angle is      2.52611294 rad =       144.7356 deg = 144 deg 44 min   8 sec.
The edge joining vertices 14 and 23 is between faces 22 and 23.
        Dihedral angle is      2.52611294 rad =       144.7356 deg = 144 deg 44 min   8 sec.
The edge joining vertices 15 and 16 is between faces  7 and 21.
        Dihedral angle is      2.35619449 rad =       135.0000 deg = 135 deg  0 min   0 sec.
The edge joining vertices 15 and 23 is between faces 21 and 22.
        Dihedral angle is      2.52611294 rad =       144.7356 deg = 144 deg 44 min   8 sec.
The edge joining vertices 16 and 22 is between faces 20 and 21.
        Dihedral angle is      2.52611294 rad =       144.7356 deg = 144 deg 44 min   8 sec.
The edge joining vertices 17 and 18 is between faces  9 and 10.
        Dihedral angle is      2.35619449 rad =       135.0000 deg = 135 deg  0 min   0 sec.
The edge joining vertices 17 and 20 is between faces  9 and 16.
        Dihedral angle is      2.35619449 rad =       135.0000 deg = 135 deg  0 min   0 sec.
The edge joining vertices 18 and 19 is between faces  9 and 12.
        Dihedral angle is      2.35619449 rad =       135.0000 deg = 135 deg  0 min   0 sec.
The edge joining vertices 19 and 20 is between faces  9 and 14.
        Dihedral angle is      2.35619449 rad =       135.0000 deg = 135 deg  0 min   0 sec.
The edge joining vertices 21 and 22 is between faces 18 and 19.
        Dihedral angle is      2.35619449 rad =       135.0000 deg = 135 deg  0 min   0 sec.
```

The edge joining vertices 21 and 24 is between faces 18 and 25.
       Dihedral angle is   2.35619449 rad =   135.0000 deg = 135 deg 0 min 0 sec.
The edge joining vertices 22 and 23 is between faces 18 and 21.
       Dihedral angle is   2.35619449 rad =   135.0000 deg = 135 deg 0 min 0 sec.
The edge joining vertices 23 and 24 is between faces 18 and 23.
       Dihedral angle is   2.35619449 rad =   135.0000 deg = 135 deg 0 min 0 sec.

Report based on file j37d.off

Vertex # 1: (1.30656296,   0.54119610,   0.00000000).
Vertex # 2: (1.30656296, -0.54119610,   0.00000000).
Vertex # 3: (0.54119610, -1.30656296,   0.00000000).
Vertex # 4: (-0.54119610, -1.30656296,   0.00000000).
Vertex # 5: (-1.30656296, -0.54119610,   0.00000000).
Vertex # 6: (-1.30656296,   0.54119610,   0.00000000).
Vertex # 7: (-0.54119610,   1.30656296,   0.00000000).
Vertex # 8: (0.54119610,   1.30656296,   0.00000000).
Vertex # 9: (0.00000000,   0.00000000,   1.41421356).
Vertex # 10: (0.38268343,   0.92387953,   1.00000000).
Vertex # 11: (1.01057299,   0.41859304,   0.77345908).
Vertex # 12: (0.92387953, -0.38268343,   1.00000000).
Vertex # 13: (0.41859304, -1.01057299,   0.77345908).
Vertex # 14: (-0.38268343, -0.92387953,   1.00000000).
Vertex # 15: (-1.01057299, -0.41859304,   0.77345908).
Vertex # 16: (-0.92387953,   0.38268343,   1.00000000).
Vertex # 17: (-0.41859304,   1.01057299,   0.77345908).
Vertex # 18: (0.00000000,   0.00000000, -1.41421356).
Vertex # 19: (0.92387953,   0.38268343, -1.00000000).
Vertex # 20: (0.41859304,   1.01057299, -0.77345908).
Vertex # 21: (-0.38268343,   0.92387953, -1.00000000).
Vertex # 22: (-1.01057299,   0.41859304, -0.77345908).
Vertex # 23: (-0.92387953, -0.38268343, -1.00000000).
Vertex # 24: (-0.41859304, -1.01057299, -0.77345908).
Vertex # 25: (0.38268343, -0.92387953, -1.00000000).
Vertex # 26: (1.01057299, -0.41859304, -0.77345908).

Face # 1 has 4 vertices:
    Vertices input as   10   0   7   9
    Vertices renumbered as   11   1   8   10
       Edge 11   1 is   0.83718608.
       Edge 1   8 is   1.08239220.
       Edge 8 10 is   1.08239220.
       Edge 10 11 is   0.83718608.
       Angle 10 11   1 is   2.01172190 rad =   115.2632 deg = 115 deg 15 min 47 sec.
       Angle 11   1   8 is   1.42382114 rad =   81.5789 deg = 81 deg 34 min 44 sec.
       Angle 1   8 10 is   1.42382114 rad =   81.5789 deg = 81 deg 34 min 44 sec.
       Angle 8 10 11 is   1.42382114 rad =   81.5789 deg = 81 deg 34 min 44 sec.

Face # 2 has 4 vertices:
    Vertices input as   0   10   11   1
    Vertices renumbered as   1   11   12   2
       Edge 1 11 is   0.83718608.
       Edge 11 12 is   0.83718608.
       Edge 12   2 is   1.08239220.
       Edge 2   1 is   1.08239220.
       Angle 2   1 11 is   1.42382114 rad =   81.5789 deg = 81 deg 34 min 44 sec.
       Angle 1 11 12 is   2.01172190 rad =   115.2632 deg = 115 deg 15 min 47 sec.
       Angle 11 12   2 is   1.42382114 rad =   81.5789 deg = 81 deg 34 min 44 sec.
       Angle 12   2   1 is   1.42382114 rad =   81.5789 deg = 81 deg 34 min 44 sec.

Face # 3 has 4 vertices:
    Vertices input as   1   11   12   2
    Vertices renumbered as   2   12   13   3
       Edge 2 12 is   1.08239220.
       Edge 12 13 is   0.83718608.
       Edge 13   3 is   0.83718608.

```
        Edge   3   2 is    1.08239220.
        Angle   3   2 12 is    1.42382114 rad =        81.5789 deg =  81 deg 34 min 44 sec.
        Angle   2 12 13 is    1.42382114 rad =        81.5789 deg =  81 deg 34 min 44 sec.
        Angle 12 13   3 is    2.01172190 rad =       115.2632 deg = 115 deg 15 min 47 sec.
        Angle 13   3   2 is    1.42382114 rad =        81.5789 deg =  81 deg 34 min 44 sec.


Face #  4 has  4 vertices:
    Vertices input as          2  12  13   3
    Vertices renumbered as     3  13  14   4
        Edge   3 13 is    0.83718608.
        Edge 13 14 is    0.83718608.
        Edge 14   4 is    1.08239220.
        Edge   4   3 is    1.08239220.
        Angle   4   3 13 is    1.42382114 rad =        81.5789 deg =  81 deg 34 min 44 sec.
        Angle   3 13 14 is    2.01172190 rad =       115.2632 deg = 115 deg 15 min 47 sec.
        Angle 13 14   4 is    1.42382114 rad =        81.5789 deg =  81 deg 34 min 44 sec.
        Angle 14   4   3 is    1.42382114 rad =        81.5789 deg =  81 deg 34 min 44 sec.


Face #  5 has  4 vertices:
    Vertices input as          3  13  14   4
    Vertices renumbered as     4  14  15   5
        Edge   4 14 is    1.08239220.
        Edge 14 15 is    0.83718608.
        Edge 15   5 is    0.83718608.
        Edge   5   4 is    1.08239220.
        Angle   5   4 14 is    1.42382114 rad =        81.5789 deg =  81 deg 34 min 44 sec.
        Angle   4 14 15 is    1.42382114 rad =        81.5789 deg =  81 deg 34 min 44 sec.
        Angle 14 15   5 is    2.01172190 rad =       115.2632 deg = 115 deg 15 min 47 sec.
        Angle 15   5   4 is    1.42382114 rad =        81.5789 deg =  81 deg 34 min 44 sec.


Face #  6 has  4 vertices:
    Vertices input as          4  14  15   5
    Vertices renumbered as     5  15  16   6
        Edge   5 15 is    0.83718608.
        Edge 15 16 is    0.83718608.
        Edge 16   6 is    1.08239220.
        Edge   6   5 is    1.08239220.
        Angle   6   5 15 is    1.42382114 rad =        81.5789 deg =  81 deg 34 min 44 sec.
        Angle   5 15 16 is    2.01172190 rad =       115.2632 deg = 115 deg 15 min 47 sec.
        Angle 15 16   6 is    1.42382114 rad =        81.5789 deg =  81 deg 34 min 44 sec.
        Angle 16   6   5 is    1.42382114 rad =        81.5789 deg =  81 deg 34 min 44 sec.


Face #  7 has  4 vertices:
    Vertices input as          5  15  16   6
    Vertices renumbered as     6  16  17   7
        Edge   6 16 is    1.08239220.
        Edge 16 17 is    0.83718608.
        Edge 17   7 is    0.83718608.
        Edge   7   6 is    1.08239220.
        Angle   7   6 16 is    1.42382114 rad =        81.5789 deg =  81 deg 34 min 44 sec.
        Angle   6 16 17 is    1.42382114 rad =        81.5789 deg =  81 deg 34 min 44 sec.
        Angle 16 17   7 is    2.01172190 rad =       115.2632 deg = 115 deg 15 min 47 sec.
        Angle 17   7   6 is    1.42382114 rad =        81.5789 deg =  81 deg 34 min 44 sec.


Face #  8 has  4 vertices:
    Vertices input as          9   7   6  16
    Vertices renumbered as    10   8   7  17
        Edge 10   8 is    1.08239220.
```

```
        Edge   8   7 is   1.08239220.
        Edge   7  17 is   0.83718608.
        Edge  17  10 is   0.83718608.
        Angle 17 10  8 is   1.42382114 rad =        81.5789 deg =   81 deg 34 min 44 sec.
        Angle 10  8  7 is   1.42382114 rad =        81.5789 deg =   81 deg 34 min 44 sec.
        Angle  8  7 17 is   1.42382114 rad =        81.5789 deg =   81 deg 34 min 44 sec.
        Angle  7 17 10 is   2.01172190 rad =       115.2632 deg =  115 deg 15 min 47 sec.


Face #  9 has  4 vertices:
     Vertices input as          7    0   18   19
     Vertices renumbered as     8    1   19   20
        Edge   8   1 is   1.08239220.
        Edge   1  19 is   1.08239220.
        Edge  19  20 is   0.83718608.
        Edge  20   8 is   0.83718608.
        Angle 20  8  1 is   1.42382114 rad =        81.5789 deg =   81 deg 34 min 44 sec.
        Angle  8  1 19 is   1.42382114 rad =        81.5789 deg =   81 deg 34 min 44 sec.
        Angle  1 19 20 is   1.42382114 rad =        81.5789 deg =   81 deg 34 min 44 sec.
        Angle 19 20  8 is   2.01172190 rad =       115.2632 deg =  115 deg 15 min 47 sec.


Face # 10 has  4 vertices:
     Vertices input as          0    1   25   18
     Vertices renumbered as     1    2   26   19
        Edge   1   2 is   1.08239220.
        Edge   2  26 is   0.83718608.
        Edge  26  19 is   0.83718608.
        Edge  19   1 is   1.08239220.
        Angle 19  1  2 is   1.42382114 rad =        81.5789 deg =   81 deg 34 min 44 sec.
        Angle  1  2 26 is   1.42382114 rad =        81.5789 deg =   81 deg 34 min 44 sec.
        Angle  2 26 19 is   2.01172190 rad =       115.2632 deg =  115 deg 15 min 47 sec.
        Angle 26 19  1 is   1.42382114 rad =        81.5789 deg =   81 deg 34 min 44 sec.


Face # 11 has  4 vertices:
     Vertices input as          1    2   24   25
     Vertices renumbered as     2    3   25   26
        Edge   2   3 is   1.08239220.
        Edge   3  25 is   1.08239220.
        Edge  25  26 is   0.83718608.
        Edge  26   2 is   0.83718608.
        Angle 26  2  3 is   1.42382114 rad =        81.5789 deg =   81 deg 34 min 44 sec.
        Angle  2  3 25 is   1.42382114 rad =        81.5789 deg =   81 deg 34 min 44 sec.
        Angle  3 25 26 is   1.42382114 rad =        81.5789 deg =   81 deg 34 min 44 sec.
        Angle 25 26  2 is   2.01172190 rad =       115.2632 deg =  115 deg 15 min 47 sec.


Face # 12 has  4 vertices:
     Vertices input as          2    3   23   24
     Vertices renumbered as     3    4   24   25
        Edge   3   4 is   1.08239220.
        Edge   4  24 is   0.83718608.
        Edge  24  25 is   0.83718608.
        Edge  25   3 is   1.08239220.
        Angle 25  3  4 is   1.42382114 rad =        81.5789 deg =   81 deg 34 min 44 sec.
        Angle  3  4 24 is   1.42382114 rad =        81.5789 deg =   81 deg 34 min 44 sec.
        Angle  4 24 25 is   2.01172190 rad =       115.2632 deg =  115 deg 15 min 47 sec.
        Angle 24 25  3 is   1.42382114 rad =        81.5789 deg =   81 deg 34 min 44 sec.


Face # 13 has  4 vertices:
     Vertices input as          3    4   22   23
```

```
            Vertices renumbered as      4    5   23   24
                Edge   4   5 is    1.08239220.
                Edge   5  23 is    1.08239220.
                Edge  23  24 is    0.83718608.
                Edge  24   4 is    0.83718608.
                Angle 24   4   5 is    1.42382114 rad =      81.5789 deg =   81 deg 34 min 44 sec.
                Angle  4   5  23 is    1.42382114 rad =      81.5789 deg =   81 deg 34 min 44 sec.
                Angle  5  23  24 is    1.42382114 rad =      81.5789 deg =   81 deg 34 min 44 sec.
                Angle 23  24   4 is    2.01172190 rad =     115.2632 deg =  115 deg 15 min 47 sec.

Face # 14 has  4 vertices:
            Vertices input as           4    5   21   22
            Vertices renumbered as      5    6   22   23
                Edge   5   6 is    1.08239220.
                Edge   6  22 is    0.83718608.
                Edge  22  23 is    0.83718608.
                Edge  23   5 is    1.08239220.
                Angle 23   5   6 is    1.42382114 rad =      81.5789 deg =   81 deg 34 min 44 sec.
                Angle  5   6  22 is    1.42382114 rad =      81.5789 deg =   81 deg 34 min 44 sec.
                Angle  6  22  23 is    2.01172190 rad =     115.2632 deg =  115 deg 15 min 47 sec.
                Angle 22  23   5 is    1.42382114 rad =      81.5789 deg =   81 deg 34 min 44 sec.

Face # 15 has  4 vertices:
            Vertices input as           5    6   20   21
            Vertices renumbered as      6    7   21   22
                Edge   6   7 is    1.08239220.
                Edge   7  21 is    1.08239220.
                Edge  21  22 is    0.83718608.
                Edge  22   6 is    0.83718608.
                Angle 22   6   7 is    1.42382114 rad =      81.5789 deg =   81 deg 34 min 44 sec.
                Angle  6   7  21 is    1.42382114 rad =      81.5789 deg =   81 deg 34 min 44 sec.
                Angle  7  21  22 is    1.42382114 rad =      81.5789 deg =   81 deg 34 min 44 sec.
                Angle 21  22   6 is    2.01172190 rad =     115.2632 deg =  115 deg 15 min 47 sec.

Face # 16 has  4 vertices:
            Vertices input as           6    7   19   20
            Vertices renumbered as      7    8   20   21
                Edge   7   8 is    1.08239220.
                Edge   8  20 is    0.83718608.
                Edge  20  21 is    0.83718608.
                Edge  21   7 is    1.08239220.
                Angle 21   7   8 is    1.42382114 rad =      81.5789 deg =   81 deg 34 min 44 sec.
                Angle  7   8  20 is    1.42382114 rad =      81.5789 deg =   81 deg 34 min 44 sec.
                Angle  8  20  21 is    2.01172190 rad =     115.2632 deg =  115 deg 15 min 47 sec.
                Angle 20  21   7 is    1.42382114 rad =      81.5789 deg =   81 deg 34 min 44 sec.

Face # 17 has  4 vertices:
            Vertices input as          16   15    8    9
            Vertices renumbered as     17   16    9   10
                Edge  17  16 is    0.83718608.
                Edge  16   9 is    1.08239220.
                Edge   9  10 is    1.08239220.
                Edge  10  17 is    0.83718608.
                Angle 10  17  16 is    2.01172190 rad =     115.2632 deg =  115 deg 15 min 47 sec.
                Angle 17  16   9 is    1.42382114 rad =      81.5789 deg =   81 deg 34 min 44 sec.
                Angle 16   9  10 is    1.42382114 rad =      81.5789 deg =   81 deg 34 min 44 sec.
                Angle  9  10  17 is    1.42382114 rad =      81.5789 deg =   81 deg 34 min 44 sec.
```

```
Face # 18 has  4 vertices:
    Vertices input as         10   9   8  11
    Vertices renumbered as    11  10   9  12
        Edge 11 10 is    0.83718608.
        Edge 10  9 is    1.08239220.
        Edge  9 12 is    1.08239220.
        Edge 12 11 is    0.83718608.
        Angle 12 11 10 is    2.01172190 rad =      115.2632 deg = 115 deg 15 min 47 sec.
        Angle 11 10  9 is    1.42382114 rad =       81.5789 deg =  81 deg 34 min 44 sec.
        Angle 10  9 12 is    1.42382114 rad =       81.5789 deg =  81 deg 34 min 44 sec.
        Angle  9 12 11 is    1.42382114 rad =       81.5789 deg =  81 deg 34 min 44 sec.

Face # 19 has  4 vertices:
    Vertices input as         12  11   8  13
    Vertices renumbered as    13  12   9  14
        Edge 13 12 is    0.83718608.
        Edge 12  9 is    1.08239220.
        Edge  9 14 is    1.08239220.
        Edge 14 13 is    0.83718608.
        Angle 14 13 12 is    2.01172190 rad =      115.2632 deg = 115 deg 15 min 47 sec.
        Angle 13 12  9 is    1.42382114 rad =       81.5789 deg =  81 deg 34 min 44 sec.
        Angle 12  9 14 is    1.42382114 rad =       81.5789 deg =  81 deg 34 min 44 sec.
        Angle  9 14 13 is    1.42382114 rad =       81.5789 deg =  81 deg 34 min 44 sec.

Face # 20 has  4 vertices:
    Vertices input as         14  13   8  15
    Vertices renumbered as    15  14   9  16
        Edge 15 14 is    0.83718608.
        Edge 14  9 is    1.08239220.
        Edge  9 16 is    1.08239220.
        Edge 16 15 is    0.83718608.
        Angle 16 15 14 is    2.01172190 rad =      115.2632 deg = 115 deg 15 min 47 sec.
        Angle 15 14  9 is    1.42382114 rad =       81.5789 deg =  81 deg 34 min 44 sec.
        Angle 14  9 16 is    1.42382114 rad =       81.5789 deg =  81 deg 34 min 44 sec.
        Angle  9 16 15 is    1.42382114 rad =       81.5789 deg =  81 deg 34 min 44 sec.

Face # 21 has  4 vertices:
    Vertices input as         18  25  24  17
    Vertices renumbered as    19  26  25  18
        Edge 19 26 is    0.83718608.
        Edge 26 25 is    0.83718608.
        Edge 25 18 is    1.08239220.
        Edge 18 19 is    1.08239220.
        Angle 18 19 26 is    1.42382114 rad =       81.5789 deg =  81 deg 34 min 44 sec.
        Angle 19 26 25 is    2.01172190 rad =      115.2632 deg = 115 deg 15 min 47 sec.
        Angle 26 25 18 is    1.42382114 rad =       81.5789 deg =  81 deg 34 min 44 sec.
        Angle 25 18 19 is    1.42382114 rad =       81.5789 deg =  81 deg 34 min 44 sec.

Face # 22 has  4 vertices:
    Vertices input as         19  18  17  20
    Vertices renumbered as    20  19  18  21
        Edge 20 19 is    0.83718608.
        Edge 19 18 is    1.08239220.
        Edge 18 21 is    1.08239220.
        Edge 21 20 is    0.83718608.
        Angle 21 20 19 is    2.01172190 rad =      115.2632 deg = 115 deg 15 min 47 sec.
        Angle 20 19 18 is    1.42382114 rad =       81.5789 deg =  81 deg 34 min 44 sec.
        Angle 19 18 21 is    1.42382114 rad =       81.5789 deg =  81 deg 34 min 44 sec.
        Angle 18 21 20 is    1.42382114 rad =       81.5789 deg =  81 deg 34 min 44 sec.
```

```
Face # 23 has  4 vertices:
    Vertices input as         22  21  20  17
    Vertices renumbered as    23  22  21  18
        Edge 23 22 is   0.83718608.
        Edge 22 21 is   0.83718608.
        Edge 21 18 is   1.08239220.
        Edge 18 23 is   1.08239220.
        Angle 18 23 22 is   1.42382114 rad =      81.5789 deg =  81 deg 34 min 44 sec.
        Angle 23 22 21 is   2.01172190 rad =     115.2632 deg = 115 deg 15 min 47 sec.
        Angle 22 21 18 is   1.42382114 rad =      81.5789 deg =  81 deg 34 min 44 sec.
        Angle 21 18 23 is   1.42382114 rad =      81.5789 deg =  81 deg 34 min 44 sec.

Face # 24 has  4 vertices:
    Vertices input as         24  23  22  17
    Vertices renumbered as    25  24  23  18
        Edge 25 24 is   0.83718608.
        Edge 24 23 is   0.83718608.
        Edge 23 18 is   1.08239220.
        Edge 18 25 is   1.08239220.
        Angle 18 25 24 is   1.42382114 rad =      81.5789 deg =  81 deg 34 min 44 sec.
        Angle 25 24 23 is   2.01172190 rad =     115.2632 deg = 115 deg 15 min 47 sec.
        Angle 24 23 18 is   1.42382114 rad =      81.5789 deg =  81 deg 34 min 44 sec.
        Angle 23 18 25 is   1.42382114 rad =      81.5789 deg =  81 deg 34 min 44 sec.


The edge joining vertices  1 and  2 is between faces  2 and 10.
        Dihedral angle is   2.41061314 rad =     138.1180 deg = 138 deg  7 min  5 sec.
The edge joining vertices  1 and  8 is between faces  1 and  9.
        Dihedral angle is   2.41061314 rad =     138.1180 deg = 138 deg  7 min  5 sec.
The edge joining vertices  1 and 11 is between faces  1 and  2.
        Dihedral angle is   2.41061314 rad =     138.1180 deg = 138 deg  7 min  5 sec.
The edge joining vertices  1 and 19 is between faces  9 and 10.
        Dihedral angle is   2.41061314 rad =     138.1180 deg = 138 deg  7 min  5 sec.
The edge joining vertices  2 and  3 is between faces  3 and 11.
        Dihedral angle is   2.41061314 rad =     138.1180 deg = 138 deg  7 min  5 sec.
The edge joining vertices  2 and 12 is between faces  2 and  3.
        Dihedral angle is   2.41061314 rad =     138.1180 deg = 138 deg  7 min  5 sec.
The edge joining vertices  2 and 26 is between faces 10 and 11.
        Dihedral angle is   2.41061314 rad =     138.1180 deg = 138 deg  7 min  5 sec.
The edge joining vertices  3 and  4 is between faces  4 and 12.
        Dihedral angle is   2.41061314 rad =     138.1180 deg = 138 deg  7 min  5 sec.
The edge joining vertices  3 and 13 is between faces  3 and  4.
        Dihedral angle is   2.41061314 rad =     138.1180 deg = 138 deg  7 min  5 sec.
The edge joining vertices  3 and 25 is between faces 11 and 12.
        Dihedral angle is   2.41061314 rad =     138.1180 deg = 138 deg  7 min  5 sec.
The edge joining vertices  4 and  5 is between faces  5 and 13.
        Dihedral angle is   2.41061314 rad =     138.1180 deg = 138 deg  7 min  5 sec.
The edge joining vertices  4 and 14 is between faces  4 and  5.
        Dihedral angle is   2.41061314 rad =     138.1180 deg = 138 deg  7 min  5 sec.
The edge joining vertices  4 and 24 is between faces 12 and 13.
        Dihedral angle is   2.41061314 rad =     138.1180 deg = 138 deg  7 min  5 sec.
The edge joining vertices  5 and  6 is between faces  6 and 14.
        Dihedral angle is   2.41061314 rad =     138.1180 deg = 138 deg  7 min  5 sec.
The edge joining vertices  5 and 15 is between faces  5 and  6.
        Dihedral angle is   2.41061314 rad =     138.1180 deg = 138 deg  7 min  5 sec.
The edge joining vertices  5 and 23 is between faces 13 and 14.
        Dihedral angle is   2.41061314 rad =     138.1180 deg = 138 deg  7 min  5 sec.
The edge joining vertices  6 and  7 is between faces  7 and 15.
        Dihedral angle is   2.41061314 rad =     138.1180 deg = 138 deg  7 min  5 sec.
The edge joining vertices  6 and 16 is between faces  6 and  7.
```

```
            Dihedral angle is     2.41061314 rad =       138.1180 deg = 138 deg   7 min   5 sec.
The edge joining vertices  6 and 22 is between faces 14 and 15.
            Dihedral angle is     2.41061314 rad =       138.1180 deg = 138 deg   7 min   5 sec.
The edge joining vertices  7 and  8 is between faces  8 and 16.
            Dihedral angle is     2.41061314 rad =       138.1180 deg = 138 deg   7 min   5 sec.
The edge joining vertices  7 and 17 is between faces  7 and  8.
            Dihedral angle is     2.41061314 rad =       138.1180 deg = 138 deg   7 min   5 sec.
The edge joining vertices  7 and 21 is between faces 15 and 16.
            Dihedral angle is     2.41061314 rad =       138.1180 deg = 138 deg   7 min   5 sec.
The edge joining vertices  8 and 10 is between faces  1 and  8.
            Dihedral angle is     2.41061314 rad =       138.1180 deg = 138 deg   7 min   5 sec.
The edge joining vertices  8 and 20 is between faces  9 and 16.
            Dihedral angle is     2.41061314 rad =       138.1180 deg = 138 deg   7 min   5 sec.
The edge joining vertices  9 and 10 is between faces 17 and 18.
            Dihedral angle is     2.41061314 rad =       138.1180 deg = 138 deg   7 min   5 sec.
The edge joining vertices  9 and 12 is between faces 18 and 19.
            Dihedral angle is     2.41061314 rad =       138.1180 deg = 138 deg   7 min   5 sec.
The edge joining vertices  9 and 14 is between faces 19 and 20.
            Dihedral angle is     2.41061314 rad =       138.1180 deg = 138 deg   7 min   5 sec.
The edge joining vertices  9 and 16 is between faces 17 and 20.
            Dihedral angle is     2.41061314 rad =       138.1180 deg = 138 deg   7 min   5 sec.
The edge joining vertices 10 and 11 is between faces  1 and 18.
            Dihedral angle is     2.41061314 rad =       138.1180 deg = 138 deg   7 min   5 sec.
The edge joining vertices 10 and 17 is between faces  8 and 17.
            Dihedral angle is     2.41061314 rad =       138.1180 deg = 138 deg   7 min   5 sec.
The edge joining vertices 11 and 12 is between faces  2 and 18.
            Dihedral angle is     2.41061314 rad =       138.1180 deg = 138 deg   7 min   5 sec.
The edge joining vertices 12 and 13 is between faces  3 and 19.
            Dihedral angle is     2.41061314 rad =       138.1180 deg = 138 deg   7 min   5 sec.
The edge joining vertices 13 and 14 is between faces  4 and 19.
            Dihedral angle is     2.41061314 rad =       138.1180 deg = 138 deg   7 min   5 sec.
The edge joining vertices 14 and 15 is between faces  5 and 20.
            Dihedral angle is     2.41061314 rad =       138.1180 deg = 138 deg   7 min   5 sec.
The edge joining vertices 15 and 16 is between faces  6 and 20.
            Dihedral angle is     2.41061314 rad =       138.1180 deg = 138 deg   7 min   5 sec.
The edge joining vertices 16 and 17 is between faces  7 and 17.
            Dihedral angle is     2.41061314 rad =       138.1180 deg = 138 deg   7 min   5 sec.
The edge joining vertices 18 and 19 is between faces 21 and 22.
            Dihedral angle is     2.41061314 rad =       138.1180 deg = 138 deg   7 min   5 sec.
The edge joining vertices 18 and 21 is between faces 22 and 23.
            Dihedral angle is     2.41061314 rad =       138.1180 deg = 138 deg   7 min   5 sec.
The edge joining vertices 18 and 23 is between faces 23 and 24.
            Dihedral angle is     2.41061314 rad =       138.1180 deg = 138 deg   7 min   5 sec.
The edge joining vertices 18 and 25 is between faces 21 and 24.
            Dihedral angle is     2.41061314 rad =       138.1180 deg = 138 deg   7 min   5 sec.
The edge joining vertices 19 and 20 is between faces  9 and 22.
            Dihedral angle is     2.41061314 rad =       138.1180 deg = 138 deg   7 min   5 sec.
The edge joining vertices 19 and 26 is between faces 10 and 21.
            Dihedral angle is     2.41061314 rad =       138.1180 deg = 138 deg   7 min   5 sec.
The edge joining vertices 20 and 21 is between faces 16 and 22.
            Dihedral angle is     2.41061314 rad =       138.1180 deg = 138 deg   7 min   5 sec.
The edge joining vertices 21 and 22 is between faces 15 and 23.
            Dihedral angle is     2.41061314 rad =       138.1180 deg = 138 deg   7 min   5 sec.
The edge joining vertices 22 and 23 is between faces 14 and 23.
            Dihedral angle is     2.41061314 rad =       138.1180 deg = 138 deg   7 min   5 sec.
The edge joining vertices 23 and 24 is between faces 13 and 24.
            Dihedral angle is     2.41061314 rad =       138.1180 deg = 138 deg   7 min   5 sec.
The edge joining vertices 24 and 25 is between faces 12 and 24.
            Dihedral angle is     2.41061314 rad =       138.1180 deg = 138 deg   7 min   5 sec.
The edge joining vertices 25 and 26 is between faces 11 and 21.
            Dihedral angle is     2.41061314 rad =       138.1180 deg = 138 deg   7 min   5 sec.
```

Report based on file j38.off

```
Vertex #  1: (  1.53884177, -0.50000000,  0.50000000).
Vertex #  2: (  0.95105652, -1.30901699,  0.50000000).
Vertex #  3: (  0.00000000, -1.61803399,  0.50000000).
Vertex #  4: ( -0.95105652, -1.30901699,  0.50000000).
Vertex #  5: ( -1.53884177, -0.50000000,  0.50000000).
Vertex #  6: ( -1.53884177,  0.50000000,  0.50000000).
Vertex #  7: ( -0.95105652,  1.30901699,  0.50000000).
Vertex #  8: (  0.00000000,  1.61803399,  0.50000000).
Vertex #  9: (  0.95105652,  1.30901699,  0.50000000).
Vertex # 10: (  1.53884177,  0.50000000,  0.50000000).
Vertex # 11: (  1.53884177, -0.50000000, -0.50000000).
Vertex # 12: (  0.95105652, -1.30901699, -0.50000000).
Vertex # 13: (  0.00000000, -1.61803399, -0.50000000).
Vertex # 14: ( -0.95105652, -1.30901699, -0.50000000).
Vertex # 15: ( -1.53884177, -0.50000000, -0.50000000).
Vertex # 16: ( -1.53884177,  0.50000000, -0.50000000).
Vertex # 17: ( -0.95105652,  1.30901699, -0.50000000).
Vertex # 18: (  0.00000000,  1.61803399, -0.50000000).
Vertex # 19: (  0.95105652,  1.30901699, -0.50000000).
Vertex # 20: (  1.53884177,  0.50000000, -0.50000000).
Vertex # 21: (  0.68819096,  0.50000000,  1.02573111).
Vertex # 22: (  0.68819096, -0.50000000,  1.02573111).
Vertex # 23: ( -0.26286556, -0.80901699,  1.02573111).
Vertex # 24: ( -0.85065081,  0.00000000,  1.02573111).
Vertex # 25: ( -0.26286556,  0.80901699,  1.02573111).
Vertex # 26: (  0.68819096, -0.50000000, -1.02573111).
Vertex # 27: (  0.68819096,  0.50000000, -1.02573111).
Vertex # 28: ( -0.26286556,  0.80901699, -1.02573111).
Vertex # 29: ( -0.85065081,  0.00000000, -1.02573111).
Vertex # 30: ( -0.26286556, -0.80901699, -1.02573111).


Face #  1 has  4 vertices:
    Vertices input as         0   1  11  10
    Vertices renumbered as    1   2  12  11
       Edge  1  2 is   1.00000000.
       Edge  2 12 is   1.00000000.
       Edge 12 11 is   1.00000000.
       Edge 11  1 is   1.00000000.
       Angle 11  1  2 is   1.57079633 rad =       90.0000 deg =  90 deg  0 min  0 sec.
       Angle  1  2 12 is   1.57079633 rad =       90.0000 deg =  90 deg  0 min  0 sec.
       Angle  2 12 11 is   1.57079633 rad =       90.0000 deg =  90 deg  0 min  0 sec.
       Angle 12 11  1 is   1.57079633 rad =       90.0000 deg =  90 deg  0 min  0 sec.


Face #  2 has  4 vertices:
    Vertices input as         1   2  12  11
    Vertices renumbered as    2   3  13  12
       Edge  2  3 is   1.00000000.
       Edge  3 13 is   1.00000000.
       Edge 13 12 is   1.00000000.
       Edge 12  2 is   1.00000000.
       Angle 12  2  3 is   1.57079633 rad =       90.0000 deg =  90 deg  0 min  0 sec.
       Angle  2  3 13 is   1.57079633 rad =       90.0000 deg =  90 deg  0 min  0 sec.
       Angle  3 13 12 is   1.57079633 rad =       90.0000 deg =  90 deg  0 min  0 sec.
       Angle 13 12  2 is   1.57079633 rad =       90.0000 deg =  90 deg  0 min  0 sec.


Face #  3 has  4 vertices:
    Vertices input as         2   3  13  12
```

```
    Vertices renumbered as     3    4   14   13
        Edge  3  4 is   1.00000000.
        Edge  4 14 is   1.00000000.
        Edge 14 13 is   1.00000000.
        Edge 13  3 is   1.00000000.
        Angle 13  3  4 is   1.57079633 rad =      90.0000 deg =  90 deg   0 min   0 sec.
        Angle  3  4 14 is   1.57079633 rad =      90.0000 deg =  90 deg   0 min   0 sec.
        Angle  4 14 13 is   1.57079633 rad =      90.0000 deg =  90 deg   0 min   0 sec.
        Angle 14 13  3 is   1.57079633 rad =      90.0000 deg =  90 deg   0 min   0 sec.

Face #  4 has  4 vertices:
    Vertices input as          3    4   14   13
    Vertices renumbered as     4    5   15   14
        Edge  4  5 is   1.00000000.
        Edge  5 15 is   1.00000000.
        Edge 15 14 is   1.00000000.
        Edge 14  4 is   1.00000000.
        Angle 14  4  5 is   1.57079633 rad =      90.0000 deg =  90 deg   0 min   0 sec.
        Angle  4  5 15 is   1.57079633 rad =      90.0000 deg =  90 deg   0 min   0 sec.
        Angle  5 15 14 is   1.57079633 rad =      90.0000 deg =  90 deg   0 min   0 sec.
        Angle 15 14  4 is   1.57079633 rad =      90.0000 deg =  90 deg   0 min   0 sec.

Face #  5 has  4 vertices:
    Vertices input as          4    5   15   14
    Vertices renumbered as     5    6   16   15
        Edge  5  6 is   1.00000000.
        Edge  6 16 is   1.00000000.
        Edge 16 15 is   1.00000000.
        Edge 15  5 is   1.00000000.
        Angle 15  5  6 is   1.57079633 rad =      90.0000 deg =  90 deg   0 min   0 sec.
        Angle  5  6 16 is   1.57079633 rad =      90.0000 deg =  90 deg   0 min   0 sec.
        Angle  6 16 15 is   1.57079633 rad =      90.0000 deg =  90 deg   0 min   0 sec.
        Angle 16 15  5 is   1.57079633 rad =      90.0000 deg =  90 deg   0 min   0 sec.

Face #  6 has  4 vertices:
    Vertices input as          5    6   16   15
    Vertices renumbered as     6    7   17   16
        Edge  6  7 is   1.00000000.
        Edge  7 17 is   1.00000000.
        Edge 17 16 is   1.00000000.
        Edge 16  6 is   1.00000000.
        Angle 16  6  7 is   1.57079633 rad =      90.0000 deg =  90 deg   0 min   0 sec.
        Angle  6  7 17 is   1.57079633 rad =      90.0000 deg =  90 deg   0 min   0 sec.
        Angle  7 17 16 is   1.57079633 rad =      90.0000 deg =  90 deg   0 min   0 sec.
        Angle 17 16  6 is   1.57079633 rad =      90.0000 deg =  90 deg   0 min   0 sec.

Face #  7 has  4 vertices:
    Vertices input as          6    7   17   16
    Vertices renumbered as     7    8   18   17
        Edge  7  8 is   1.00000000.
        Edge  8 18 is   1.00000000.
        Edge 18 17 is   1.00000000.
        Edge 17  7 is   1.00000000.
        Angle 17  7  8 is   1.57079633 rad =      90.0000 deg =  90 deg   0 min   0 sec.
        Angle  7  8 18 is   1.57079633 rad =      90.0000 deg =  90 deg   0 min   0 sec.
        Angle  8 18 17 is   1.57079633 rad =      90.0000 deg =  90 deg   0 min   0 sec.
        Angle 18 17  7 is   1.57079633 rad =      90.0000 deg =  90 deg   0 min   0 sec.
```

```
Face #  8 has  4 vertices:
    Vertices input as          7   8  18  17
    Vertices renumbered as     8   9  19  18
        Edge  8  9 is   1.00000000.
        Edge  9 19 is   1.00000000.
        Edge 19 18 is   1.00000000.
        Edge 18  8 is   1.00000000.
        Angle 18  8  9 is   1.57079633 rad =        90.0000 deg =  90 deg  0 min  0 sec.
        Angle  8  9 19 is   1.57079633 rad =        90.0000 deg =  90 deg  0 min  0 sec.
        Angle  9 19 18 is   1.57079633 rad =        90.0000 deg =  90 deg  0 min  0 sec.
        Angle 19 18  8 is   1.57079633 rad =        90.0000 deg =  90 deg  0 min  0 sec.


Face #  9 has  4 vertices:
    Vertices input as          8   9  19  18
    Vertices renumbered as     9  10  20  19
        Edge  9 10 is   1.00000000.
        Edge 10 20 is   1.00000000.
        Edge 20 19 is   1.00000000.
        Edge 19  9 is   1.00000000.
        Angle 19  9 10 is   1.57079633 rad =        90.0000 deg =  90 deg  0 min  0 sec.
        Angle  9 10 20 is   1.57079633 rad =        90.0000 deg =  90 deg  0 min  0 sec.
        Angle 10 20 19 is   1.57079633 rad =        90.0000 deg =  90 deg  0 min  0 sec.
        Angle 20 19  9 is   1.57079633 rad =        90.0000 deg =  90 deg  0 min  0 sec.


Face # 10 has  4 vertices:
    Vertices input as          9   0  10  19
    Vertices renumbered as    10   1  11  20
        Edge 10  1 is   1.00000000.
        Edge  1 11 is   1.00000000.
        Edge 11 20 is   1.00000000.
        Edge 20 10 is   1.00000000.
        Angle 20 10  1 is   1.57079633 rad =        90.0000 deg =  90 deg  0 min  0 sec.
        Angle 10  1 11 is   1.57079633 rad =        90.0000 deg =  90 deg  0 min  0 sec.
        Angle  1 11 20 is   1.57079633 rad =        90.0000 deg =  90 deg  0 min  0 sec.
        Angle 11 20 10 is   1.57079633 rad =        90.0000 deg =  90 deg  0 min  0 sec.


Face # 11 has  5 vertices:
    Vertices input as         24  23  22  21  20
    Vertices renumbered as    25  24  23  22  21
        Edge 25 24 is   1.00000000.
        Edge 24 23 is   1.00000000.
        Edge 23 22 is   1.00000000.
        Edge 22 21 is   1.00000000.
        Edge 21 25 is   1.00000000.
        Angle 21 25 24 is   1.88495559 rad =       108.0000 deg = 108 deg  0 min  0 sec.
        Angle 25 24 23 is   1.88495559 rad =       108.0000 deg = 108 deg  0 min  0 sec.
        Angle 24 23 22 is   1.88495559 rad =       108.0000 deg = 108 deg  0 min  0 sec.
        Angle 23 22 21 is   1.88495559 rad =       108.0000 deg = 108 deg  0 min  0 sec.
        Angle 22 21 25 is   1.88495559 rad =       108.0000 deg = 108 deg  0 min  0 sec.


Face # 12 has  4 vertices:
    Vertices input as          9  20  21   0
    Vertices renumbered as    10  21  22   1
        Edge 10 21 is   1.00000000.
        Edge 21 22 is   1.00000000.
        Edge 22  1 is   1.00000000.
        Edge  1 10 is   1.00000000.
        Angle  1 10 21 is   1.57079633 rad =        90.0000 deg =  90 deg  0 min  0 sec.
        Angle 10 21 22 is   1.57079633 rad =        90.0000 deg =  90 deg  0 min  0 sec.
```

```
        Angle 21 22  1 is   1.57079633 rad =      90.0000 deg =  90 deg  0 min  0 sec.
        Angle 22  1 10 is   1.57079633 rad =      90.0000 deg =  90 deg  0 min  0 sec.


Face # 13 has  3 vertices:
    Vertices input as          0   21    1
    Vertices renumbered as     1   22    2
        Edge  1 22 is   1.00000000.
        Edge 22  2 is   1.00000000.
        Edge  2  1 is   1.00000000.
        Angle  2  1 22 is   1.04719755 rad =      60.0000 deg =  60 deg  0 min  0 sec.
        Angle  1 22  2 is   1.04719755 rad =      60.0000 deg =  60 deg  0 min  0 sec.
        Angle 22  2  1 is   1.04719755 rad =      60.0000 deg =  60 deg  0 min  0 sec.


Face # 14 has  4 vertices:
    Vertices input as          1   21   22    2
    Vertices renumbered as     2   22   23    3
        Edge  2 22 is   1.00000000.
        Edge 22 23 is   1.00000000.
        Edge 23  3 is   1.00000000.
        Edge  3  2 is   1.00000000.
        Angle  3  2 22 is   1.57079633 rad =      90.0000 deg =  90 deg  0 min  0 sec.
        Angle  2 22 23 is   1.57079633 rad =      90.0000 deg =  90 deg  0 min  0 sec.
        Angle 22 23  3 is   1.57079633 rad =      90.0000 deg =  90 deg  0 min  0 sec.
        Angle 23  3  2 is   1.57079633 rad =      90.0000 deg =  90 deg  0 min  0 sec.


Face # 15 has  3 vertices:
    Vertices input as          2   22    3
    Vertices renumbered as     3   23    4
        Edge  3 23 is   1.00000000.
        Edge 23  4 is   1.00000000.
        Edge  4  3 is   1.00000000.
        Angle  4  3 23 is   1.04719755 rad =      60.0000 deg =  60 deg  0 min  0 sec.
        Angle  3 23  4 is   1.04719755 rad =      60.0000 deg =  60 deg  0 min  0 sec.
        Angle 23  4  3 is   1.04719755 rad =      60.0000 deg =  60 deg  0 min  0 sec.


Face # 16 has  4 vertices:
    Vertices input as          3   22   23    4
    Vertices renumbered as     4   23   24    5
        Edge  4 23 is   1.00000000.
        Edge 23 24 is   1.00000000.
        Edge 24  5 is   1.00000000.
        Edge  5  4 is   1.00000000.
        Angle  5  4 23 is   1.57079633 rad =      90.0000 deg =  90 deg  0 min  0 sec.
        Angle  4 23 24 is   1.57079633 rad =      90.0000 deg =  90 deg  0 min  0 sec.
        Angle 23 24  5 is   1.57079633 rad =      90.0000 deg =  90 deg  0 min  0 sec.
        Angle 24  5  4 is   1.57079633 rad =      90.0000 deg =  90 deg  0 min  0 sec.


Face # 17 has  3 vertices:
    Vertices input as          4   23    5
    Vertices renumbered as     5   24    6
        Edge  5 24 is   1.00000000.
        Edge 24  6 is   1.00000000.
        Edge  6  5 is   1.00000000.
        Angle  6  5 24 is   1.04719755 rad =      60.0000 deg =  60 deg  0 min  0 sec.
        Angle  5 24  6 is   1.04719755 rad =      60.0000 deg =  60 deg  0 min  0 sec.
        Angle 24  6  5 is   1.04719755 rad =      60.0000 deg =  60 deg  0 min  0 sec.
```

```
Face # 18 has  4 vertices:
    Vertices input as         5  23  24   6
    Vertices renumbered as    6  24  25   7
       Edge  6 24 is   1.00000000.
       Edge 24 25 is   1.00000000.
       Edge 25  7 is   1.00000000.
       Edge  7  6 is   1.00000000.
       Angle  7  6 24 is   1.57079633 rad =      90.0000 deg =  90 deg  0 min  0 sec.
       Angle  6 24 25 is   1.57079633 rad =      90.0000 deg =  90 deg  0 min  0 sec.
       Angle 24 25  7 is   1.57079633 rad =      90.0000 deg =  90 deg  0 min  0 sec.
       Angle 25  7  6 is   1.57079633 rad =      90.0000 deg =  90 deg  0 min  0 sec.


Face # 19 has  3 vertices:
    Vertices input as         6  24   7
    Vertices renumbered as    7  25   8
       Edge  7 25 is   1.00000000.
       Edge 25  8 is   1.00000000.
       Edge  8  7 is   1.00000000.
       Angle  8  7 25 is   1.04719755 rad =      60.0000 deg =  60 deg  0 min  0 sec.
       Angle  7 25  8 is   1.04719755 rad =      60.0000 deg =  60 deg  0 min  0 sec.
       Angle 25  8  7 is   1.04719755 rad =      60.0000 deg =  60 deg  0 min  0 sec.


Face # 20 has  4 vertices:
    Vertices input as         7  24  20   8
    Vertices renumbered as    8  25  21   9
       Edge  8 25 is   1.00000000.
       Edge 25 21 is   1.00000000.
       Edge 21  9 is   1.00000000.
       Edge  9  8 is   1.00000000.
       Angle  9  8 25 is   1.57079633 rad =      90.0000 deg =  90 deg  0 min  0 sec.
       Angle  8 25 21 is   1.57079633 rad =      90.0000 deg =  90 deg  0 min  0 sec.
       Angle 25 21  9 is   1.57079633 rad =      90.0000 deg =  90 deg  0 min  0 sec.
       Angle 21  9  8 is   1.57079633 rad =      90.0000 deg =  90 deg  0 min  0 sec.


Face # 21 has  3 vertices:
    Vertices input as         8  20   9
    Vertices renumbered as    9  21  10
       Edge  9 21 is   1.00000000.
       Edge 21 10 is   1.00000000.
       Edge 10  9 is   1.00000000.
       Angle 10  9 21 is   1.04719755 rad =      60.0000 deg =  60 deg  0 min  0 sec.
       Angle  9 21 10 is   1.04719755 rad =      60.0000 deg =  60 deg  0 min  0 sec.
       Angle 21 10  9 is   1.04719755 rad =      60.0000 deg =  60 deg  0 min  0 sec.


Face # 22 has  5 vertices:
    Vertices input as        29  28  27  26  25
    Vertices renumbered as   30  29  28  27  26
       Edge 30 29 is   1.00000000.
       Edge 29 28 is   1.00000000.
       Edge 28 27 is   1.00000000.
       Edge 27 26 is   1.00000000.
       Edge 26 30 is   1.00000000.
       Angle 26 30 29 is   1.88495559 rad =     108.0000 deg = 108 deg  0 min  0 sec.
       Angle 30 29 28 is   1.88495559 rad =     108.0000 deg = 108 deg  0 min  0 sec.
       Angle 29 28 27 is   1.88495559 rad =     108.0000 deg = 108 deg  0 min  0 sec.
       Angle 28 27 26 is   1.88495559 rad =     108.0000 deg = 108 deg  0 min  0 sec.
       Angle 27 26 30 is   1.88495559 rad =     108.0000 deg = 108 deg  0 min  0 sec.
```

```
Face # 23 has  4 vertices:
    Vertices input as         10  25  26  19
    Vertices renumbered as    11  26  27  20
      Edge 11 26 is   1.00000000.
      Edge 26 27 is   1.00000000.
      Edge 27 20 is   1.00000000.
      Edge 20 11 is   1.00000000.
      Angle 20 11 26 is   1.57079633 rad =      90.0000 deg =  90 deg  0 min  0 sec.
      Angle 11 26 27 is   1.57079633 rad =      90.0000 deg =  90 deg  0 min  0 sec.
      Angle 26 27 20 is   1.57079633 rad =      90.0000 deg =  90 deg  0 min  0 sec.
      Angle 27 20 11 is   1.57079633 rad =      90.0000 deg =  90 deg  0 min  0 sec.

Face # 24 has  3 vertices:
    Vertices input as         19  26  18
    Vertices renumbered as    20  27  19
      Edge 20 27 is   1.00000000.
      Edge 27 19 is   1.00000000.
      Edge 19 20 is   1.00000000.
      Angle 19 20 27 is   1.04719755 rad =      60.0000 deg =  60 deg  0 min  0 sec.
      Angle 20 27 19 is   1.04719755 rad =      60.0000 deg =  60 deg  0 min  0 sec.
      Angle 27 19 20 is   1.04719755 rad =      60.0000 deg =  60 deg  0 min  0 sec.

Face # 25 has  4 vertices:
    Vertices input as         18  26  27  17
    Vertices renumbered as    19  27  28  18
      Edge 19 27 is   1.00000000.
      Edge 27 28 is   1.00000000.
      Edge 28 18 is   1.00000000.
      Edge 18 19 is   1.00000000.
      Angle 18 19 27 is   1.57079633 rad =      90.0000 deg =  90 deg  0 min  0 sec.
      Angle 19 27 28 is   1.57079633 rad =      90.0000 deg =  90 deg  0 min  0 sec.
      Angle 27 28 18 is   1.57079633 rad =      90.0000 deg =  90 deg  0 min  0 sec.
      Angle 28 18 19 is   1.57079633 rad =      90.0000 deg =  90 deg  0 min  0 sec.

Face # 26 has  3 vertices:
    Vertices input as         17  27  16
    Vertices renumbered as    18  28  17
      Edge 18 28 is   1.00000000.
      Edge 28 17 is   1.00000000.
      Edge 17 18 is   1.00000000.
      Angle 17 18 28 is   1.04719755 rad =      60.0000 deg =  60 deg  0 min  0 sec.
      Angle 18 28 17 is   1.04719755 rad =      60.0000 deg =  60 deg  0 min  0 sec.
      Angle 28 17 18 is   1.04719755 rad =      60.0000 deg =  60 deg  0 min  0 sec.

Face # 27 has  4 vertices:
    Vertices input as         16  27  28  15
    Vertices renumbered as    17  28  29  16
      Edge 17 28 is   1.00000000.
      Edge 28 29 is   1.00000000.
      Edge 29 16 is   1.00000000.
      Edge 16 17 is   1.00000000.
      Angle 16 17 28 is   1.57079633 rad =      90.0000 deg =  90 deg  0 min  0 sec.
      Angle 17 28 29 is   1.57079633 rad =      90.0000 deg =  90 deg  0 min  0 sec.
      Angle 28 29 16 is   1.57079633 rad =      90.0000 deg =  90 deg  0 min  0 sec.
      Angle 29 16 17 is   1.57079633 rad =      90.0000 deg =  90 deg  0 min  0 sec.

Face # 28 has  3 vertices:
    Vertices input as         15  28  14
```

```
    Vertices renumbered as    16   29   15
      Edge  16  29 is    1.00000000.
      Edge  29  15 is    1.00000000.
      Edge  15  16 is    1.00000000.
      Angle 15  16  29 is    1.04719755 rad =       60.0000 deg =  60 deg  0 min   0 sec.
      Angle 16  29  15 is    1.04719755 rad =       60.0000 deg =  60 deg  0 min   0 sec.
      Angle 29  15  16 is    1.04719755 rad =       60.0000 deg =  60 deg  0 min   0 sec.


Face # 29 has  4 vertices:
    Vertices input as         14   28   29   13
    Vertices renumbered as    15   29   30   14
      Edge  15  29 is    1.00000000.
      Edge  29  30 is    1.00000000.
      Edge  30  14 is    1.00000000.
      Edge  14  15 is    1.00000000.
      Angle 14  15  29 is    1.57079633 rad =       90.0000 deg =  90 deg  0 min   0 sec.
      Angle 15  29  30 is    1.57079633 rad =       90.0000 deg =  90 deg  0 min   0 sec.
      Angle 29  30  14 is    1.57079633 rad =       90.0000 deg =  90 deg  0 min   0 sec.
      Angle 30  14  15 is    1.57079633 rad =       90.0000 deg =  90 deg  0 min   0 sec.


Face # 30 has  3 vertices:
    Vertices input as         13   29   12
    Vertices renumbered as    14   30   13
      Edge  14  30 is    1.00000000.
      Edge  30  13 is    1.00000000.
      Edge  13  14 is    1.00000000.
      Angle 13  14  30 is    1.04719755 rad =       60.0000 deg =  60 deg  0 min   0 sec.
      Angle 14  30  13 is    1.04719755 rad =       60.0000 deg =  60 deg  0 min   0 sec.
      Angle 30  13  14 is    1.04719755 rad =       60.0000 deg =  60 deg  0 min   0 sec.


Face # 31 has  4 vertices:
    Vertices input as         12   29   25   11
    Vertices renumbered as    13   30   26   12
      Edge  13  30 is    1.00000000.
      Edge  30  26 is    1.00000000.
      Edge  26  12 is    1.00000000.
      Edge  12  13 is    1.00000000.
      Angle 12  13  30 is    1.57079633 rad =       90.0000 deg =  90 deg  0 min   0 sec.
      Angle 13  30  26 is    1.57079633 rad =       90.0000 deg =  90 deg  0 min   0 sec.
      Angle 30  26  12 is    1.57079633 rad =       90.0000 deg =  90 deg  0 min   0 sec.
      Angle 26  12  13 is    1.57079633 rad =       90.0000 deg =  90 deg  0 min   0 sec.


Face # 32 has  3 vertices:
    Vertices input as         11   25   10
    Vertices renumbered as    12   26   11
      Edge  12  26 is    1.00000000.
      Edge  26  11 is    1.00000000.
      Edge  11  12 is    1.00000000.
      Angle 11  12  26 is    1.04719755 rad =       60.0000 deg =  60 deg  0 min   0 sec.
      Angle 12  26  11 is    1.04719755 rad =       60.0000 deg =  60 deg  0 min   0 sec.
      Angle 26  11  12 is    1.04719755 rad =       60.0000 deg =  60 deg  0 min   0 sec.


The edge joining vertices   1 and  2 is between faces   1 and 13.
       Dihedral angle is    2.22315447 rad =      127.3774 deg = 127 deg 22 min  39 sec.
The edge joining vertices   1 and 10 is between faces  10 and 12.
       Dihedral angle is    2.12437069 rad =      121.7175 deg = 121 deg 43 min   3 sec.
The edge joining vertices   1 and 11 is between faces   1 and 10.
       Dihedral angle is    2.51327412 rad =      144.0000 deg = 144 deg  0 min   0 sec.
```

```
The edge joining vertices  1 and 22 is between faces 12 and 13.
      Dihedral angle is   2.77672883 rad =     159.0948 deg = 159 deg  5 min 41 sec.
The edge joining vertices  2 and  3 is between faces  2 and 14.
      Dihedral angle is   2.12437069 rad =     121.7175 deg = 121 deg 43 min  3 sec.
The edge joining vertices  2 and 12 is between faces  1 and  2.
      Dihedral angle is   2.51327412 rad =     144.0000 deg = 144 deg  0 min  0 sec.
The edge joining vertices  2 and 22 is between faces 13 and 14.
      Dihedral angle is   2.77672883 rad =     159.0948 deg = 159 deg  5 min 41 sec.
The edge joining vertices  3 and  4 is between faces  3 and 15.
      Dihedral angle is   2.22315447 rad =     127.3774 deg = 127 deg 22 min 39 sec.
The edge joining vertices  3 and 13 is between faces  2 and  3.
      Dihedral angle is   2.51327412 rad =     144.0000 deg = 144 deg  0 min  0 sec.
The edge joining vertices  3 and 23 is between faces 14 and 15.
      Dihedral angle is   2.77672883 rad =     159.0948 deg = 159 deg  5 min 41 sec.
The edge joining vertices  4 and  5 is between faces  4 and 16.
      Dihedral angle is   2.12437069 rad =     121.7175 deg = 121 deg 43 min  3 sec.
The edge joining vertices  4 and 14 is between faces  3 and  4.
      Dihedral angle is   2.51327412 rad =     144.0000 deg = 144 deg  0 min  0 sec.
The edge joining vertices  4 and 23 is between faces 15 and 16.
      Dihedral angle is   2.77672883 rad =     159.0948 deg = 159 deg  5 min 41 sec.
The edge joining vertices  5 and  6 is between faces  5 and 17.
      Dihedral angle is   2.22315447 rad =     127.3774 deg = 127 deg 22 min 39 sec.
The edge joining vertices  5 and 15 is between faces  4 and  5.
      Dihedral angle is   2.51327412 rad =     144.0000 deg = 144 deg  0 min  0 sec.
The edge joining vertices  5 and 24 is between faces 16 and 17.
      Dihedral angle is   2.77672883 rad =     159.0948 deg = 159 deg  5 min 41 sec.
The edge joining vertices  6 and  7 is between faces  6 and 18.
      Dihedral angle is   2.12437069 rad =     121.7175 deg = 121 deg 43 min  3 sec.
The edge joining vertices  6 and 16 is between faces  5 and  6.
      Dihedral angle is   2.51327412 rad =     144.0000 deg = 144 deg  0 min  0 sec.
The edge joining vertices  6 and 24 is between faces 17 and 18.
      Dihedral angle is   2.77672883 rad =     159.0948 deg = 159 deg  5 min 41 sec.
The edge joining vertices  7 and  8 is between faces  7 and 19.
      Dihedral angle is   2.22315447 rad =     127.3774 deg = 127 deg 22 min 39 sec.
The edge joining vertices  7 and 17 is between faces  6 and  7.
      Dihedral angle is   2.51327412 rad =     144.0000 deg = 144 deg  0 min  0 sec.
The edge joining vertices  7 and 25 is between faces 18 and 19.
      Dihedral angle is   2.77672883 rad =     159.0948 deg = 159 deg  5 min 41 sec.
The edge joining vertices  8 and  9 is between faces  8 and 20.
      Dihedral angle is   2.12437069 rad =     121.7175 deg = 121 deg 43 min  3 sec.
The edge joining vertices  8 and 18 is between faces  7 and  8.
      Dihedral angle is   2.51327412 rad =     144.0000 deg = 144 deg  0 min  0 sec.
The edge joining vertices  8 and 25 is between faces 19 and 20.
      Dihedral angle is   2.77672883 rad =     159.0948 deg = 159 deg  5 min 41 sec.
The edge joining vertices  9 and 10 is between faces  9 and 21.
      Dihedral angle is   2.22315447 rad =     127.3774 deg = 127 deg 22 min 39 sec.
The edge joining vertices  9 and 19 is between faces  8 and  9.
      Dihedral angle is   2.51327412 rad =     144.0000 deg = 144 deg  0 min  0 sec.
The edge joining vertices  9 and 21 is between faces 20 and 21.
      Dihedral angle is   2.77672883 rad =     159.0948 deg = 159 deg  5 min 41 sec.
The edge joining vertices 10 and 20 is between faces  9 and 10.
      Dihedral angle is   2.51327412 rad =     144.0000 deg = 144 deg  0 min  0 sec.
The edge joining vertices 10 and 21 is between faces 12 and 21.
      Dihedral angle is   2.77672883 rad =     159.0948 deg = 159 deg  5 min 41 sec.
The edge joining vertices 11 and 12 is between faces  1 and 32.
      Dihedral angle is   2.22315447 rad =     127.3774 deg = 127 deg 22 min 39 sec.
The edge joining vertices 11 and 20 is between faces 10 and 23.
      Dihedral angle is   2.12437069 rad =     121.7175 deg = 121 deg 43 min  3 sec.
The edge joining vertices 11 and 26 is between faces 23 and 32.
      Dihedral angle is   2.77672883 rad =     159.0948 deg = 159 deg  5 min 41 sec.
The edge joining vertices 12 and 13 is between faces  2 and 31.
      Dihedral angle is   2.12437069 rad =     121.7175 deg = 121 deg 43 min  3 sec.
The edge joining vertices 12 and 26 is between faces 31 and 32.
```

```
        Dihedral angle is    2.77672883 rad =       159.0948 deg = 159 deg  5 min 41 sec.
The edge joining vertices 13 and 14 is between faces  3 and 30.
        Dihedral angle is    2.22315447 rad =       127.3774 deg = 127 deg 22 min 39 sec.
The edge joining vertices 13 and 30 is between faces 30 and 31.
        Dihedral angle is    2.77672883 rad =       159.0948 deg = 159 deg  5 min 41 sec.
The edge joining vertices 14 and 15 is between faces  4 and 29.
        Dihedral angle is    2.12437069 rad =       121.7175 deg = 121 deg 43 min  3 sec.
The edge joining vertices 14 and 30 is between faces 29 and 30.
        Dihedral angle is    2.77672883 rad =       159.0948 deg = 159 deg  5 min 41 sec.
The edge joining vertices 15 and 16 is between faces  5 and 28.
        Dihedral angle is    2.22315447 rad =       127.3774 deg = 127 deg 22 min 39 sec.
The edge joining vertices 15 and 29 is between faces 28 and 29.
        Dihedral angle is    2.77672883 rad =       159.0948 deg = 159 deg  5 min 41 sec.
The edge joining vertices 16 and 17 is between faces  6 and 27.
        Dihedral angle is    2.12437069 rad =       121.7175 deg = 121 deg 43 min  3 sec.
The edge joining vertices 16 and 29 is between faces 27 and 28.
        Dihedral angle is    2.77672883 rad =       159.0948 deg = 159 deg  5 min 41 sec.
The edge joining vertices 17 and 18 is between faces  7 and 26.
        Dihedral angle is    2.22315447 rad =       127.3774 deg = 127 deg 22 min 39 sec.
The edge joining vertices 17 and 28 is between faces 26 and 27.
        Dihedral angle is    2.77672883 rad =       159.0948 deg = 159 deg  5 min 41 sec.
The edge joining vertices 18 and 19 is between faces  8 and 25.
        Dihedral angle is    2.12437069 rad =       121.7175 deg = 121 deg 43 min  3 sec.
The edge joining vertices 18 and 28 is between faces 25 and 26.
        Dihedral angle is    2.77672883 rad =       159.0948 deg = 159 deg  5 min 41 sec.
The edge joining vertices 19 and 20 is between faces  9 and 24.
        Dihedral angle is    2.22315447 rad =       127.3774 deg = 127 deg 22 min 39 sec.
The edge joining vertices 19 and 27 is between faces 24 and 25.
        Dihedral angle is    2.77672883 rad =       159.0948 deg = 159 deg  5 min 41 sec.
The edge joining vertices 20 and 27 is between faces 23 and 24.
        Dihedral angle is    2.77672883 rad =       159.0948 deg = 159 deg  5 min 41 sec.
The edge joining vertices 21 and 22 is between faces 11 and 12.
        Dihedral angle is    2.58801829 rad =       148.2825 deg = 148 deg 16 min 57 sec.
The edge joining vertices 21 and 25 is between faces 11 and 20.
        Dihedral angle is    2.58801829 rad =       148.2825 deg = 148 deg 16 min 57 sec.
The edge joining vertices 22 and 23 is between faces 11 and 14.
        Dihedral angle is    2.58801829 rad =       148.2825 deg = 148 deg 16 min 57 sec.
The edge joining vertices 23 and 24 is between faces 11 and 16.
        Dihedral angle is    2.58801829 rad =       148.2825 deg = 148 deg 16 min 57 sec.
The edge joining vertices 24 and 25 is between faces 11 and 18.
        Dihedral angle is    2.58801829 rad =       148.2825 deg = 148 deg 16 min 57 sec.
The edge joining vertices 26 and 27 is between faces 22 and 23.
        Dihedral angle is    2.58801829 rad =       148.2825 deg = 148 deg 16 min 57 sec.
The edge joining vertices 26 and 30 is between faces 22 and 31.
        Dihedral angle is    2.58801829 rad =       148.2825 deg = 148 deg 16 min 57 sec.
The edge joining vertices 27 and 28 is between faces 22 and 25.
        Dihedral angle is    2.58801829 rad =       148.2825 deg = 148 deg 16 min 57 sec.
The edge joining vertices 28 and 29 is between faces 22 and 27.
        Dihedral angle is    2.58801829 rad =       148.2825 deg = 148 deg 16 min 57 sec.
The edge joining vertices 29 and 30 is between faces 22 and 29.
        Dihedral angle is    2.58801829 rad =       148.2825 deg = 148 deg 16 min 57 sec.
```

Report based on file j38d.off

```
Vertex #  1: (  0.80212431, -0.58277743,  0.00000000).
Vertex #  2: (  0.30638422, -0.94295368,  0.00000000).
Vertex #  3: ( -0.30638422, -0.94295368,  0.00000000).
Vertex #  4: ( -0.80212431, -0.58277743,  0.00000000).
Vertex #  5: ( -0.99148018,  0.00000000,  0.00000000).
Vertex #  6: ( -0.80212431,  0.58277743,  0.00000000).
Vertex #  7: ( -0.30638422,  0.94295368,  0.00000000).
Vertex #  8: (  0.30638422,  0.94295368,  0.00000000).
Vertex #  9: (  0.80212431,  0.58277743,  0.00000000).
Vertex # 10: (  0.99148018,  0.00000000,  0.00000000).
Vertex # 11: (  0.00000000,  0.00000000,  1.48745718).
Vertex # 12: (  0.64983939,  0.00000000,  1.05146222).
Vertex # 13: (  0.56276575, -0.40887325,  0.91057410).
Vertex # 14: (  0.20081142, -0.61803399,  1.05146222).
Vertex # 15: ( -0.21495739, -0.66157081,  0.91057410).
Vertex # 16: ( -0.52573111, -0.38196601,  1.05146222).
Vertex # 17: ( -0.69561672,  0.00000000,  0.91057410).
Vertex # 18: ( -0.52573111,  0.38196601,  1.05146222).
Vertex # 19: ( -0.21495739,  0.66157081,  0.91057410).
Vertex # 20: (  0.20081142,  0.61803399,  1.05146222).
Vertex # 21: (  0.56276575,  0.40887325,  0.91057410).
Vertex # 22: (  0.00000000,  0.00000000, -1.48745718).
Vertex # 23: (  0.64983939,  0.00000000, -1.05146222).
Vertex # 24: (  0.56276575,  0.40887325, -0.91057410).
Vertex # 25: (  0.20081142,  0.61803399, -1.05146222).
Vertex # 26: ( -0.21495739,  0.66157081, -0.91057410).
Vertex # 27: ( -0.52573111,  0.38196601, -1.05146222).
Vertex # 28: ( -0.69561672,  0.00000000, -0.91057410).
Vertex # 29: ( -0.52573111, -0.38196601, -1.05146222).
Vertex # 30: ( -0.21495739, -0.66157081, -0.91057410).
Vertex # 31: (  0.20081142, -0.61803399, -1.05146222).
Vertex # 32: (  0.56276575, -0.40887325, -0.91057410).


Face #  1 has  4 vertices:
    Vertices input as          12    0    9   11
    Vertices renumbered as     13    1   10   12
      Edge 13  1 is   0.95743427.
      Edge  1 10 is   0.61276845.
      Edge 10 12 is   1.10557281.
      Edge 12 13 is   0.44114466.
      Angle 12 13  1 is   2.00726449 rad =      115.0078 deg = 115 deg  0 min 28 sec.
      Angle 13  1 10 is   1.47515910 rad =       84.5204 deg =  84 deg 31 min 13 sec.
      Angle  1 10 12 is   1.47515910 rad =       84.5204 deg =  84 deg 31 min 13 sec.
      Angle 10 12 13 is   1.32560262 rad =       75.9514 deg =  75 deg 57 min  5 sec.

Face #  2 has  4 vertices:
    Vertices input as           0   12   13    1
    Vertices renumbered as      1   13   14    2
      Edge  1 13 is   0.95743427.
      Edge 13 14 is   0.44114466.
      Edge 14  2 is   1.10557281.
      Edge  2  1 is   0.61276845.
      Angle  2  1 13 is   1.47515910 rad =       84.5204 deg =  84 deg 31 min 13 sec.
      Angle  1 13 14 is   2.00726449 rad =      115.0078 deg = 115 deg  0 min 28 sec.
      Angle 13 14  2 is   1.32560262 rad =       75.9514 deg =  75 deg 57 min  5 sec.
      Angle 14  2  1 is   1.47515910 rad =       84.5204 deg =  84 deg 31 min 13 sec.
```

```
Face #  3 has  4 vertices:
    Vertices input as           1  13  14   2
    Vertices renumbered as      2  14  15   3
        Edge  2 14 is   1.10557281.
        Edge 14 15 is   0.44114466.
        Edge 15  3 is   0.95743427.
        Edge  3  2 is   0.61276845.
        Angle  3  2 14 is   1.47515910 rad =      84.5204 deg =   84 deg 31 min 13 sec.
        Angle  2 14 15 is   1.32560262 rad =      75.9514 deg =   75 deg 57 min  5 sec.
        Angle 14 15  3 is   2.00726449 rad =     115.0078 deg =  115 deg  0 min 28 sec.
        Angle 15  3  2 is   1.47515910 rad =      84.5204 deg =   84 deg 31 min 13 sec.


Face #  4 has  4 vertices:
    Vertices input as           2  14  15   3
    Vertices renumbered as      3  15  16   4
        Edge  3 15 is   0.95743427.
        Edge 15 16 is   0.44114466.
        Edge 16  4 is   1.10557281.
        Edge  4  3 is   0.61276845.
        Angle  4  3 15 is   1.47515910 rad =      84.5204 deg =   84 deg 31 min 13 sec.
        Angle  3 15 16 is   2.00726449 rad =     115.0078 deg =  115 deg  0 min 28 sec.
        Angle 15 16  4 is   1.32560262 rad =      75.9514 deg =   75 deg 57 min  5 sec.
        Angle 16  4  3 is   1.47515910 rad =      84.5204 deg =   84 deg 31 min 13 sec.


Face #  5 has  4 vertices:
    Vertices input as           3  15  16   4
    Vertices renumbered as      4  16  17   5
        Edge  4 16 is   1.10557281.
        Edge 16 17 is   0.44114466.
        Edge 17  5 is   0.95743427.
        Edge  5  4 is   0.61276845.
        Angle  5  4 16 is   1.47515910 rad =      84.5204 deg =   84 deg 31 min 13 sec.
        Angle  4 16 17 is   1.32560262 rad =      75.9514 deg =   75 deg 57 min  5 sec.
        Angle 16 17  5 is   2.00726449 rad =     115.0078 deg =  115 deg  0 min 28 sec.
        Angle 17  5  4 is   1.47515910 rad =      84.5204 deg =   84 deg 31 min 13 sec.


Face #  6 has  4 vertices:
    Vertices input as           4  16  17   5
    Vertices renumbered as      5  17  18   6
        Edge  5 17 is   0.95743427.
        Edge 17 18 is   0.44114466.
        Edge 18  6 is   1.10557281.
        Edge  6  5 is   0.61276845.
        Angle  6  5 17 is   1.47515910 rad =      84.5204 deg =   84 deg 31 min 13 sec.
        Angle  5 17 18 is   2.00726449 rad =     115.0078 deg =  115 deg  0 min 28 sec.
        Angle 17 18  6 is   1.32560262 rad =      75.9514 deg =   75 deg 57 min  5 sec.
        Angle 18  6  5 is   1.47515910 rad =      84.5204 deg =   84 deg 31 min 13 sec.


Face #  7 has  4 vertices:
    Vertices input as           5  17  18   6
    Vertices renumbered as      6  18  19   7
        Edge  6 18 is   1.10557281.
        Edge 18 19 is   0.44114466.
        Edge 19  7 is   0.95743427.
        Edge  7  6 is   0.61276845.
        Angle  7  6 18 is   1.47515910 rad =      84.5204 deg =   84 deg 31 min 13 sec.
        Angle  6 18 19 is   1.32560262 rad =      75.9514 deg =   75 deg 57 min  5 sec.
        Angle 18 19  7 is   2.00726449 rad =     115.0078 deg =  115 deg  0 min 28 sec.
        Angle 19  7  6 is   1.47515910 rad =      84.5204 deg =   84 deg 31 min 13 sec.
```

```
Face #  8 has  4 vertices:
    Vertices input as         6  18  19   7
    Vertices renumbered as    7  19  20   8
        Edge  7 19 is   0.95743427.
        Edge 19 20 is   0.44114466.
        Edge 20  8 is   1.10557281.
        Edge  8  7 is   0.61276845.
        Angle  8  7 19 is   1.47515910 rad =     84.5204 deg =  84 deg 31 min 13 sec.
        Angle  7 19 20 is   2.00726449 rad =    115.0078 deg = 115 deg  0 min 28 sec.
        Angle 19 20  8 is   1.32560262 rad =     75.9514 deg =  75 deg 57 min  5 sec.
        Angle 20  8  7 is   1.47515910 rad =     84.5204 deg =  84 deg 31 min 13 sec.

Face #  9 has  4 vertices:
    Vertices input as         7  19  20   8
    Vertices renumbered as    8  20  21   9
        Edge  8 20 is   1.10557281.
        Edge 20 21 is   0.44114466.
        Edge 21  9 is   0.95743427.
        Edge  9  8 is   0.61276845.
        Angle  9  8 20 is   1.47515910 rad =     84.5204 deg =  84 deg 31 min 13 sec.
        Angle  8 20 21 is   1.32560262 rad =     75.9514 deg =  75 deg 57 min  5 sec.
        Angle 20 21  9 is   2.00726449 rad =    115.0078 deg = 115 deg  0 min 28 sec.
        Angle 21  9  8 is   1.47515910 rad =     84.5204 deg =  84 deg 31 min 13 sec.

Face # 10 has  4 vertices:
    Vertices input as        11   9   8  20
    Vertices renumbered as   12  10   9  21
        Edge 12 10 is   1.10557281.
        Edge 10  9 is   0.61276845.
        Edge  9 21 is   0.95743427.
        Edge 21 12 is   0.44114466.
        Angle 21 12 10 is   1.32560262 rad =     75.9514 deg =  75 deg 57 min  5 sec.
        Angle 12 10  9 is   1.47515910 rad =     84.5204 deg =  84 deg 31 min 13 sec.
        Angle 10  9 21 is   1.47515910 rad =     84.5204 deg =  84 deg 31 min 13 sec.
        Angle  9 21 12 is   2.00726449 rad =    115.0078 deg = 115 deg  0 min 28 sec.

Face # 11 has  4 vertices:
    Vertices input as         9   0  31  22
    Vertices renumbered as   10   1  32  23
        Edge 10  1 is   0.61276845.
        Edge  1 32 is   0.95743427.
        Edge 32 23 is   0.44114466.
        Edge 23 10 is   1.10557281.
        Angle 23 10  1 is   1.47515910 rad =     84.5204 deg =  84 deg 31 min 13 sec.
        Angle 10  1 32 is   1.47515910 rad =     84.5204 deg =  84 deg 31 min 13 sec.
        Angle  1 32 23 is   2.00726449 rad =    115.0078 deg = 115 deg  0 min 28 sec.
        Angle 32 23 10 is   1.32560262 rad =     75.9514 deg =  75 deg 57 min  5 sec.

Face # 12 has  4 vertices:
    Vertices input as         0   1  30  31
    Vertices renumbered as    1   2  31  32
        Edge  1  2 is   0.61276845.
        Edge  2 31 is   1.10557281.
        Edge 31 32 is   0.44114466.
        Edge 32  1 is   0.95743427.
        Angle 32  1  2 is   1.47515910 rad =     84.5204 deg =  84 deg 31 min 13 sec.
        Angle  1  2 31 is   1.47515910 rad =     84.5204 deg =  84 deg 31 min 13 sec.
```

```
        Angle   2 31 32 is    1.32560262 rad =      75.9514 deg =  75 deg 57 min  5 sec.
        Angle  31 32  1 is    2.00726449 rad =     115.0078 deg = 115 deg  0 min 28 sec.


Face # 13 has  4 vertices:
    Vertices input as          1   2  29  30
    Vertices renumbered as     2   3  30  31
        Edge  2  3 is   0.61276845.
        Edge  3 30 is   0.95743427.
        Edge 30 31 is   0.44114466.
        Edge 31  2 is   1.10557281.
        Angle 31  2  3 is    1.47515910 rad =      84.5204 deg =  84 deg 31 min 13 sec.
        Angle  2  3 30 is    1.47515910 rad =      84.5204 deg =  84 deg 31 min 13 sec.
        Angle  3 30 31 is    2.00726449 rad =     115.0078 deg = 115 deg  0 min 28 sec.
        Angle 30 31  2 is    1.32560262 rad =      75.9514 deg =  75 deg 57 min  5 sec.


Face # 14 has  4 vertices:
    Vertices input as          2   3  28  29
    Vertices renumbered as     3   4  29  30
        Edge  3  4 is   0.61276845.
        Edge  4 29 is   1.10557281.
        Edge 29 30 is   0.44114466.
        Edge 30  3 is   0.95743427.
        Angle 30  3  4 is    1.47515910 rad =      84.5204 deg =  84 deg 31 min 13 sec.
        Angle  3  4 29 is    1.47515910 rad =      84.5204 deg =  84 deg 31 min 13 sec.
        Angle  4 29 30 is    1.32560262 rad =      75.9514 deg =  75 deg 57 min  5 sec.
        Angle 29 30  3 is    2.00726449 rad =     115.0078 deg = 115 deg  0 min 28 sec.


Face # 15 has  4 vertices:
    Vertices input as          3   4  27  28
    Vertices renumbered as     4   5  28  29
        Edge  4  5 is   0.61276845.
        Edge  5 28 is   0.95743427.
        Edge 28 29 is   0.44114466.
        Edge 29  4 is   1.10557281.
        Angle 29  4  5 is    1.47515910 rad =      84.5204 deg =  84 deg 31 min 13 sec.
        Angle  4  5 28 is    1.47515910 rad =      84.5204 deg =  84 deg 31 min 13 sec.
        Angle  5 28 29 is    2.00726449 rad =     115.0078 deg = 115 deg  0 min 28 sec.
        Angle 28 29  4 is    1.32560262 rad =      75.9514 deg =  75 deg 57 min  5 sec.


Face # 16 has  4 vertices:
    Vertices input as          4   5  26  27
    Vertices renumbered as     5   6  27  28
        Edge  5  6 is   0.61276845.
        Edge  6 27 is   1.10557281.
        Edge 27 28 is   0.44114466.
        Edge 28  5 is   0.95743427.
        Angle 28  5  6 is    1.47515910 rad =      84.5204 deg =  84 deg 31 min 13 sec.
        Angle  5  6 27 is    1.47515910 rad =      84.5204 deg =  84 deg 31 min 13 sec.
        Angle  6 27 28 is    1.32560262 rad =      75.9514 deg =  75 deg 57 min  5 sec.
        Angle 27 28  5 is    2.00726449 rad =     115.0078 deg = 115 deg  0 min 28 sec.


Face # 17 has  4 vertices:
    Vertices input as          5   6  25  26
    Vertices renumbered as     6   7  26  27
        Edge  6  7 is   0.61276845.
        Edge  7 26 is   0.95743427.
        Edge 26 27 is   0.44114466.
        Edge 27  6 is   1.10557281.
```

```
    Angle 27  6  7 is    1.47515910 rad =      84.5204 deg =  84 deg 31 min 13 sec.
    Angle  6  7 26 is    1.47515910 rad =      84.5204 deg =  84 deg 31 min 13 sec.
    Angle  7 26 27 is    2.00726449 rad =     115.0078 deg = 115 deg  0 min 28 sec.
    Angle 26 27  6 is    1.32560262 rad =      75.9514 deg =  75 deg 57 min  5 sec.

Face # 18 has  4 vertices:
    Vertices input as          6  7 24 25
    Vertices renumbered as     7  8 25 26
    Edge  7  8 is   0.61276845.
    Edge  8 25 is   1.10557281.
    Edge 25 26 is   0.44114466.
    Edge 26  7 is   0.95743427.
    Angle 26  7  8 is    1.47515910 rad =      84.5204 deg =  84 deg 31 min 13 sec.
    Angle  7  8 25 is    1.47515910 rad =      84.5204 deg =  84 deg 31 min 13 sec.
    Angle  8 25 26 is    1.32560262 rad =      75.9514 deg =  75 deg 57 min  5 sec.
    Angle 25 26  7 is    2.00726449 rad =     115.0078 deg = 115 deg  0 min 28 sec.

Face # 19 has  4 vertices:
    Vertices input as          7  8 23 24
    Vertices renumbered as     8  9 24 25
    Edge  8  9 is   0.61276845.
    Edge  9 24 is   0.95743427.
    Edge 24 25 is   0.44114466.
    Edge 25  8 is   1.10557281.
    Angle 25  8  9 is    1.47515910 rad =      84.5204 deg =  84 deg 31 min 13 sec.
    Angle  8  9 24 is    1.47515910 rad =      84.5204 deg =  84 deg 31 min 13 sec.
    Angle  9 24 25 is    2.00726449 rad =     115.0078 deg = 115 deg  0 min 28 sec.
    Angle 24 25  8 is    1.32560262 rad =      75.9514 deg =  75 deg 57 min  5 sec.

Face # 20 has  4 vertices:
    Vertices input as          8  9 22 23
    Vertices renumbered as     9 10 23 24
    Edge  9 10 is   0.61276845.
    Edge 10 23 is   1.10557281.
    Edge 23 24 is   0.44114466.
    Edge 24  9 is   0.95743427.
    Angle 24  9 10 is    1.47515910 rad =      84.5204 deg =  84 deg 31 min 13 sec.
    Angle  9 10 23 is    1.47515910 rad =      84.5204 deg =  84 deg 31 min 13 sec.
    Angle 10 23 24 is    1.32560262 rad =      75.9514 deg =  75 deg 57 min  5 sec.
    Angle 23 24  9 is    2.00726449 rad =     115.0078 deg = 115 deg  0 min 28 sec.

Face # 21 has  4 vertices:
    Vertices input as         20 19 10 11
    Vertices renumbered as    21 20 11 12
    Edge 21 20 is   0.44114466.
    Edge 20 11 is   0.78254894.
    Edge 11 12 is   0.78254894.
    Edge 12 21 is   0.44114466.
    Angle 12 21 20 is    2.09370189 rad =     119.9603 deg = 119 deg 57 min 37 sec.
    Angle 21 20 11 is    1.58482454 rad =      90.8038 deg =  90 deg 48 min 14 sec.
    Angle 20 11 12 is    1.01983433 rad =      58.4322 deg =  58 deg 25 min 56 sec.
    Angle 11 12 21 is    1.58482454 rad =      90.8038 deg =  90 deg 48 min 14 sec.

Face # 22 has  4 vertices:
    Vertices input as         12 11 10 13
    Vertices renumbered as    13 12 11 14
    Edge 13 12 is   0.44114466.
    Edge 12 11 is   0.78254894.
```

```
        Edge 11 14 is     0.78254894.
        Edge 14 13 is     0.44114466.
        Angle 14 13 12 is    2.09370189 rad =        119.9603 deg = 119 deg 57 min 37 sec.
        Angle 13 12 11 is    1.58482454 rad =         90.8038 deg =  90 deg 48 min 14 sec.
        Angle 12 11 14 is    1.01983433 rad =         58.4322 deg =  58 deg 25 min 56 sec.
        Angle 11 14 13 is    1.58482454 rad =         90.8038 deg =  90 deg 48 min 14 sec.


Face # 23 has  4 vertices:
    Vertices input as          14  13  10  15
    Vertices renumbered as     15  14  11  16
        Edge 15 14 is     0.44114466.
        Edge 14 11 is     0.78254894.
        Edge 11 16 is     0.78254894.
        Edge 16 15 is     0.44114466.
        Angle 16 15 14 is    2.09370189 rad =        119.9603 deg = 119 deg 57 min 37 sec.
        Angle 15 14 11 is    1.58482454 rad =         90.8038 deg =  90 deg 48 min 14 sec.
        Angle 14 11 16 is    1.01983433 rad =         58.4322 deg =  58 deg 25 min 56 sec.
        Angle 11 16 15 is    1.58482454 rad =         90.8038 deg =  90 deg 48 min 14 sec.


Face # 24 has  4 vertices:
    Vertices input as          16  15  10  17
    Vertices renumbered as     17  16  11  18
        Edge 17 16 is     0.44114466.
        Edge 16 11 is     0.78254894.
        Edge 11 18 is     0.78254894.
        Edge 18 17 is     0.44114466.
        Angle 18 17 16 is    2.09370189 rad =        119.9603 deg = 119 deg 57 min 37 sec.
        Angle 17 16 11 is    1.58482454 rad =         90.8038 deg =  90 deg 48 min 14 sec.
        Angle 16 11 18 is    1.01983433 rad =         58.4322 deg =  58 deg 25 min 56 sec.
        Angle 11 18 17 is    1.58482454 rad =         90.8038 deg =  90 deg 48 min 14 sec.


Face # 25 has  4 vertices:
    Vertices input as          18  17  10  19
    Vertices renumbered as     19  18  11  20
        Edge 19 18 is     0.44114466.
        Edge 18 11 is     0.78254894.
        Edge 11 20 is     0.78254894.
        Edge 20 19 is     0.44114466.
        Angle 20 19 18 is    2.09370189 rad =        119.9603 deg = 119 deg 57 min 37 sec.
        Angle 19 18 11 is    1.58482454 rad =         90.8038 deg =  90 deg 48 min 14 sec.
        Angle 18 11 20 is    1.01983433 rad =         58.4322 deg =  58 deg 25 min 56 sec.
        Angle 11 20 19 is    1.58482454 rad =         90.8038 deg =  90 deg 48 min 14 sec.


Face # 26 has  4 vertices:
    Vertices input as          22  31  30  21
    Vertices renumbered as     23  32  31  22
        Edge 23 32 is     0.44114466.
        Edge 32 31 is     0.44114466.
        Edge 31 22 is     0.78254894.
        Edge 22 23 is     0.78254894.
        Angle 22 23 32 is    1.58482454 rad =         90.8038 deg =  90 deg 48 min 14 sec.
        Angle 23 32 31 is    2.09370189 rad =        119.9603 deg = 119 deg 57 min 37 sec.
        Angle 32 31 22 is    1.58482454 rad =         90.8038 deg =  90 deg 48 min 14 sec.
        Angle 31 22 23 is    1.01983433 rad =         58.4322 deg =  58 deg 25 min 56 sec.


Face # 27 has  4 vertices:
    Vertices input as          24  23  22  21
    Vertices renumbered as     25  24  23  22
```

```
          Edge 25 24 is    0.44114466.
          Edge 24 23 is    0.44114466.
          Edge 23 22 is    0.78254894.
          Edge 22 25 is    0.78254894.
          Angle 22 25 24 is    1.58482454 rad =     90.8038 deg =  90 deg 48 min 14 sec.
          Angle 25 24 23 is    2.09370189 rad =    119.9603 deg = 119 deg 57 min 37 sec.
          Angle 24 23 22 is    1.58482454 rad =     90.8038 deg =  90 deg 48 min 14 sec.
          Angle 23 22 25 is    1.01983433 rad =     58.4322 deg =  58 deg 25 min 56 sec.

Face # 28 has  4 vertices:
     Vertices input as        26   25   24   21
     Vertices renumbered as   27   26   25   22
          Edge 27 26 is    0.44114466.
          Edge 26 25 is    0.44114466.
          Edge 25 22 is    0.78254894.
          Edge 22 27 is    0.78254894.
          Angle 22 27 26 is    1.58482454 rad =     90.8038 deg =  90 deg 48 min 14 sec.
          Angle 27 26 25 is    2.09370189 rad =    119.9603 deg = 119 deg 57 min 37 sec.
          Angle 26 25 22 is    1.58482454 rad =     90.8038 deg =  90 deg 48 min 14 sec.
          Angle 25 22 27 is    1.01983433 rad =     58.4322 deg =  58 deg 25 min 56 sec.

Face # 29 has  4 vertices:
     Vertices input as        28   27   26   21
     Vertices renumbered as   29   28   27   22
          Edge 29 28 is    0.44114466.
          Edge 28 27 is    0.44114466.
          Edge 27 22 is    0.78254894.
          Edge 22 29 is    0.78254894.
          Angle 22 29 28 is    1.58482454 rad =     90.8038 deg =  90 deg 48 min 14 sec.
          Angle 29 28 27 is    2.09370189 rad =    119.9603 deg = 119 deg 57 min 37 sec.
          Angle 28 27 22 is    1.58482454 rad =     90.8038 deg =  90 deg 48 min 14 sec.
          Angle 27 22 29 is    1.01983433 rad =     58.4322 deg =  58 deg 25 min 56 sec.

Face # 30 has  4 vertices:
     Vertices input as        30   29   28   21
     Vertices renumbered as   31   30   29   22
          Edge 31 30 is    0.44114466.
          Edge 30 29 is    0.44114466.
          Edge 29 22 is    0.78254894.
          Edge 22 31 is    0.78254894.
          Angle 22 31 30 is    1.58482454 rad =     90.8038 deg =  90 deg 48 min 14 sec.
          Angle 31 30 29 is    2.09370189 rad =    119.9603 deg = 119 deg 57 min 37 sec.
          Angle 30 29 22 is    1.58482454 rad =     90.8038 deg =  90 deg 48 min 14 sec.
          Angle 29 22 31 is    1.01983433 rad =     58.4322 deg =  58 deg 25 min 56 sec.

The edge joining vertices  1 and  2 is between faces  2 and 12.
     Dihedral angle is    2.54217545 rad =    145.6559 deg = 145 deg 39 min 21 sec.
The edge joining vertices  1 and 10 is between faces  1 and 11.
     Dihedral angle is    2.54217545 rad =    145.6559 deg = 145 deg 39 min 21 sec.
The edge joining vertices  1 and 13 is between faces  1 and  2.
     Dihedral angle is    2.54217545 rad =    145.6559 deg = 145 deg 39 min 21 sec.
The edge joining vertices  1 and 32 is between faces 11 and 12.
     Dihedral angle is    2.54217545 rad =    145.6559 deg = 145 deg 39 min 21 sec.
The edge joining vertices  2 and  3 is between faces  3 and 13.
     Dihedral angle is    2.54217545 rad =    145.6559 deg = 145 deg 39 min 21 sec.
The edge joining vertices  2 and 14 is between faces  2 and  3.
     Dihedral angle is    2.54217545 rad =    145.6559 deg = 145 deg 39 min 21 sec.
The edge joining vertices  2 and 31 is between faces 12 and 13.
     Dihedral angle is    2.54217545 rad =    145.6559 deg = 145 deg 39 min 21 sec.
```

```
The edge joining vertices  3 and  4 is between faces  4 and 14.
        Dihedral angle is    2.54217545 rad =      145.6559 deg = 145 deg 39 min 21 sec.
The edge joining vertices  3 and 15 is between faces  3 and  4.
        Dihedral angle is    2.54217545 rad =      145.6559 deg = 145 deg 39 min 21 sec.
The edge joining vertices  3 and 30 is between faces 13 and 14.
        Dihedral angle is    2.54217545 rad =      145.6559 deg = 145 deg 39 min 21 sec.
The edge joining vertices  4 and  5 is between faces  5 and 15.
        Dihedral angle is    2.54217545 rad =      145.6559 deg = 145 deg 39 min 21 sec.
The edge joining vertices  4 and 16 is between faces  4 and  5.
        Dihedral angle is    2.54217545 rad =      145.6559 deg = 145 deg 39 min 21 sec.
The edge joining vertices  4 and 29 is between faces 14 and 15.
        Dihedral angle is    2.54217545 rad =      145.6559 deg = 145 deg 39 min 21 sec.
The edge joining vertices  5 and  6 is between faces  6 and 16.
        Dihedral angle is    2.54217545 rad =      145.6559 deg = 145 deg 39 min 21 sec.
The edge joining vertices  5 and 17 is between faces  5 and  6.
        Dihedral angle is    2.54217545 rad =      145.6559 deg = 145 deg 39 min 21 sec.
The edge joining vertices  5 and 28 is between faces 15 and 16.
        Dihedral angle is    2.54217545 rad =      145.6559 deg = 145 deg 39 min 21 sec.
The edge joining vertices  6 and  7 is between faces  7 and 17.
        Dihedral angle is    2.54217545 rad =      145.6559 deg = 145 deg 39 min 21 sec.
The edge joining vertices  6 and 18 is between faces  6 and  7.
        Dihedral angle is    2.54217545 rad =      145.6559 deg = 145 deg 39 min 21 sec.
The edge joining vertices  6 and 27 is between faces 16 and 17.
        Dihedral angle is    2.54217545 rad =      145.6559 deg = 145 deg 39 min 21 sec.
The edge joining vertices  7 and  8 is between faces  8 and 18.
        Dihedral angle is    2.54217545 rad =      145.6559 deg = 145 deg 39 min 21 sec.
The edge joining vertices  7 and 19 is between faces  7 and  8.
        Dihedral angle is    2.54217545 rad =      145.6559 deg = 145 deg 39 min 21 sec.
The edge joining vertices  7 and 26 is between faces 17 and 18.
        Dihedral angle is    2.54217545 rad =      145.6559 deg = 145 deg 39 min 21 sec.
The edge joining vertices  8 and  9 is between faces  9 and 19.
        Dihedral angle is    2.54217545 rad =      145.6559 deg = 145 deg 39 min 21 sec.
The edge joining vertices  8 and 20 is between faces  8 and  9.
        Dihedral angle is    2.54217545 rad =      145.6559 deg = 145 deg 39 min 21 sec.
The edge joining vertices  8 and 25 is between faces 18 and 19.
        Dihedral angle is    2.54217545 rad =      145.6559 deg = 145 deg 39 min 21 sec.
The edge joining vertices  9 and 10 is between faces 10 and 20.
        Dihedral angle is    2.54217545 rad =      145.6559 deg = 145 deg 39 min 21 sec.
The edge joining vertices  9 and 21 is between faces  9 and 10.
        Dihedral angle is    2.54217545 rad =      145.6559 deg = 145 deg 39 min 21 sec.
The edge joining vertices  9 and 24 is between faces 19 and 20.
        Dihedral angle is    2.54217545 rad =      145.6559 deg = 145 deg 39 min 21 sec.
The edge joining vertices 10 and 12 is between faces  1 and 10.
        Dihedral angle is    2.54217545 rad =      145.6559 deg = 145 deg 39 min 21 sec.
The edge joining vertices 10 and 23 is between faces 11 and 20.
        Dihedral angle is    2.54217545 rad =      145.6559 deg = 145 deg 39 min 21 sec.
The edge joining vertices 11 and 12 is between faces 21 and 22.
        Dihedral angle is    2.37233298 rad =      135.9247 deg = 135 deg 55 min 29 sec.
The edge joining vertices 11 and 14 is between faces 22 and 23.
        Dihedral angle is    2.37233298 rad =      135.9247 deg = 135 deg 55 min 29 sec.
The edge joining vertices 11 and 16 is between faces 23 and 24.
        Dihedral angle is    2.37233298 rad =      135.9247 deg = 135 deg 55 min 29 sec.
The edge joining vertices 11 and 18 is between faces 24 and 25.
        Dihedral angle is    2.37233298 rad =      135.9247 deg = 135 deg 55 min 29 sec.
The edge joining vertices 11 and 20 is between faces 21 and 25.
        Dihedral angle is    2.37233298 rad =      135.9247 deg = 135 deg 55 min 29 sec.
The edge joining vertices 12 and 13 is between faces  1 and 22.
        Dihedral angle is    2.51037357 rad =      143.8338 deg = 143 deg 50 min  2 sec.
The edge joining vertices 12 and 21 is between faces 10 and 21.
        Dihedral angle is    2.51037357 rad =      143.8338 deg = 143 deg 50 min  2 sec.
The edge joining vertices 13 and 14 is between faces  2 and 22.
        Dihedral angle is    2.51037357 rad =      143.8338 deg = 143 deg 50 min  2 sec.
The edge joining vertices 14 and 15 is between faces  3 and 23.
```

Dihedral angle is   2.51037357 rad =   143.8338 deg = 143 deg 50 min   2 sec.
The edge joining vertices 15 and 16 is between faces 4 and 23.
    Dihedral angle is   2.51037357 rad =   143.8338 deg = 143 deg 50 min   2 sec.
The edge joining vertices 16 and 17 is between faces 5 and 24.
    Dihedral angle is   2.51037357 rad =   143.8338 deg = 143 deg 50 min   2 sec.
The edge joining vertices 17 and 18 is between faces 6 and 24.
    Dihedral angle is   2.51037357 rad =   143.8338 deg = 143 deg 50 min   2 sec.
The edge joining vertices 18 and 19 is between faces 7 and 25.
    Dihedral angle is   2.51037357 rad =   143.8338 deg = 143 deg 50 min   2 sec.
The edge joining vertices 19 and 20 is between faces 8 and 25.
    Dihedral angle is   2.51037357 rad =   143.8338 deg = 143 deg 50 min   2 sec.
The edge joining vertices 20 and 21 is between faces 9 and 21.
    Dihedral angle is   2.51037357 rad =   143.8338 deg = 143 deg 50 min   2 sec.
The edge joining vertices 22 and 23 is between faces 26 and 27.
    Dihedral angle is   2.37233298 rad =   135.9247 deg = 135 deg 55 min 29 sec.
The edge joining vertices 22 and 25 is between faces 27 and 28.
    Dihedral angle is   2.37233298 rad =   135.9247 deg = 135 deg 55 min 29 sec.
The edge joining vertices 22 and 27 is between faces 28 and 29.
    Dihedral angle is   2.37233298 rad =   135.9247 deg = 135 deg 55 min 29 sec.
The edge joining vertices 22 and 29 is between faces 29 and 30.
    Dihedral angle is   2.37233298 rad =   135.9247 deg = 135 deg 55 min 29 sec.
The edge joining vertices 22 and 31 is between faces 26 and 30.
    Dihedral angle is   2.37233298 rad =   135.9247 deg = 135 deg 55 min 29 sec.
The edge joining vertices 23 and 24 is between faces 20 and 27.
    Dihedral angle is   2.51037357 rad =   143.8338 deg = 143 deg 50 min   2 sec.
The edge joining vertices 23 and 32 is between faces 11 and 26.
    Dihedral angle is   2.51037357 rad =   143.8338 deg = 143 deg 50 min   2 sec.
The edge joining vertices 24 and 25 is between faces 19 and 27.
    Dihedral angle is   2.51037357 rad =   143.8338 deg = 143 deg 50 min   2 sec.
The edge joining vertices 25 and 26 is between faces 18 and 28.
    Dihedral angle is   2.51037357 rad =   143.8338 deg = 143 deg 50 min   2 sec.
The edge joining vertices 26 and 27 is between faces 17 and 28.
    Dihedral angle is   2.51037357 rad =   143.8338 deg = 143 deg 50 min   2 sec.
The edge joining vertices 27 and 28 is between faces 16 and 29.
    Dihedral angle is   2.51037357 rad =   143.8338 deg = 143 deg 50 min   2 sec.
The edge joining vertices 28 and 29 is between faces 15 and 29.
    Dihedral angle is   2.51037357 rad =   143.8338 deg = 143 deg 50 min   2 sec.
The edge joining vertices 29 and 30 is between faces 14 and 30.
    Dihedral angle is   2.51037357 rad =   143.8338 deg = 143 deg 50 min   2 sec.
The edge joining vertices 30 and 31 is between faces 13 and 30.
    Dihedral angle is   2.51037357 rad =   143.8338 deg = 143 deg 50 min   2 sec.
The edge joining vertices 31 and 32 is between faces 12 and 26.
    Dihedral angle is   2.51037357 rad =   143.8338 deg = 143 deg 50 min   2 sec.

www.ingramcontent.com/pod-product-compliance
Lightning Source LLC
Chambersburg PA
CBHW080233180526
45167CB00006B/2258